改訂
4版

世界一わかりやすい

Illustrator
操作とデザインの教科書

ピクセルハウス　著

技術評論社

注意 ご購入・ご利用前に必ずお読みください

本書の内容について

●本書記載の解説は、Illustrator 2024(28.0)で行っていますので、ご利用時には変更されている場合もあります。また、ソフトウェアはバージョンアップされる場合があり、本書での説明とは機能内容や画面図などが異なってしまうこともあり得ます。本書ご購入の前に必ずソフトウェアのバージョン番号をご確認ください。

●本書に記載された内容は、情報の提供のみを目的としています。本書の運用については、必ずお客様自身の責任と判断によって行ってください。これら情報の運用の結果について、技術評論社および著者はいかなる責任も負いかねます。

なお、本書内容を超えた個別のトレーニングにあたるものについても、対応できかねます。あらかじめご承知おきください。

レッスンファイルについて

●本書で使用しているレッスンファイルの利用には、別途アドビ社のIllustrator(イラストレーター)が必要です。Illustratorはご自分でご用意ください。

●レッスンファイルの利用は、必ずお客様自身の責任と判断によって行ってください。これらのファイルを使用した結果生じたいかなる直接的・間接的損害も、技術評論社、著者、プログラムの開発者、ファイルの制作に関わったすべての個人と企業は、一切その責任を負いかねます。

! 以上の注意事項をご承諾いただいた上で、本書をご利用願います。これらの注意事項をお読みいただかずに、お問い合わせいただいても、技術評論社および著者は対処しかねます。あらかじめ、ご承知おきください。

本書は小社発行の『世界一わかりやすいIllustrator 操作とデザインの教科書[改訂3版]』(2020年2月27日発売)の内容を最新バージョン(2024)にあわせて見直し、改訂したものです。そのため学習内容や素材が類似しているところがあります。あらかじめご了承ください。

Illustrator 2024の動作に必要なシステム構成

Windows

●Intelマルチコアプロセッサー(64bit サポートを含む)またはAMD Athlon 64 プロセッサー。Intel、AMDともにSSE4.2以降が必要

●Microsoft Windows 11 v22H2、Windows 11 v21H2、Windows 10 v22H2、WindowsServer 2022、2019

●8GB以上のRAM(16GB以上を推奨)

●2GB以上の空き容量のあるハードディスク(インストール時には追加の空き容量が必要)、SSDを推奨

●1024x768以上の画面解像度をサポートするディスプレイ(1920x1080以上を推奨)

●GPUパフォーマンス機能によりパフォーマンスを向上させるには、Windowsは次の条件が必要

・1GB以上のVRAM(4GBを推奨)

・OpenGLバージョン4.0以上をサポート

●インターネットソフトウェアのライセンス認証、サブスクリプションの検証、オンラインサービスの利用には、インターネット接続と登録が必要

macOS

●SSE4.2以降対応の、Intelマルチコアプロセッサー(64bit サポート)。ARMベースのApple Silicon プロセッサー

●macOS 14(Sonoma)、macOS 13(Ventura)、macOS 12(Monterey)、macOS 11(Big Sur)

●8GB以上のRAM(16GB以上を推奨)

●3GB以上の空き容量のあるハードディスク(インストール時には追加の空き容量が必要)、SSDを推奨

●1024x768以上の画面解像度をサポートするディスプレイ(1920x1080以上を推奨)

●GPUパフォーマンスを最適化するには、1024MB以上のVRAM(2GB以上を推奨)があり、Metalのサポートが必要

●インターネットソフトウェアのライセンス認証、メンバーシップの検証、およびオンラインサービスの利用には、インターネット接続および登録が必要

はじめに

本書は、Adobe Illustratorを初めて使う方を主な対象としています。
これからIllustratorを学習するうえで、ぜひ学んでおきたい項目を網羅しています。

レッスン用のファイルをダウンロードして、本書と手元のファイルを確認しながら操作できるので、初心者でも安心して学習を進められます。必要に応じて1章のUIの説明を読み返しながら、読み進めていきましょう。

なお、操作画像はバージョン2024（28.0）で作成しましたが、いくつかの新機能を除いては、旧バージョンでも理解できる内容になっています。

実際に手を動かしながら、どんな機能があるのか、作業の流れはどんなものなのかを大まかにつかんでいきましょう。

大量の機能をすべて暗記していく必要はなく、自分の作品を制作するときに、なんとなく思い出して、必要な機能を探すことができれば十分です。

何度も作業しているうちに、必要な機能がすんなり選べるようになってきます。また、ひとつの機能に対して幾通りものやり方が用意されているものがたくさんありますが、その中で自分に合った使い方を選ぶこともできるようになってくるでしょう。

これから新しくデザインの世界に入ろうとしている皆様のお役に立てれば幸いです。

最後に、本書の刊行にあたりご尽力いただきました関係者のみなさまに、この場をお借りして厚く御礼申し上げます。

2024年1月
ピクセルハウス

本書の使い方

Lessonパート

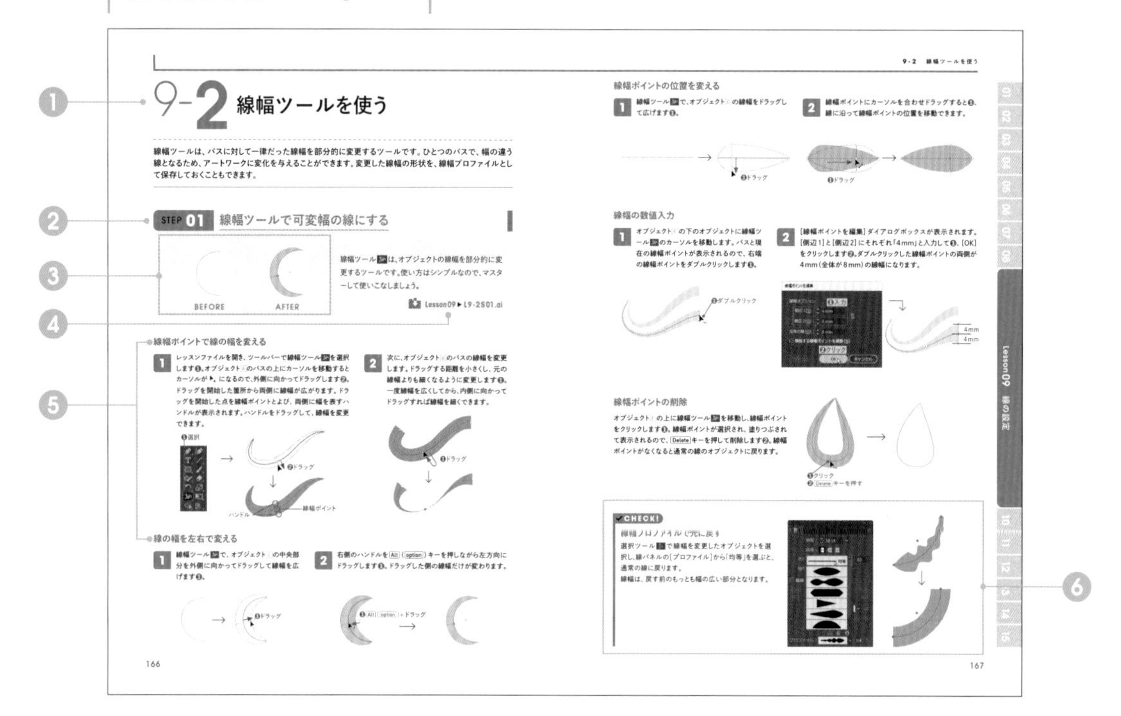

❶ 節

Lessonはいくつかの節に分かれています。機能紹介や解説を行うものと、操作手順を段階的にSTEPで区切っているものがあります。

❷ STEP / 見出し

STEPはその節の作業を細かく分けたもので、より小さな単位で学習が進められるようになっています。STEPによってはレッスンファイルが用意されていますので、開いて学習を進めてください。機能解説の節は見出しだけでSTEP番号はありません。

❸ BEFORE / AFTER

学習する作例のスタート地点のイメージと、ゴールとなる完成イメージを確認できます。作例によっては、これから描く図形や説明対象（パネルなど）の場合もあります。どのような作例を作成するかイメージしてから学習しましょう。

❹ レッスンファイル

そのSTEPで使用する練習用ファイルの名前を記しています。該当のファイルを開いて、実際に操作を行ってください（ファイルの利用方法については、P.006を参照してください）。

❺ 小見出し

STEP内で、複数のケースがある場合には、それぞれ具体的な操作を表す見出しが表示されています。

❻ コラム

解説を補うための2種類のコラムがあります。

✔CHECK!

Lessonの操作手順の中で
注意すべきポイントを紹介しています。

COLUMN

Lessonの内容に関連して、
知っておきたいテクニックや知識を紹介しています。

本書は、クリエイターを目指す初学者のためにIllustratorの基本操作の習得を目的とした書籍です。レッスンファイル（専用サイトからダウンロード）の作成手順をステップアップ形式で学習し、章末の練習問題で学習内容を復習する、という流れをひとつの章にまとめてあります。なお、本書では画面をWindowsで紹介していますが、macOSでもお使いいただけます。

練習問題パート

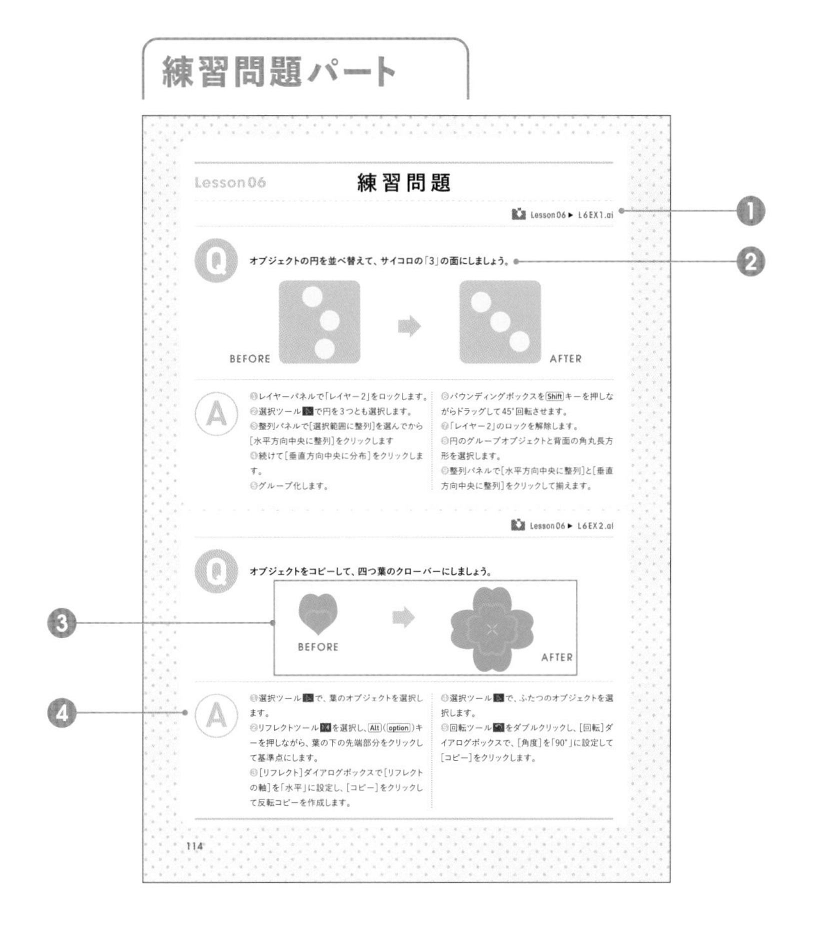
Lesson06

練習問題

Lesson06 ▶ L6EX1.ai

Q オブジェクトの円を並べ替えて、サイコロの「3」の面にしましょう。

BEFORE　AFTER

A
①レイヤーパネルで「レイヤー2」をロックします。
②選択ツールで円を3つとも選択します。
③整列パネルで[選択範囲に整列]を選んでから[水平方向中央に整列]をクリックします
④続けて[垂直方向中央に分布]をクリックします。
⑤グループ化します。
⑥バウンディングボックスをShiftキーを押しながらドラッグして45°回転させます。
⑦「レイヤー2」のロックを解除します。
⑧円のグループオブジェクトと背面の角丸長方形を選択します。
⑨整列パネルで[水平方向中央に整列]と[垂直方向中央に整列]をクリックして揃えます。

Lesson06 ▶ L6EX2.ai

Q オブジェクトをコピーして、四つ葉のクローバーにしましょう。

BEFORE　AFTER

A
①選択ツールで、葉のオブジェクトを選択します。
②リフレクトツールを選択し、Alt（option）キーを押しながら、葉の下の先端部分をクリックして基準点にします。
③[リフレクト]ダイアログボックスで[リフレクトの軸]を「水平」に設定し、[コピー]をクリックして反転コピーを作成します。
④選択ツールで、ふたつのオブジェクトを選択します。
⑤回転ツールをダブルクリックし、[回転]ダイアログボックスで、[角度]を「90°」に設定して[コピー]をクリックします。

114

❶ 練習問題ファイル

練習問題で使用するファイル名を記しています。該当のファイルを開いて、操作を行いましょう（ファイルについては、P.006を参照してください）。

❷ Q（Question）

問題です。おおまかな手順が書いてあるので、BEFORE / AFTERを見ながら作成しましょう。

❸ BEFORE / AFTER

練習問題のスタート地点と完成地点のイメージを確認できます。Lessonで学んだテクニックを復習しながら作成してみましょう。

❹ A（Answer）

練習問題を解くための手順を記しています。問題を読んだだけでは手順がわからない場合は、この手順や完成見本ファイルを確認してから再度チャレンジしてみてください。

本書のキー表記について

解説中のキー表記はWindowsを基本としており、
Macで使用キーが違う場合はカッコ付きで表記しています。

例 Ctrl（command）

レッスンファイルのダウンロード

1 Webブラウザを起動し、下記の本書Webサイトにアクセスします。

https://gihyo.jp/book/2024/978-4-297-13989-6/

2 Webサイトが表示されたら、[本書のサポートページ]のリンクをクリックしてください。

本書のサポートページ
サンプルファイルのダウンロードや正誤表など

3 レッスンファイルのダウンロード用ページが表示されます。すべてのレッスンファイルを一括でダウンロードするか❶、レッスンごとにダウンロードするか❷を選択できます。
ダウンロードするファイルの[ID]欄に「ai2024」、[パスワード]欄に「easyai4」と入力して、[ダウンロード]ボタンをクリックします。

※文字はすべて半角で入力してください。
※大文字小文字を正確に入力してください。

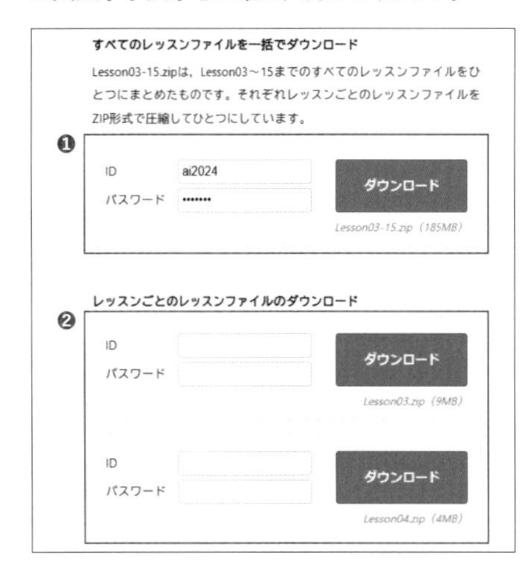

ID—ai2024　パスワード—easyai4

4 Macで、パスワードを保存するかを尋ねるダイアログボックスが表示された場合は、保存する場合は[パスワードを保存]、保存しない場合は[今はしない]をクリックします。
Windowsで表示された場合、同様に保存するかしないかを決定してください。

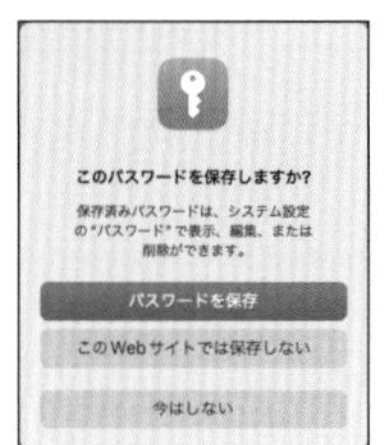

5 Windowsでは、ツールバーにダウンロードボタンが表示され、ポップアップウィンドウにダウンロード状況が表示されます。
Macでは、「ダウンロードを許可しますか?」のダイアログボックスが表示されるので、[許可]をクリックします。

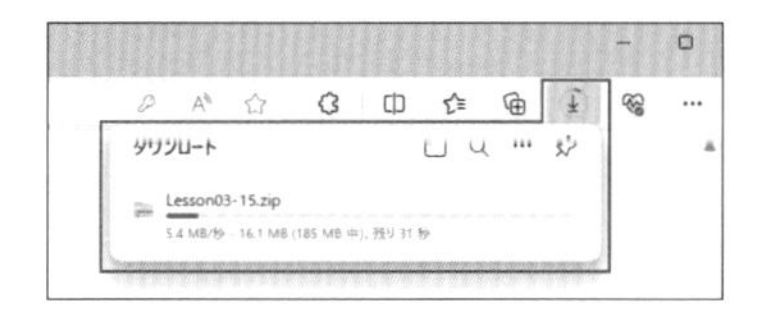

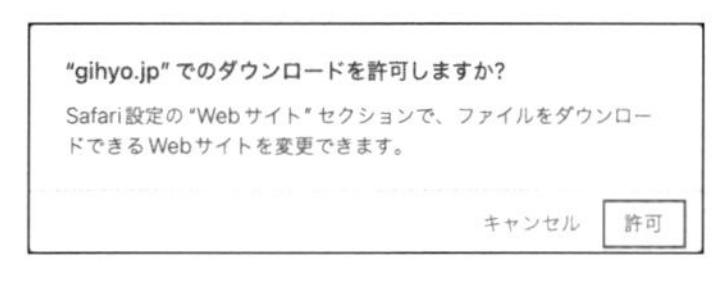

6 Windowsでは、ファイルが「ダウンロード」フォルダに保存されます。ポップアップウィンドウの[フォルダーに表示]アイコンをクリックして、「ダウンロード」フォルダを開き、展開してからご利用ください。Macでは、ダウンロードされたファイルは、自動解凍されて「ダウンロード」フォルダに保存されます。

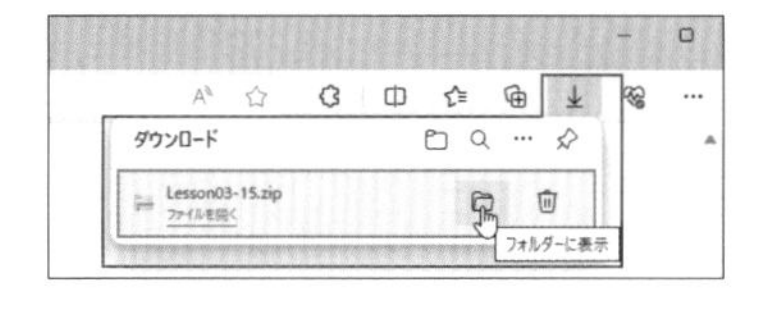

ダウンロードの注意点

- 上記手順はWindows 11でMicrosoft Edgeを使った場合の説明です。Macについては、macOS 14(Sonoma)のSafariを使った場合です。
- インターネットの通信状況によってうまくダウンロードできないことがあります。その場合はしばらく時間を置いてからお試しください。
- Macで自動展開されない場合は、ダブルクリックで展開できます。

**本書で使用しているレッスンファイルは、
小社Webサイトの本書専用ページよりダウンロードできます。
ダウンロードの際は、記載のIDとパスワードを入力してください。
IDとパスワードは半角の小文字で正確に入力してください。**

ダウンロードファイルの内容

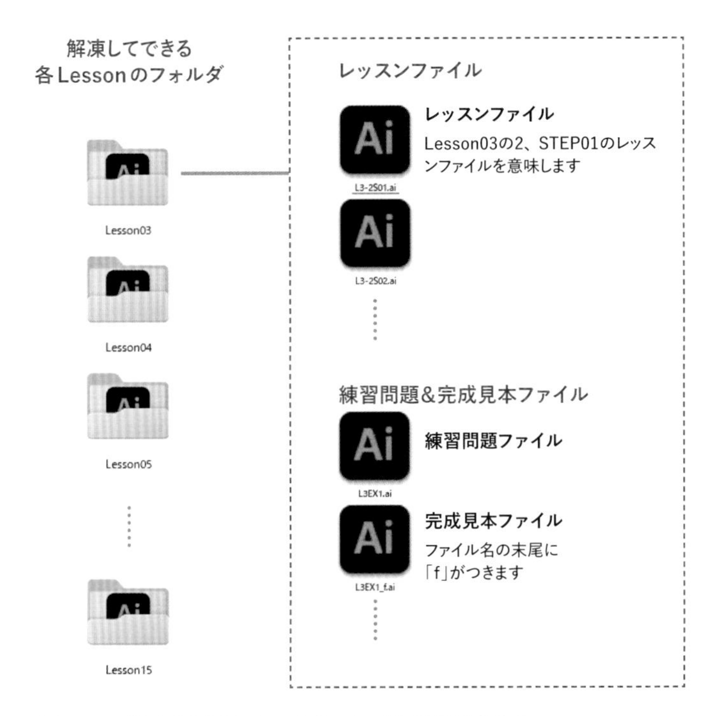

レッスンファイル利用についての注意点

- レッスンファイルの著作権は各制作者(著者)に帰属します。これらのファイルは本書を使っての学習目的に限り、個人・法人を問わずに使用することができますが、転載や再配布などの二次利用は禁止いたします。
- レッスンファイルの提供は、あくまで本書での学習を助けるための無償サービスであり、本書の対価に含まれるものではありません。レッスンファイルのダウンロードや解凍、ご利用についてはお客様自身の責任と判断で行ってください。万一、ご利用の結果いかなる損害が生じたとしても、著者および技術評論社では一切の責任を負いかねます。

- Lesson01と02には、レッスンファイルはありません。
- ダウンロードファイルは、各Lessonごとに分かれています。
- ダウンロードしたファイルを展開すると、各STEPごとに使用するレッスンファイルと、章末の練習問題用のファイルが入っています。フォルダをデスクトップなどに移動して、必要に応じて利用してください。
- レッスンファイルによっては、複数のオブジェクトが保存されている場合があります。オブジェクトにはABCのように記号が表示されているので、本文内に表記された記号のオブジェクトを使用して練習してください。

Adobe Illustrator 日本語版 **無償体験版について**

Adobe Illustrator日本語版 体験版(7日間無償)は以下のWebサイトよりダウンロードすることができます。

https://www.adobe.com/jp/downloads.html

Webブラウザ(Microsoft Edgeなど)で上記Webページにアクセスし、Illustratorを選択してWebページの指示にしたがってください。なお、Adobe IDの取得(無償)、Creative Cloudメンバーシップ無償体験版への登録が必要になります。

※Adobe Creative Cloud、Adobe Illustratorの製品版および体験版については、アドビ社にお問い合わせください。著者および技術評論社ではお答えできません。

体験版は1台のパソコンに1回限り、インストール後7日間、製品版と同様の機能を無償でご使用いただけます。この体験版に関するサポートは一切行われません。サポートおよび動作保証が必要な場合は、必ず製品版をお買い求めください。

CONTENTS

はじめに …… 003
本書の使い方 …… 004
レッスンファイルのダウンロード …… 006

Lesson 01
Illustratorの基本 011
1-1 Illustratorの基礎知識 …… 012
1-2 ファイルを作成・保存する …… 014
1-3 Illustratorの基本操作 …… 020

Lesson 02
図形を描く 029
2-1 四角形を描く …… 030
2-2 円を描く …… 035
2-3 多角形を描く …… 038
2-4 星形を描く …… 040
Q 練習問題 …… 044

Lesson 03
線を描く 045
3-1 直線を描く …… 046
3-2 曲線を描く …… 049
Q 練習問題 …… 056

Lesson 04
フリーハンドで描く 057
4-1 フリーハンド系ツール …… 058
4-2 鉛筆ツールで描く …… 060
4-3 ブラシで描く …… 062
4-4 塗りブラシツールと消しゴムツール …… 064
4-5 パスを単純化する …… 066
Q 練習問題 …… 068

Lesson 05
オブジェクトの変形 069
5-1 オブジェクトを選択する …… 070
5-2 オブジェクトを変形する …… 076
5-3 アンカーポイントとハンドルを操作する …… 090
Q 練習問題 …… 096

Lesson 06 オブジェクトの編集 097

6-1 レイヤーを使う …… 098
6-2 オブジェクトを複製する …… 104
6-3 きれいに整列させる …… 106
6-4 複数のオブジェクトを扱う …… 110
Q 練習問題 …… 114

Lesson 07 オブジェクトの合成 115

7-1 パスファインダーパネルで合成する …… 116
7-2 シェイプ形成ツールで合成する …… 120
7-3 複合パスで穴を開ける …… 123
7-4 クロスと重なり …… 124
7-5 クリッピングマスク …… 126
Q 練習問題 …… 130

Lesson 08 色の設定 131

8-1 色を設定する …… 132
8-2 グラデーションを使う …… 141
8-3 パターンを使う …… 151
8-4 アピアランスパネル …… 154
8-5 オブジェクトを再配色 …… 156
Q 練習問題 …… 158

Lesson 09 線の設定 159

9-1 線を設定する …… 160
9-2 線幅ツールを使う …… 166
9-3 ブラシを適用する …… 169
9-4 線を変形する便利な機能 …… 174
Q 練習問題 …… 178

Lesson 10 文字を扱う 179

10-1 文字を入力する …… 180
10-2 文字を編集する …… 184
10-3 文字をレイアウトする …… 197
10-4 段落スタイル …… 201
Q 練習問題 …… 204

Lesson 11
透明の設定 205
11-1 オブジェクトの不透明度 206
11-2 フェードアウト 209
11-3 描画モード 212
Q 練習問題 214

Lesson 12
リアルなデザインのための機能 215
12-1 3Dとマテリアル効果で立体感を出す 216
12-2 グラデーションメッシュ 229
12-3 画像トレース 232
12-4 シンボル 236
12-5 リピート 240
12-6 テキストからベクター生成 243
Q 練習問題 244

Lesson 13
表やグラフを描く 245
13-1 表を描く 246
13-2 グラフを描く 249
Q 練習問題 258

Lesson 14
高度な変形 259
14-1 効果メニューで変形する 260
14-2 エンベロープ 262
14-3 ブレンド 268
Q 練習問題 270

Lesson 15
出力データの作成 271
15-1 画像を配置する 272
15-2 印刷用データを作成する 277
15-3 Web素材データを作成する 280

索引 286

Lesson 01

Illustratorの基本

はじめに、Illustratorがどんなソフトで、どのような目的で使用されるかということを学びます。また、ファイルの作成や開き方、保存方法、パネルの表示方法などIllustratorの基本的な操作方法についても学びます。

1-1 Illustratorの基礎知識

Illustratorは、商業印刷をはじめ、Web制作や映像制作などクリエイティブな現場でプロが使うデザインツールとして必須のソフトウェアとなっています。はじめに、Illustratorがどんなソフトなのか、概要をつかんでおきましょう。

Illustratorとは

Illustratorは、アドビ社が販売しているグラフィックソフトウェアで、出版や広告などの印刷物の作成から、Web用のパーツなどの作成まで、幅広い用途で利用されています。
アドビ社には、写真の補正・加工で有名なPhotoshopや、書籍制作に欠かせないページレイアウトソフトInDesignなどの、グラフィックやデザイン関連のソフトウェアがたくさん用意されていますが、Illustratorはもっとも歴史の長いソフトで、1987年にバージョン1がリリースされました。以降、機能追加や細かなアップデートが繰り返されており、2023年11月末時点での最新バージョンは、「Illustrator 2024」で、トータルのバージョン数でいうと「28」になります。
Illustratorは、多くのユーザーに愛用され、プロのデザイナーやイラストレーターの定番ソフトとなっています。

ベクトルとラスターとの違い

グラフィックソフトは、「ベクトル系（ドロー系）」と「ラスター系（ペイント系）」に大別されます。
Illustratorはベクトル系ソフトです。ベクトル系ソフトでは、円や長方形などの図形はひとつのかたまり（オブジェクト）として描画されます。オブジェクトは、数式で記憶されているため、拡大や変形しても劣化しないのが大きな特徴です。また、オブジェクトごとに選択して重ねたり、移動したりできます。
ラスター系ソフトは、小さな点（ピクセル）で描画するソフトで、アドビ社の製品ではPhotoshopが代表的です。ラスター系ソフトは、拡大や変形すると画像が粗くなる場合があります。また、ベクトル系と異なり、画像内にある一部の円や長方形だけを移動や削除することは簡単にはできません。
なお、デジタルカメラで撮影した写真の画像も、ラスター系ソフトで作成した画像と同じようにピクセルが集まってできています。

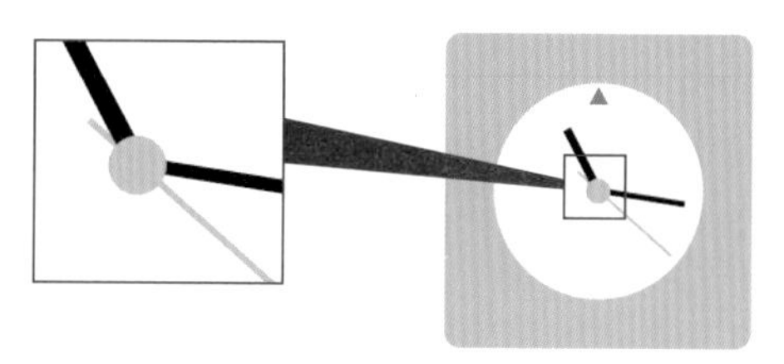

Illustratorの図形は、拡大してもなめらか

デジタルカメラの画像などは拡大すると画像が粗くなる

Illustratorのパスの構造

Illustratorで作成する円や長方形などの図形を「パス」といい、パスは「アンカーポイント」と「セグメント」でできています。アンカーポイントとは、図形の形状を決めるための点で、セグメントはアンカーポイント同士を結ぶ線です。曲線部分のアンカーポイントからはセグメントの形状を決める方向線(ハンドル)が出ており、方向線(ハンドル)をコントロールすることで、自由に曲線を作成できます。
オブジェクトの形状は、基本的にはパスの形状となります。オブジェクトの色は、パスの内部([塗り])と、パスそのもの([線])にそれぞれ設定できます。パスが閉じたものは「クローズパス」、開いているものは「オープンパス」といいます。オブジェクトの形状は、アンカーポイントや方向線を調節することで、自由に変形できます。

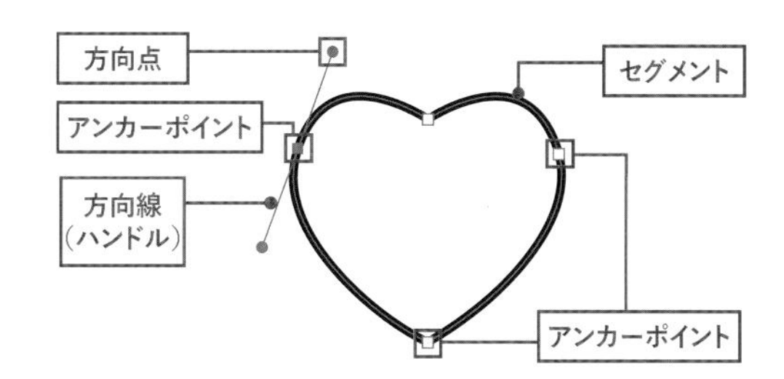

Illustratorで作成した図形(パス)は、アンカーポイントとセグメントで構成される

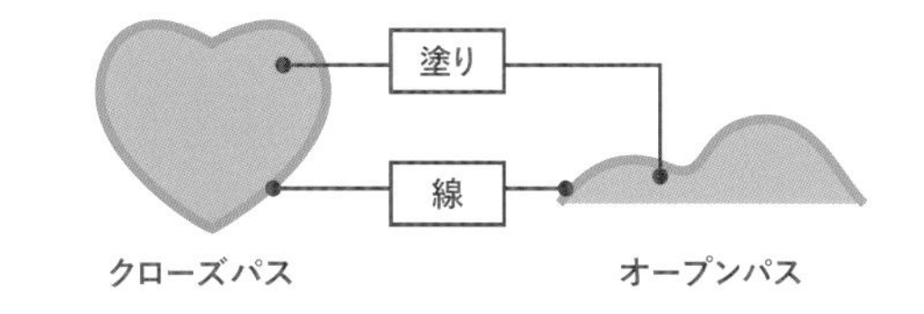

線が閉じた図形はクローズパス、開いている図形はオープンパス

画像も配置できる

Illustratorでのアートワークの制作の基本は、図形を作成することですが、文字を入力したり、写真などの画像データを配置することもできます。
配置した画像は、Photoshopのように細かいレタッチはできませんが、拡大・縮小、回転などの基本的な変形は行えます。また、Photoshop用のフィルターを使って、画像に対して特殊効果を加えることもできます。
Illustratorでは、描画した図形、配置した画像、入力したテキストなどをオブジェクトといいます。オブジェクトは互いに独立しているので、後からオブジェクトを個別に選択して移動、変形、削除などが可能です。

画像

図形

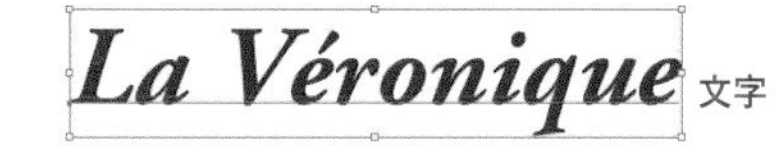

文字

Illustratorで作成した図形や、文字、配置した画像などをオブジェクトといい、移動や変形が可能

COLUMN

複数のバージョンがあるIllustrator

Illustratorは、すべてWebサイトからダウンロードして利用します。料金は、毎月の使用権を購入するサブスクリプション形式が採用され、Adobe IDでサインインすれば、どのPC/Macでも利用できます。
名称はIllustratorに統一されていますが、ほぼ1年おきに最新バージョンがリリースされています。2023年11月にリリースされたIllustratorは、通算バージョン番号が「28」で、「Illustrator 2024」と表示されます。Creative Cloudユーザーは、直近の2バージョンである「Illustrator 2024」と「Illustrator 2023」をダウンロードできます(2023年11月時点)。すでにダウンロードしたものは、アンインストールしなければ利用できます。なお、2017年リリースまでは「Illustrator CC」とよばれていましたが、2018年リリースからは「Illustrator」となりました。また、正式なリリースではありませんが、次のバージョンでリリースされる機能を搭載したベータ版もダウンロードできます。

1-2 ファイルを作成・保存する

Illustratorでは、ファイル（ドキュメント）の新規作成時に、作成目的に適したサイズやカラーモードを設定します。設定方法について学びましょう。また、既存のファイルの開き方や開いた際のエラーの対処方法、保存方法について学びます。

ホーム画面

Illustratorの起動直後は、ホーム画面が表示されます。この画面から、新規ファイルを作成、または既存ファイルを開きます。最近使用したファイルはサムネールで表示され、クリックするだけで開けるので、直近の仕事をすぐに再開できます。

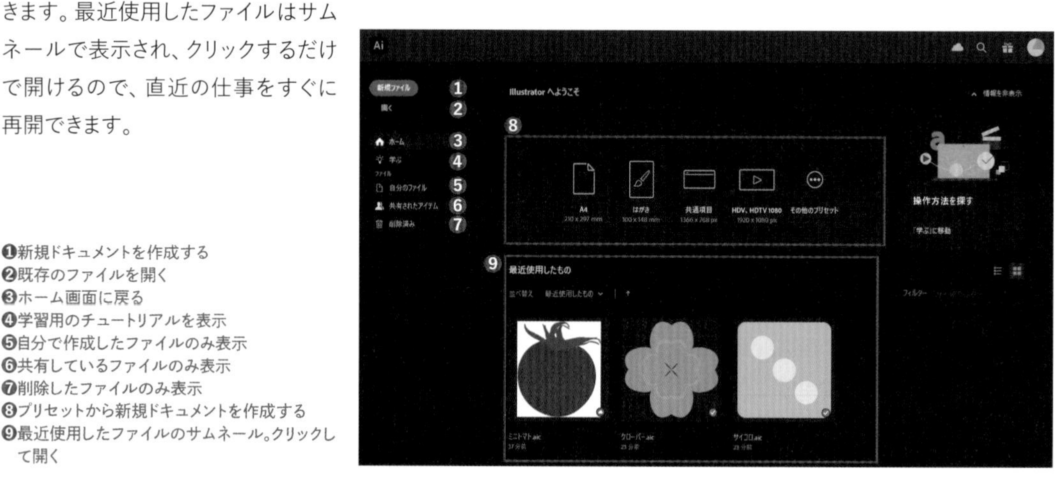

❶新規ドキュメントを作成する
❷既存のファイルを開く
❸ホーム画面に戻る
❹学習用のチュートリアルを表示
❺自分で作成したファイルのみ表示
❻共有しているファイルのみ表示
❼削除したファイルのみ表示
❽プリセットから新規ドキュメントを作成する
❾最近使用したファイルのサムネール。クリックして開く

新規ファイルの作成

新規ファイルを作成する

新規ファイルを作成するには、ホーム画面で［新規ファイル］をクリックするか、［ファイル］メニューの［新規］を選択します（ショートカットキーは Ctrl（command）+ N キー）。［新規ドキュメント］ダイアログボックスが表示されるので、画面上部で新規ドキュメントの用途を選択し、［空のドキュメントプリセット］で、ドキュメントのサイズを選択します。右側に［プリセットの詳細］が表示されるので、ファイル名を入力し、必要に応じて［アートボードの数］［サイズ］［方向］を選択してください。［詳細設定］をクリックすると、［詳細設定］ダイアログボックスを表示できます。［作成］をクリックすると、設定したサイズのファイルが作成されます。

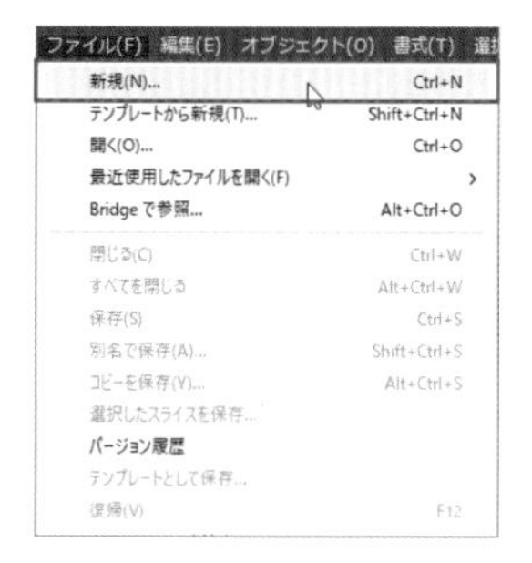

✔CHECK!

ホーム画面のプリセットから作成

ホーム画面のプリセットの左側の4つのアイコンをクリックすると、［新規ドキュメント］ダイアログボックスを表示せずに選択したプリセットの設定で新しいファイルを作成できます。［その他のプリセット］をクリックすると、［新規ドキュメント］ダイアログボックスが表示されます。

❶新規ファイルの用途を選択
❷プリセット(サイズ)を選択
❸テンプレートから新規ファイルを作成
❹ファイル名を入力する。未定の場合はそのままでかまわない
❺アートボードの幅と高さ、方向、単位、数を設定する
❻裁ち落としのサイズを設定する
❼カラーモードなどの詳細な設定をする(通常は変更せずにそのまま)
❽[詳細設定ダイアログボックス]を表示する
❾クリックすると、設定のファイルを作成する

✔CHECK!

プリセットとは

作成目的に応じて最適な状態の新規ファイルを作成する設定です。これを選択すれば、後はアートボードの数やサイズ、向きだけを設定するだけです。

アートボードと裁ち落としライン

Illustratorでは、図形や画像を配置する領域を「アートボード」といい、目的のサイズ(印刷する用紙サイズなど)を指定します。アートボードは、ひとつのファイルに複数個(最大1,000個)作成できます。同じサイズのアートボードを複数作れば、簡単なページものの制作も可能です。アートボードは後からでも追加できます。また、アートボードごとに異なったサイズも設定できるのも特長です。

裁ち落としラインは、アートボードの外側に赤いラインで表示されます。商業印刷物作成時に、用紙の端いっぱいまで画像やオブジェクトを印刷する場合、紙を裁断する際の余白としてアートボードよりも若干はみ出した状態でレイアウトします。このはみ出し幅が裁ち落としです。通常は裁ち落とし幅は3mmで、新規ドキュメント作成時に設定します。

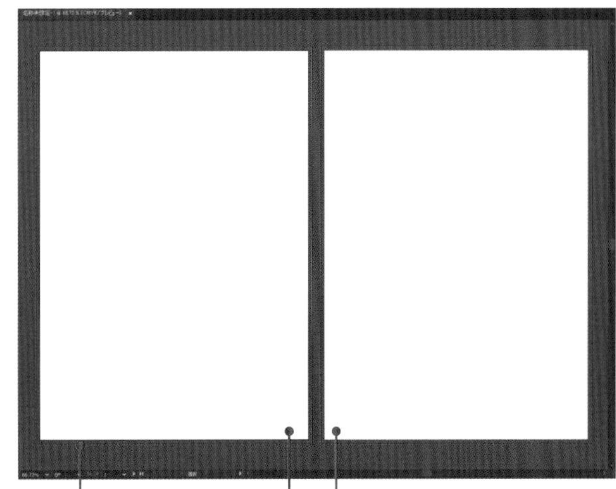

裁ち落としラインは
アートボードの外側の赤い線

アートボードは、指定した数と並び順で作成される。
基本的に、アートボード内に図形等を作成する

COLUMN

カラーモード

新規ファイルを作成する際に注意が必要なのが、カラーモードです。カラーモードには、CMYKモードとRGBモードのふたつがあります。

CMYKモードは主に印刷物の制作用で、CMYKとは印刷に利用する4色のインクである、シアン(C)、マゼンタ(M)、イエロー(Y)、ブラック(K)のことです。RGBモードのRGBは光の三原色であるレッド(R)、グリーン(G)、ブルー(B)のことで、Webなどモニタ表示を目的とした制作物の場合に使います。

既存ファイルを開く

既存ファイルを開く

すでに保存済みのファイルを開くには[ファイル]メニューの[開く]を選択し、ダイアログボックスで開くファイルを選択します。ショートカットキーの Ctrl (command)+ O キーを覚えておくとよいでしょう。Illustratorファイルを直接ダブルクリックしてもかまいません。また[ファイル]メニューの[最近使用したファイルを開く]からは、直近に使用したファイルが表示され、選択するだけで開くことができます。

CHECK!

ホーム画面から開く

ホーム画面が表示されている場合、最近使用したファイルのサムネールをクリックして、ファイルを開けます。また[開く]をクリックしてファイルを指定して開けます。

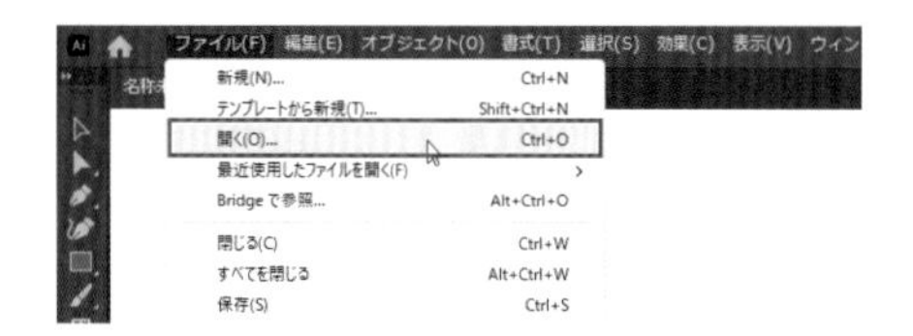

既存ファイルを開くには、[ファイル]メニューの[開く]を選択する

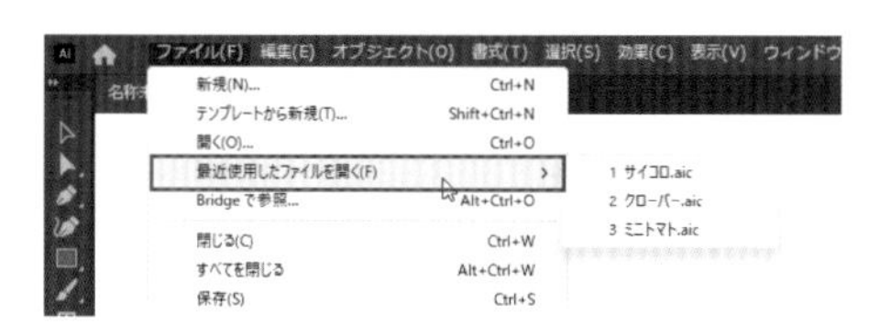

[最近使用したファイルを開く]からは、直近に開いたファイルを選択して開くことができる

開く際の警告ダイアログボックス

自分のパソコン以外で作成したファイルを開くと、警告ダイアログボックスが表示されることがあります。初めて表示されるときは驚くかと思いますが、Illustratorを使い込んでいくと頻繁に遭遇します。ここでは、表示される代表的なダイアログボックスと、対処方法を説明します。

環境にないフォント

開いたIllustratorファイルに使われているフォントが、自分のパソコンにないときに表示されます。フォントがない状態でもIllustratorで開いて作業することも可能ですが、代替フォントが使われるため、元のレイアウトと若干異なることを理解してください(代替フォントが適用された箇所は、背景がピンクの強調表示となります)。
最適な対処方法は、表示されたフォントをインストールすることです。「Adobe Fonts」で入手できるフォントは、[アクティベート]にチェックして[フォントをアクティベート]をクリックすればインストールできます。

お問い合わせ・ご予約は
03-1234-5678

強調表示された代替フォントの適用箇所。本来のフォントとは別の代替フォントで表示されていることがわかる

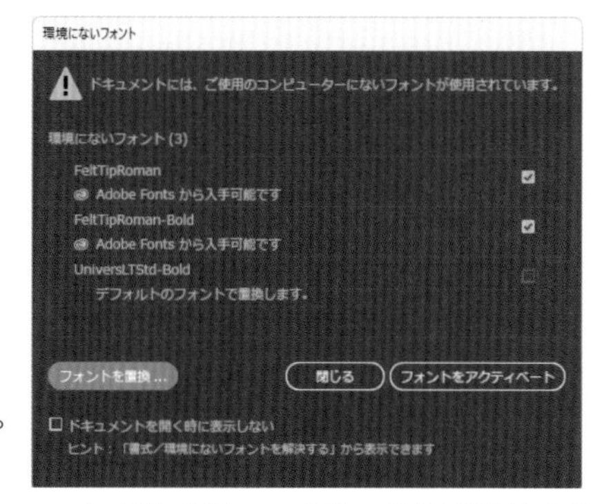

ファイルを開いた際、フォントがない場合に表示されるダイアログボックスの例

COLUMN

フォントとAdobe Fonts

フォントとは、文字の形状を決める書体データのことです。Windows/Macともに、はじめからフォントが入っていますが、書体にこだわったアートワークを作成するには、自分でフォントを追加する必要があります。フォントは無償のものもありますが、印刷用途のフォントは、モリサワやフォントワークスなどの製品のように有償のものがほとんどです。
「Adobe Fonts」は、フォントをWebから提供するAdobeのサービスです。Creative Cloudユーザーは、Adobe Fontsのフォントを、自由にダウンロードして利用できます。

CHECK!

Adobe Fontsの自動アクティベート

[編集]メニュー→[環境設定]→[ファイル管理](Macでは[Illustrator]メニュー→[環境設定]→[ファイル管理])で、[Adobe Fontsを自動アクティベート]をオンにすると、パソコンにないフォントがAdobe Fontsにある場合、自動でダウンロードして使用できるようになります。
なお、[環境にないフォント]ダイアログボックスを閉じた後に表示されるダイアログで[自動アクティベートを有効にする]をクリックしても、自動アクティベートをオンにできます。

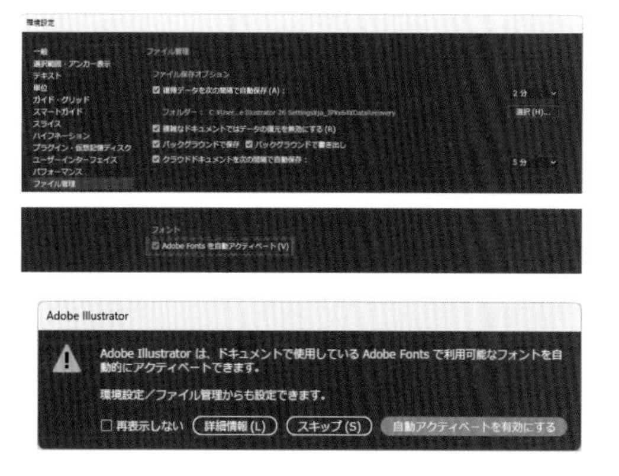

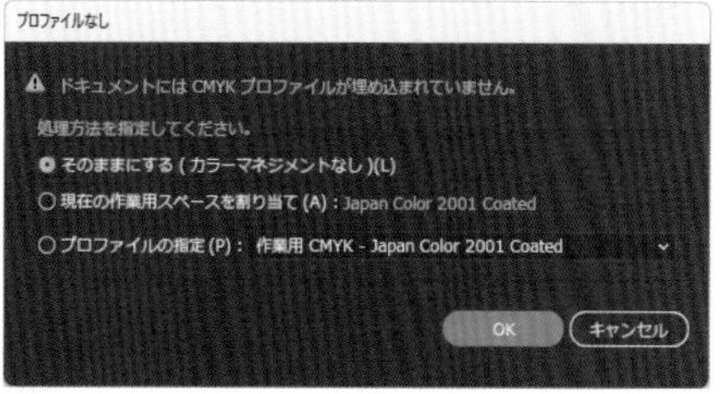

カラープロファイルの違い

[編集]メニューの[カラー設定]での設定内容によって表示されるダイアログボックスです。開いたファイルに埋め込まれたカラープロファイルと、自分の作業環境のカラープロファイルが異なる場合に表示されます。[カラー設定]で、初期設定の「一般用 - 日本2」が選択されていれば表示されません。
[プロファイルなし]ダイアログボックスが開いた場合、そのファイルにはカラープロファイルが埋め込まれていません。通常は「そのままにする」を選択しておくとよいでしょう。「現在の作業用スペースを割り当て」を選択すると、色が変わる可能性があります。
[埋め込まれたプロファイルの不一致]ダイアログボックスが表示された場合は、ファイルのカラープロフィルと、作業環境のカラープロファイルのどちらに合わせるか、カラープロファイルを破棄してしまうかを選択します。通常は「作業用スペースの代わりに埋め込みプロファイルを使用する」を選択しておくとよいでしょう。

プロファイルのないファイルを開いた際に表示される

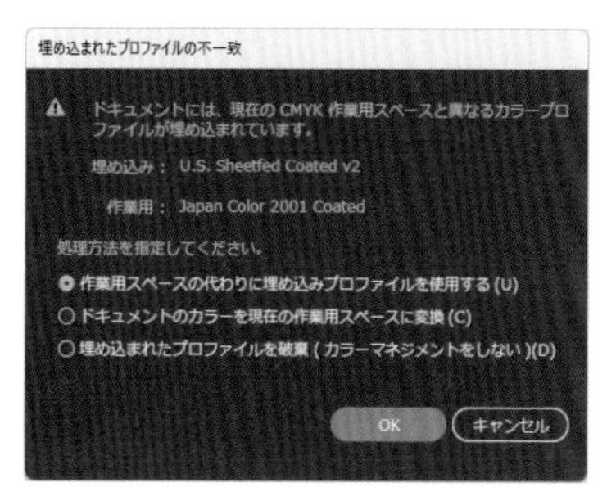

異なるプロファイルのファイルを開いた際に表示される

COLUMN

カラー設定とカラープロファイル

写真画像をモニタで見ると、同じ写真がモニタによって色が変わって見えることがあります。これは、同じ色でも、モニタによって発色が異なるからです。このような色の異なりを最小限に抑えるために、色の数値が実際にどの色を表すかを決めているのがカラープロファイルです。Illustratorでは[編集]メニューの[カラー設定]の、「作業用スペース」で設定されています。
カラープロファイルを使って色を管理することをカラーマネジメントといいます。
本書は初期設定である「一般用 - 日本2」を前提に解説しています。

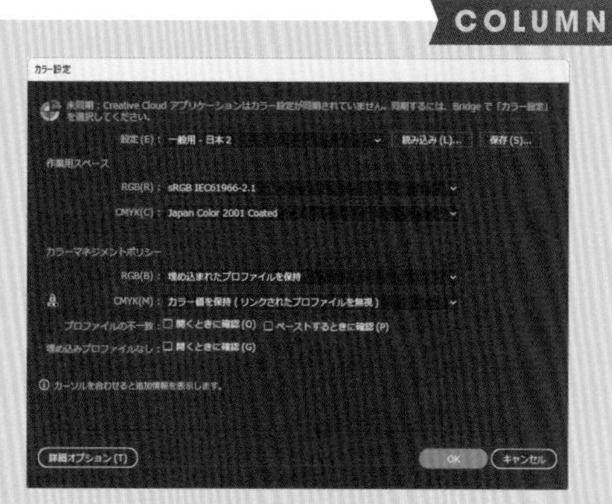

「作業用スペース」でカラープロファイルを選択する。「カラーマネジメントポリシー」では、異なったカラープロファイルのファイルを開いた際の対応方法を設定する

ファイルの保存

ファイルを保存するには、[ファイル]メニューの[保存]を選択します。キーボードショートカットはCtrl(command)+Sキーです。「クラウドドキュメントとして保存すると、さらに多くのことができるようになります」と表示されたら、[コンピュータに保存]をクリックしてください([クラウドドキュメントに保存]は次ページ参照)。[別名で保存]ダイアログボックスが開くので、[ファイル名]、[保存場所]、[ファイルの種類](Macでは[ファイル形式])を選択して[保存]をクリックします。[ファイルの種類](Macでは[ファイル形式])は、ファイル形式のことで、通常は[Adobe Illustrator(*.AI)]を選択します。
[Illustratorオプション]ダイアログボックスが表示されるので、バージョンやオプションを設定して[OK]をクリックします。

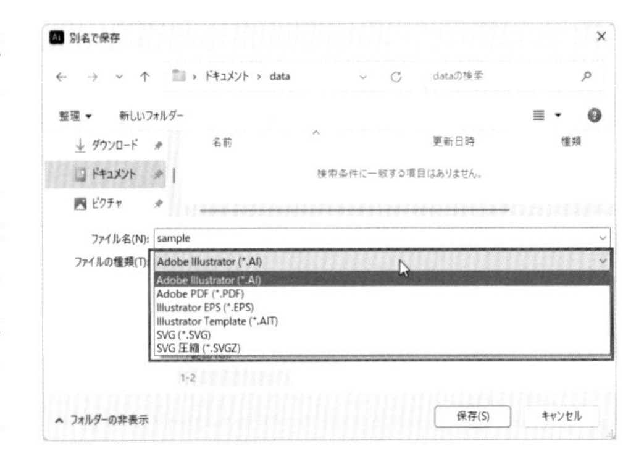

通常は「Adobe Illustrator(*.AI)」を選択する

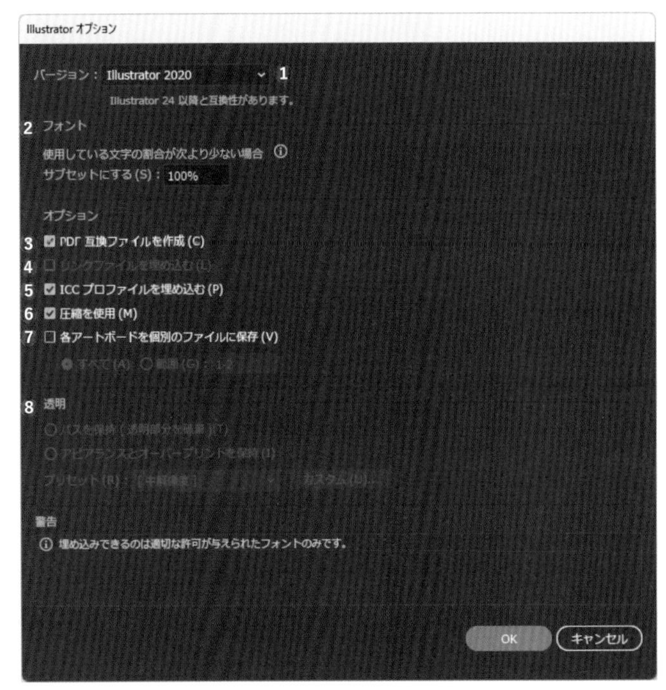

❶バージョンを選択する(通常は[Illustrator 2020]を選択)。[Illustrator CCレガシー]は、Illustrator CCから2019までのバージョン
❷ファイル内で使用しているフォントを埋め込む際のサブセットにする割合を設定する(通常は変更せずにそのまま)
❸チェックするとPDF互換ファイルが作成され、IllustratorファイルをAdobe Readerで表示できる
❹配置した画像を埋め込んで保存するにはチェックする
❺カラープロファイルを埋め込んで保存する場合にはチェックする
❻ファイルを圧縮する(通常はチェック)
❼アートボードを個別のファイルに保存する際にチェックする
❽不透明度を適用したオブジェクトを含むファイルをIllustrator 8以前のバージョンで保存する際に、サポートされていない透明部分をどうするかを設定する。「パスを保持」では透明が情報がなくなりパスの形状が保持され、「アピアランスとオーバープリントを保持」では透明な見た目が保持されるがパスは分割される

そのほかのファイル形式

「Adobe PDF(*.PDF)」は、Adobe Acrobat Readerで表示できるPDFで保存する場合に選択します。PDFは作成したデータを、Illustratorを持たないユーザーに見てもらう場合や、印刷データとして使用します。「Illustrator EPS(*.EPS)」は、AIファイルをレイアウトできない古いDTPソフトでIllustratorファイルを配置する際に使用します。「Illustrator Template(*.AIT)」は、テンプレートファイルとして保存します。テンプレートファイルは[ファイル]メニューの[テンプレートから新規]で選択すると、保存した内容が入った新規ファイルを作成できます。「SVG(*.SVG)」「SVG圧縮(*.SVGZ)」は、W3C(World Wide Web Consortium:インターネットで使用される各種技術の標準化を推進するために設立された標準化団体)がオープン標準として勧告しているベクターデータの画像形式で保存します。

COLUMN

復帰データの保存

Illustratorは、作業状態が復帰データとして自動で保存されています(初期設定では2分間隔で保存)。Illustratorが異常終了しても、次回起動時に復帰データから作業できます。復帰データの保存間隔は、[編集]メニュー(Macでは[Illustrator]メニュー)→[環境設定]→[ファイル管理]で設定できます。

クラウドドキュメントに保存

ファイルを保存する際に、[Creative Cloudに保存]を選択すると、インターネットを通してAdobeのクラウド環境に保存されます(前ページの[別名で保存]ダイアログボックスでも[Creative Cloudに保存]をクリックしても大丈夫です)。クラウドドキュメントとして保存すると、同じAdobe IDでサインインすれば、ほかのコンピュータやiPadからも同じファイルを利用できます。
[Creative Cloudに保存]では、ファイル名はつけられますが、[コンピュータに保存]とは異なりバージョンの選択などのオプションはありません。拡張子は自動で「*.aic」となり、タブにはが表示されます。

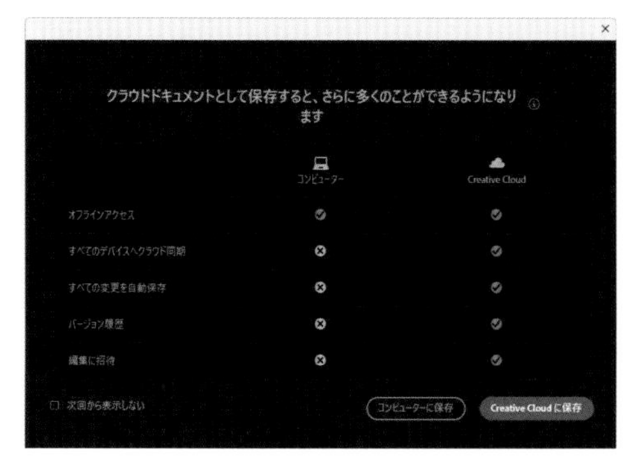

[Creative Cloudに保存]を選択すると、クラウドに保存される

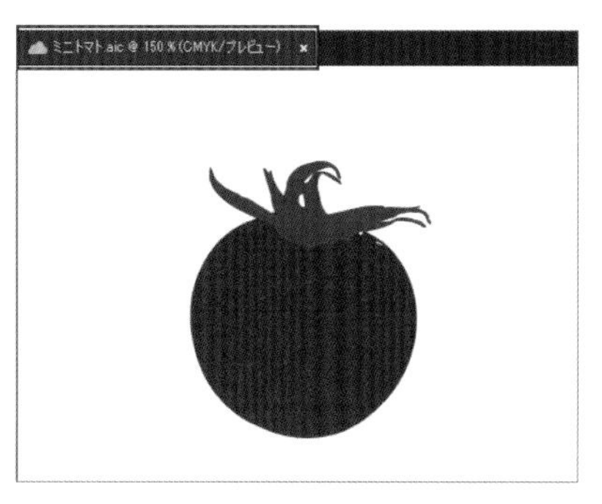

拡張子は自動で「*.aic」となり、タブにはが表示される

クラウドドキュメントの管理

ホーム画面の[自分のファイル]を選択すると、[Creative Cloudに保存]で保存したクラウドドキュメントが表示されます。ファイルをクリックすれば、クラウドドキュメントを開けます。また、ファイル名を変更したり、削除したりできます。フォルダーを作って管理することもできます。
また、Webブラウザーで、Creative Cloudのサイト(https://creativecloud.adobe.com/ja/)にサインインし、左側のメニューで[ファイル]を選択すると、すべてのクラウドドキュメントを表示できます。

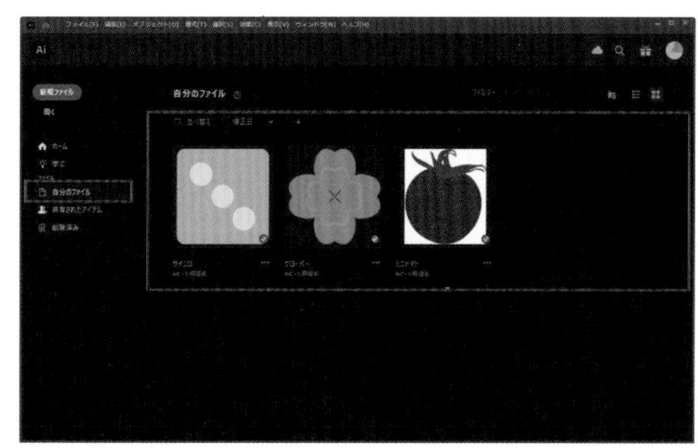

ホーム画面の[自分のファイル]で、クラウドドキュメントを管理できる

バージョン履歴

クラウドドキュメントは、上書き保存するごとに、日付と時刻のわかるバージョンが作成されます。[バージョン履歴]パネルを表示すると、過去のバージョンがリスト表示され、クリックすると過去の状態をプレビューできます。また、をクリックすると、過去のバージョンに戻したり、わかりやすい名前をつけたりできます。
過去バージョンは30日を過ぎると削除されますが、をクリックして保護すると、削除対象から除外されます。

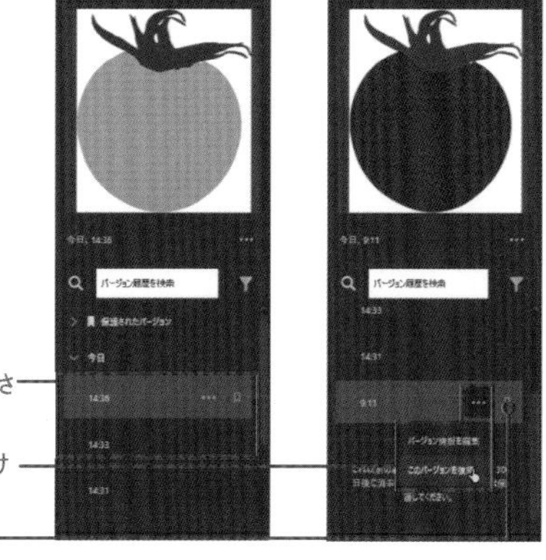

1-3 Illustratorの基本操作

Illustratorの作業画面や、パネルの表示に関する基本操作を覚えましょう。アートワーク制作のための、はじめの一歩です。使いやすい操作環境を作りましょう。また、制作時に必須となる画面の拡大・縮小表示の方法や、操作の取り消しなどもしっかり覚えましょう。

Illustratorの作業画面

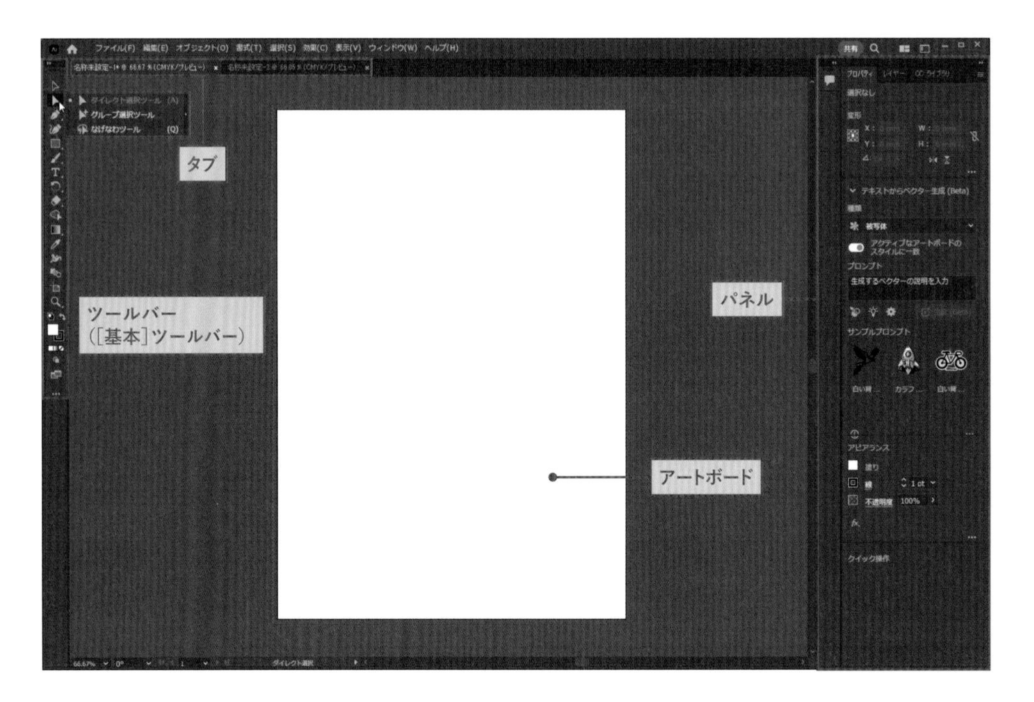

アートボードとタブ

Illustratorのアートワークを制作する部分です。ファイルの新規作成時に設定したサイズが表示されます。アートボードの範囲内が印刷領域となります。複数のファイルを開いたときは、タブをクリックして切り替えます。

ツールバー

画面左側に、ツールバーが表示され、図形を描画するツールや、変形するツールを選択します。ツールは数が多いため、系統の似ているツールはまとまっており、代表ツール以外は隠れています。初期設定の表示では、頻度の高いツールだけで構成される[基本]ツールバーが表示されています。

パネルとドック

画面右側に表示されているのが、各種設定パネルです。パネルで、選択したオブジェクトの詳細な属性を設定します。複数のパネルはドッキングでき、タブ名をクリックすると切り替えられます。ドッキングしているパネルをドックといい、画面の右側か左側に格納できます。

CHECK!

作業画面は使いやすいように変更できる

初期状態の作業画面は、表示されているツールやパネルがシンプルなものになっています。この画面は、自分で作業しやすいように変更できます。パネルは、初期表示のもの以外に、自分がよく使うパネルだけを表示したり、不要なものを非表示にするなど、変更が可能です。

ツールバーの操作を覚えよう

ツールバーの表示

ツールアイコンの右下に◢が表示されるツールは、アイコン上でマウスボタンを押し続けると、隠れているツールがポップアップ表示され選択できます。また、ポップアップ表示の右側の▶部分をクリックすると、切り離して独立したパネルとして表示できます。

パネル上部の◀◀または▶▶をクリックすると、ツールバーの表示の列数を変更できます。2列表示しているほうが使い勝手がよくなります。また、ほかのパネルと同様にドックから切り離して表示できます。本書では、独立させた状態の2列表示を基本として解説しています。

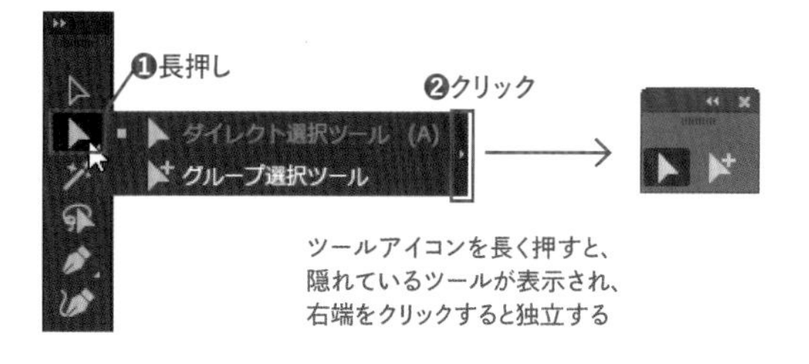

ツールアイコンを長く押すと、隠れているツールが表示され、右端をクリックすると独立する

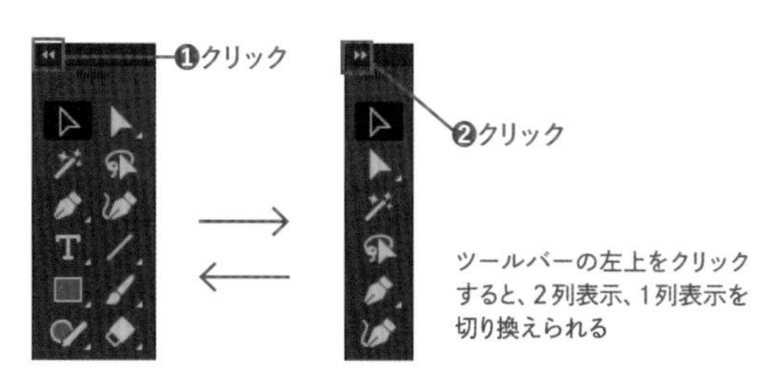

ツールバーの左上をクリックすると、2列表示、1列表示を切り換えられる

2つのツールバー

ツールバーに、基本的なツールだけを表示する[基本]ツールバーと、すべてのツールを表示する[詳細]ツールバーの2つが用意されています。[ウィンドウ]メニュー→[ツールバー]→[基本]または[詳細]で選択できます。初期状態では、[基本]ツールバーが表示されます。

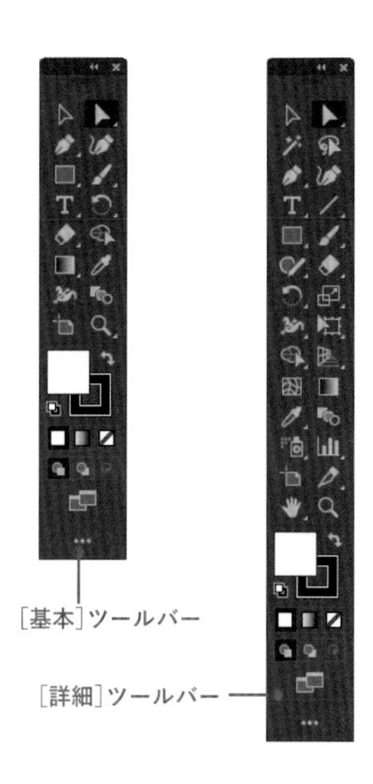

CHECK!

ツールバーのカスタマイズ

ツールバーをカスタマイズできます。[ウィンドウ]メニュー→[ツールバー]→[新規ツールバー]を選択します。[新規ツールバー]ダイアログボックスで名称を入力して[OK]をクリックすると、空のツールバーが表示されます。•••をクリックするとツールが表示されるので、よく使うツールをドラッグしてください。作成したカスタムツールバーは、[ウィンドウ]メニュー→[ツールバー]で、表示・非表示を選択できます。

ワークスペース

Illustratorは、パネルは使いやすい位置に自由に配置でき、どのパネルをどのような状態で表示するかを保存できます。その状態を「ワークスペース」といいます。
はじめは「初期設定」ワークスペースが選択されています（P.020 の画面）。メニューバー（Macではアプリケーションバー）の をクリックしてワークスペースを切り替えたり、[新規ワークスペース]を選択して現在の状態を保存できます。また、保存したワークスペースの位置の初期状態に戻すには、[初期設定をリセット]を選択します。
本書では、すべてのツールが表示される[詳細]ツールバー、コントロールパネルや使用頻度の高いパネルが表示される「初期設定（クラシック）」ワークスペースを使用して説明しています。

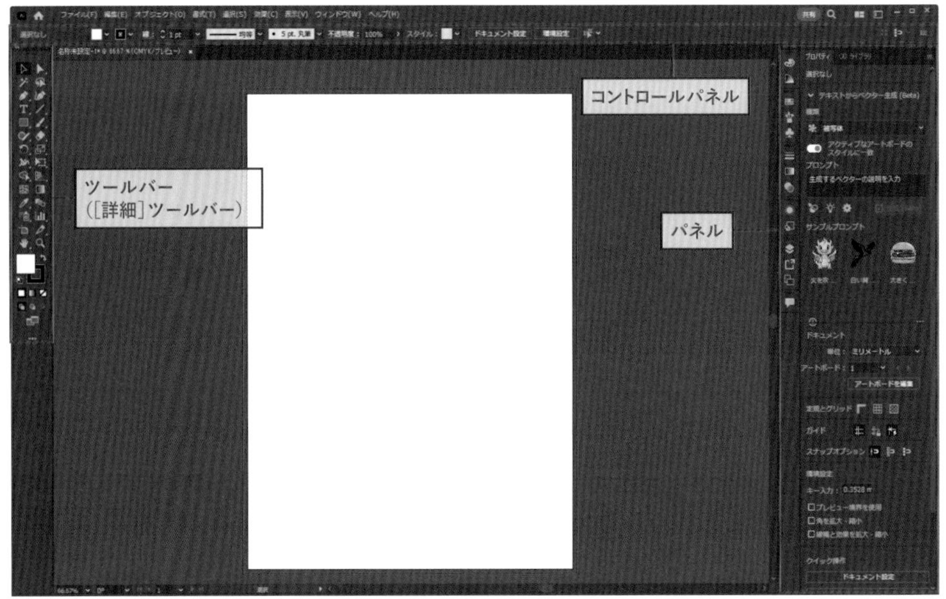

[初期設定（クラシック）]ワークスペース

パネルの操作を覚えよう

パネルの展開表示

画面右側には、各種設定パネルがアイコンの状態で格納されています。アイコンをクリックすると、パネルが表示されます。ドッキングしているパネルをドックといい、アイコン表示されている状態をアイコンパネルといいます。
ドックの上部にある をクリックすると、すべてのパネルが展開された状態で表示されます。作業スペースは狭くなりますが、この状態のほうが必要なパネルがすぐに操作できて効率的です。

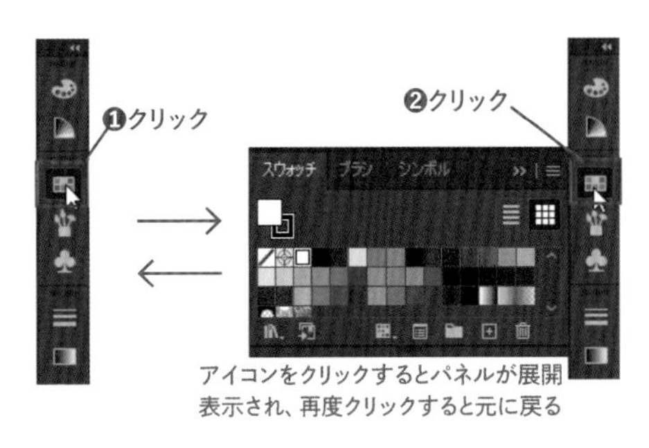

アイコンをクリックするとパネルが展開表示され、再度クリックすると元に戻る

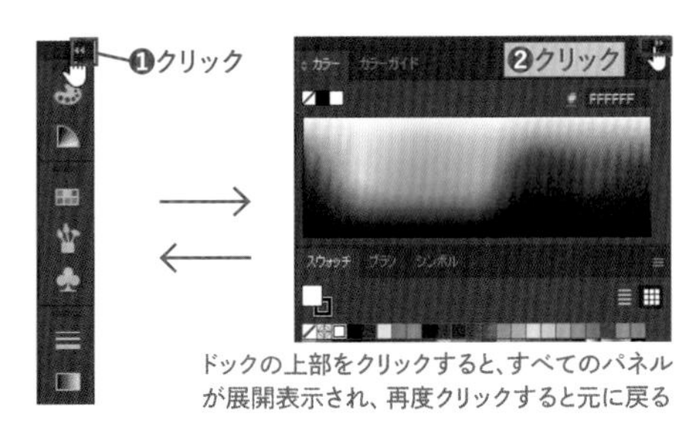

ドックの上部をクリックすると、すべてのパネルが展開表示され、再度クリックすると元に戻る

タブ式パネルの選択とサイズの変更

パネルはタブ式になっていて、いくつかのパネルがまとまって表示されます。タブをクリックして、表示するパネルを切り替えられます。
パネルの内容が表示しきれない場合、パネルの境界部分をドラッグしてサイズを広げたり狭めたりできます。

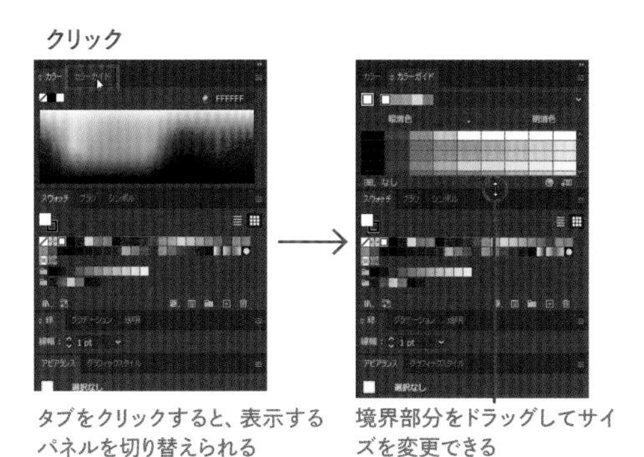

タブをクリックすると、表示するパネルを切り替えられる　境界部分をドラッグしてサイズを変更できる

✔CHECK!

非表示のパネルの表示

Illustratorには、たくさんのパネルがあるため初期状態ではよく使うパネルだけが表示されます。
表示されていないパネルは、[ウインドウ]メニューから選択して表示できます。

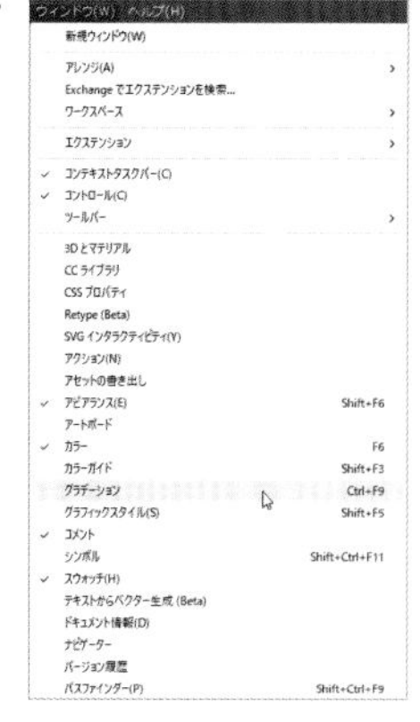

パネルのドッキング解除

ドックに格納されているパネルは、アイコンまたは展開して表示したタブ部分をドラッグして、ドックから切り離して独立して表示できます。アイコンの状態でドラッグすると、アイコンの状態で独立します。また、タブの横のグレーの部分をドラッグすると、いくつかのタブをまとめて切り離すことができます。

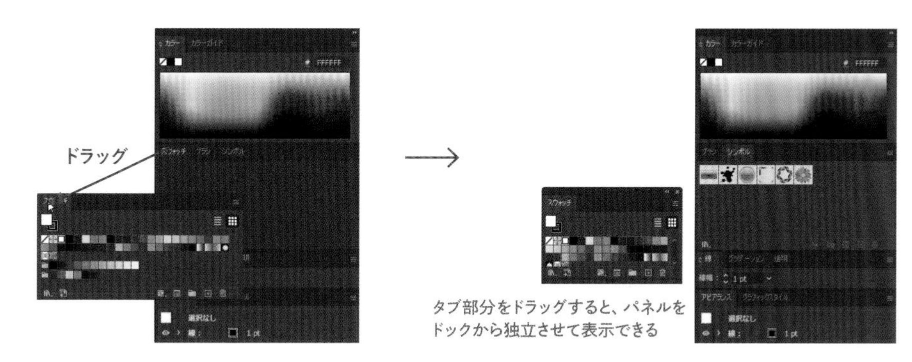

タブ部分をドラッグすると、パネルをドックから独立させて表示できる

パネルのドッキング

ドックから独立させたパネルは、ドックにドラッグして再度ドッキングさせることができます。ドックの上にパネルをドラッグすると、青く表示されるのでそこでマウスボタンを放してください。その部分にドッキングします。

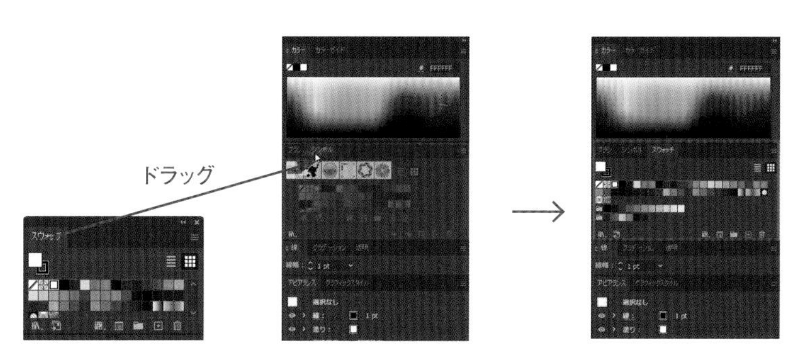

タブ部分をドックにドラッグして、ドッキングできる

パネルメニューの表示

パネルの右上に表示される☰をクリックすると、パネルメニューが表示され、選択して実行できます。

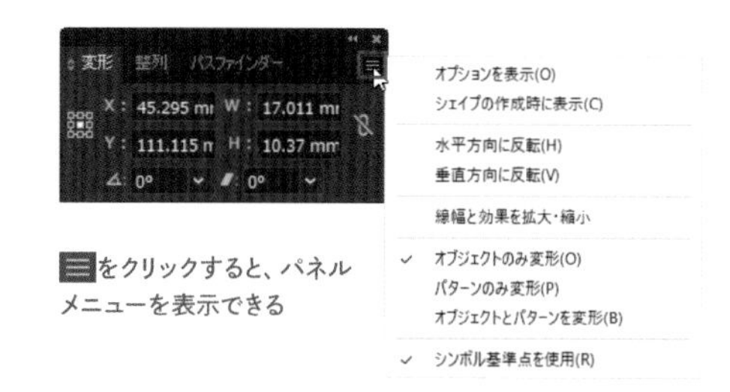

☰をクリックすると、パネルメニューを表示できる

パネルのオプション表示

パネルのタブ名の左に⇕が表示されるパネルには、オプションがあります。⇕をクリックすると、オプションを含めて表示状態を順番に切り替えられます。
パネルメニューの[オプションを表示]を選択しても、オプションを表示できます。

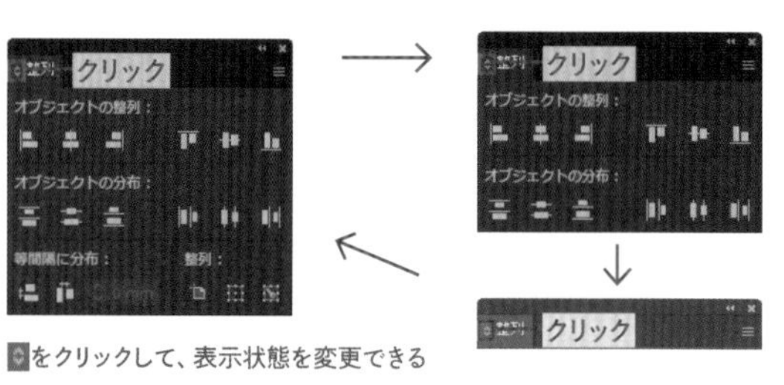

⇕をクリックして、表示状態を変更できる

コントロールパネル

コントロールパネルは、画面上部に表示されるパネルで、プロパティパネルと同様に、選択しているオブジェクトの色や線の太さ、テキストのフォントやサイズなどの属性を設定できます。コントロールパネルに表示される項目は、選択しているオブジェクトの状態によって変わります。コントロールパネルの下に点線の表示されている文字部分は、クリックするとその名称のパネルが表示されコントロールパネルでは設定できない詳細な項目も設定できます。また、表示させたパネルの☰をクリックするとパネルメニューを表示できます。

線や図形などのオブジェクトを選択したときのコントロールパネル

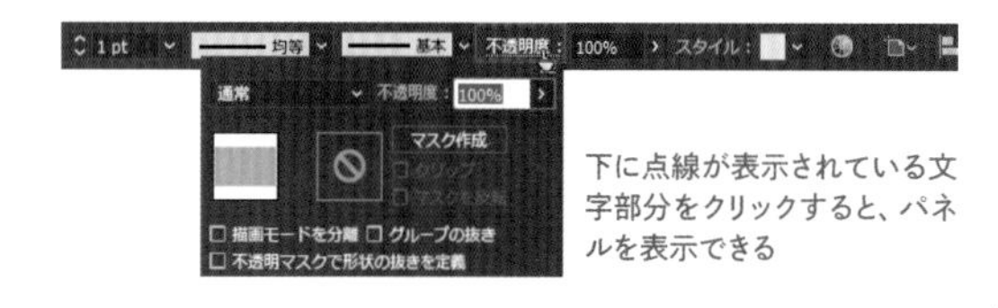

下に点線が表示されている文字部分をクリックすると、パネルを表示できる

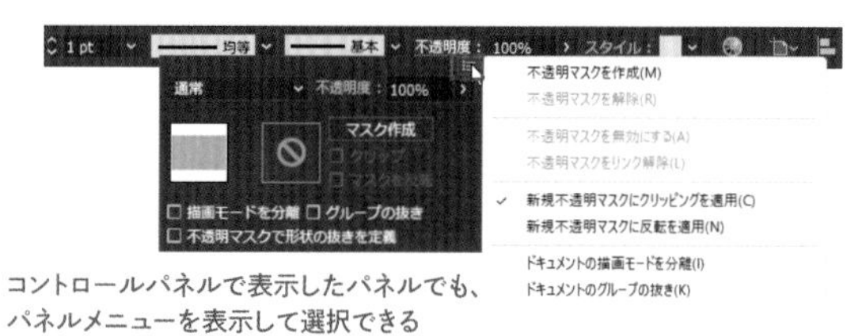

コントロールパネルで表示したパネルでも、パネルメニューを表示して選択できる

プロパティパネル

プロパティパネルは、選択しているオブジェクトの色や線の太さ、テキストのフォントやサイズなどの各種属性を設定できます。通常は各種パネルを操作する設定のうち、よく使われる設定項目はプロパティパネルだけでできるようになっています。また、オブジェクト非選択の状態で単位やグリッドの設定もできるのが特徴です。•••をクリックするとポップアップパネルや個別のパネルが表示され詳細な設定が可能です。パネル下部の[クリック操作]で、選択しているオブジェクトを対象とする操作が選択できます。

本書では、基本を説明することを目的とするため、プロパティパネルではなく個別のパネルとして説明しています。

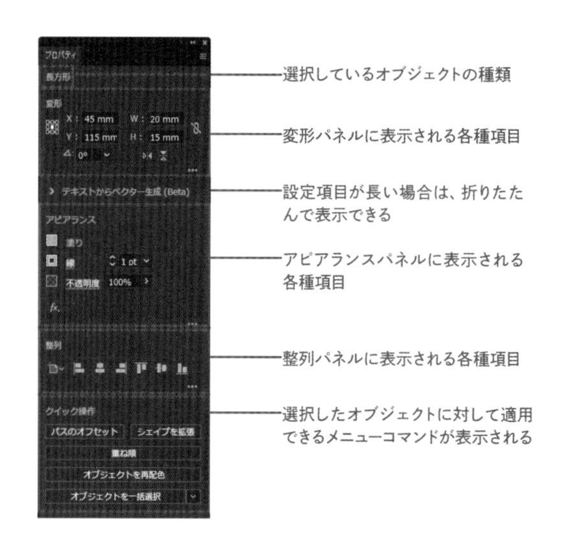

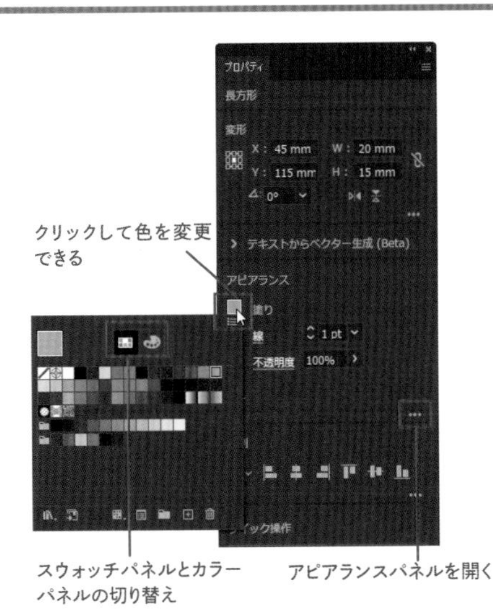

クリックして色を変更できる

スウォッチパネルとカラーパネルの切り替え

アピアランスパネルを開く

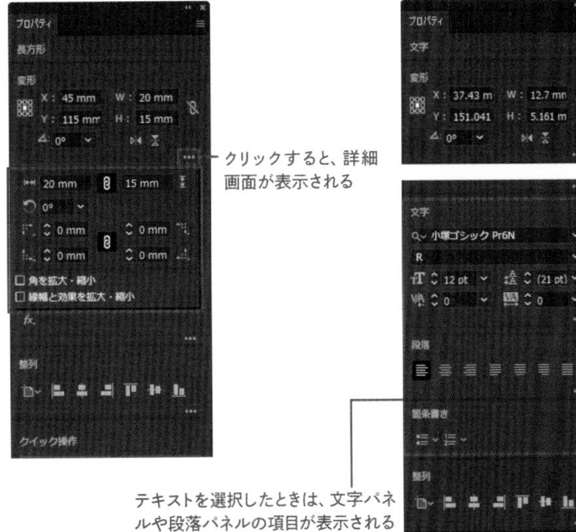

クリックすると、詳細画面が表示される

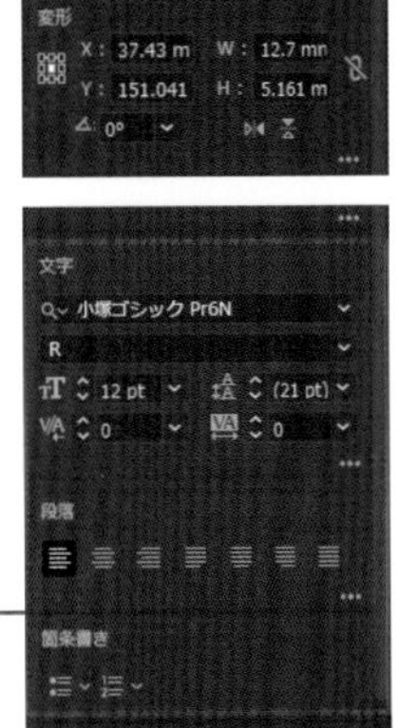

テキストを選択したときは、文字パネルや段落パネルの項目が表示される

コンテキストタスクバー

オブジェクトや文字を選択すると、選択対象の下にコンテキストバーが表示され、選択対象に各種設定やコマンドを実行できます。コンテキストタスクバーに表示される項目は、各種パネルやメニューから実行できますが、操作をより効率的におこなうために用意された機能です。

本書では、基本を説明することを目的とするため、コンテキストタスクバーは非表示で説明しています。[ウインドウ]メニューの[コンテキストタスクバー]を選択して、表示／非表示を切り替えられます。

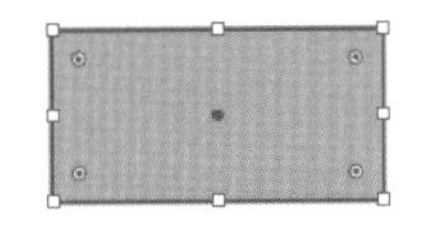

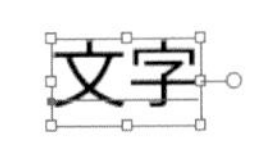

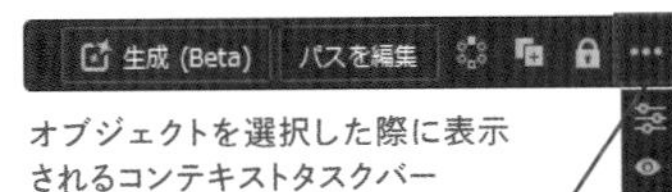

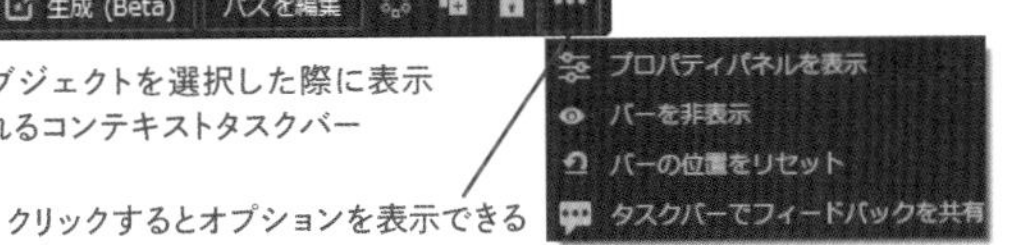

オブジェクトを選択した際に表示されるコンテキストタスクバー

クリックするとオプションを表示できる

文字を選択した際に表示されるコンテキストタスクバー

CHECK!

右クリックによるメニュー

選択したオブジェクトを右クリックすると、よく使うコマンドがメニュー表示され、選択したオブジェクトに実行できます。本書では、基本を説明することを目的とするために、通常のメニューからの選択で説明していますが、右クリックメニューによる操作を紹介している場合もあります。

右クリックメニューからよく使うコマンドを実行できる

COLUMN

一時的にパネルを非表示にするキーボードショートカット

ツールバーやコントロールパネル、そのほかのパネルは、たくさん表示すると作業領域が狭くなってしまいます。そんなときにTabキーを押すと、一時的にパネルを非表示にすることができます。再度、Tabキーを押すと元に戻ります。
また、TabキーとShiftキーを同時に押すとツールバーとコントロールパネル以外のパネルを一時的に非表示にできます。このショートカットは便利なので覚えておきましょう(ただしテキスト編集時は使えません)。

画面の拡大・縮小とスクロール

ズームツール で拡大・縮小

ズームツール で右側にドラッグすると拡大表示、左側にドラッグすると縮小表示となります。また、マウスボタンを押し続けると拡大表示最大64,000%まで、Alt（option）キーを押しながらマウスボタンを押し続けると3.13%まで縮小表示されます。この操作は「GPUパフォーマンス」が有効で、さらに「アニメーションズーム」が有効になっているときに有効です（初期設定では有効）。GPUパフォーマンスは、[編集]メニュー→[環境設定]→[パフォーマンス]（Macでは[Illustrator]メニュー→[環境設定]→[パフォーマンス]）で設定できます。
GPUパフォーマンスを利用しない、または[表示]メニュー→[CPUで表示]を選択している場合、ズームツール で画面上をクリックすると、アートボードが拡大表示されます。クリックするごとに拡大され、最大64,000%まで拡大されます。
また、ドラッグして囲むと、囲んだ範囲が拡大表示されます。Alt（option）キーを押しながらクリックすると、縮小表示されます。

GPUパフォーマンスは、[環境設定]ダイアログボックスで設定できる

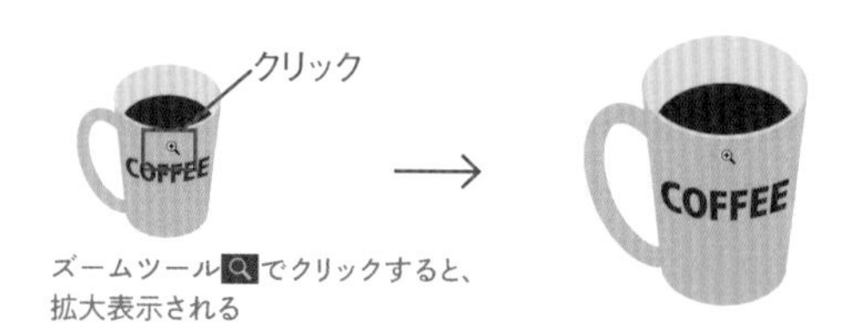

ズームツール でクリックすると、拡大表示される

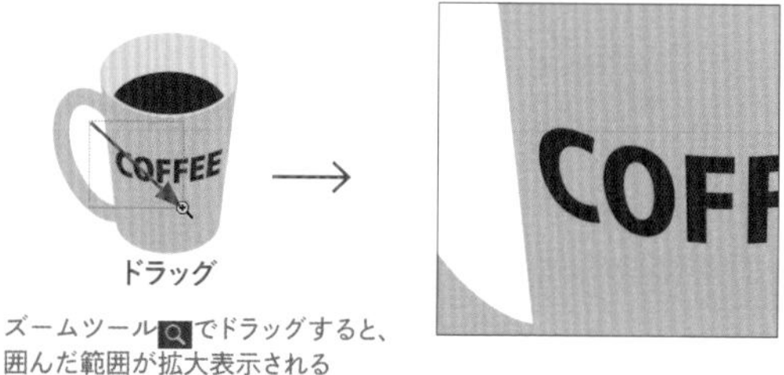

ズームツール でドラッグすると、囲んだ範囲が拡大表示される

そのほかの拡大・縮小表示の方法

Ctrl（command）キーと+キーを押すと拡大表示、Ctrl（command）キーと−キーを押すと縮小表示となります。

ウィンドウ左下には、現在の表示倍率が表示され、直接数値を入力して倍率を指定できます。∨をクリックしてメニューから倍率を選択することもできます。

ツールバーのズームツール をダブルクリックすると100%表示に、手のひらツール をダブルクリックするとアートボードの全体表示になります。
また、Ctrl（command）キーと1キーを同時に押すと100%表示、Ctrl（command）キーと0キーを押すとアートボードの全体表示になります。

画面のスクロール

手のひらツール でアートボードをドラッグすると、画面をスクロールして表示位置を変更できます。MacやWindows標準の、ウィンドウの右と下に表示されるスクロールバーを使って移動させてもかまいません。

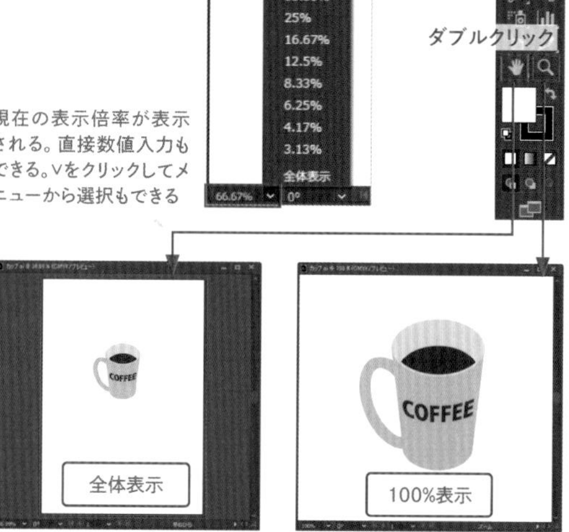

ズームツール をダブルクリックすると100%表示になる。
手のひらツール をダブルクリックするとアートボードの全体表示になる

ビューの回転

回転ビューツール でドラッグすると、アートボードを回転して表示できます。ツールバーの回転ビューツール をダブルクリックすると、元の状態に戻ります。また、[表示]メニューの[ビューを回転]で、回転角度を選択して回転できます。

回転ビューツール でドラッグすると、アートボードを回転できる

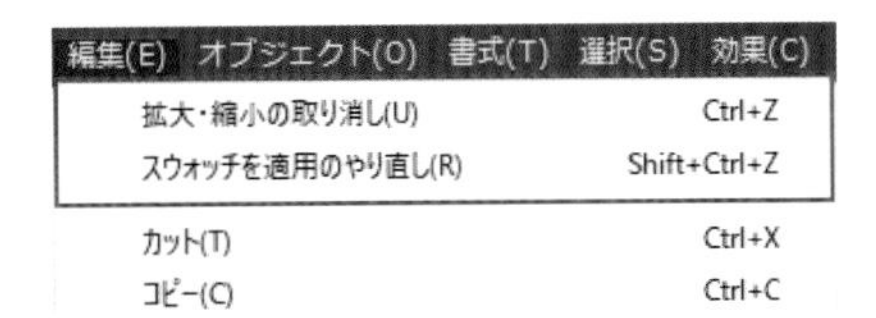

操作の取り消しとヒストリーパネル

編集メニューの取り消し

[編集]メニューの[○○の取り消し]を選択すると、直前に行った操作を取り消すことができます。複数の操作をさかのぼって取り消しできます。また、[編集]メニューの[○○のやり直し]を選択すると、操作の取り消しを取り消します。
[○○の取り消し][○○のやり直し]を繰り返すことで、作業の前後の状態を見比べることができます。

CHECK!

ショートカット

[○○の取り消し]：Ctrl（command）+ Z
[○○のやり直し]：Ctrl（command）+ Shift + Z

ヒストリーパネル

行った操作は、ヒストリーパネルに記録されます。ヒストリーパネルの操作履歴をクリックするだけで、そのときの状態に戻れます。新しい操作をしない限り、どの段階にでもすぐに戻れるのがヒストリーパネルの特長です。過去の状態に戻り、新たな操作をすると、戻った状態からあたらしい操作が記録されます。
ヒストリーパネルの をクリックすると、選択しているヒストリーの状態で、新しいドキュメントを作成できるので、試行錯誤をする際に、比較対象やバックアップとして利用できます。

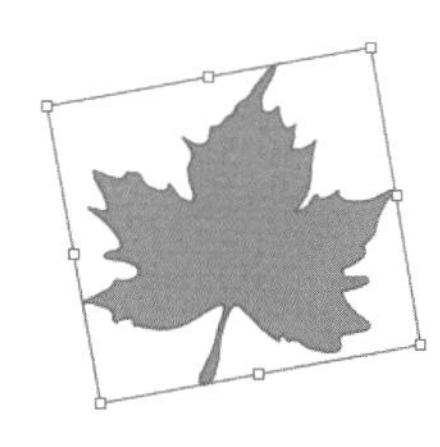

ヒストリーパネルに操作が記録される

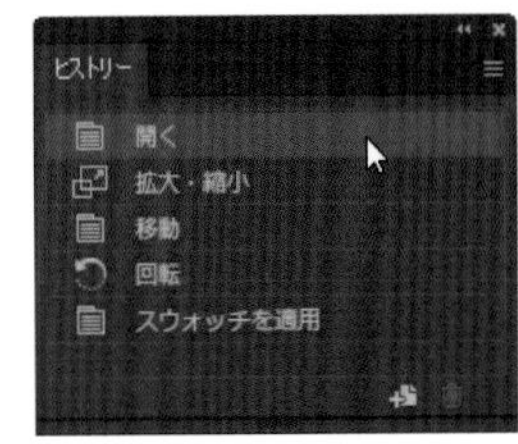

ヒストリーのクリックで、過去の状態に戻れる

アートボードの管理

アートボードパネル

新規ドキュメントを作成後にアートボードを追加、削除するには、アートボードパネルを使います。

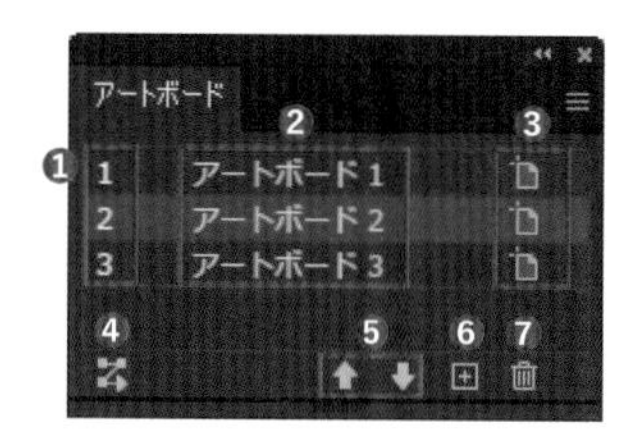

❶アートボードの番号。アートボードの名前に含まれる番号とは直接関係ない
❷アートボードの名前。名前は、[アートボードオプション]ダイアログボックスで変更できる
❸クリックして、選択しているアートボードの[アートボードオプション]ダイアログボックスを表示する。[アートボードオプション]ダイアログボックスの設定内容は、コントロールパネルとほぼ同じ
❹[すべてのアートボードを再配置]ダイアログボックスを開き、アートボードのレイアウトを変更できる
❺選択したアートボードの順番を上下に移動する
❻選択中のアートボードの下に新規アートボードを作成する
❼選択したアートボードを削除する。アートボードを削除しても、そのアートボードに含まれていたオブジェクトは削除されずに残る

アートボードツール

アートボードツールを選択すると、ドラッグで新しいアートボードを作成できます。また、クリックしてアートボードを選択し、移動したり、サイズを変更したりできます。コピー&ペーストで複製もできます。
コントロールパネルで、新しいアートボードを追加したり削除することもできます。

アートボードツールで、アートボードをドラッグして移動、サイズを変更、コピー&ペーストできる

❶アートボードサイズを選択する
❷アートボードの向きを選択する
❸新しいアートボードを作成する
❹選択したアートボードを削除する
❺アートボードの名前が表示される。変更可能
❻アートボードと一緒にオブジェクトを移動やコピーするかどうかを選択する
❼[アートボードオプション]ダイアログボックスを表示する。設定できる内容は、コントロールパネルとほぼ同じ
❽基準点と座標値、サイズを設定できる
❾[すべてのアートボードを再配置]ダイアログボックスを開き、アートボードのレイアウトを変更できる

ファイルのタブ式表示とレイアウトの変更

Illustratorは、複数のファイルを同時に開いて作業できます。それぞれのファイルはタブとして表示され、タブ部分をクリックして作業ファイルを切り換えます。
ファイルを並べて見るには、ドキュメントレイアウトアイコンをクリックして❶、表示方式を選択します❷。

✔CHECK!

ファイルを独立して表示

ファイルのタブ部分をドラッグすると、パネルと同様に独立して表示させることができます。
元に戻す場合も、ドラッグして青く表示されたファイルとドッキングします。

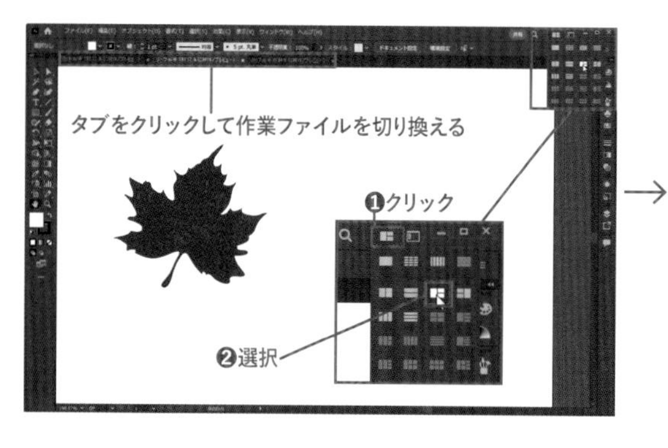

→

Lesson 02

図形を描く

Illustratorを使ううえで、もっとも基本的な図形を描く練習を行います。基本図形をしっかりと覚えれば、さまざまな応用が可能になります。イラストなどを描く際にも、すべてフリーハンドで描くよりも、基本図形をうまく組み合わせたほうが、早く、簡単に、美しく仕上げることができます。

2-1 四角形を描く

はじめに四角形の描き方を練習しましょう。四角形の描き方だけでも、目的に応じてさまざまな方法があります。最終的には自分の好みの方法だけでもかまわないのですが、ほかの方法を知っているだけでも、作業が楽になる場面がでてきます。

STEP 01 新規ドキュメントを開く

Illustratorを起動して、新規ドキュメントを開きます。アートワーク作成の第一歩です。

1 [ファイル]メニューから[新規]を選択します❶。ホーム画面の[新規ファイル]をクリックしてもかまいません。

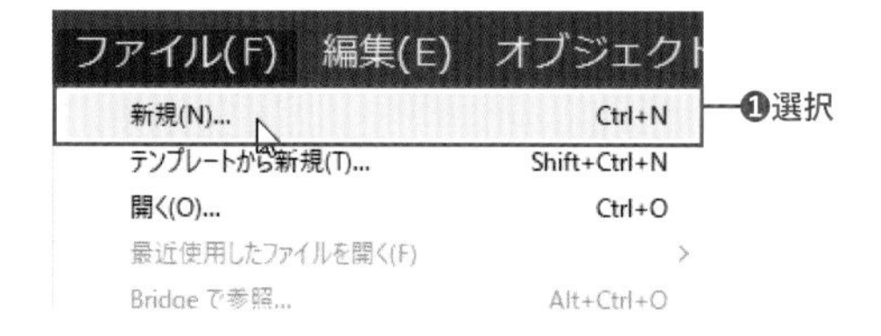

2 [新規ドキュメント]ダイアログボックスで、[印刷]をクリックし❶、サイズに[A4]を選択して❷、[作成]をクリックします❸。

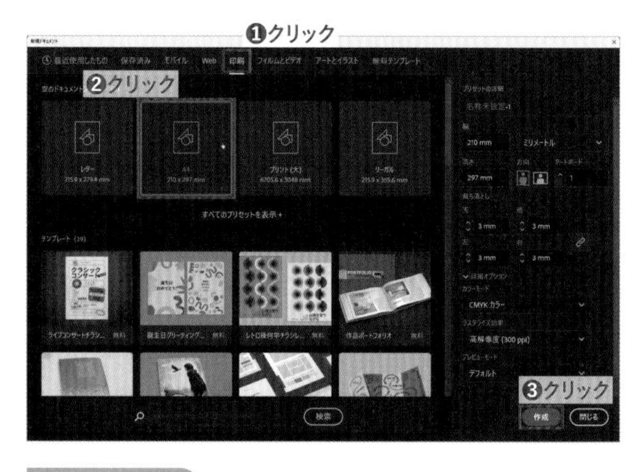

3 ツールバーの[初期設定の塗りと線]をクリックします❶。

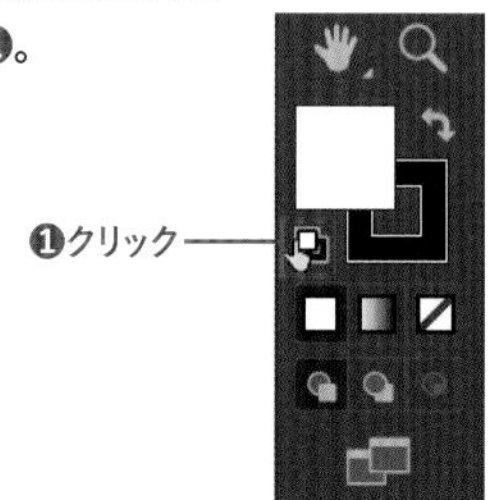

✔CHECK!

[塗り]と[線]を確認する

ツールバー下部や、コントロールパネルの左端に[塗り]と[線]の現在の状態が表示されています。ツールバーの[初期設定の塗りと線]をクリックすると、[塗り]が「ホワイト」に、[線]が「ブラック」に設定されます。これから描く図形は、この[塗り]と[線]の設定で作成されます。[塗り]と[線]の色をあらかじめ設定しておくことで、目的の色で図形を作成できます。

STEP 02 ドラッグで長方形を描く

長方形ツール でドラッグすると、長方形を描くことができます。角丸長方形ツール でドラッグすると、角の丸い長方形を描くことができます。どちらも、描き方は同じです。

1 新規ドキュメントのツールバーで長方形ツール をクリックして選択し❶、アートボード上でマウスをドラッグします❷。ドラッグの距離に応じた大きさの長方形ができます。

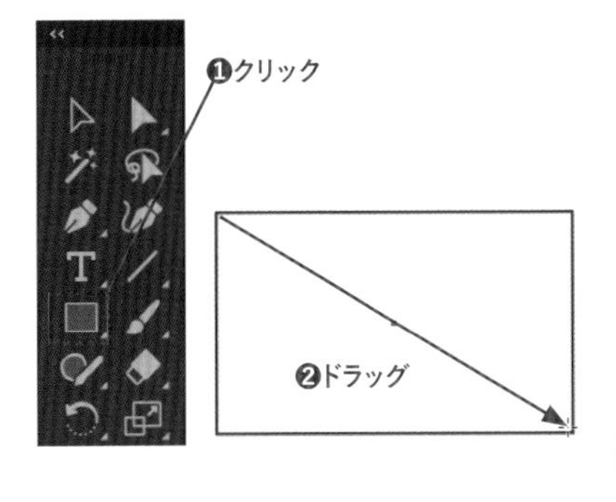

2 場所を変えて、別の方向にドラッグします❶❷。始点が同じでも、ドラッグする方向によって、長方形ができる位置が異なります。

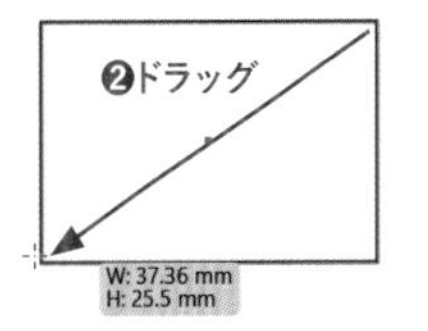

3 別の場所で、Shiftキーを押しながらマウスでドラッグします❶。Shiftキーを押すことで、縦横比が同じになり、正方形を描くことができます。

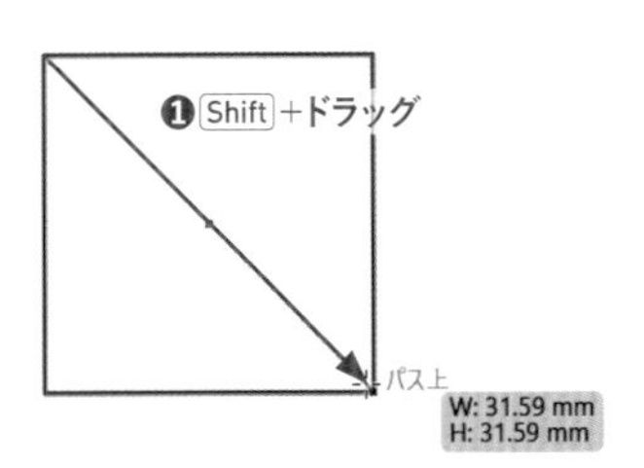

COLUMN

スマートガイドと数値表示

Illustratorは初期状態ではスマートガイドが有効になっており、この状態では、図形描画などを行った際に、カーソルの右下の位置に、現在の図形のサイズ（マウスの移動距離）が表示され、おおよその図形のサイズを決定できます。

4 別の場所で、長方形ツール を選択した状態で、Alt（option）キーを押しながらマウスをドラッグします❶。Alt（option）キーを押すことで、図形の中心から長方形を描くことができます。

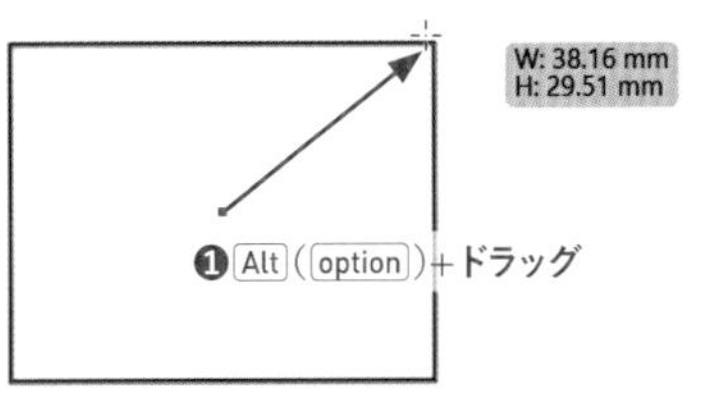

5 さらに場所を変えて、Alt（option）キーとShiftキーを同時に押しながらマウスをドラッグします❶。中心から正方形を描くことができます。

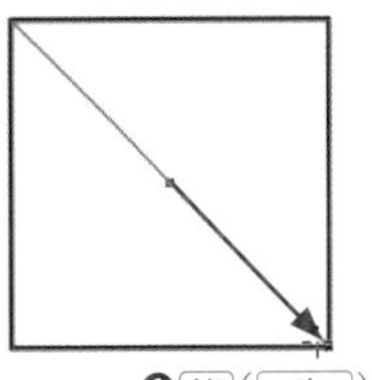

STEP 03 四角形を描いた直後に調整する

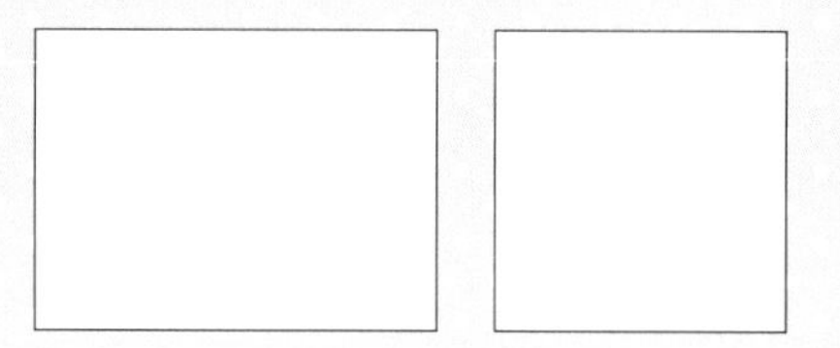

長方形ツール■で作成した四角形は、ツールを変えずにそのままサイズ調整ができます。以前は図形を作成した後に、あらためて図形を選択してからでないと調整できませんでしたが、よりすばやく作業ができるようになりました。

1 ツールバーで長方形ツール■をクリックして選択し❶、アートボード上でマウスをドラッグして長方形を描きます❷。

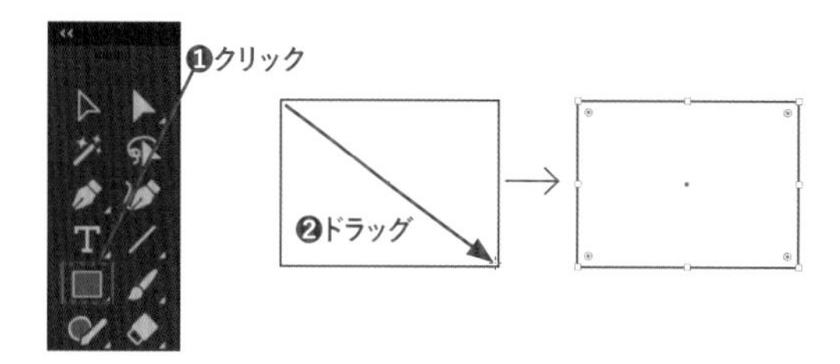

2 ツールを変えずに、長方形の角に表示されている小さな四角形（ハンドル）をドラッグします❶。長方形の形状を変更できます❷。

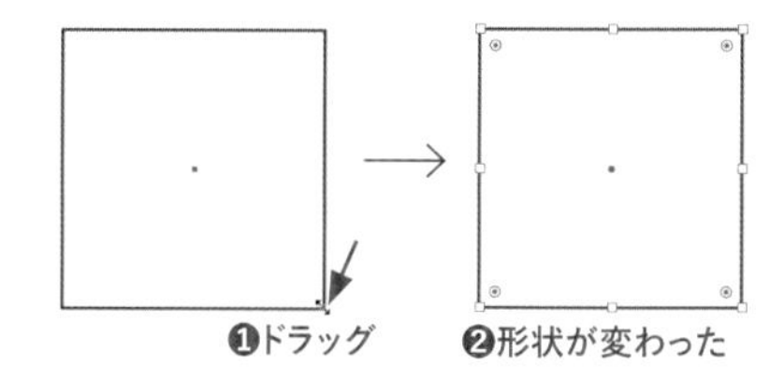

3 辺の上に表示されているハンドルをドラッグします❶。スマートガイドで対角線が表示されたところでマウスボタンを放すと、正方形になります。

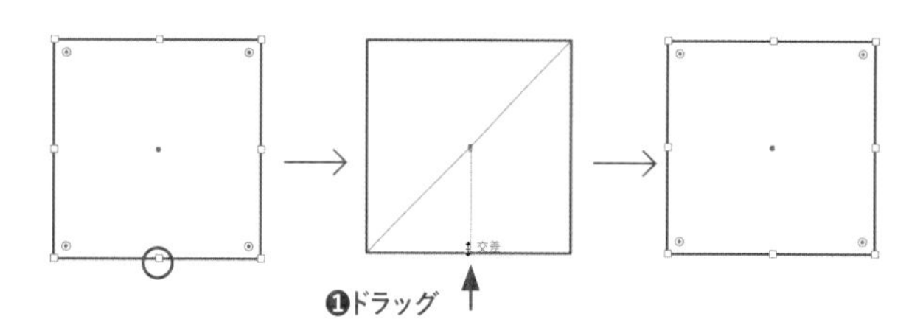

4 選択ツール▶をクリックして選択します❶。なにもない部分をクリックします❷。ハンドルの表示が消え、調整が終了します。

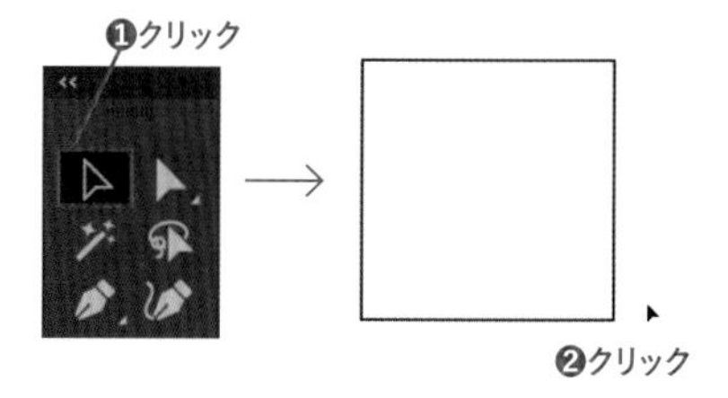

✔CHECK!

スマートガイドをスマートに使う

手順3のように、オブジェクトの変形時にもスマートガイドが表示されます。正方形に変形するときなどに便利です。ただし、作業時にスマートガイドが邪魔に感じることもあります。そのときは、Ctrl（command）キーとUキーを押して、スマートガイドの表示をオフにしましょう。再度、Ctrl（command）キーとUキーを押せば、表示をオンにできます。ここまでの説明では、スマートガイドを見えるようにしていますが、この後の説明では必要に応じてオンにして、それ以外は、オフにして表示しています。

COLUMN

ライブシェイプ

長方形や楕円、多角形、直線などは、自動的にライブシェイプとして作成されます。
ライブシェイプの機能は角を丸めるなどいくつかありますが、「図形を描いたら、すぐ調整できる」ことをここで確認しておきましょう。自由に描いた曲線などは、ツールを変えないと、サイズ変更などの調整はできません。
なお、図形を描画した後にサイズ・位置・角度などを変える方法は、後述する一般的な変形の方法と同じです。Lesson05の「オブジェクトの変形」を参照してください。

STEP 04 数値指定で四角形を描く

長方形ツールでクリックすると、辺の長さを指定するダイアログボックスが表示され、数値を指定して四角形を描画できます。[幅]と[高さ]の数値を同じにすることで、正方形にできます。

1 アートボード上で、長方形ツールを選択した状態で、マウスをクリックします❶。

✔CHECK!

単位は自動で入力される

数値指定時には、数値を入れると、ドキュメント作成時に指定した単位が自動入力されます。

2 [長方形]ダイアログボックスが開くので、[幅]❶と[高さ]❷に数値(ここではどちらにも「40mm」。「40」と入力すれば「mm」は自動で入ります)を入力して[OK]をクリックします❸。

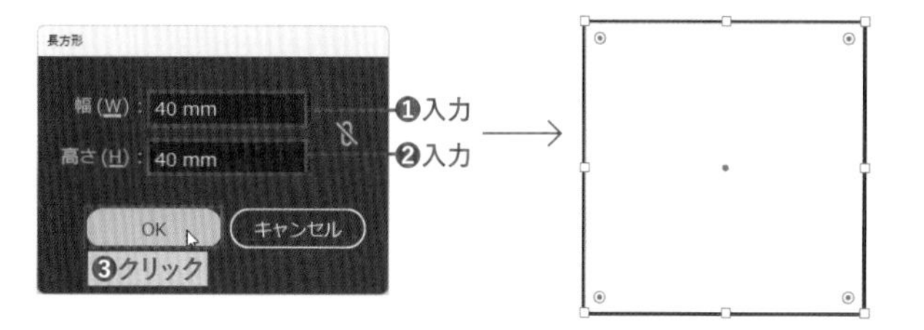

STEP 05 色や線幅を指定する

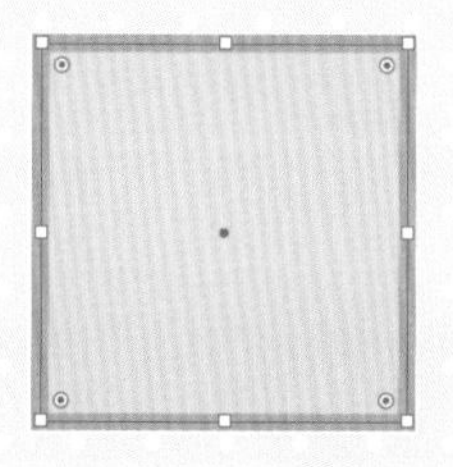

長方形に色をつけてみましょう。ここでは、コントロールパネルの左端にあるスウォッチのアイコンを使って色を指定してみましょう。また、線の太さを変更してみましょう。ここでは、コントロールパネルの[線]から好みの太さの線幅を選択します。

1 STEP04で描いた四角形が選択された状態で、コントロールパネルの左端にある[塗り]のアイコンをクリックし、スウォッチパネルを表示します❶。スウォッチパネルから好みの色(ここでは[C=5 M=0 Y=90 K=0])を選択してクリックします❷。

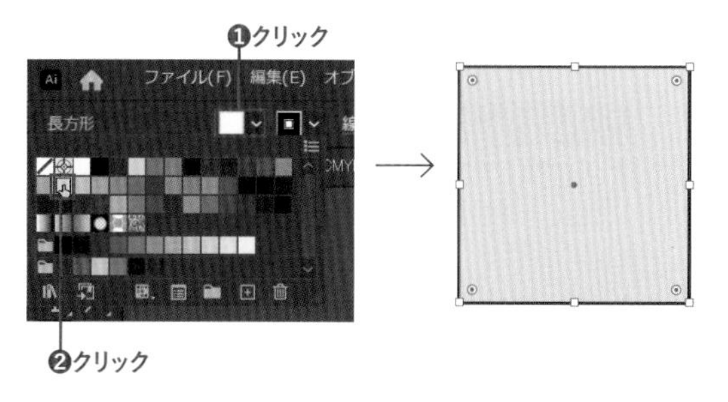

2 続いて、[塗り]のアイコンの右隣にある[線]のアイコンをクリックしてスウォッチパネルを表示します❶。スウォッチパネルから好みの色(ここでは[C=0 M=35 Y=85 K=0])を選択してクリックします❷。

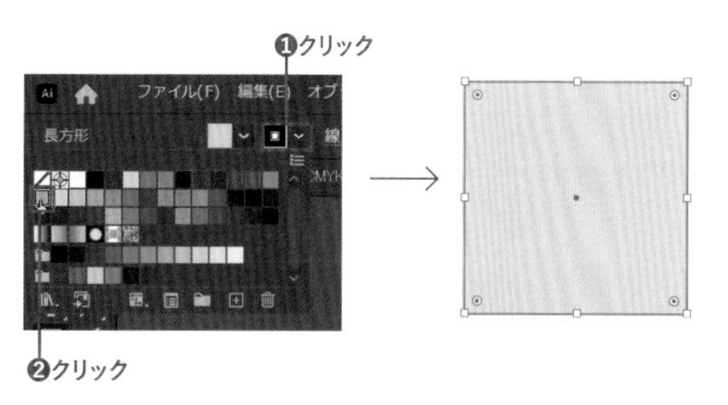

01 Lesson02 図形を描く 03 04 05 06 07 08 09 10 11 12 13 14 15

3 四角形が選択された状態で、コントロールパネルの[線幅]の∨をクリックしプルダウンメニューを開きます❶。好みの太さ（ここでは「5 pt」）を選択します❷。

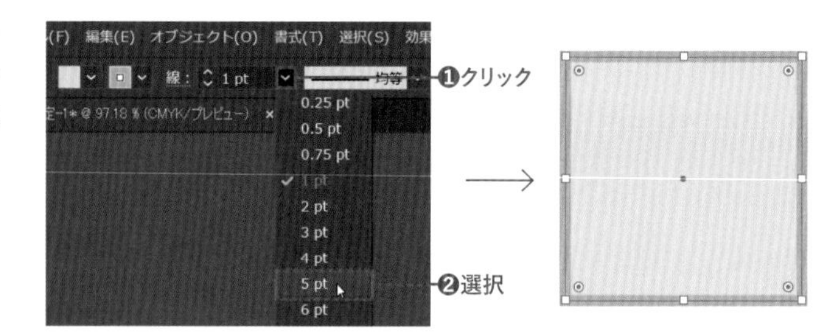

STEP 06 角の形状を変える

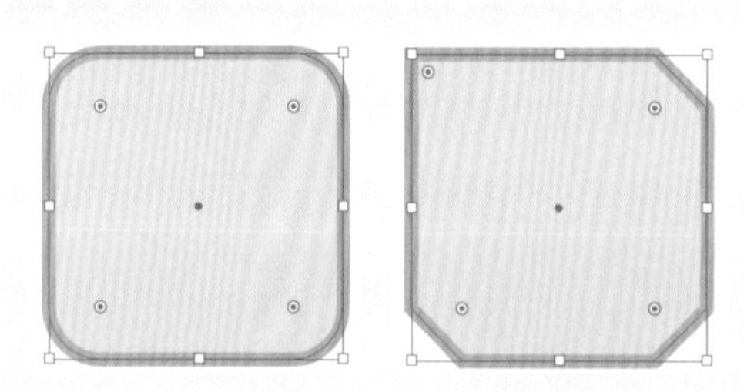

長方形（角丸長方形）の角の形状は、コーナーウィジェットを操作するか、変形パネル（またはコントロールパネルのシェイプ）で変更できます。基本的な操作方法を覚えておきましょう。

1 選択ツール をクリックして選択します❶。STEP05で描いた四角形が選択された状態で、角の内側に表示されたコーナーウィジェット（どれでもかまいません）を内側にドラッグします❷。4つの角が連動して丸まります❸。外側にドラッグすると角丸を解除して元に戻せます。

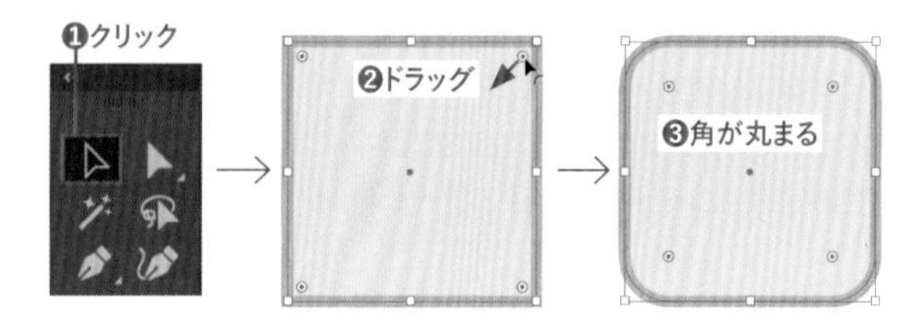

2 コーナーウィジェットを Alt（option）キーを押しながらクリックします❶。角の形状が順番に変わります❷。角の形状は3種類あるので、確認してください。

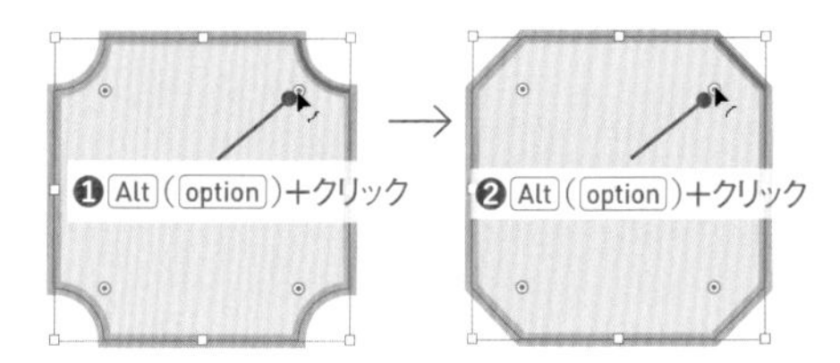

3 変形パネルを表示し、「角丸の半径値をリンク」をクリックしてオフにします❶。左上の角の角丸の値を「0 mm」に設定します❷。長方形の左上の角丸だけが解除されました。このように、変形パネルを使うと、角を個別に変形できます。

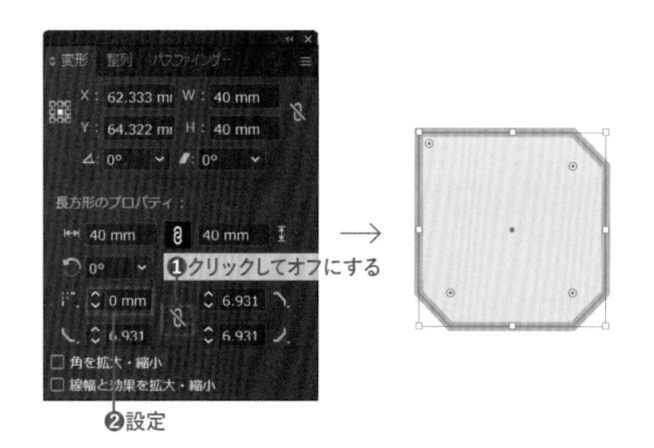

✓CHECK!

コントロールパネルで設定

長方形の角丸のサイズや形状は、コントロールパネルでも設定できます。ただし、4つの角が連動します。

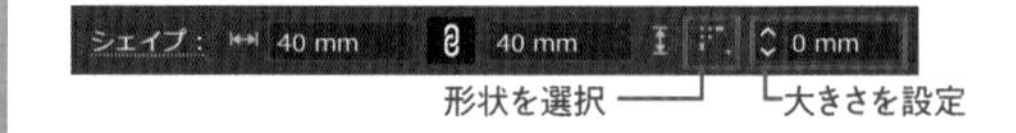

形状を選択　大きさを設定

角丸長方形ツール

角丸長方形ツール を使うと、ドラッグで角丸長方形を描けます。長方形ツール で描いた長方形の角を丸めた状態と同じになります。

2-2 円を描く

円は、長方形と同様にたいへんよく使う図形です。基本はドラッグによる描画ですが、中心からの描画方法が通常と異なります。いつでも簡単に目的に沿った円が描けるように練習しておきましょう。また、描画した円を扇型に変更する方法も覚えましょう。

STEP 01 ドラッグで円を描く

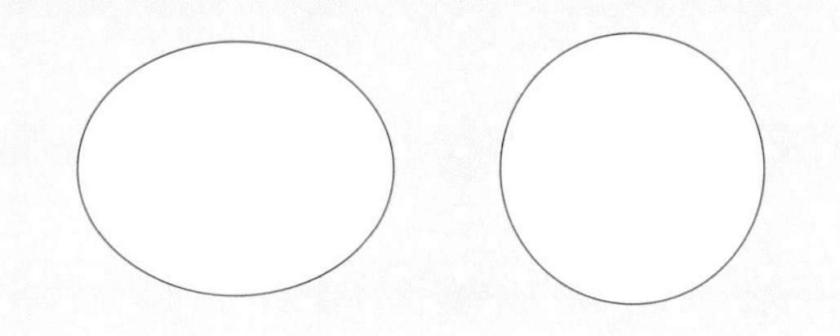

楕円形ツール を選択して、マウスをドラッグすることで、円を描くことができます。このとき、同時にShiftキーを押すことで、正円にすることもできます。

1 ツールバーで長方形ツール を長押しし❶、メニューが表示されたら、楕円形ツール をクリックして選択します❷。続いて、ツールバーの［初期設定の塗りと線］をクリックします❸。

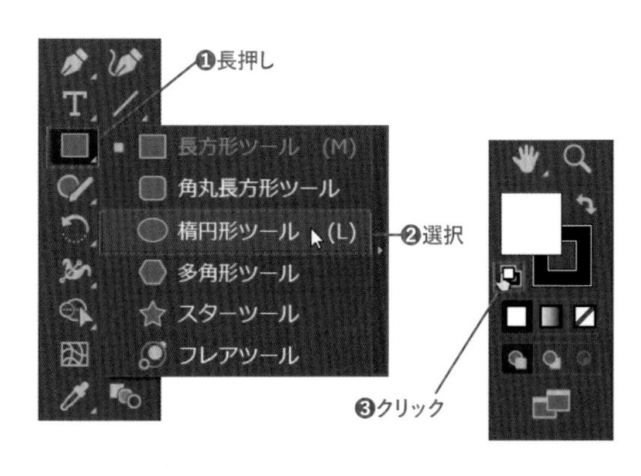

2 新規ドキュメントのアートボード上で、マウスをドラッグします❶。ドラッグの方向と距離に応じた位置と大きさの円ができます。ドラッグ時にShiftキーを押すことで、正円にできます❷。

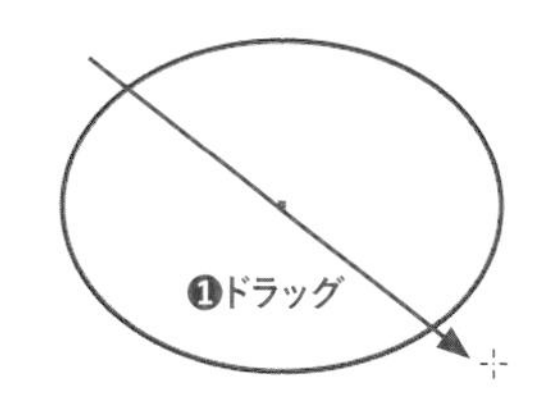

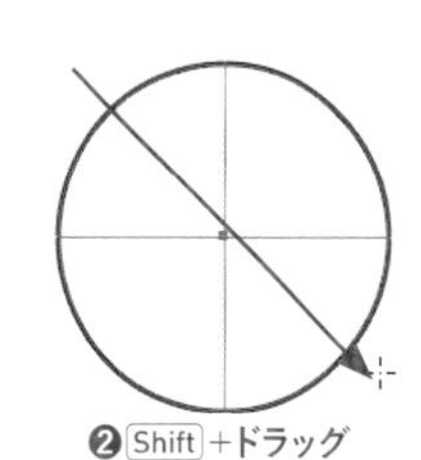

3 別の場所で、Alt（option）キー押しながらマウスをドラッグします❶。中心から円を描くことができます。Alt（option）キーとShiftキーを同時に押しながらマウスをドラッグすると❷、中心から正円を描くことができます。

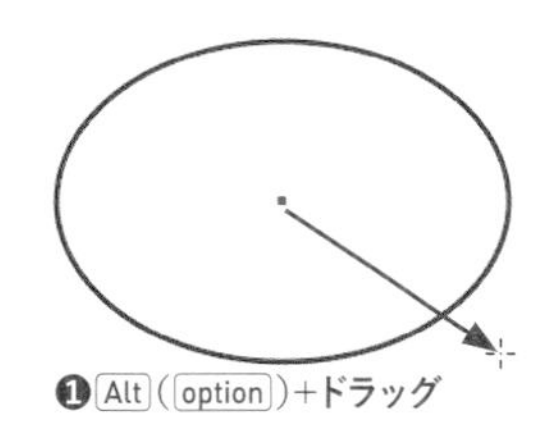

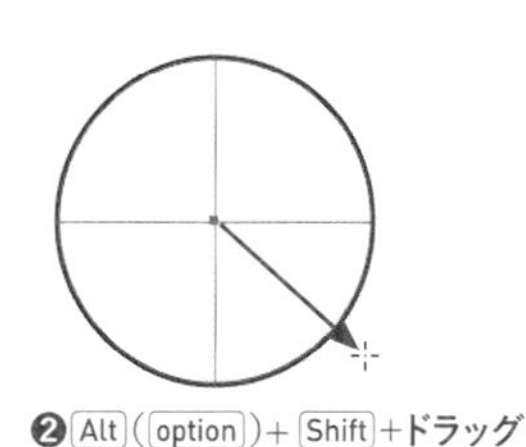

STEP 02 円を描いた直後に修正し、扇形を作成する

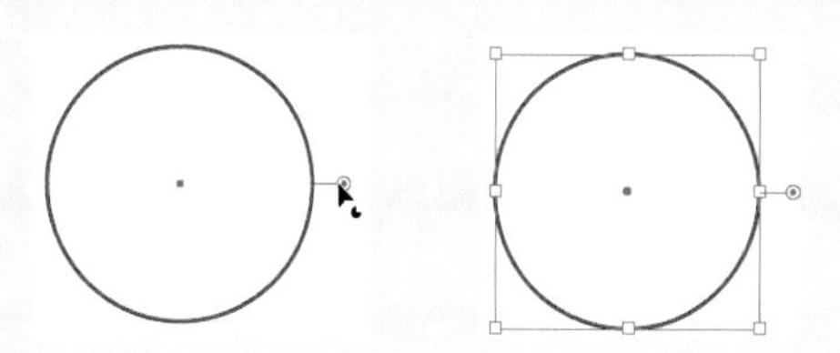

楕円形ツール■で作成した円のオブジェクトも、長方形ツール■と同様にライブシェイプとなり、作成したらスムースに調整ができます。ここでは、さらに扇形にしてみましょう。

1 ツールバーで楕円形ツール■をクリックして選択し❶、アートボード上でマウスをドラッグして楕円形を描きます❷。

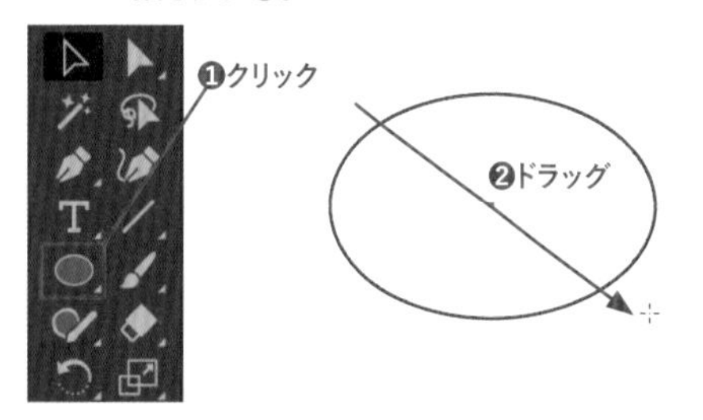

2 続けて、Ctrl（command）キーとUキーを押しスマートガイドの表示をオンにして、辺の上、または角に表示されているハンドルをドラッグします❶。交差する中心線が表示されたところでマウスボタンを放すと、正円になります。

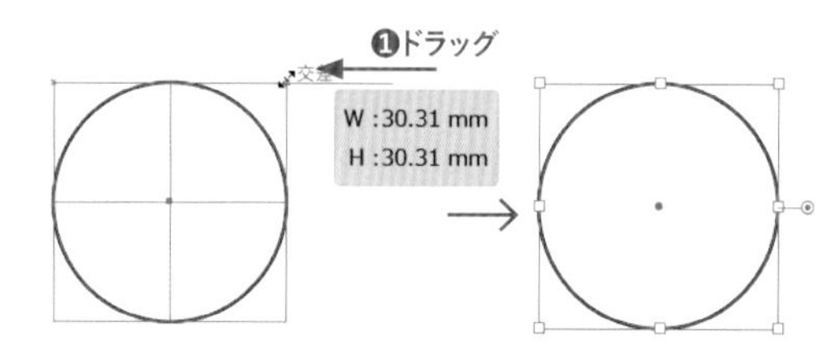

3 右側に飛び出しているハンドルを少し上にドラッグして❶扇形にし、マウスボタンを放します。

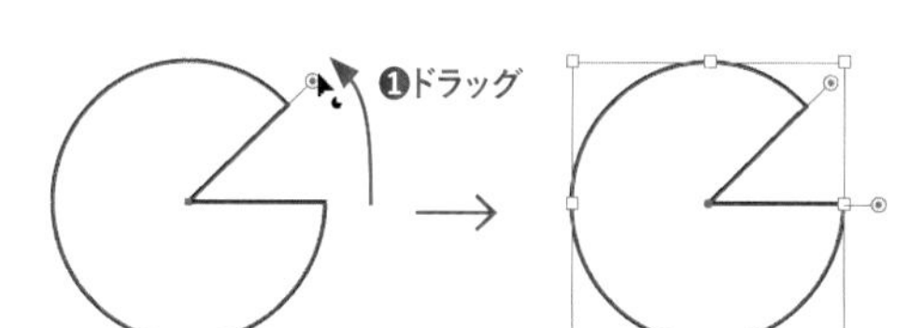

4 もう一度ハンドルを元の位置に向かってドラッグし❶、赤いラインが出たらボタンを放します。扇形が元の形になったことを確認します。

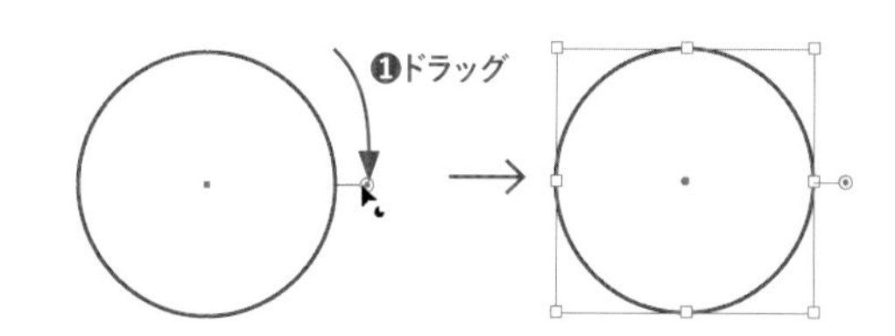

✔CHECK!

ライブシェイプとしての楕円形

楕円形のオブジェクトもライブシェイプオブジェクトとなり、作例のようにバウンディングボックスの外側に表示されたハンドルをドラッグして、扇形に変形できます。
また、変形パネルで、扇形の角度を変更したり、塗りの部分を逆にしたりできます。

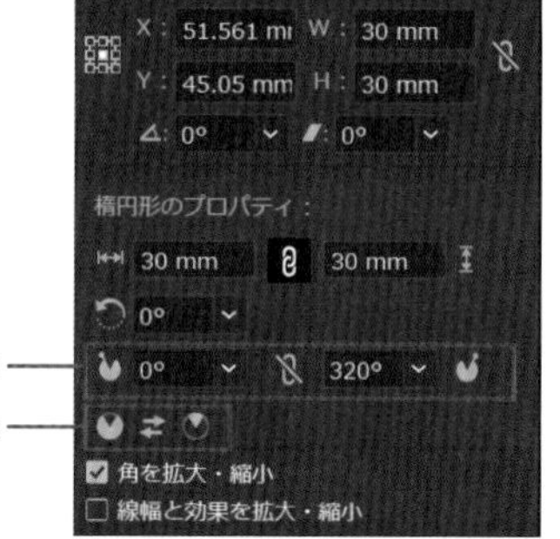

5 次に、コントロールパネルの[シェイプ]をクリックして❶、[扇形の終了角度]を「90」に設定します❷。90度の扇形になりました。

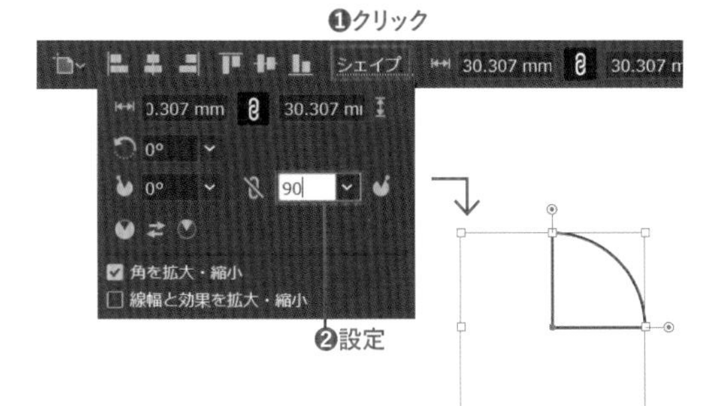

6 さらに、[扇形を反転]をクリックします❶。扇形が反転しました。

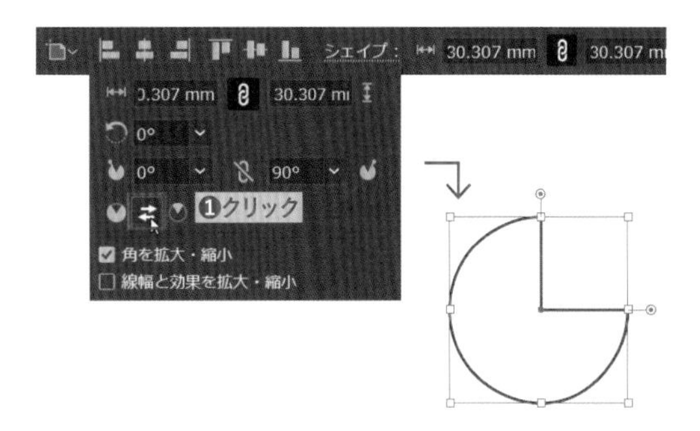

STEP 03 数値指定で円を描く

楕円形ツール でクリックすると、幅と高さを指定するダイアログボックスが表示され、数値を指定して円を描画できます。[幅]と[高さ]の数値を同じにすることで、正円にできます。色や線の太さも設定してみましょう。

1 アートボード上で、楕円形ツール を選択した状態で、マウスをクリックします❶。

2 [楕円形]ダイアログボックスが開くので、[幅]❶と[高さ]❷に数値(ここではどちらにも「30mm」)を入力して[OK]をクリックします❸。

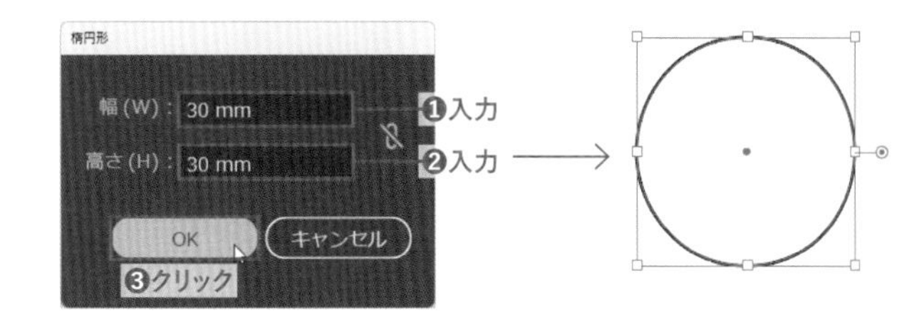

3 円が選択された状態で、コントロールパネルの左端にある[塗り]のアイコンをクリックし、スウォッチパネルを表示します❶。スウォッチパネルから好みの色(ここでは[CMYKシアン])を選択してクリックします❷。

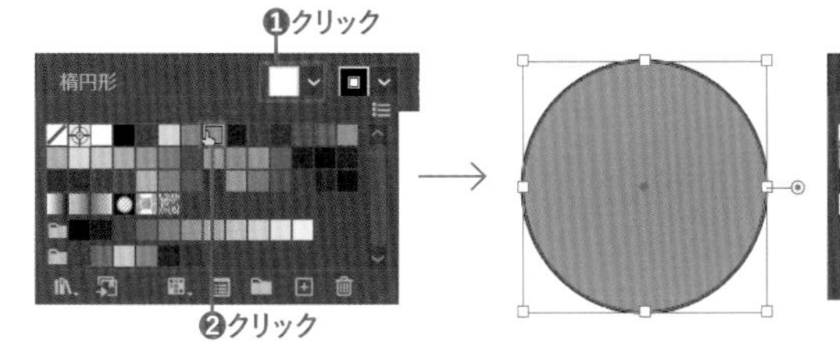

4 続いて、[塗り]のアイコンの右隣にある[線]のアイコンをクリックしてスウォッチパネルを表示します❶。スウォッチパネルから好みの色(ここでは[CMYKブルー])を選択してクリックします❷。続けて、線幅を「3pt」に変更します❸。

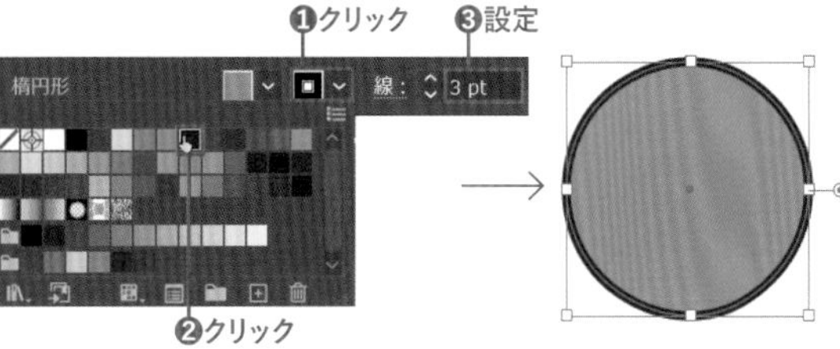

2-3 多角形を描く

四角形を描く際には長方形ツールを使用するほうが便利ですが、ほかの多角形を描く際には多角形ツールを使用します。多角形ツールは、長方形ツールとは少々使い方が違うので、しっかりと覚えましょう。

STEP 01 ドラッグで多角形を描く

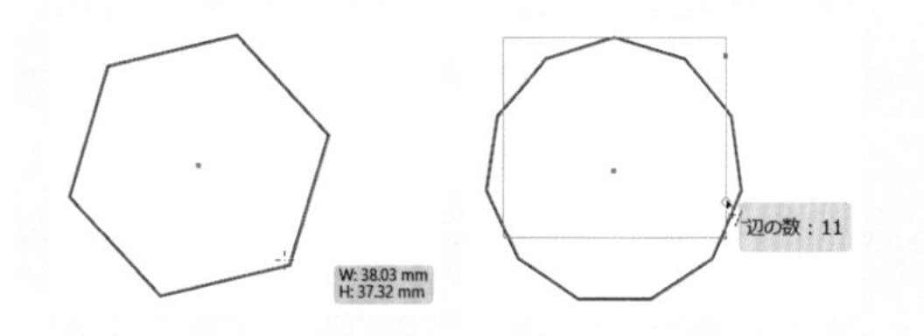

多角形ツールを選択して、マウスをドラッグすることで、多角形を描けます。このとき、同時に[Shift]キーを押すと、底辺が水平になるよう配置できます。また、描画した後で辺の数を変更できます。

1 ツールバーで長方形ツールを長押しし❶、メニューが表示されたら、多角形ツールをクリックして選択します❷。ツールバーの［初期設定の塗りと線］をクリックします❸。

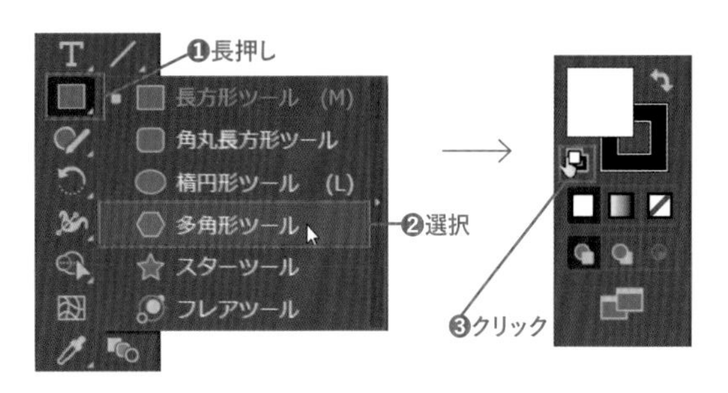

2 新規ドキュメントのアートボード上でマウスをドラッグします❶。ドラッグの距離に応じた大きさの多角形ができます。初期状態では、六角形が描画されます。多角形ツールは、必ず中心から描かれます。ドラッグする際に[Shift]キーを押すことで、底辺を水平に合わせることができます❷。

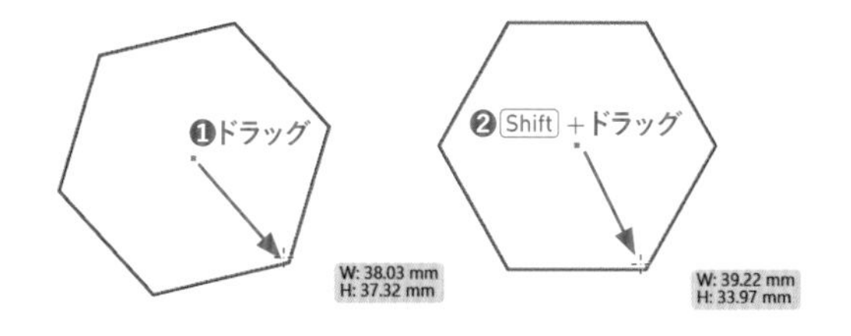

3 右側にあるハンドルを上にドラッグして三角形にしてみます❶。続けて、下にドラッグして11角形にします❷。

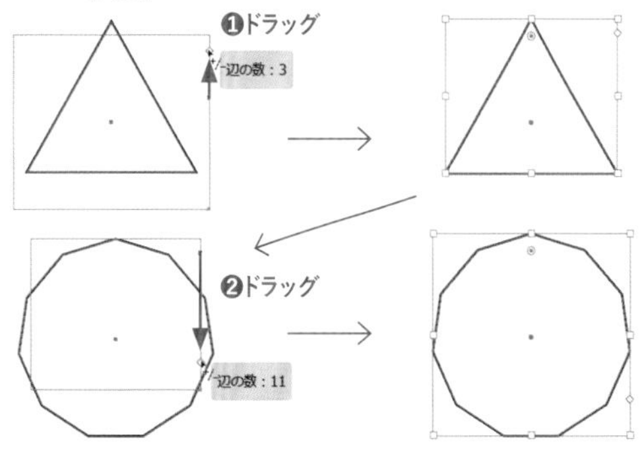

4 さらにコントロールパネルの［シェイプ］をクリックし❶、［多角形の辺の数］スライダをドラッグして「20」にしてみます❷。

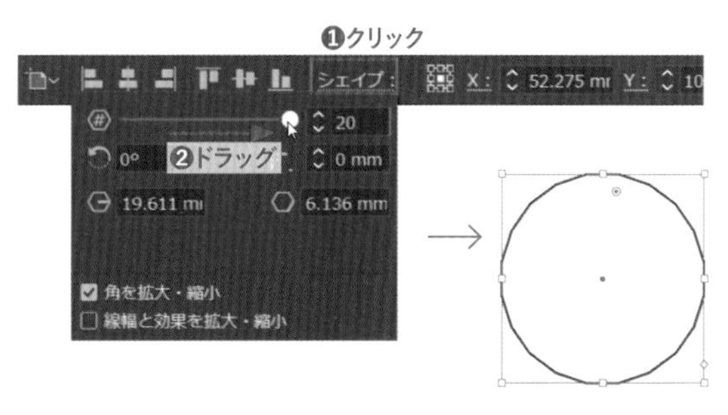

STEP 02 数値指定で多角形を描く

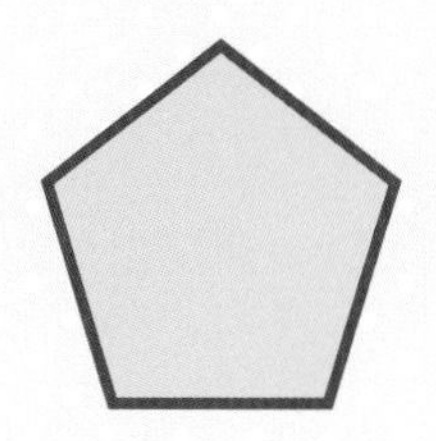

多角形ツールでクリックすると、半径と辺の数を指定するダイアログボックスが表示され、数値を指定して多角形を描画できます。色や線の太さも設定してみましょう。

1 アートボード上で、多角形ツールを選択した状態で、マウスをクリックします❶。

2 [多角形]ダイアログボックスが開くので、[半径]に「20mm」❶、[辺の数]に「5」を入力して❷、[OK]をクリックします❸。[半径]は、多角形の中心から頂点までの距離です。

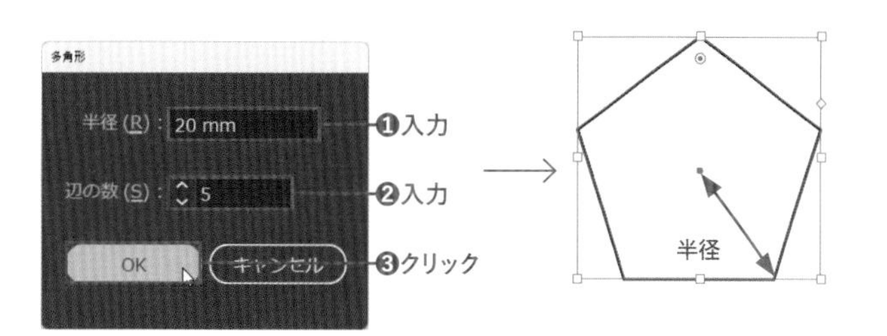

3 多角形が選択された状態で、コントロールパネルの左端にある[塗り]のアイコンをクリックし、スウォッチパネルを表示します❶。スウォッチパネルから好みの色(ここでは[C=20 M=0 Y=100 K=0])を選択してクリックします❷。

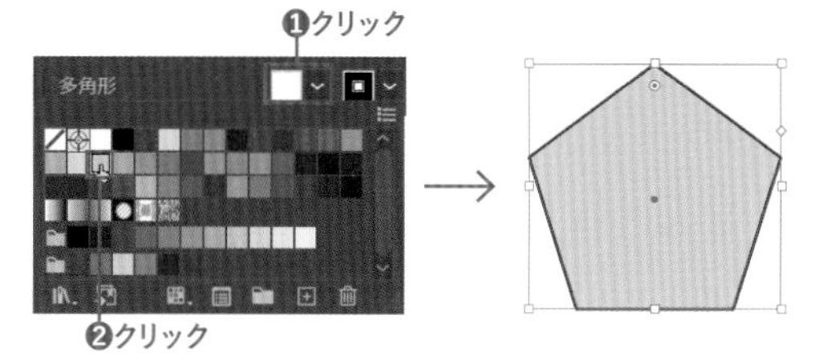

4 続いて、[塗り]のアイコンの右隣にある[線]のアイコンをクリックしてスウォッチパネルを表示します❶。スウォッチパネルから好みの色(ここでは[C=90 M=30 Y=95 K=30])を選択してクリックします❷。続けて、線幅を「3pt」に変更します❸。

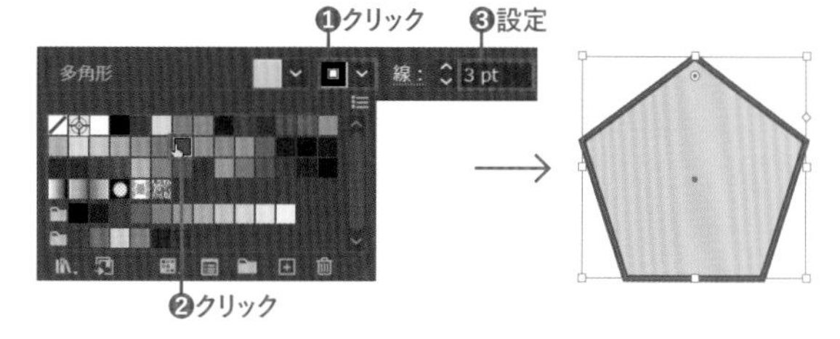

✔CHECK!

ライブシェイプとしての多角形

多角形のオブジェクトもライブシェイプオブジェクトとなります。長方形と同様に、図形内のウィジェットをドラッグして角の形状を変形できます。
また、変形パネルで、角の数、角の形状と大きさ、中心からの距離、辺の長さを設定できます。

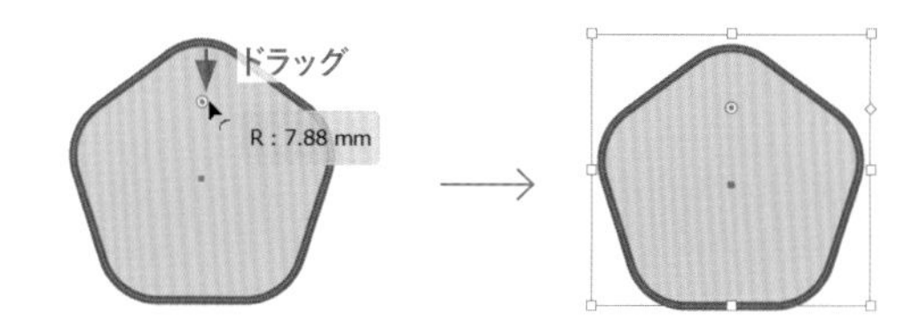

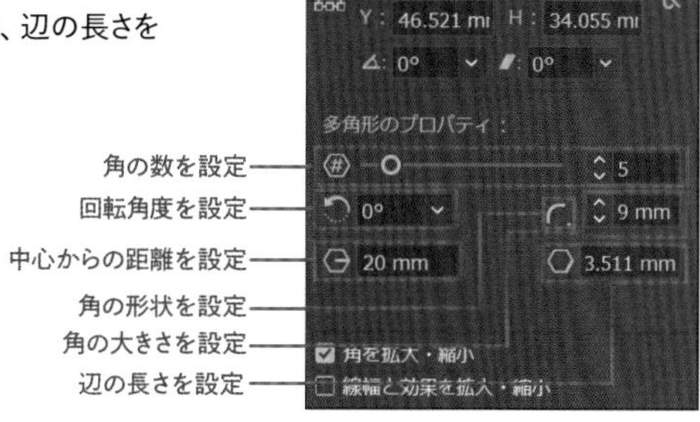

2-4 星形を描く

星形を描くにはスターツールを使います。スターツールは多角形ツールと似た使い方になりますが、第1半径と第2半径という概念を感覚で覚えることが大切です。頂点の数は、後から変更できないので、描画時に設定する方法を覚えてください。

STEP 01 ドラッグで星形を描く-1

スターツールを選択して、マウスをドラッグすることで、星形を描くことができます。このとき、同時にAlt(option)キーを押すと対向する辺を直線に揃えられます。

1 新規ドキュメントを開きます。ツールバーでスターツールを選択し❶、ツールバーの［初期設定の塗りと線］をクリックします❷。新規ドキュメントのアートボード上で、ドラッグして描画すると❸、初期状態ではこのような星形が描画されます。

2 場所を変え、Alt(option)キーを押しながらドラッグします❶。対向する辺が直線になり、形状がシャープになります。

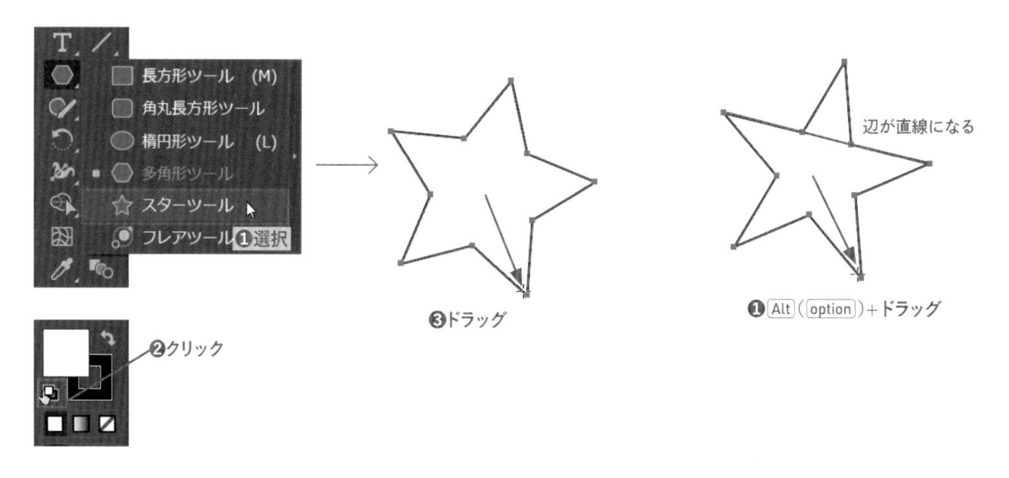

CHECK!

第1半径と第2半径

星形の外側の角を結ぶ円の半径を「第1半径」、内側の角を結ぶ円の半径を「第2半径」とよびます。
この第1半径と第2半径の差が、角の長さとなります。

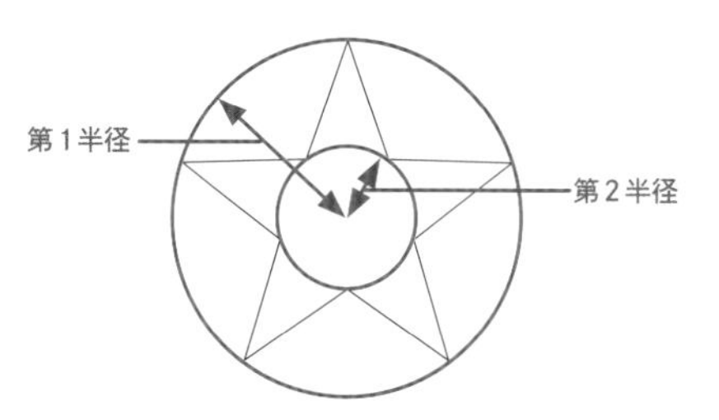

STEP 02 ドラッグで星形を描く-2

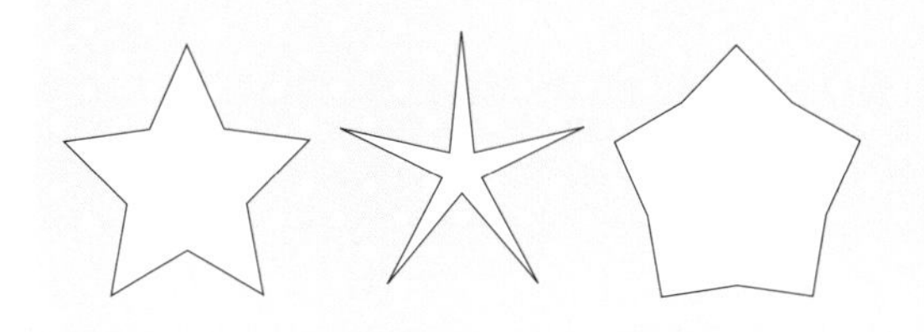

ドラッグして星形を描く際に、Shiftキーを押すことにより、左右対称になるように配置できます。また、Ctrl（command）キーを押すと、角の長さを変えることができます。

1 スターツール☆を選択し、アートボード上で、Shiftキーを押しながらドラッグします❶。左右対称形になります。

2 場所を変えて、マウスのドラッグを開始します❶。マウスのボタンを放さないようにしながら、途中からCtrl（command）キーを押してドラッグを続けます❷。内側の角の位置が固定されて、ドラッグしただけ角が伸びます。

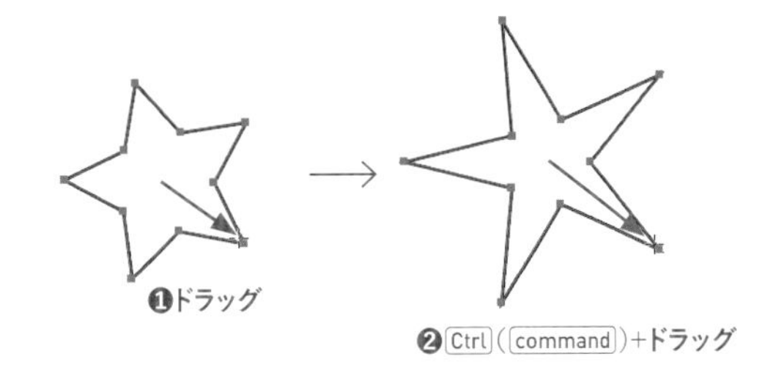

3 別の場所で、再度ドラッグを開始します❶。スターツール☆は、Ctrl（command）キーを使用して描画した星の形状を記憶しています（Illustratorを再起動するまで記憶されます）。マウスのボタンを放さないようにしながら、Ctrl（command）キーを押して戻る方向へドラッグします❷。内側の角の位置が固定されて、ドラッグしただけ角が縮みます。内側の角の位置を過ぎてドラッグすると、図形が反転します。

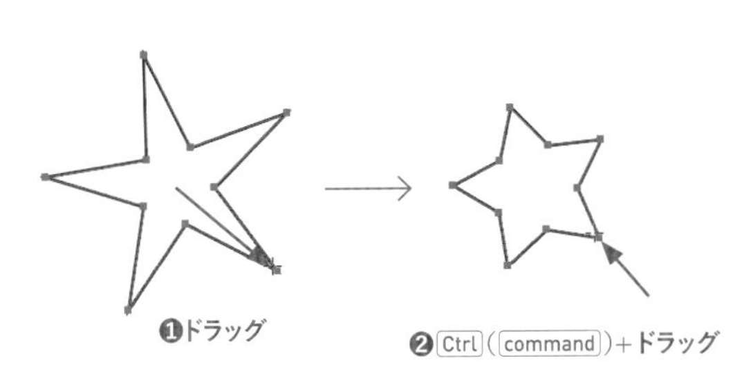

4 場所を変えて、マウスのドラッグを開始します❶。スターツール☆が形状を記憶しているため、前回描いた星形になりますが、Alt（option）キーを押すと❷、対向する辺が直線になる形状に戻すことができます。マウスのボタンを放す前にAlt（option）キーを押したままCtrl（command）キーを押すことで、その形状を記憶させられます。

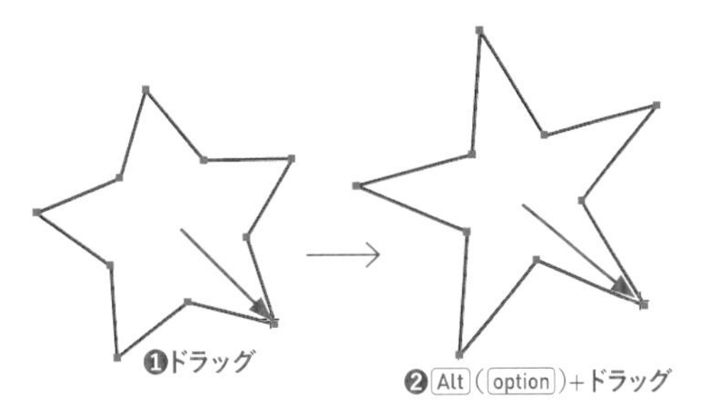

STEP 03 星形の頂点の数を変更する

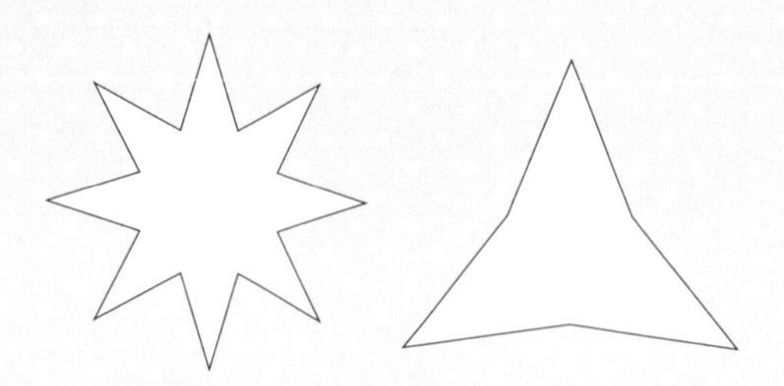

スターツール でドラッグして星形を描画する際に、[↑]キーまたは[↓]キーを押すことで、頂点の数を変更できます。[↑]キーを1回押すごとに頂点をひとつ追加、[↓]キーを1回押すごとに頂点をひとつ削除します。

1 アートボード上で、マウスをドラッグします❶。マウスのボタンを放さないように気をつけながら、[↑]キーを押して頂点を増やします❷。好みの形状になったところでマウスのボタンを放します。

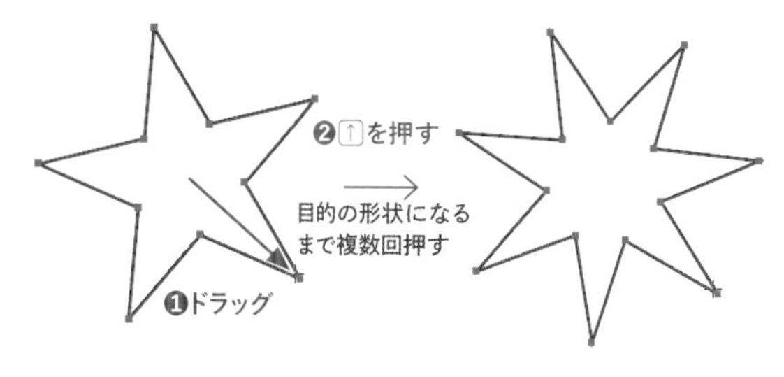

2 場所を移してマウスをドラッグします❶。マウスのボタンを押したままで、[↓]キーを押して頂点を減らします❷。好みの形状になったところでマウスのボタンを放します。

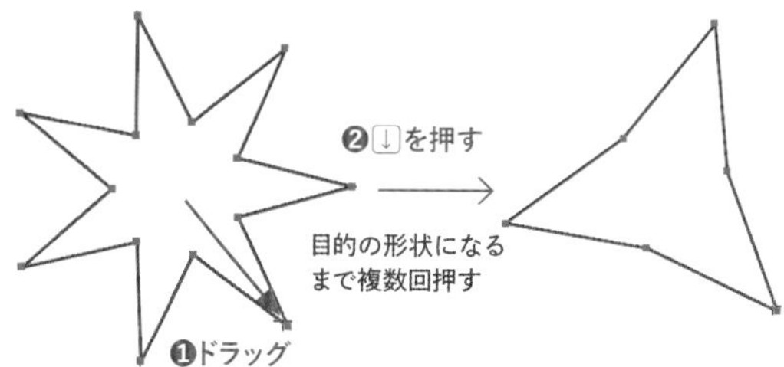

STEP 04 数値指定で星形を描く

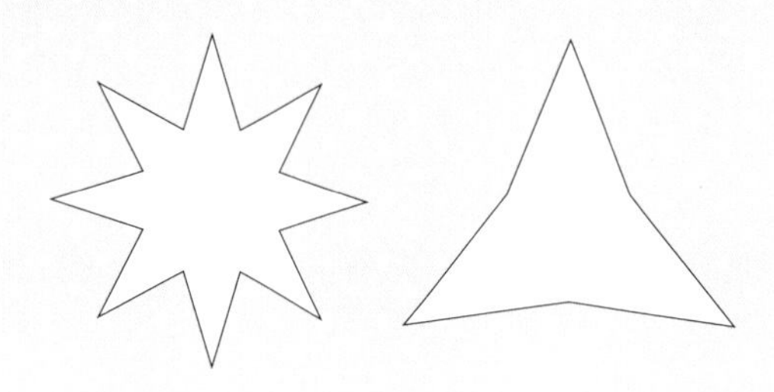

スターツール でクリックすると、ダイアログボックスが表示され、数値を指定して星形を描画できます。第1半径と第2半径の差が、星形の角の長さになります。

1 アートボード上で、スターツール を選択した状態で、マウスをクリックします❶。

2 [スター]ダイアログボックスが開くので、[第1半径]に「20mm」❶、[第2半径]に「9mm」と入力し❷、[点の数]を「5」に設定して❸、[OK]をクリックします❹。

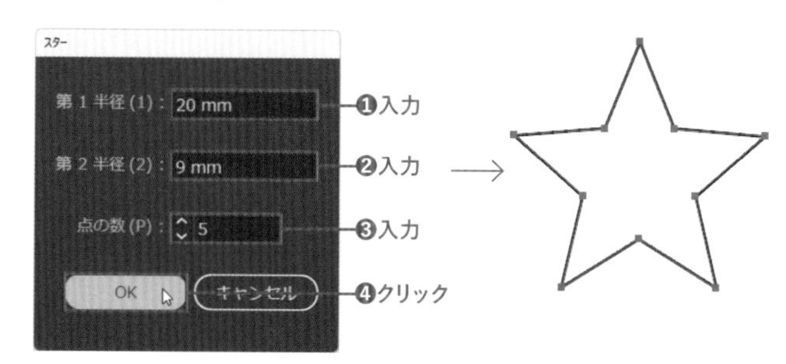

COLUMN

そのほかの図形描画ツール

円弧ツール

ドラッグした始点と終点を結ぶ円弧を描画するツールです。
アートボード上をクリックし、[円弧ツールオプション]ダイアログボックスを表示し、形状を詳細に設定して描画できます。

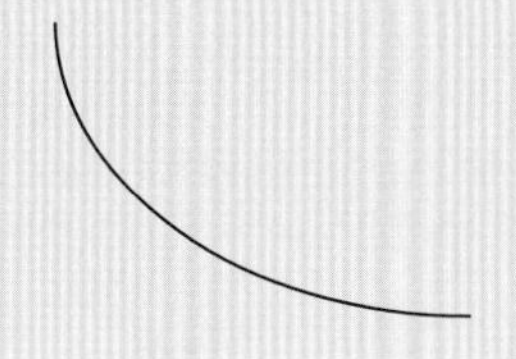

スパイラルツール

渦巻き模様を描画するツールです。ドラッグの始点が渦巻きの中心となります。
アートボード上をクリックし、[スパイラル]ダイアログボックスを表示し、形状を詳細に設定して描画できます。

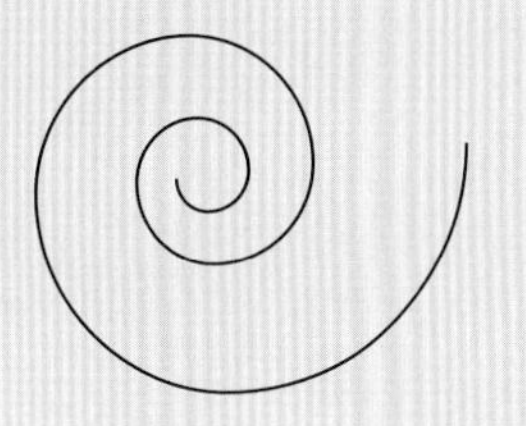

長方形グリッドツール

ドラッグした大きさの長方形グリッドを描画するツールです。ドラッグ時に、↑↓←→キーを押してグリッドの数を変更できます。
アートボード上をクリックし、[長方形グリッドツールオプション]ダイアログボックスを表示し、形状を詳細に設定して描画できます。

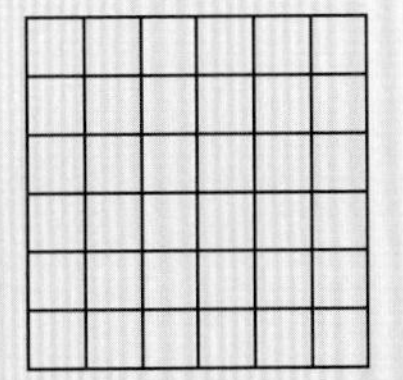

同心円グリッドツール

ドラッグした大きさの同心円グリッドを描画するツールです。ドラッグ時に、↑↓←→キーを押してグリッドの数を変更できます。
アートボード上をクリックし、[同心円グリッドツールオプション]ダイアログボックスを表示し、形状を詳細に設定して描画できます。

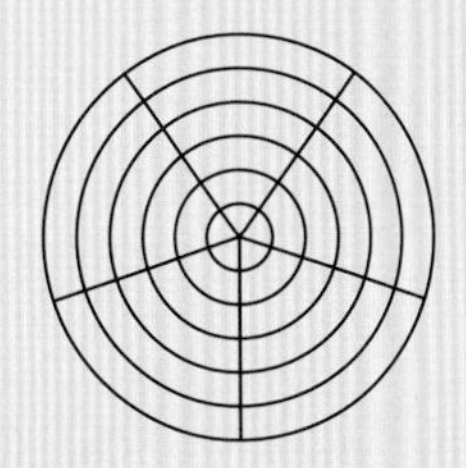

フレアツール

太陽光のフレアを描画するツールです。背景色があるとわかりやすくなります。
はじめのドラッグで光輪を描画し、二度目のドラッグで光輪から発する光線やリングを描画します。
アートボード上をクリックし、[フレアツールオプション]ダイアログボックスを表示し、形状を詳細に設定して描画できます。

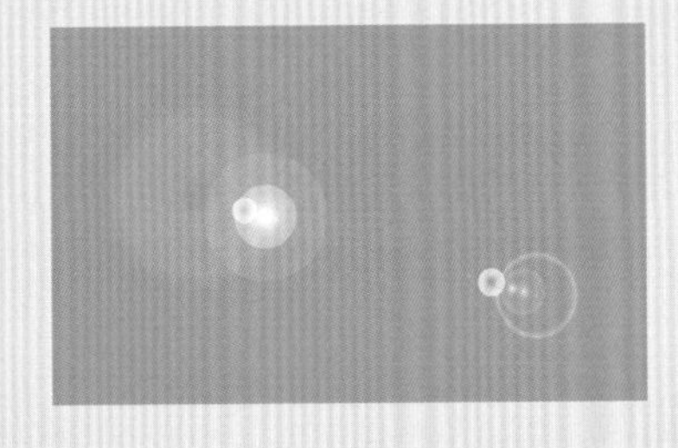

Lesson 02

練習問題

基本図形のみを使って、簡単なイラストを作成してみましょう。
新規ドキュメントを開いて、四角形、円、星形を使用し、下図のようなイラストを作成します。
作例とまったく同じになる必要はありません。各図形の配置等は、自分の好きなように行ってください。

AFTER

❶長方形ツール■を選択しShiftキーを押しながらドラッグして正方形を描画します。
❷[塗り]を[CMYKブルー]に、[線]を[なし]に設定します。
❸楕円形ツール●を選択し、Shiftキーを押しながらドラッグして正円を描きます。
❹[塗り]を[CMYKイエロー]に、[線]を[なし]に設定します。
❺先に描いた円に重ねて、三日月に見えるように小さめの正円を描きます。
❻位置や大きさがうまくいかなかった場合は、Ctrl(command)キーとZキーを同時に押してやり直しをします。
❼[塗り]を[CMYKブルー]に、[線]を[なし]に設定します。
❽スターツール★を選択し、星をひとつ描きます。
❾[塗り]を[CMYKイエロー]に、[線]を[なし]に設定します。
❿星を、好きな場所に、好きな数だけ描きます。

Lesson 03

線を描く

基本図形に続いて、もっとも基本的な線の描き方を練習します。さまざまな図形やイラストを作成するうえで、線も重要なパーツのひとつです。基本中の基本として完全に覚えておきましょう。

3-1 直線を描く

直線を描くには、直線ツール、またはペンツールを使用します。直線ツールは、数値指定で描画や変更できるメリットがあります。実際に線を描くシチュエーションによって、どちらでも好みのツールを使うとよいでしょう。

STEP 01 直線ツールのドラッグで直線を描く

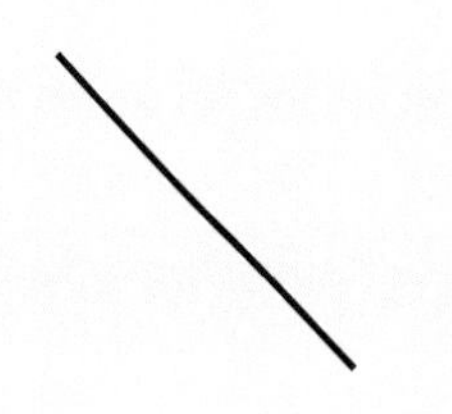

直線ツールを選択し、マウスをドラッグすることで、直線を描くことができます。このとき、同時にShiftキーを押すと、直線を45°刻みの固定角度で描くことができます。

1 新規ドキュメントを開きます。ツールバーで直線ツールをクリックして選択し❶、アートボード上でマウスをドラッグします❷。ドラッグの距離と角度に応じた直線が描かれます。

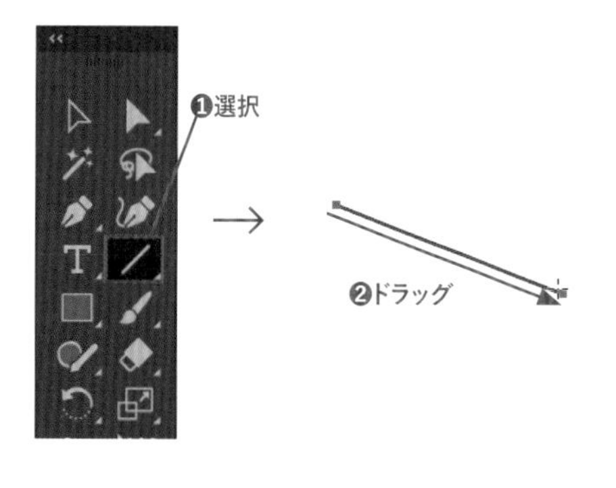

2 場所を変え、Shiftキーを押しながらドラッグします。水平❶、垂直❷、斜め45°の直線❸を簡単に描くことができます。

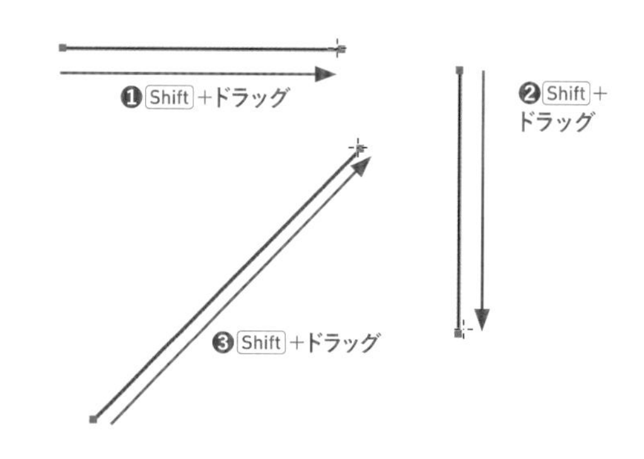

3 場所を変え、Alt（option）キーを押しながらドラッグします❶。中央から線を引くことができます。

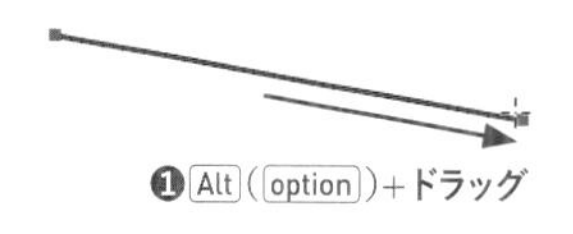

4 引いた線の端にカーソルを合わせてドラッグします❶。さらにShiftキーをしながらドラッグし、線が原点から45°刻みに固定できることを確認します❷。

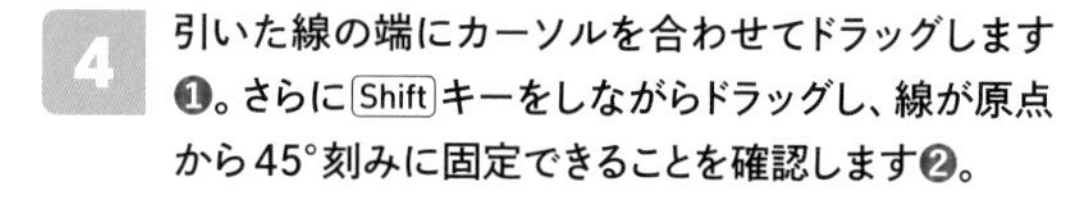

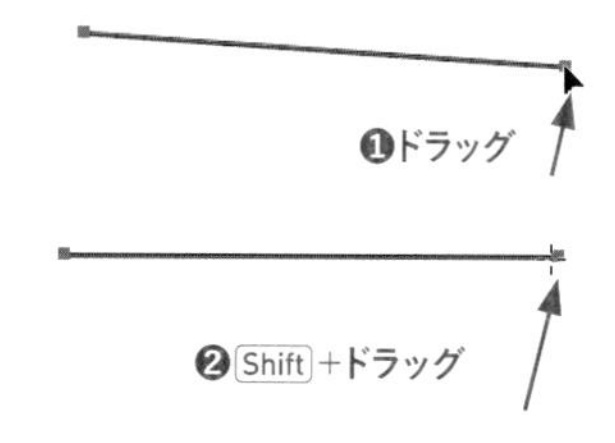

STEP 02 数値指定で直線を描く

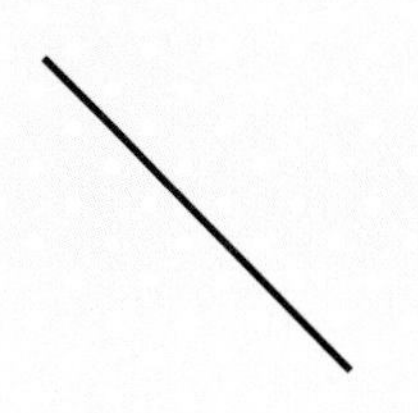

直線ツール でアートボード上をクリックすると、[直線ツールオプション]ダイアログボックスが表示され、直線の長さと角度を数値で指定して正確に描くことができます。

1 別の場所で、直線ツール を選択した状態で、マウスをクリックします❶。

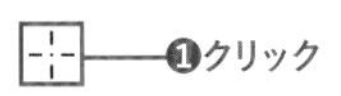

2 [直線ツールオプション]ダイアログボックスが開くので、[長さ]❶と[角度]❷に数値を入力して(ここでは「50mm」「45°」と入力)、[OK]をクリックします❸。指定した長さと角度の線が描けます❹。

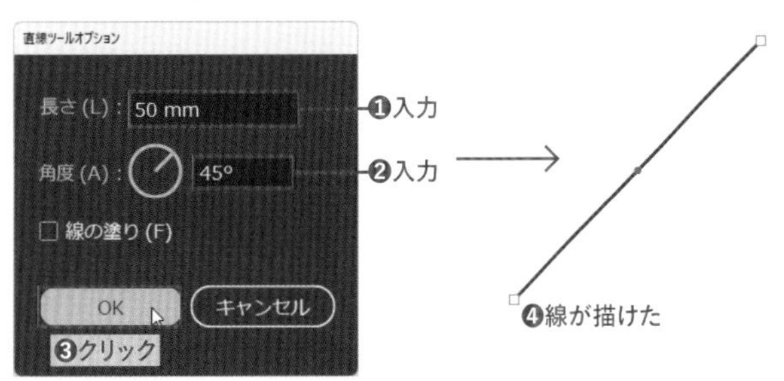

STEP 03 ペンツールで直線や図形を描く

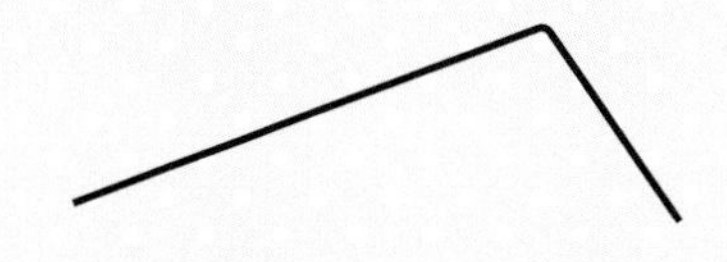

直線を描くには、ペンツール を使うこともできます。ペンツール を使うと、単なる直線ではなく、直線を接続した図形を描くことができます。

1 新規ドキュメントを開きます。ツールバーでペンツール をクリックして選択し❶、アートボード上で直線の始点をクリックします❷。次に、直線の終点をクリックします❸。クリックした2点間が直線で結ばれます。描画を終了するには、Ctrl(command)キーを押しながら何もない場所をクリックします❹。Enter(return)キーを押しても終了します。

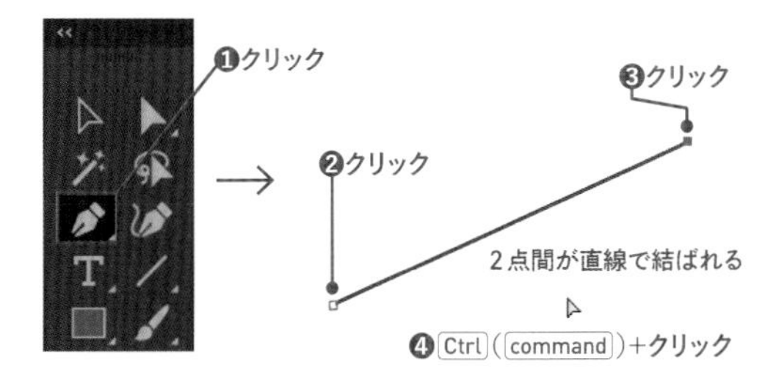

2 ペンツール は、クリックを続けると❶❷❸、クリックした位置を角にして、無限に直線を描き続けられます。描画を終了するには、Ctrl(command)キーを押しながら何もない場所をクリックします❹。Enter(return)キーを押しても終了します。

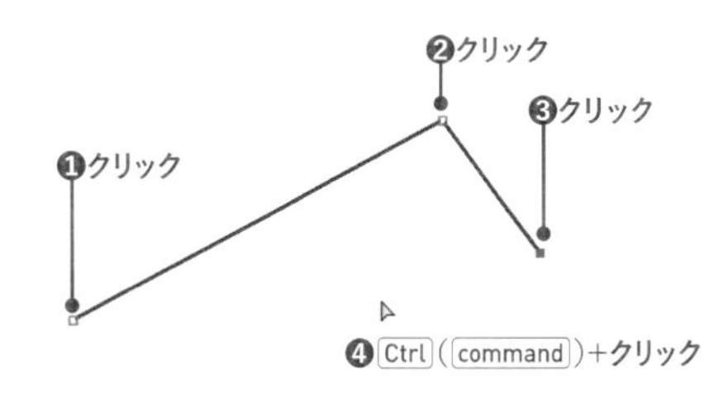

3 場所を変えて、始点をクリックします❶。Shiftキーを押しながら次の点をクリックすると❷、垂直、水平、45°の固定角度の直線を簡単に描くことができます。描画を終了するには、Ctrl（command）キーを押しながら何もない場所をクリックするか、Enter（return）キーを押します。

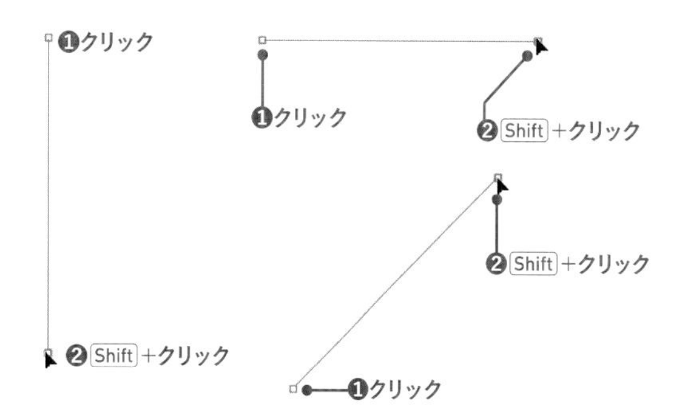

✔CHECK!

ラバーバンドの表示

ペンツール や曲線ツール のマウスカーソルには、次にどのような線が描画されるかをプレビューするラバーバンドが表示されます。ラバーバンドを非表示にするには、[編集]メニュー（Macでは[Illustrator]メニュー）→[環境設定]→[選択範囲・アンカー表示]の、「ラバーバンドを有効にする対象」でチェックを外します。

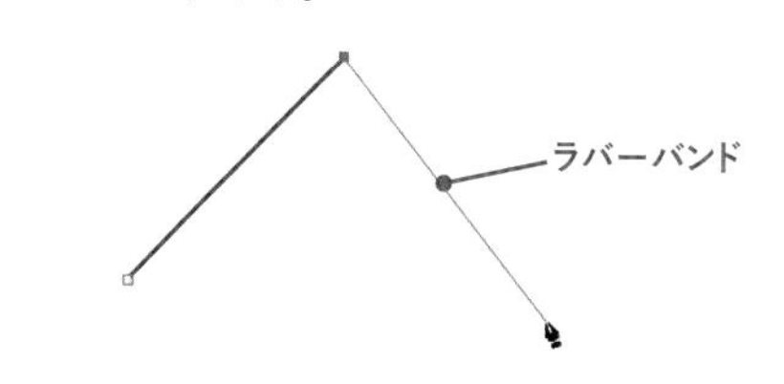

4 場所を変えて、始点をクリックします❶。続いて、ほかの場所をクリックして連続線を描きます❷❸。最後に始点に戻ってカーソルを重ねると、マウスカーソルが に変化するので、そこでクリックします❹。これにより、図形が三角形として閉じた図形になります❺。

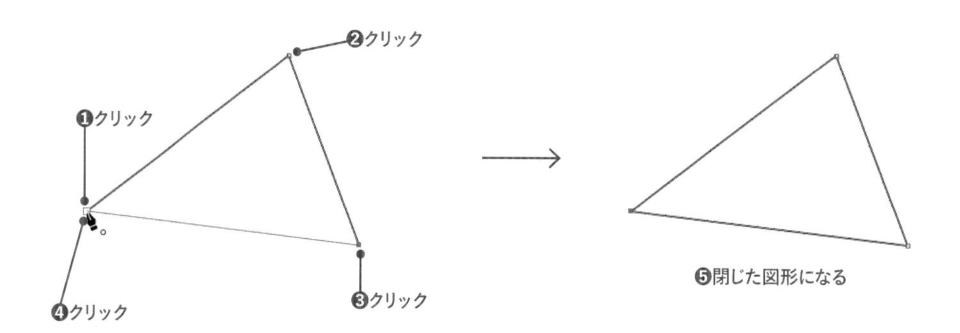

5 Shiftキーを併用すれば、直角三角形も簡単に描画することができます。始点をクリックし❶、Shiftキーを押し次の角をクリックします❷❸。最後に始点に戻ってカーソルを重ねてクリックします❹。

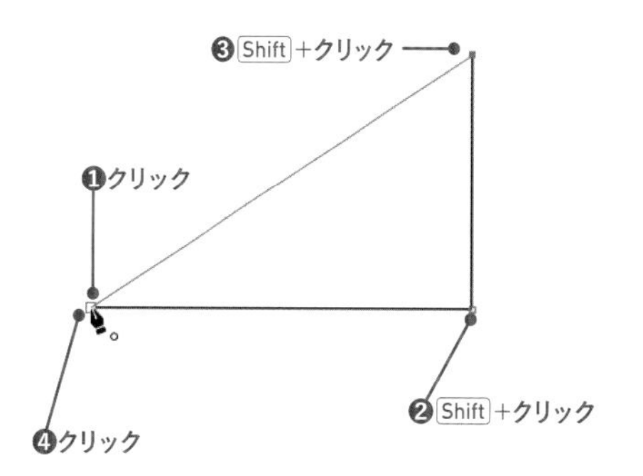

COLUMN

スマートガイドを使う

スマートガイドを使うと、直角三角形や長方形を簡単に描画することができます。また、ほかのオブジェクトのパスの位置に揃えてパスを描画できます。状況によって使い分けてください。
スマートガイドのオンオフは、Ctrl（command）キーとUキーを同時に押します。

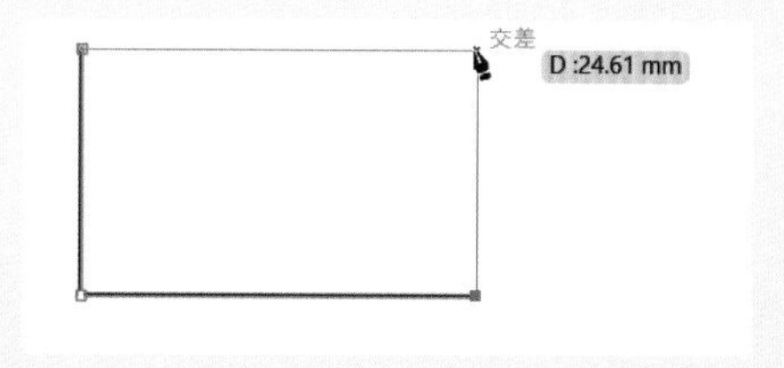

3-2 曲線を描く

曲線を描くには、ペンツールを使用します。ペンツールで曲線を描くのは、最初は取っつきにくく、難しいかもしれませんが、慣れれば非常に便利なツールです。ペンツールはIllustratorの一番の肝になる機能といっても過言ではありませんので、ぜひマスターしてください。

Illustratorのオブジェクトの構造

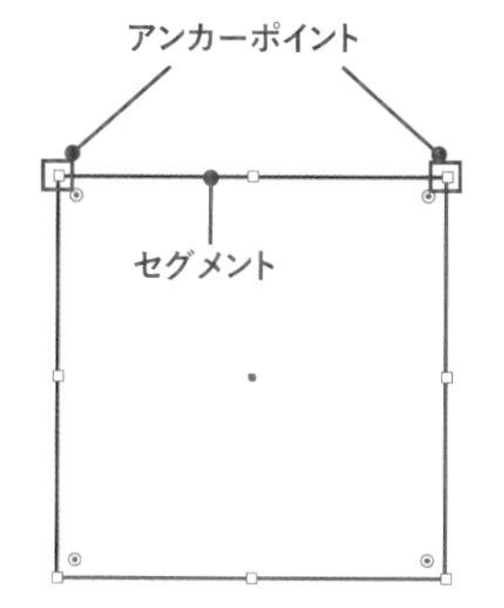

オブジェクトは、アンカーポイントとその間のセグメントからできている

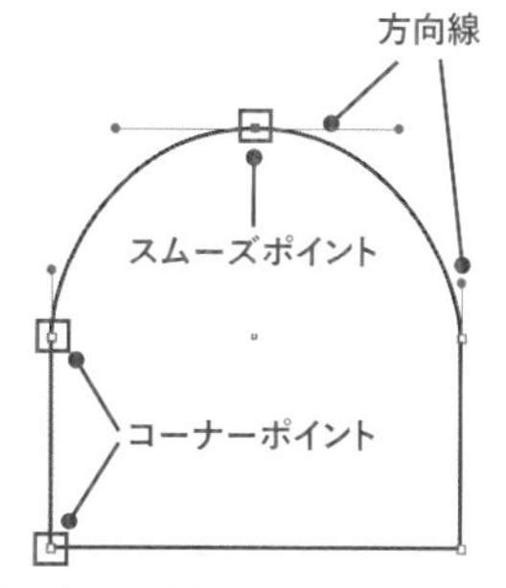

曲線を含むオブジェクトのアンカーポイントには、曲線の方向や大きさを制御する方向線がある

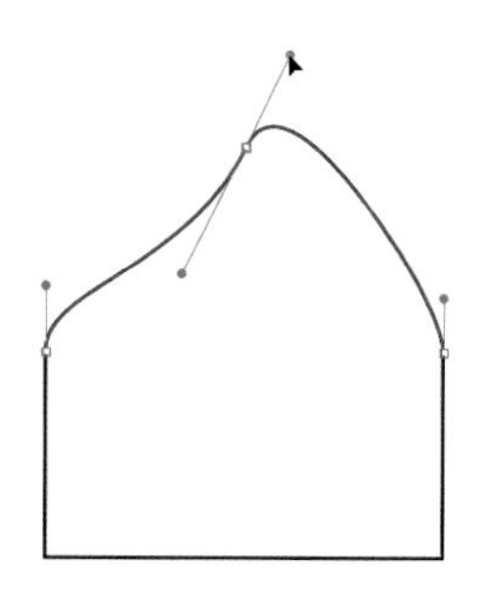
方向線を操作することで、曲線の曲がり具合を調節できる

アンカーポイントと方向線

Illustratorで作成するオブジェクト（図形）は、アンカーポイントとその間をつなぐセグメントの集合体です。アンカーポイントは曲線のないオブジェクトにも必ずありますが、曲線を描くと、アンカーポイントから方向線が発生します。直線が接続された角には、長さが「0」の方向線があると考えるとわかりやすいかもしれません。
この方向線の角度と長さにより、曲線を制御します。

スムーズポイントとコーナーポイント

方向線がアンカーポイントから一直線に伸びるアンカーポイントをスムーズポイントといいます。そのほかのアンカーポイント（「方向線がない」「方向線が一本しかない」「一直線でない」）はコーナーポイントといいます。

方向線の表示

方向線は、通常は表示されていませんが、曲線には必ず存在しています。ペンツールで描画中の現在と直前のアンカーポイントや、アンカーポイントやセグメントを選択すると、選択部分に関わる部分の方向線が表示され、ほかの方向線は非表示になります。

方向線と曲線

方向線を操作することで、曲線の調節を行うことができます。角度と長さを調節しますが、角度によって曲線の向きを、長さによって曲率を制御します。ただし、方向線の角度の調節により結果的に曲率が変化したり、長さの調節で結果的に向きが変わったりということがありますので、曲線の調節には慣れが必要です。
ペンツールでの描画時には直接方向線を操作しますが、ダイレクト選択ツールを使えば描画済みのオブジェクトを後から修正することもできます。また、通常は方向線は一対の2本が連動して動きますが、これを別々に操作して複雑な曲線や、尖った形をつくることもできます。
方向線の調節の詳細は、Lesson05を参照してください。

STEP 01 ペンツールのドラッグで曲線を描く-1

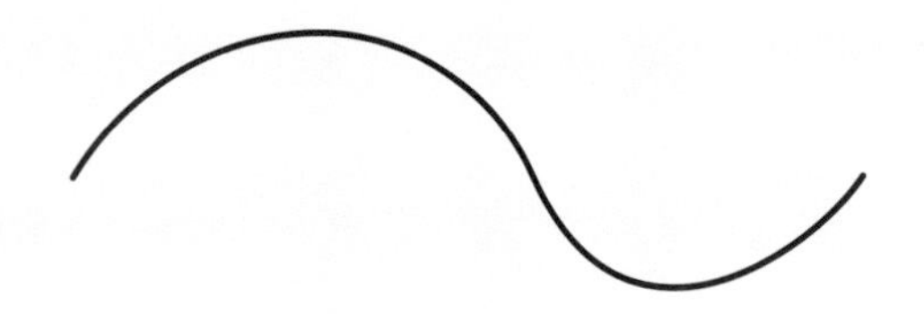

ペンツール を選択して、マウスをドラッグすることで、曲線を描くことができます。何度か描いて方向線に慣れておきましょう。

Lesson03 ▶ L3-2S01.ai

1 レッスンファイルを開きます。このファイルには、ペンツール で曲線を描く練習をするための下絵が描かれています。コントロールパネルまたはプロパティパネルの［塗り］をクリックし❶、［なし］をクリックして選択します❷。

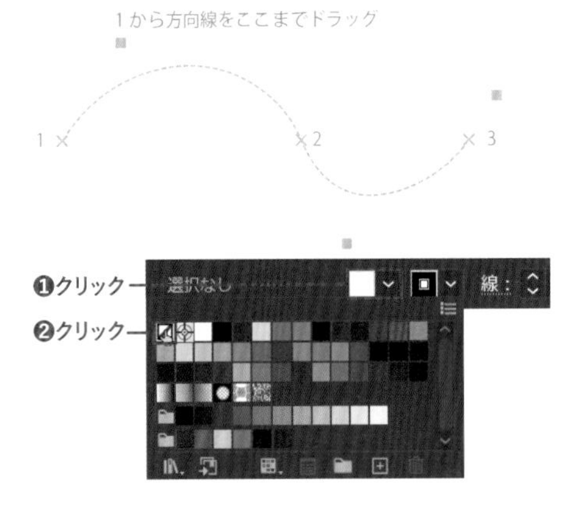

2 ツールバーでペンツール をクリックして選択し❶、曲線の始点（下絵の「1」）をマウスでドラッグして、青い小さな円を下絵に合わせます❷。

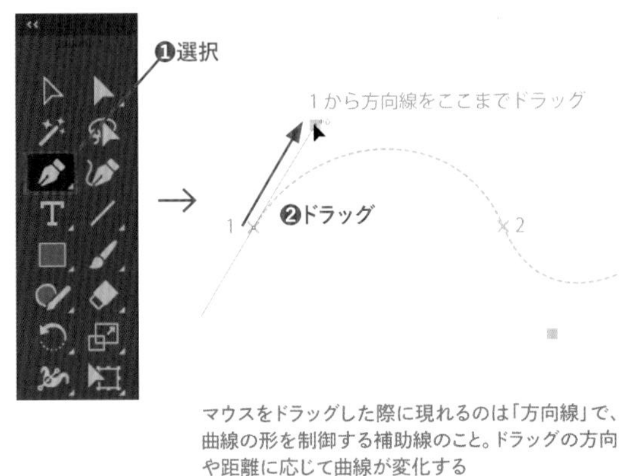

マウスをドラッグした際に現れるのは「方向線」で、曲線の形を制御する補助線のこと。ドラッグの方向や距離に応じて曲線が変化する

3 続いて、下絵の「2」からマウスをドラッグして、同じように下絵に合わせます❶。同様にして終点（下絵の「3」）からドラッグします❷。これでひとつの曲線ができました。

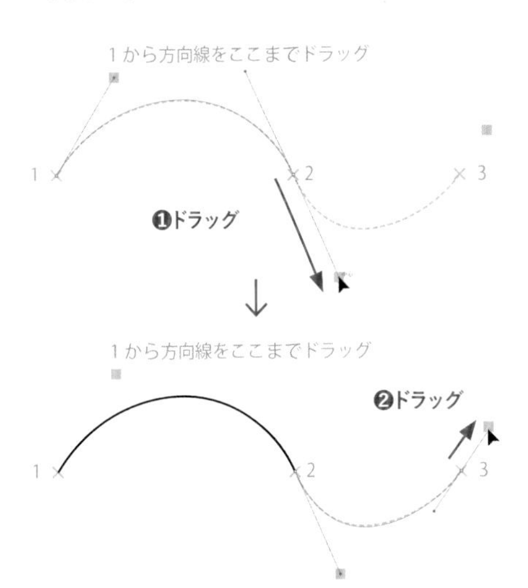

4 最後にCtrl（command）キーを押しながら何もない場所をクリックして描画を終了します❶。Enter（return）キーを押してもかまいません。

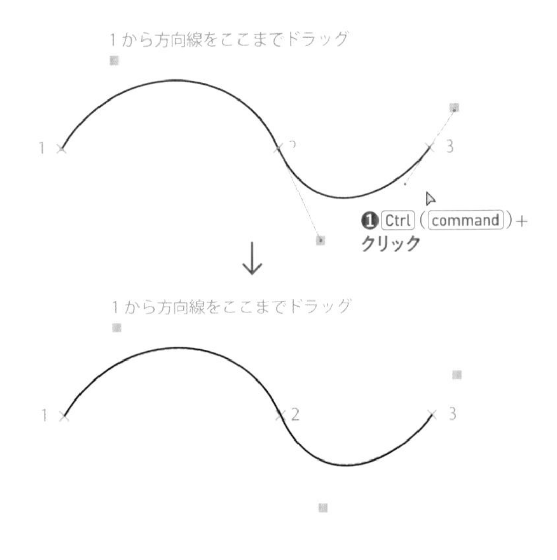

STEP 02 ペンツールのドラッグで曲線を描く-2

ペンツールで曲線を描いている途中で、直前に作成したポイントをもう1度クリックしてから曲線を描くと、尖った角をつくることができます。

Lesson03 ▶ L3-2S02.ai

1 レッスンファイルの下絵を使います。コントロールパネルまたはプロパティパネルで、[塗り]を[なし]に設定します❶。

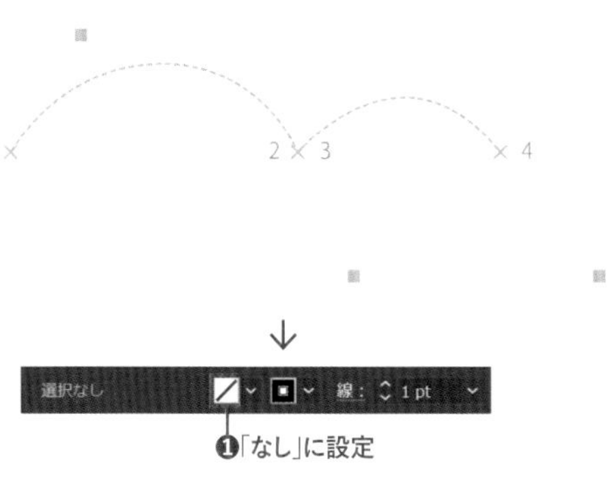

2 ペンツールで、下絵の「1」❶と「2」❷のアンカーポイントをSTEP01と同じように作成しましょう。

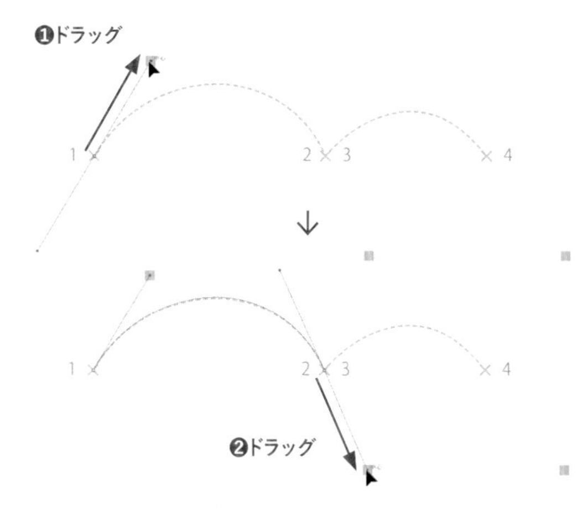

3 2番目のアンカーポイントを作成したら、もう一度そのアンカーポイントにカーソルを合わせて❶クリックして❷、下絵の「4」からドラッグします❸。

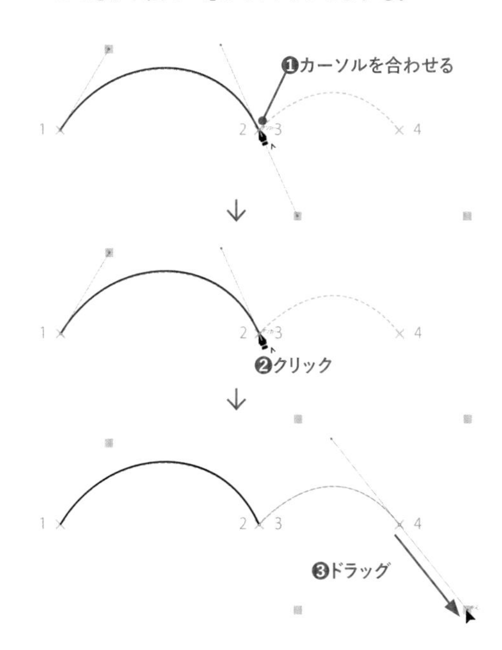

4 最後にCtrl（command）キーを押しながら何もない場所をクリックして描画を終了します❶。Enter（return）キーを押しても終了します。アンカーポイントの位置や方向線は、後から自由に調節可能です（Lesson05参照）。最初は少しずれてしまっても、気にせず作業してみましょう。

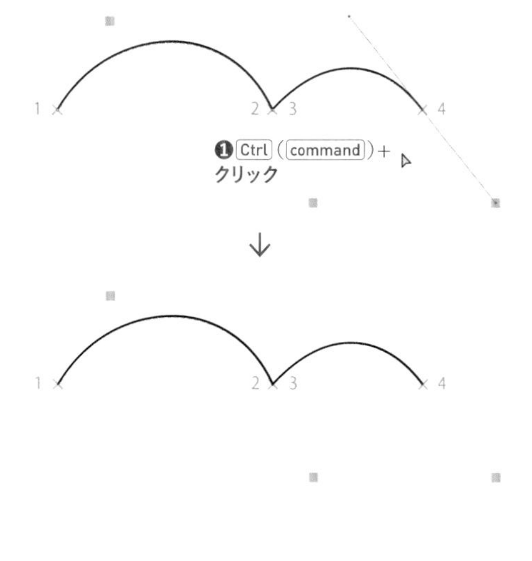

STEP 03 ペンツールのドラッグで曲線を描く-3

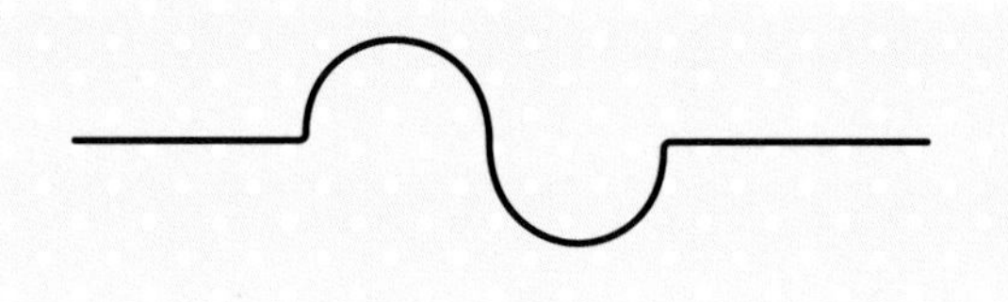

ペンツール は、Shiftキーを押しながらドラッグすることで、方向線を45°刻みの角度に制限して曲線を描くことができます。

Lesson03 ▶ L3-2S03.ai

1 レッスンファイルを開きます。直線と曲線が一本になった下絵が描かれています。コントロールパネルまたはプロパティパネルで、[塗り]を[なし]に設定します。

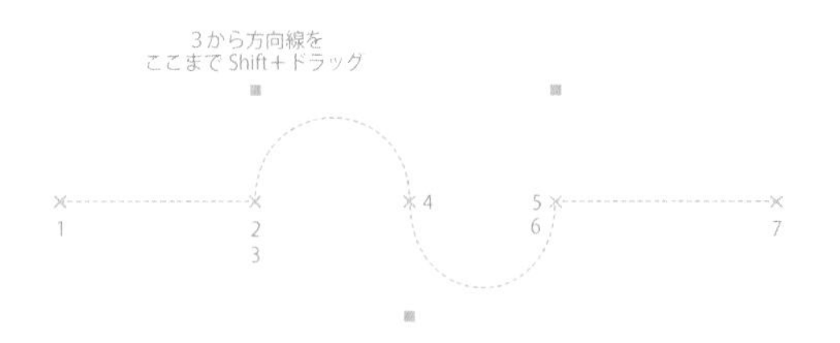

2 ペンツール で、下絵の「1」❶をクリック、下絵の「2」をShiftキーを押しながらクリックして❷、水平の直線を描きます。

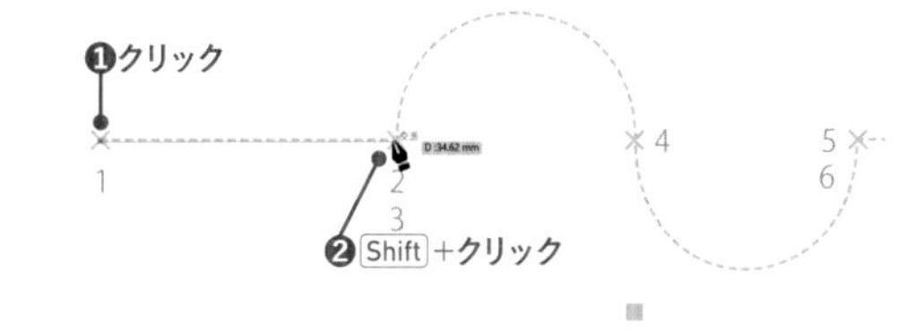

3 直線の終点にカーソルを合わせ❶、Shiftキーを押しながら上へドラッグし❷、方向線を下絵に合わせます。

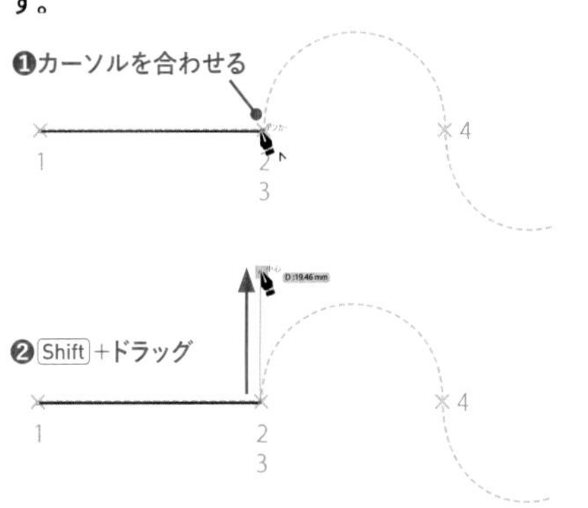

4 下絵の「4」❶と「5」❷で、それぞれShiftキーを押しながらドラッグして、方向線を下絵に合わせます。

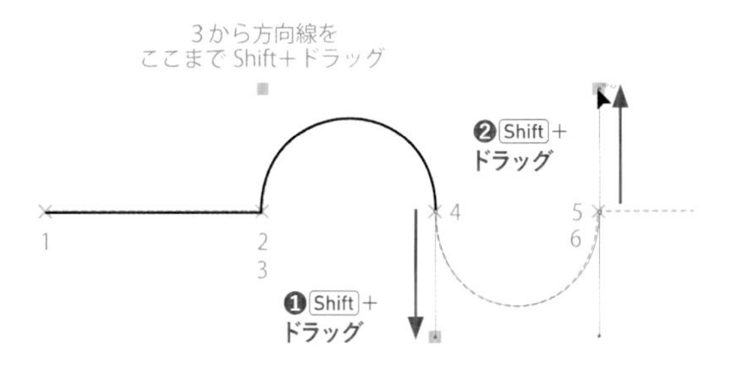

5 曲線の終点をクリック❶して上向きの方向線を消し、続いて下絵の「7」をShiftキーを押しながらクリック❷します。

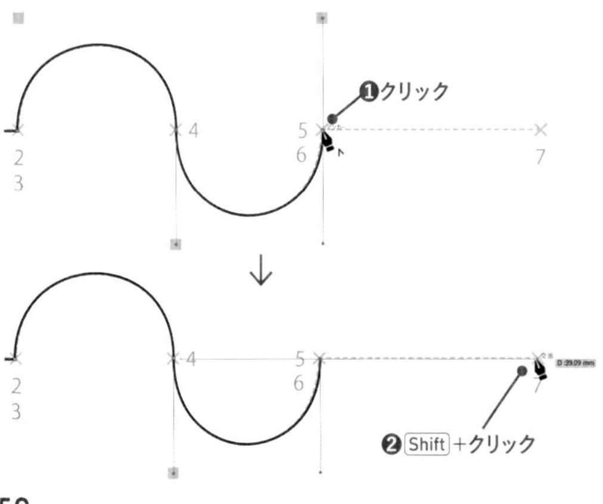

6 最後にCtrl(command)キーを押しながら何もない場所をクリックして描画を終了します❶。Enter(return)キーを押しても終了します。

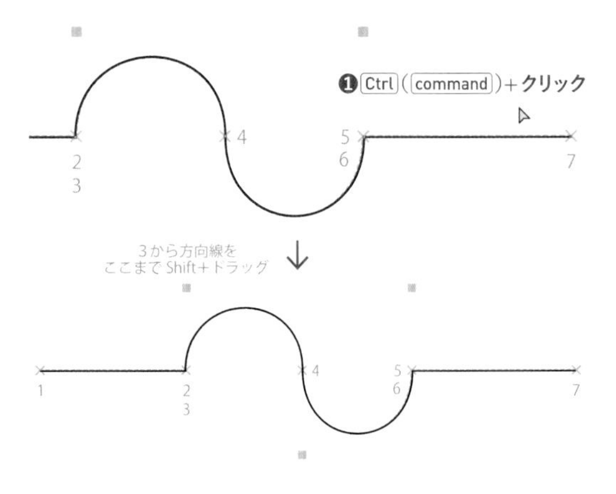

STEP 04 ペンツールのドラッグで曲線を描く-4

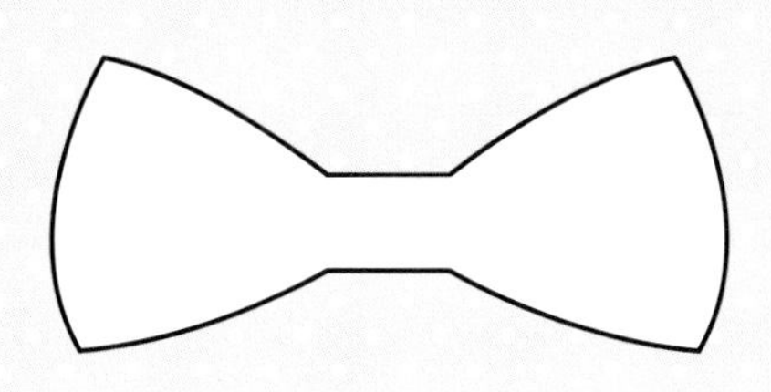

ペンツール を使用すると、ふたつの独立した線を接続することができます。クリックやドラッグの方法によって、直線、曲線で接続できます。

Lesson03 ▶ L3-2S04.ai

1 レッスンファイルを開きます。このファイルには、未完成のリボンが3つ描かれています。コントロールパネルまたはプロパティパネルで、[塗り]を[なし]に設定します。ここでは A のリボンを使います。ペンツール で、「1」❶と「2」❷のアンカーポイントをクリックします。直線でアンカーポイントが接続されました。同様に「3」❸と「4」❹のアンカーポイントをクリックして直線で接続して図形を閉じます。

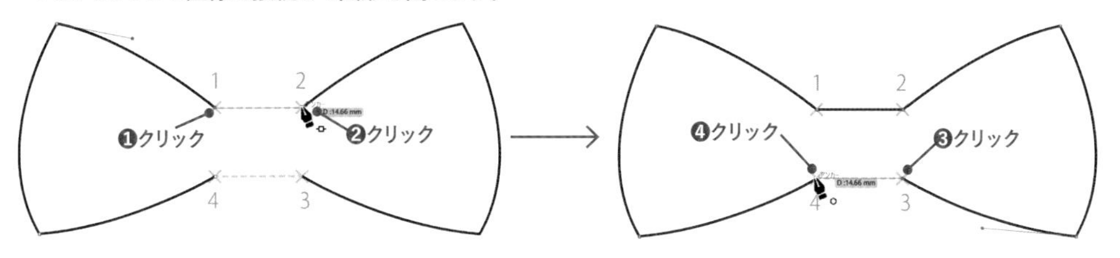

2 次に B のリボンの線を曲線で接続します。「1」のアンカーポイントで右下へドラッグして❶方向線を下絵に合わせ、「2」のアンカーポイントで右上へドラッグして❷、方向線を下絵に合わせます。「2」のアンカーポイントではドラッグする方向と方向線の向きが逆なので注意してください。同様に「3」❸と「4」❹のアンカーポイントでドラッグして図形を閉じます。

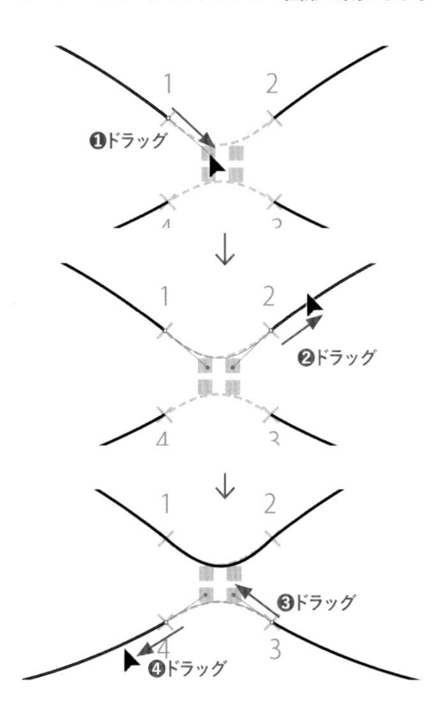

3 続いて、C のリボンの線を接続します。B のリボンとは曲線が逆方向に接続します。「1」のアンカーポイントで右上へドラッグして❶、方向線を下絵に合わせ、「2」のアンカーポイントで右下へドラッグして❷方向線を下絵に合わせます。同様に「3」❸と「4」❹のアンカーポイントでドラッグして図形を閉じます。

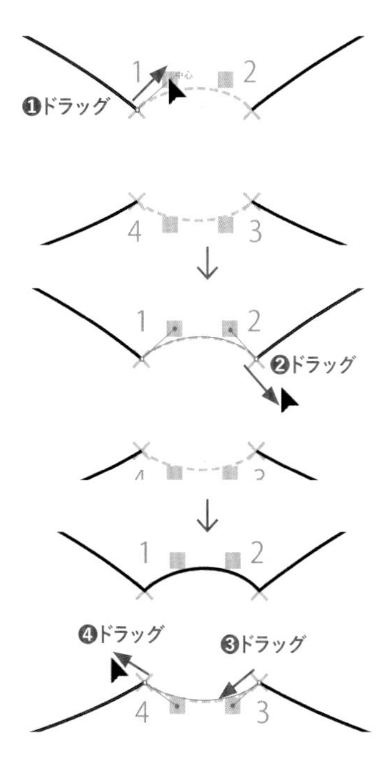

STEP 05 ペンツールのドラッグで曲線を描く-5

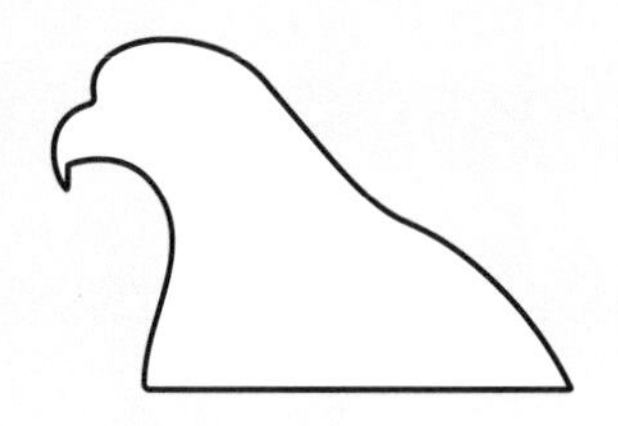

ペンツール では、描画中に確定した方向線を修正することができます。これにより、曲線と直線をつなげたり、先の尖った図形を描くことができます。

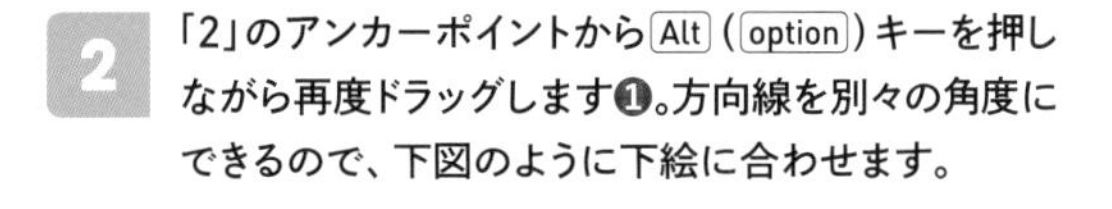

1 レッスンファイルを開きます。このファイルには、未完成のハヤブサの横顔が描かれています。ペンツール で、「1」のアンカーポイントからドラッグして方向線を下絵に合わせます❶。続けて下絵の「2」からドラッグして方向線を下絵に合わせます❷。

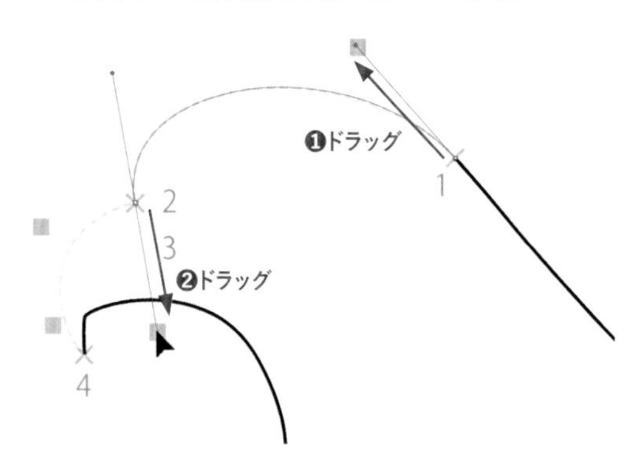

2 「2」のアンカーポイントから Alt（option）キーを押しながら再度ドラッグします❶。方向線を別々の角度にできるので、下図のように下絵に合わせます。

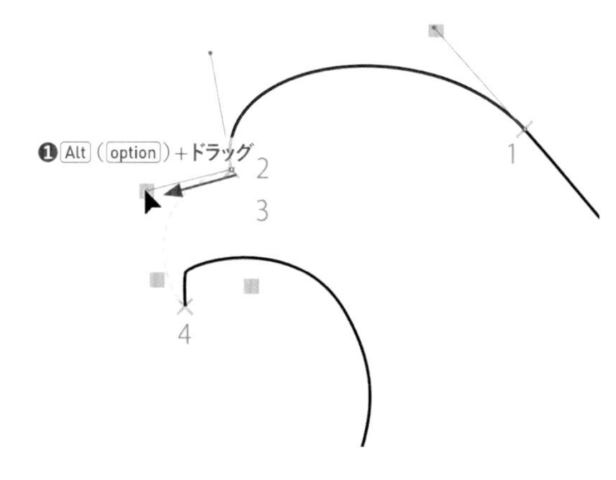

3 「4」のアンカーポイントでドラッグして方向線を下絵に合わせます❶。このとき、ドラッグの方向と方向線が伸びていく方向が逆になるので注意しましょう。

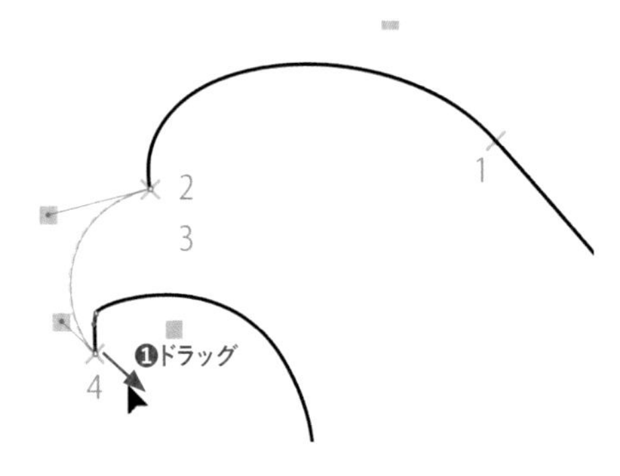

4 最後に Ctrl（command）キーを押しながら何もない場所をクリックします❶。オブジェクトの選択が解除されます❷。

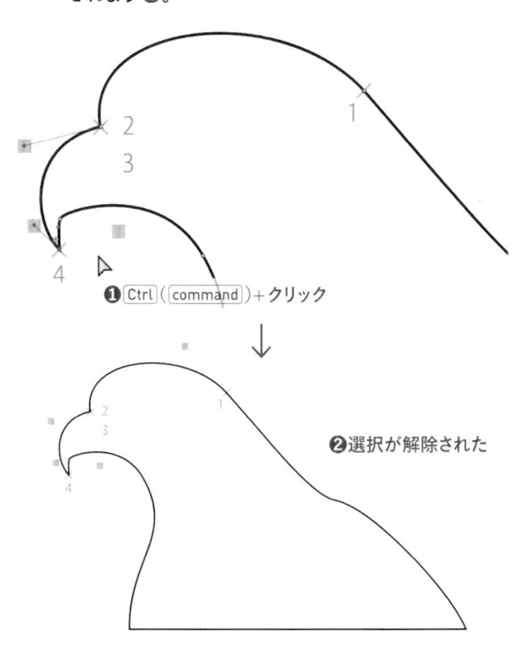

COLUMN

修正も可能

曲線の形状は、慣れてくると思うように描けるようになります。また、描画時にうまく描けなくても、後から調節することができます。

STEP 06 曲線ツールで描画する

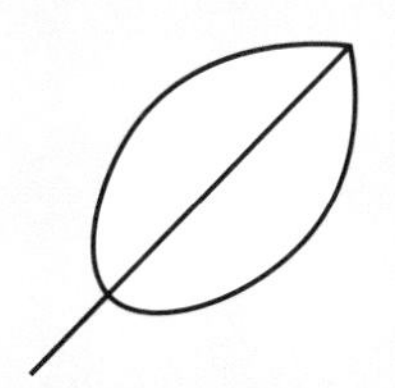

曲線ツール は、曲線と直線のどちらも描画できるツールです。クリックした点が自動で曲線で結ばれます。基本的な使い方を覚えておきましょう。

1 新規ドキュメントを開き、ツールバーで曲線ツール を選択します❶。葉の元となる図形を描きましょう。アートボード上で始点をクリックします❷。次に、アンカーポイントを作成したい位置を順番にクリックします❸❹。クリックした箇所を結ぶ曲線が描画されます。同様にアンカーポイントを作成したい箇所をクリックして❺、始点にマウスカーソルを合わせて になったらクリックします❻。クローズパスが描画できました。

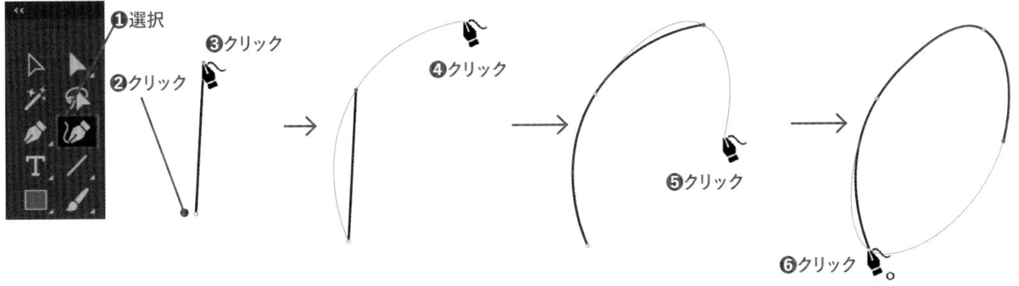

2 直線を追加しましょう。図形の内部で始点をダブルクリックして❶、終点もダブルクリックします❷。曲線ツール では、ダブルクリックした場所はコーナーポイントとなります。描画を終了するには、Ctrl（command）キーを押しながら何もない場所をクリックします❸。

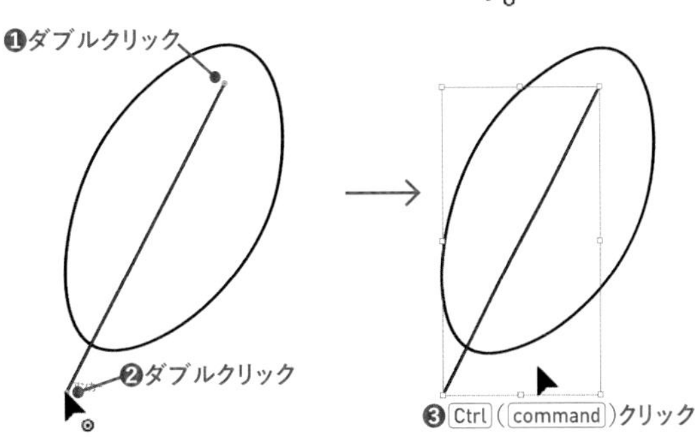

3 Ctrl（command）キーを押しながら一時的に選択ツール にして、曲線で作成した図形を選択します❶。Ctrl（command）キーを離し、図形の右上のアンカーポイントをドラッグして直線の端点まで移動します❷。移動したアンカーポイントをダブルクリックします❸。アンカーポイントが、曲線を作るスムーズポイントからコーナーポイントに変わりました❹。

ダブルクリックでの変換

コーナーポイントをダブルクリックするとスムーズポイントに、スムーズポイントをダブルクリックするとコーナーポイントに変わります。

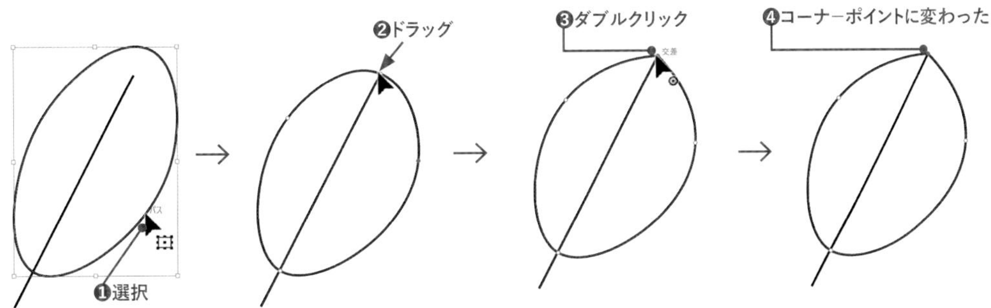

Lesson 03

練習問題

Lesson 03 ▶ L3EX1.ai

ペンツール を使って、オブジェクトを作成します。レッスンファイル「L3EX1.ai」の下絵を元にして水滴を作成します。うまくいかない場合はCtrl（command）キーとZキーを同時に押せば、ひとつ前の状態に戻れるので、頑張って完成させましょう。

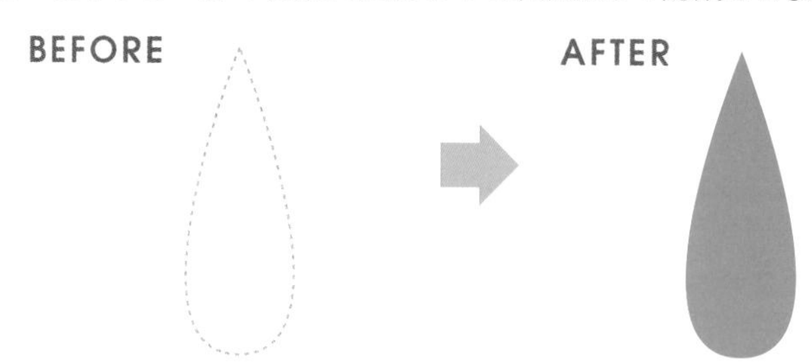

❶ペンツール を選択し、下絵の上部の頂点をクリックします。

❷Shiftキーを押しながらマウスカーソルを下部の中央に移動し、水平にドラッグして曲線を描画します。曲線が合わない場合はCtrl（command）キーとZキーを同時に押してやり直します。

❸始点の頂点をクリックします。

❹形ができたら、選択ツール で選択し、コントロールパネルまたはプロパティパネルで好きな色を指定します。作例では、[CMYKシアン]の水色を選択しています。

❺[線]を[なし]に設定します。

ペンツール を使って、オブジェクトを作成します。レッスンファイル「L3EX2.ai」の下絵をなぞってハイヒールを作成します。うまくいかない場合はCtrl（command）キーとZキーを同時に押せば、ひとつ前の状態に戻れるので、頑張って完成させましょう。

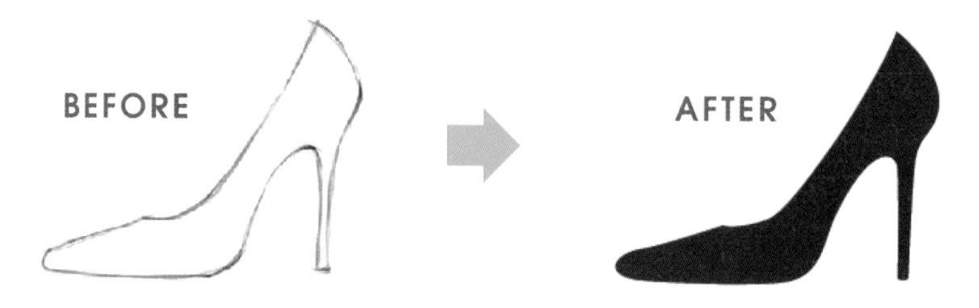

❶ペンツール を選択し、下絵をなぞるように曲線を描きます。

❷コントロールパネルまたはプロパティパネルで[塗り]を[なし]に設定します。

❸曲線が合わない場合は、Ctrl（command）キーとZキーを同時に押してひとつ戻り、やり直します。

❹最後までなぞれたら、Ctrl（command）キーを押しながら始点をクリックします。

❺形ができたら、選択ツール で選択し、コントロールパネルまたはプロパティパネルで好きな色を指定します。作例では、[線]を[なし]、[塗り]を[C=15 M=100 Y=90 K=10]の赤色に設定しています。

Lesson 04

フリーハンドで描く

Illustratorには、紙の上に絵を描くように、フリーハンドで図形を描くためのツールもあります。ペンタブレットとの組み合わせで使用すると、絵を描き慣れている人には手描きと同じ感覚で使用できます。

4-1 フリーハンド系ツール

精密な作業ができる図形ツールやペンツールとは違い、マウスをドラッグした軌跡をそのまま利用するのがフリーハンド系のツールです。複雑な形をすばやく描きたいときや、手描きの雰囲気を出したいときに便利です。

フリーハンド系ツール

Illustratorには、ドラッグした軌跡で図形を描画するフリーハンド系ツールも用意されています。代表的な3つのツールの違いを把握しておきましょう。

鉛筆ツール

鉛筆ツールは、マウスをドラッグして通常のパスを作成します。

ブラシツール

ブラシツールは、マウスをドラッグしてパスを作成しますが、ブラシパネルで選択したブラシの形状（ブラシストローク）が適用されます。

塗りブラシツール

塗りブラシツールも、マウスをドラッグして描画しますが、ドラッグの軌跡のアウトライン形状のパスができます。

そのほかのツール

・消しゴムツール

ドラッグした部分を消去します。塗りブラシツールと組み合わせて使うと効果的です。

・スムーズツール

ドラッグして、パスをなめらかにするツールです。描画したオブジェクトのアンカーポイントが多いときなどに利用します。

・パス消しゴムツール

ドラッグして、選択したオブジェクトの一部のパスを削除するツールです。

鉛筆ツール

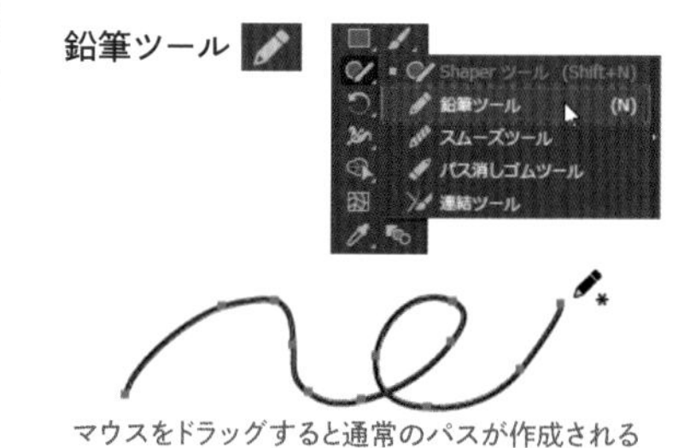

マウスをドラッグすると通常のパスが作成される

ブラシツール

マウスをドラッグするとブラシパネルで選択したブラシの形状となる

マウスをドラッグするとドラッグの軌跡のアウトライン形状のパスができる

COLUMN

Shaperツール

Shaperツールは、フリーハンドで描いた形状から、図形を描画するツールです。描画できるのは、直線、円、楕円、正三角形、長方形、正方形、正六角形です。描画した図形を合成する機能もあります。

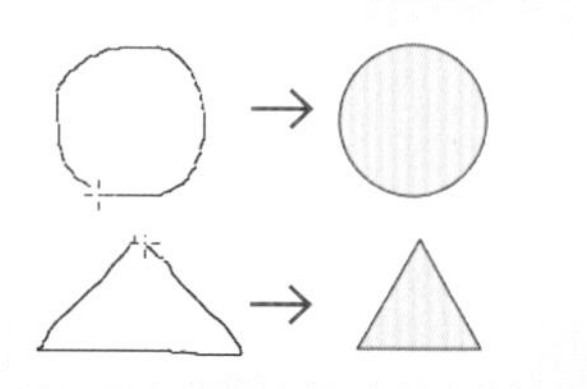

オプション設定

ツールバーの鉛筆ツール、ブラシツールのアイコンをダブルクリックすると、各ツールのオプションダイアログボックスが表示され、オプションを調節して使用できます。

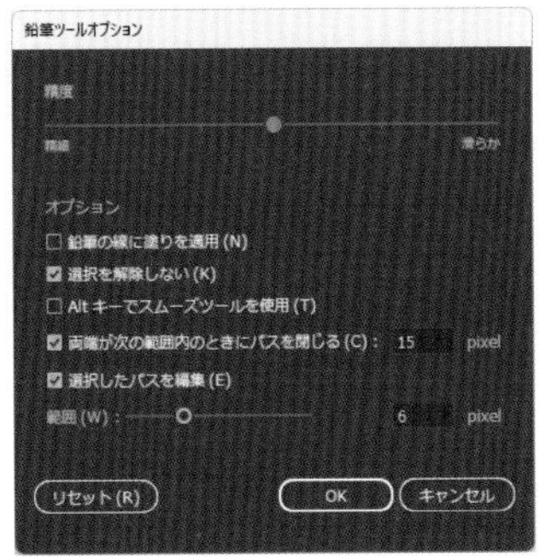

[鉛筆ツールオプション] ダイアログボックス

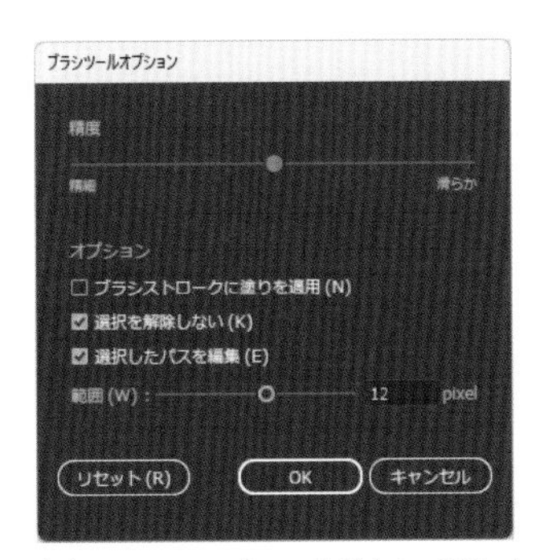

[ブラシツールオプション] ダイアログボックス

精度
作成する線の滑らかさとアンカーポイントの数を設定する。「詳細」に近いほど軌跡に近い線になるがアンカーポイントが多くなる。「滑らか」に近いほど、アンカーポイントの数は少なくなり線は単純で滑らかになる

鉛筆の線に塗りを適用／ブラシストロークに塗りを適用
クローズパスを描画した際に、[塗り]の色を適用するかどうかを設定する

選択を解除しない
チェックすると、描画した直後にオブジェクトが選択された状態になる

Altキーでスムーズツールを使用
チェックすると、Alt (option) キーを押すと一時的にスムーズツールとなる

両端が次の範囲内のときにパスを閉じる
チェックすると、開始点と終了点が指定した範囲内の時はクローズパスとなる

選択したパスを編集
チェックすると、選択したオブジェクトをなぞるようにドラッグして形状を修正できる

ブラシの選択

ブラシツールのブラシは、ブラシパネルで選択します。初期状態のブラシパネルには、限られたブラシしか表示されませんが、ライブラリからたくさんのブラシを選択できます。ブラシには、5つの種類があります。ブラシについては、P.169の「ブラシを適用する」も参照してください。

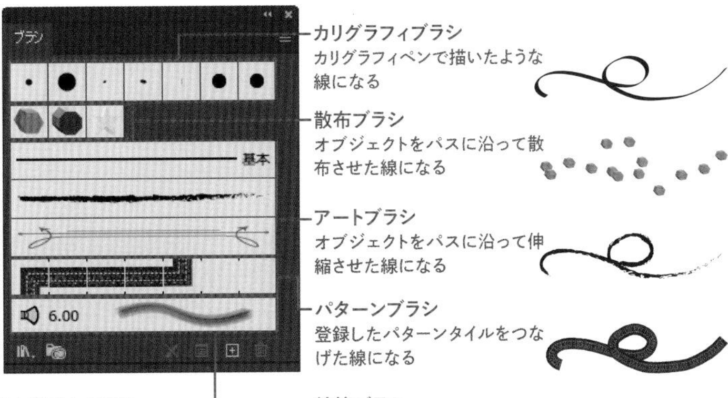

散布ブラシは、初期設定では表示されない。ブラシライブラリから選択すると、ブラシパネルに追加表示される。

筆圧の設定

ブラシパネルのブラシや、塗りブラシツールでは、筆圧感知タブレットを利用すると、筆圧を利用してブラシ形状を変化させられます。タブレットを使える環境の場合は、オプションで筆圧を設定してみましょう。下の例は、塗りブラシツールのサイズに筆圧を使用した状態です。

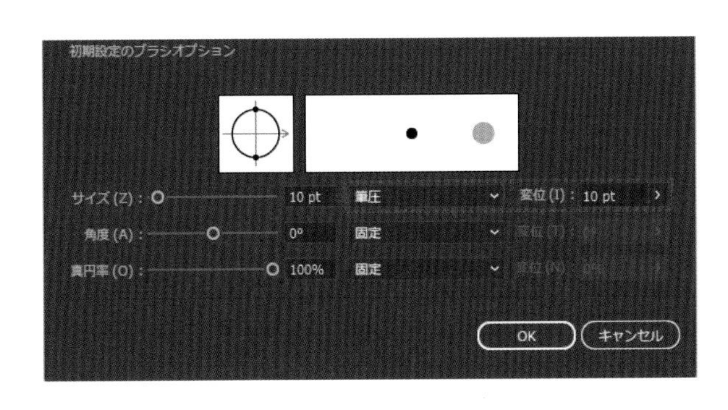

マウス（筆圧感知なし）で描いた状態

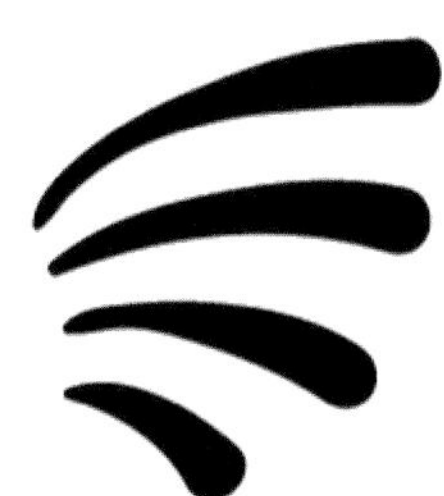

タブレットを使い、ブラシサイズを筆圧で変化するように設定した状態

4-2 鉛筆ツールで描く

鉛筆ツールは、均一幅の線を描くツールで、直感的に線を描くのに適しています。タブレットペンとの併用で、紙に絵を描く感覚で線を描くことができます。また、地図のトレースのような、細かく複雑な線を描くのにも適しています。

STEP 01 鉛筆ツールのドラッグで自由に線を描く

鉛筆ツールを選択して、マウスをドラッグすることで、自由な線を描くことができます。タブレットペンとの相性がよいので機会があれば試してみてください。

1 新規ドキュメントを開き、ツールバーで鉛筆ツールをクリックして選択します❶。アートボード上でマウスをドラッグして単純な形を描いてみましょう❷。

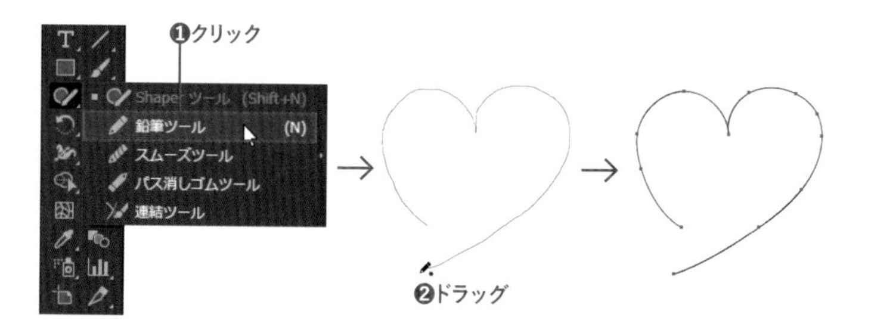

2 始点に近い位置でマウスカーソルがの状態でマウスボタンを放すと❶、始点と結ばれて閉じた図形になります❷。アートボードの違う場所で、描いてみましょう。

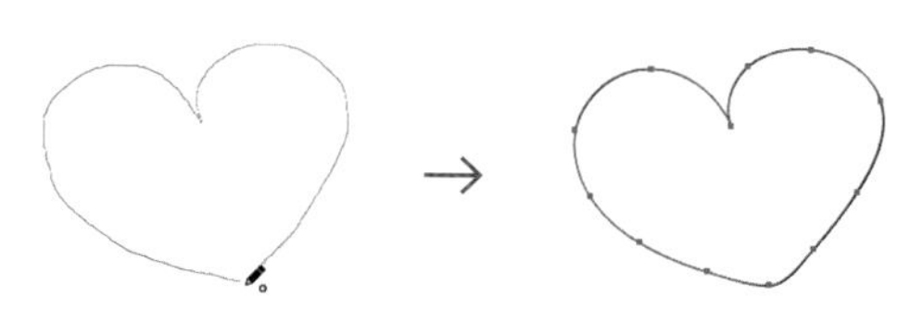

❶始点の近くでドラッグ終了　❷始点と結ばれる

> ✔CHECK!
> **始点と結ばれる距離**
> 始点と終点が結ばれる距離は、[鉛筆ツールオプション]の「両端が次の範囲内のときにパスを閉じる」オプションの設定により決まります。

3 選択を解除せずに、描いた線を修正してみましょう。すでに描いた線の外側に、少し形を膨らませるような線を描いてみます❶。後から描いた線に修正されます。描く位置によっては、新しい線が描かれるなどいろいろな結果になるため、Ctrl（command）+Zキーでやり直しながら感覚をつんでください。修正線の始点と終点が元の線の上になるように描くとうまく修正できます。

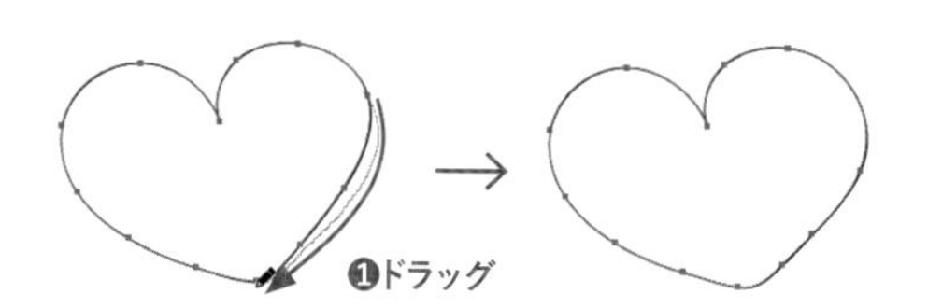

もっと細かい修正がしたい場合には、アンカーポイントや方向線を操作する（Lesson05を参照）

STEP 02 鉛筆ツールのオプションを調節する

細かい凹凸を表現したいときや、独立した線を続けて描きたいときには、オプションを調節します。サンプルと同じにならなくてもよいので、オプション設定の結果を確認しましょう。

1 新規ドキュメントを開きます。ツールバーの鉛筆ツールのアイコンをダブルクリックすると❶、[鉛筆ツールオプション]ダイアログボックスが表示されます。[精度]を「精細」に設定し❷、[選択を解除しない]がオンなのを確認し(オフならチェックする)❸、[OK]をクリックします❹。

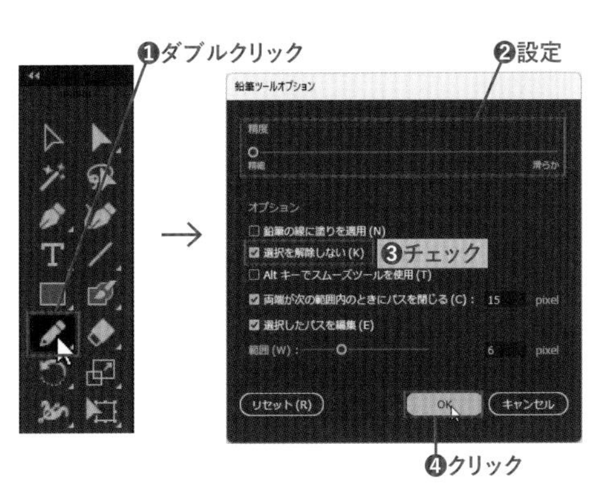

2 細かい凹凸のある長い線を描いて❶、精度の効果を確認してみましょう。[精度]の値を小さくしたので、作成されるアンカーポイントの数が多くギザギザしたパスになります。

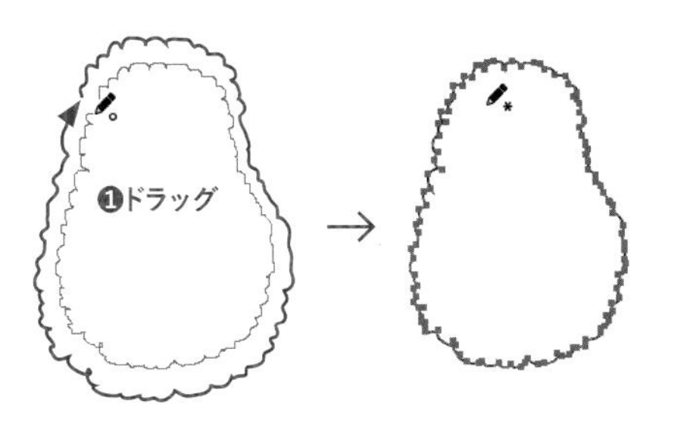

描き終わったら、Ctrl(command)キーを押しながらアートボード上をクリックして選択を解除する

3 再び鉛筆ツールアイコンをダブルクリックして[鉛筆ツールオプション]ダイアログボックスを表示させます。[選択を解除しない]をオフにして❶、[OK]をクリックします❷。再び線を描き入れます❸。描画した線が選択されないので、連続して描き入れられます。

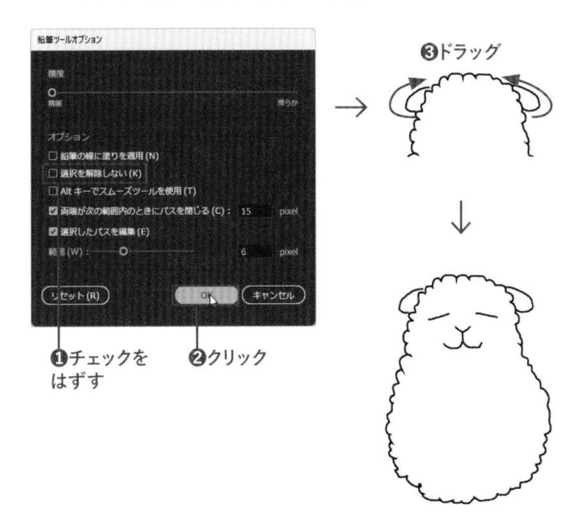

COLUMN

「選択を解除しない」オプション

[鉛筆ツールオプション]ダイアログボックスの[選択を解除しない]がオンだと、直前に描いた線が選択状態にあるため、後から描いた線で「修正」されてしまうことがあります。近い距離に線を描き入れるには、この[選択を解除しない]をオフにしましょう。

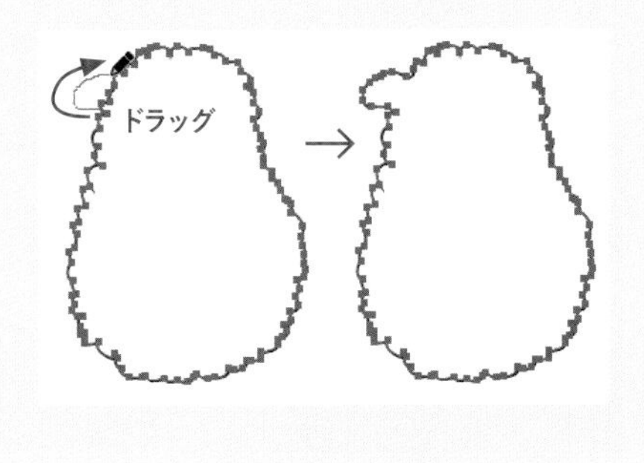

4-3 ブラシで描く

ブラシツールは、各種のブラシを適用して装飾的な線を描くのに使用します。後から修正できるパスの曲線となりますが、適用するブラシを変更することで、手書き風の見た目にできるメリットがあります。ここでは、基本的なドラッグでの描画操作を学びます。

STEP 01 ブラシツールのドラッグで線を描く

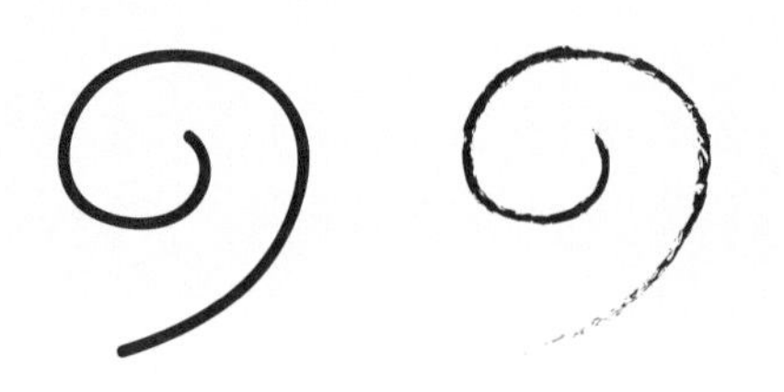

ブラシツールの使い方は、鉛筆ツールとほぼ同じで、ドラッグした形状のオブジェクトを描画します。描画したパスは、ブラシパネルで選択したブラシの形状となります。

1 新規ドキュメントを開きます。ブラシツールのアイコンをダブルクリックして、[ブラシツールオプション]ダイアログボックスを表示します❶。[選択を解除しない]にチェックをつけて❷、[OK]をクリックします❸。

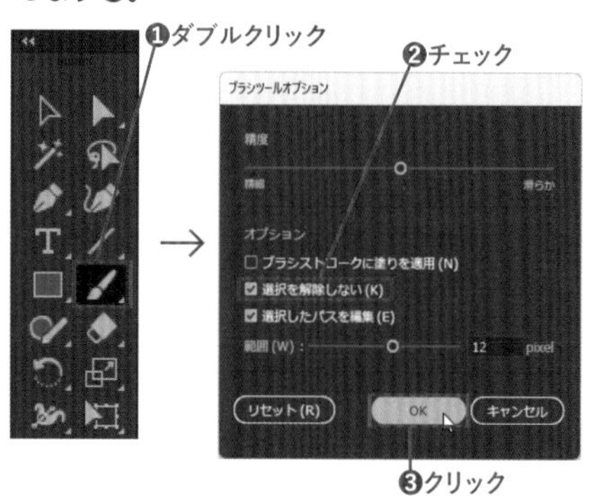

2 ブラシパネルで[5pt. 丸筆]をクリックして選択し❶、簡単な線をドラッグして描いてみましょう❷。鉛筆ツールで描いた線を太くしたような線が描けます。

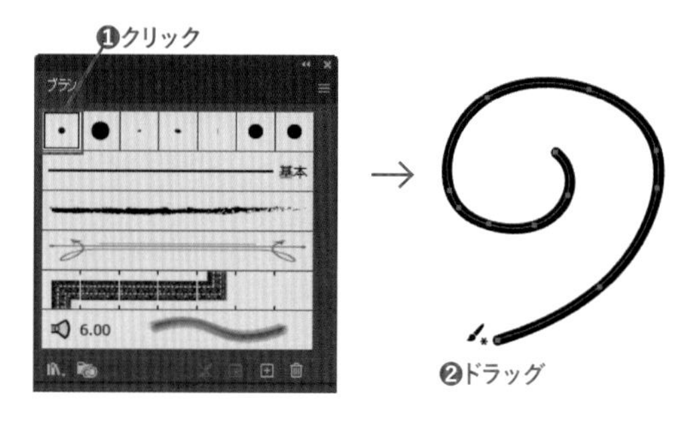

3 選択を解除せず、ブラシパネルで別のブラシを選択してみましょう❶。ブラシは、描画後のオブジェクトにも適用できます。

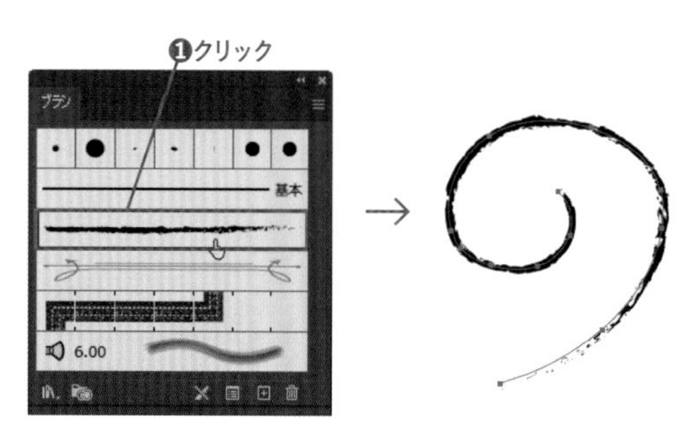

4 ライブラリから別のブラシを設定してみます。ブラシパネルの左下にある[ブラシライブラリメニュー]アイコンをクリックし❶、プルダウンメニューから[ベクトルパック]→[グランジブラシベクトルパック]を選びます❷。

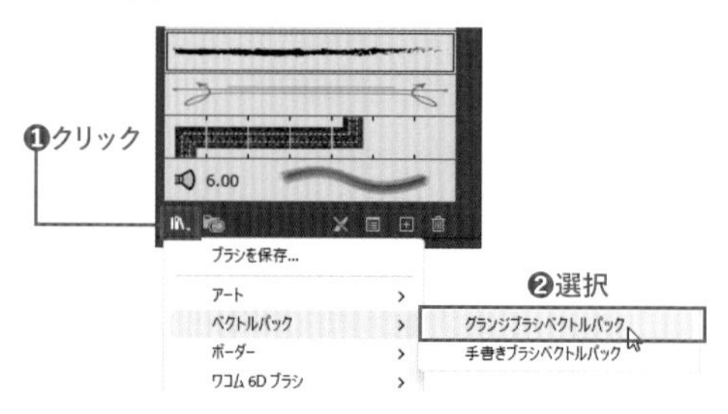

5 グランジブラシベクトルパックパネルが開くので、一番上の［グランジブラシベクトルパック01］を選択します❶。

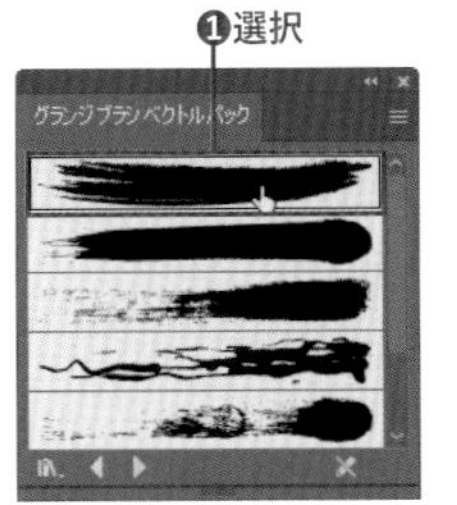

→

6 続けて、コントロールパネルで線幅を「0.75pt」に変えてみましょう❶。ブラシを適用したオブジェクトも、線幅を変更できます。

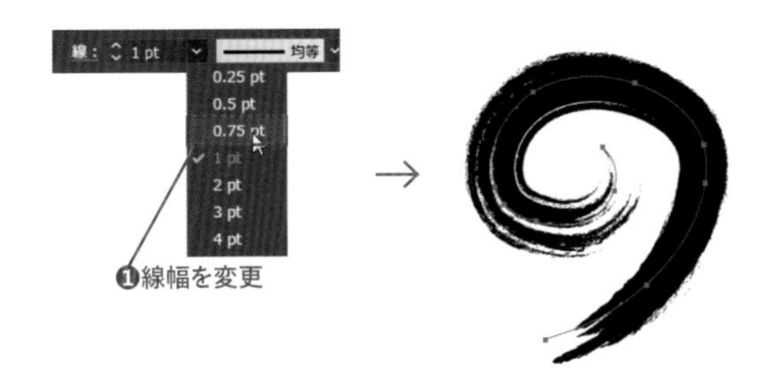

STEP 02 ブラシツールのドラッグで線を修正する

BEFORE

AFTER

ブラシツールは、鉛筆ツールと同様に描画済みの図形を簡単に修正することができます。

STEP01で描いた線を修正してみましょう。ブラシツールで選択されたオブジェクトの線を、修正したい方向へドラッグすると❶、線が描き直されます。元の線と離れすぎると、新しい線が作成されるので注意してください。

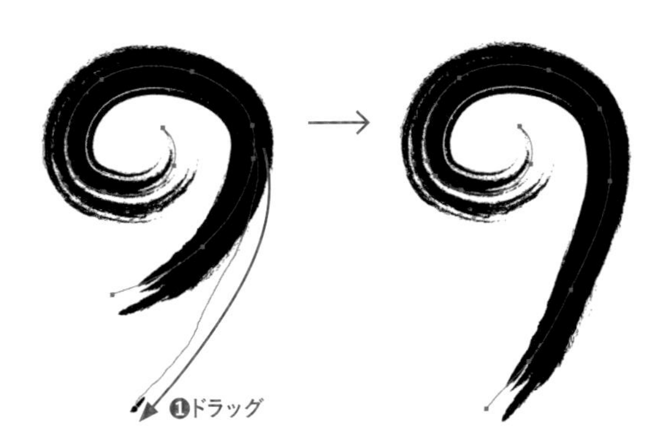

✔CHECK!

ブラシを解除する

オブジェクトを選択し、ブラシパネル下部の「ブラシストロークを解除」ボタンをクリックすると、ブラシが解除され通常のパスに戻ります。

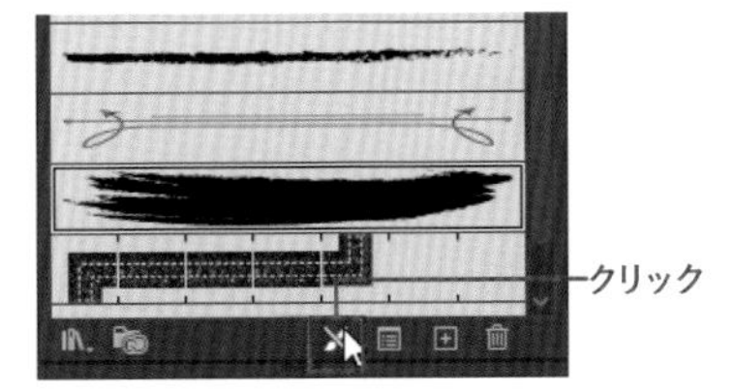

COLUMN

ブラシの色

カリグラフィブラシ、絵筆ブラシは、［線］の色が適用されます。それ以外のブラシは、ブラシオプション(P.170 参照)の「着色」の設定によって決まります。

4-4 塗りブラシツールと消しゴムツール

塗りブラシツールは、使い方は鉛筆ツールと似ていますが、線をアウトラインで描くツールです。また、消しゴムツールは、Photoshopのようなペイントソフトで消しゴムを使用するようにして、オブジェクトの一部または全部を消すことができます。

STEP 01 塗りブラシツールと消しゴムツールで描く

BEFORE

AFTER

塗りブラシツールと消しゴムツールを使って、下絵を塗ってみましょう。塗りブラシツールは、選択されているオブジェクトと重なる部分はひとつのオブジェクトとなります。

Lesson04 ▶ L4-4S01.ai

1 レッスンファイルを開きます。このファイルには、葉のオブジェクトの下絵が描かれています。

2 ツールバーで塗りブラシツールをダブルクリックします❶。[塗りブラシツールオプション]ダイアログボックスが表示されるので、[選択を解除しない]❷と[選択範囲のみ結合]❸にチェックをつけて、[OK]をクリックします❹。

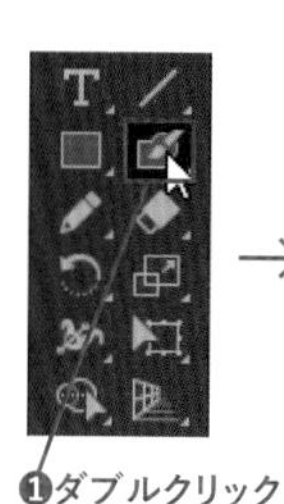

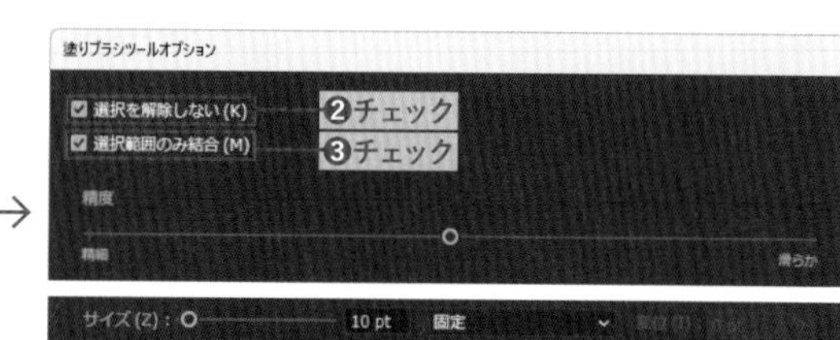

3 塗りブラシツールを選択し❶、下絵を塗りつぶすようにドラッグします❷。線からはみ出してもかまいません。拡大表示してやりやすい大きさで作業してください。何回かに分けてドラッグしても大丈夫です。

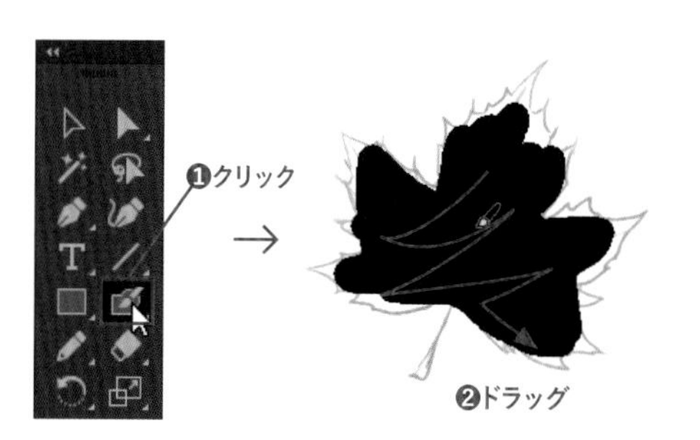

COLUMN

塗りブラシツールによるオブジェクトの融合

オブジェクトが選択された状態で、塗りブラシツールでオブジェクトに重なるようにドラッグすると、重なった部分は融合してひとつのオブジェクトになります。オブジェクトが選択されていない状態では、重なるようにドラッグしても融合せずに、別のオブジェクトとなります。
ここでは、[塗りブラシツールオプション]ダイアログボックスの設定により、ドラッグ後のオブジェクトは選択された状態になるので、ひとつのオブジェクトになります。

4 キーボードの[[]キー(小さくなる)と[]]キー(大きくなる)を押すと、ブラシのサイズを変えられるので、ブラシを小さくして細部を塗りつぶします❶。下絵からはみ出すぐらいでかまいません。サイズが変わらない場合は、半角英数字入力モードにしてください。

CHECK!

塗りブラシツールの色

塗りブラシツールで描画したオブジェクトの色は、[線]に設定された色となります。ただし、描画後にオブジェクトを選択すると、描画時の[線]の色は[塗り]の色となり、[線]の色は[なし]となります。

5 塗りつぶしたオブジェクトが選択された状態で、コントロールパネルまたはプロパティパネルの[不透明度]を「30%」に設定し❶、下絵が透けて見える状態にします❷。

❶設定

基本 不透明度: 30% スタイル:

❷下絵が見える状態にする

6 消しゴムツールを選択し❶、下絵からはみ出した部分をドラッグして消していきます❷。[[]キーと[]]キーを使ってブラシサイズを変更しながら作業すると消しやすくなります。下絵とまったく同じになる必要はありません。形が満足できる状態になったら、コントロールパネルまたはプロパティパネルで[不透明度]を「100%」に戻し、[塗り]の色を指定します。ここでは、[C=15 M=100 Y=90 K=10]の赤色を選択しています。

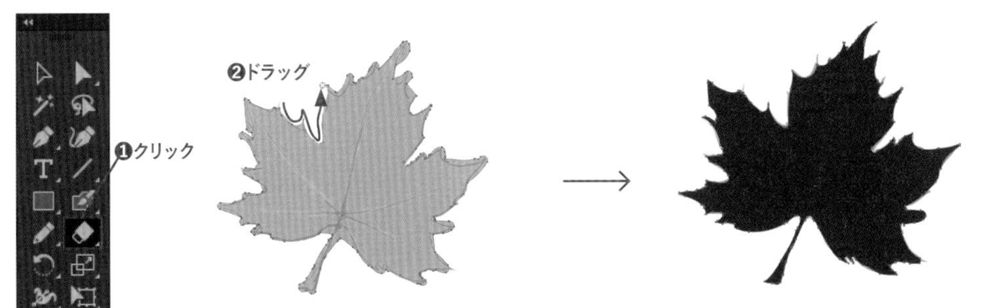

下絵からはみ出した部分をドラッグして消していく

COLUMN

塗りブラシツール/消しゴムツールオプション

ツールバーの塗りブラシツール、消しゴムツールのアイコンをダブルクリックすると、オプションダイアログボックスが表示され、ブラシサイズや形状を調節できます。

・サイズ:ブラシのサイズを設定します。
・角度:ブラシの角度を設定します。
・真円率:ブラシの形状を楕円にする際に設定します。

それぞれの項目で[固定][ランダム]が選択できます。[ランダム]では、[変位]で変動量を設定できます。筆圧感知タブレットを使用している場合、[筆圧][傾き]なども選択できます。

そのほかの項目は、P.059の「オプション設定」を参照ください。

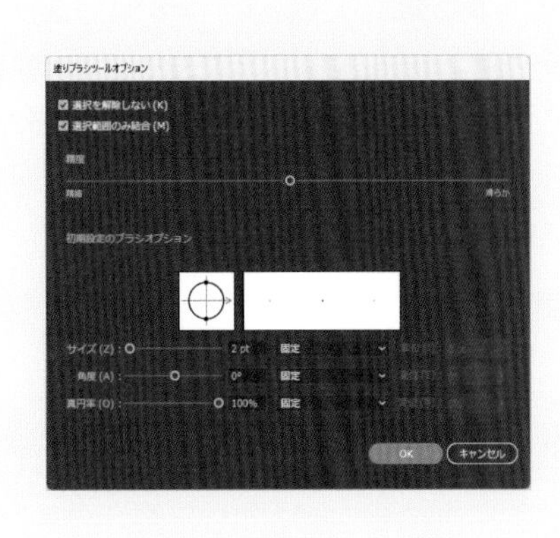

4-5 パスを単純化する

トレースやフリーハンドでオブジェクトを作成すると、たくさんのアンカーポイントが生成され、編集作業が大変になったり、表示や印刷に時間がかかることがあります。パスを単純化し、アンカーポイントを減らすことで、これらの問題を解決します。

STEP 01 パスを単純化する

BEFORE

AFTER

Lesson4-4で作成した葉のオブジェクトのパスを自動で単純化します。パスを単純化すると、線がスムーズになります。自動のみではなく、パラメータの調節を手動で行うことができます。

Lesson04 ▶ L4-5S01.ai

1 レッスンファイルを開きます。これは、Lesson4-4で作成したファイルから下絵を省いたものです。自分で作成したファイルがあれば、そちらを使ってもかまいません。実作業での感覚がつかみやすいでしょう。

2 ツールバーでダイレクト選択ツールを選択します❶。オブジェクトの内側をクリックすると❷、アンカーポイントが見えます。

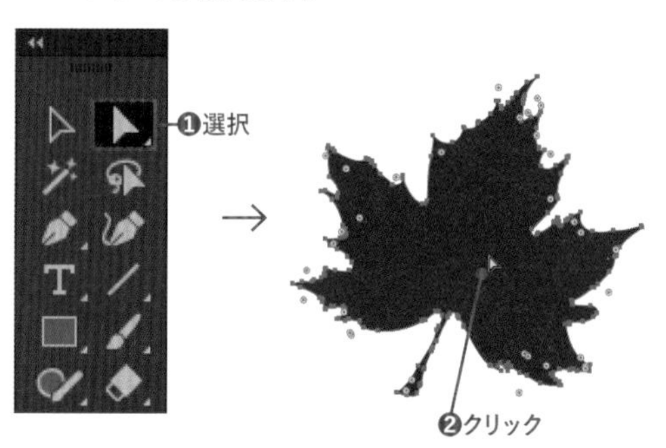

3 [オブジェクト] メニュー→ [パス] → [単純化] を選択します❶。パスの単純化パネルが表示され❷、自動的にパスの単純化が行われます❸。パスの単純化は、オブジェクトの形状を保持しながら不要なアンカーポイントを削除します。

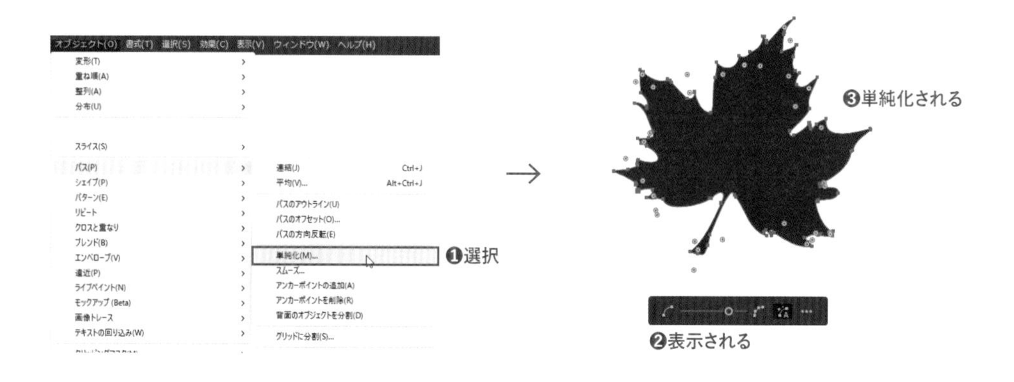

4 パスの単純化パネルのスライダーを操作してみます。左へ動かすほど単純化しますが、行き過ぎるとオブジェクトの形状が崩れていきます❶。逆に右へいっぱいに動かすとアンカーポイントが減りません❷。ちょうどよいバランスを探します。再度自動調節する場合は、[自動単純化] をクリックします❸。

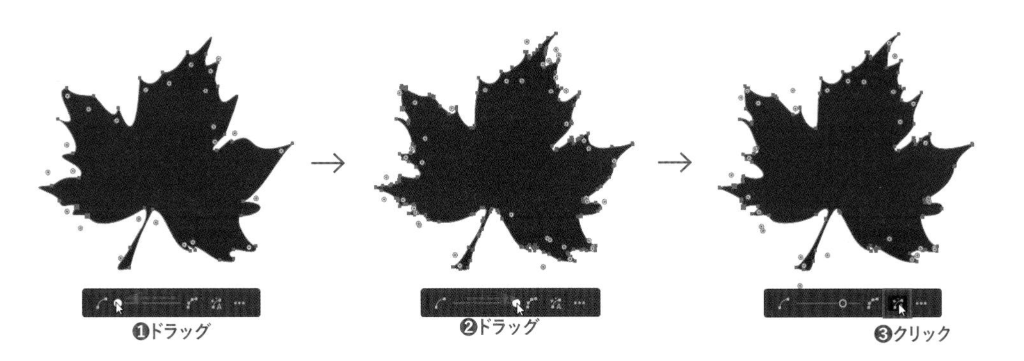

5 パスの単純化パネルで [詳細オプション] をクリックします❶。単純化の詳細パネルが表示されるので、[変更前のパスを表示] にチェックをつけ❷、[曲線の単純化] と [コーナーポイント角度のしきい値] の2つのスライダーをドラッグして調節します❸。変更前と変更後のアンカーポイント数が表示されているので❹、元の形状を大きく崩さない範囲でアンカーポイントを減らすようにします。調節できたら [OK] をクリックします❺。調節がうまくいかない場合は、[自動単純化] をクリックすれば、再度自動で調節されます❻。

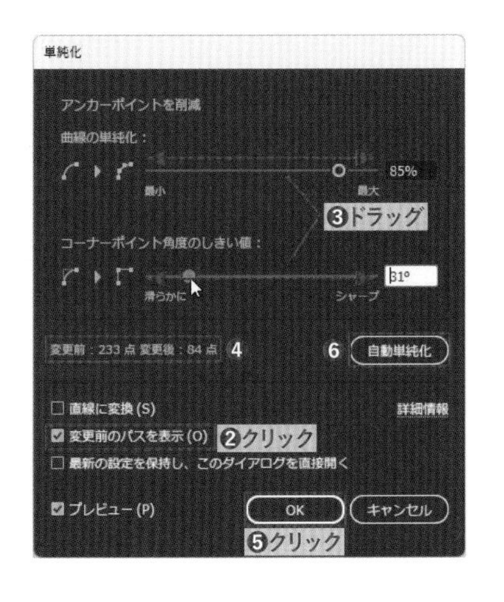

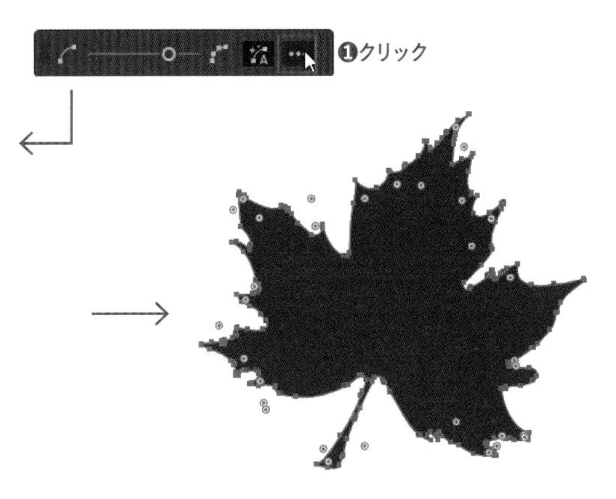

COLUMN

[スムーズ] コマンド

[オブジェクト] メニュー→ [パス] → [スムーズ] を使っても、パスをスムーズにできます。[パスの単純化] と異なり、角のあるコーナーポイントをなめらかな曲線のスムーズポイントに変換する機能なので、元のオブジェクトの形状が失われてしまうこともあります。初期状態はスライダが一番左の「0%」で、右にドラッグするほど曲線で構成された形状になります。[自動スムーズ]を使い、自動でスムーズ化することもできます。
オブジェクトの種類や、スムーズ化の用途・目的によっては[パスの単純化]と使い分けるようにしてください。

初期状態「0%」は変化なし

[自動スムーズ] をクリック

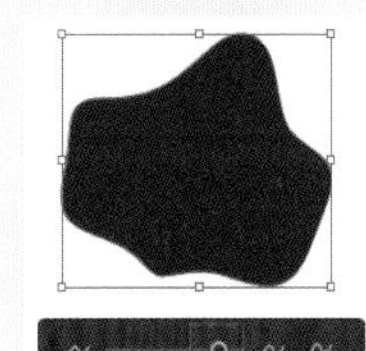
右にドラッグするほど曲線でのオブジェクトになるが元の形は失われる

Lesson 04

練習問題

練習問題ファイル「L4EX.ai」に下絵があるので、ブラシツールを使用してリンゴの絵を描きましょう。
下絵を完全にトレースする必要はありません。形も色もオリジナルでOKです。

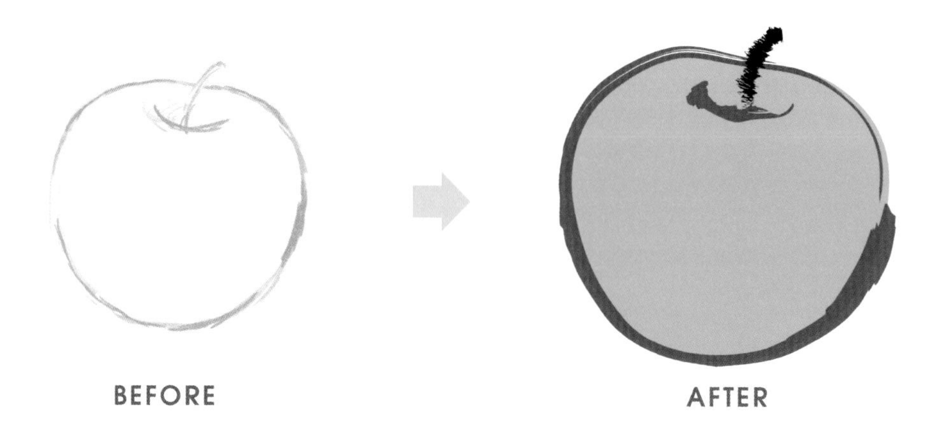

①[ブラシツールオプション]ダイアログボックスで[選択を解除しない]にチェックを入れておきます。
②ブラシツールでリンゴの外形を描きます。ブラシを適用した際に、始点側が太くなることに注意して描きます。
③形が気に入らない部分は、なぞるようにして修正します。
④ブラシパネルの[ブラシライブラリメニュー]をクリックし、[アート]→[アート_インク]を選択します。
⑤アート_インクパネルが開いたら、[万年筆]を選択します。
⑥スウォッチパネルで[塗り]と[線]の色を設定します。ここでは[塗り]を[なし]、[線]を[C=90 M=30 Y=95 K=30]に設定します。
⑦選択を解除してから、下絵を見ながら窪みの部分の線を引きます。色はそのままです。
⑧選択を解除してから、ブラシパネルで[木炭画 - ぼかし]を選択して、ヘタの部分を描きます。
⑨コントロールパネルまたはプロパティパネルで[線]の色を設定します。ここでは[C=50 M=70 Y=80 K=50]に設定しています。
⑩コントロールパネルまたはプロパティパネルで[線]を「2pt」に設定します。
⑪選択ツールで、②で描いたリンゴの外形オブジェクトを選択し、コントロールパネルまたはプロパティパネルで、[塗り]を[C=50 M=0 Y=100 K=0]に設定します。オブジェクトの内側が塗られます。

Lesson 05

オブジェクトの変形

Illustratorでイラストなどを制作する際には、描画したオブジェクトを変形することはごく当たり前の作業です。オブジェクトを変形するためのツールや、その使い方を学びましょう。

5-1 オブジェクトを選択する

Illustratorでは、描画したオブジェクトを後から形を整えたり、色を変更したりするなどの編集が可能です。対象となるオブジェクトは、選択してから作業します。作業によって選択すべき対象も多様なので、さまざまな選択方法が用意されています。

選択の基礎

選択と編集

図形やパスなどのオブジェクトを編集するには、編集対象を指定する必要があります。これを「選択」とよんでいます。選択された対象は編集可能になり、移動やコピー、削除など、さまざまな作業ができます。選択されたオブジェクトは、アンカーポイントやパス（セグメント）が右図のように表示されます。

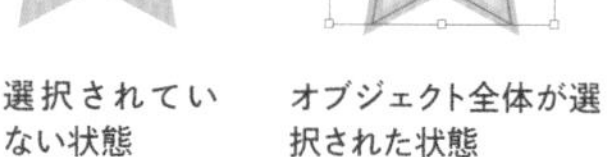

選択されていない状態　オブジェクト全体が選択された状態　部分的に選択された状態

ツールを使った選択

選択を行うための基本的なツールには、選択ツール、ダイレクト選択ツール、なげなわツールの3つがあります。どれも、ツールを選択し、アートボード上でクリックやドラッグをして使います。
選択を解除するには、アートボード上の何もない場所をクリックするか、［選択］メニュー→［選択を解除］を選択します。

選択ツール
ダイレクト選択ツール
なげなわツール

選択ツール

選択ツールは選択の基本ツールです。これを使うとオブジェクト全体が選択されます。周囲にバウンディングボックスが表示され、ドラッグして拡大・縮小・回転ができます。
バウンディングボックスが邪魔な場合は、［表示］メニュー→［バウンディングボックスを隠す］を選ぶと非表示にすることができます。

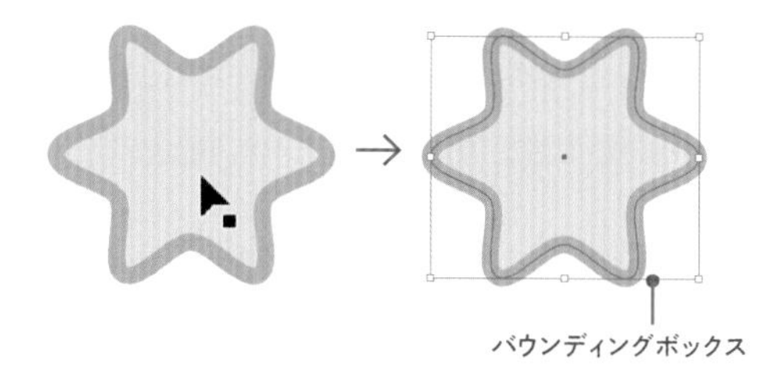

ダイレクト選択ツール

ダイレクト選択ツールでオブジェクトを部分的に選択すると、パスのアンカーポイントや方向線を編集できます。Ctrl（command）キーを押すと一時的に選択ツールに、Alt（option）キーを押すと一時的にグループ選択ツールに切り替わります。なお、ダイレクト選択ツールでもオブジェクト全体を選べますが、バウンディングボックスは表示されません。

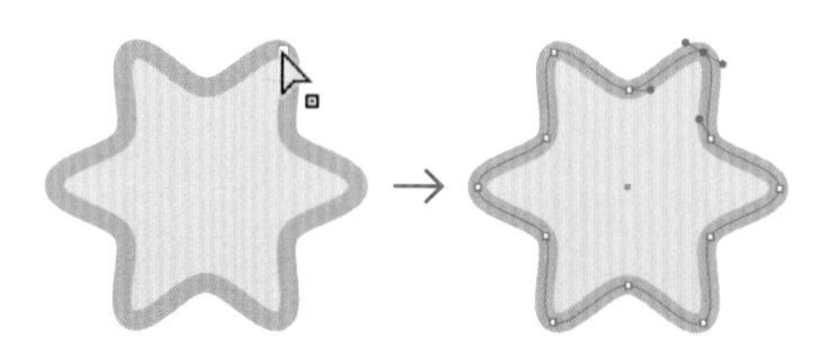

なげなわツール

なげなわツールは、不定型な形でオブジェクトを囲み、その内側にあるアンカーポイントを選択できるツールです。Shiftキーを押しながらドラッグすることで選択ポイントを追加し、Alt（option）キーを押しながらドラッグすることで部分的に選択を解除することができます。ダイレクト選択ツールは矩形でしか選択できないため、それを補うようなツールだと考えてよいでしょう。

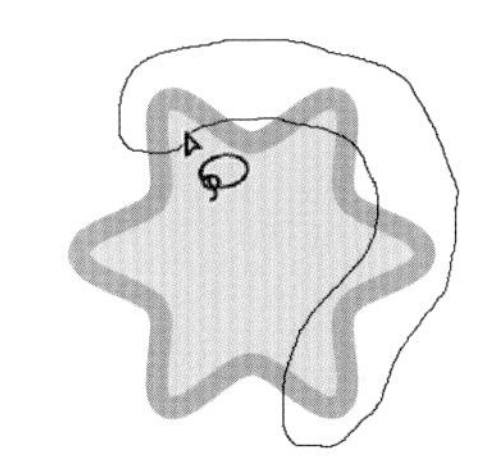

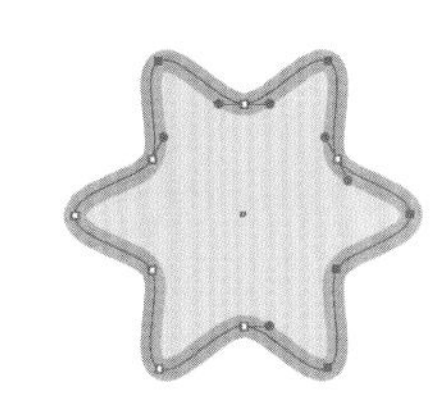

そのほかの選択ツール

・グループ選択ツール

グループ化したオブジェクトの中から、一部のオブジェクトを選択する際に使います。

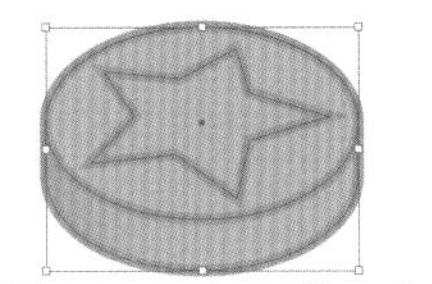

選択ツールでグループ化オブジェクト全体を選択

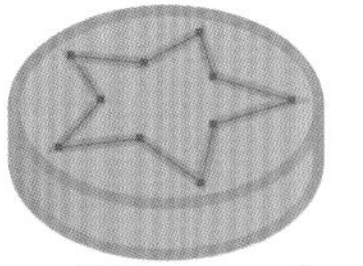

グループ選択ツールでグループ化オブジェクト内の一部を選択

・自動選択ツール

クリックしたオブジェクトと同じ［塗り］や［線］の属性のオブジェクトを選択するツールです。ツールバーのアイコンをダブルクリックすると、設定を変更できます。

自動選択ツールで同じ色のオブジェクトを選択

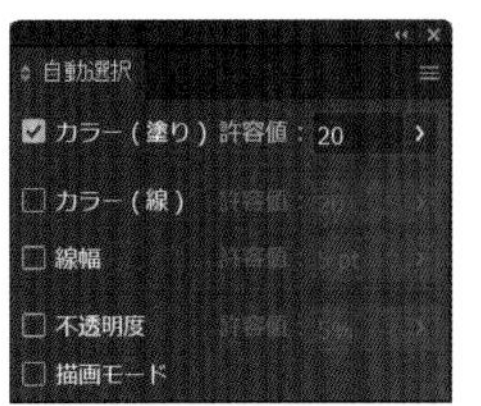

自動選択ツールのアイコンをダブルクリックして表示させたパネル

［選択］メニューのコマンド

［選択］メニューのコマンドは、複数のオブジェクトの選択に使います。種類が多いので、どんなものがあるのか最初にざっと見ておくとよいでしょう。［すべてを選択］（Ctrl（command）＋A）はもちろんですが、文字だけをすべて選択したい場合や、不要なテキストポイントが残っている可能性があるときなど、よく使うコマンドがあります。

選択(S)　効果(C)　表示(V)　ウィンドウ(W)　ヘルプ(H

	コマンド	ショートカット
❶	すべてを選択(A)	Ctrl+A
❷	作業アートボードのすべてを選択(L)	Alt+Ctrl+A
❸	選択を解除(D)	Shift+Ctrl+A
❹	再選択(R)	Ctrl+6
❺	選択範囲を反転(I)	
❻	前面のオブジェクト(V)	Alt+Ctrl+]
❼	背面のオブジェクト(B)	Alt+Ctrl+[
❽	共通(M)	>
❾	オブジェクト(O)	>
❿	オブジェクトを一括選択	
⓫	選択範囲を保存(S)...	
⓬	選択範囲を編集(E)...	
⓭	選択内容を更新(U)	

❶すべてのオブジェクトを選択する。テキスト編集中は、オブジェクト内のすべての文字を選択する
❷現在選択しているアートボード上のすべてのオブジェクトを選択する
❸すべてのオブジェクトの選択を解除する
❹最後に使用した［選択］メニュー→［共通］または［オブジェクト］を再度実行する
❺選択していないオブジェクトを選択し、選択中のオブジェクトを選択解除する
❻選択したオブジェクトの前面のオブジェクトを選択する
❼選択したオブジェクトの背面のオブジェクトを選択する
❽共通の属性を持つオブジェクトを選択する。P.075 を参照
❾特定のオブジェクトを選択する。P.075 を参照
❿選択したオブジェクトと類似したオブジェクトをすべて選択する
⓫選択範囲を保存する。保存すると［選択］メニューに保存名が表示され、保存した選択範囲を再使用できる
⓬［選択範囲を保存］で作成した選択範囲の名前を変更したり、削除する
⓭［選択範囲を保存］で作成した選択範囲を使用してオブジェクトを選択し、選択対象を変更してこのコマンドを選択すると、選択内容が更新される

COLUMN

一時的に選択ツールに変更する

すべてのツールは、使用中にCtrl（command）キーを押したままにすると、一時的に選択ツールまたはダイレクト選択ツールになります。ツールバーで最後に選んだほうに切り替わるので、必要に応じて選択しなおしてください。

STEP 01 選択ツールでオブジェクトを選択する

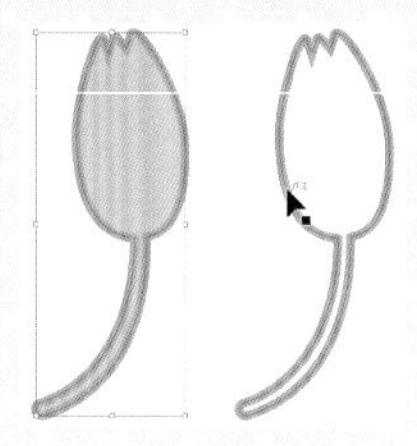

選択ツール はクリックまたはドラッグして対象を選択します。いくつか注意しておいたほうがよい点があるので、ざっと見ておきましょう。

Lesson05 ▶ L5-1S01.ai

1 レッスンファイルを開きます。選択ツール を選択し❶、左側のオブジェクトの内側をクリックします❷。

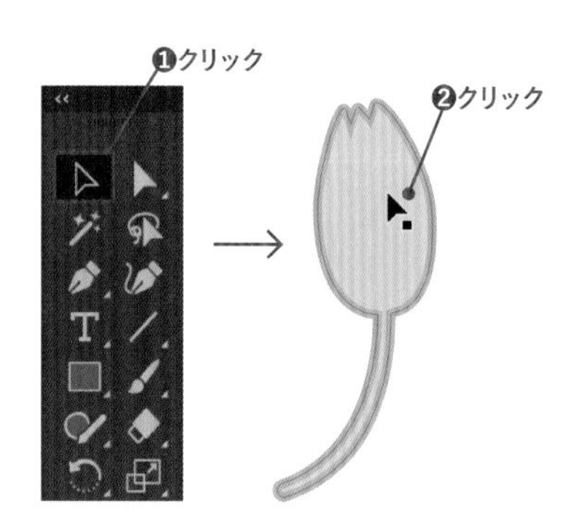

2 オブジェクトが選択され、バウンディングボックスが表示されたことを確認します❶。何もない部分をクリックすると選択を解除できます❷。

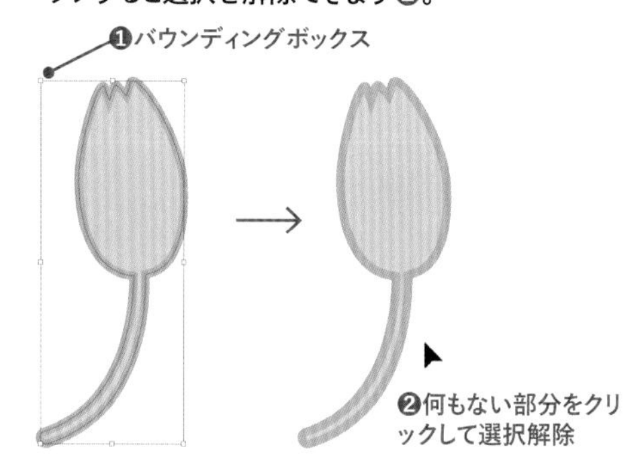

バウンディングボックスが表示されない場合は、[表示]メニュー→[バウンディングボックスを表示]を選択

3 右側のオブジェクトは[塗り]がないため、オブジェクトの内側をクリックしても選択できないことを確認しておきましょう❶。

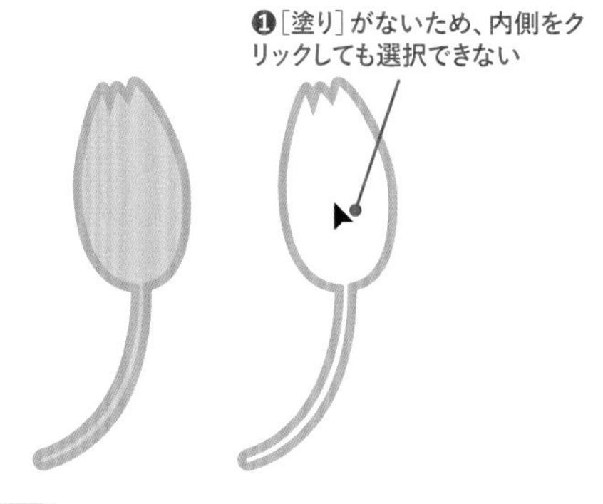

4 選択するためには、線の上をクリックするか❶、線を含めるようにドラッグします❷。選択を確認したら、何もない部分をクリックして選択を解除します。

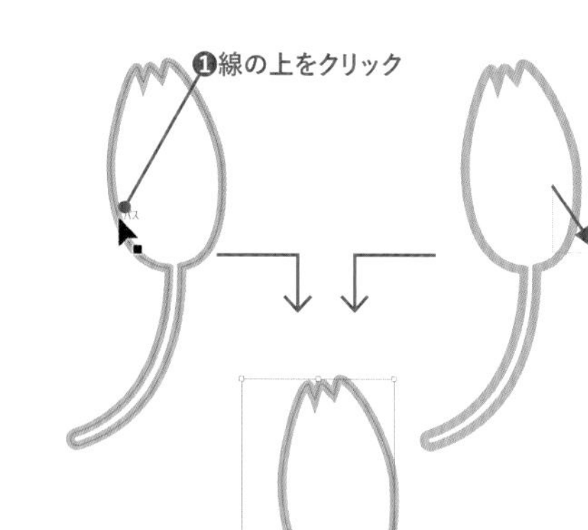

CHECK!

ドラッグで選択

選択ツール でオブジェクトの一部にかかるようにドラッグしても選択できます。

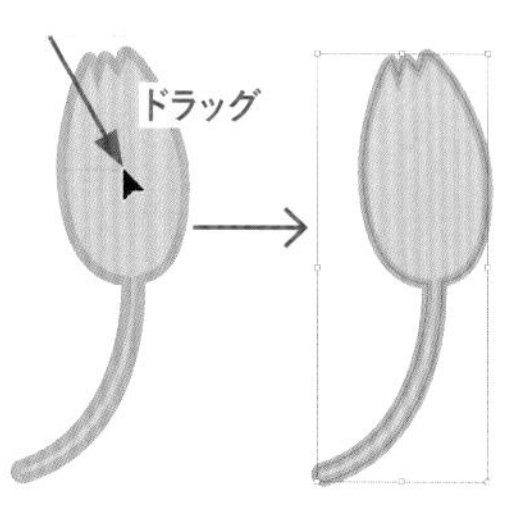

5 アートボードの何もない部分から、ふたつのオブジェクトに破線がかかるようにドラッグします❶。全体を完全に囲む必要がないことを確認しておきましょう。

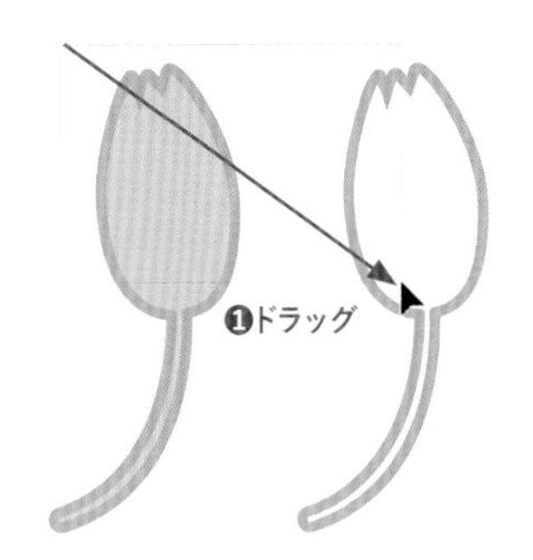

6 ふたつのオブジェクトの周囲にバウンディングボックスが表示されます。

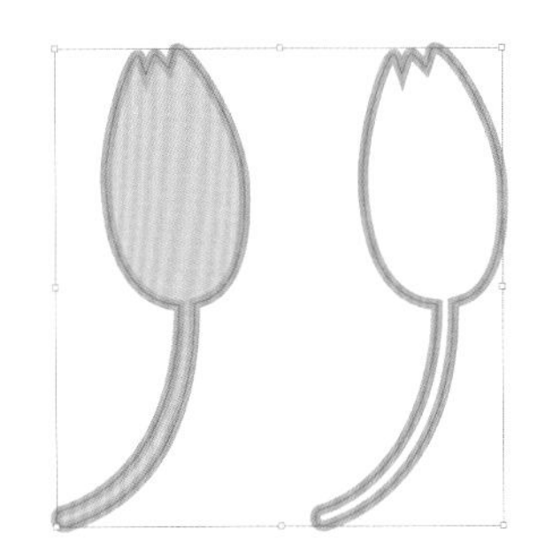

7 何もない部分をクリックして選択を解除してから、左側のオブジェクトをクリックして選択します❶。Shiftキーを押しながら右側のオブジェクトの線をクリックして❷、オブジェクトをふたつとも選択します。

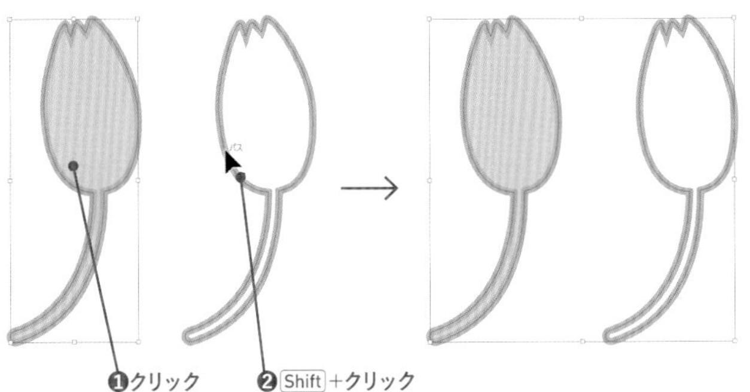

8 再び、Shiftキーを押しながら右側のオブジェクトをクリックすると❶、右側のオブジェクトの選択が解除されます。

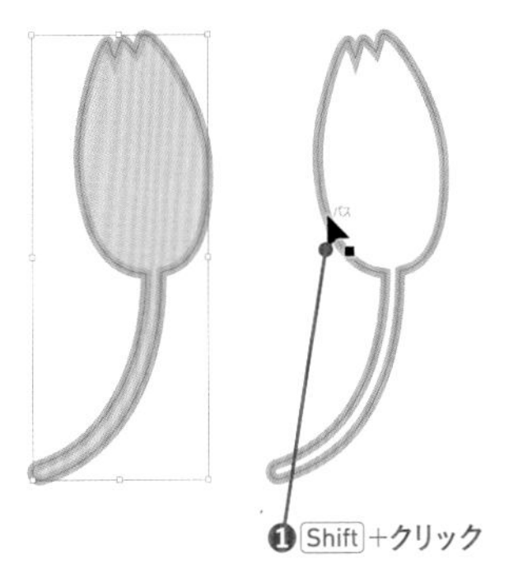

✔CHECK!

意図しない編集モードの解除

オブジェクトをダブルクリックすると、編集モードに入り、ダブルクリックしたオブジェクト以外の表示が薄くなり、選択できなくなります。
このような場合、ウィンドウ上部のグレー部分をクリックすると編集モードが終了し、通常表示に戻ります。

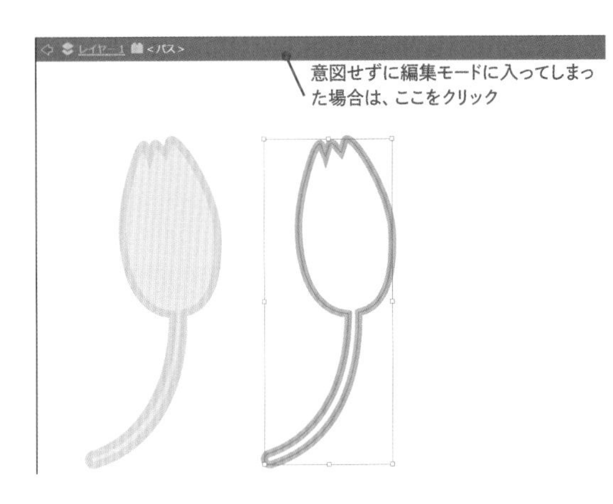

STEP 02 ダイレクト選択ツールでオブジェクトを選択する

ダイレクト選択ツール は、オブジェクトのアンカーポイントやセグメントを選択するツールです。選択ツール との違いを見ておきましょう。

Lesson05 ▶ L5-1S02.ai

1 レッスンファイルを開きます。ダイレクト選択ツール を選択し❶、アンカーポイントをクリックして選択してみましょう❷。選択されたアンカーポイントは塗りつぶされて表示され、選択されていないアンカーポイントは白抜きで表示されます。選択を解除するには、何もない部分をクリックします。

2 オブジェクトの一部を囲むようにドラッグすると❶、囲んだ範囲内のアンカーポイントやセグメントが選択されます。

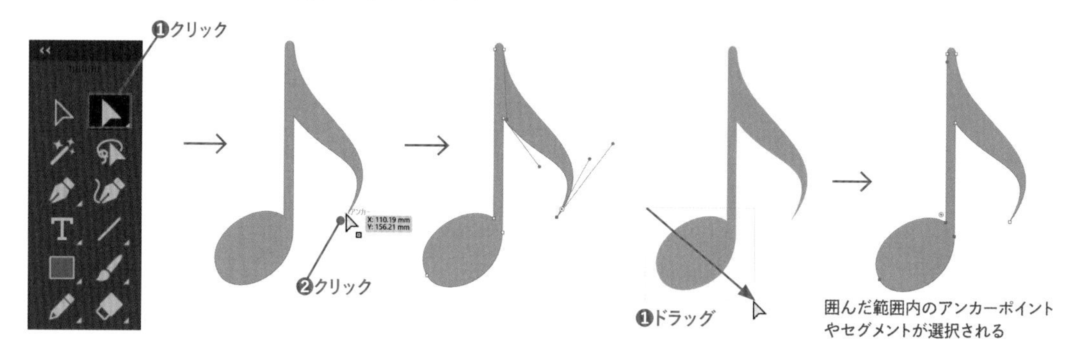

CHECK!

ダイレクト選択ツール のカーソルの形状

アンカーポイントの上ではカーソルが になります。セグメントの上やオブジェクトの内部では になります。

CHECK!

コーナーウィジェット

アンカーポイントを選択した際、アンカーポイントの両端の線が角を作っている場合、角を丸めるためのコーナーウィジェットが表示されます。

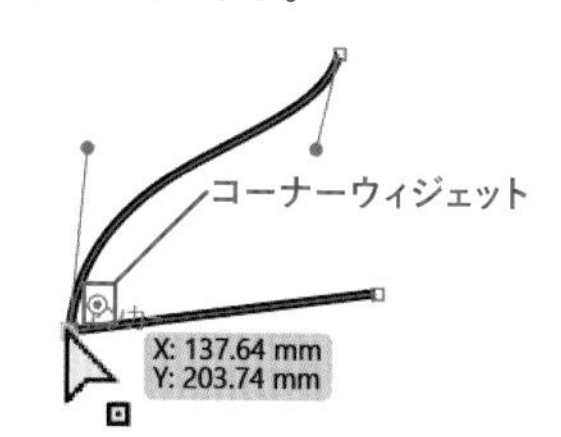

COLUMN

スムーズポイントとコーナーポイント

方向線のあるアンカーポイントを「スムーズポイント」、方向線のないアンカーポイントを「コーナーポイント」とよびます。

3 選択を解除してから、オブジェクトの内側をクリックします❶。全体が選択されますが、バウンディングボックスは表示されないことを確認しておきましょう。いったん選択を解除してから、オブジェクト全体を囲むようにドラッグします❷。これでも全体が選択されます。

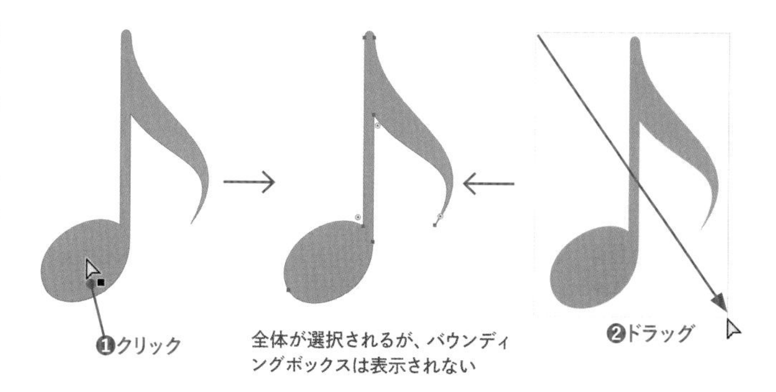

4 選択を解除してから、アンカーポイントをクリックして、ひとつだけ選択します❶。続けて、Shiftキーを押しながらほかのアンカーポイントをクリックすると❷、選択が追加されます。

❶クリック

❷Shift＋クリック

5 Shiftキーを押しながら未選択の部分をドラッグすると❶、選択範囲に追加することができます。

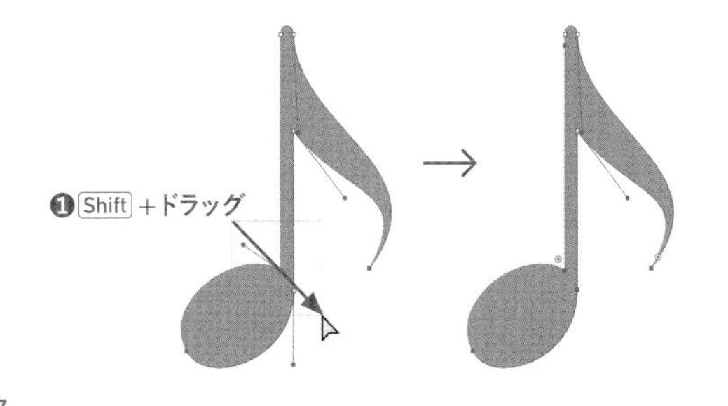

6 全体を選択しておきます❶。次にShiftキーを押しながら一部のポイントをドラッグして選択すると❷、その部分の選択が解除されます。

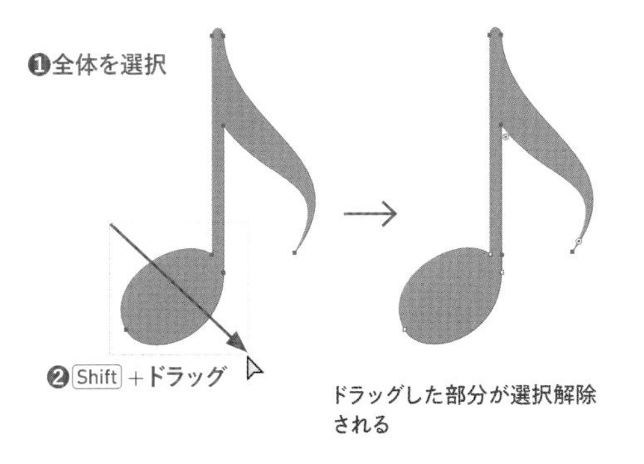

ドラッグした部分が選択解除される

7 クリックでの選択解除も試してみましょう。全体を選択し❶、選択されたポイントをShiftキーを押しながらクリックすると❷、選択が解除されます。

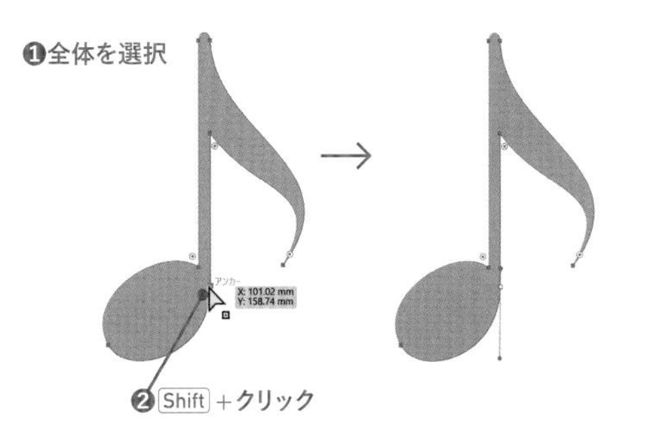

COLUMN

[選択]メニューの[共通]と[オブジェクト]

[選択]メニューの[共通]は、選択しているオブジェクトと同じ[線]や[色]を持つオブジェクトをすべて選択するメニューコマンドです。同じ色のオブジェクトをすべて選択したい場合などに使います。

[選択]メニューの[オブジェクト]は、選択したオブジェクトと同じレイヤーのオブジェクトや、同じ種類のオブジェクトをすべて選択するメニューコマンドです。

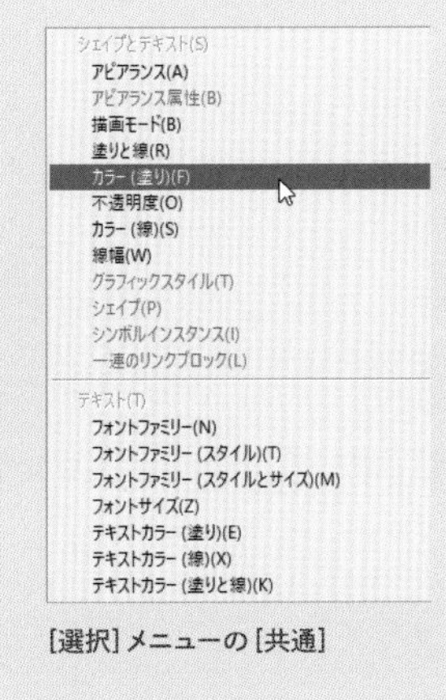

[選択]メニューの[共通]

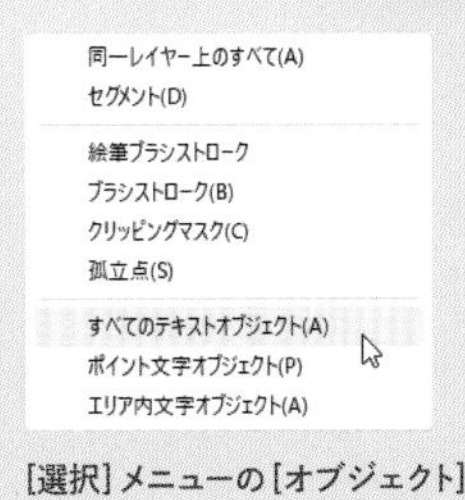

[選択]メニューの[オブジェクト]

5-2 オブジェクトを変形する

いったん描画したオブジェクトを後から自由に変形できるのは、Illustratorを使ってイラストを描く大きなメリットです。基本的な変形である移動・拡大縮小・回転・リフレクト（反転）・シアーを中心に、変形機能について学びましょう。

変形の基礎

基本的な変形機能

Illustratorの変形機能にはいろいろなものがありますが、もっとも基本的な、移動・拡大縮小・回転・リフレクト（反転）・シアーは、非常によく使う機能です。選択系のツールと同様に、同じ結果を何通りもの方法で出せるようになっています。自分に合ったやり方をつかんでいくとよいでしょう。

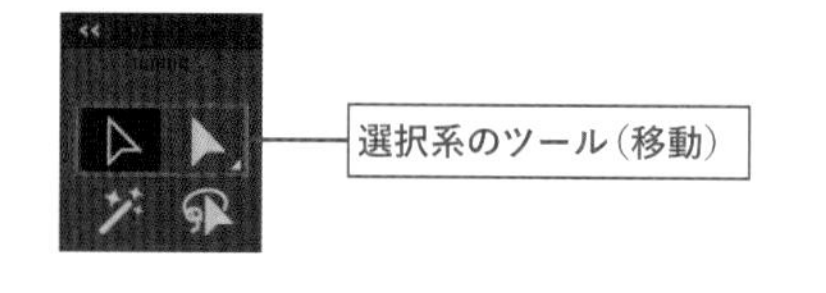

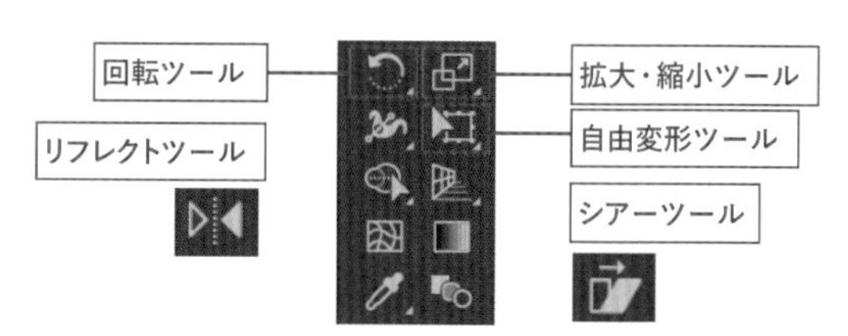

変形ツールのオプションダイアログボックス

オブジェクトを選択し、変形に関連するツールアイコンをダブルクリックすると、オプションダイアログボックスが表示されます（自由変形ツールのオプションはウィジェットで表示されます）。

例として、オブジェクトを選択した後に選択系のツールアイコンをダブルクリックして表示される[移動]ダイアログボックスを見てみましょう。上部に表示される[位置]ではツール固有の設定をしますが、その下の部分は変形コマンドに共通のオプションです。

・[塗り]や[線]にパターンを使用している場合、[パターンの変形]がアクティブになります。チェックがついていると、パターンも一緒に変形します。
・[プレビュー]にチェックをつけると、変形が適用された状態を確認できます。
・最後に[OK]を押すと変形が適用されます。[OK]ではなく[コピー]を押すと、元のオブジェクトは変形せず、変形したコピーが作成されます。

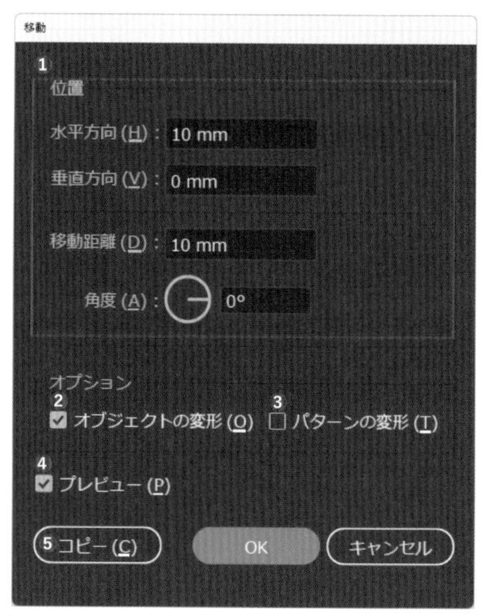

❶変形内容の設定で、上図では[移動]なので移動距離や角度を設定する
❷パターンが適用されているオブジェクトを選択した際、オブジェクトを変形するにはチェックする
❸パターンが適用されているオブジェクトを選択した際、パターンを変形するにはチェックする
❹チェックすると変形の適用状態がプレビュー表示される
❺元のオブジェクトは変形せず、変形結果のコピーが作成される

変形パネル／プロパティパネル／コントロールパネル

変形パネルとプロパティパネルではオブジェクトを選択し、基準点を指定して、サイズや位置を数値入力して変形したり移動できます。回転やシアーの角度も数値入力できます。簡単な演算もできるので、覚えておくと便利です。コントロールパネルでも、位置やサイズを指定できます。

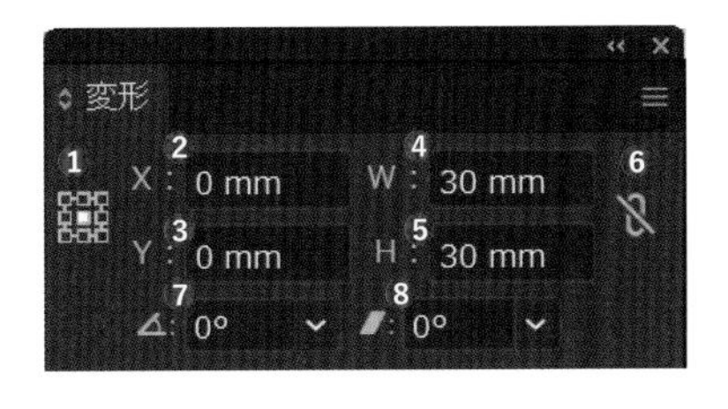

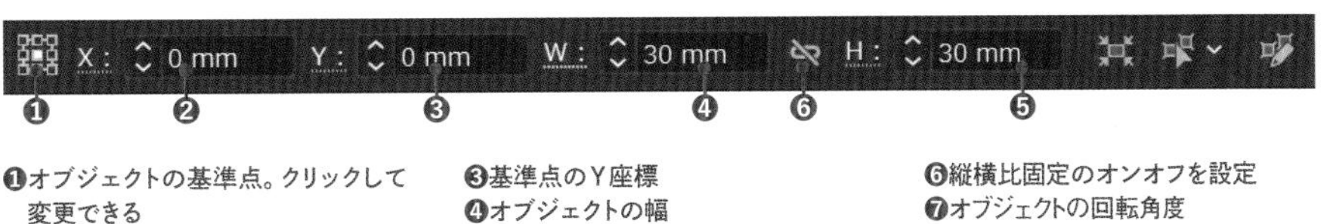

❶オブジェクトの基準点。クリックして変更できる
❷基準点のX座標
❸基準点のY座標
❹オブジェクトの幅
❺オブジェクトの高さ
❻縦横比固定のオンオフを設定
❼オブジェクトの回転角度
❽オブジェクトの傾斜角度

メニューコマンド

［オブジェクト］メニュー→［変形］の［移動］［回転］［リフレクト］［拡大・縮小］［シアー」の各コマンドは、変形ツールのオプションダイアログボックスと同じダイアログボックスを表示して変形できます。
また、［変形の繰り返し］［個別に変形］など、覚えていると便利なコマンドがあります。

変形の繰り返し(T)　Ctrl+D
移動(M)...　Shift+Ctrl+M
回転(R)...
リフレクト(E)...
拡大・縮小(S)...
シアー(H)...
個別に変形(N)...　Alt+Shift+Ctrl+D
バウンディングボックスのリセット(B)

そのほかの変形ツール

・リシェイプツール

パスの形状を保持したまま、ドラッグしてアンカーポイントを調整します。

・線幅ツール

パスの一部をドラッグして、線幅が可変する線を作成します。

・ワープツール

選択したオブジェクトをドラッグして、引っ張るように変形します。

・うねりツール

選択したオブジェクトをドラッグして、渦を巻くように変形します。

・収縮ツール

選択したオブジェクトをドラッグして、カーソルに向かって収縮します。

・膨張ツール

選択したオブジェクトをドラッグして、カーソルを基点に膨張します。

・ひだツール

ドラッグして、オブジェクトのアウトラインに滑らかな山の形を作ります。

・クラウンツール

ドラッグして、オブジェクトのアウトラインに鋭い山の形を作ります。

・リンクルツール

ドラッグして、オブジェクトのアウトラインに皺のような効果を作成します。

・パペットワープツール

選択したオブジェクトをパペット人形を操作するように変形します。

STEP 01 移動

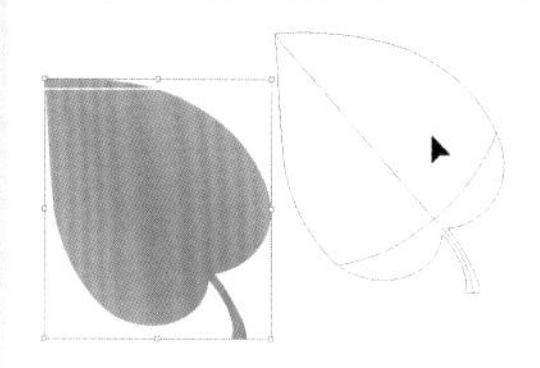

選択ツール、ダイレクト選択ツール、グループ選択ツールでは、選択したらそのままドラッグで移動できます。矢印キー、数値入力、整列なども、精密な作業でよく使います。

Lesson05 ▶ L5-2S01.ai

1 レッスンファイルを開きます。ツールバーで選択ツールを選択し❶、オブジェクトを選択します❷。オブジェクトの塗りの部分にカーソルを合わせ、ドラッグして移動させます❸。

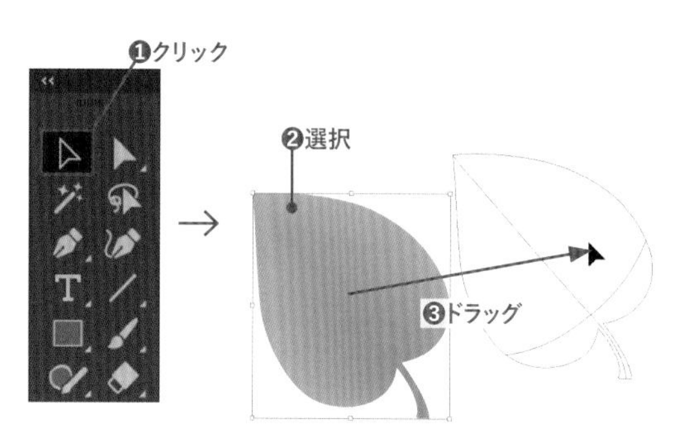

2 次に、Shiftキーを押しながらドラッグします❶。移動方向が45°単位で制限されます。

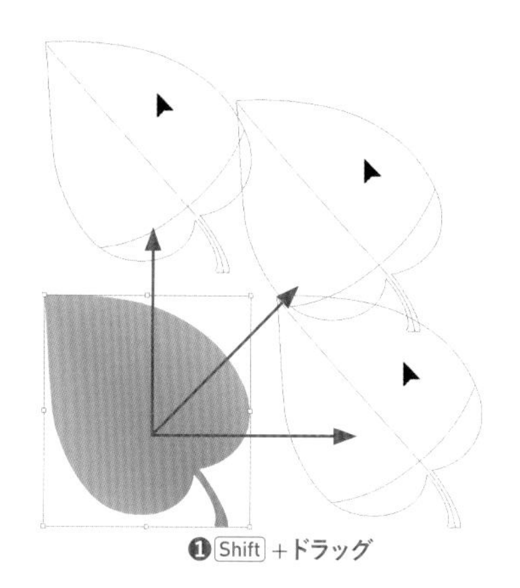

3 選択ツールでオブジェクトを選択し❶❷、Enter（return）キーを押すか、ツールアイコンをダブルクリックします❸。［移動］ダイアログボックスが表示されるので、水平方向に「30」、垂直方向に「10」を入力して（単位は自動で入力されます）❹、［OK］をクリックします❺（角度は自動で入力されます）。現在の位置から入力した距離だけ移動します❻。マイナスでも入力できます。

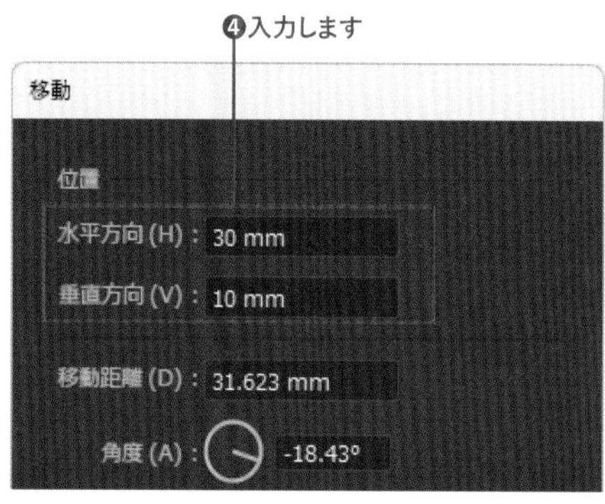

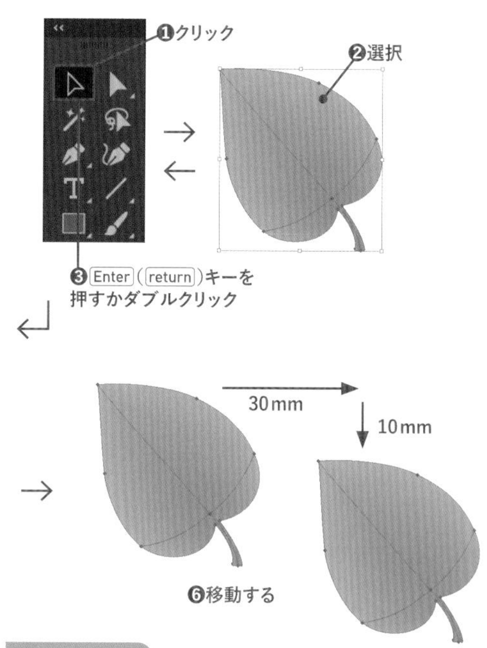

✔CHECK!

垂直方向の移動とアートボードの座標

アートボードの左上がデフォルトの原点となり、下方向・右方向が+、上方向・左方向が−となります。

4 選択ツール でオブジェクトを選択し、キーボードの矢印キーを押して移動させます❶。

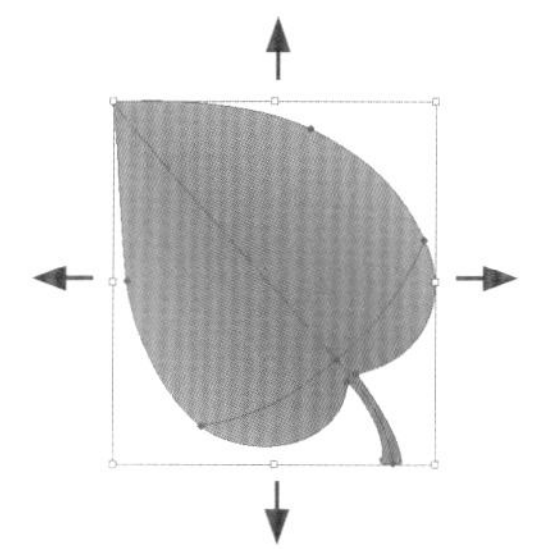

❶キーボードの矢印キーを押して移動

5 [編集] メニュー(Macでは [Illustrator] メニュー) → [環境設定] → [一般] を選択し、表示された [環境設定] ダイアログボックスの [キー入力] の値を変えて、再び矢印キーを使って移動してみましょう。

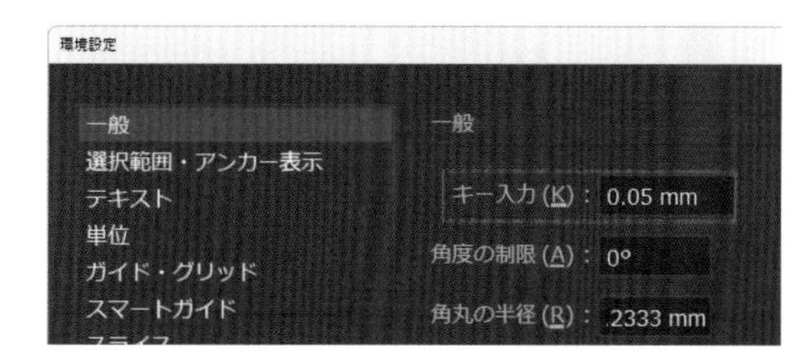

自分で作業しやすい数値を探しておく

COLUMN

座標値を入力して移動

コントロールパネル(またはプロパティパネルや変形パネル)で、「基準点」と座標値を指定して移動させることもできます。

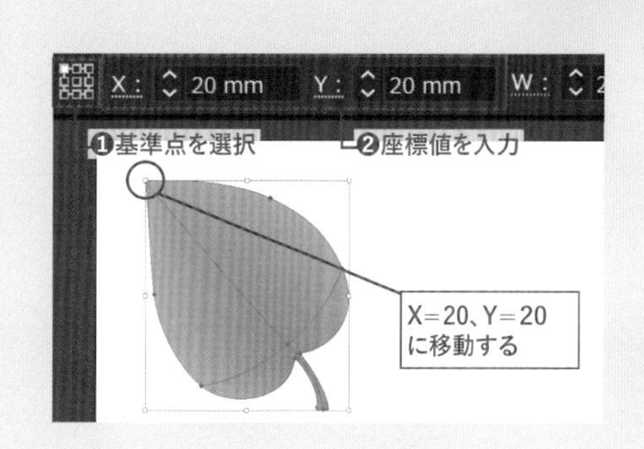

STEP 02 回転

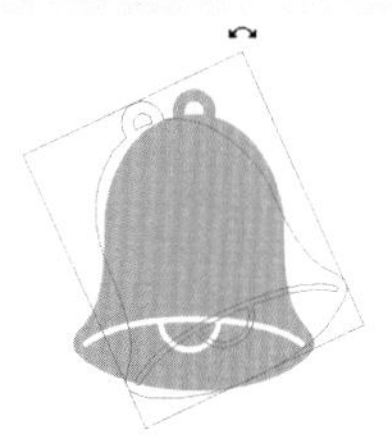

オブジェクトをドラッグで回転させるだけではなく、回転の中心位置や回転する角度を設定することができます。

Lesson05 ▶ L5-2S02.ai

バウンディングボックスで回転

レッスンファイルを開きます。選択ツール を選択し❶、オブジェクト を選択します。カーソルを角のポイントから少し離して、カーソルの形状が変わったところから❷ドラッグして回転させます❸。Shift キーを押しながらドラッグすると❹、回転が45°単位に制限されます。

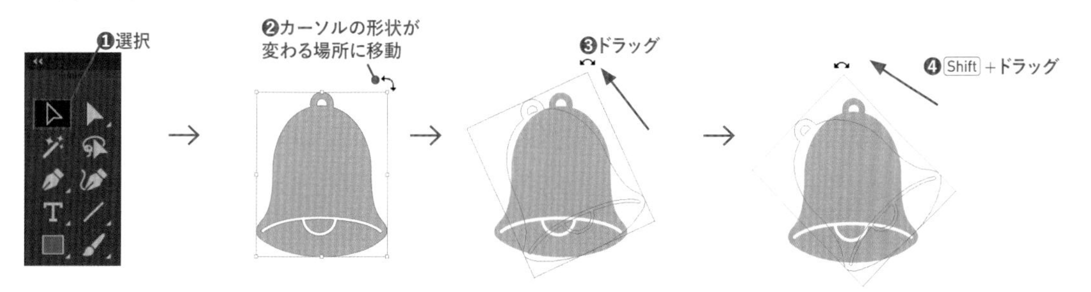

基準点を変更して回転

1 回転ツール を選択します❶。Ctrl（command）キーを押しながら一時的に選択ツール にしてオブジェクトBをクリックして選択します❷。中央に表示される明るい水色の印が基準点です。ドラッグして回転させます❸。

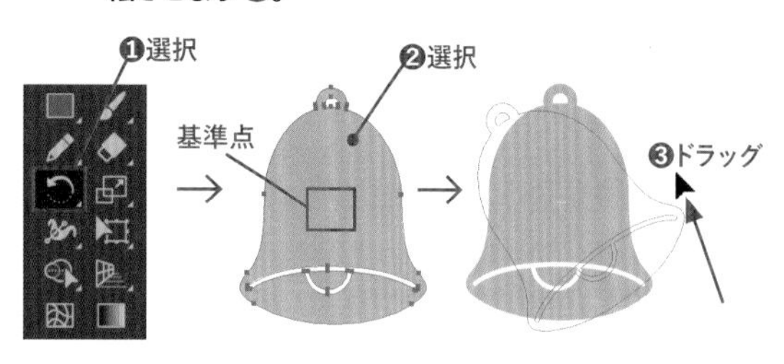

2 Ctrl（command）キーを押しながらオブジェクトCを選択し、回転ツール で少し離れた場所でクリックして❶、基準点を変更します。ドラッグして回転させ❷、基準点を中心に回転していることを確認します。

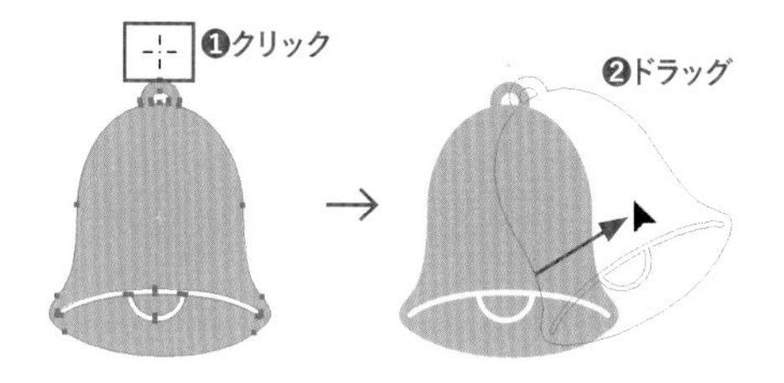

基準点を決めて角度入力で回転

回転ツール を選択します❶。Ctrl（command）キーを押しながら一時的に選択ツール にしてオブジェクトDをクリックして選択します❷。Alt（option）キーを押しながら、基準点にしたい位置をクリックします❸。このとき、カーソルが に変わります。［回転］ダイアログボックスが開いたら角度に「60」と入力し❹、プレビューで結果を確認して［OK］をクリックします❺。

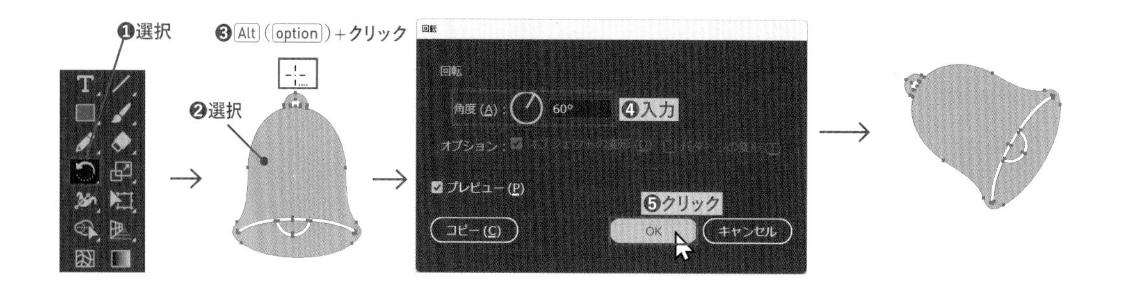

✔CHECK!

回転ダイアログボックスによる回転

オブジェクトを選択後、ツールバーの回転ツール アイコンをダブルクリックしても、回転ダイアログボックスを表示し、数値指定して回転させられます。ただし、回転の中心はオブジェクトの中心となり、変更はできません。

変形パネルで回転

選択ツール でオブジェクトEを選択し❶❷、変形パネルの基準点で上中央を選択します❸。［回転］の∨をクリックし❹、プルダウンメニューから［60］を選択して❺、回転させます。数値を直接入力することもできるので、試してみましょう。

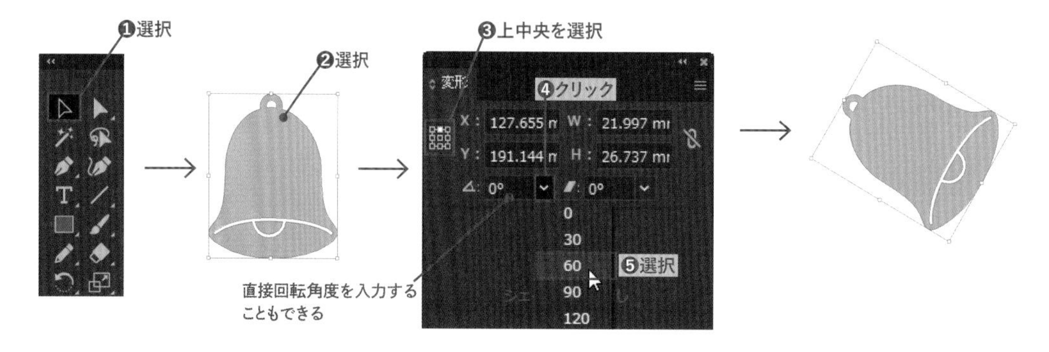

STEP 03 拡大・縮小

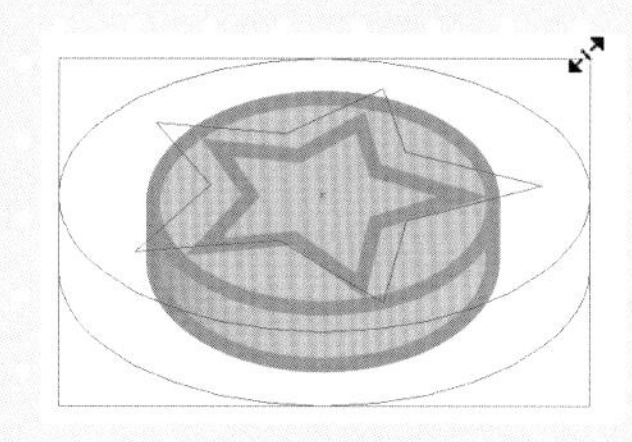

選択ツールで選択した際に表示されるバウンディングボックスで拡大縮小できます。拡大・縮小ツールでは基準点を設定したり、数値指定できます。

Lesson05 ▶ L5-2S03.ai

バウンディングボックスで拡大・縮小

1 レッスンファイルを開きます。選択ツールを選択し❶、オブジェクトAを選択します。バウンディングボックスの角のハンドルをいろいろな方向に動かして動作を確認しましょう❷❸。

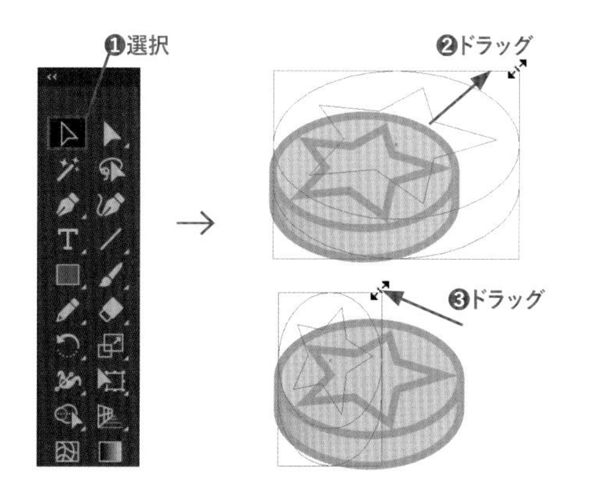

2 オブジェクトBを選択し、Shiftキーを押しながら同様にドラッグします❶❷。縦横比固定で拡大縮小することができます。

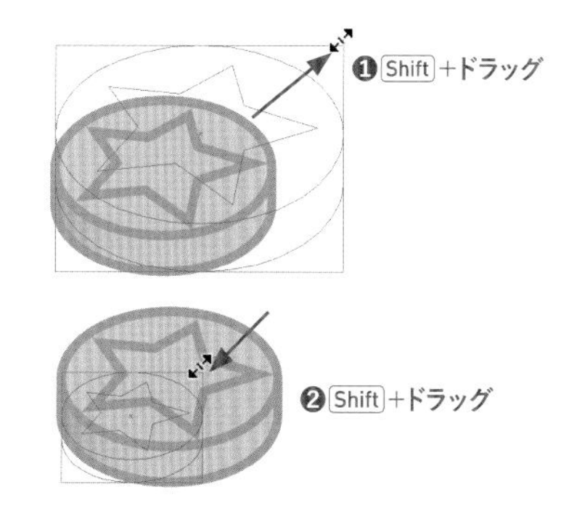

3 オブジェクトCを選択し、Alt（option）キーを押しながら、ハンドルをドラッグすると❶、基準点をバウンディングボックスの中心にして拡大縮小することができます。Alt（option）キーとShiftキーを同時に押しながらドラッグすると❷、基準点を中心にして、かつ縦横比固定で拡大縮小することができます。

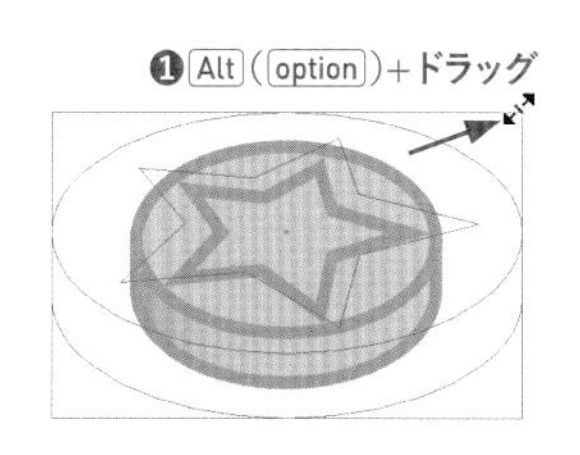

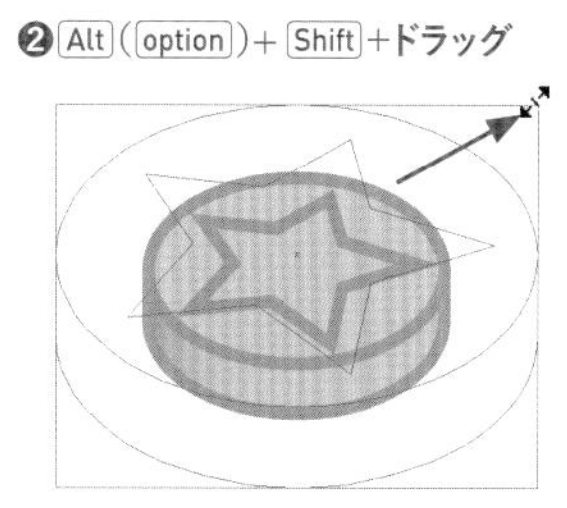

拡大・縮小ツールで拡大・縮小

1 拡大・縮小ツールを選択してから❶、Ctrl（command）キーを押して一時的に選択ツールにしてオブジェクトDを選択します❷。ドラッグするとオブジェクトが拡大縮小します❸。Shiftキーを押しながらドラッグすると、拡大縮小の方向が45°刻みに限定されるので、縦横比を固定したい場合はShiftキーを押しながらドラッグしてください。

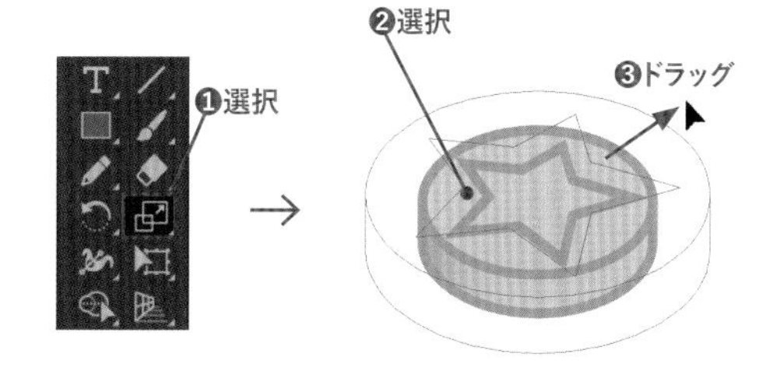

2 Ctrl（command）キーを押して一時的に選択ツール▶にしてオブジェクトEを選択します❶。拡大・縮小ツールでは、クリックして基準点を移動できます❷。基準点を移動したら、再びドラッグして拡大縮小してみてください❸。

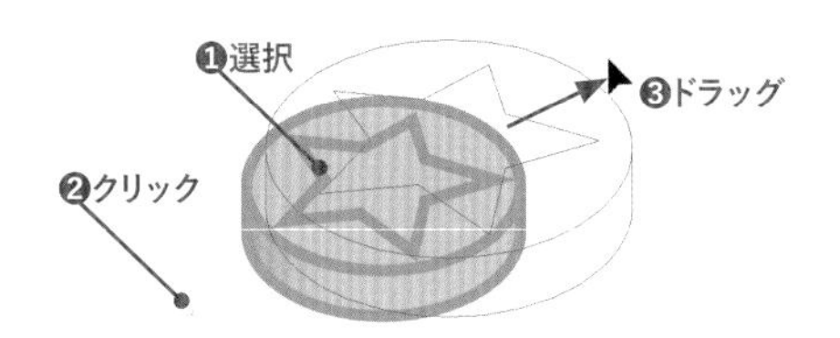

拡大・縮小ツールのオプションで変形

拡大・縮小ツールを選択してから❶、Ctrl（command）キーを押し一時的に選択ツール▶にしてオブジェクトFを選択します❷。Enter（return）キーを押すか、ツールアイコンをダブルクリックして［拡大・縮小］ダイアログボックスを表示させます❸。［縦横比を固定］にチェックをつけ❹、適当な数値（ここでは「150%」）を入力します❺。［線幅と効果も拡大・縮小］のチェックをはずした状態❻で［OK］をクリックします❼。オブジェクトGでも同様に操作し、［線幅と効果も拡大・縮小］にチェックをつけて❽、同じ倍率で拡大します❾。オブジェクト全体は同じ倍率で拡大しますが、Gのオブジェクトは、線幅も拡大していることがわかります。

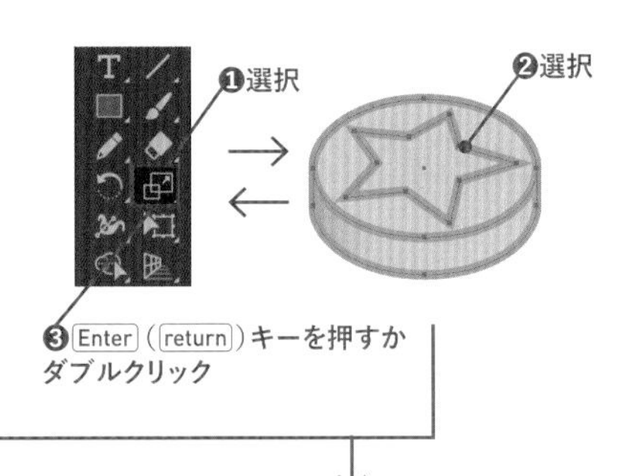

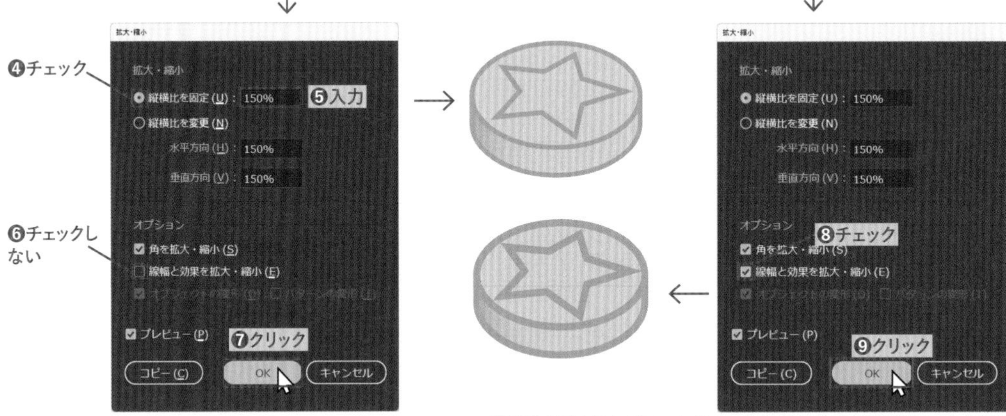

「線幅と効果も拡大・縮小」オプションをよく使う作業が続く場合には、［編集］メニュー（Macでは［Illustrator］メニュー）→［環境設定］で［一般］を選択し、「線幅と効果も拡大・縮小」にチェックをつける

コントロールパネル（変形パネル）でサイズを入力

選択ツール▶を選択し❶、オブジェクトHを選択します❷。コントロールパネル（または変形パネル、プロパティパネル）の基準点で左上を選択し❸、［縦横比を固定］をオン（つながった状態のアイコン）にして❹、［幅］のサイズを半角英数で「50mm」と入力してEnter（return）キーを押します❺。オブジェクトの縦横比が固定された状態で、幅が50mmになります。

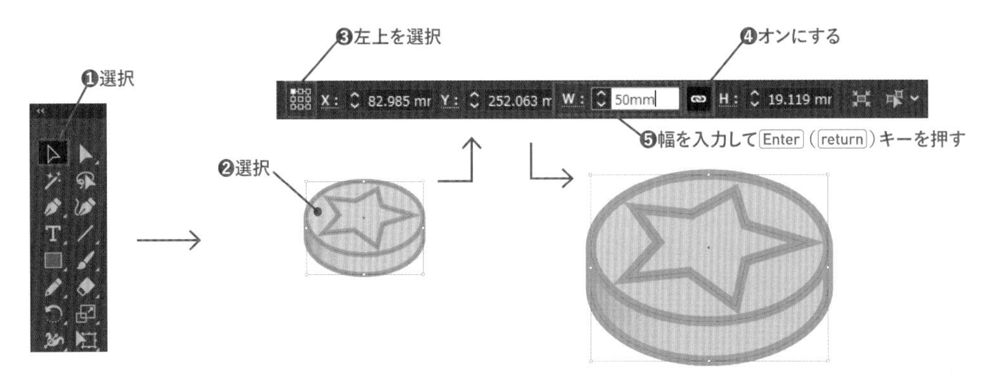

STEP 04 反転（リフレクト）

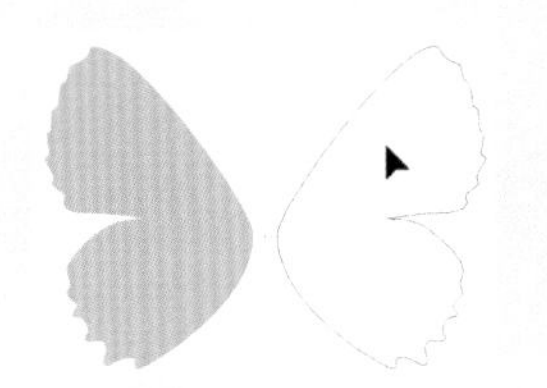

反転機能を使うと、オブジェクトを鏡像のように反転できます。コピーも併用すれば、左右対称なアートワークは半分だけ作成すれば済みます。

Lesson05 ▶ L5-2S04.ai

リフレクトツールで反転

レッスンファイルを開きます。選択ツールでオブジェクトAを選択します❶。ツールバーでリフレクトツールを選択します❷。基準点にしたい箇所をクリックし❸、ドラッグします❹。基準点を中心に反転したオブジェクトが回転します。

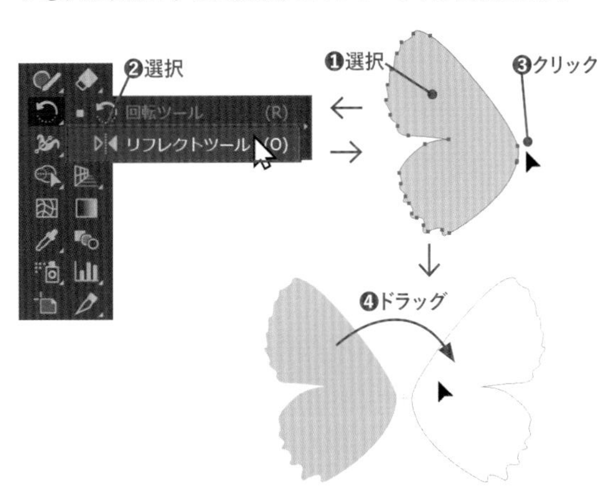

COLUMN

角度の制限とコピー

Shiftキーを押しながらドラッグすると角度が45°刻みに制限されます。
また、ドラッグの最後にAlt（option）キーを押すと、反転先にコピーを作成できます。

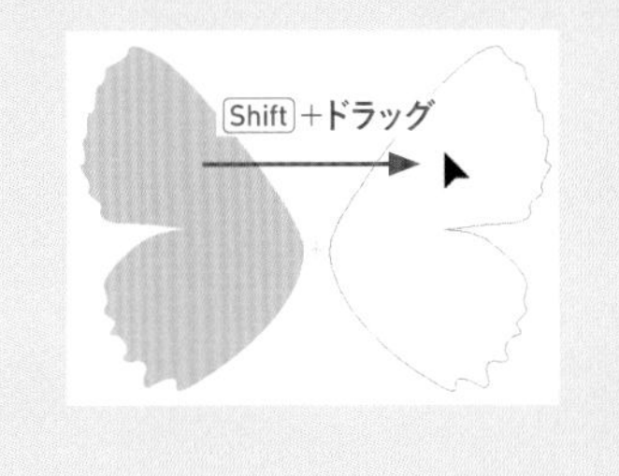

リフレクトダイアログボックスで反転

選択ツールでオブジェクトBを選択し❶、リフレクトツールを選択します❷。Alt（option）キーを押しながら基準点にしたい箇所をクリックし❸、[リフレクト] ダイアログボックスを表示します。[リフレクトの軸] に [垂直] を選択して❹、[OK] をクリックします❺。基準点を通る垂直線が軸となり、オブジェクトが反転します❻。[コピー] をクリックすると、オブジェクトが反転してコピーされます。

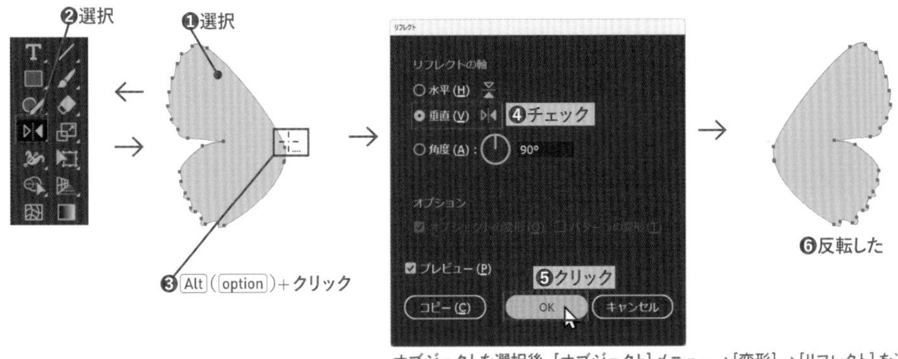

オブジェクトを選択後、[オブジェクト] メニュー→ [変形] → [リフレクト] を選択しても、同じ [リフレクト] ダイアログボックスを表示して反転できる

STEP 05 シアー(傾ける)

シアーツール は、オブジェクトを傾けるのに使います。自由変形ツール でも、オブジェクトを傾けることができます。

Lesson05 ▶ L5-2S05.ai

シアーツールでシアー

レッスンファイルを開きます。選択ツール でオブジェクトAの影のオブジェクトを選択して❶、シアーツール を選択します❷。選択したオブジェクトの左上をクリックして基準点を設定し❸、下側をドラッグして変形します❹。Shiftキーを押しながらドラッグすると、幅または高さが固定されます❺。

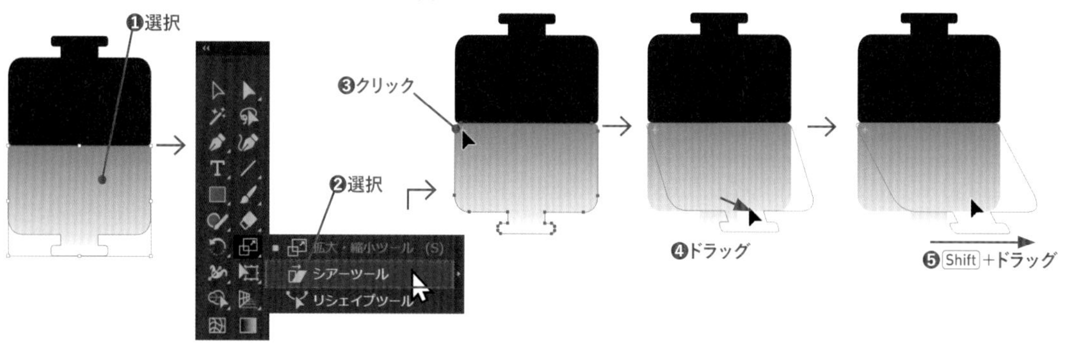

自由変形ツールでシアー

1 選択ツール でオブジェクトBの影のオブジェクトを選択し❶、自由変形ツール を選択します❷。バウンディングボックスの辺の中央のハンドルをドラッグして変形します❸。

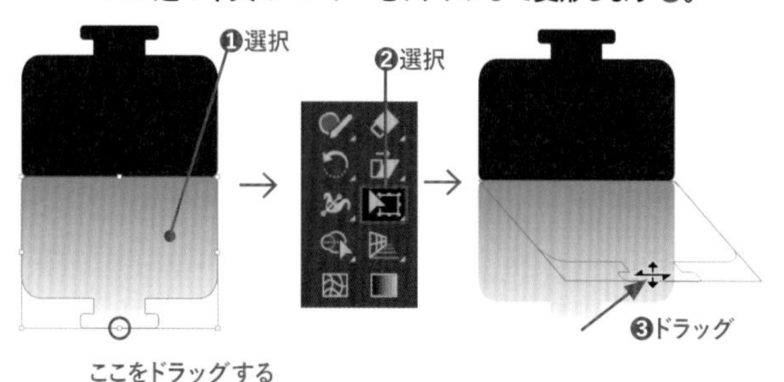

2 表示されているウィジェットで[縦横比固定]をクリックしてオンにしてから❶ドラッグすると❷、幅または高さが固定されます。

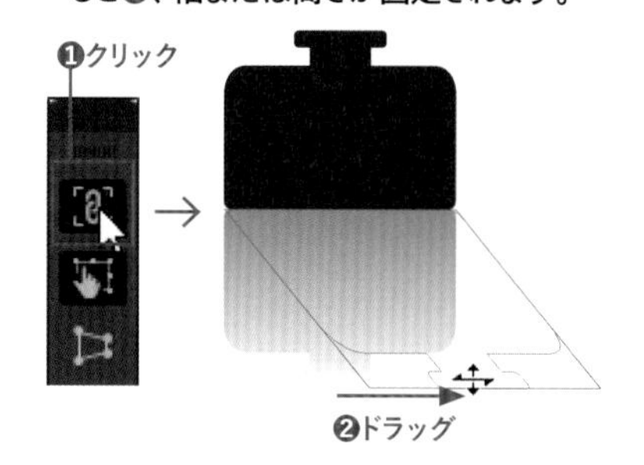

COLUMN

変形パネル/プロパティパネルでシアー

変形パネルまたはプロパティパネルでは、基準点を設定して、傾ける角度を数値指定できます。

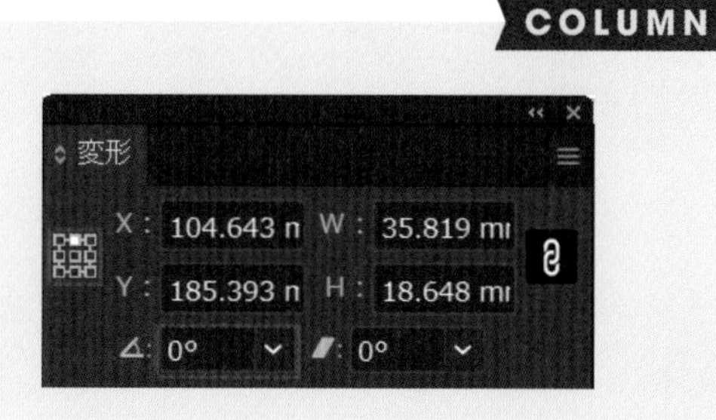

STEP 06 遠近変形と自由変形

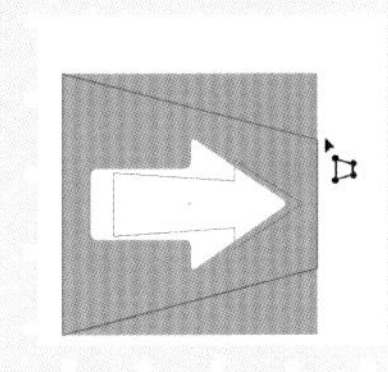
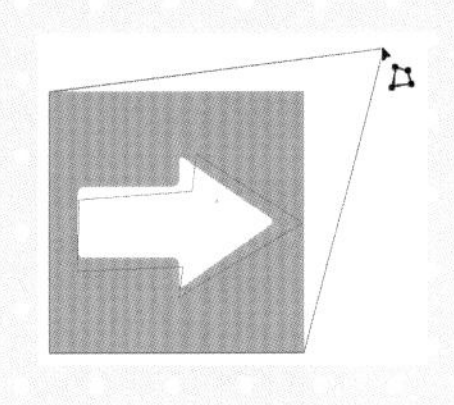

オブジェクトの奥行きを出すように台形状に変形したり、角をドラッグして変形するには、自由変形ツールを使います。

Lesson05 ▶ L5-2S06.ai

遠近変形

レッスンファイルを開きます。選択ツールでオブジェクトAを選択します❶。自由変形ツールを選択し❷、表示されたウィジェットで[遠近変形]を選択します❸。コーナーハンドルをドラッグすると❹、台形状に遠近感が出るように変形します。

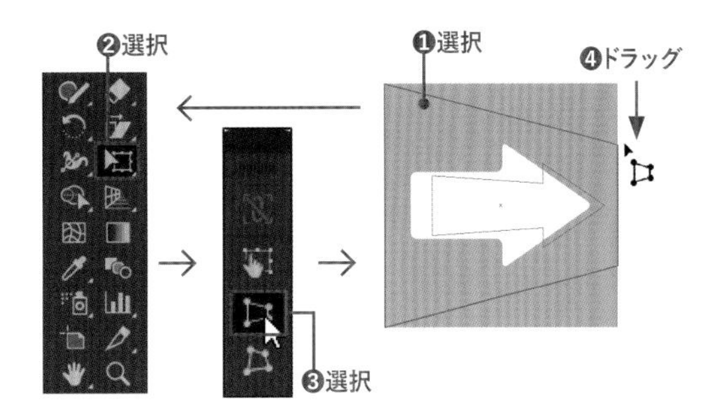

自由変形

1 選択ツールでオブジェクトBを選択します❶。自由変形ツールを選択し❷、表示されたウィジェットで[パスの自由変形]を選択します❸。コーナーハンドルをドラッグすると❹、ドラッグしたハンドルに従って変形します。

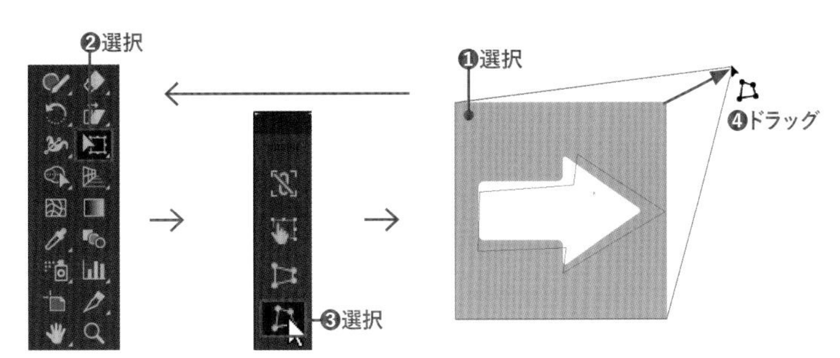

2 Ctrl（command）キーとZキーを押して変形を取り消します。[縦横比固定]もオンにしてから❶ドラッグすると❷、コーナーハンドルを水平・垂直に移動できます。

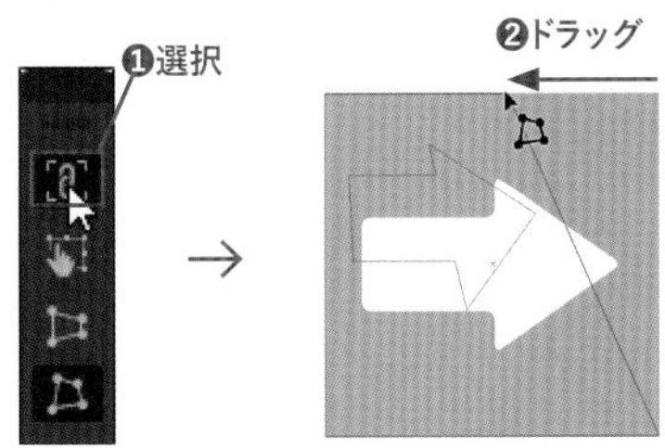

✔CHECK!

自由変形ツール使用時のオブジェクト選択のポイント

自由変形ツールで変形する対象は、選択ツールで選択します。Ctrl（command）キーを押しながら一時的に選択ツールにして選択することをマスターしましょう。

STEP 07 個別に変形

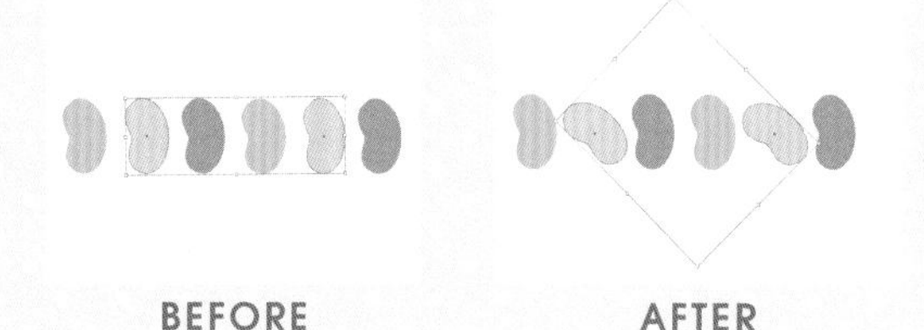

[オブジェクト]メニューにある機能です。拡大・縮小、移動、回転、リフレクトをまとめて実行できます。複数のオブジェクトがあれば、それぞれの基準点に基づいて変形します。

Lesson05 ▶ L5-2S07.ai

複数のオブジェクトを個別に変形する

1 レッスンファイルを開きます。選択ツール で A のオブジェクトから水色のオブジェクトふたつを選択します❶。[オブジェクト]メニュー→[変形]→[個別に変形]を選択します❷。

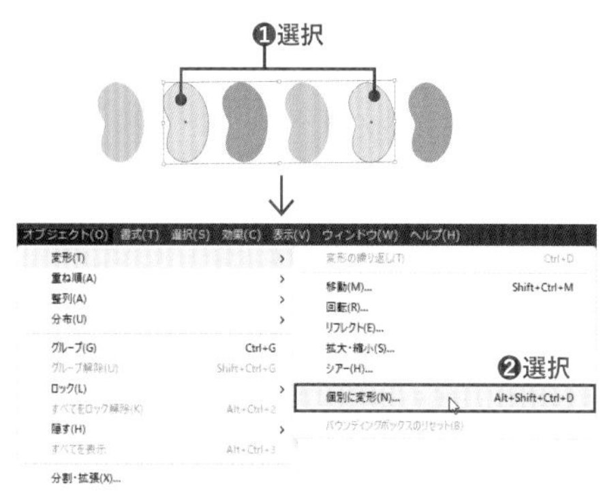

2 表示された[個別に変形]ダイアログボックスの、回転の「角度」に「45°」と入力し❶、[OK]をクリックします❷。選択したオブジェクトが、それぞれ個別に回転します❸。

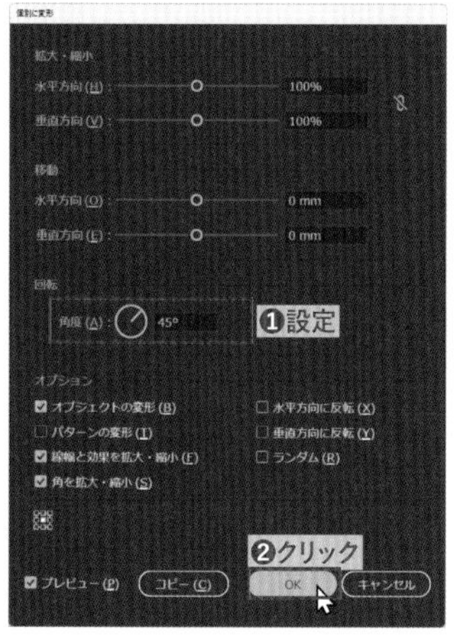

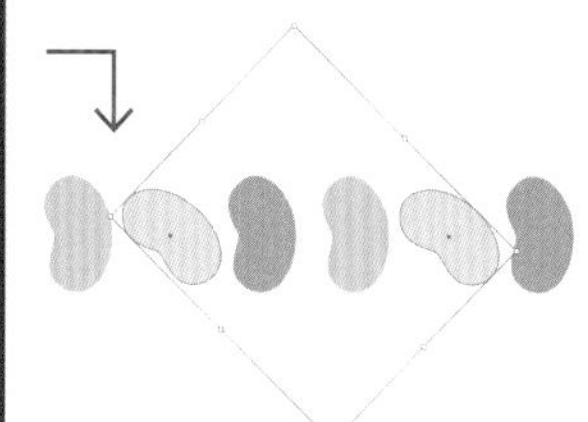

❸選択したオブジェクトが個別に回転する

CHECK!

回転ツールとの違い

回転ツール でも、複数のオブジェクトを選択して回転させられますが、選択した複数のオブジェクトは、ひとつのオブジェクトとして回転するため、[個別に変形]コマンドのように変形できません。

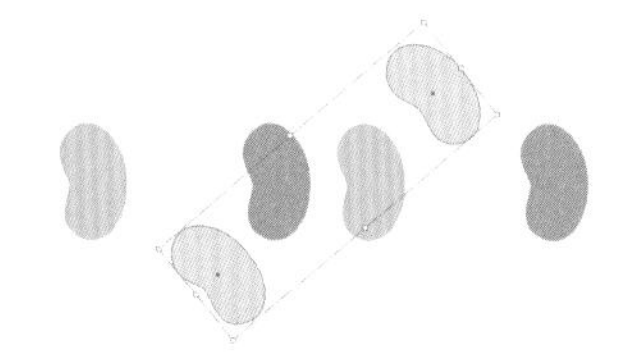

複数の変形を同時に適用

[個別に変形]では、複数の変形を同時に適用できます。選択ツール で B のオブジェクトからピンクのオブジェクトをひとつ選択します❶。[オブジェクト]メニュー→[変形]→[個別に変形]を選択して[個別に変形]ダイアログボックスを表示し、拡大・縮小の[水平方向][垂直方向]にそれぞれ「120%」❷、移動の[垂直方向]に「-15mm」❸、回転の[角度]で「45°」❹と設定して[OK]をクリックすると❺、選択したオブジェクトは、[拡大][移動][回転]のすべての変形が適用されます❻。

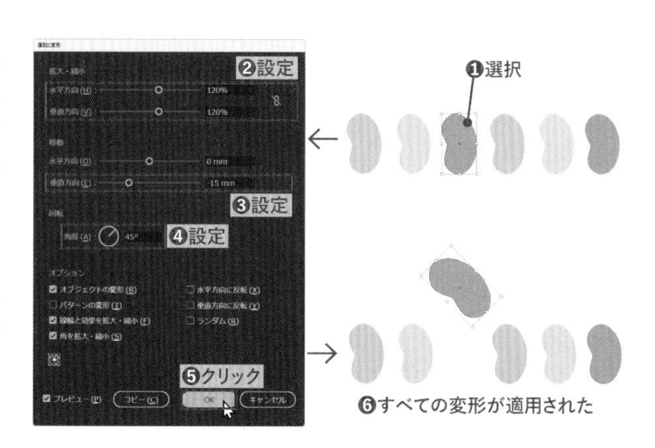

❻すべての変形が適用された

STEP 08 ライブコーナーで角を丸める

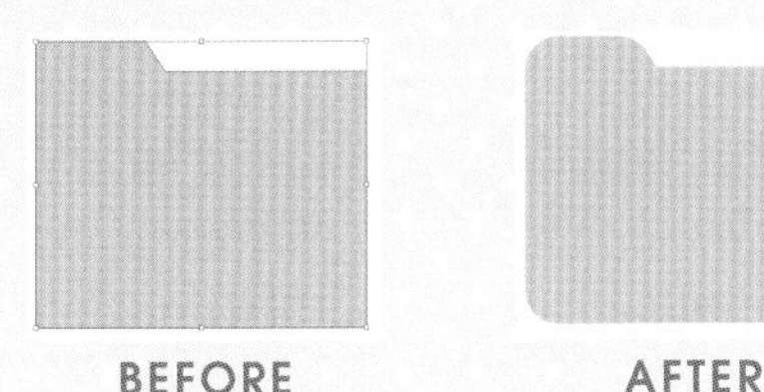

ライブコーナーは、オブジェクトの角の形状をドラッグ操作で変更できる機能です。オブジェクト全体の角も、選択した一部だけを変形することもできます。

Lesson05 ▶ L5-2S08.ai

1 レッスンファイルを開きます。選択ツールでオブジェクトを選択してから❶、ダイレクト選択ツールを選択します❷。オブジェクトのすべてのアンカーポイントが選択された状態になり、すべての角にコーナーウィジェットが表示されます❸。

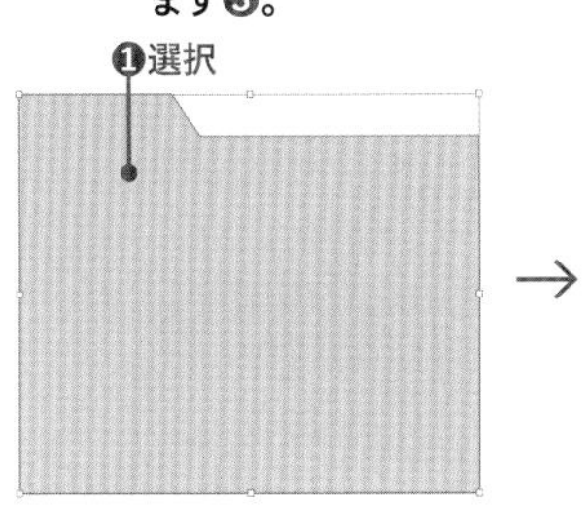

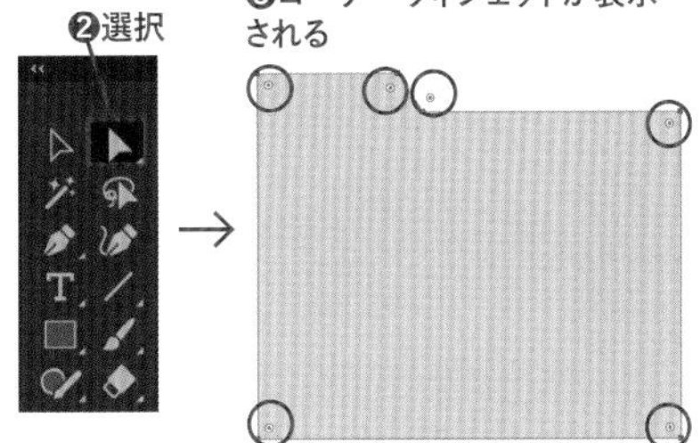

CHECK!

コーナーウィジェット

コーナーウィジェットは、ダイレクト選択ツールでアンカーポイントを選択した際に、角の形状を変更できる角部分だけに表示されます。

2 任意のウィジェット（ここでは左上）をドラッグすると、ドラッグ量に応じて角が丸まります❶。角丸がもっとも大きくなるまでドラッグしてください。すべての角が丸められます❷。

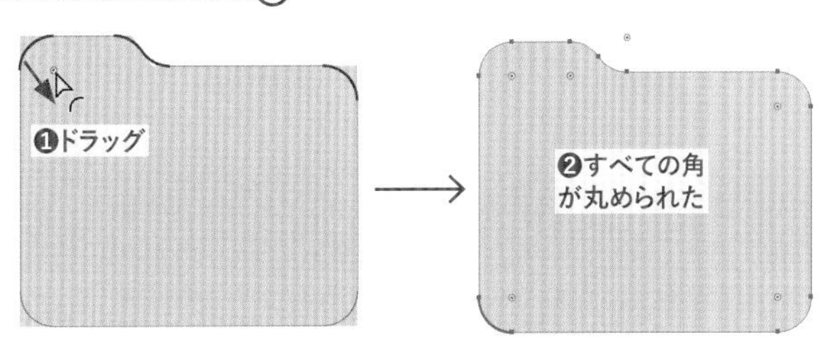

3 任意のアンカーポイント（ここでは図を参照）をクリックして選択します❶。選択したアンカーポイントのコーナーウィジェットだけが表示されます❷。表示されたコーナーウィジェットを、角丸がなくなるようにドラッグします❸。このように、個別にコーナーウィジェットを操作すれば、角の形状を個別に変更できます。

CHECK!

オプション設定

コーナーウィジェットが表示された状態では、コントロールパネルやプロパティパネルにコーナーのサイズが表示され、数値指定で変更できます。また、[コーナー]部分をクリックすると、オプションが表示され、角の形状を選択できます。オプションダイアログボックスは、コーナーウィジェットをダブルクリックしても表示できます。

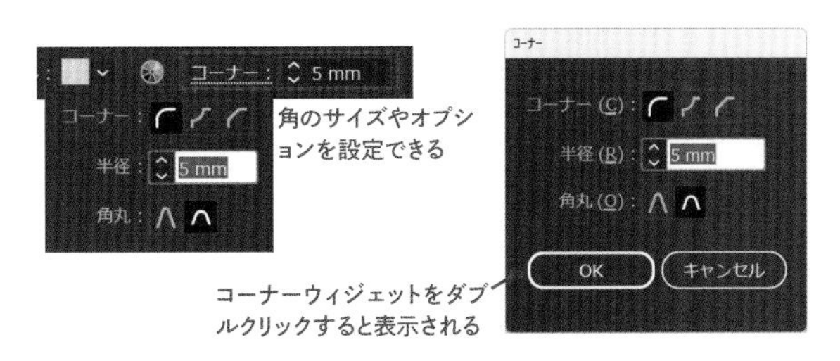

STEP 09 パペットワープツールで変形する

パペットワープツールは、オブジェクトの一部を移動・回転させて、スムーズに変形します。元のオブジェクトを違和感なく自然に変形させることができます。

Lesson05 ▶ L5-2S09.ai

単独のオブジェクトを変形する

1 レッスンファイルを開きます。選択ツールでAのオブジェクトを選択し❶、パペットワープツールを選択します❷。メッシュが表示され、自動でピンが配置されます❸。ピンは、変形の際に動かないようするポイントを指定すると同時に、変形のためのハンドルにもなります。ピンは手動で追加・削除することができます。

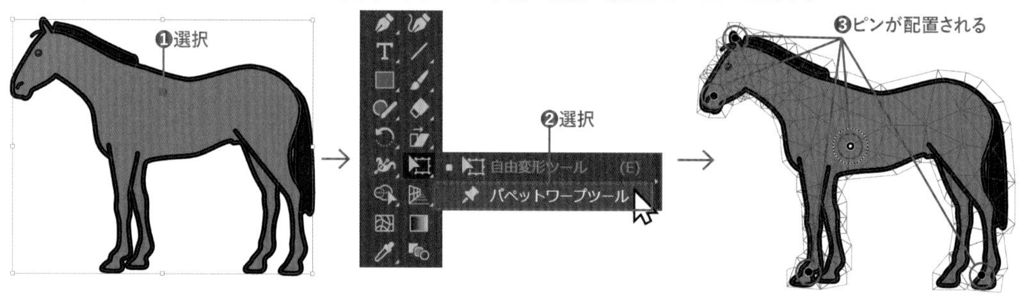

2 馬の頭を前に向けるようにします。このまま首を動かすと顔がついてこないので、鼻にあるピンを削除します。ピンの中心をクリックして選択し❶、Deleteキーを押します❷。同様に耳にあるピンも削除します❸❹。

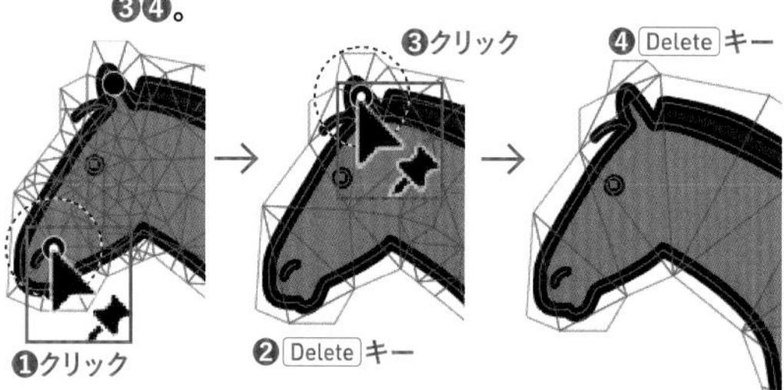

3 余計な部分が動かないよう、前脚の上あたりをクリックしてピンを追加し❶、さらに首にもクリックしてピンを追加します❷。

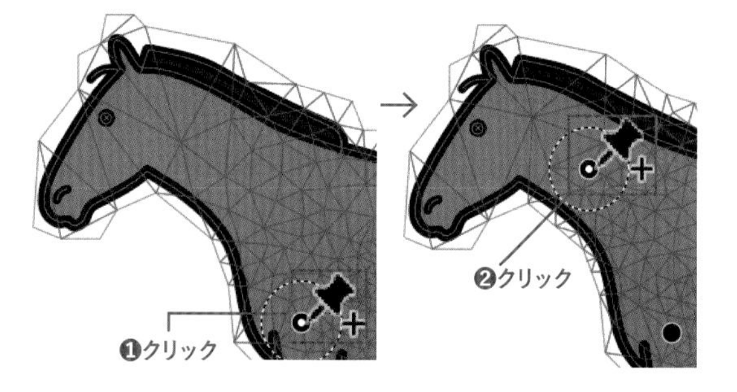

4 首に追加したピンをドラッグして首を起こします❶。ピンの操作中はメッシュが非表示になり、変形の確認が容易になります。

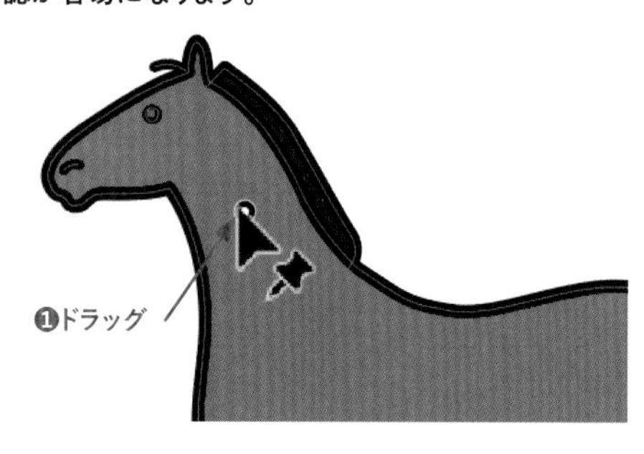

5 ピンの中心と周囲の円の間にカーソルを入れ、ドラッグすると回転ができるので、顔が少し上を向くように回転します❶。

複数のオブジェクトを同時に変形する

1 選択ツールでBのオブジェクト全体をドラッグして選択し❶、パペットワープツールを選択します❷。選択されたオブジェクトすべてにメッシュが表示され、自動でピンが配置されます❸。ピンはオブジェクト全体に対して分散して配置されています。

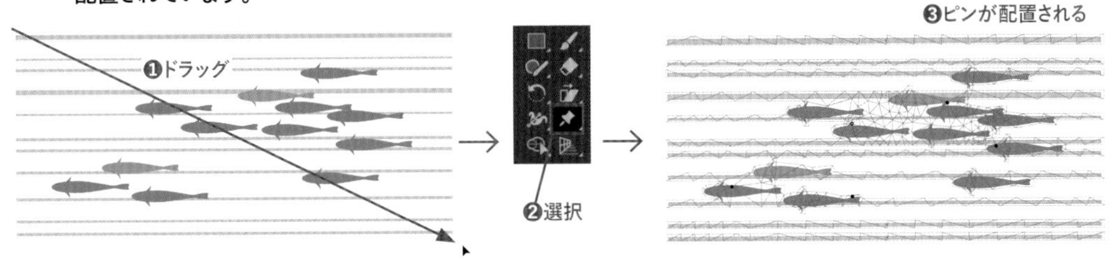

2 コントロールパネルまたはプロパティパネルで[メッシュを拡大]のスライダーをドラッグして全体が網羅される大きさにします❶(ここでは「30px」に設定)。

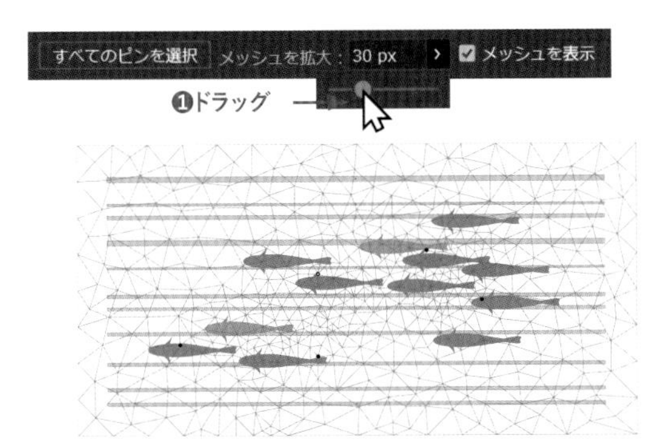

3 コントロールパネルまたはプロパティパネルで[すべてのピンを選択]をクリックします❶。自動配置されたすべてのピンが選択されるのでDeleteキーを押して削除します❷。ピンが0個になるとメッシュは表示されません❸。

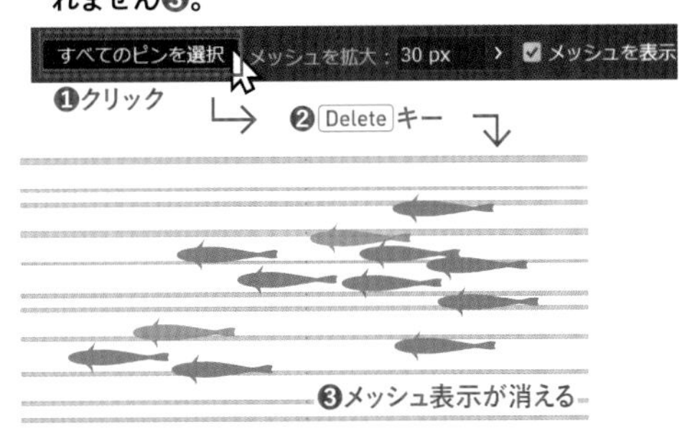

4 ピンを追加できる場所にカーソルが移動するとアイコンがに変化するので、オブジェクトの外側をクリックしてピンを追加します❶。ピンが置かれるとメッシュが表示されるので、四隅にピンを配置します❷。

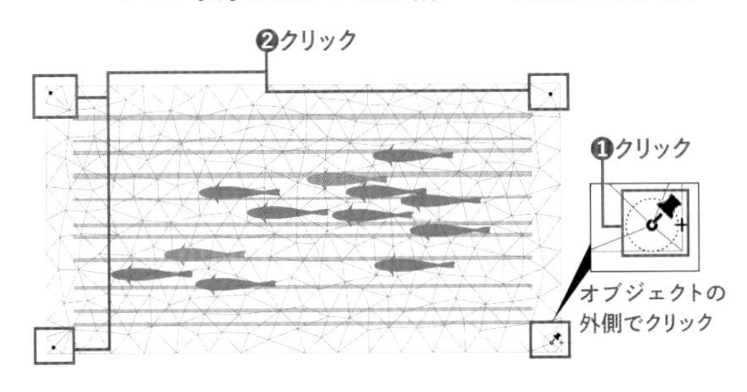

5 右側の上下中央辺りにピンを追加し❶、追加したピンを下へドラッグします❷。オブジェクト全体が変形します。

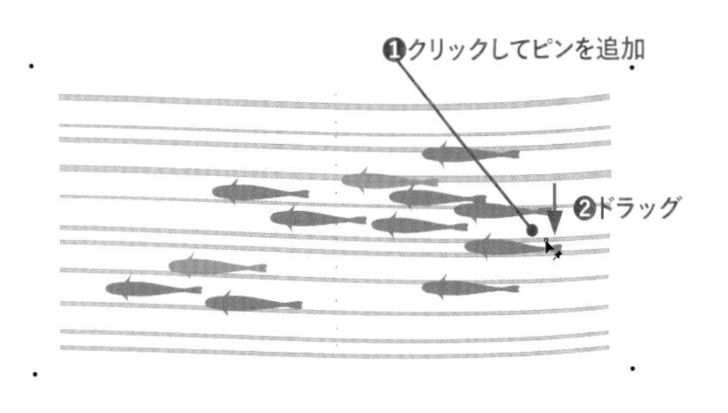

6 次に左端から1/4辺りの上下中央にピンを追加し❶、追加したピンを上へドラッグします❷。

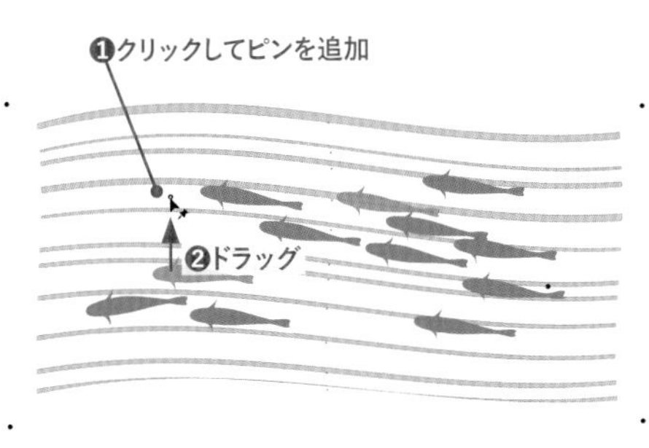

7 コントロールパネルまたはプロパティパネルの[メッシュを表示]をクリックして切り替えて❶、変形を調整します。

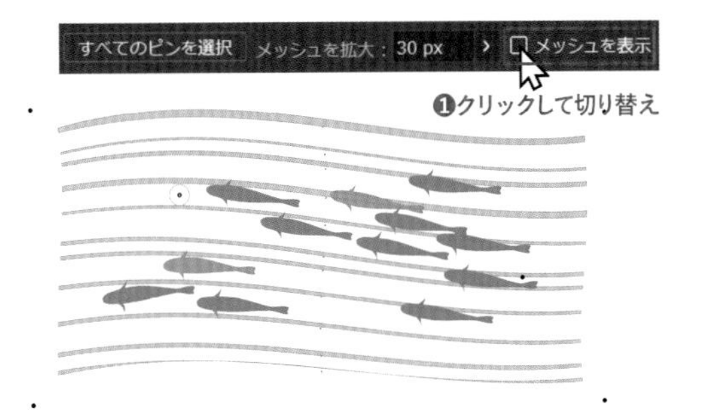

5-3 アンカーポイントとハンドルを操作する

ダイレクト選択ツールを使用すると、描画済みのオブジェクトを変形することができます。曲線の場合には、方向線のハンドルを操作して曲線の調節を行います。オブジェクトを思った形状に変形できるのがダイレクト選択ツールの最大のメリットなのでしっかり覚えてください。

STEP 01 アンカーポイントを使った変形

アンカーポイントを選択した後は、「オブジェクトの変形」で見た方法がすべて使えます。

1 レッスンファイルを開きます。ダイレクト選択ツールを選択します❶。オブジェクトの左側のアンカーポイントを選択します❷。選択したアンカーポイントにカーソルを合わせて、Shiftキーを押しながら左側にドラッグします❸。このように、Shiftキーを押しながらドラッグすると、45°刻みで移動することができます。

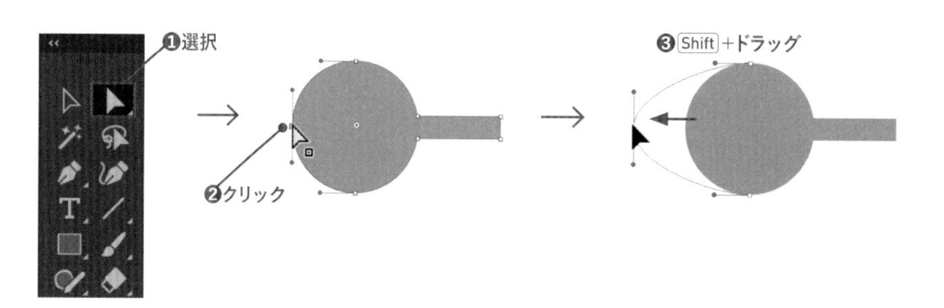

2 ダイレクト選択ツールで、オブジェクトの右側のふたつのアンカーポイントをドラッグして選択し❶、Shiftキーを押しながらドラッグして水平に移動させます❷。

❶ドラッグ

❷Shift+ドラッグ

3 アンカーポイントが選択された状態で、拡大・縮小ツールを選択し❶、ドラッグしてアンカーポイントを上下方向に移動させて拡大します❷。

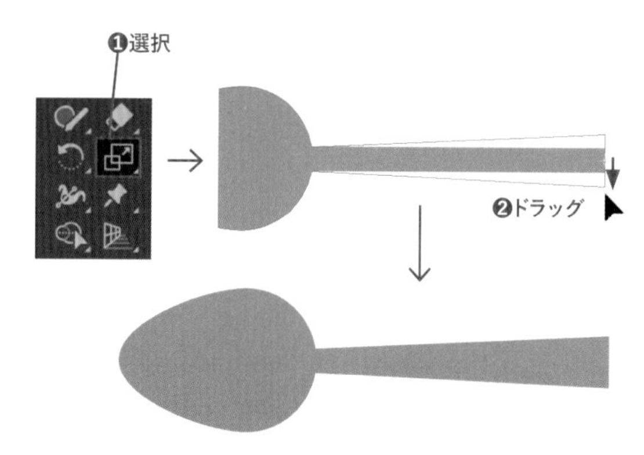

STEP 02 アンカーポイントの追加・削除・整列

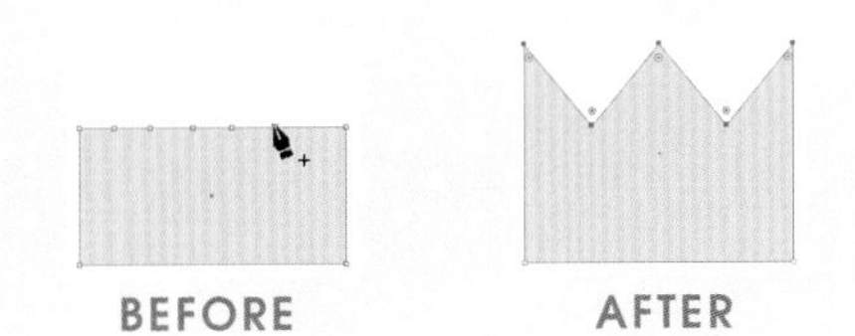

ペンツール を使って、アンカーポイントの追加と削除を行うことができます。

1 レッスンファイルを開きます。選択ツール でオブジェクトを選択して❶、ペンツール を選択します❷。カーソルをパスに近付けて に変わったらクリックして、アンカーポイントを追加します❸。練習のため、5つ追加してみてください。

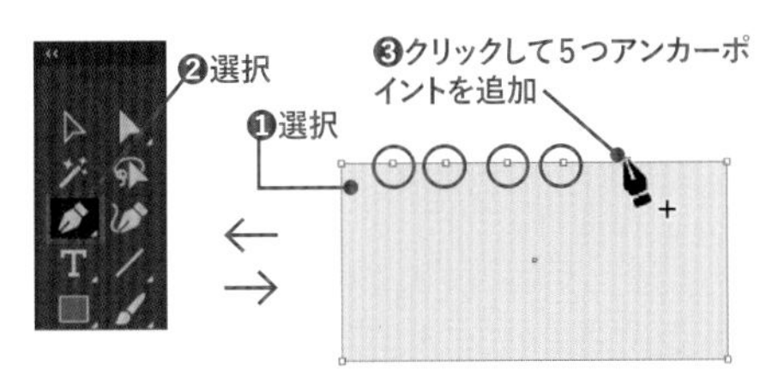

2 ダイレクト選択ツール を選択し❶、Shiftキーを押しながらクリックしてアンカーポイントをひとつおきに選択します❷。続けて、Shiftキーを押したままドラッグして移動させます❸。

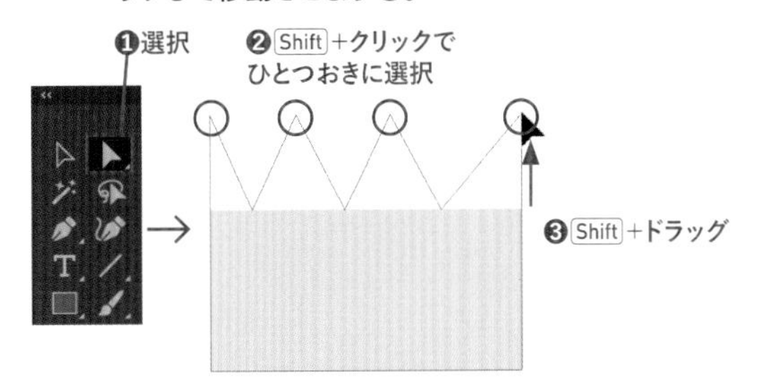

3 ダイレクト選択ツール で、左から2番目と3番目のアンカーポイントを選択します❶。コントロールパネルの［選択したアンカーポイントを削除］をクリックします❷。選択したアンカーポイントが削除されます。

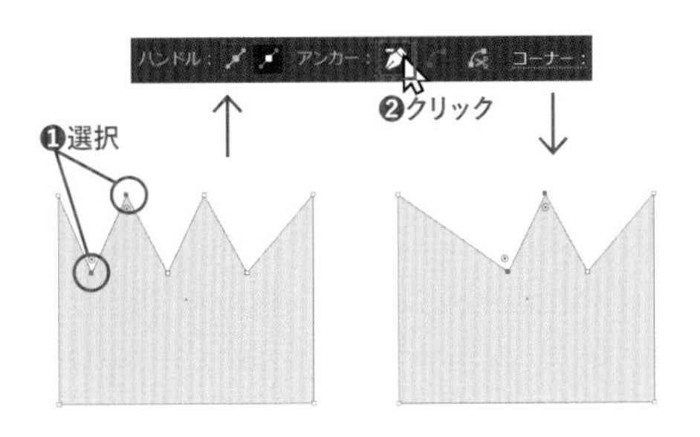

COLUMN

ペンツール で削除

オブジェクトを選択した状態で、ペンツール でアンカーポイントをクリックしても削除できます。

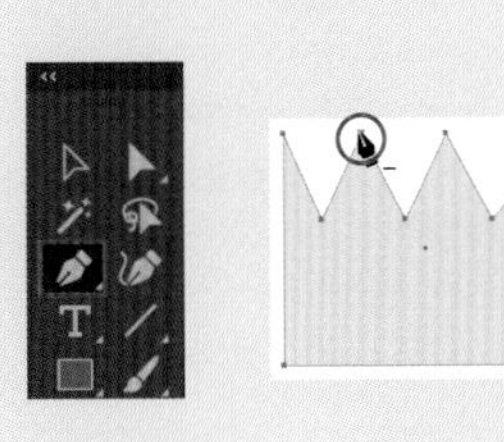

4 ダイレクト選択ツール で上のアンカーポイントをドラッグしてまとめて選択し❶、整列パネルで［選択範囲に整列］をクリックしてから❷、［水平方向等間隔に分布］をクリックすると❸、水平方向に等間隔に並びます。このように、アンカーポイントも整列や分布の対象となります。

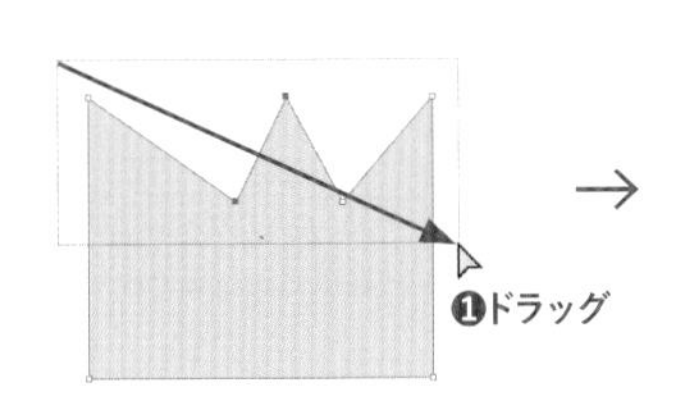

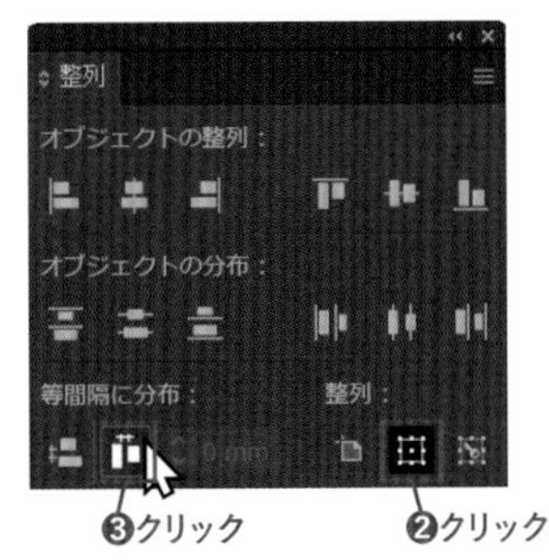

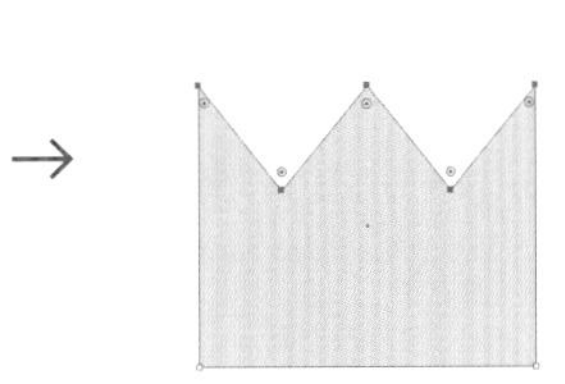

STEP 03 パスの切断と連結

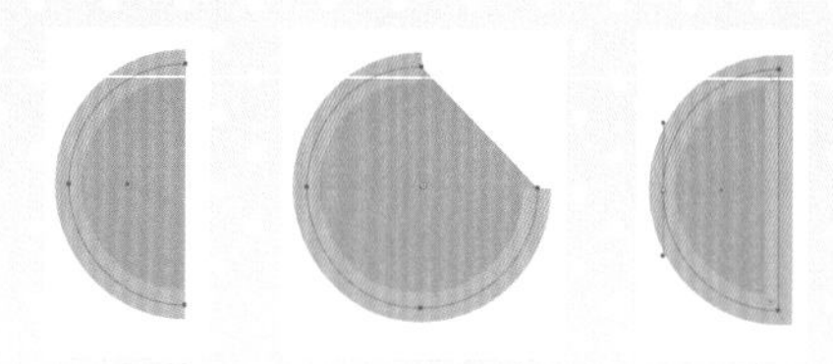

パスを切ったりつなげたりできると、作成できるアートワークの幅が広がってきます。

Lesson05 ▶ L5-3S03.ai

パスの一部を消去して切断

1 レッスンファイルを開きます。オブジェクトAを使います。ダイレクト選択ツールを選択します❶。オブジェクトの右側のアンカーポイントをドラッグして選択し❷、Deleteキーを押して消去します❸。

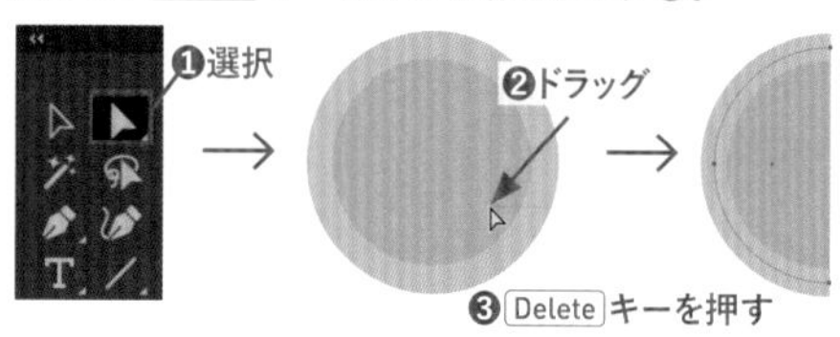

2 オブジェクトBを使います。ダイレクト選択ツールで右上の線の部分をドラッグしてセグメントを選択します❶。同じくDeleteキーを押して消去してみましょう❷。

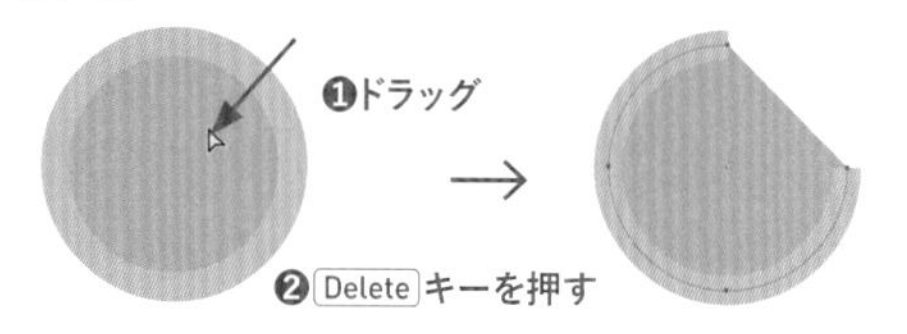

アンカーポイントで切断、アンカーポイントを連結

1 オブジェクトCを使います。ダイレクト選択ツールを選択し❶、オブジェクトの上下のアンカーポイントをドラッグして選択します❷。コントロールパネルまたはプロパティパネルの[選択したアンカーポイントでパスをカット]をクリックします❸。

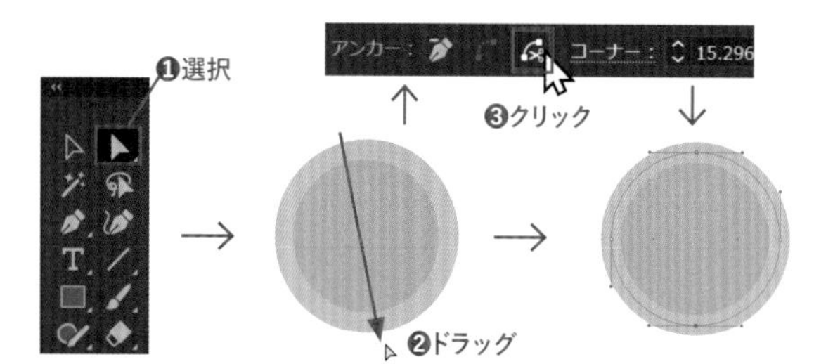

2 ダイレクト選択ツールで片側のオブジェクトをドラッグして移動すると❶、選択したアンカーポイントでオブジェクトが切断されていることがわかります。

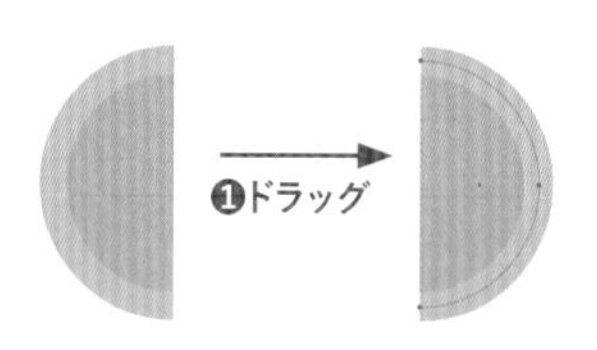

3 半分に切断した左側のオブジェクトを使います。ダイレクト選択ツールで、オープンパスの端点を両方とも選択します❶。コントロールパネルまたはプロパティパネルの[選択した終点を連結]をクリックします❷。選択した端点が連結されます。

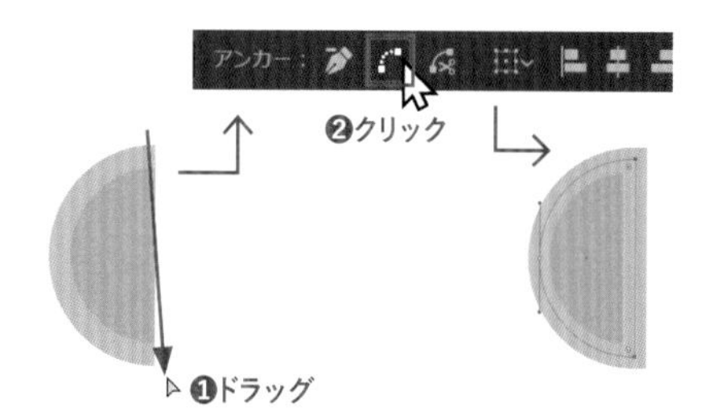

COLUMN

ペンツールで連結

オブジェクトを選択した状態で、ペンツールで端点を順にクリックしても連結できます。

STEP 04 連結ツールで連結する

BEFORE　AFTER

連結ツールを使うと、離れているふたつのアンカーポイントを自然な形状で連結できます。

Lesson05 ▶ L5-3S04.ai

重なったパスを削除して連結

レッスンファイルを開きます。連結ツールを選択します❶。オブジェクトAの線の重なって飛び出している部分をドラッグします❷。飛び出して不要な部分が削除され、オブジェクトが連結されます❸。

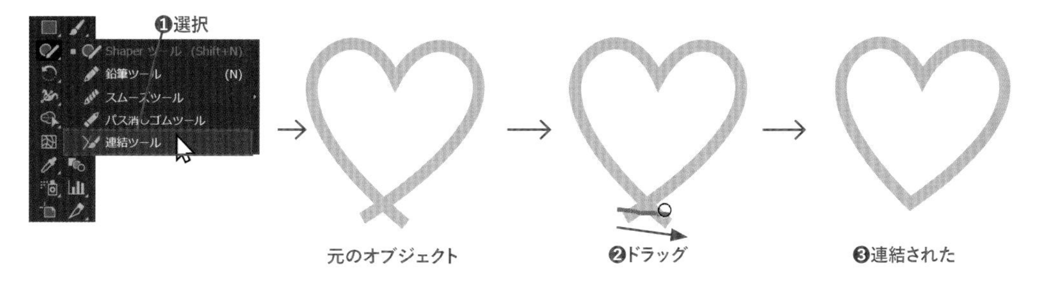

パスを伸ばして連結

1 オブジェクトBを使います。連結ツールが選択された状態で❶、連結したいパスを伸ばすようにドラッグします❷。短いパスが伸びた位置で長いパスは削除され、自然な形状を保持して連結します❸。

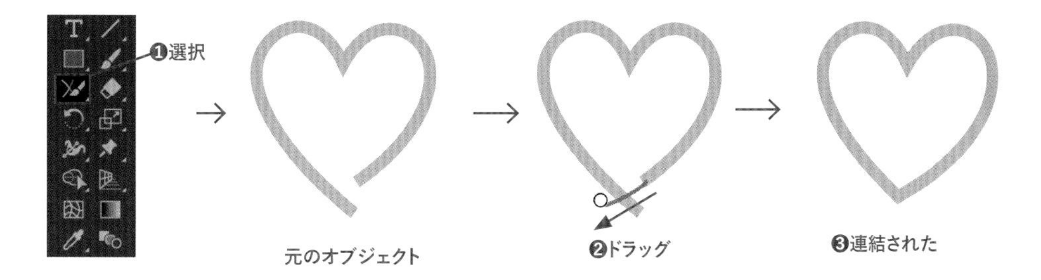

2 オブジェクトCを使います。連結ツールで、連結したいパスを伸ばすようにドラッグします❶。どちらのパスも伸びた位置で、自然な形状で連結します❷。

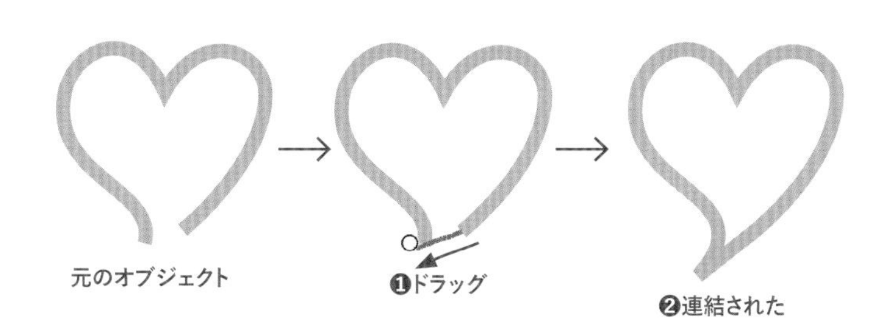

✔CHECK!

連結ツールで連結

連結ツールで連結したアンカーポイントは、常にコーナーポイントとなります。

STEP 05 方向線の操作

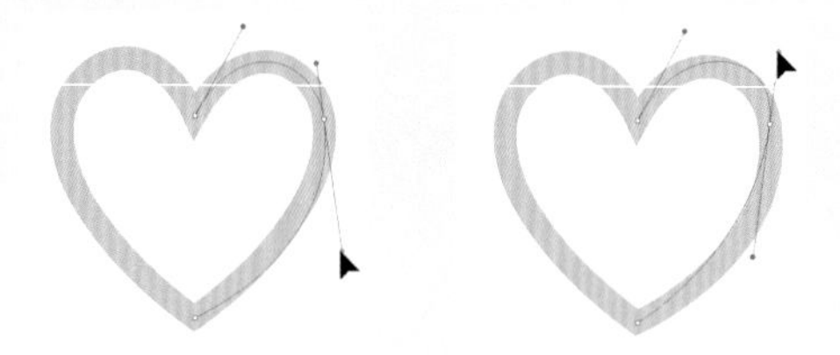

方向線を後から自由に操作できるようになると、最初にアートワークを粗く作成しておいて、後から微調整する方法がとれます。

Lesson 05 ▶ L5-3S05.ai

方向線を動かす

1 レッスンファイルを開き、オブジェクトAを使います。ダイレクト選択ツールで右上のスムーズポイントを選択します❶❷。方向線が表示されるのでそのハンドルをドラッグして長さを変えたり、角度を変えて変形してみましょう❸❹。アンカーポイントを動かしてみてもよいでしょう。

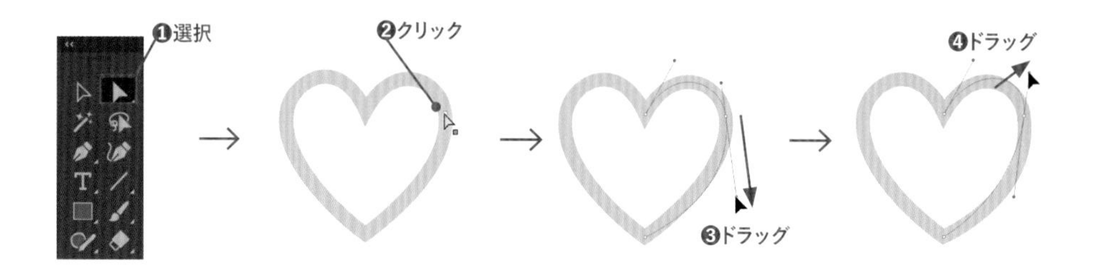

2 パスを直接ドラッグしても❶方向線が動いて変形できます。ただし、あまり微調整には向いていませんので注意しましょう。

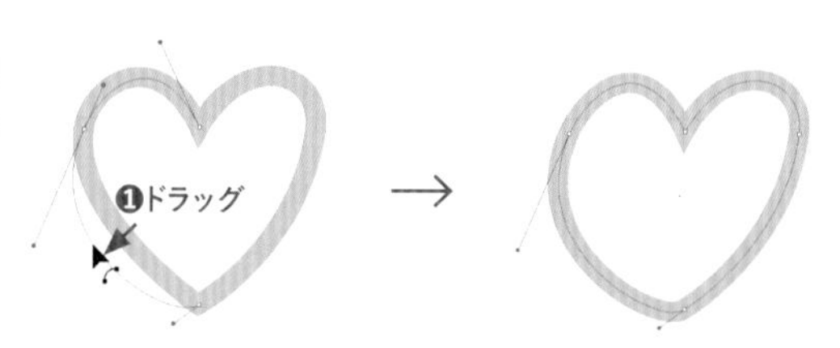

アンカーポイントの種類を切り替える

オブジェクトBを使います。ダイレクト選択ツールを選択します❶。オブジェクトの下のアンカーポイントをドラッグで囲んで選択し❷、コントロールパネルまはたプロパティパネルの［選択したアンカーをコーナーポイントに切り換え］をクリックします❸。スムーズポイントがコーナーポイントに変わります。そのままアンカーポイントが選択された状態で［選択したアンカーをスムーズポイントに切り換え］をクリックすると❹、スムーズポイントに変わり方向線が出ます。

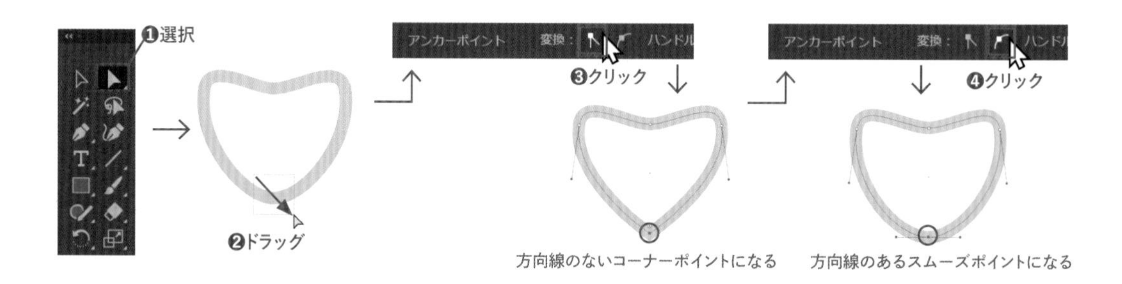

CHECK!

ほかのツールでの、アンカーポイントの種類の切り替え

アンカーポイントツール で、アンカーポイントをクリックしても種類を切り替えられます。
曲線ツール でダブルクリックしても切り替えられますが、隣のパスの形状も変わるので注意が必要です。

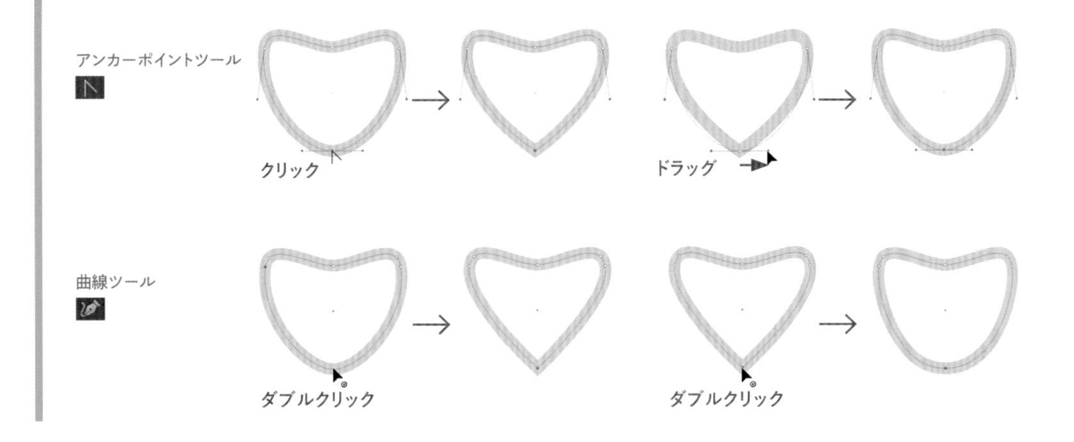

アンカーポイントツールで方向線を操作

オブジェクトCを使います。ダイレクト選択ツール でオブジェクトの上中央のアンカーポイントをクリックして選択します❶。ツールバーでアンカーポイントツール を選択します❷。右側の方向線のハンドルをドラッグしてカーブを調節します❸。アンカーポイントツール では、連動する方向線を切り離し、片側の方向線のみを調節できます。連動していないことを確認するためにダイレクト選択ツール で操作しましょう。ダイレクト選択ツール を選択して❹アンカーポイントを選択し❺、ダイレクト選択ツール のまま反対側の方向線をドラッグします❻。このように方向線を別々に操作できます。

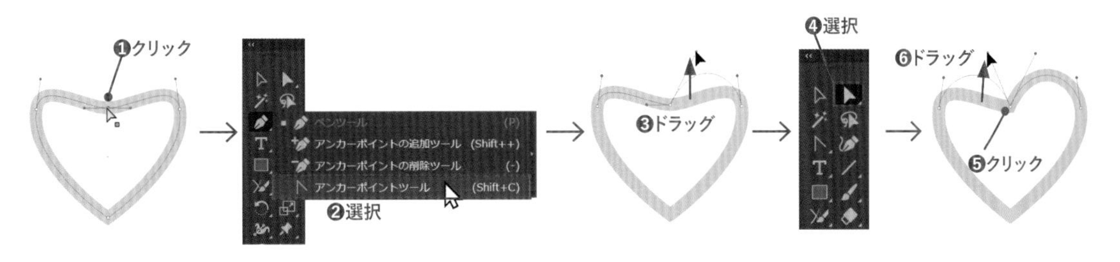

COLUMN

連動する方向線に戻す

アンカーポイントツール で、連動してない方向線のハンドルをAlt（option）キーを押しながらクリックすると、連動する方向線に変換できます。

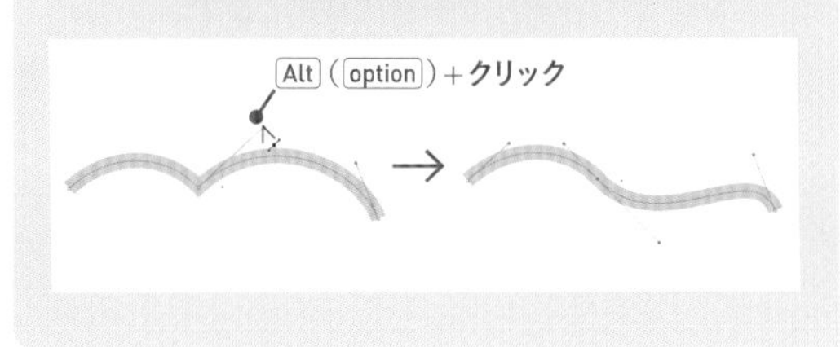

COLUMN

アンカーポイントツール で直線を曲線にする

アンカーポイントツール で、パスの直線部分をドラッグすると曲線に変更できます。ペンツール 使用時に、Alt（option）キーを押すと一時的にアンカーポイントツール にできるので覚えておきましょう。

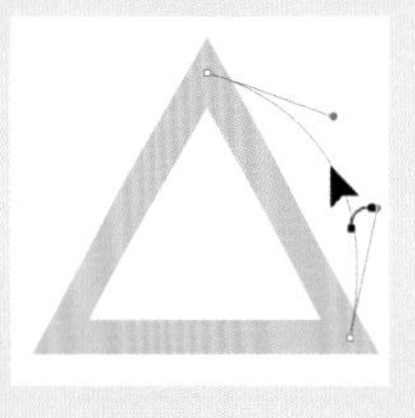

Lesson 05　# 練習問題

オブジェクトの花びらを拡大しましょう。

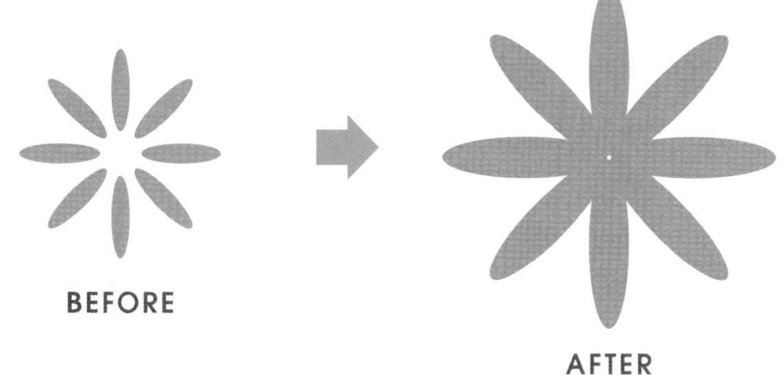

❶選択ツール で、花びらのオブジェクトを全部選択します。
❷［オブジェクト］メニュー→［変形］→［個別に変形］を選択し、基準点を中心に設定してから、［拡大・縮小］の［水平方向］［垂直方向］ともに「150%」、それ以外の項目は「0」に設定して拡大します。

長方形の上辺にアンカーポイントを追加して、王冠の形状に変形しましょう。

BEFORE

AFTER

❶選択ツール で、オブジェクトを選択します。
❷ペンツール で長方形の上の辺を3か所クリックしてアンカーポイントを追加します。
❸ダイレクト選択ツール で、Shiftキーを押しながらひとつおきに上の辺のアンカーポイントを選択します。
❹Shiftキーを押しながら選択したアンカーポイントをドラッグして垂直に移動します。
❺ダイレクト選択ツール で、上の辺のアンカーポイントをすべて選択し、整列パネルで［選択範囲に整列］を選択してから［水平方向等間隔に分布］をクリックします。

Lesson 06

オブジェクトの編集

オブジェクトを編集するには、レイヤーを使って管理したり、グループにして複数のオブジェクトをひとつのものとして扱えるようにする必要があります。オブジェクトを効率的に編集するための機能やその使い方を覚えましょう。

6-1 レイヤーを使う

Illustratorでは、オブジェクトを組み合わせてアートワークを制作していきます。レイヤーを使うと、いくつかのオブジェクトをレイヤーとして管理したり、レイヤーごと非表示にしたりと、作業が効率的になります。よく使う機能なので、操作方法をしっかり学んでおきましょう。

レイヤーとは

作業台の上に透明なフィルムが数枚乗っていて、それぞれのフィルムの上にオブジェクトが描いてある、とイメージしてみてください。「レイヤー」はそういうイメージで扱えるように作られたインターフェイスです。
レイヤーひとつが透明なフィルム1枚に相当し、重ねる順番を変えたり、編集できないようにロックするなど、さまざまな機能があります。新規ファイルを作成すると、自動的に「レイヤー1」が作成されます。特に意識しなくとも、常にひとつはレイヤーを使っている状態です。

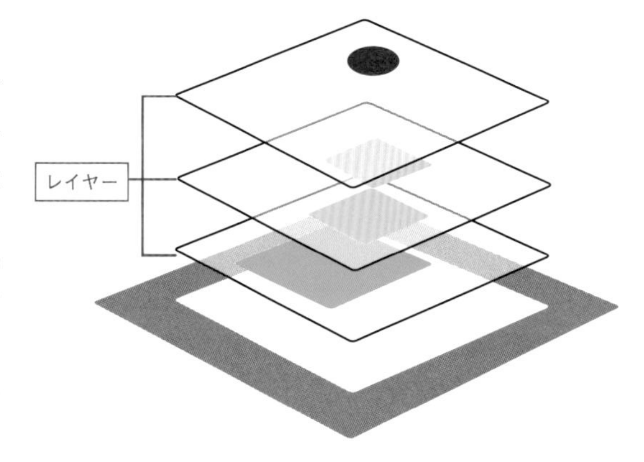

レイヤーパネル

レイヤーの操作はレイヤーパネルで行います。よく使われる部分をざっと確認しておきましょう。下の図は、3つのレイヤーがあり、「レイヤー2」が選択されている状態のものです。
パネル上部には、検索ボックスが表示され、指定した名称のレイヤーやオブジェクトだけを表示できます。また、フィルターを使うと、指定した種別のオブジェクトだけを表示できます。

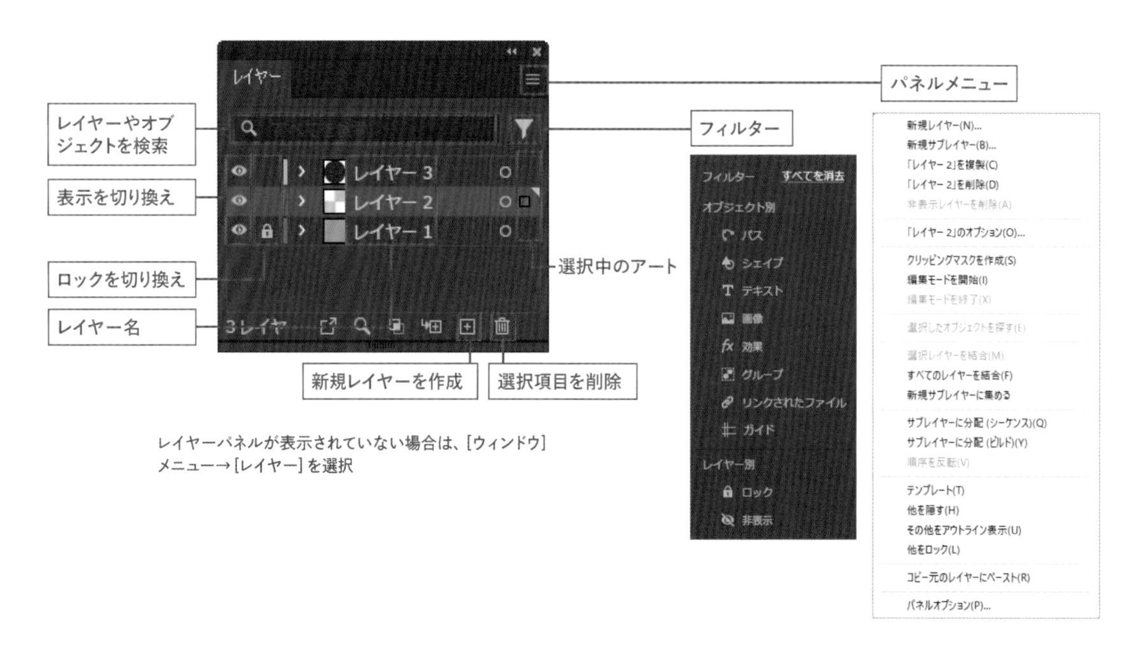

レイヤーパネルが表示されていない場合は、[ウィンドウ]メニュー→[レイヤー]を選択

レイヤーの選択と名称変更

レイヤーを選択するときには、赤線で囲まれた部分（レイヤー名）をクリックします。選択したレイヤーは表示色が変わります。また、レイヤー名の部分をダブルクリックすると名前を編集できます。

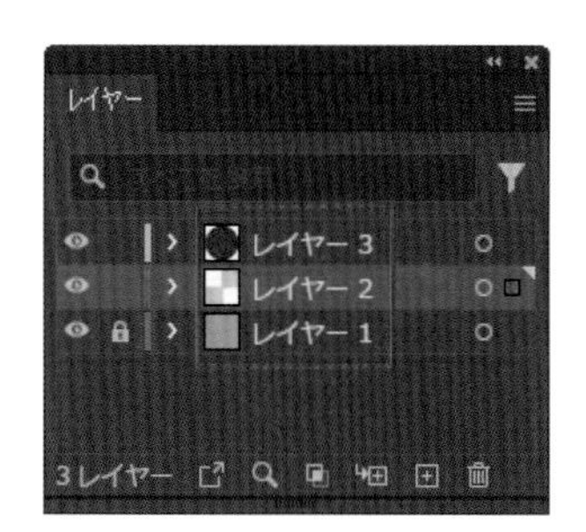

レイヤーは、レイヤー名をクリックして選択する

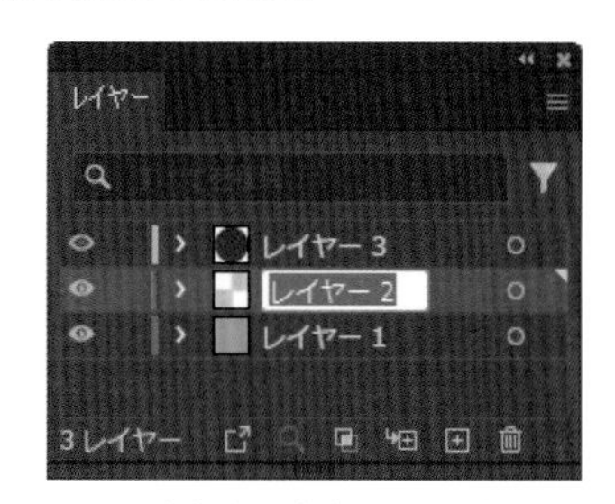

レイヤー名部分をダブルクリックすると名称を変更できる

レイヤーオプション

レイヤー名の名前以外の部分をダブルクリックすると、[レイヤーオプション]ダイアログボックスが表示され、レイヤーの名前やレイヤーカラーを設定できます。

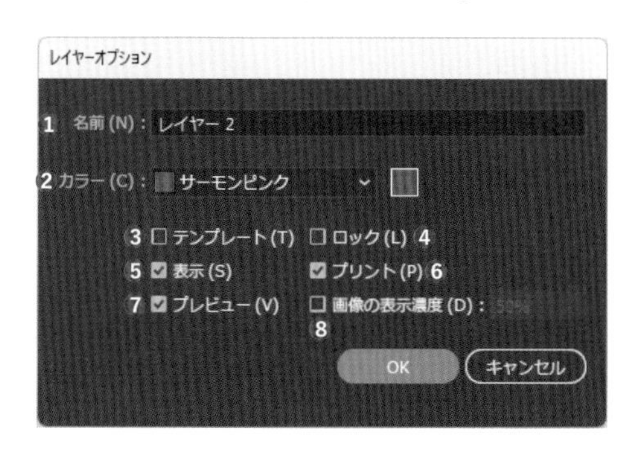

❶レイヤーの名称
❷レイヤーのカラー。レイヤーに属するオブジェクトの選択時のカラーとなる
❸テンプレートレイヤーとするにはチェック。トレースする際の下絵用のレイヤーとして利用する
❹レイヤーのロック／ロック解除を設定できる
❺レイヤーの表示／非表示を設定できる
❻チェックをはずすと、レイヤーに属するオブジェクトはプリントされない
❼チェックをはずすと、レイヤーに属するオブジェクトがアウトライン表示になる
❽配置した画像の表示濃度（不透明度）を設定する

レイヤーの展開とオブジェクトの選択

レイヤー名の左側に表示された[>]をクリックすると[∨]となり、レイヤー内に配置されているオブジェクトがすべてリスト表示されます。オブジェクトの名称も、レイヤーと同様に変更できます。
選択ツール などでオブジェクトを選択すると、オブジェクトは属しているレイヤーのレイヤーカラーでパスやバウンディングボックスが表示されます。また、レイヤーパネルの右端に小さな■がレイヤーカラーで表示されます。
レイヤーパネルでオブジェクトを選択することもできます。右端の空欄部分（選択したときにレイヤーカラーの■が表示される部分）をクリックすれば、そのオブジェクトを選択できます。この選択方法は、重なり合っているオブジェクトの数が多くて選択ツール では選択できないときに便利です。
レイヤーと同様に、ドラッグしてレイヤー間を移動したり、前後関係を変更することも可能です。

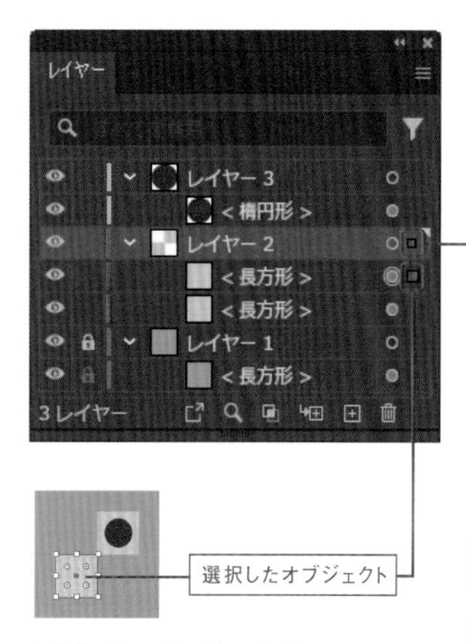

オブジェクトのバウンディングボックスやパスは、レイヤーカラーで表示される

オブジェクトのあるレイヤーにも■がレイヤーカラーで表示される。レイヤー内のオブジェクトがすべて選択されると、■の表示サイズが大きくなる

STEP 01 レイヤーの作成と削除

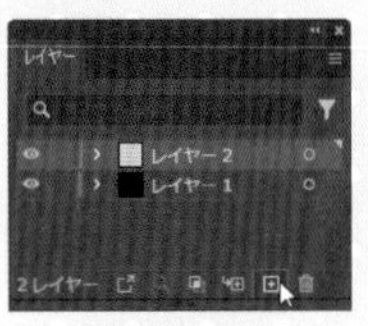

BEFORE

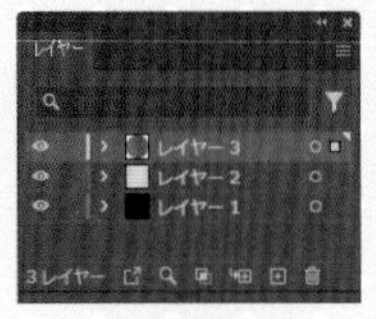

AFTER

レイヤーの作成と削除は、アートワーク制作において、オブジェクトを管理しながら進めて行くのに重要な機能です。しっかり基礎を学びましょう。

Lesson06 ▶ L6-1S01.ai

レイヤーの作成

1 レッスンファイルを開きます。レイヤーパネルで「レイヤー 2」を選択し❶、「新規レイヤーを作成」をクリックします❷。「レイヤー 3」が作成されます❸。

2 新しいレイヤーが選択されている状態で、適当な図形(作例では円)を描きます❶。オブジェクトのパスやバウンディングボックスの色は、レイヤーカラーとなります。レイヤーパネルには、図形のサムネールが表示されます❷。

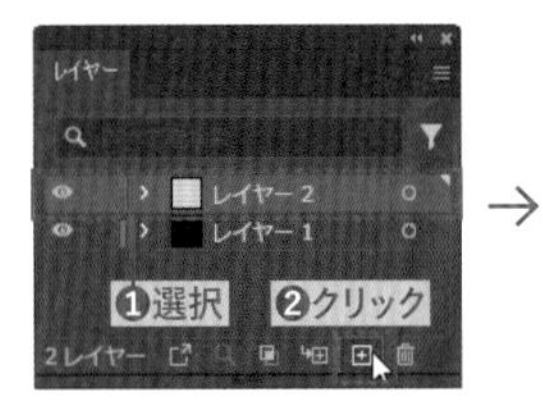

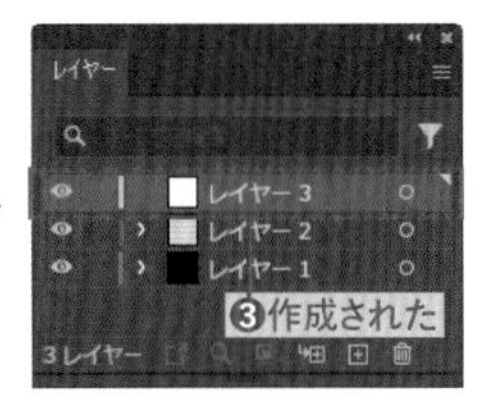

選択していたレイヤーの上に新規レイヤーが作成される

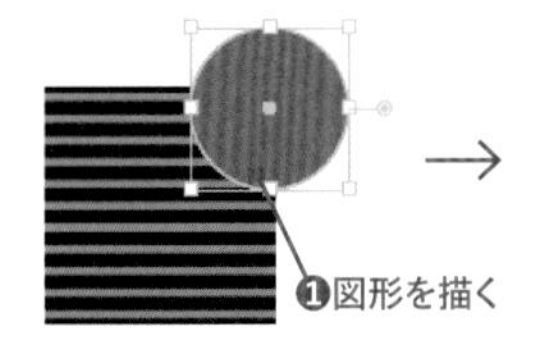

図形のパスやバウンディングボックスの色はレイヤーカラーになる

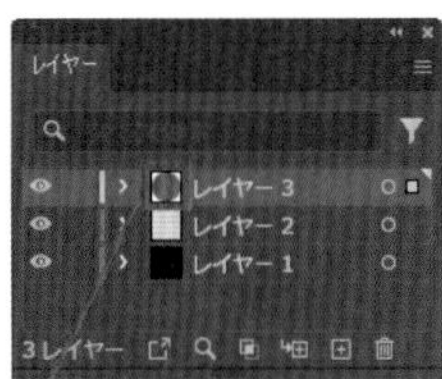

レイヤーの削除

1 レイヤーパネルで「レイヤー 1」を選択し❶、[選択項目を削除]をクリックします❷。警告ダイアログボックスが表示されるので[はい]をクリックします❸。

2 レイヤーが削除され、レイヤーにあったオブジェクトは、レイヤーと一緒に削除されます。

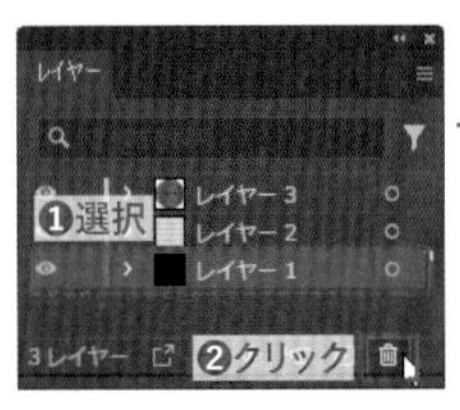

削除するレイヤーにオブジェクトがあると、警告ダイアログボックスが表示される

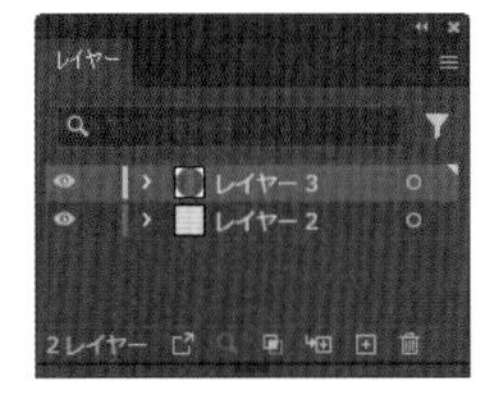

レイヤー名の変更とカラーの変更

レイヤーパネルで「レイヤー 3」の文字の上をダブルクリックします❶。名称の変更ができるので任意の名称(作例では「円」)と入力して Enter (return)キーを押します。同様に「レイヤー 2」を[線]に変更します❷。「円」レイヤーの文字がない部分をダブルクリックして❸、[レイヤーオプション]ダイアログボックスを表示し❹、カラーを別の色に変えてみます❺。[OK]をクリックすると❻、レイヤーカラーが変わり、レイヤー内の図形を選択したときの色が変わります❼。

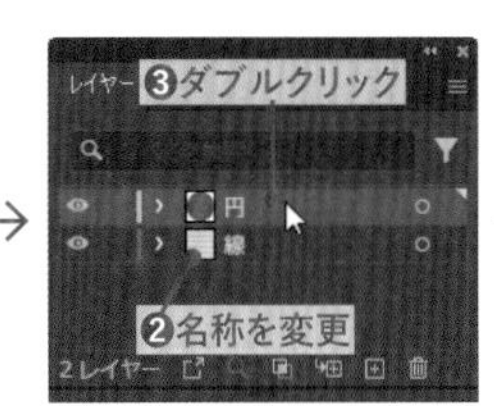

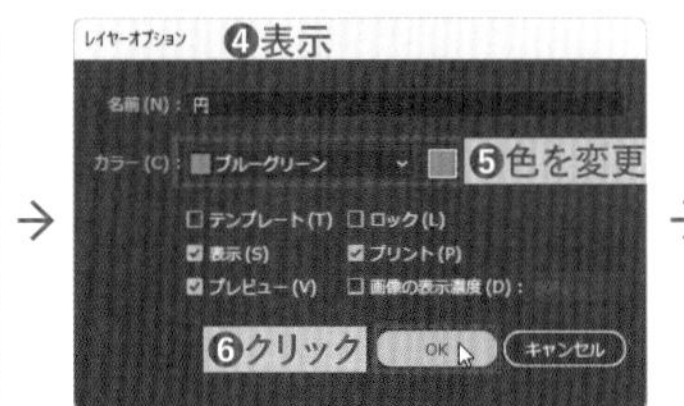

STEP 02 レイヤーの表示とロック

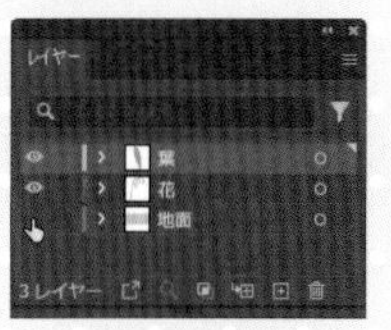

レイヤーのロック、表示の切り替えを上手に使うと、不要なオブジェクトを選択せずに作業を進めることができます。

Lesson06 ▶ L6-1S02.ai

表示のオン／オフ

1 レッスンファイルを開きます。レイヤーパネルで「地面」レイヤーの 👁 アイコンをクリックして、表示をオフにします❶。レイヤーにあるオブジェクトも非表示になります。

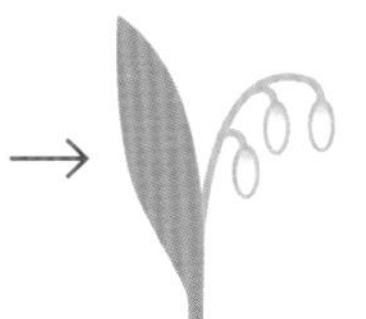

2 再びクリックして表示をオンにします❶。再度、オブジェクトが表示されました。ほかのレイヤーでも順に試してみましょう。

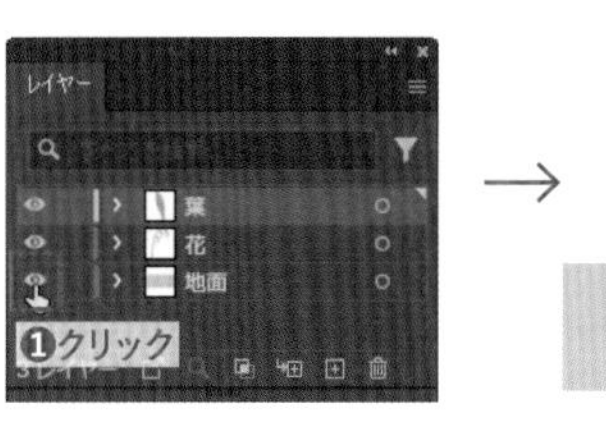

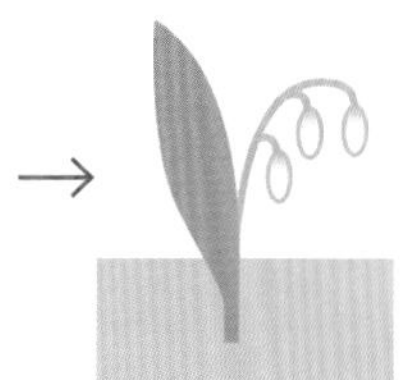

3 Alt（option）キーを押しながら表示アイコンをクリックすると❶、クリックしたレイヤー以外のレイヤーの表示をすべてオン／オフできます。

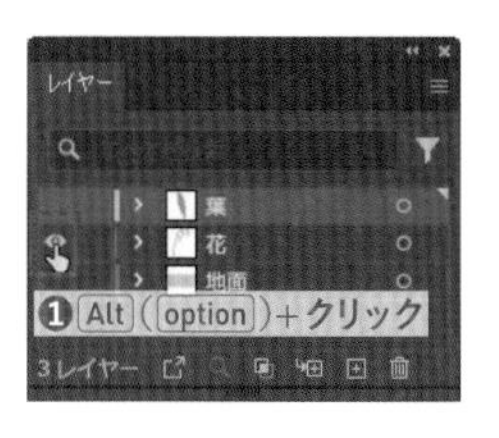

4 Ctrl（command）キーを押しながら表示アイコンをクリックすると❶、クリックしたレイヤーのオブジェクトの表示モードのプレビューとアウトラインを切り替えられます。

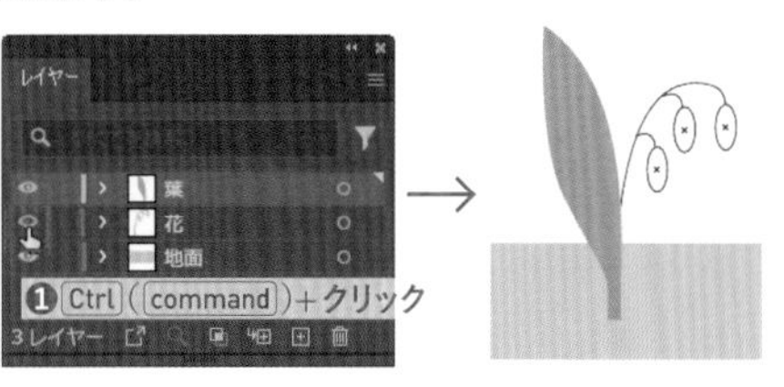

アウトラインモードは、パスだけが表示されるので、パスを微調整したい場合に便利

ロックとアンロック

1 「地面」レイヤーの［ロックを切り換え］をクリックして鍵のアイコン 🔒 を表示させます❶。これでオブジェクトを選択できないロックの状態になります。

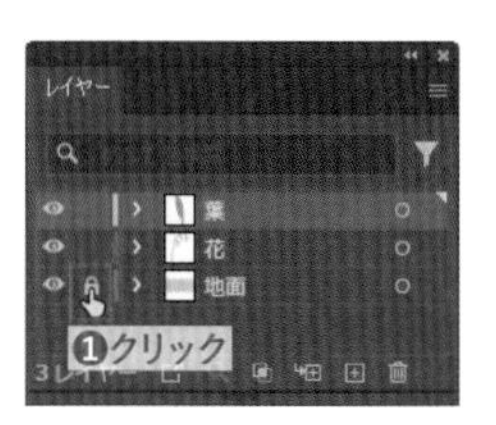

2 選択ツール ▶ で全体を選択して❶、ドラッグして移動します❷。「地面」レイヤーのオブジェクトは選択されず、移動しないことを確認します。🔒 をクリックするとロックは解除されます。

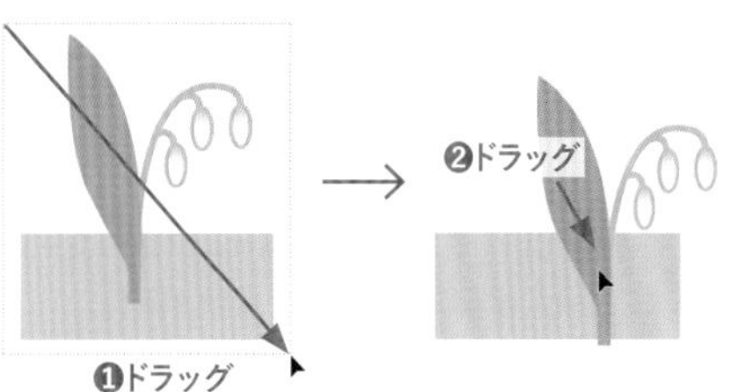

STEP 03 レイヤーの移動と結合

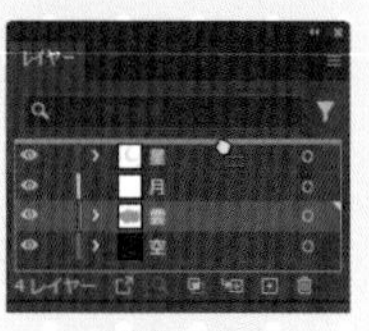

BEFORE

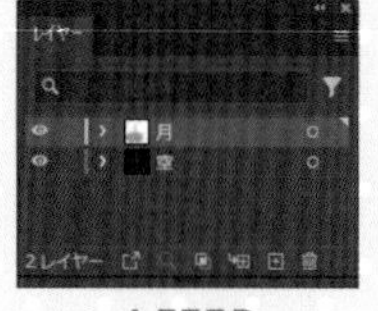

AFTER

レイヤーでオブジェクトを分けて制作しておけば、後からレイヤーごとに重ね順を変更できます。オブジェクトのレイヤー間の移動も行えます。

レイヤーの順番を入れ替える

1 レッスンファイルを開きます。レイヤーパネルで「雲」レイヤーを選択します❶。雲は月の背面にあります。

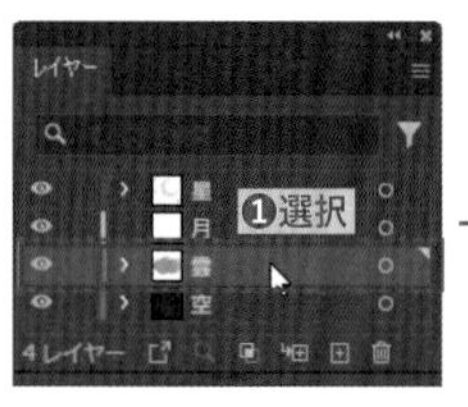

2 「雲」レイヤーをドラッグして「星」レイヤーの上に移動させます❶。雲が星や月よりも前面に移動します。

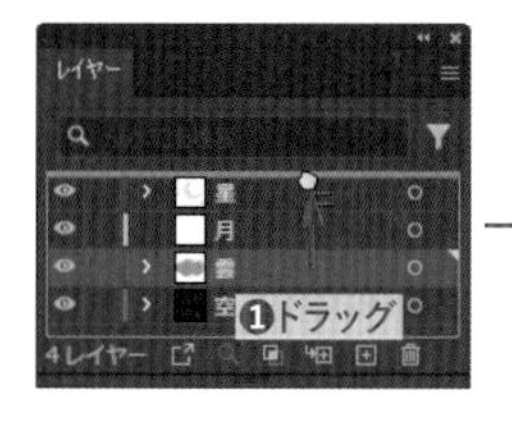

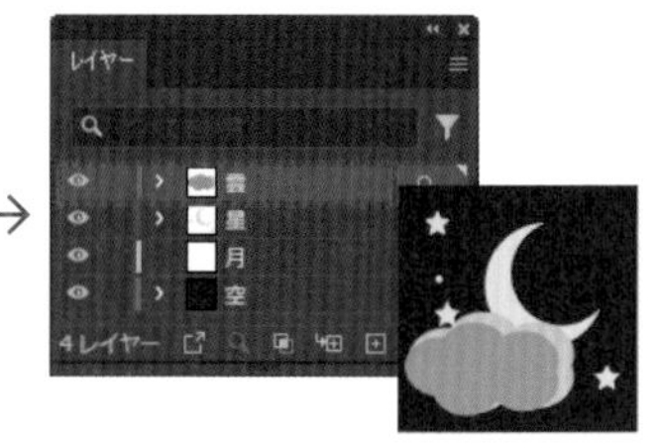

オブジェクトを別のレイヤーに移動

1 選択ツール で月のオブジェクトを選択します❶。「星」レイヤーの右端にレイヤーカラーの■が表示され、月のオブジェクトは「星」レイヤーにあることがわかります❷。

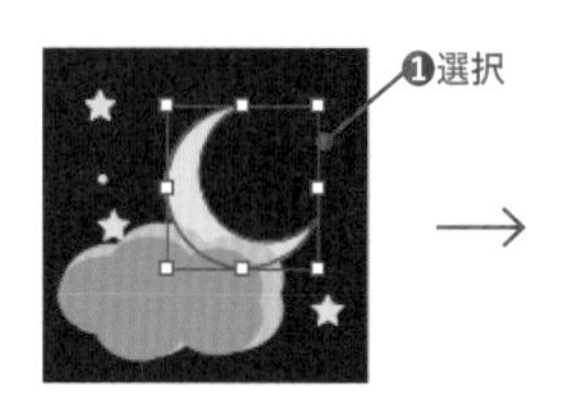

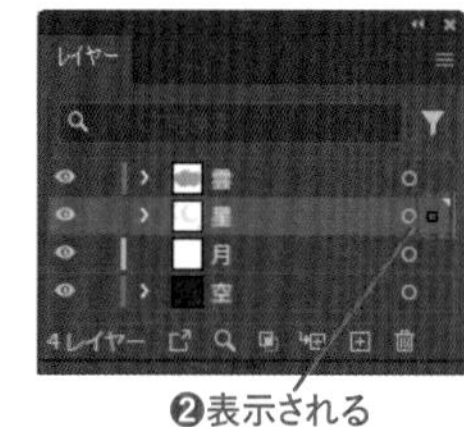

2 「星」レイヤーの[選択中のアート]の■をドラッグして、「月」のレイヤーに重ねてマウスボタンを放します❶。選択したオブジェクトが「月」レイヤーに移動します❷。

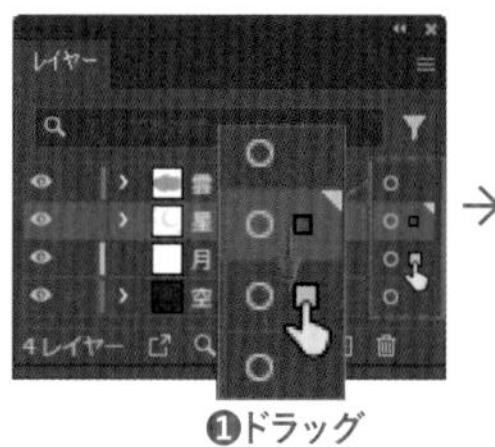

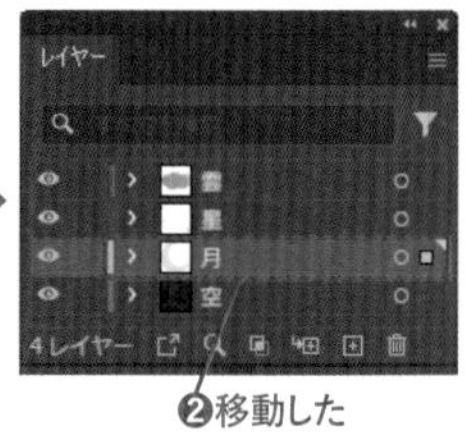

レイヤーの結合

レイヤーパネルで「雲」レイヤーをクリックして選択し❶、続けて「星」、「月」のレイヤーをCtrl（command）キーを押しながらクリックして追加選択します❷。パネル右上の をクリックしてパネルメニューを表示し❸、[選択レイヤーを結合]を選択します❹。選択したレイヤーは、最後に選択したレイヤーに結合されます❺。

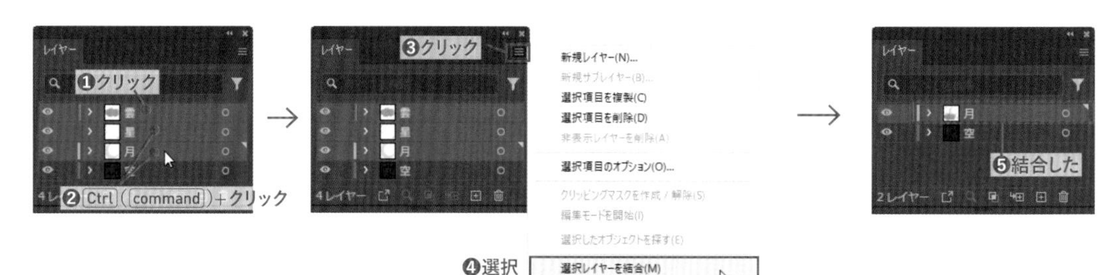

STEP 04 レイヤーのコピー

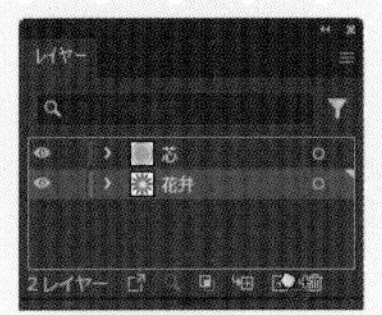
BEFORE

AFTER

レイヤーをコピーすると、オブジェクトも同時にコピーできます。似ているオブジェクトを作成したり、図案の派生系を作成するときに便利です。

Lesson06 ▶ L6-1S04.ai

1 レッスンファイルを開きます。レイヤーパネルで「花弁」レイヤーを［新規レイヤーを作成］までドラッグします❶。「花弁」レイヤーのオブジェクトをコピーした状態の「花弁のコピー」レイヤーが作成されます❷。

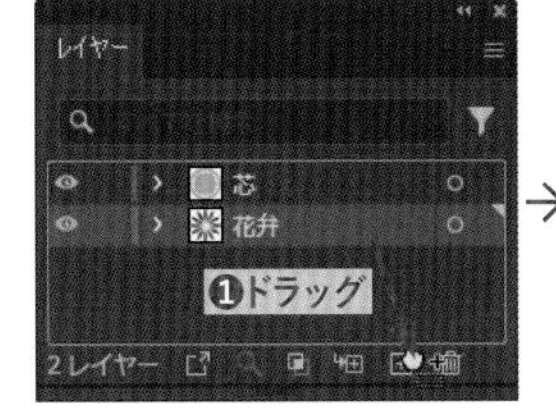

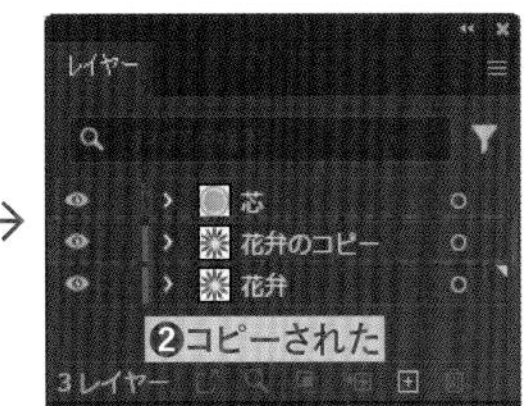

2 「花弁」レイヤーの右端をクリックします。「花弁」レイヤー内のすべてのオブジェクトが選択されます❶。

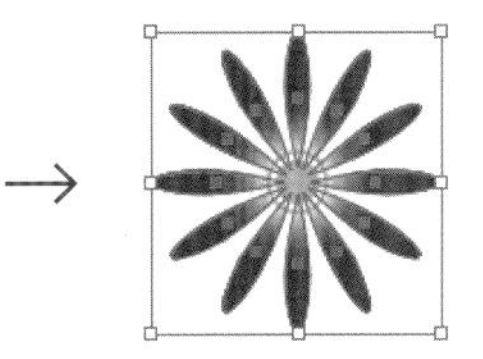

3 選択ツール を選択し、バウンディングボックスをドラッグして回転させます❶。レイヤーごとコピーしたので、コピーしたレイヤーのオブジェクトと完全に重なっていたことがわかります。

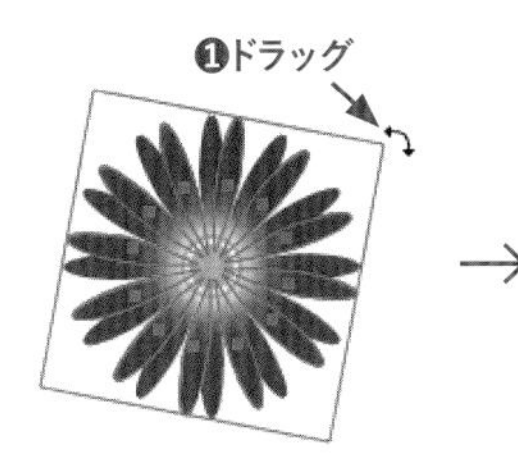

COLUMN

レイヤーを展開して オブジェクトの移動、コピー

レイヤーパネルでは、レイヤーを展開表示してレイヤー内のオブジェクトを表示できます。レイヤー内のオブジェクトも、レイヤーと同様にドラッグしてほかのレイヤーに移動することができます。
また、移動するときにAlt（option）キーを押しながらドラッグすると、移動先にオブジェクトをコピーできます。レイヤーもAlt（option）キーを押しながらのドラッグでコピーできます。

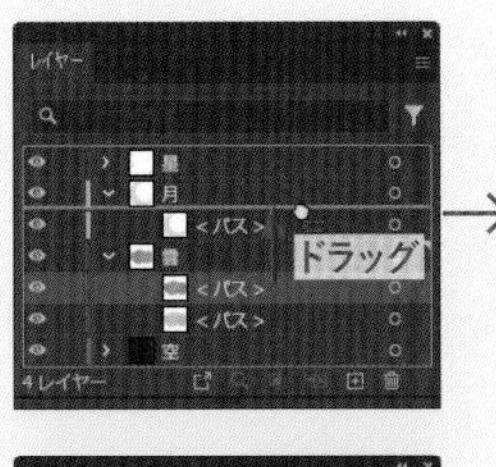

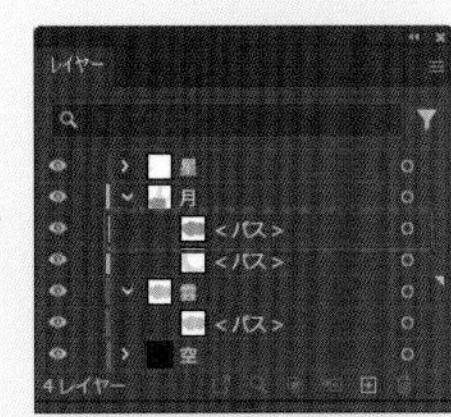

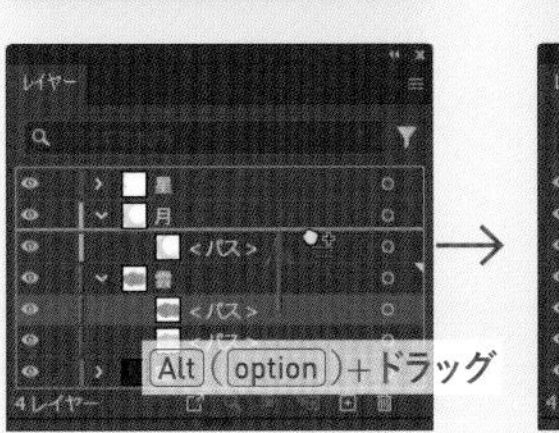

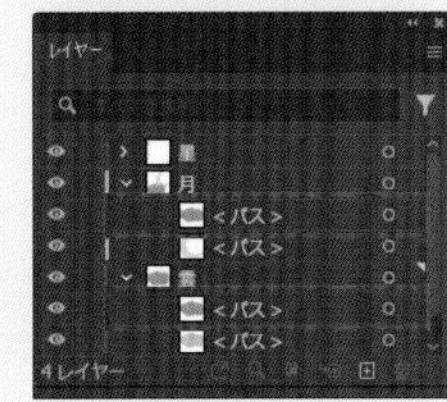

6-2 オブジェクトを複製する

Illustratorでのアートワーク制作では、オブジェクトの複製（コピー）は欠かせない作業となります。単純な同じオブジェクトの複製だけでなく、元図形を変形しながらの複製もできます。また、いわゆるコピペ以外に、ドラッグ操作でもコピーできます。しっかり覚えておきましょう。

STEP 01 コピーとペーストで複製する

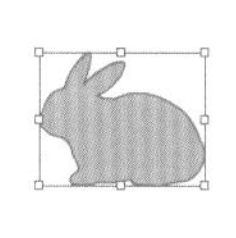

BEFORE

AFTER

パソコンの基本操作であるコピーとペーストでオブジェクトを複製できます。また、コピーしたオブジェクトを特定の位置にペーストすることもできます。

Lesson06 ▶ L6-2S01.ai

1 レッスンファイルを開きます。選択ツール▶でオブジェクトを選択し❶、Ctrl（command）キーを押しながらCキーを押します❷。これは［編集］メニュー→［コピー］のショートカットです。よく使うので覚えておきましょう。

2 Ctrl（command）キーを押しながらVキーを押してペーストします❶。これは［編集］メニュー→［ペースト］のショートカットです。アートボードには関係なく、画面の中央にペーストされます❷。

3 コピー元のオブジェクトをドラッグして、少し離れた場所に移動します❶。［編集］メニュー→［同じ位置にペースト］を選択します❷。手順1でコピーした位置と同じ位置にペーストされます❸。

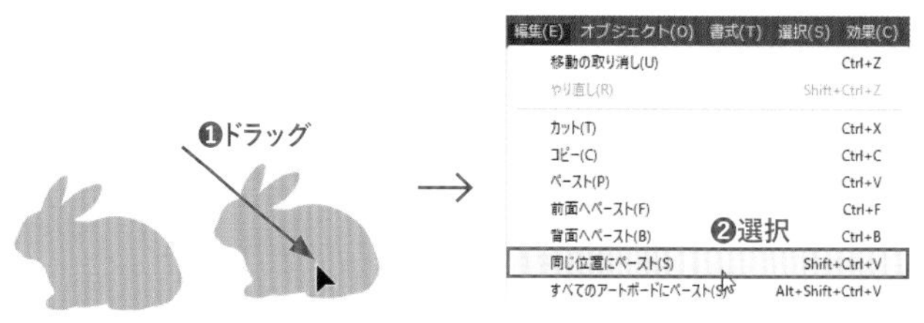

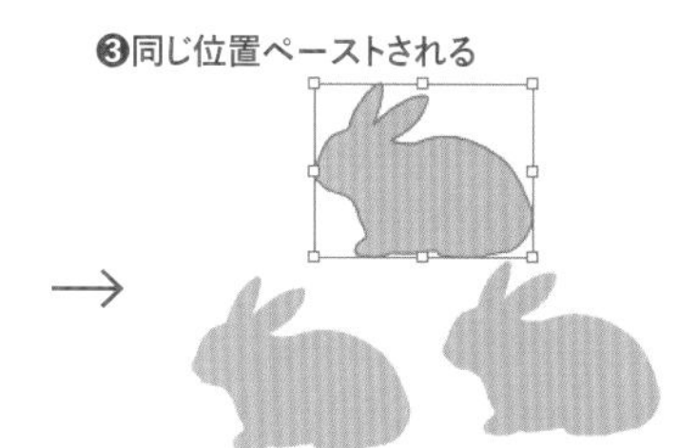

COLUMN

そのほかのペースト

［前面へペースト］（または［背面へペースト］）は、コピーしたオブジェクトと同じ位置で、前面（または背面）へペーストします。［すべてのアートボードにペースト］は、複数のアートボードがあるときに、すべてのアートボードに対しコピーした位置と同じ位置にペーストします。

STEP 02 変形しながら複製する

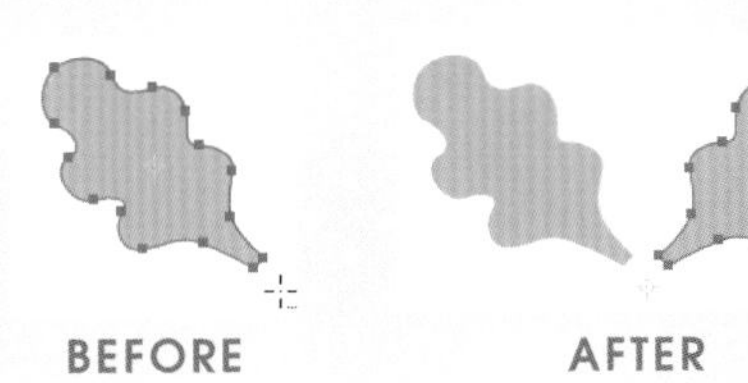

アートワークの制作では、変形した結果のコピーが欲しいことがよくあります。ドラッグによる変形コピーや、ツールオプションダイアログボックスでの数値指定でのコピーが利用できます。

 Lesson06 ▶ L6-2S02.ai

ドラッグしながらコピー

レッスンファイルを開きます。選択ツール でオブジェクト を選択し、Alt (option) キーを押しながらマウスをドラッグします❶。カーソルが の状態でマウスボタンを放すと移動先にコピーされます❷。

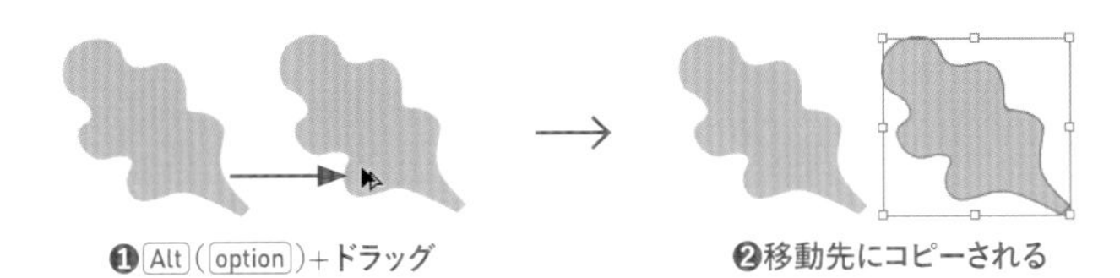

COLUMN

ほかの変形ツールでもOK

Alt (option) キーを押しながらのドラッグでのコピーは、回転ツール などのほかの変形ツールでも利用できます。試してみてください。

ツールオプションダイアログボックスでコピー

選択ツール でオブジェクト を選択します❶。ツールバーでリフレクトツール を選択し❷、Alt (option) キーを押しながら基準点をクリックします❸。[リフレクト] ダイアログボックスが表示されるので、[リフレクトの軸] を「垂直」に設定し❹、[コピー] をクリックします❺。基準点を通る垂直軸に対して反転したオブジェクトがコピーされます❻。ツールオプションダイアログボックスの [コピー] ボタンは、回転ツール などのほかのツールでも利用できます。

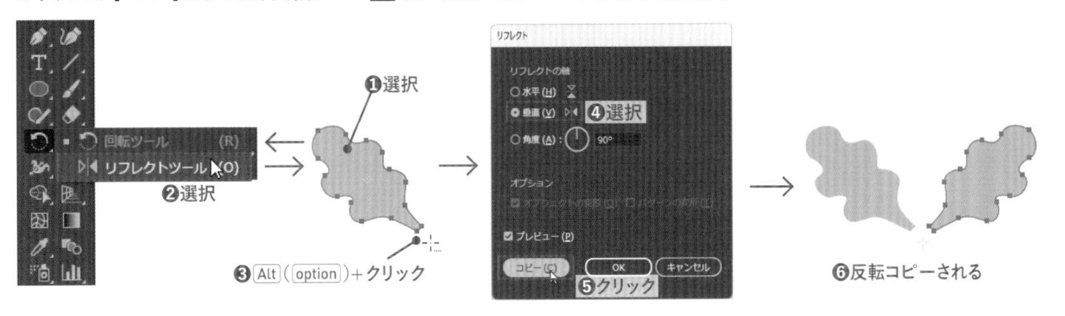

変形+コピーを繰り返す

選択ツール でオブジェクト を選択します❶。回転ツール を選択し❷、Alt (option) キーを押しながらオブジェクトの下を基準点としてクリックします❸。表示された [回転] ダイアログボックスで [角度] を「40°」に設定し❹、[コピー] をクリックします❺。回転コピーができたら、[オブジェクト] メニュー→ [変形] → [変形の繰り返し] のショートカットキー Ctrl (command) + D キーを数回押して、円形状にコピーします❻。[変形の繰り返し] は、直前に行った変形を繰り返す機能です。ショートカットキーを覚えておくと大変便利です。

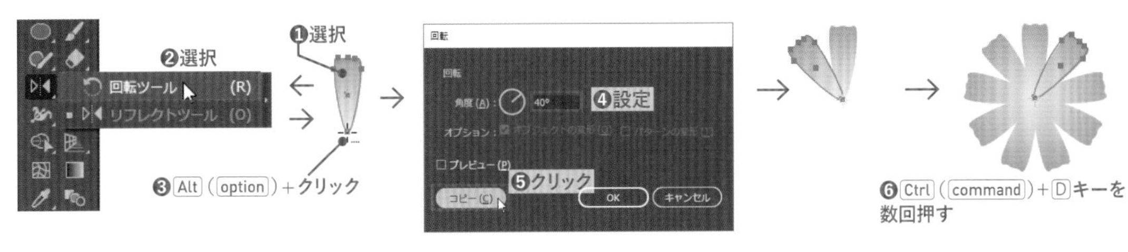

6-3 きれいに整列させる

複数のオブジェクトを上下で揃えたり、均等に並べる作業は、整列パネルやガイドを使うと簡単で正確に行えます。見た目で揃えるよりも、正確に揃えることができるので、使いこなしてください。オブジェクトだけでなく、アンカーポイントも揃える対象です。

STEP 01 整列パネルできれいに揃える

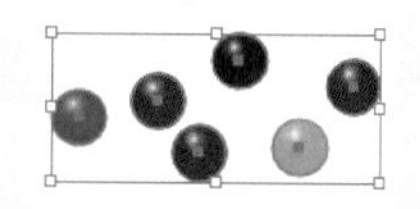
BEFORE

AFTER

整列パネルは、オブジェクトやアンカーポイントをきれいに揃えたり、等間隔に並べるのに使用します。基準の設定によって揃う位置が変わるので、用途に応じて使い分けましょう。

Lesson06 ▶ L6-3S01.ai

選択範囲に整列

1 レッスンファイルを開きます。選択ツールを選択し❶、オブジェクトAをドラッグしてまとめて選択します❷。

❶選択

❷ドラッグ

2 整列パネル右下の[整列]で[選択範囲に整列]を選択します❶。次に[垂直方向中央に整列]をクリックすると❷、選択したオブジェクトの垂直方向に中央で整列します❸。

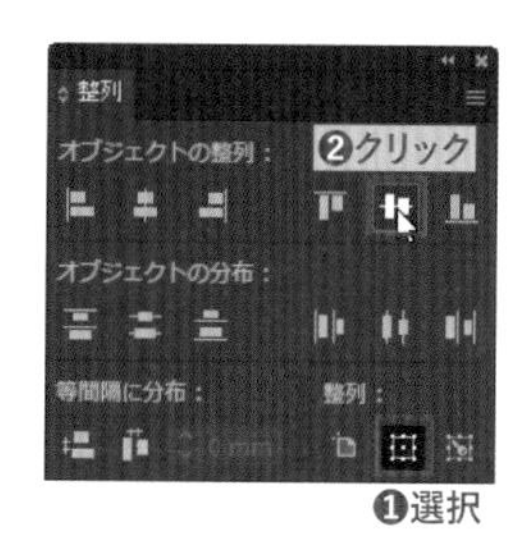

キーオブジェクトに整列

選択ツールで、オブジェクトBをまとめて選択します❶。基準にする任意のオブジェクトをもう一度クリックし❷、輪郭線の表示が太く変わることを確認します。整列パネルで[整列]が[キーオブジェクトに整列]になったことを確認し❸、[垂直方向上に整列]をクリックして❹、選択したオブジェクトの垂直方向上で整列させます。続けて[水平方向等間隔に分布]をクリックすると❺、水平方向に等間隔に並びます。

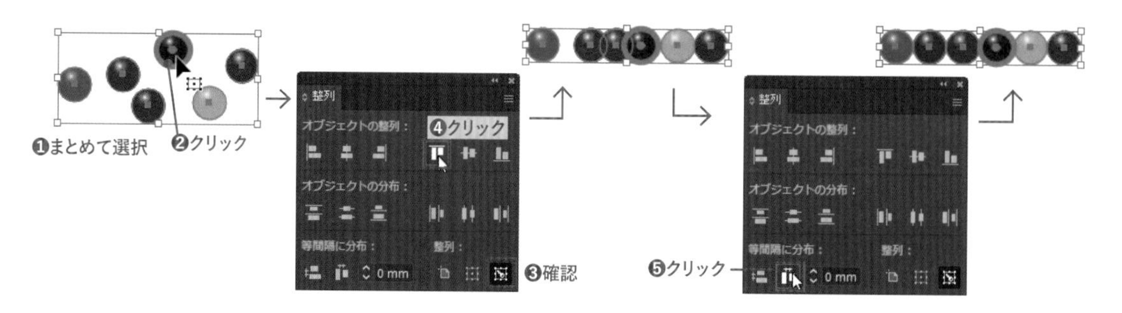

アートボードに整列

選択ツール▶で、オブジェクトⒸをまとめて選択します❶。整列パネル右下の［整列］で［アートボードに整列］を選択し❷、［水平方向右に整列］をクリックします❸。水平方向にオブジェクトが移動し、アートボードの右端にオブジェクトの右側が揃うように整列します❹。

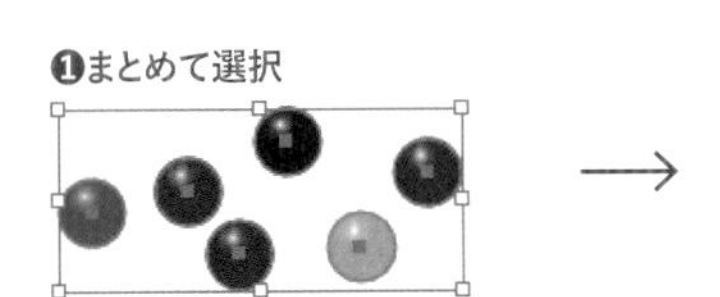

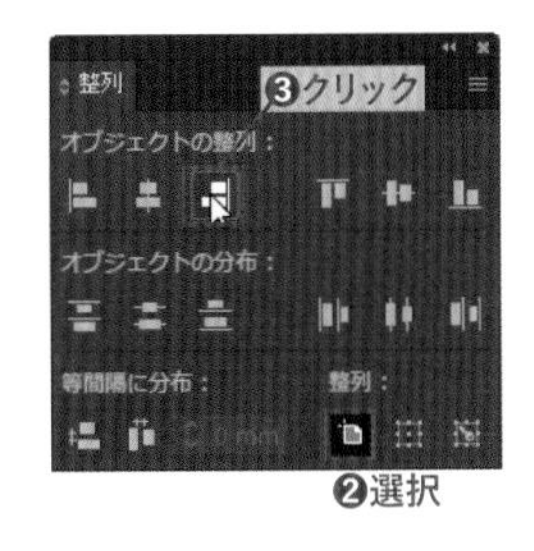

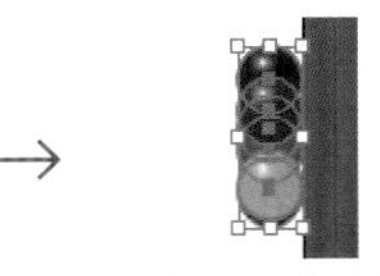

アンカーポイントの整列

1 オブジェクトⒹを使います。ダイレクト選択ツール▶を選択します❶。ドラッグしてパスの両端以外のアンカーポイントを選択します❷。

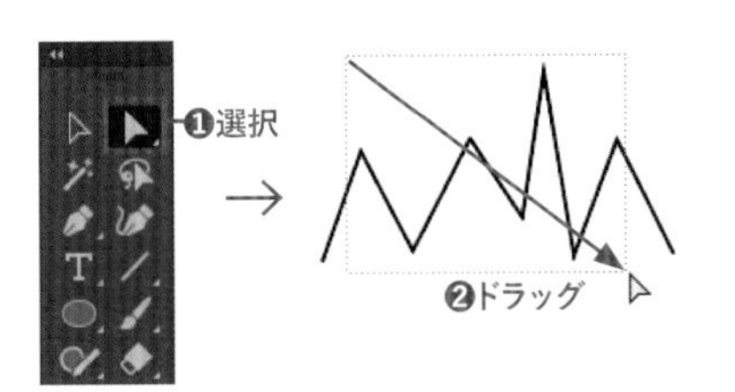

2 整列パネル右下の［整列］で［選択範囲に整列］を選択します❶。［水平方向等間隔に分布］をクリックします❷。選択したアンカーポイントが、等間隔に並びます❸。

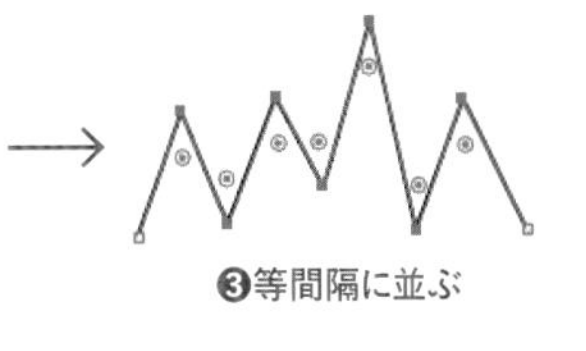

3 ダイレクト選択ツール▶でパスの下側のアンカーポイントをShiftキーを押しながら選択します❶。選択する順番は任意ですが、最後に右下のアンカーポイントを選択してください。

❶Shift＋クリックで選択

4 最後に選択したアンカーポイントがキーアンカーになります。整列パネルで［整列］が［キーオブジェクトに整列］になったことを確認し❶、［垂直方向下に整列］を選択します❷。右下のアンカーポイントにほかのアンカーポイントが揃います❸。

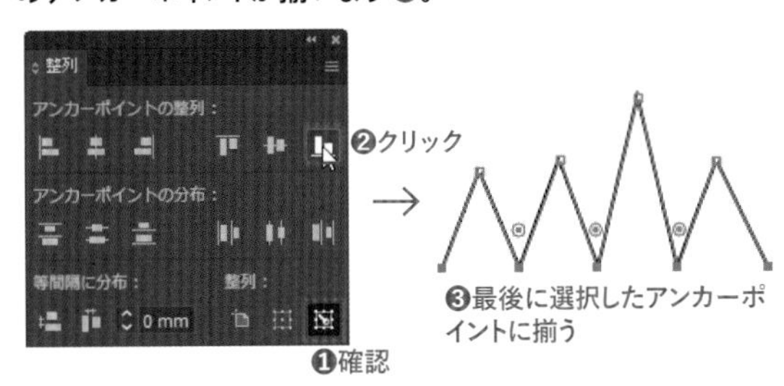

COLUMN

アンカーポイントの整列の注意

整列パネルは、ダイレクト選択ツール▶で選択したアンカーポイントも整列・分布の対象となりますが、すべてのアンカーポイントが選択されていると動作しません。ご注意ください。

STEP 02 ガイドの使い方を覚える

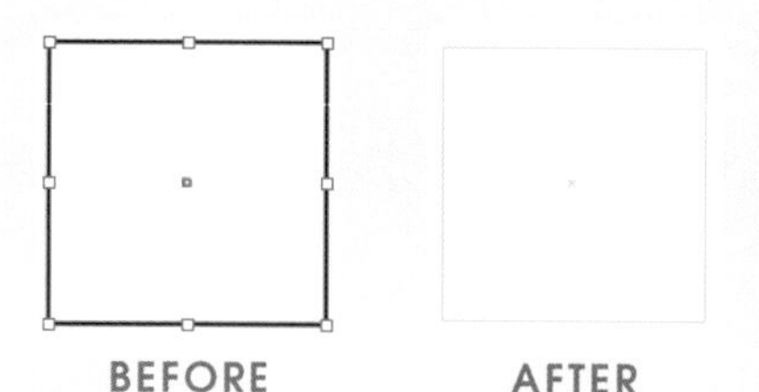

ガイドとは、オブジェクトを描画するときの目安となる補助線のことです。ガイドは、定規から水平ガイド、垂直ガイドを簡単に作成できます。オブジェクトをガイドにすることもできます。

Lesson06 ▶ L6-3S02.ai

定規からガイドを作成

1 レッスンファイルを開きます。[表示]メニュー→[定規]→[定規を表示]を選択します。画面に定規が表示されます❶。

2 [表示]メニュー→[ガイド]→[ガイドをロック解除]を選択します([ガイドをロック]が表示される場合はそのまま)。定規からアートボード上にドラッグすると❶、ガイドが作成されます❷。ガイドが選択された状態で変形パネルでX座標に「20mm」と入力します❸。ガイドの位置が移動します❹。ガイドもオブジェクトと同様に移動できるので、正確な位置にガイドを作成できます。

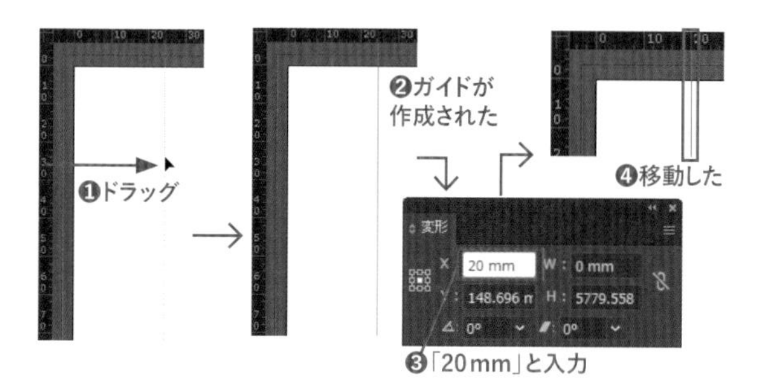

オブジェクトからガイドを作成

1 選択ツール で長方形のオブジェクトを選択し、[表示]メニュー→[ガイド]→[ガイドを作成]を選択します❶。オブジェクトがガイドに変換されます(選択を解除して確認してください)。

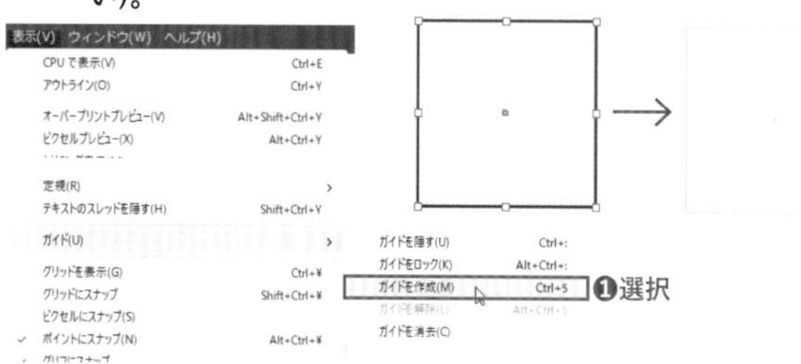

2 選択ツール で、作成したガイドの左の辺の部分を、定規から作成したガイドまでドラッグします❶。カーソルが▷に変わったところでマウスボタンを放します。スナップ(吸着)されたので、完全に重なっています。

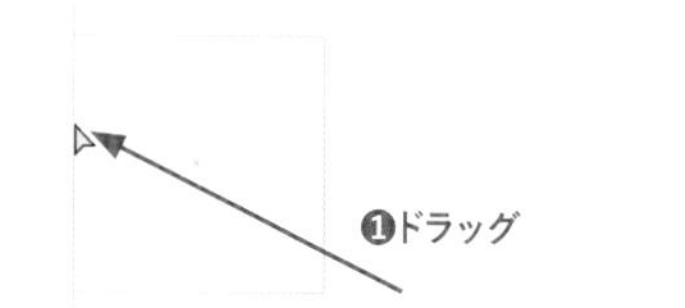

カーソルが▷に変化しない場合は、[表示]メニュー→[ポイントにスナップ]をオンにする

ガイドにオブジェクトをスナップ

選択ツール で六角形のオブジェクトを選択します❶。ダイレクト選択ツール に切り替えて❷アンカーポイントにカーソルを合わせて❸、ガイドにドラッグします。カーソルが▷に変わったところでマウスボタンを放すと❹、ガイドにスナップされてアンカーポイントとガイドが完全に重なります。

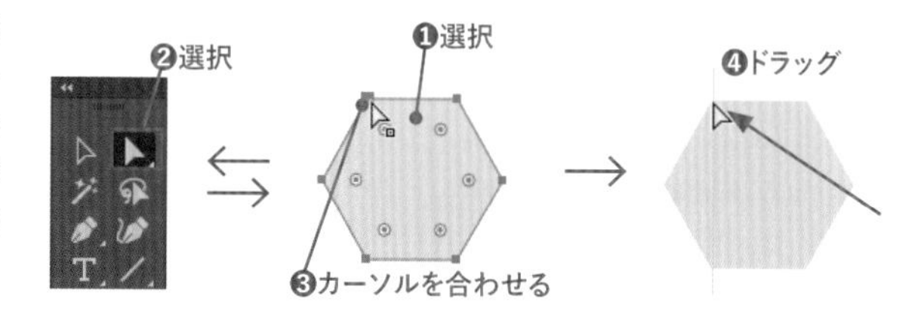

ガイドのロック／ロック解除

[表示] メニュー→ [ガイド] → [ガイドをロック] を選ぶと、ガイドがロックされて選択できなくなります❶。選択ツール を選択し、ドラッグしてもガイドが選択できないことを確認します❷。再び、[表示] メニュー→ [ガイド] → [ガイドをロック解除] を選んで選択できるように戻します❸。

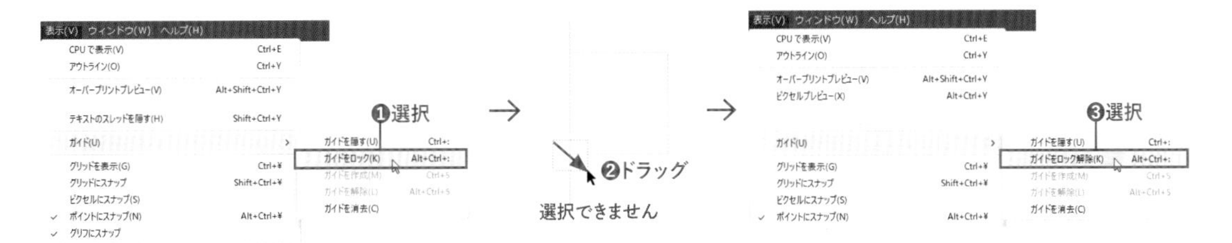

ガイドの解除／非表示

[表示] メニュー→ [ガイド] では、そのほかに、[ガイドを隠す] [ガイドを解除] [ガイドを消去] を選択できます。
[ガイドを隠す] ❶は、一時的にガイドを非表示にします。再度選択して表示できます。
[ガイドを解除] ❷は、選択したガイドを通常のオブジェクトに戻します。
[ガイドを消去] ❸はすべてのガイドを消去します。

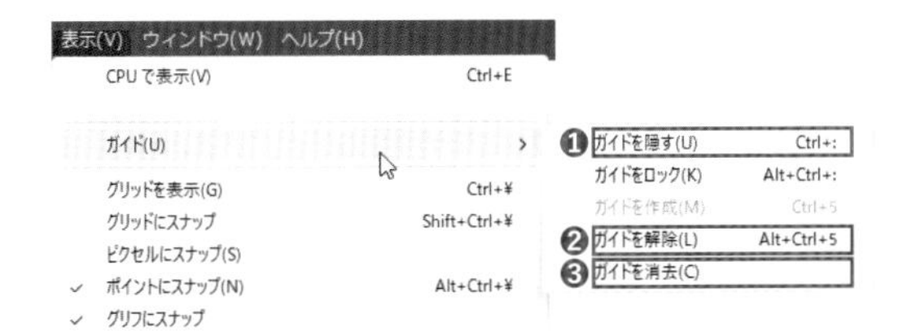

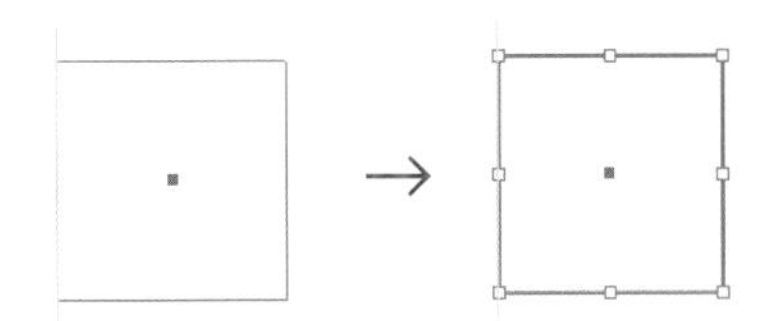

[ガイドを解除] でガイドから通常のオブジェクトに戻せる

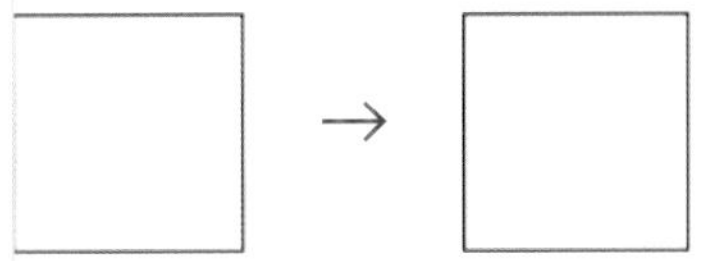

[ガイドを隠す] でガイドだけ非表示にできる

STEP 03 スマートガイドを使う

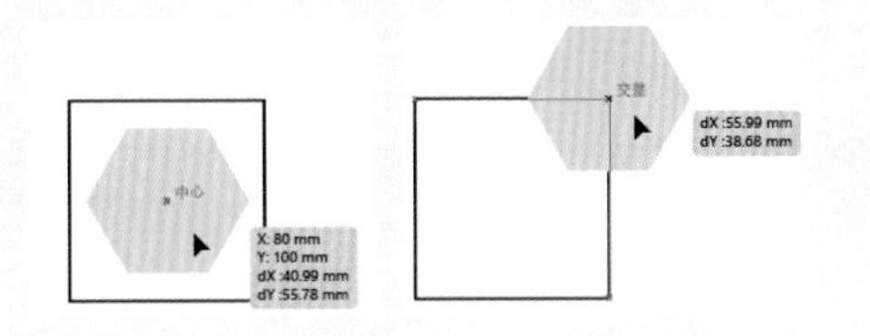

スマートガイドは、オブジェクトをドラッグして移動したり、図形を描画するときの目安になるガイドを動作時に表示する機能です。

Lesson06 ▶ L6-3S03.ai

レッスンファイルを開きます。スマートガイドがオンになっていない場合は、[表示] メニュー→ [スマートガイド] を選んでチェックをつけます❶。正六角形のオブジェクトをドラッグして正方形のオブジェクトの近くに移動します❷❸❹。正方形のオブジェクトのアンカーポイントとの交差を示すガイドラインや、座標や距離を示す文字が表示されます。常時オンにしておくと作業しにくいこともあるので、ショートカット Ctrl (command) + U キーを使ってオンオフを切り替えるようにするとよいでしょう。

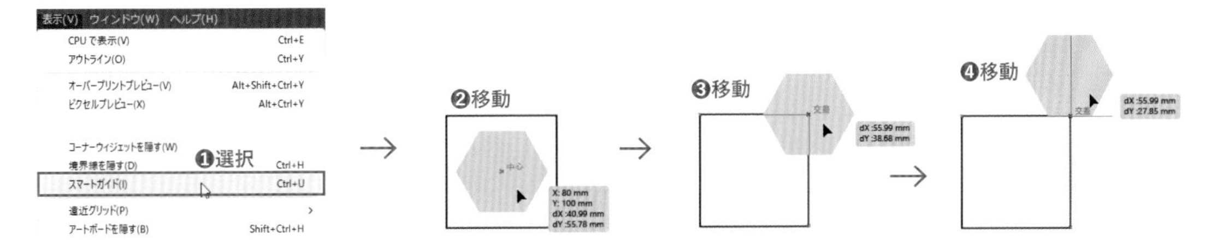

6-4 複数のオブジェクトを扱う

オブジェクトの数が多くなってくると、さまざまな機能が必要になってきます。いくつかのオブジェクトをまとめてひとつとして扱うグループ化や、選択できなくするロックは、頻繁に利用します。よく使う機能を見ていきましょう。

STEP 01 自動選択ツールで選択する

自動選択ツール を使うと、オブジェクトの［塗り］や［線］のカラーの値や線幅など、属性の似ているオブジェクトをすべて選択できます。

 Lesson06 ▶ L6-4S01.ai

1 レッスンファイルを開きます。自動選択ツール を選んで Enter （return）キーを押し❶、自動選択パネルを表示させます。「カラー(塗り)」にチェックがついていることを確認します❷。

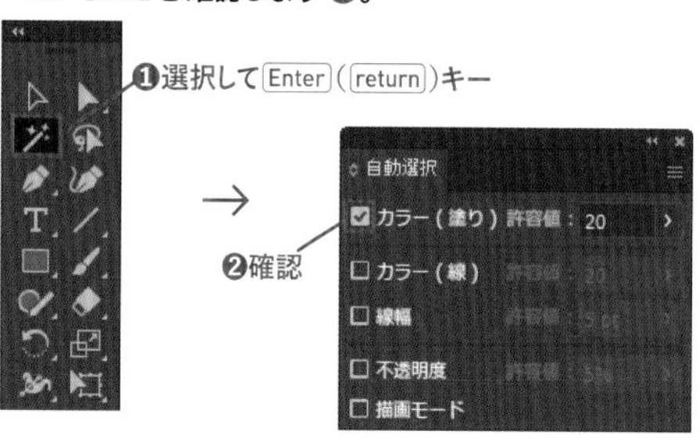

2 大きなピンクのオブジェクトをクリックすると❶、似ている［塗り］の色が設定された、ピンクのオブジェクトがすべて選択されます❷。

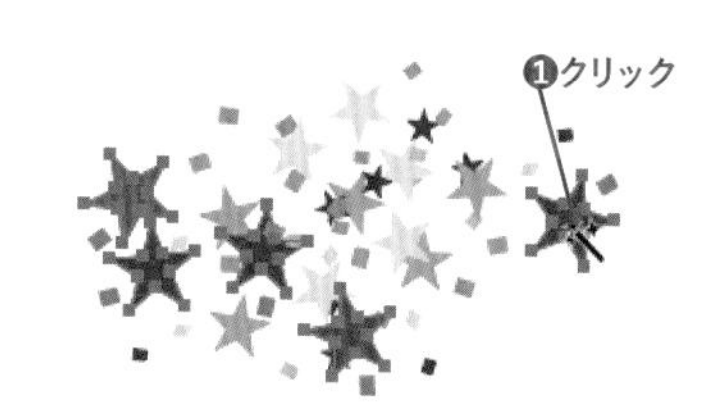

❷ほかのピンクのオブジェクトも選択される

3 自動選択パネルで、カラーの許容値を「100」まで上げます❶。同様にクリックして選択すると❷、ピンクから紫までのオブジェクトが選択されることを確認します❸。確認したらもとの「20に戻してください。

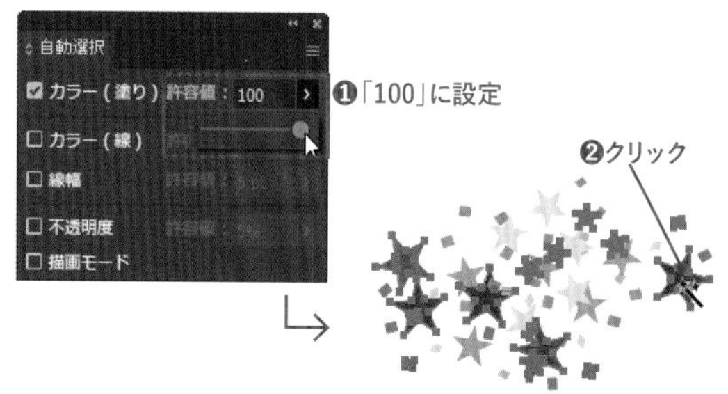

❸ピンクから紫までのオブジェクトも選択される

COLUMN

自動選択ツールの許容値

カラーの値が「M=80」を含むオブジェクトをクリックした場合、自動選択パネルで設定された許容値が「20」なら、「M=60」〜「M=100」のオブジェクトが選択されます。

STEP 02 複数のオブジェクトをグループにする

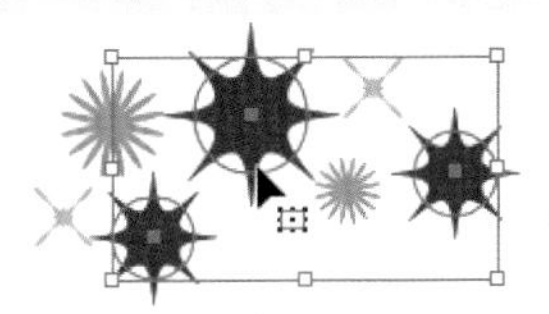

同時に設定を変えたり、ひとまとめにしておくと扱いやすいオブジェクトがある場合は、グループにしておくと管理しやすくなります。

Lesson06 ▶ L6-4S02.ai

グループを作成

1 レッスンファイルを開きます。自動選択ツール でピンクのオブジェクトを選択します❶。[オブジェクト]メニュー→[グループ]を選択します❷。これで、選択したオブジェクトがグループオブジェクトとなり、ひとつのオブジェクトとして扱えます。

2 選択ツール を選択します❶。いったん選択を解除してから❷、ピンクのオブジェクトをクリックして選択し❸、グループ化されていることを確認します。

グループ化したオブジェクトを囲むバウンディングボックスが表示される

グループを解除

1 グループにしたオブジェクトを選択し❶、[オブジェクト]メニュー→[グループ解除]を選択します❷。

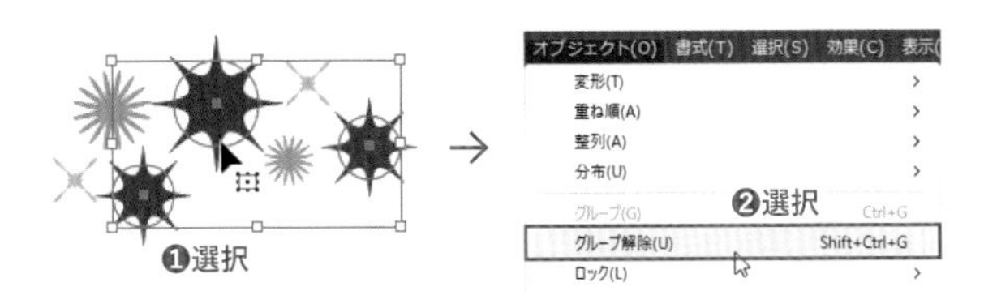

2 いったん選択を解除してから❶、ピンクのオブジェクトをクリックして選択し❷、グループ解除されたことを確認します。

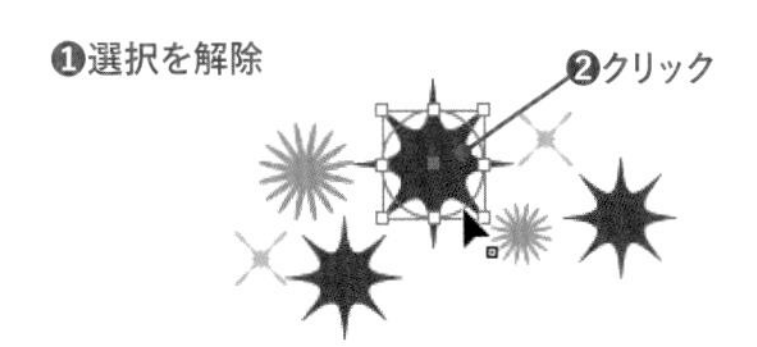

CHECK!

グループの階層

グループ化したオブジェクト同士を選択してグループ化することもできます。
グループオブジェクトが階層化されていると、グループを解除する際には、一段階ずつグループを解除する必要があります。
グループ内のオブジェクトを選択して編集するには、次ページで説明するグループ編集モードを使うのが便利です。
レイヤーパネルを展開しても、オブジェクトを選択できます。

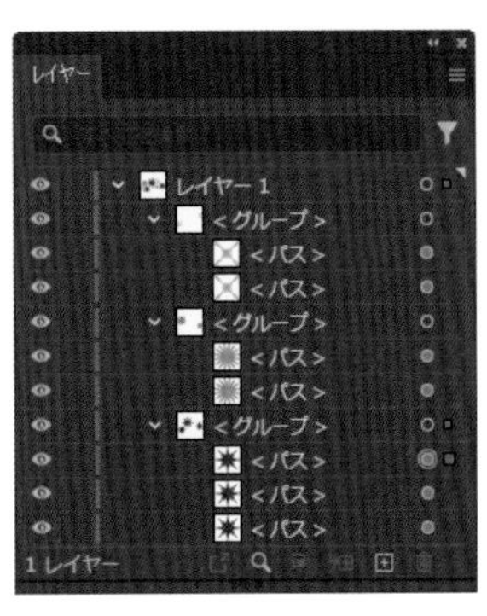

グループ化したオブジェクトもレイヤーを展開すれば選択できる

STEP 03 グループ編集モード

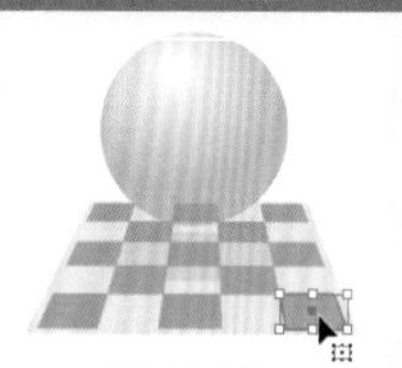

グループ編集モードは、グループ化されているオブジェクトの一部だけを、グループを解除せずに編集できる便利なモードです。

Lesson06 ▶ L6-4S03.ai

1 レッスンファイルを開きます。選択ツール で、床のオブジェクトをダブルクリックします❶。このオブジェクトはグループ化されているので、グループ編集モードに入ります❷。ウィンドウ上部にグレーのバーが表示され、床と模様以外のオブジェクトの表示が薄くなります。

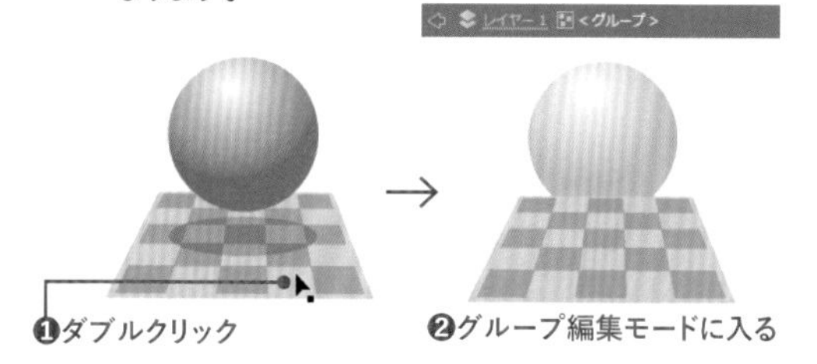

2 選択ツール のまま、床と模様がそれぞれ選択できることを確認します❶。確認したら、ウィンドウ上部のバーの文字のないグレー部分をクリックすると、編集モードから抜けます❷。オブジェクトのない場所をダブルクリックしても抜けられます。

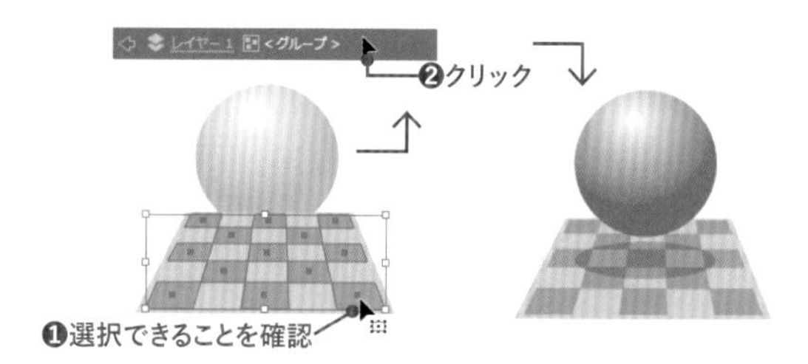

STEP 04 オブジェクトの前後関係を変更する

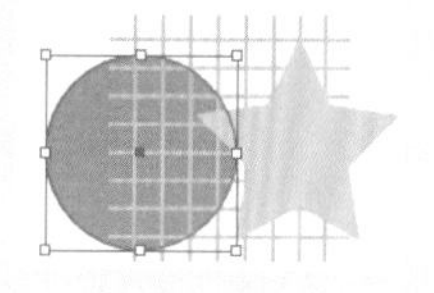

BEFORE

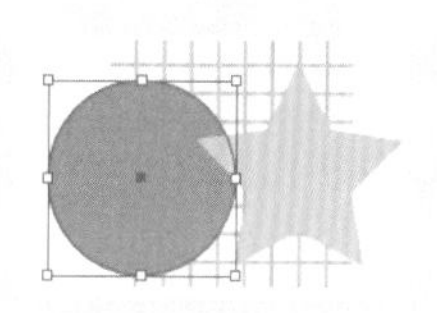

AFTER

レイヤーを別にするほどの数や複雑さがない場合、オブジェクト同士の重なりを調節する方法です。ショートカットを覚えると便利です。

Lesson06 ▶ L6-4S04.ai

1 レッスンファイルを開きます。選択ツール で最背面になっているオレンジ色のオブジェクトを選択し❶、[オブジェクト] メニュー→ [重ね順] → [前面へ] を選択します❷。選択したオブジェクトがひとつだけ前面に移動します❸。

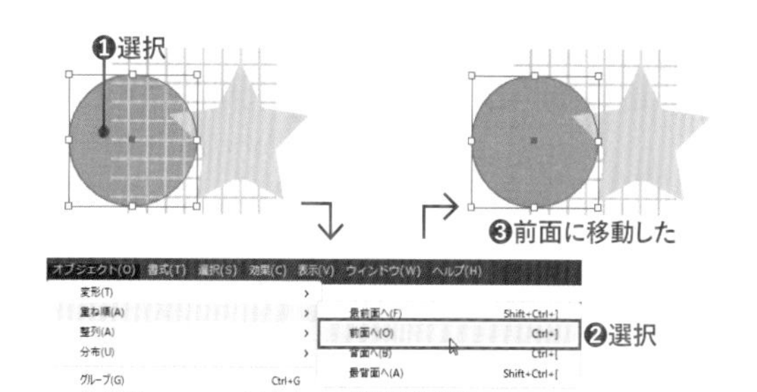

2 星型のオブジェクトを選択し❶、[オブジェクト] メニュー→ [重ね順] → [最背面へ] を選択します❷。選択したオブジェクトが最背面に移動します❸。

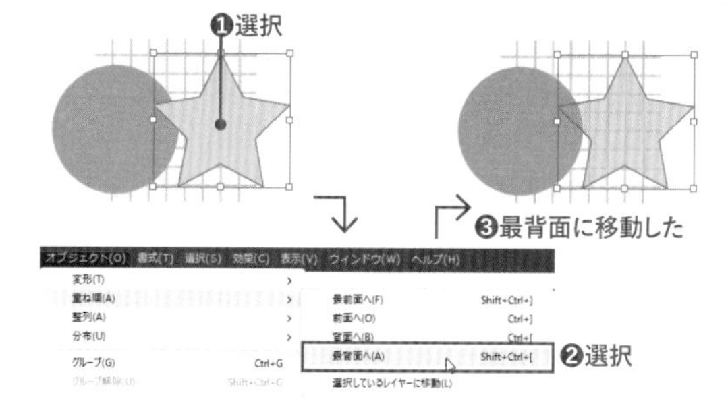

✔CHECK!

ショートカット

［オブジェクト］メニュー→［重ね順］の各コマンドは、よく使います。ショートカットキーを覚えておくと効率よく作業できます。

- 最前面へ Shift キー＋ Ctrl （command）＋]
- 前面へ Ctrl （command）＋]
- 背面へ Ctrl （command）＋ [
- 最背面へ Shift キー＋ Ctrl （command）＋ [

STEP 05 オブジェクトのロックと個別解除

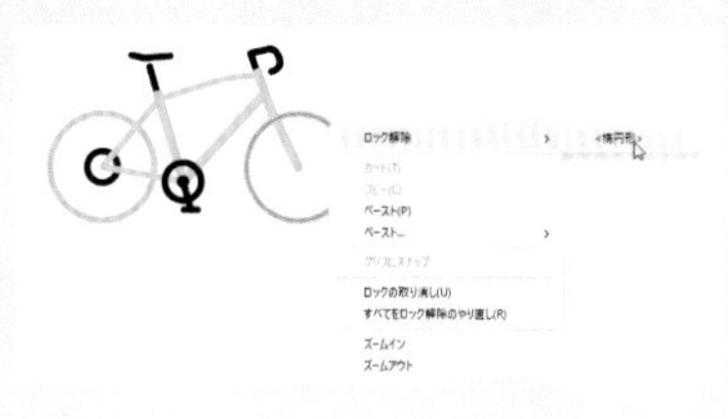

ロックとは、オブジェクトを一時的に選択できない状態にすることです。別レイヤーに分けられないオブジェクトが邪魔で、目的のポイントが選択しにくいようなときに便利な機能です。

Lesson06 ▶ L6-4S05.ai

1 レッスンファイルを開きます。選択ツール でオブジェクトをすべて囲むようにドラッグして選択し❶、［オブジェクト］メニュー→［ロック］→［選択］を選びます❷。

2 選択ツール でオブジェクトをドラッグして囲み❶、選択できなくなったことを確認します。

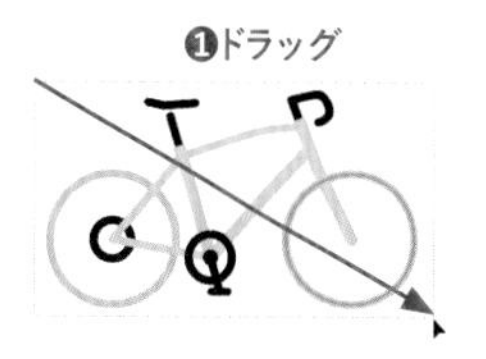

3 選択ツール で自転車の前輪を右クリックして❶、表示されたメニューの［ロック解除］から［<楕円形>］を選びます❷。［パス］がふたつ表示されてしまう場合は、クリックする場所を変えてみます。

4 選択ツール で再び全体をドラッグして囲み❶、ロック解除した車輪のオブジェクトだけが選択できることを確認します❷。レイヤーパネルで「レイヤー1」レイヤーを開くと❸、下から2番目にある「<楕円形>」の鍵マークが消えているのがわかります❹。レイヤーパネルで鍵マークを操作することでロック／ロック解除を行うこともできます。

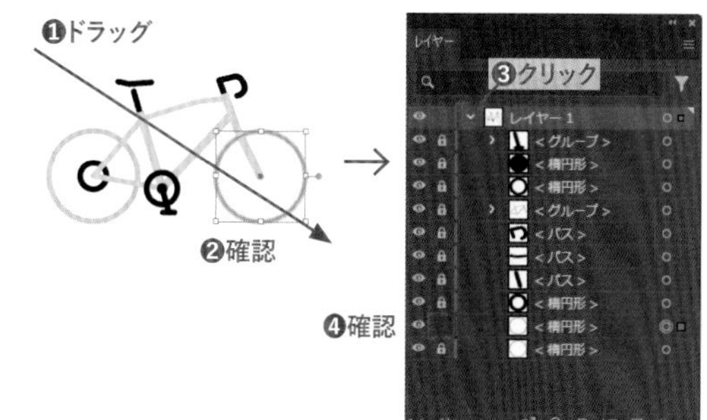

✔CHECK!

ショートカット

［オブジェクト］メニュー→［ロック］もよく使います。ショートカットキーを覚えておくとよいでしょう。

- ロック：Ctrl （command）＋ 2
- すべてをロック解除：Alt （option）＋ Ctrl （command）＋ 2

01 02 03 04 05 Lesson06 オブジェクトの編集 07 08 09 10 11 12 13 14 15

Lesson 06

練習問題

Lesson 06 ▶ L6EX1.ai

オブジェクトの円を並べ替えて、サイコロの「3」の面にしましょう。

AFTER

❶レイヤーパネルで「レイヤー2」をロックします。
❷選択ツールで円を3つとも選択します。
❸整列パネルで[選択範囲に整列]を選んでから[水平方向中央に整列]をクリックします
❹続けて[垂直方向中央に分布]をクリックします。
❺グループ化します。
❻バウンディングボックスをShiftキーを押しながらドラッグして45°回転させます。
❼「レイヤー2」のロックを解除します。
❽円のグループオブジェクトと背面の角丸長方形を選択します。
❾整列パネルで[水平方向中央に整列]と[垂直方向中央に整列]をクリックして揃えます。

Lesson 06 ▶ L6EX2.ai

オブジェクトをコピーして、四つ葉のクローバーにしましょう。

BEFORE

AFTER

❶選択ツールで、葉のオブジェクトを選択します。
❷リフレクトツールを選択し、Alt（option）キーを押しながら、葉の下の先端部分をクリックして基準点にします。
❸[リフレクト]ダイアログボックスで[リフレクトの軸]を「水平」に設定し、[コピー]をクリックして反転コピーを作成します。
❹選択ツールで、ふたつのオブジェクトを選択します。
❺回転ツールをダブルクリックし、[回転]ダイアログボックスで、[角度]を「90°」に設定して[コピー]をクリックします。

Lesson 07

オブジェクトの合成

Illustratorのアートワーク制作において、いくつかの図形を組み合わせて新しい図形を作成することはよくあることです。Illustratorでは、合成するだけでなく、重なった部分だけを使ったり、オブジェクトに穴を開けたりすることもできます。いくつかの方法があるので、自分の使いやすい方法をマスターしましょう。

7-1 パスファインダーパネルで合成する

「オブジェクトの合成」とは、複数のオブジェクトを組み合わせて新しいオブジェクトを作成するという意味です。基本的なパスファインダーパネルから見ていきましょう。どんな組み合わせの種類があるかを覚えておくと、アートワーク制作が楽になります。

形状モード

パスファインダーパネルの上半分は[形状モード]です。オブジェクトを選択してからアイコンをクリックすると、オブジェクトが合成されます。

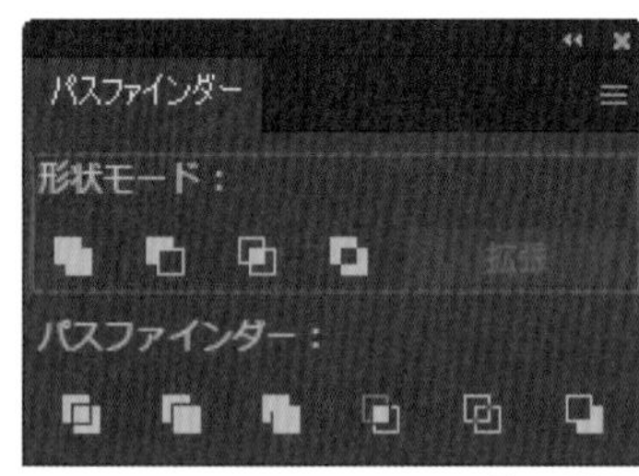

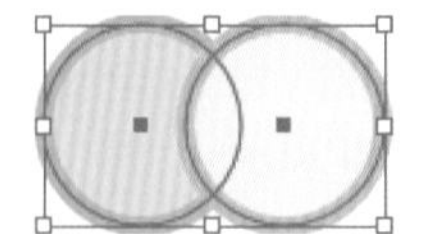

元のオブジェクト

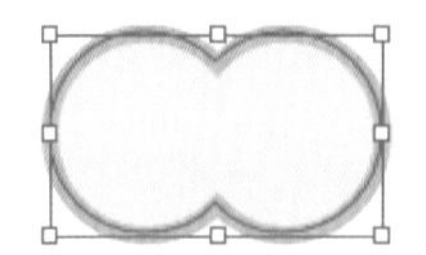
合体

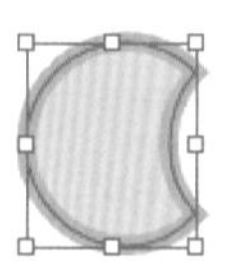
前面オブジェクトで型抜き

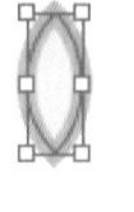
交差

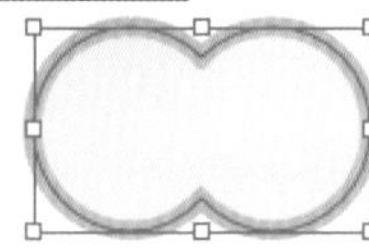
中マド

複合シェイプ

パスファインダーパネルの[形状モード]を Alt (option) キーを押しながらクリックすると、「複合シェイプ」が作成されます。

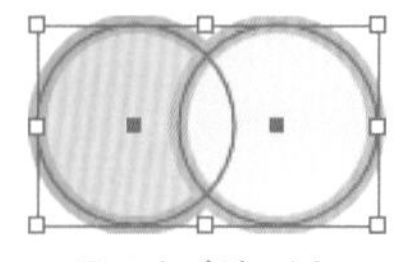
元のオブジェクト

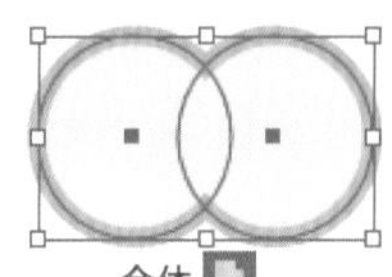
合体

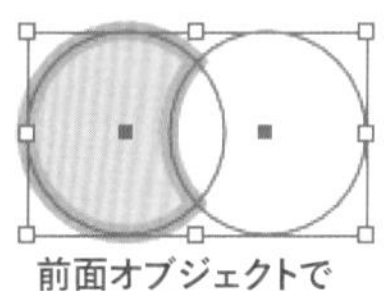
前面オブジェクトで型抜き

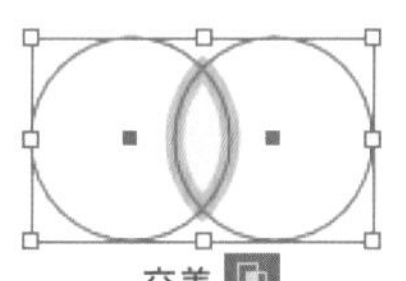
交差

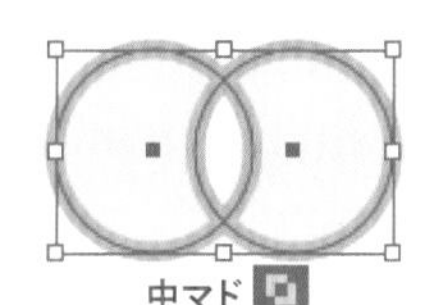
中マド

「複合シェイプ」は、オブジェクトの見た目は変化しますが、合成前のオブジェクトはそのまま保持されています。個別のオブジェクトを後から編集したい場合に便利です。複合シェイプを解除するには、パネルメニューから[複合シェイプを解除]を選択します❶。パネルメニューの[複合シェイプを拡張]を選ぶか、パスファインダーパネルの[拡張]ボタンを押すと、合成したひとつのオブジェクトに変換されます。

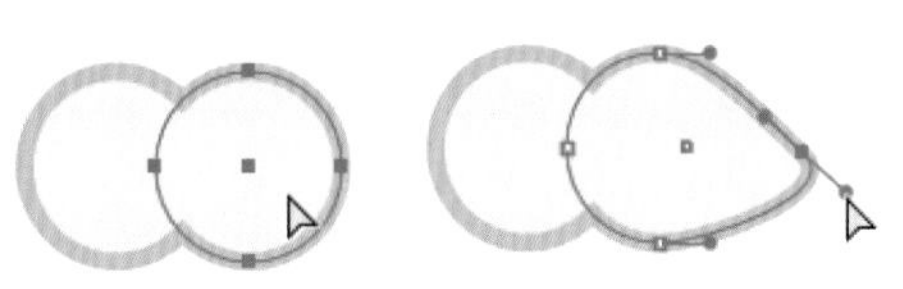
「合体」で作成した複合シェイプを編集

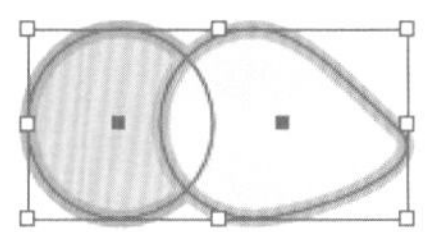
複合シェイプを解除

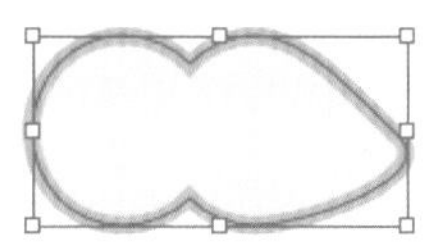
複合シェイプを拡張

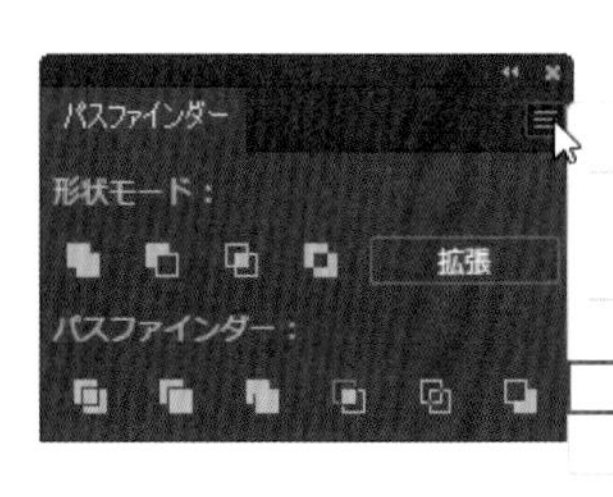

パスファインダー

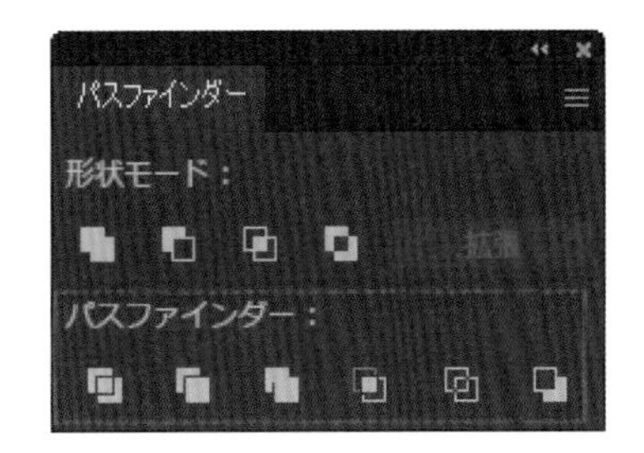

パスファインダーパネルの下半分は[パスファインダー]です。オブジェクトを選択してからアイコンをクリックすると、重なった部分で分割されます。オブジェクトはグループ化されていますが、グループ編集モードやダイレクト選択ツールを使うと、分割されていることがわかります。
[刈り込み]と[合流]はよく似ていますが、合成後に同じ色のオブジェクトが合体しないものが[刈り込み]、合体するものが[合流]です。

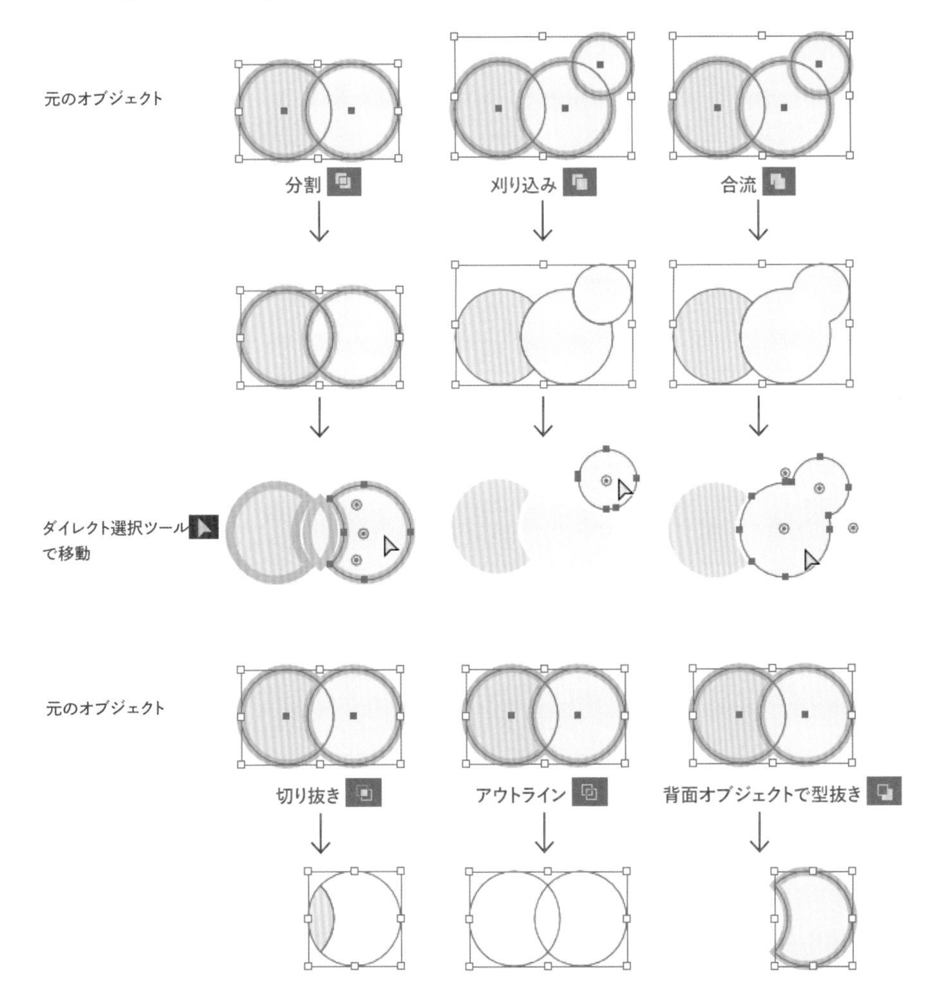

CHECK!

[効果]メニューのパスファインダー

パスファインダーパネルの[パスファインダー]では、複合シェイプは作成できないため、合成後に元に戻す可能性がある場合は[効果]メニュー→[パスファインダー]を使います。

STEP 01 形状モードで合成する

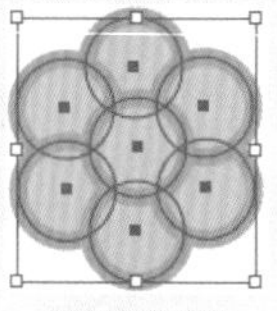

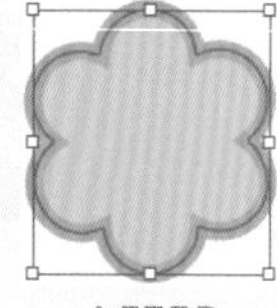

BEFORE　AFTER

パスファインダーパネルの[形状モード]を使うと、重なったオブジェクトから新しいオブジェクトを作成できます。

Lesson07 ▶ L7-1S01.ai

通常の合成と複合シェイプ

1 レッスンファイルを開きます。選択ツール でオブジェクトA全体を選択し❶、パスファインダーパネルの[合体]をクリックします❷。オブジェクトが合成されます❸。

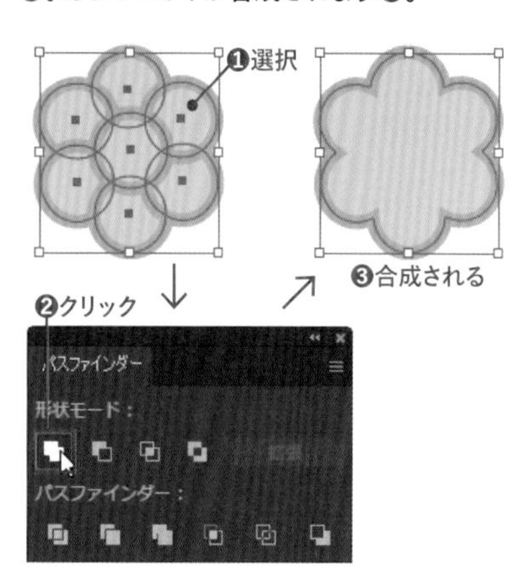

2 オブジェクトB全体を選択ツール で選択し❶、Alt（option）キーを押しながらパスファインダーパネルの[合体]をクリックします❷。一度選択を解除してから、ダイレクト選択ツール を選択し❸、個々のオブジェクトを選択してドラッグします❹。見た目は合成されていますが、オブジェクトを編集できることがわかります。

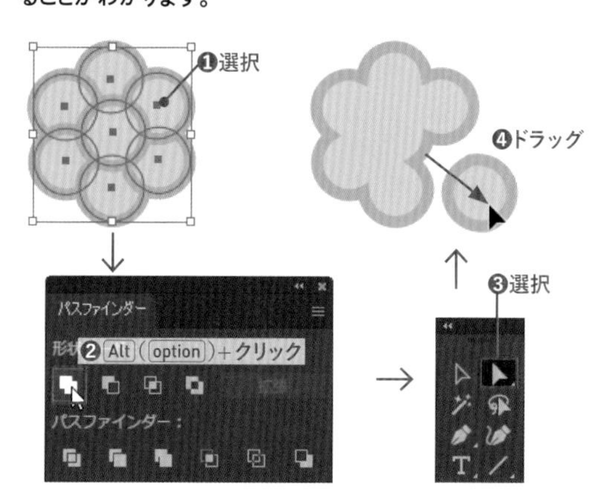

穴のあいたオブジェクト

1 選択ツール でオブジェクトC全体を選択し❶、パスファインダーパネルの[合体]をクリックします❷。オブジェクトが合成されます。オブジェクトは穴のあいた複合パス（P.123の「複合パスで穴を開ける」を参照）となります。

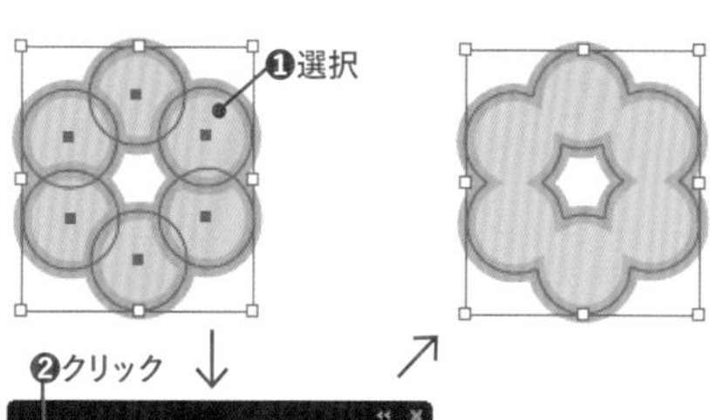

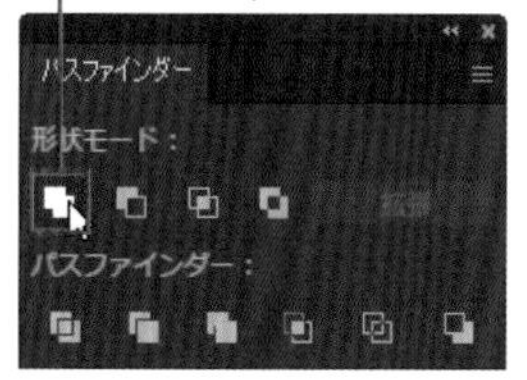

2 一度選択を解除してから、ダイレクト選択ツール を選択します❶。内側のオブジェクトをAlt（option）キーを押しながらクリックして選択し、Deleteキーを押して削除します❷。穴がなくなります。

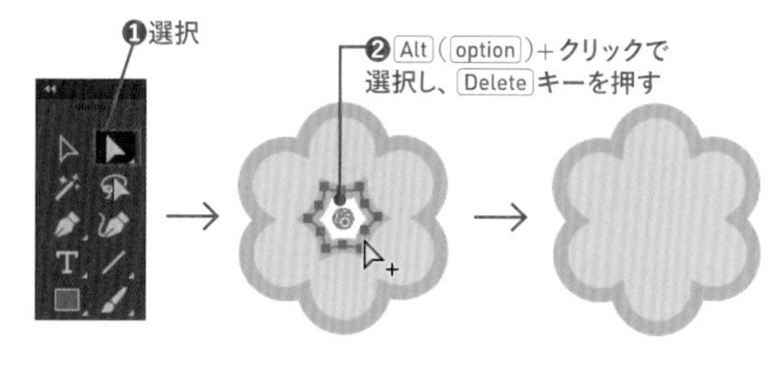

✔CHECK!

ダイレクト選択ツール をグループ選択ツール にする

ダイレクト選択ツール をAlt（option）キーを押しながら使うと、一時的にグループ選択ツール となります。

STEP 02 パスファインダーで分割する

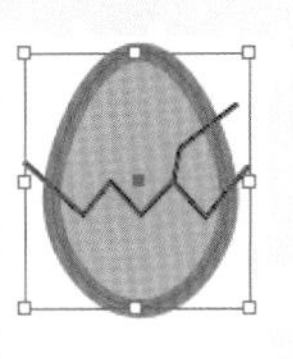

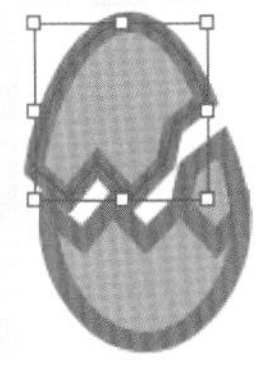

パスファインダーパネルの[パスファインダー]を使うと、重なったオブジェクトを分割したり、切り抜いたりできます。

Lesson07 ▶ L7-1S02.ai

パスを使った分割

1 レッスンファイルを開きます。選択ツール でオブジェクト 全体を選択し❶、パスファインダーパネルの[分割]をクリックします❷。オブジェクトがパスで分割されました。

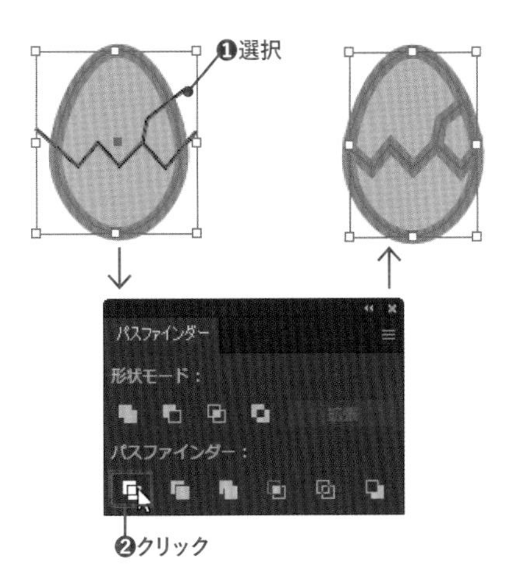

2 分割されたオブジェクトは、グループ化されているので、ダブルクリックして編集モードに入ります❶。個々のオブジェクトが分割されていることを確認します。

編集モードに入ると、個々のオブジェクトを選択できることがわかる

刈り込みで不要部分をカット

1 選択ツール でオブジェクト 全体をドラッグして選択します❶。たくさんのアンカーポイントやパスが散らばっていることがわかります。

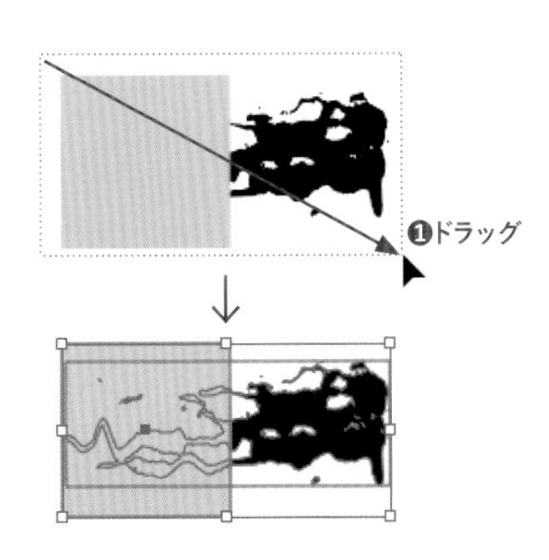

2 パスファインダーパネルの[刈り込み]をクリックします❶。長方形の下の細かいオブジェクトがなくなったことを確認します❷。

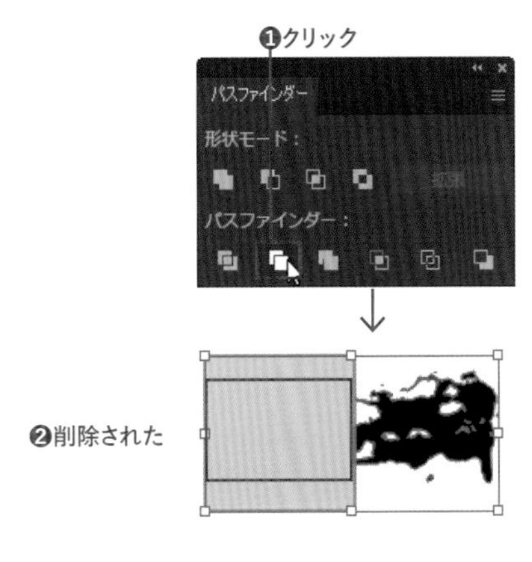

7-2 シェイプ形成ツールで合成する

［シェイプ形成］ツールを使うと、オブジェクトをクリックやドラッグの操作で、合体や切り抜きができます。重なっているオブジェクトの一部分を、マウス操作で感覚的に合成・削除できるのが、パスファインダーパネルとの大きな違いです。

シェイプ形成ツール

シェイプ形成ツールの機能

パスファインダーパネルにある「合体」「分割」「型抜き」などの合成機能を、クリックやドラッグなどのマウス操作で簡単に使えるのが、シェイプ形成ツールです。合成・削除するオブジェクトを選択してから利用します。

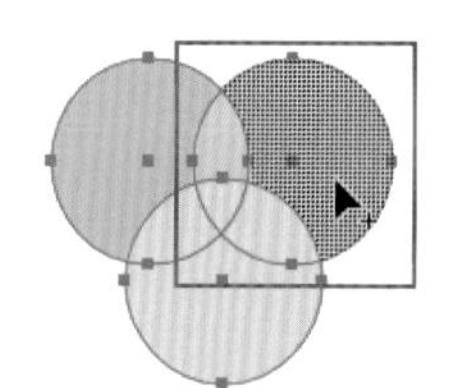

選択したオブジェクトの上にカーソルを移動すると、対象となる範囲がアミ点表示される

合成する範囲

シェイプ形成ツールには独特の表示があります。選択したオブジェクトの上にカーソルを移動すると、合体したり切り抜いたりする範囲がアミ点で表示されます。
ドラッグすると軌跡に線が表示され、その線がかかった部分が合成される範囲となり、内部はアミ点でパス部分は赤色のハイライトで表示されます。
Shiftキーを押しながらドラッグすると、矩形で選択でき、選択対象を広げることができます。

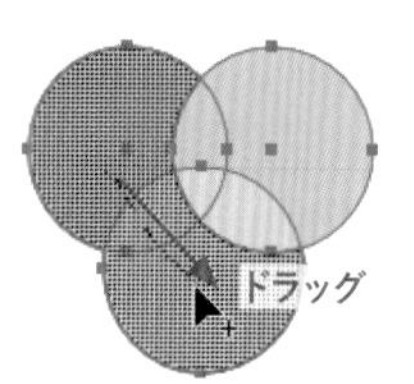

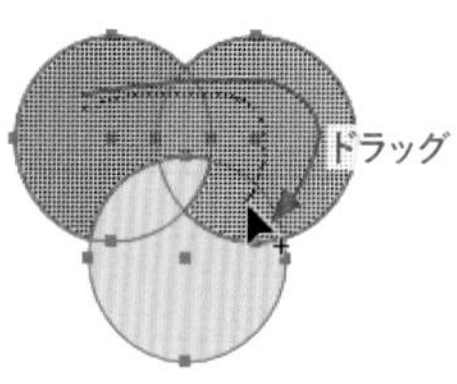

ドラッグすると軌跡に線が表示され、その線がかかった部分が合成される範囲となる。内部はアミ点、パス部分は赤色のハイライトで表示される

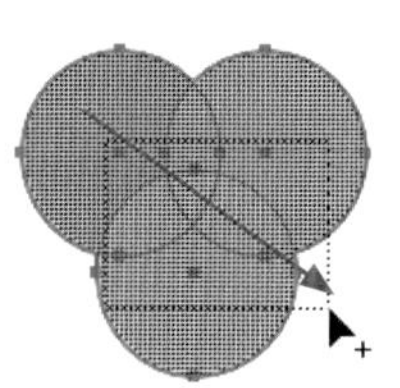

Shift＋ドラッグ

Shiftキーを押しながらドラッグすると、矩形で選択できる

削除

Alt（option）キーを押しながらアミ点部分をクリックしたり、ドラッグして範囲指定すると、その部分が消去されます。範囲の指定方法は合成と同じです。
パスの部分だけを削除することもできます。パス部分は赤くハイライト表示されます。

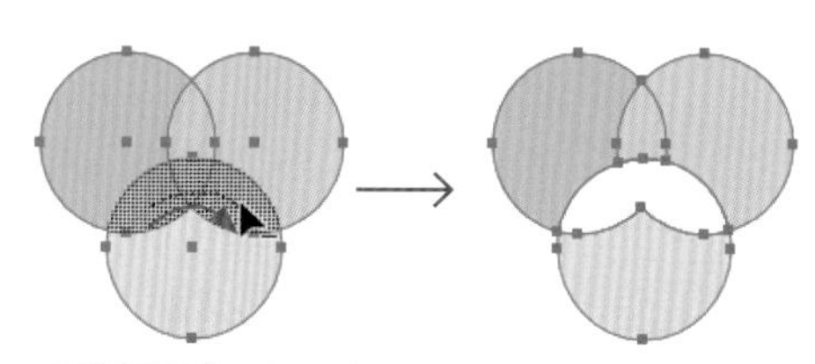

Alt（option）＋ドラッグ

シェイプ形成ツールのオプション

ツールアイコン をダブルクリックすると[シェイプ形成ツールオプション]ダイアログボックスが表示され、オプションを設定できます。

❶塗りつぶされたオープンパスをクローズパスとして処理

このチェックをオフにすると、オープンパスに塗りが設定されていても、パス部分しか扱えなくなります。

❷結合モードで線をクリックしてパスを分割

このチェックをオンにすると、面だけでなくパスを指定して切り離すことができます。

❸選択範囲

ドラッグで選択範囲を指定する際、フリーフォームにするか、直線にするかを選択します。

❹強調表示

アミ点や、選択パスのハイライト表示のオン／オフ、選択を示す色の指定ができます。

シェイプ形成ツールオプション
☐ 隙間の検出 (G)
オプション
1 ☑ 塗りつぶされたオープンパスをクローズパスとして処理 (S)
2 ☐ 結合モードで線をクリックしてパスを分割 (I)
次のカラーを利用 (P)：スウォッチ
☐ カーソルスウォッチプレビュー (C)
3 選択範囲：
○ 直線 (R)
◉ フリーフォーム (E)
4 強調表示
☑ 塗り (L)
☑ 編集可能なパスを強調表示 (K)
カラー (O)：サーモンピンク
ⓘ シェイプを消去したり、パスを切り取るには、Alt キーを押します。シェイプを結合または消去する際に、Shift キーを押すと矩形を用いた選択範囲に変更できます。
リセット (T)　OK　キャンセル

合成された部分の色

シェイプ形成ツール で合成された部分の色は、[シェイプ形成ツールオプション]ダイアログボックスの[次のカラーを利用]の設定によって決まります。

[スウォッチ]の場合

初期設定値である[スウォッチ]では、シェイプ形成ツール で合成する直前に選択されている[塗り]の色となります。通常は、シェイプ形成ツール を使用する前に選択していたオブジェクトの[塗り]の色となります。合成前であれば、スウォッチパネルやカラーパネルで合成後の色を指定できます。

[カーソルスウォッチプレビュー]オプションをチェックすると、カーソルの上に現在選択されているカラーが表示されます。スウォッチパネルから選択した色のときは、スウォッチパネルの両隣のスウォッチも表示され、矢印キーで色を変更できます。

[線]やアピアランスの設定は、[オブジェクト]を選択した場合と同じになります。

次のカラーを利用 (P)：スウォッチ
☐ カーソルスウォッチプレビュー (C)

合成前に表示される[塗り]の色が、合成部分の色となる

現在の[塗り]の色が表示される

現在の[塗り]の色がスウォッチパネルにあるときは、両隣のスウォッチも表示され、矢印キーで色を変更できる

[オブジェクト]の場合

[オブジェクト]を選択した場合、以下のルールとなります。

・ドラッグをオブジェクトの内側から始めると、始めた箇所のオブジェクトの[線]やアピアランスが適用されます。

・オブジェクトの外側から内側にドラッグすると、ドラッグの最後に選択したオブジェクトの[線]やアピアランスが適用されます。

・オブジェクトの外側から外側にドラッグすると、最前面のオブジェクトの[線]やアピアランスが適用されます。

STEP 01 合体・分割・消去

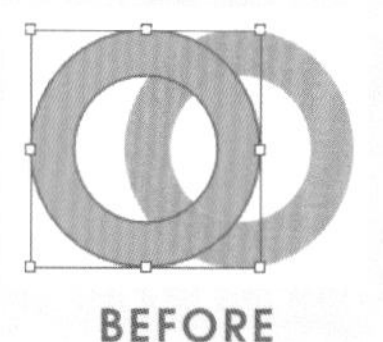

シェイプ形成ツールを使い、ドラッグ操作で選択したオブジェクトの重なっている部分を合成したり分割する方法を学びましょう。

Lesson07 ▶ L7-2S01.ai

カラーを設定して合体

1 レッスンファイルを開きます。選択ツールでオブジェクトAのグリーンのオブジェクトを選択します❶。これで、合体後のカラーは、グリーンの［塗り］となります。次に両方のオブジェクトをドラッグして選択します❷。

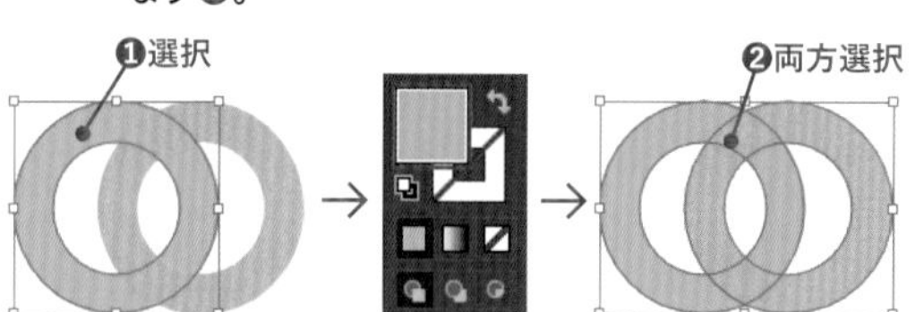

2 シェイプ形成ツールを選択します❶。図のようにドラッグすると❷、アミ点の部分が合体します。

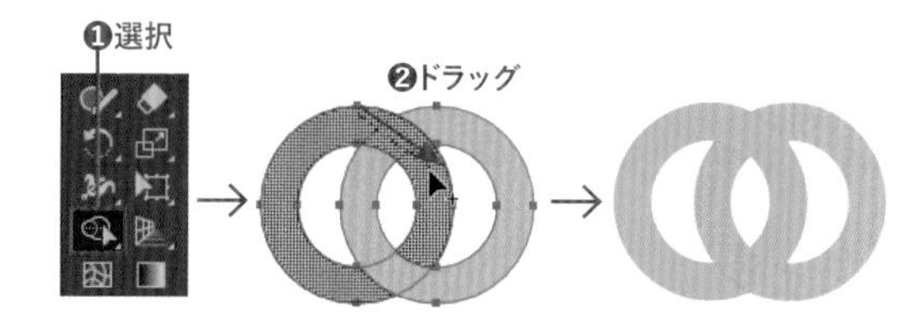

クリックで分割

1 選択ツールでオブジェクトB全体を選択します❶。シェイプ形成ツールを選択し❷、交差部分の右側にカーソルを合わせてクリックします❸。

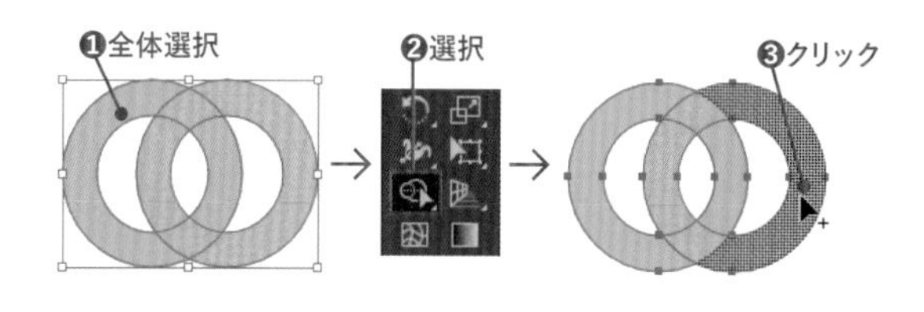

2 クリックした部分が独立したオブジェクトになります。選択ツールを選択し❶、一度選択を解除してからドラッグで移動して結果を確認します❷。

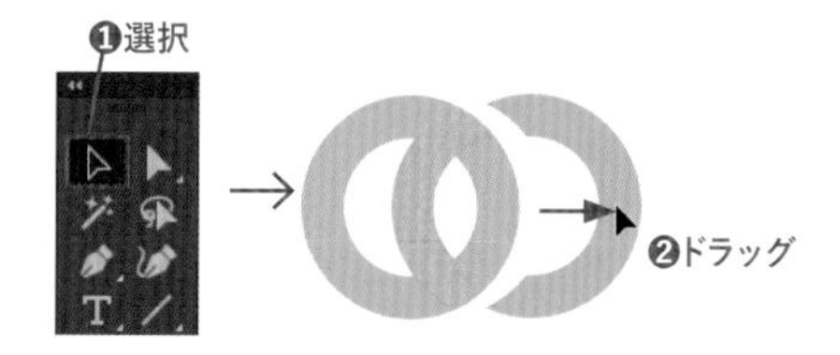

不要部分を消去

1 オブジェクトCの全体を選択ツールでドラッグして選択します❶。シェイプ形成ツールで、Alt（option）キーとShiftキーを押しながら外側の長方形を選択します❷。網の表示された部分が削除されます。

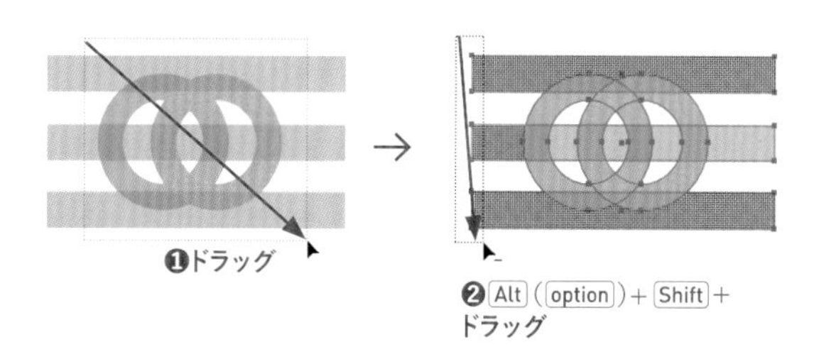

2 続けて、円と交差していない部分をAlt（option）キーを押しながらクリックして削除します❶。クリックした箇所が削除されました❷。

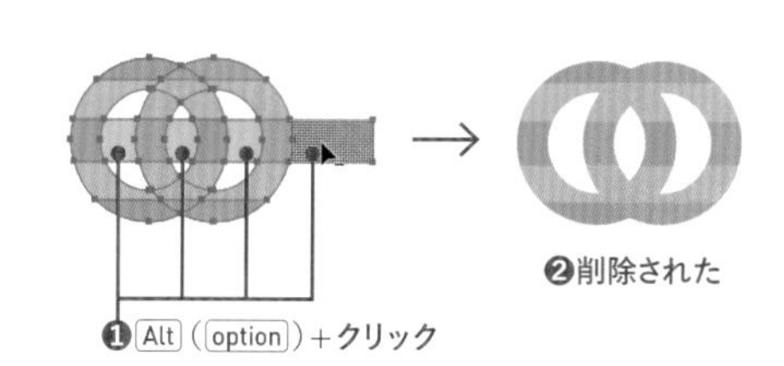

7-3 複合パスで穴を開ける

パスファインダーの型抜きと違い、複合パスは最背面のオブジェクトのカラーや効果を保存したまま前面に配置したオブジェクトので型抜きができます。穴の開いたオブジェクトは、複合パスとなりひとつのオブジェクトとして扱えます。解除して元に戻すこともできます。

STEP 01 複合パスの作成と解除

BEFORE

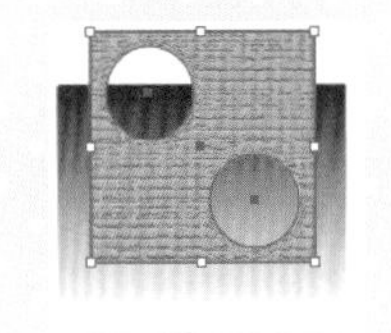
AFTER

複合パスはオブジェクトに穴が開いた状態のオブジェクトです。パスファインダーパネルの[前面オブジェクトで型抜き]で作成されたオブジェクトも複合パスになります。

1 レッスンファイルを開きます。選択ツール で前面のオブジェクト3つを選択し❶、[オブジェクト] メニュー→ [複合パス] → [作成] を選択します❷。前面のオブジェクトに穴が開いて、背面が見えるようになったことを確認します❸。

2 複合パスを選んだ状態で [オブジェクト] メニュー→ [複合パス] → [解除] を選択します❶。複合パスが解除され、穴が閉じて前面にあったオブジェクトも元に戻ります。前面のオブジェクトは、穴の開いていたオブジェクトと同じアピアランスが適用されていることを確認します❷。

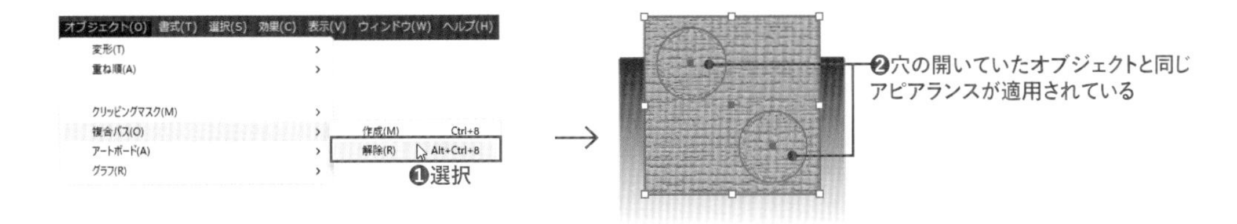

CHECK!

塗りの属性の変更

複合パスを作成して、重なった部分の穴がすべて開かなかったときは、属性パネルの[塗りに奇遇規則を使用]をクリックすると穴が開きます。

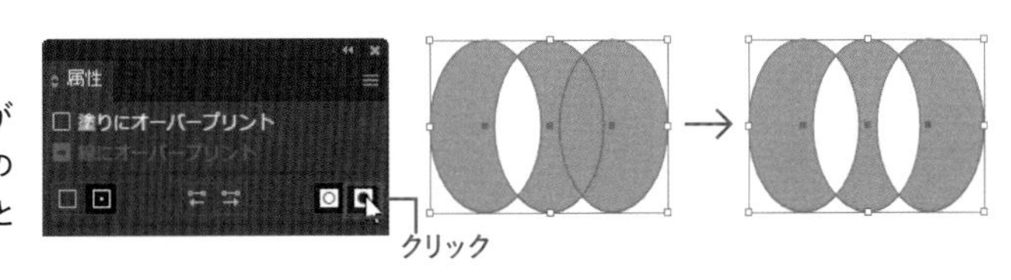

7-4 クロスと重なり

「オブジェクト」メニューの「クロスと重なり」を使うと、オブジェクトの重なった部分で、前面に表示されている「線」や「塗り」のカラーを背面に隠れているカラーに変更できます。線だけのオブジェクトにも適用できるため、円がくさり状に重なるオブジェクトを作成するのに便利です。

クロスと重なり

クロスと重なりの機能

Illustratorでは、重なるオブジェクトの前後関係はオブジェクト単位になります。そのため、くさり状の重なりを表現するには、シェイプ形成ツールなどを使用する必要がありました。「クロスと重なり」を使用すると、重なったオブジェクトの「塗り」や「線」のカラーを、部分的に背面のオブジェクトのカラーに変更できます。重なっているオブジェクトを選択し、[オブジェクト]メニュー→[クロスと重なり]→[作成]を選択し、重ね順を変える部分を指定します。

元図形

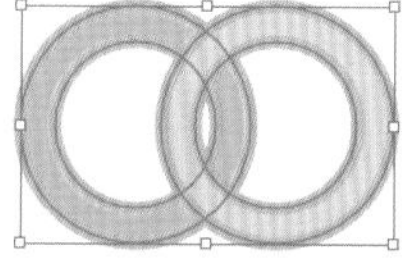
オブジェクトを選択

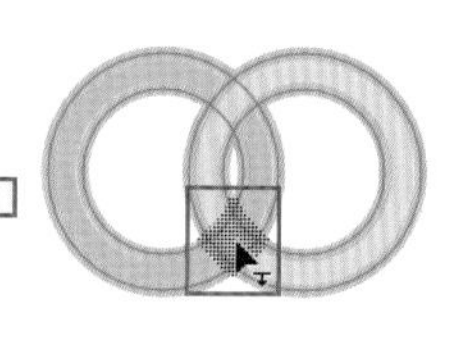
重ね順を変更できる部分にアミ点が表示されるので、クリックして指定

重ね順が変わった

再編集

「クロスと重なり」を適用したオブジェクトは、グループ化されたオブジェクトとなり、ひとつのオブジェクトとして移動や変形が可能です。適用後に、重ね順を変更したい場合は、オブジェクトを選択して[オブジェクト]メニュー→[クロスと重なり]→[編集]で、再度、変更できます。

編集時の注意

ダブルクリックして編集モードに入るか、ダイレクト選択ツール を使うと、個別にオブジェクトを選択して、カラーを変更できます。移動や変形もできますが、「クロスと重なり」を適用している部分が追随することはなく、元の場所に残るのでご注意ください。

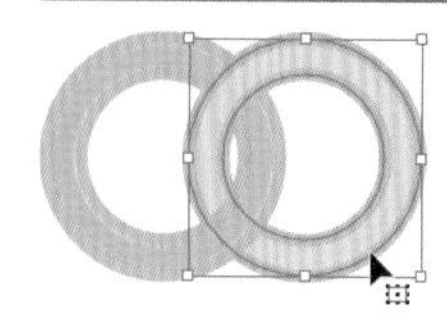

ダブルクリックで編集モードに入ると、個々のオブジェクトを選択して編集できる

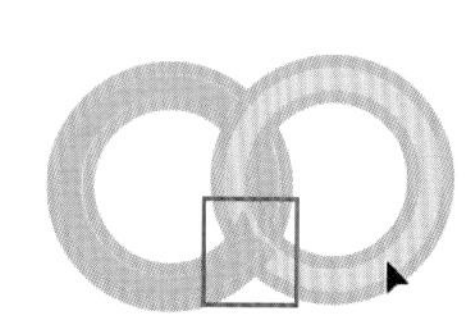
オブジェクトを移動すると、重ね順を変更した部分がそのまま残るので、ずれが生じる

解除

「クロスと重なり」を適用したオブジェクトを選択し、「オブジェクト」メニュー→クロスと重なり」→「解除」を選択すると、元の重なりの状態に戻ります。ただし、「クロスと重なり」適用後に効果を適用していると、元に戻すことはできません。

STEP 01 クロスと重なりで部分的に重ね順を変える

BEFORE

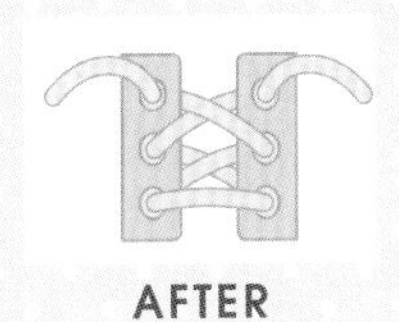
AFTER

クロスと重なりは、操作は単純なものです。ここでは基本的な重ね順の変更だけでなく、グループオブジェクトを最背面に移動してからの変更もしてみましょう。

 Lesson07 ▶ L7-4S01.ai

基本的な重ね順の変更

1 レッスンファイルを開きます。選択ツールで画像のオブジェクトAを選択します❶。[オブジェクト]メニュー→[クロスと重なり]→[作成]を選択します❷。

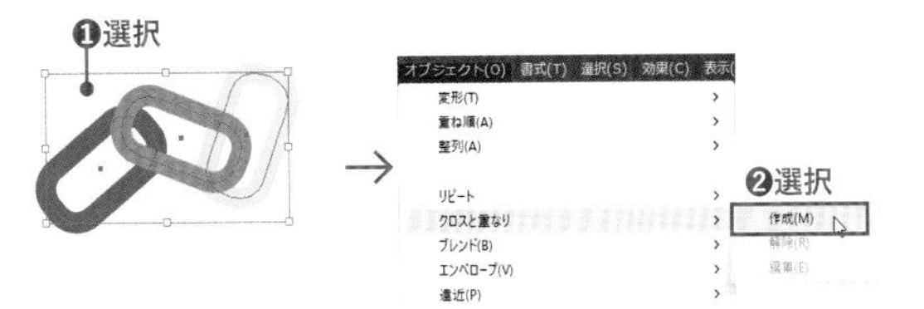

2 オレンジと黄色の重なっている下側の部分をクリックします❶。重ね順が変わったことを確認し❷、オレンジと青の重なっている下側の部分をクリックします❸。青が前面になったことを確認したら❹、Ctrl（command）キーを押しながら何もない場所をクリックしてクロスと重なりモードを抜けます❺。

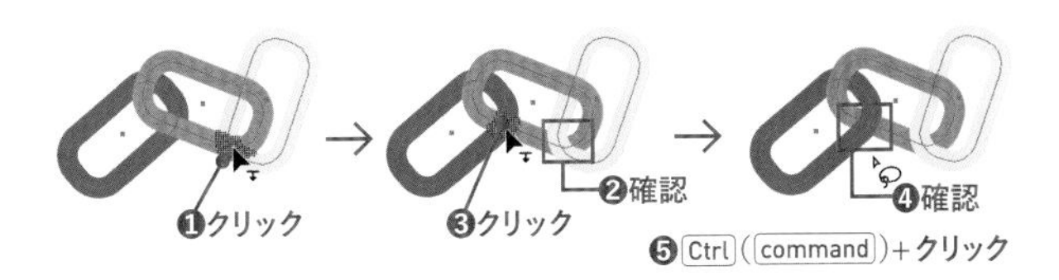

グループオブジェクトの重ね順を変えてから変更

1 レッスンファイルを開きます。選択ツールで画像のオブジェクトBを選択し❶、[オブジェクト]メニュー→[クロスと重なり]→[作成]を選択します❷。

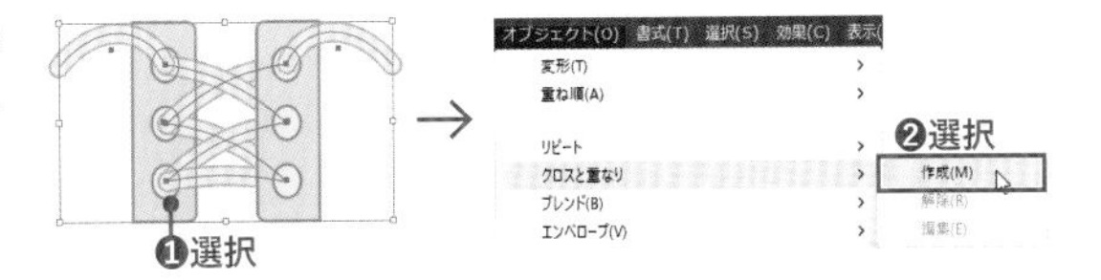

2 右側の角丸長方形と円のグループオブジェクトを囲むようにドラッグします❶。カーソルをグループオブジェクトの上に移動して太く表示されたら右クリックし❷、表示されたメニューから[最背面へ]を選択します❸。グループオブジェクトが最背面に移動し❹、重ね順を指定しやすくなりました。

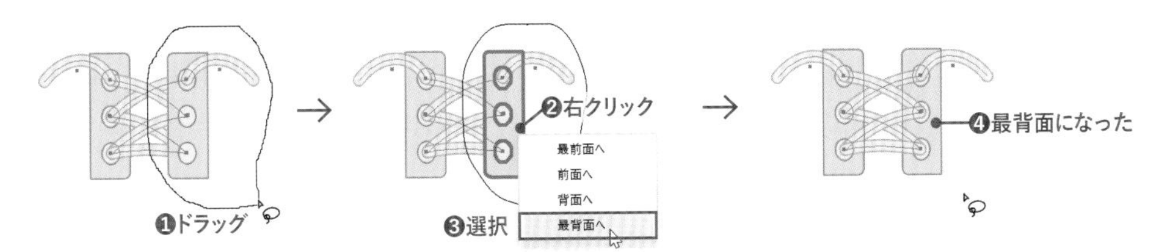

3 ひもが穴を通っているようにクリックして重ね順を変更します❶（作例とは違ってもかまいません）。すべて重ね順を変更したら❷、Ctrl（command）キーを押しながら何もない場所をクリックしてクロスと重なりモードを抜けます❸。再度、重ね順を変更したい場合は、オブジェクトを選択して[オブジェクト]メニュー→[クロスと重なり]→[編集]を選択して、変更してください。

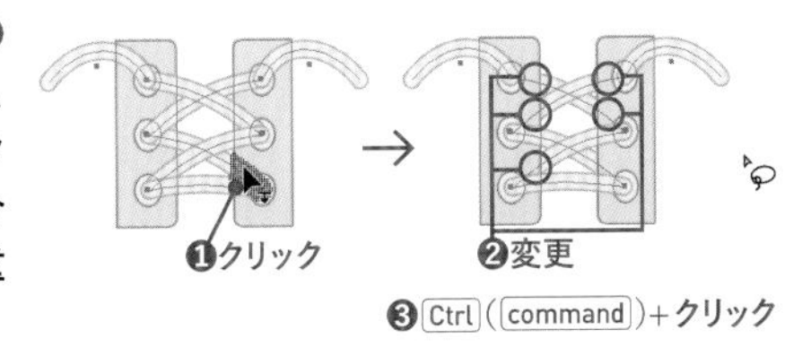

7-5 クリッピングマスク

クリッピングマスクを使うと、オブジェクトや画像を切り抜いて一部だけを見せることができます。元のオブジェクトや画像は損ないません。仕上がりサイズの指定がある場合にも便利な機能です。マスクを解除して戻すこともできます。

クリッピングマスク

クリッピングマスクとは

配置した画像や描画したイラストの一部だけを見せるために、見せたい形状で切り抜く機能をクリッピングマスクといいます。単純に「マスク」とよぶこともあります。

元画像

円でクリッピングマスク

画像のマスク

配置した画像の上下左右をトリミングしたい場合は、コントロールパネルの[マスク]をクリックします。画像の境界線にハンドルが表示されるので、ドラッグするとトリミングされた状態のクリッピングマスクが作成されます。

Photoshop で編集　画像トレース　マスク　画像の

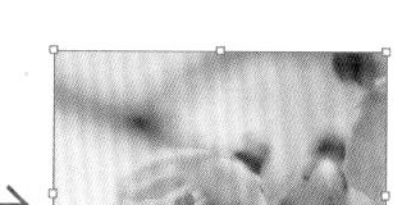

ドラッグ

オブジェクトを使ったクリッピングマスク

切り抜きたい形状のオブジェクトを使ってマスクするには、マスクされるオブジェクトとマスクに使うオブジェクト(クリッピングパス)の両方を選択し[オブジェクト]メニュー→[クリッピングマスク]→[作成]を選択します。その際、マスクに使うオブジェクトの重ね順を最前面にする必要があります。

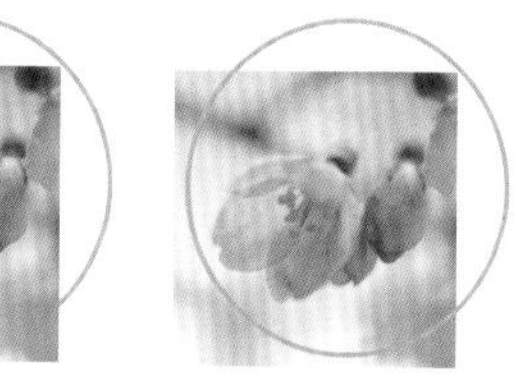

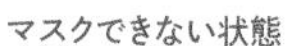

マスクできない状態　マスクできる状態

クリッピングパスの色

クリッピングマスクを作成すると、クリッピングパス(マスクに使ったオブジェクト)は[塗り]も[線]も「なし」になります。クリッピングパスは、ダイレクト選択ツールやレイヤーパネルで選択して、後からカラーを設定することができます。[塗り]はクリッピングマスクグループの最背面に、[線]はグループの最前面に表示されます。

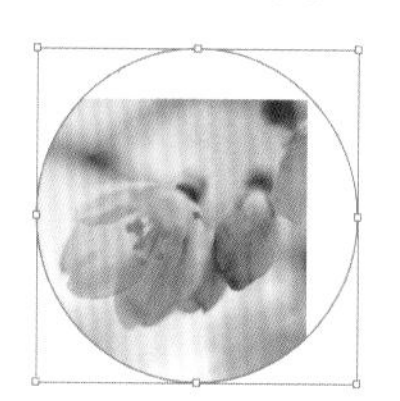

クリッピングマスク作成後は[塗り]も[線]も「なし」になる

クリッピングマスクに[塗り]と[線]を設定。[塗り]は最背面、[線]は最前面に表示される

クリッピングマスクされたオブジェクト

クリッピングマスクされたオブジェクトは、[クリッピンググループ]という名称でレイヤーパネルに表示されます。展開して表示すると、マスクに使ったオブジェクトには下線が表示されているのがわかります。

クリッピングマスクを作成すると、「クリッピンググループ」ができ、マスクに使ったオブジェクトは下線が表示される

クリッピングパスの編集

クリッピングパスは通常のパスと同様に、レイヤーパネルで選択後に選択ツール を使って変形したり、ダイレクト選択ツール でパスを変形したりして編集できます。このときマスクされている画像やオブジェクトには影響を与えません。

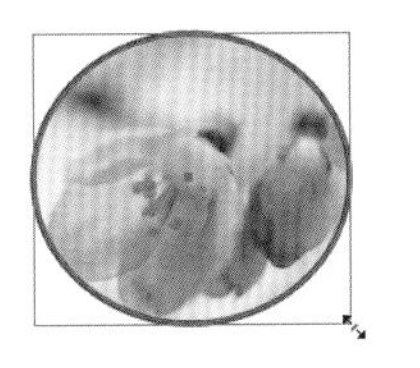

レイヤーパネルで選択後に選択ツール を使って変形

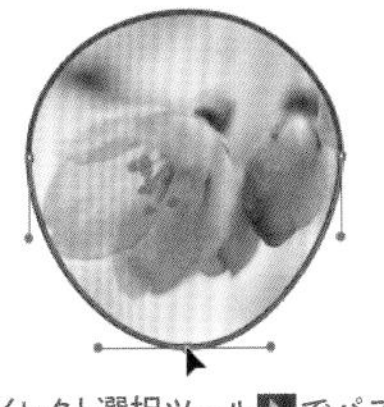

ダイレクト選択ツール でパスを変形

クリッピングマスクの解除

マスクが不要になった場合は解除することができます。解除するマスクオブジェクトを選択し、[オブジェクト]メニュー→[クリッピングマスク]→[解除]を選択してください。
マスクに使ったオブジェクトの色は、マスク作成後のカラー(変更していなければ[塗り]と[線]は[なし])になります。

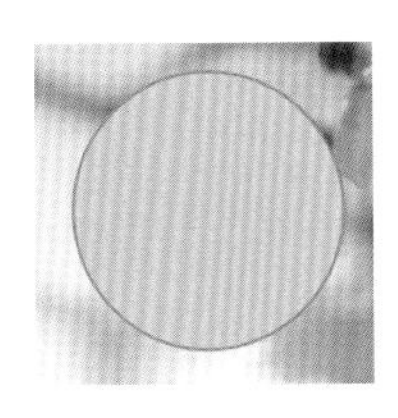

クリッピングマスクを解除

STEP 01 画像をクリッピングマスクで切り抜く

BEFORE

AFTER

クリッピングマスクを使うと画像を切り抜くことができます。さまざまな場面で利用する機能なので、しっかり学びましょう。

Lesson07 ▶ L7-5S01.ai

画像からマスクを作成・解除

1 レッスンファイルを開きます。選択ツール で画像のオブジェクト A を選択します❶。コントロールパネルが画像選択時の表示に変わるので、[マスク]をクリックします❷。

2 選択ツール で、画像の周囲に表示されたハンドルを内側にドラッグして❶、画像がマスクされることを確認してください。

3 マスクを解除して元に戻してみましょう。[オブジェクト]メニュー→[クリッピングマスク]→[解除]を選択します❶。マスクが解除されて、画像が元のサイズに戻ります。クリッピングパスが前面に残っているので、Delete キーを押して削除してください❷。

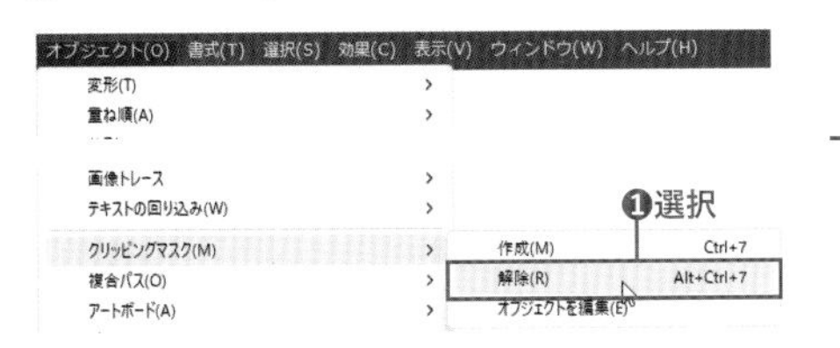

→

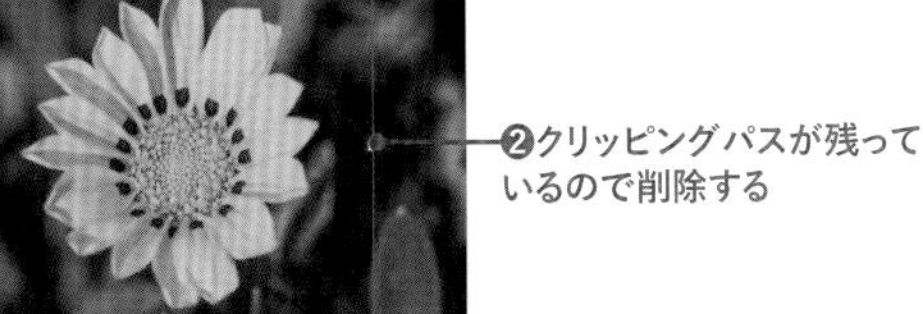

画像とオブジェクトから作成

1 選択ツール で円 C をドラッグして画像 B の上に重ね、花が収まるように位置を調節します❶。

2 ドラッグして画像と円の両方とも選択します❶。

3 [オブジェクト] メニュー→ [クリッピングマスク] → [作成] を選択します❶。前面に配置した円のオブジェクトで背面の画像がマスクされました❷。

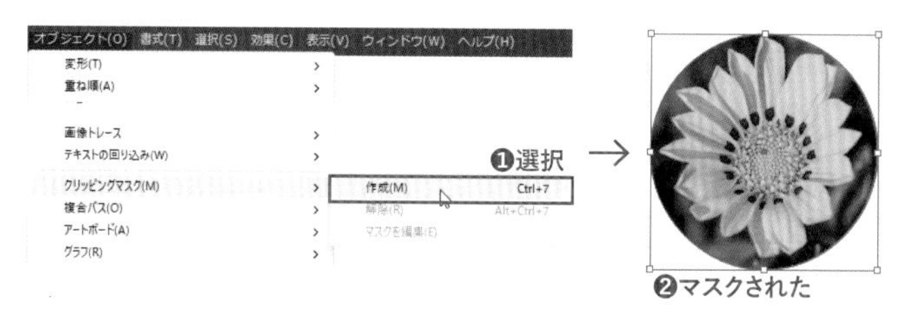

STEP 02 アートワークをクリッピングマスクで切り抜く

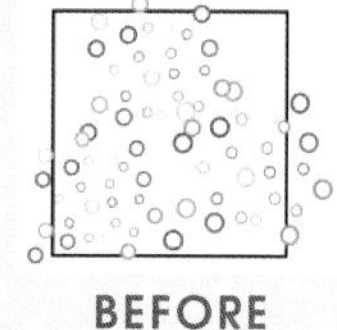
BEFORE

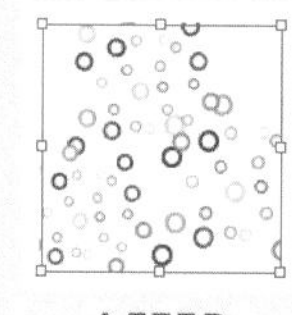
AFTER

クリッピングマスクは、画像だけでなくオブジェクトに対しても有効です。切り抜いたオブジェクトの背面に色をつける方法も学びましょう。

最前面のオブジェクトで作成

1 レッスンファイルを開きます。アートワーク A の長方形のオブジェクトを選択ツール で選択し❶、[オブジェクト] メニュー→ [重ね順] → [最前面へ] を選択します❷。クリッピングマスクする際に、マスクするオブジェクトが最前面にあることが必要なので、確実に最前面にするために行っています。

2 ドラッグして全体を選択して❶、[オブジェクト] メニュー→ [クリッピングマスク] → [作成] を選択します❷。最前面に配置したオブジェクトでクリッピングマスクが作成されました。

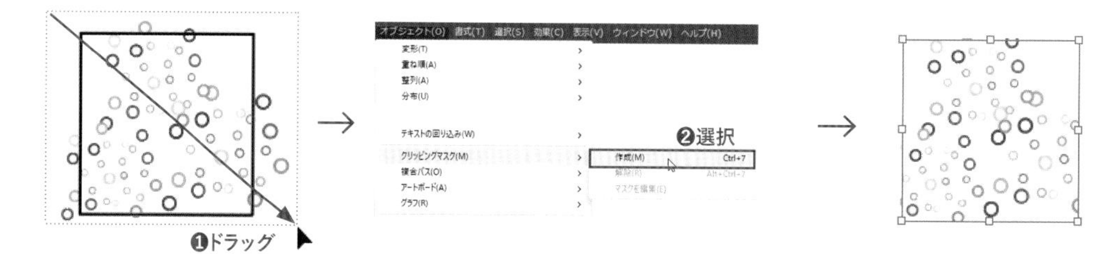

マスクに色を設定

1 アートワーク B を使います。ダイレクト選択ツール を選択します❶。クリッピングパスをドラッグして選択します❷。

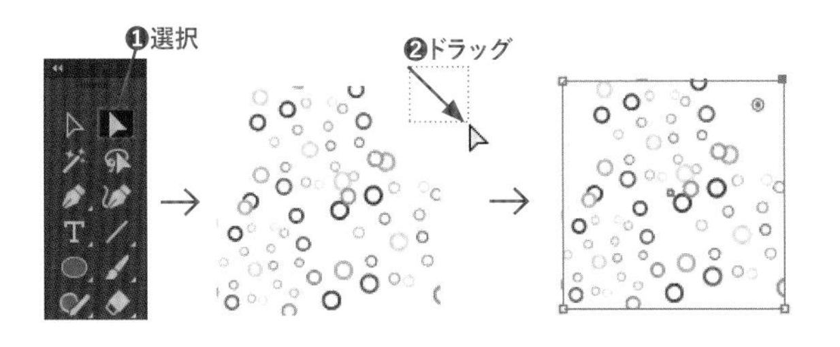

CHECK!

アウトラインモード

パスの位置がわからない場合は、[表示]メニュー→[アウトライン]を選んでアウトラインモードにしてから選択するとよいでしょう。

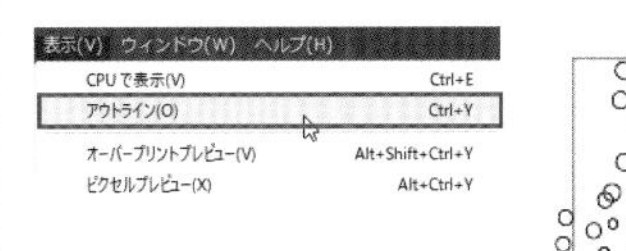

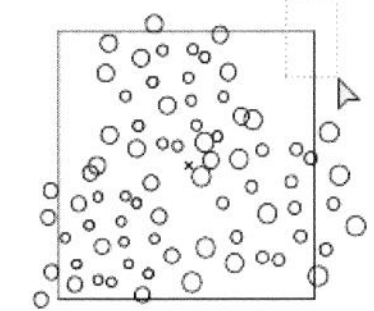

2 透明なクリッピングマスクに色をつけます。スウォッチパネルで[塗り]をクリックして前面に出し❶、色を設定します(色は任意)❷。スウォッチパネルで[線]をクリックし❸、色を設定します(色は任意)❹。線パネルで[線幅]を「10pt」に設定します❺。

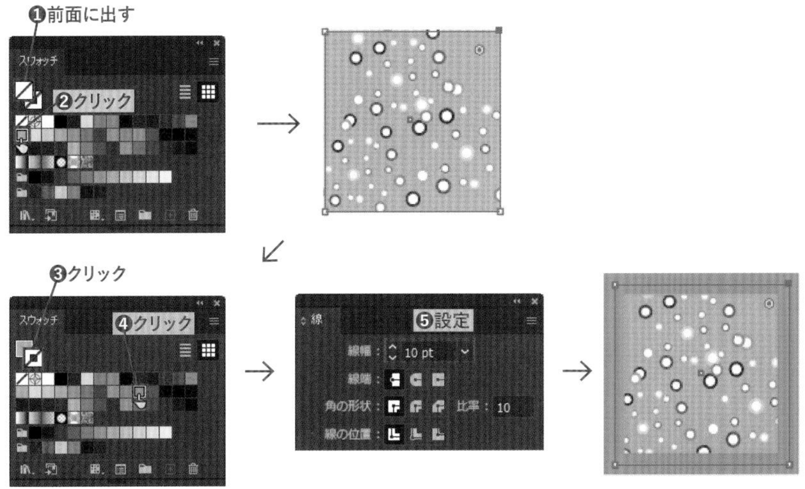

マスクしたオブジェクトの背面に[塗り]が、前面に[線]が表示されることを確認する

COLUMN

クリッピンググループの編集

レイヤーパネルを使うと、クリッピングパスで切り抜いたオブジェクト中に、新しいオブジェクトを追加することもできます。
オブジェクトをドラッグして〈クリップグループ〉に重ね、グループに入れてください。

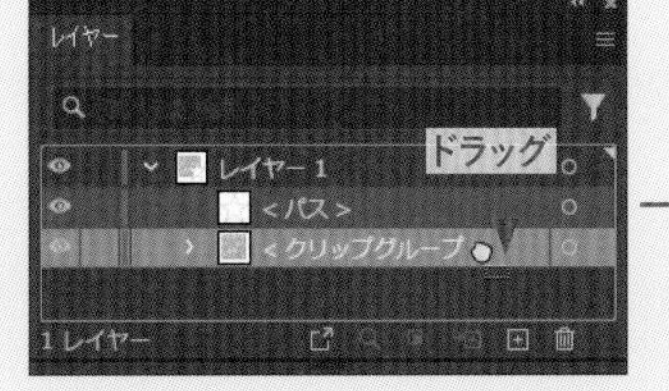

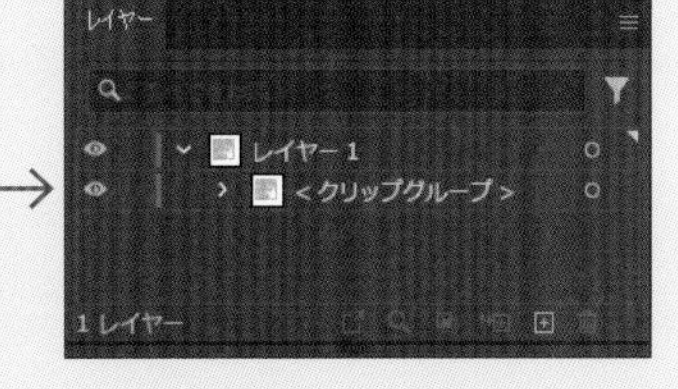

練習問題

Lesson07 ▶ L7EX1.ai

**円のオブジェクトをシェイプ形成ツールなどを使って合体させ、
画像にクリッピングマスクを作成します。**

BEFORE

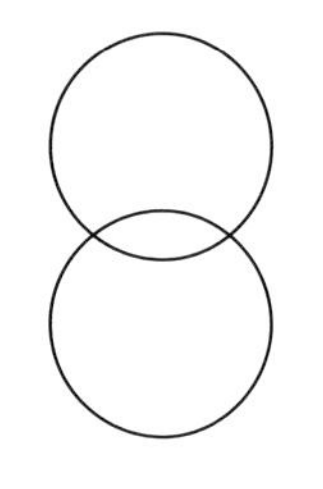

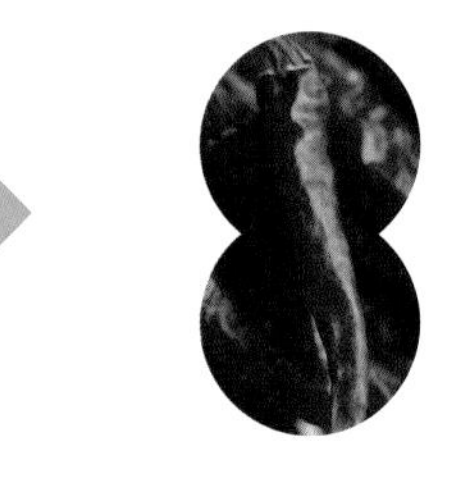

AFTER

❶選択ツールで円のオブジェクトをふたつとも選択します。
❷シェイプ形成ツールまたはパスファインダーパネルの[合体]でふたつの円を合体させます。
❸作成したオブジェクトを画像の上に重ねます。
❹作成したオブジェクトと画像の両方を選択します。
❺[オブジェクト]メニュー→[クリッピングマスク]→[作成]を選択します。

Lesson07 ▶ L7EX2.ai

**前面のふたつの楕円のオブジェクトを複合パスにして土星の輪を作成します。
シェイプ形成ツールで、輪と背面の円を合成して、輪の中に円が入っているようにしましょう。**

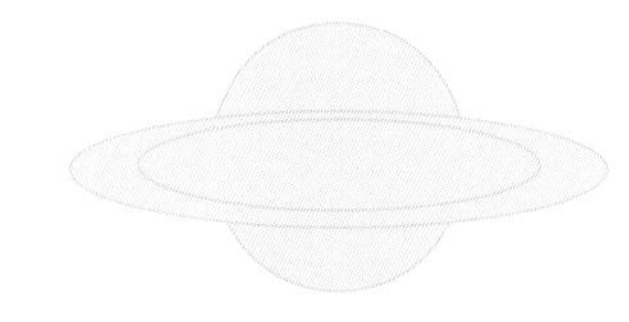

BEFORE

AFTER

❶選択ツールで前面の楕円をふたつとも選択します。
❷[オブジェクト]メニュー→[複合パス]→[作成]を選択し、複合パスにします。
❸選択ツールで、作成した複合パスと、背面の円を選択します。
❹シェイプ形成ツールで、輪と円の重なっている上の部分をドラッグして合成します。

Lesson 08

色の設定

Illustratorのオブジェクトには、パスの内部の[塗り]の色とパスそのもの(図形の境界部)の[線]の色を設定できます。色は、単色だけでなく、グラデーションやパターンを適用することもできます。オブジェクトの色の設定は、見た目を決める大切なものなのでしっかり身につけましょう。

8-1 色を設定する

オブジェクトの色は、パスの内部の[塗り]と、[線]のそれぞれに設定できます。色の指定は、コントロールパネル、カラーパネル、スウォッチパネル、カラーガイドパネルのパネルを使うのが一般的です。スポイトツールを使うと、ほかのオブジェクトの色をコピーできます。

色の設定対象を選択する

色は、オブジェクトを選択してから設定します。オブジェクトを選択すると、ツールバー／カラーパネル／スウォッチパネルなどに、現在の[塗り]と[線]の色が表示されます。左上が[塗り]で右下が[線]です。
前面に出ているほうが、色の設定対象となります。クリックして対象を選択できます。対象を選択することを「アクティブにする」といいます。
[塗りと線を入れ替え]をクリックすると、[塗り]と[線]を入れ替えられます。[初期設定の塗りと線]をクリックすると、初期設定の[塗り]が[ホワイト]、[線]が[ブラック]に変わります。

ツールバー

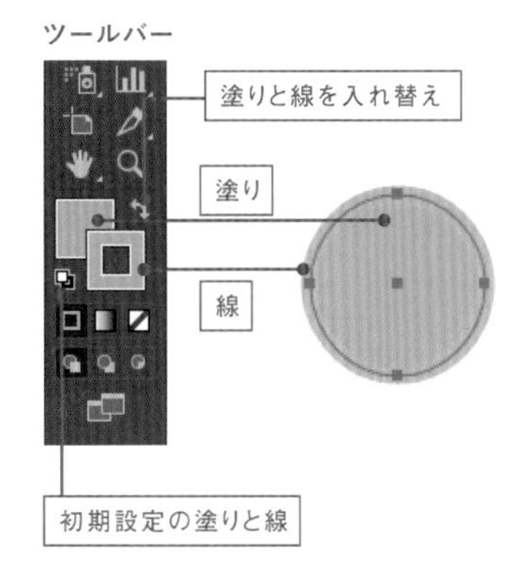

カラーパネル

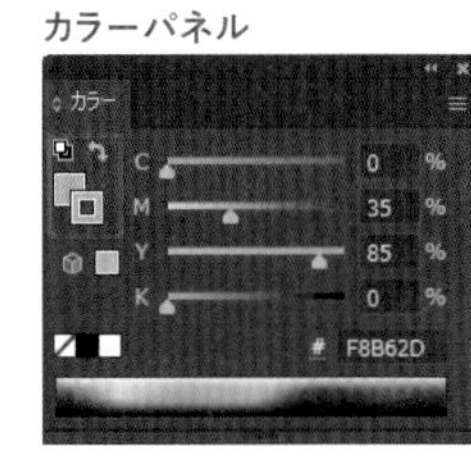

スウォッチパネル

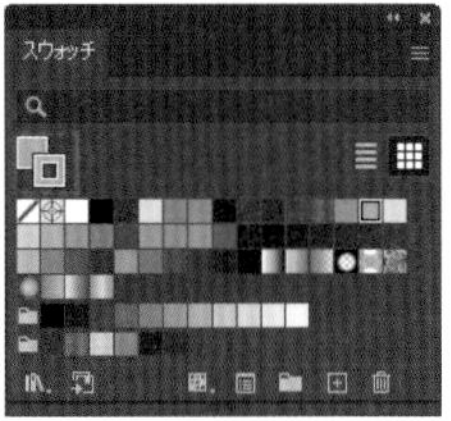

色を設定する

カラーパネル

オブジェクトの色を設定する基本的なパネルがカラーパネルです。ツールバーと同様に、[塗り]や[線]の対象を選択してから、色を指定します。色の指定は、CMYKやRGBの各色をスライダーまたは、数値で指定します。パネルの下部に下に表示されるスペクトルバーをクリックしても設定できます。
カラーパネルは、[ウィンドウ]メニュー→[カラー]で表示します。

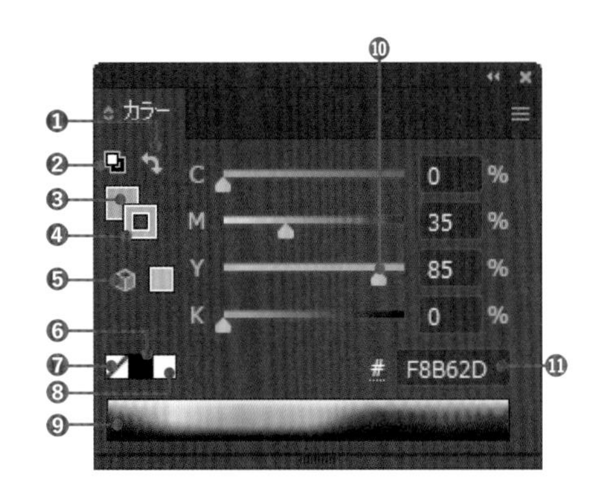

❶クリックして[塗り]と[線]の色を入れ替える
❷クリックして[塗り]を[ホワイト]、[線]を[ブラック]に設定する
❸クリックして前面に出し、[塗り]の色を設定する
❹クリックして前面に出し、[線]の色を設定する
❺設定した色が「Webセーフカラー(MacとWindowsで共通した標準の216色)」以外の色であるとき、このアイコンと「Webセーフカラー」内の近似色のアイコンが表示される。このアイコンをクリックすると、表示された近似色に設定される
❻クリックして色の設定を[ブラック]にする
❼クリックして色の設定を[なし]にする
❽クリックして色の設定を[ホワイト]にする
❾クリックして色を設定する
❿バーをクリックするか、△マークをドラッグして色の数値を変更する。数値欄に直接数字を入力することもできる
⓫16進のカラー値

スウォッチパネル

スウォッチパネルは、表示されたカラーをクリックしてオブジェクトに色を設定できます。色の設定対象は、ツールバーまたはカラーパネルで選択した[塗り]または[線]です。作業中にカラーパネルで指定した色を登録すれば、何度でも繰り返して同じ色を使えます。グラデーションやパターンも登録できます。
スウォッチパネルは、[ウィンドウ]メニュー→[スウォッチ]で表示します。

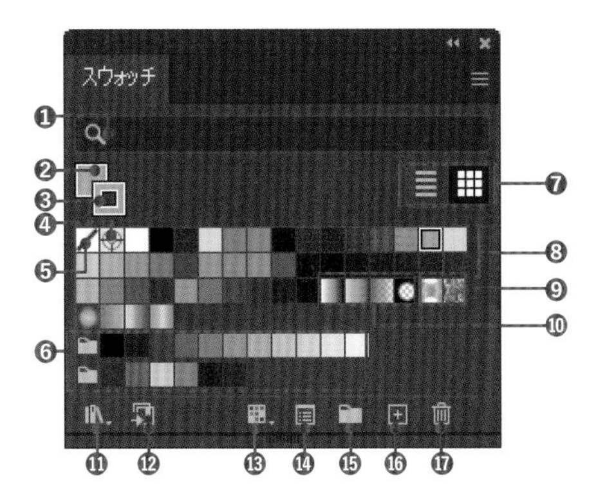

❶スウォッチの名称で、色を絞り込んで表示できる
❷クリックして前面に出し、[塗り]の色を設定する
❸クリックして前面に出し、[線]の色を設定する
❹色の設定を[レジストレーション](使用している全色)にする。トンボなど、分版時にすべての版で出力するオブジェクトなどに使用する
❺クリックして色の設定を[なし]にする
❻カラーグループ
❼スウォッチの表示方法(リスト/アイコン)を選択する
❽クリックして色を設定する
❾パターンのスウォッチで、クリックして[塗り]にパターンを設定する
❿グラデーションのスウォッチで、クリックしてグラデーションを設定する
⓫ほかのスウォッチパネルを表示する
⓬アクティブなカラーをCreative Cloudライブラリに登録する
⓭表示するスウォッチの種類を選択する
⓮[スウォッチオプション]ダイアログボックスを開き、選択したスウォッチの名前や色の設定を変更する
⓯スウォッチパネル内にカラーグループ(フォルダ)を作る
⓰現在のカラーパネルの色をスウォッチに新規登録する
⓱選択したスウォッチを削除する

コントロールパネルとアピアランスパネル

コントロールパネルとアピアランスパネルには、[塗り]と[線]の設定ボックスがあり、クリックするとスウォッチパネルを表示して色を適用できます。また、どちらのパネルも、Shiftキーを押しながらクリックするとカラーパネルを表示して色を適用できます。また、プロパティパネルにも[塗り]と[線]の設定ボックスがあり、クリックするとスウォッチパネルまたはカラーパネルを表示して色を適用できます。パネル上部の で、スウォッチパネルとカラーパネルの切り替えができます。

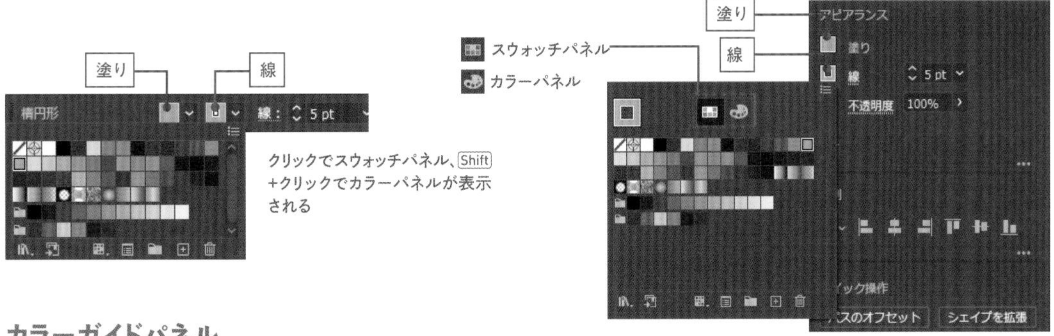

カラーガイドパネル

カラーパネルやスウォッチパネルで選択した色と相性のよい色や、そのバリエーションが表示されるパネルです。似たような色を設定したいときに便利なパネルです。カラーガイドパネルは、[ウィンドウ]メニュー→[カラーガイド]で表示します。

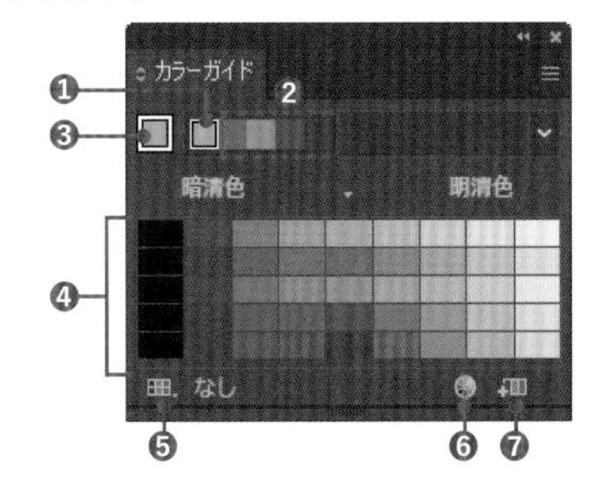

❶カラーバリエーションのベースカラー(配色の基準色)が表示される
❷ベースカラーと相性のよい色が表示される。右端の∨をクリックしてハーモニールールを選択すると、色の組み合わせが変わる
❸現在選択しているオブジェクトの色が表示され、クリックするとベースカラーに設定できる。カラーガイドパネル内の色をベースカラーとして設定したいときは、カラーガイドパネル内で色を選択してからクリックする
❹カラーグループの色が縦方向に表示され、横方向に各色のバリエーション色が表示される
❺カラーバリエーションの色を、指定したスウォッチライブラリ内の色に制限する
❻[オブジェクトを再配色]ダイアログボックスを表示して、カラーグループの色を編集できる
❼カラーグループの色をスウォッチパネルに登録する

カラーピッカー

カラーパネルやツールバーの[塗り]または[線]をダブルクリックすると[カラーピッカー]ダイアログボックスが表示されます。[カラースペクトル]をクリックするか[カラースライダー]を動かして表示色域を変え、[カラーフィールド]でクリックして、カラーを選択します。

❶カラーフィールド：HSB、RGBのうち[カラースペクトル]に選択されていない要素の色が表示される。クリックしてカラーを選択できる
❷カラースペクトル：HSBまたはRGBのクリックした要素が表示される
❸カラースライダー：カラースペクトルの色を変更する
❹現在選択している色
❺元の色
❻カラースペクトルに表示する要素を選択
❼HSBカラー値
❽RGBカラー値
❾16進カラー値
❿CMYKカラー値
⓫スウォッチを表示
⓬CMYK色域外の警告
⓭Webセーフカラーの色域外の警告

✔CHECK!

色域外のカラーの調節

[カラーピッカー]ダイアログボックスで、鮮やかな右上部分の色をクリックすると、右上に⚠が表示されます。これは、選択した色がCMYKの色域外であることを表します。RGBまたはHSBで表現できる色の範囲は、印刷用のCMYKの色の範囲より広いためです。⚠をクリックすると、自動的に印刷に近い印象になるよう色が調節されます。
また、その下の▣は、Webセーフカラーの色域外を表します。Webセーフカラーは、OSやPCに依存せずにWeb表現できる216色のことです。▣をクリックすると、Webセーフカラーに調節されます。

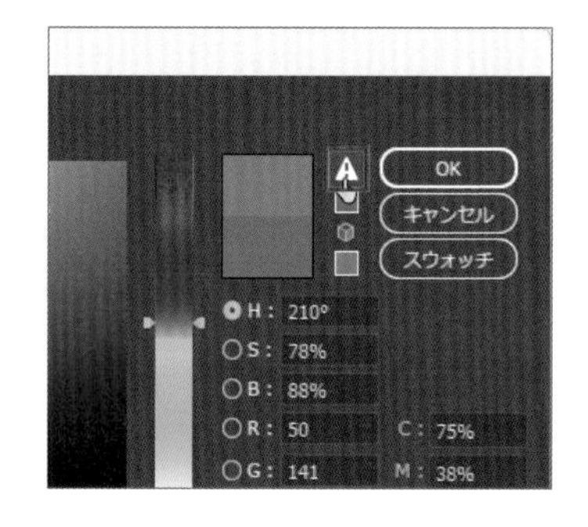

COLUMN

見え方の違い

本書のカラーピッカーと、実際のディスプレイ上での表示を見比べると、かなり違うことがわかります。特に蛍光色は、非常に印象が変わります。Illustrator上で調整されても、慣れるまでは、アートワークで重要なカラーを選んだ後は印刷された色見本を確認したほうがよいでしょう。

スポイトツール

スポイトツールは、選択しているオブジェクトに、クリックしたオブジェクトのカラーや線などのアピアランス設定、文字設定等をコピーします。
ツールバーのアイコンをダブルクリックすると、[スポイトツールオプション]ダイアログボックスが表示され、抽出する属性や、適用する属性を選択できます。常にカラーだけを取り込むような場合は、該当する属性以外はすべてチェックをはずしておくとよいでしょう。

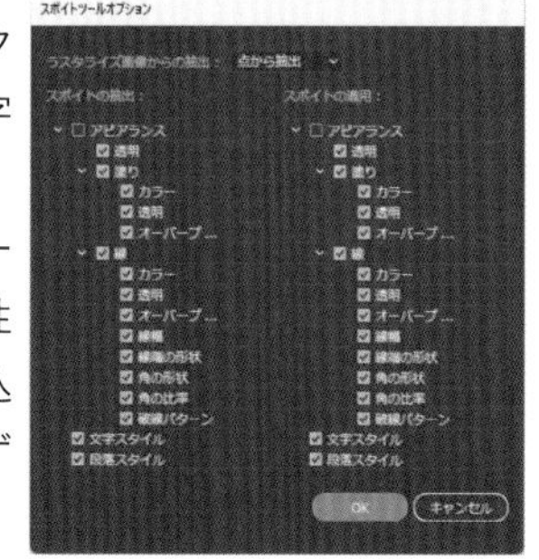

ツールバーのスポイトツールアイコンをダブルクリックして表示される[スポイトツールオプション]ダイアログボックス。スポイトツールで抽出・適用する属性を選択できる

STEP 01 カラーパネルで色を設定する

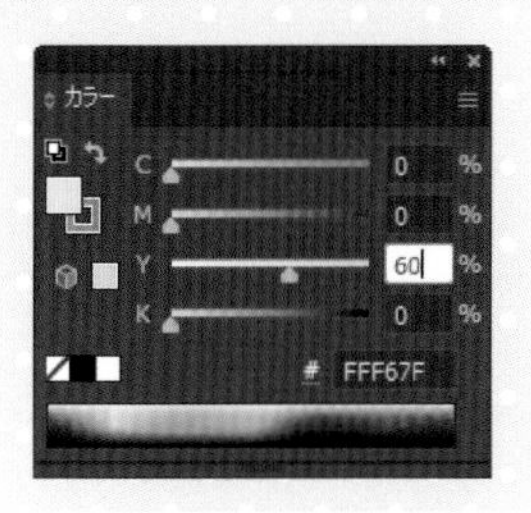

カラー設定の基本になるのがカラーパネルです。イメージした色をさっと作れるようになっておきましょう。

Lesson08 ▶ L8-1S01.ai

カラーのオン／オフ、塗りと線の入れ替え

1 レッスンファイルを開きます。選択ツール で A の星形のオブジェクトを選択します❶。カラーパネルで[塗り]をクリックし❷、続けて[なし]をクリックします❸。オブジェクトの[塗り]がなくなり、背面が見えるようになりました。

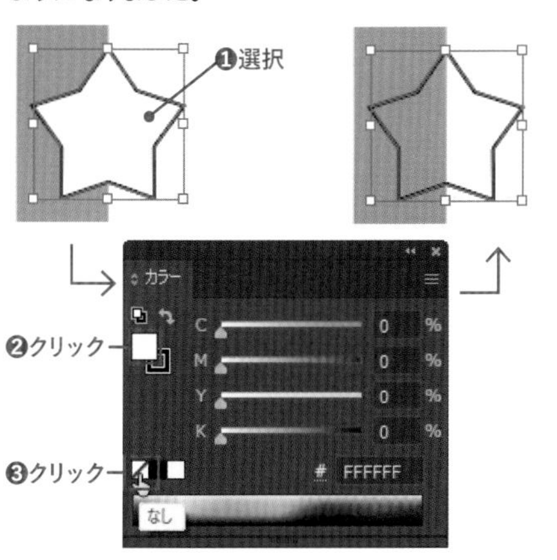

2 カラーパネルで[塗りと線を入れ替え]をクリックします❶。[塗り]と[線]の色が入れ替わりました。[塗り]と[線]を間違って設定してしまうことが結構あるので、この機能を覚えておくと便利です。

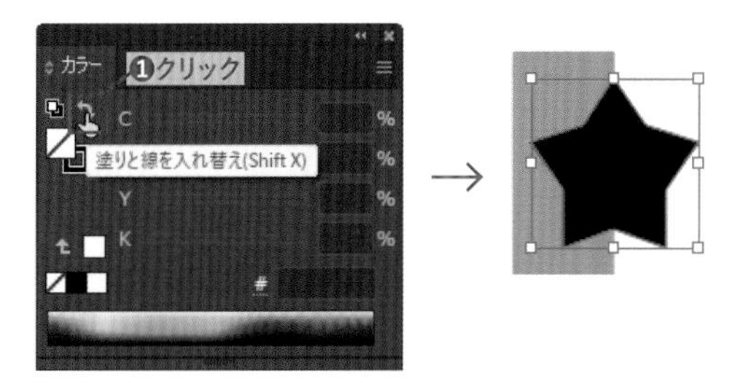

カラースライダーのドラッグと数値入力

1 六角形のオブジェクト B を選択します❶。カラーパネルで[線]をクリックします❷。[C]のスライダーを「100」❸、[K]のスライダーを「0」までドラッグします❹。オブジェクトの[線]の色が変わりました。

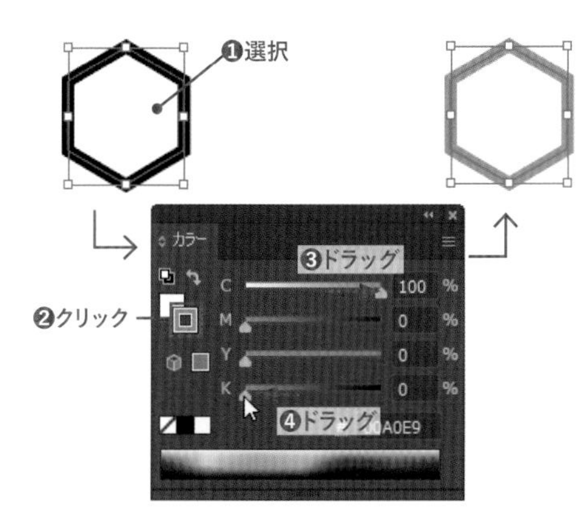

2 続けて[塗り]をクリックして❶、[Y]のボックスに「60」と入力し、Enter（return）キーを押します❷。全角数字で入力しても大丈夫です。[塗り]の色が変わりました。

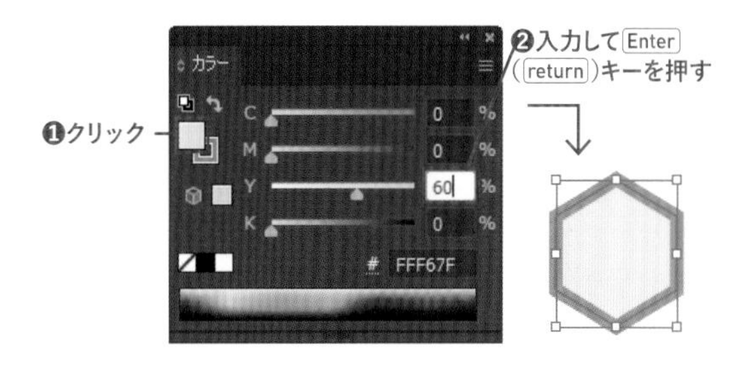

スペクトルから色を設定する

1 円形のオブジェクトを選択します❶。カラーパネルで[塗り]を選択します❷。CMYKスペクトルで設定したいカラーをクリックします❸(パネルの下部をドラッグして広げられます)。[塗り]の色が変わりました。

❶選択
❷選択
❸クリック

2 CMYKの数値をきりのよい整数に変更し、Enter(return)キーを押します❶。色が指定した色の変わります❷。

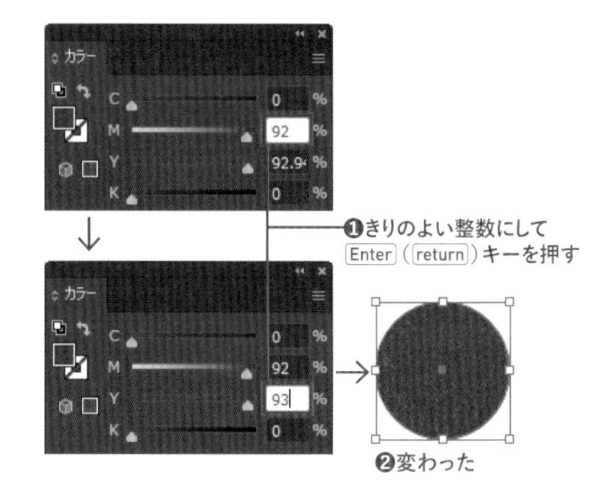

ここではCMYKスペクトルでの説明だが、RGBスペクトルやHSBスペクトルでも同様に色をクリックして設定できる

[前回使用したカラー]を利用する

1 オブジェクトを選択します❶。カラーパネルで[線]をクリックし❷、カラーを[なし]に設定します❸。[塗り]や[線]が[なし]に指定されると、[前回使用したカラー]が表示されます。

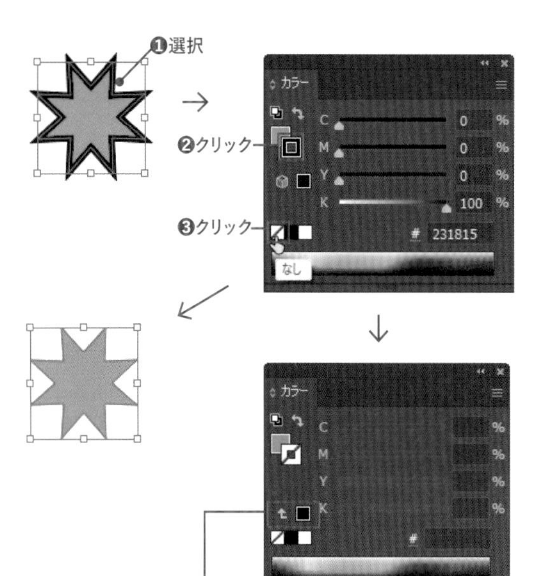

[塗り]や[線]が[なし]に指定されると、[前回使用したカラー]が表示される

2 [塗りと線の入れ替え]を2回クリックします❶❷。[前回使用したカラー]が[塗り]の色に変わります❸。

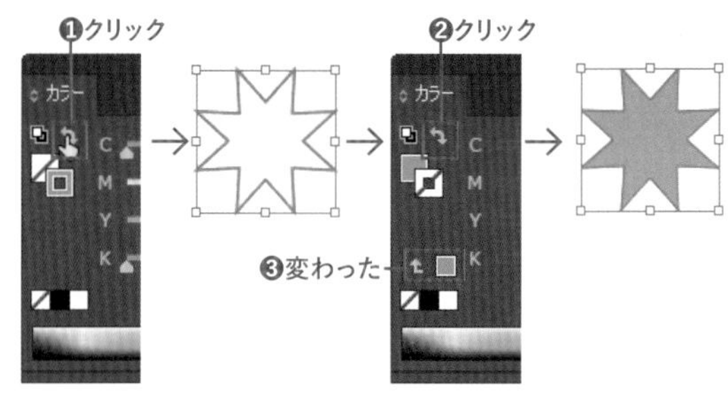

3 [前回使用したカラー]をクリックして❶、[線]のカラーを指定します。

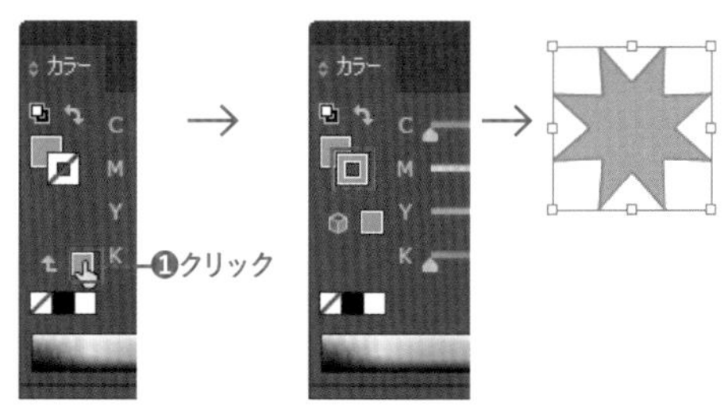

STEP 02 スウォッチパネルの使い方を覚える

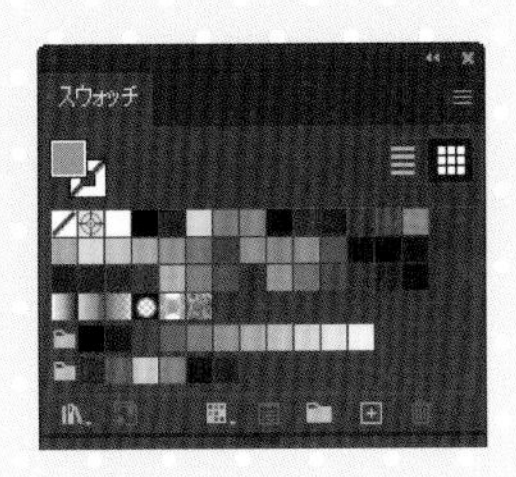

スウォッチパネルにカラーを登録しておくと、ワンクリックで使用できます。パターンやグラデーションも登録できます。

Lesson08 ▶ L8-1S02.ai

新規スウォッチの作成

1 レッスンファイルを開きます。選択ツール でオブジェクトを選択し❶、スウォッチパネルで[塗り]を選択し❷、そのまま[塗り]のボックスを空欄にドラッグします❸。

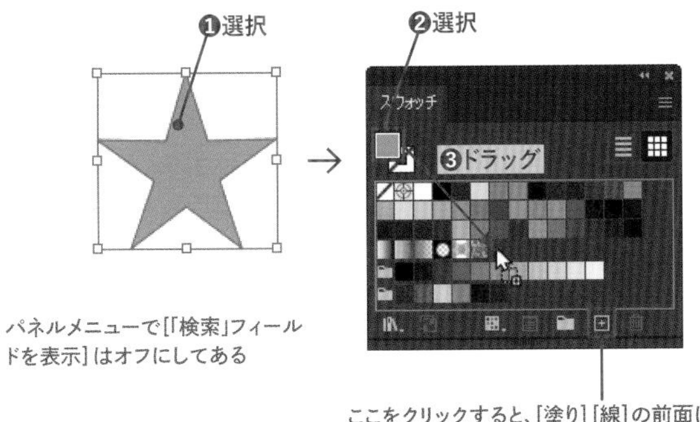

パネルメニューで[「検索」フィールドを表示]はオフにしてある

ここをクリックすると、[塗り][線]の前面になっている色やグラデーションを登録できる

2 [塗り]の色がスウォッチパネルに登録されます❶。スウォッチは、ドラッグで位置が変えられることを確認しましょう❷。

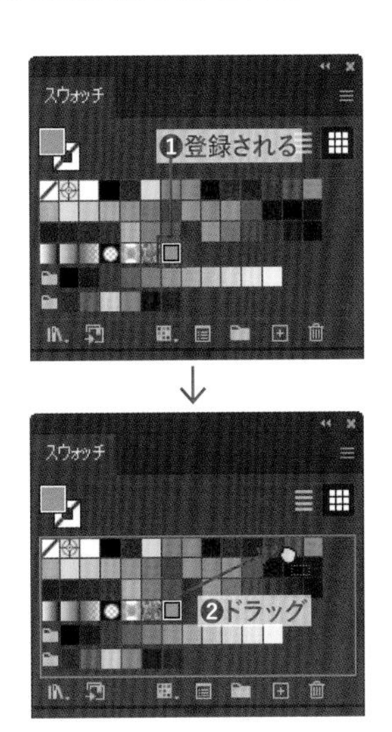

✔CHECK!

カラーパネルやツールーバーから登録

カラーパネルやツールーバーの[塗り][線]のボックスを、スウォッチパネルの空欄にドラッグしても登録できます。

スウォッチの削除

1 登録したスウォッチをクリックして選択し❶、[スウォッチを削除]をクリックします❷。確認ダイアログボックスが表示されるので[はい]をクリックします❸。

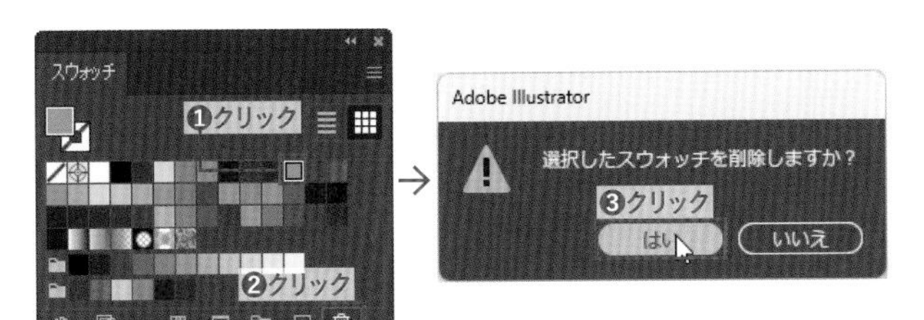

2 スウォッチを削除しても、オブジェクトのカラーには影響ありません。

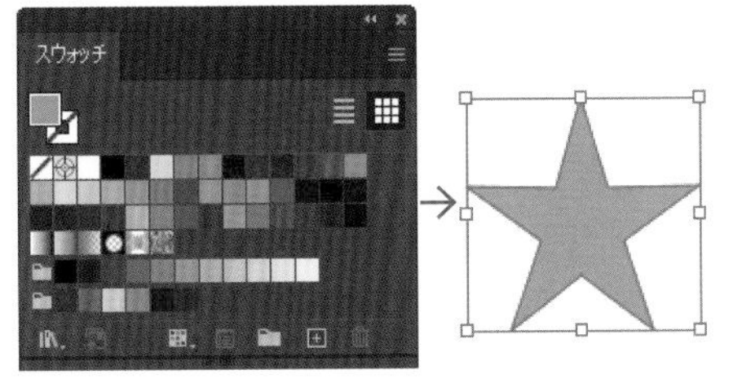

グローバルカラーを使う

1 オブジェクトを選択し❶、スウォッチパネルで［塗り］をアクティブにして❷、スウォッチパネルの［新規スウォッチ］をクリックします❸。

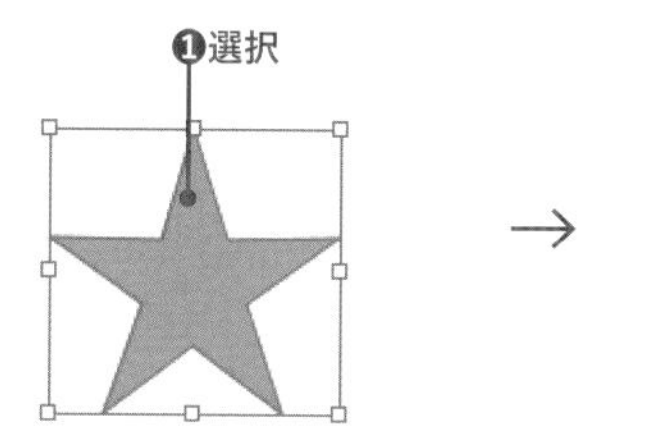

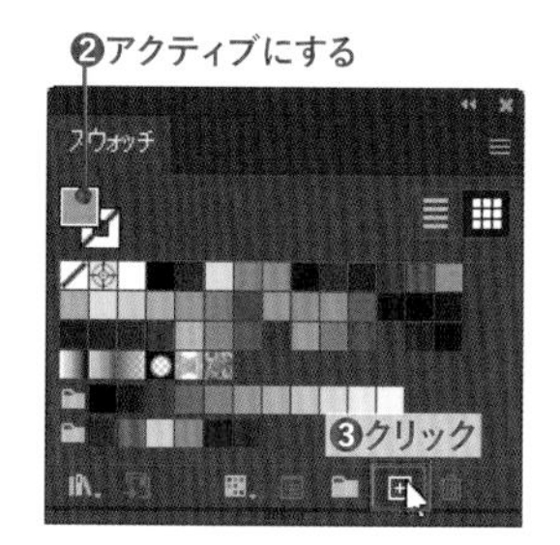

2 ［新規スウォッチ］ダイアログボックスが表示されるので、［グローバル］をチェックして❶、［OK］をクリックします❷。スウォッチパネルにスウォッチが登録されます❸。［グローバル］をチェックしたので、右下に◢の切り欠きマークが表示されます。また、選択したオブジェクトには、登録したスウォッチが適用されています。

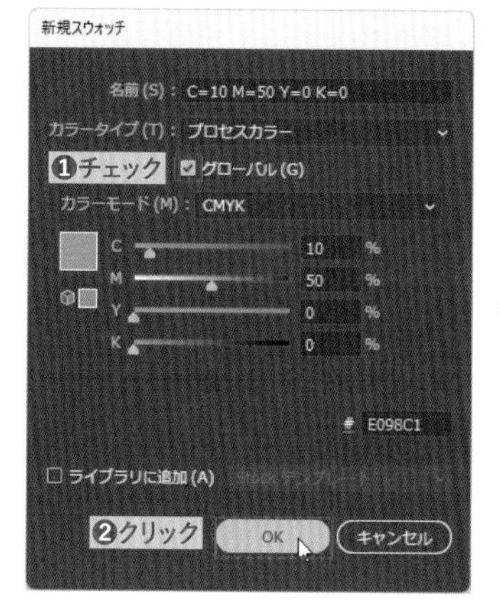

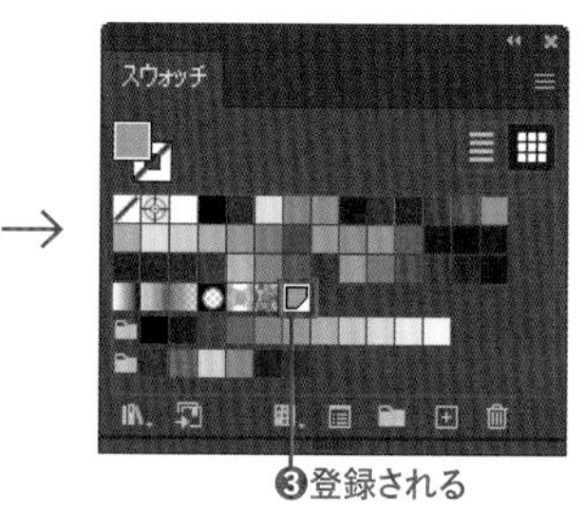

3 オブジェクトの選択を解除します❶。スウォッチパネルで、登録したスウォッチをダブルクリックします❷。

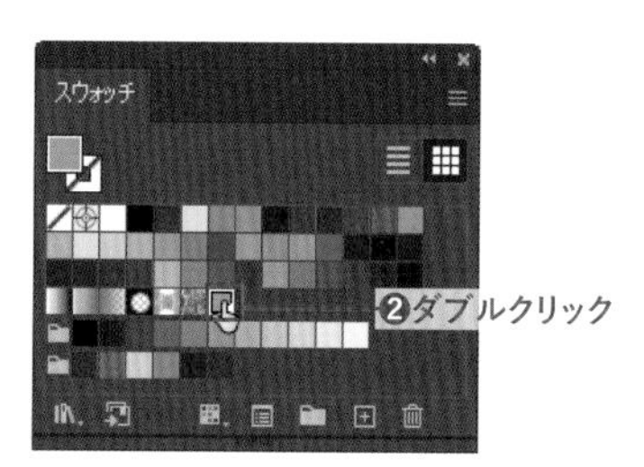

4 ［スウォッチオプション］ダイアログボックスが表示されます。カラースライダーで色を変更します。ここでは、「C=0 M=25 Y=50 K=0」に変更しました❶。変更したら［OK］をクリックします❷。スウォッチパネルのスウォッチの色が変わり❸、オブジェクトの色も変更したスウォッチの色に変わります❹。このように、［グローバル］をチェックしたスウォッチは、オブジェクトに適用された色とリンクしており、［スウォッチオプション］ダイアログボックスで色を変更すると、選択していないオブジェクトの色にも反映されます。

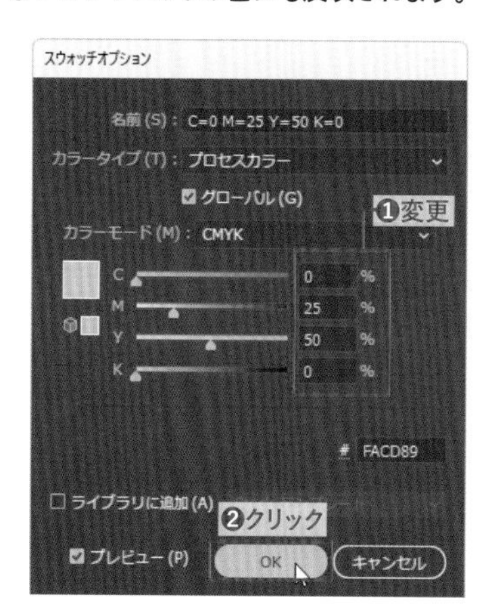

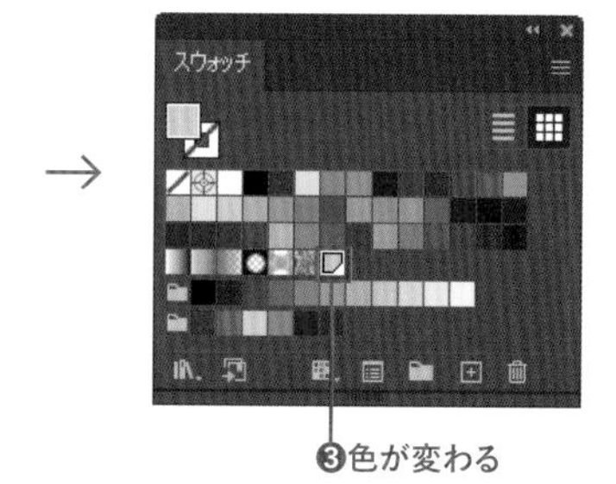

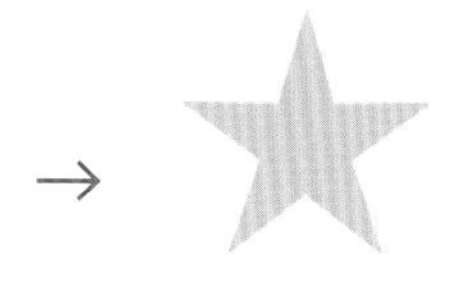

スウォッチライブラリを利用する

1 スウォッチパネルで[スウォッチライブラリメニュー]をクリックして表示し❶、[VisiBone 2]を選択します❷。

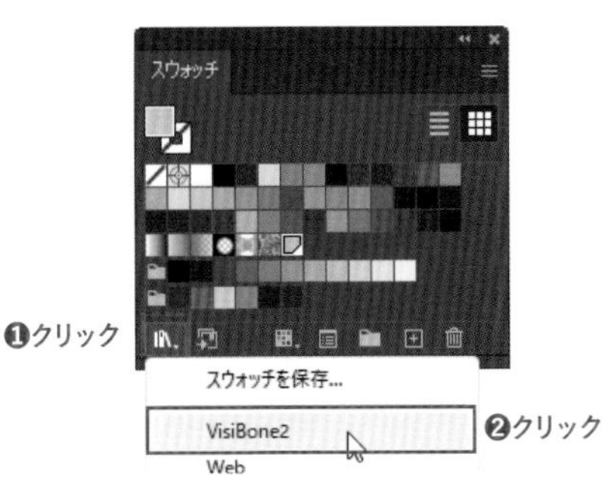

2 VisiBone 2パネルが表示されます。スウォッチパネルと同様に、色をクリックしてオブジェクトに適用できます❶。[次のスウォッチライブラリを読み込み]をクリックすると、[スウォッチライブラリメニュー]に表示されたほかのスウォッチライブラリを順に表示できます❷。

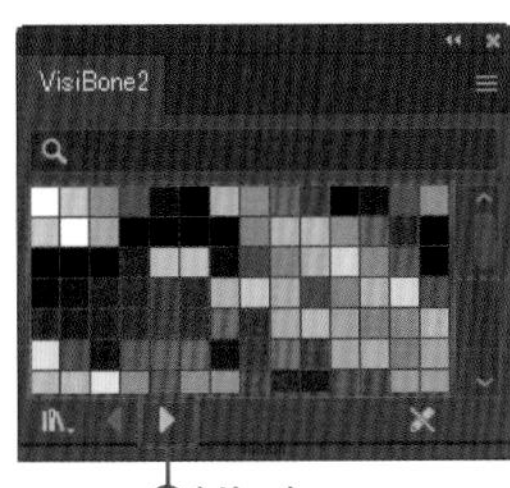

作成したスウォッチを保存する

1 スウォッチパネルに登録したスウォッチは、そのファイルでのみ使用でき、ほかのファイルでは使えません。ほかのファイルで使うには、スウォッチを保存します。スウォッチパネルのパネルメニューから[スウォッチライブラリを交換用として保存]を選択します❶。[名前を付けて保存]ダイアログボックスが表示されるので、保存場所は変更せず、任意の名称をつけて❷、[保存]をクリックします❸。警告ダイアログボックスが表示されたら[OK]をクリックします❹。

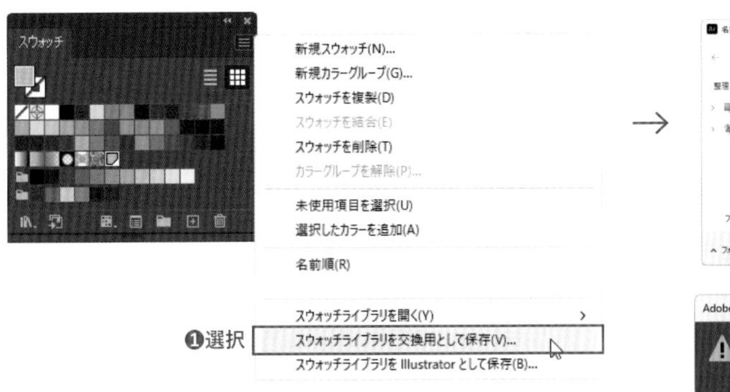

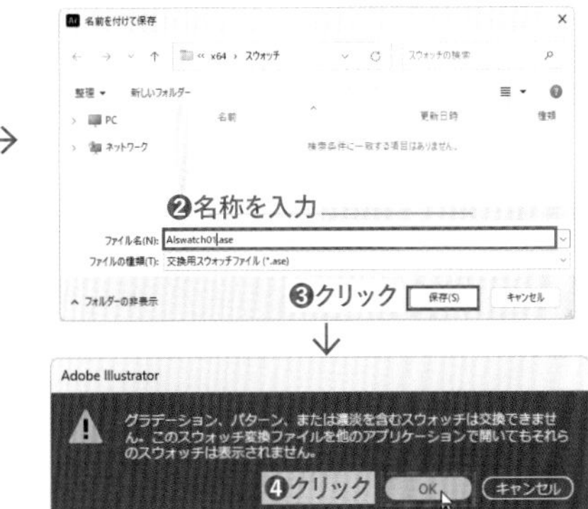

2 新規ファイルを作成し、[スウォッチライブラリメニュー]をクリックして❶、[ユーザ定義]から保存した交換用スウォッチファイルを選択します❷。保存した[スウォッチ]がパネルとして表示されます❸。交換用スウォッチファイルは、PhotoshopやInDesignでも利用できます。

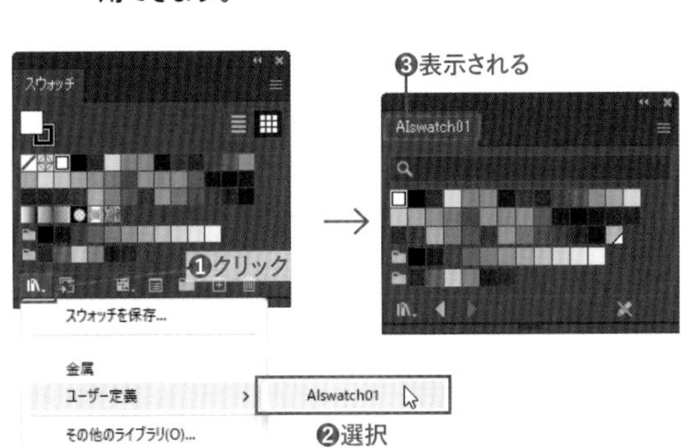

COLUMN

Creative Cloudライブラリ

選択したスウォッチ❶を1クリック❷でCreative Cloudのライブラリに登録できます❸。ライブラリに登録すると、CCライブラリパネルでクリックするだけで利用できます。PhotoshopやInDesignでもライブラリは共通で利用できます。

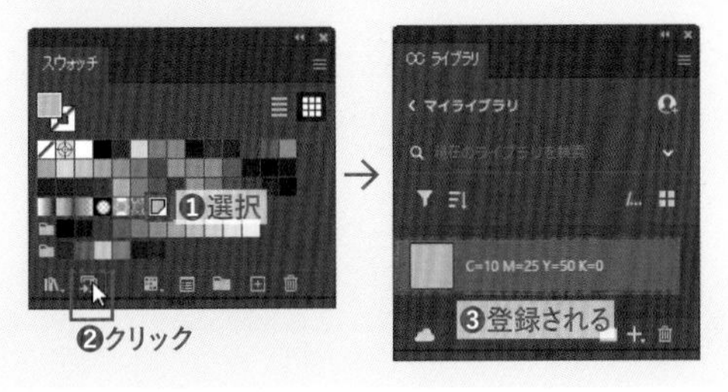

STEP 03 スポイトツールの使い方を覚える

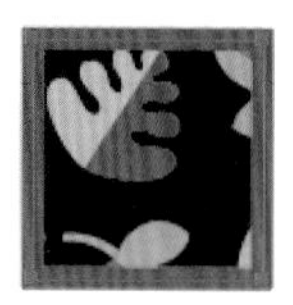

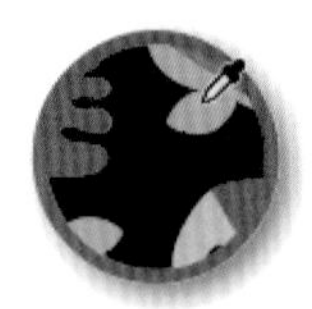

スポイトツール は、ほかのオブジェクトの色などの属性を取り込む便利なツールです。初期設定のままではさまざまな属性を取り込んでしまうので注意しましょう。

 Lesson08 ▶ L8-1S03.ai

カラーだけを取り込む

1 レッスンファイルを開きます。ツールバーのスポイトツール をダブルクリックして[スポイトツールオプション]ダイアログボックスを表示します❶。抽出・適用ともに[塗り]と[線]の[カラー]のみにチェックをつけ❷、[OK]をクリックします❸。

❶ダブルクリック

スポイトツールオプション

ラスタライズ画像からの抽出：点から抽出

スポイトの抽出：

アピアランス
透明
塗り
カラー
透明
オーバープ...
線
カラー
透明
オーバープ...
線幅
線端の形状
角の形状
角の比率
破線パターン
文字スタイル
段落スタイル

❷チェック

スポイトの適用：

アピアランス
透明
塗り
カラー
透明
オーバープ...
線
カラー
透明
オーバープ...
線幅
線端の形状
角の形状
角の比率
破線パターン
文字スタイル
段落スタイル

❸クリック OK キャンセル

2 選択ツール で A の長方形を選択します❶。

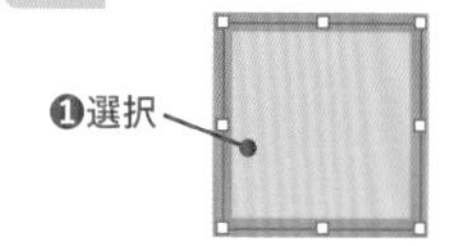

3 スポイトツール で円をクリックすると❶、円の[塗り]と[線]のカラーだけが反映されます❷。

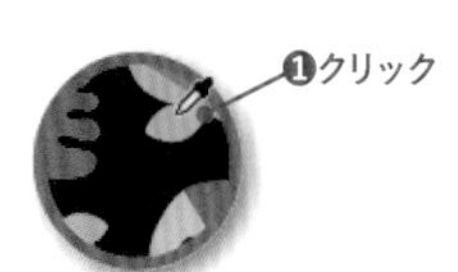

❷[塗り]と[線]だけが反映された

✔CHECK!

Shiftキーを押しながらクリック

Shiftキーを押しながらクリックすると、クリックした箇所のカラーだけが反映されます。

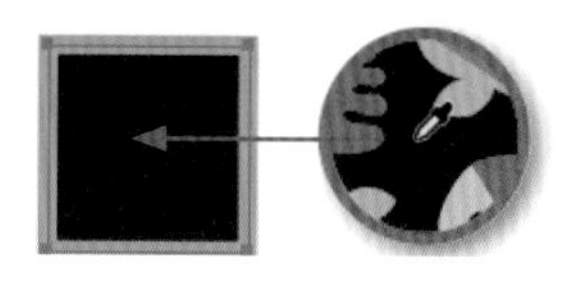

すべての属性を取り込む

1 ツールバーのスポイトツール をダブルクリックして[スポイトツールオプション]ダイアログボックスを表示します❶。今度は、抽出・適用ともに[アピアランス]だけにチェックをつけ❷、[OK]をクリックします❸。

❶ダブルクリック

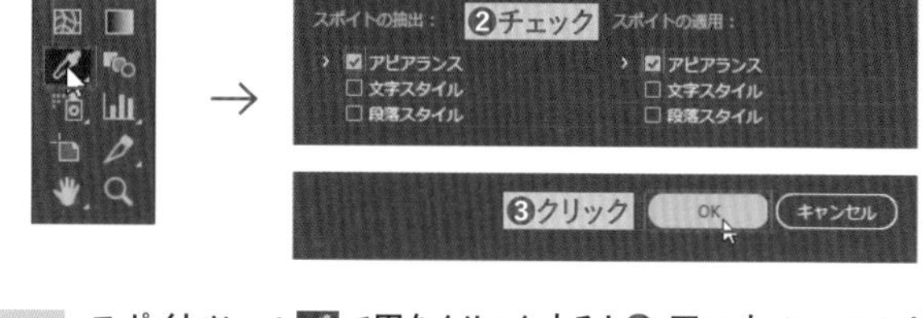

❸クリック OK キャンセル

2 選択ツール で色を設定対象となる B の長方形を選択します❶。

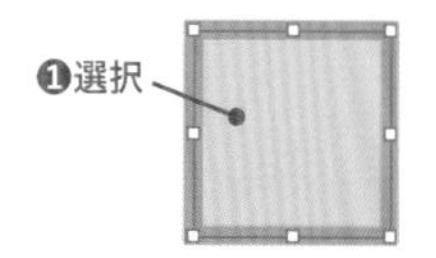

3 スポイトツール で円をクリックすると❶、円のすべてのアピアランス属性（ドロップシャドウを含む）が反映されます❷。

❷すべてのアピアランス属性が反映された

8-2 グラデーションを使う

オブジェクトには、単一の色だけでなく、グラデーションを設定することもできます。グラデーションは自由に設定でき、複数の色を使ったグラデーションや、円形/線形などグラデーションのかかり方も設定できます。立体感を表現する基本なのでしっかり学びましょう。

グラデーションの概要

グラデーションパネル

グラデーションパネルは、オブジェクトに設定するグラデーションを設定したり、編集します。グラデーションの色には不透明度の設定も可能です。作成したグラデーションは、スウォッチパネルに登録しておくと、そのドキュメント内では何度でも利用できます。

❹で線形または円形グラデーションを選択した場合のパネル

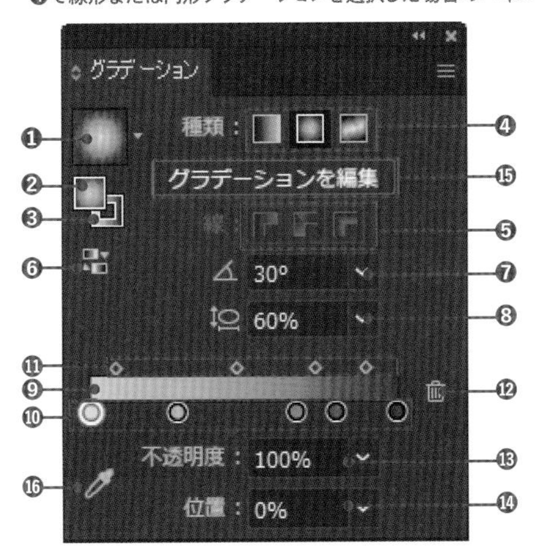

❶クリックで、選択したオブジェクトにグラデーションが適用される
❷クリックで、グラデーションの適用対象を［塗り］に設定する
❸クリックで、グラデーションの適用対象を［線］に設定する
❹グラデーションの種類（［線形］［円形］［フリーグラデーション］）を選択する。［フリーグラデーション］の場合はパネルが下図のように変わる
❺線のグラデーションのかけ方を、「線にグラデーションを適用」のほか、「パスに沿ってグラデーションを適用」と「パスに交差してグラデーションを適用」から選択できる
❻グラデーションの方向を反転する
❼グラデーションの角度を設定する
❽［円形］グラデーションを楕円で適用する際に、縦横比を設定する
❾現在のグラデーションの状態を表示する
❿グラデーションのカラー分岐点の色を設定する。スライダーの中間点をクリックして追加し、複数色のグラデーションにできる。ダブルクリックでパネルを開き、色を設定できる
⓫隣り合うふたつのカラー分岐点の色が50%ずつ混ぜ合わさる位置を表し、ドラッグして位置を移動できる
⓬カラー分岐点が3つ以上あるときに、クリックして選択したカラー分岐点を削除できる
⓭クリックして選択したカラー分岐点の不透明度を設定する。隣り合う分岐点から徐々に透明度が変わる
⓮選択したカラー分岐点や中間点の位置を表示／設定する。カラー分岐点はカラースライダー全体の位置、中間点は隣り合うカラー分岐点の間を100とした位置となる
⓯クリックで、塗りを選択していればグラデーションツールが選択され、線を選択していれば線のグラデーション編集モードに入る
⓰クリックするとスポイトとなり、オブジェクトのクリックした個所の色を選択しているカラーの開始色や終了色に適用する

上の❹でフリーグラデーションを選択した場合のパネル

❶カラー分岐点の配置方法を選択する
❷クリックで、オブジェクト上で選択したカラー分岐点を削除する
❸ダブルクリックで、選択したカラー分岐点のカラーパネルを表示する
❹ダブルクリックで、選択したカラー分岐点のカラーピッカーを表示する
❺選択したカラー分岐点の不透明度を設定する
❻選択したカラー分岐点の影響範囲を設定する

グラデーションツール

［塗り］にグラデーションを適用したオブジェクトを選択し、ツールバーでグラデーションツール を選ぶと、オブジェクト上にポイントやグラデーションスライダーが表示されます。これらを操作してカラーや中間点を変更したり、位置を調節することができます。

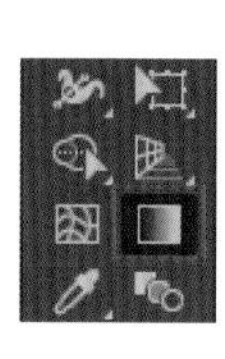

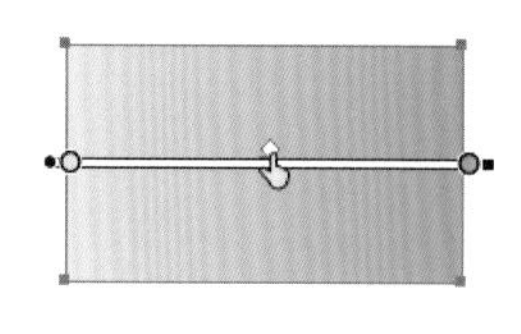

線形グラデーション

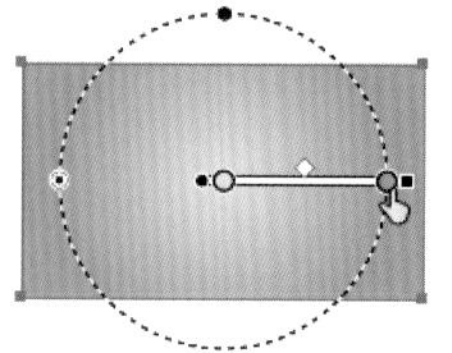

円形グラデーション

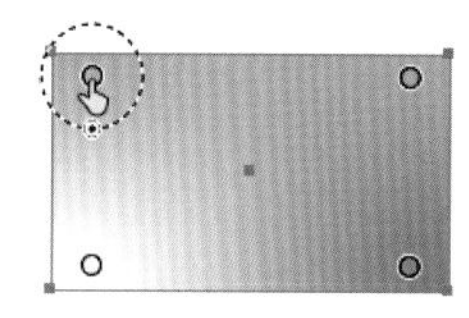

フリーグラデーション

STEP 01 グラデーションパネルの使い方を覚える

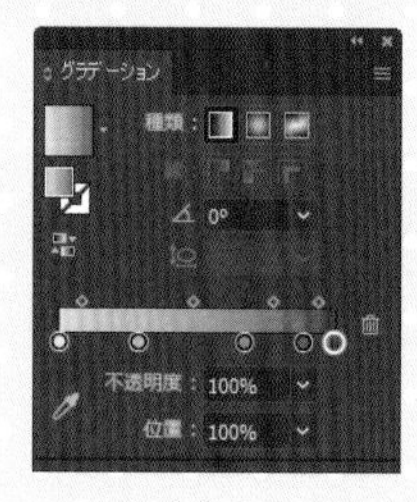

グラデーションの形状や、色の追加、不透明度の設定など、基本的なグラデーションの操作を覚えましょう。線形と円形のカラー設定方法はほぼ同じです。なお、フリーグラデーションはおもにツールから使うため、種類の選択方法だけ確認しておきましょう。

Lesson08 ▶ L8-2S01.ai

［塗り］へのグラデーションの適用と種類の変更

1 レッスンファイルを開きます。選択ツール で A のグレーの四角形を選択します❶。［塗り］をアクティブにして、スウォッチパネルで［ホワイト、ブラック］のグラデーションをクリックします❷。オブジェクトがグラデーションで塗られました❸。

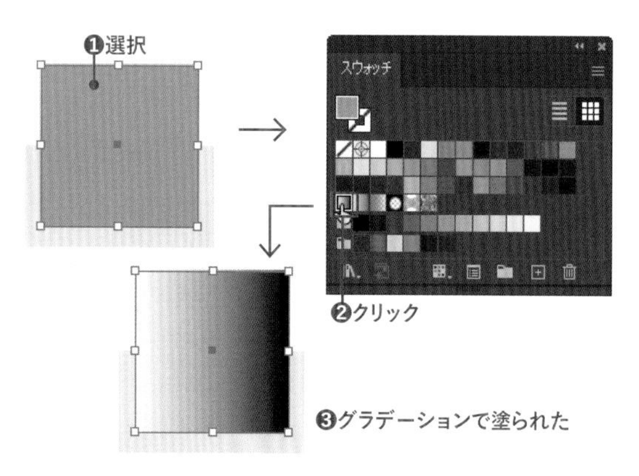

2 グラデーションパネルを表示し、［種類］で［円形グラデーション］を選択します❶。グラデーションの形状が［線形グラデーション］から［円形グラデーション］に変わりました❷。

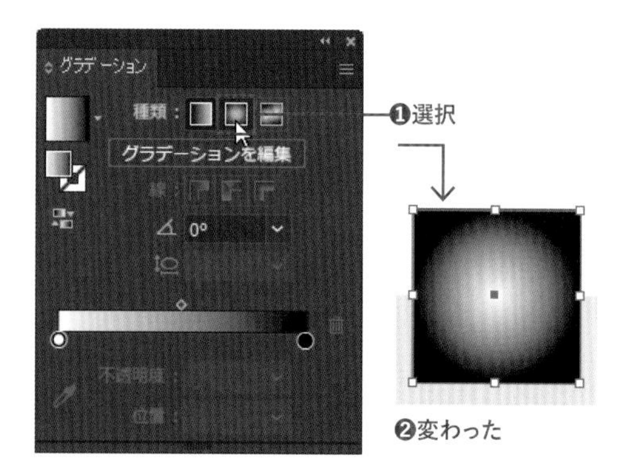

3 続けて、グラデーションパネルで［フリーグラデーション］を選択します❶。オブジェクトの塗りがフリーグラデーションに変わります❷。［塗り］のグラデーションは［線形グラデーション］と［円形グラデーション］［フリーグラデーション］の3種類です。

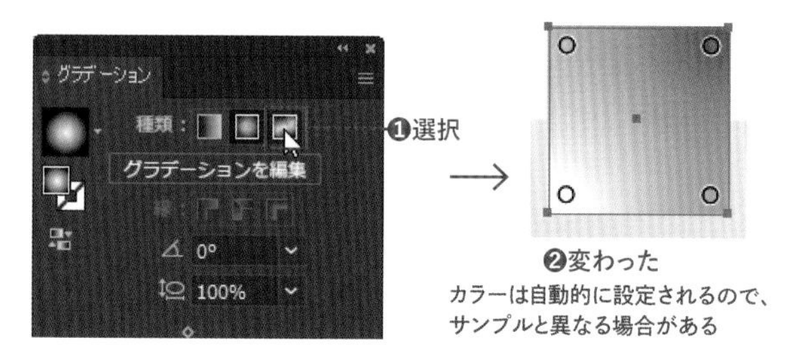

線形グラデーションのカラーを変更する

1 B の四角形を選択します❶。グラデーションパネルで右側のグラデーションスライダーのカラー分岐点をダブルクリックします❷。

2 パネルが表示されます。左側のアイコンで［スウォッチ］を選択し❶、［CMYKレッド］をクリックします❷。グラデーションの右側の色が変わりました❸。

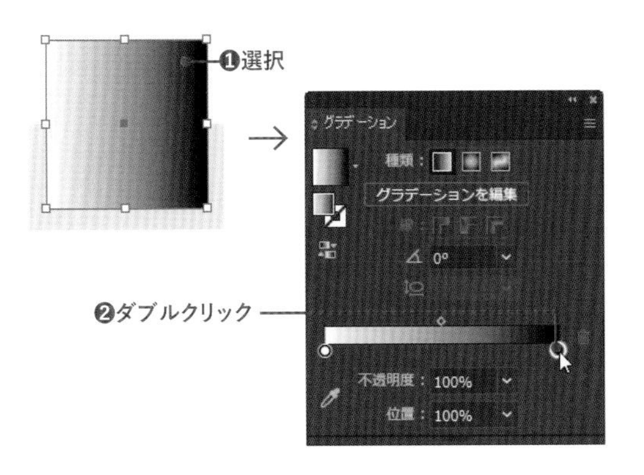

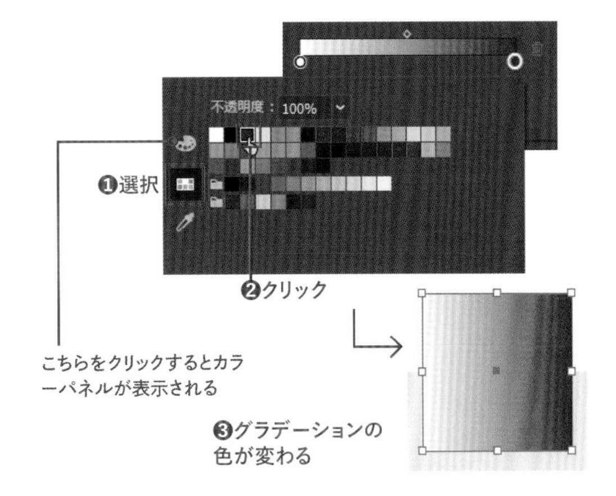

線形グラデーションの開始位置を変更する

1 C の四角形を選択します❶。グラデーションパネルの左側のカラー分岐点をグラデーションスライダーの中央までドラッグします❷。きりのよい位置にするために、［位置］の∨をクリックし❸、プルダウンメニューで位置を「50%」にします❹。

2 右側のカラー分岐点を、ドラッグします❶。ここでもきりのよい位置にするために、［位置］の∨をクリックし❷、プルダウンメニューから「60%」を選択します❸。オブジェクトの「50%」の位置から「60%」の位置にグラデーションが適用されます❹。

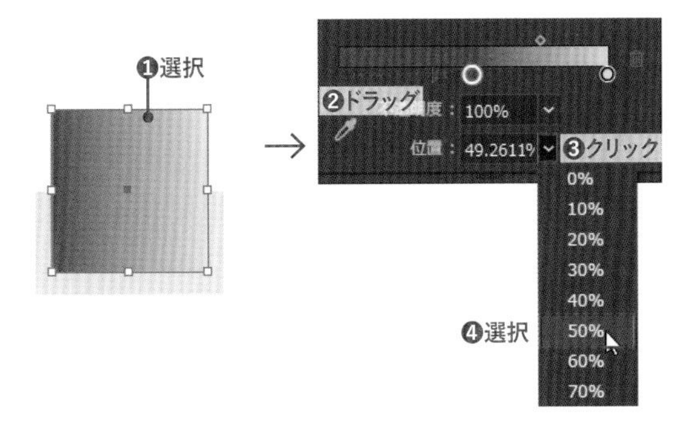

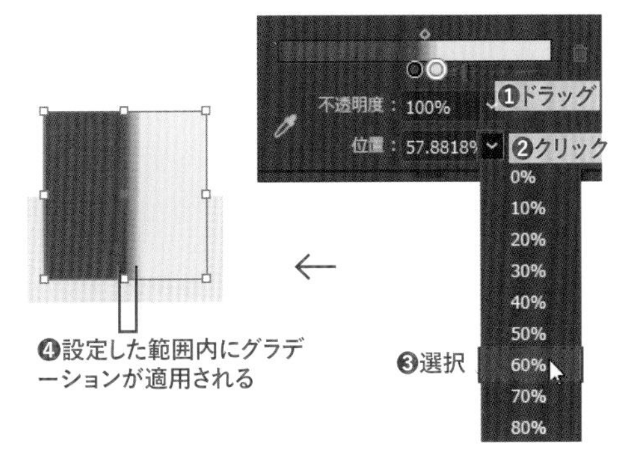

線形グラデーションに色を追加／削除する

1 D の四角形を選択します❶。グラデーションパネルのグラデーションスライダーの下の部分をクリックすると、カラー分岐点が追加されます❷。追加したカラー分岐点もドラッグして位置を変更したり、色を変更できます。

2 グラデーションスライダーの下に表示されているカラー分岐点は、下にドラッグすると削除できます❶。

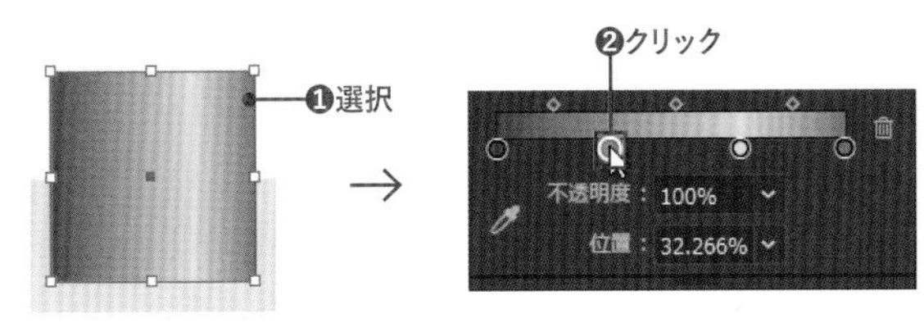

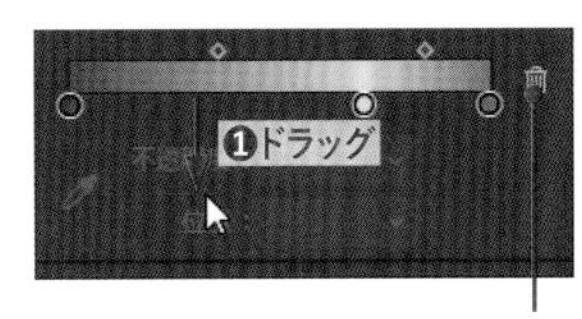

線形グラデーションの角度の変更と反転

1 Eの四角形を選択します❶。グラデーションパネルの［角度］の∨をクリックし❷、表示されたプルダウンメニューで「90」を選択します❸。グラデーションのかかり方が回転しました。

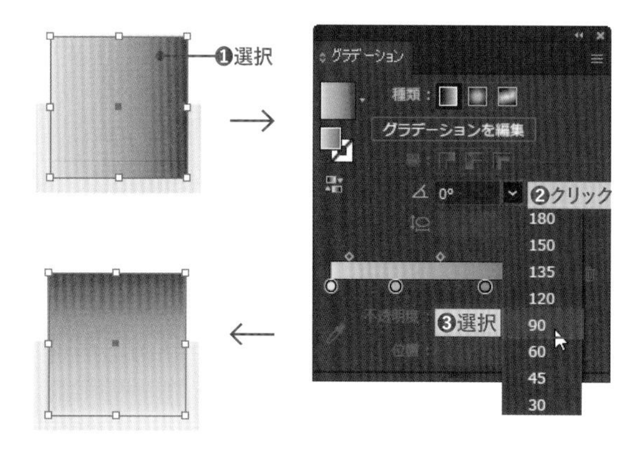

2 ［反転グラデーション］をクリックします❶。グラデーションが反転します❷。

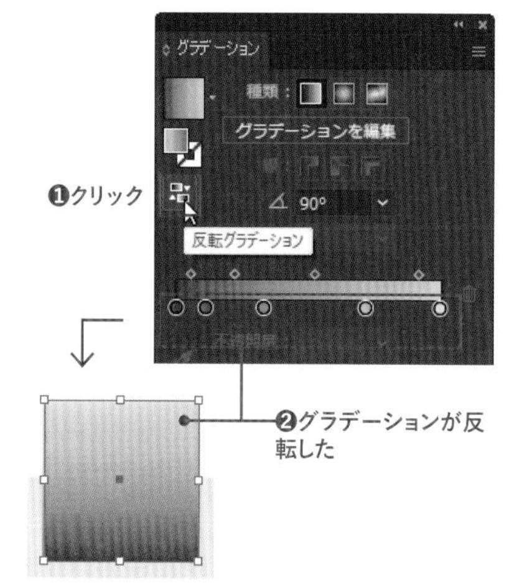

線形グラデーションの不透明度を変更する

1 Fの四角形を選択します❶。グラデーションパネルで、左側のカラー分岐点をクリックして選択します❷。

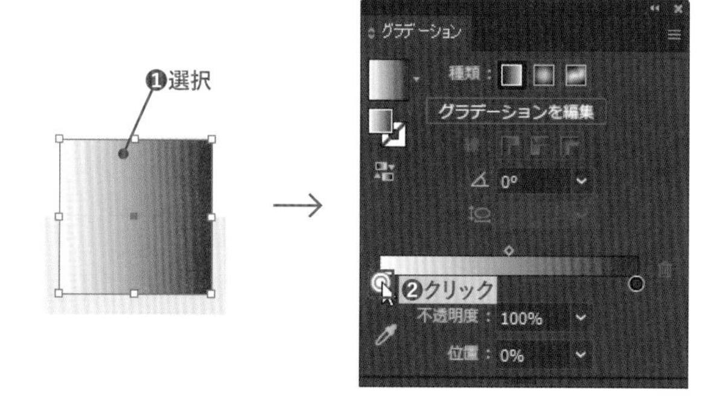

2 グラデーションパネルの［不透明度］の∨をクリックし❶、プルダウンメニューから「0%」を選択します❷。左側のカラー分岐点が透明になるので、右側の赤が徐々に見えるグラデーションになりました。

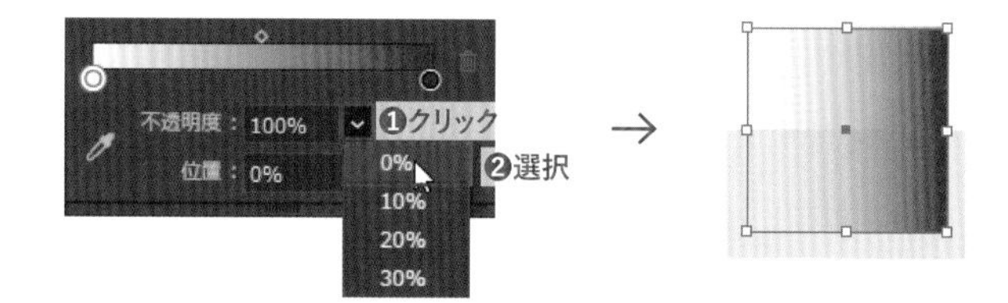

COLUMN

中間点を移動する

グラデーションスライダーの上に表示される中間点の位置を変更すると、ぼかし幅を変更できます。

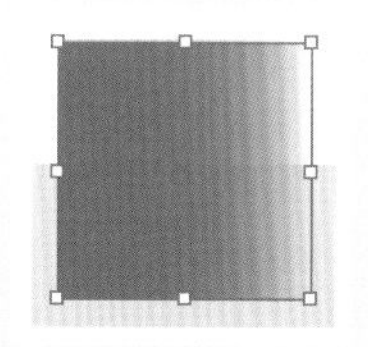

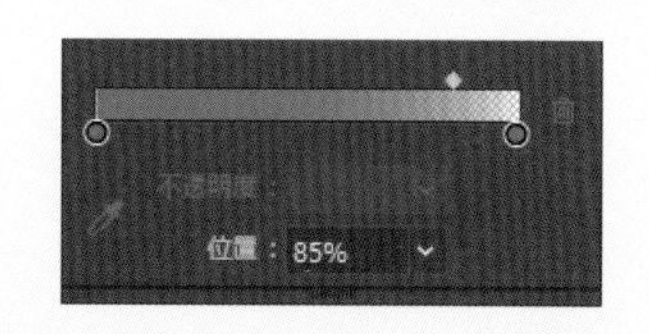

円形グラデーションの縦横比を変える

G の円形グラデーションが適用された四角形を選択します❶。グラデーションパネルで、[縦横比] の∨をクリックし❷、「70%」を選択します❸。円の形状が変わりました。

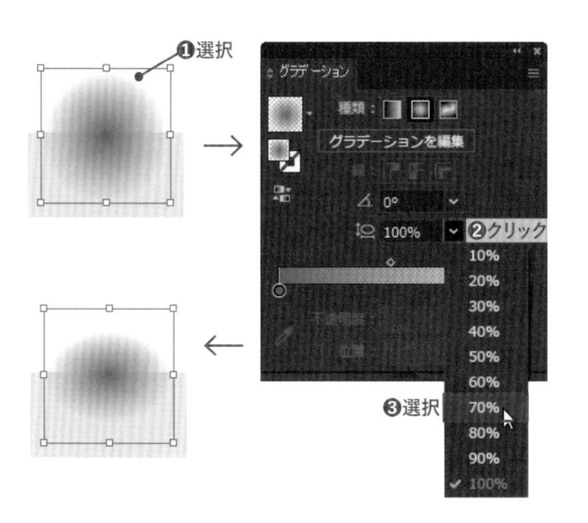

COLUMN

選択ツール で変形

選択ツール で図形をドラッグして変形すると、グラデーションの縦横比も変わります。

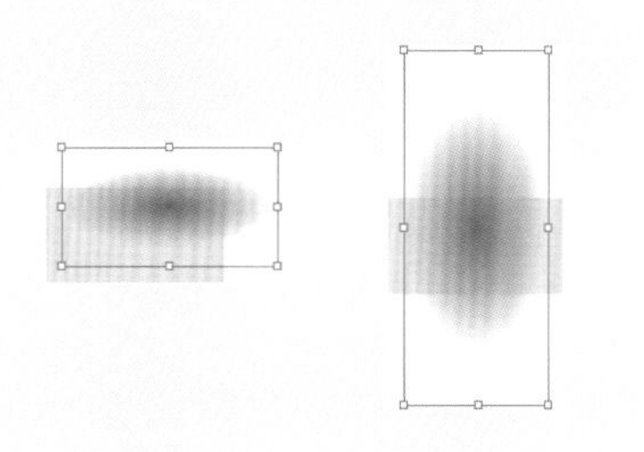

STEP 02 線のグラデーションを設定する

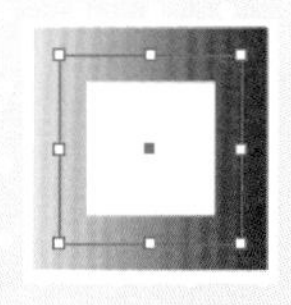

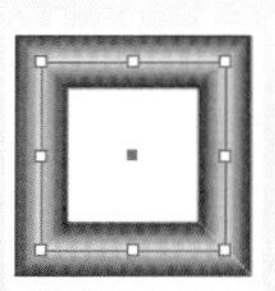

[線] にもグラデーションを適用できます。ただし[線] のグラデーションにはグラデーションツール は使えません。

Lesson08 ▶ L8-2S02.ai

線にグラデーションを適用

1 レッスンファイルを開きます。選択ツール で黒い線の四角形 A を選択します❶。スウォッチパネルで[線]をアクティブにして❷、[ホワイト、ブラック] をクリックします❸。線にグラデーションが適用されました❹。

❶選択
❷アクティブにする
スウォッチ
❸クリック
❹適用された

2 四角形 B を選択して❶、グラデーションパネルの [種類] で [円形グラデーション] を選択します❷。グラデーションの形状が[線形]から [円形] に変わりました。

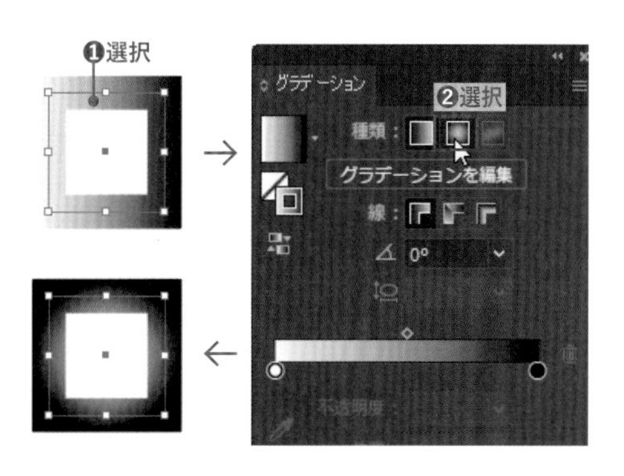

パスに沿ってグラデーションを適用

1 四角形 C を選択します❶。グラデーションパネルの[線]で[パスに沿ってグラデーションを適用]を選択します❷。作例では右下がパスの開始点なので、グラデーションがパスに沿って時計回りに適用されます。

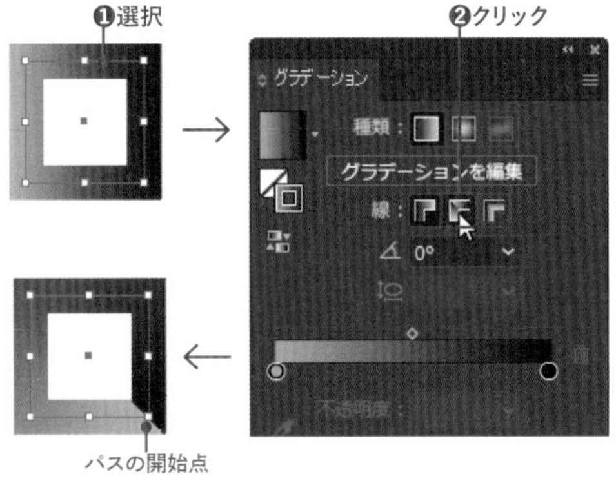

2 次に、円形グラデーションに[パスに沿ってグラデーションを適用]を適用してみます。四角形 D を選択します❶。グラデーションパネルの[線]で[パスに沿ってグラデーションを適用]を選択します❷。パスの中間点が円形グラデーションの中心となり、パスの開始点・終了点に向かうグラデーションとなります。

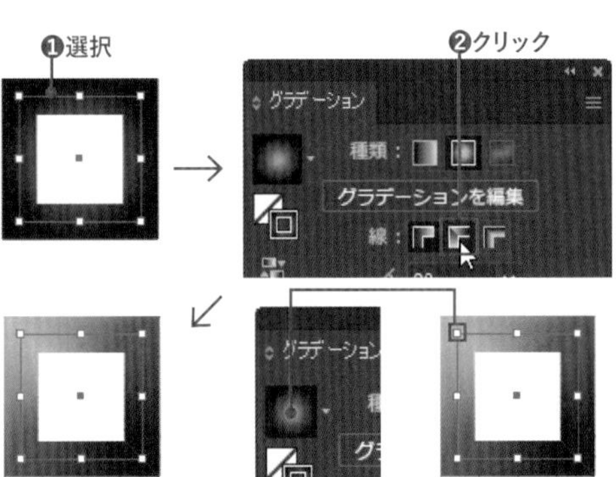

パスに交差してグラデーションを適用

1 四角形 E を選択します❶。グラデーションパネルの[線]で[パスに交差してグラデーションを適用]を選択します❷。パスに垂直に交差するようにグラデーションがかかります。

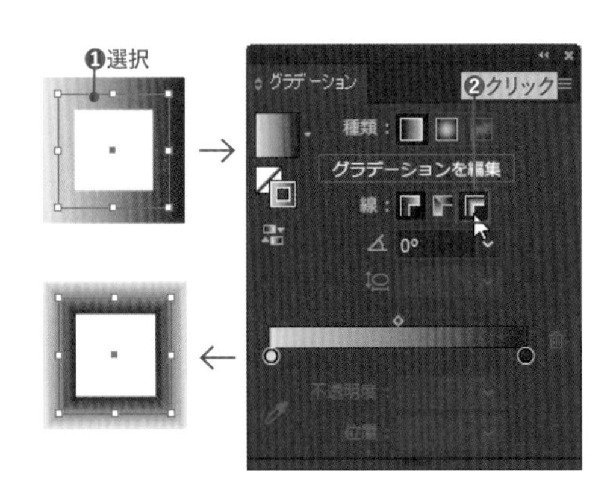

2 次に、円形グラデーションに[パスに交差してグラデーションを適用]を適用してみます。四角形 F を選択します❶。グラデーションパネルの[線]で[パスに交差してグラデーションを適用]を選択します❷。パスが円の中心となるグラデーションになります。

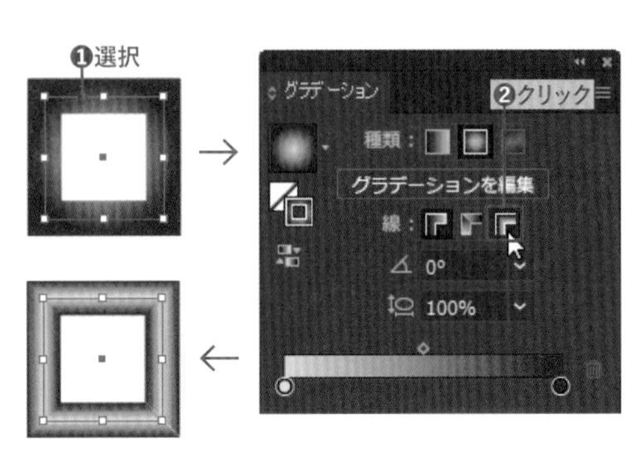

STEP 03 グラデーションツールの使い方を覚える

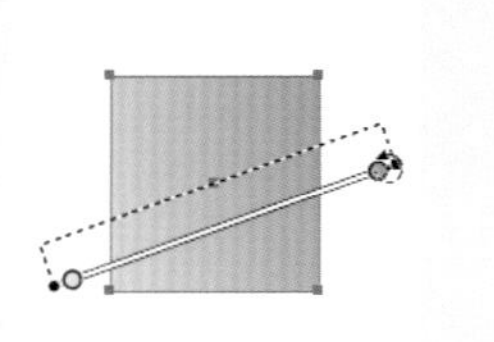

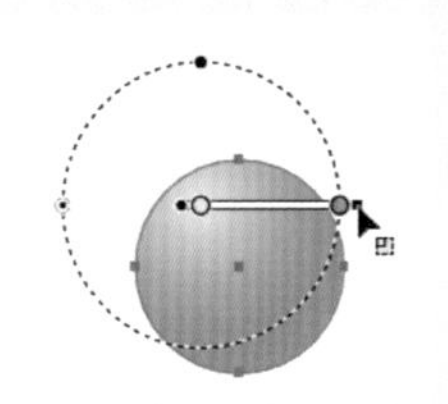

グラデーションツールを使うと、線形または円形グラデーションを、オブジェクト上で設定できます。グラデーションパネルでは設定できないグラデーションの形状に変更することもできます。

Lesson08 ▶ L8-2S03.ai

ドラッグで開始点と終了点を移動

1 レッスンファイルを開きます。選択ツールでオブジェクトAを選択し❶、ツールバーで［塗り］をアクティブにして❷、グラデーションツールを選択します❸。選択したオブジェクト上にバーが表示されます❹。●が開始点、■が終了点です。

2 バーの開始点を左側にドラッグすると❶、バーが移動してグラデーションの開始位置がオブジェクトの外側になります。終了点を右側にドラッグすると、バーの長さを変更できます❷。このように、グラデーションツールを使うと、グラデーションの開始・終了点を移動できます。

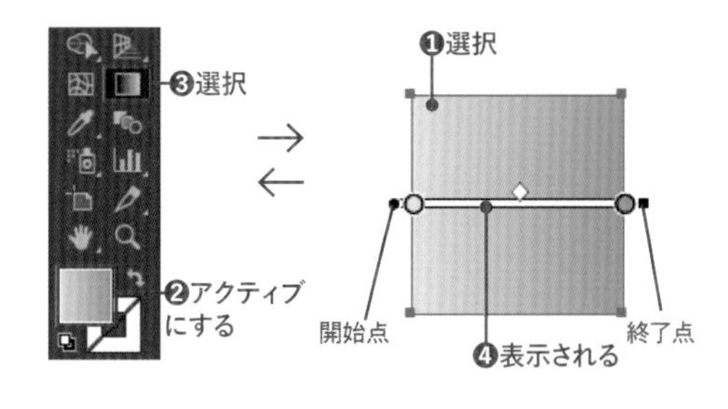

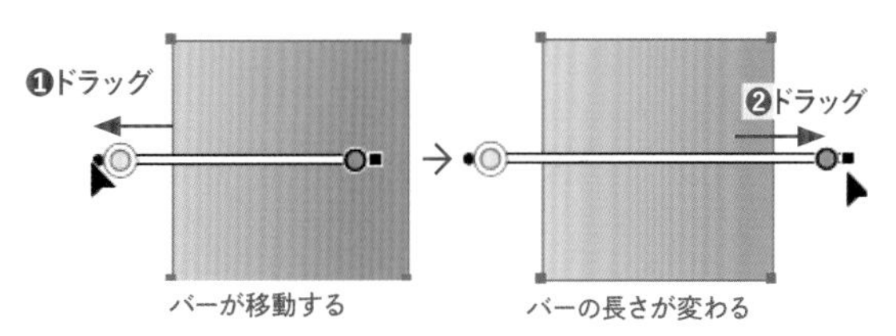

ドラッグで角度を設定

1 選択ツールでオブジェクトBを選択し❶、グラデーションツールでボックスの外から右上に向かってドラッグします❷（はじめに表示されているバーは無視してかまいません）。ドラッグした方向と長さのグラデーションがかかります。

2 カーソルをバーの終了点に近付けて、カーソルがになったところでドラッグして回転させます❶。回転できるのは、■が表示される終了点側です。

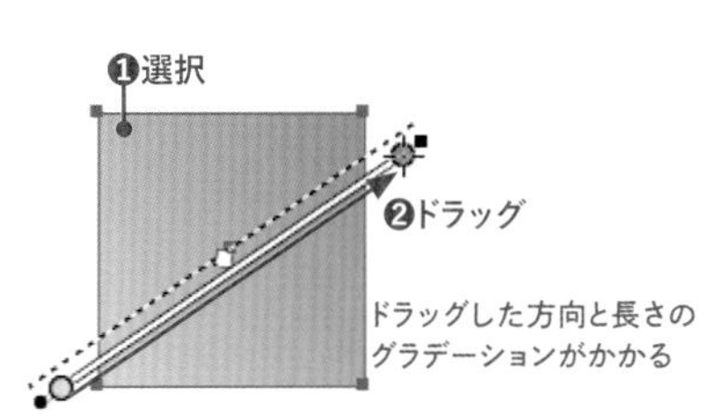

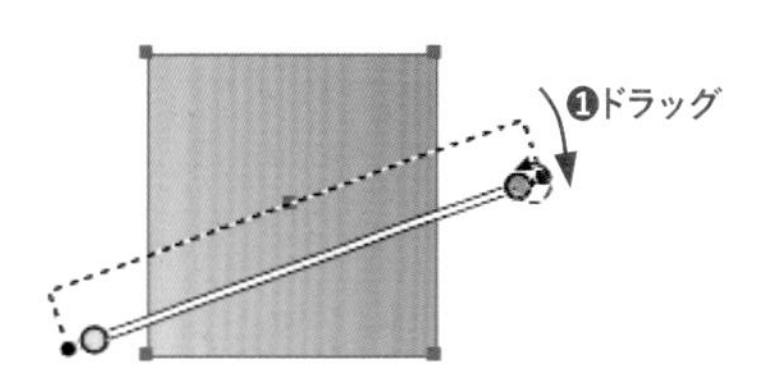

円形グラデーションの移動

1 選択ツールでオブジェクトCを選択します❶。グラデーションツールを選択し、グラデーションバーをドラッグして移動させます❷。円形グラデーションの中心が移動します。

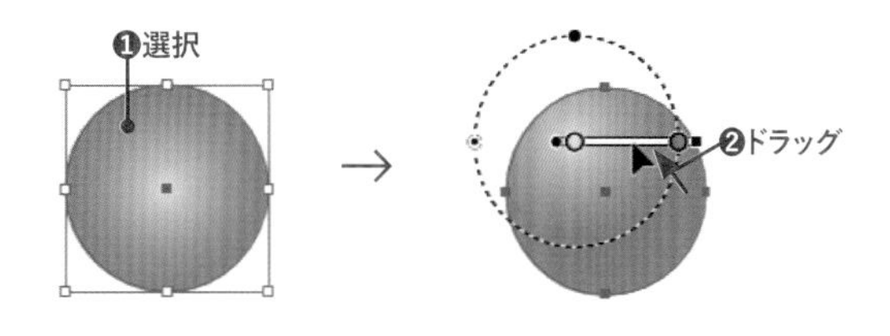

2 続いて、終了点をドラッグして移動させます❶。円形グラデーションの円の大きさが変わります。

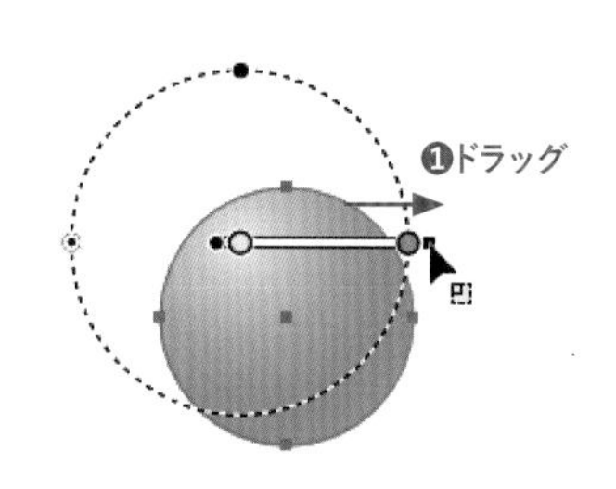

円形グラデーションの楕円の設定

1 選択ツールでオブジェクトDを選択します❶。グラデーションツールを選択し、カーソルをオブジェクトの内部に移動すると❷、周囲にグラデーションの形状を表す点線が表示されます。左側に表示された⊙をドラッグし❸、グラデーションのサイズを調節します。

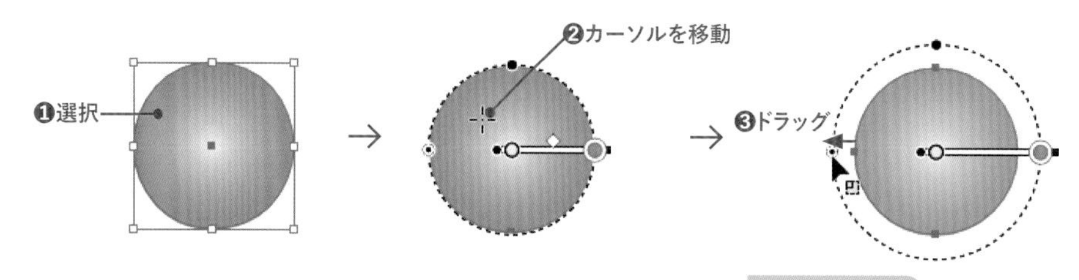

2 続けて、点線上の●をドラッグします❶。グラデーションの楕円の縦横比が変わります❷。

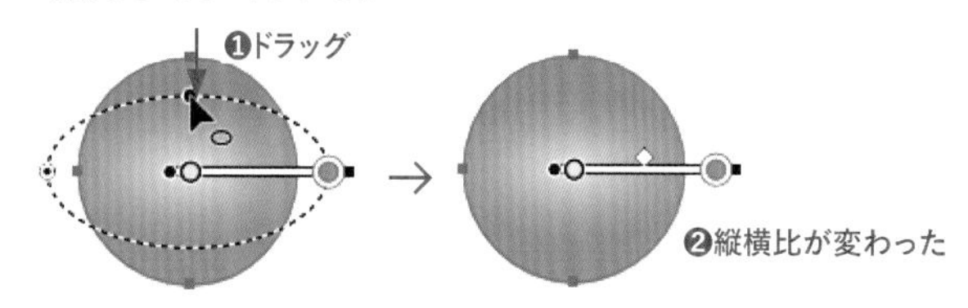

✔CHECK!

角度とサイズを同時に調節

終了の■を Alt（option）キーを押しながらドラッグすると、角度とサイズを同時に調節できます。

円形グラデーションの中心をずらす

1 選択ツールでオブジェクトEを選択します❶。グラデーションツールを選択し、グラデーションツールで開始点の左に表示されている小さな●を下にドラッグします❷。点線で表示されるグラデーションの形状は維持されたままですが、開始点と終了点の位置が変わるため、グラデーションのかかり方も変わります❸。

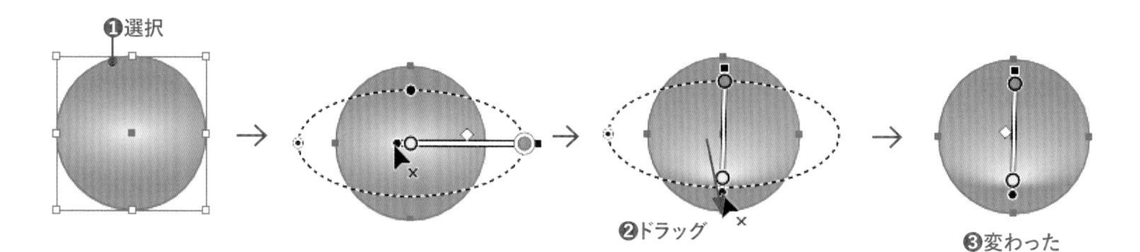

2 続けて、グラデーションの形状を表示する点線をドラッグして❶グラデーションを回転させます。円形グラデーションでは、点線をドラッグして回転させられます❷。

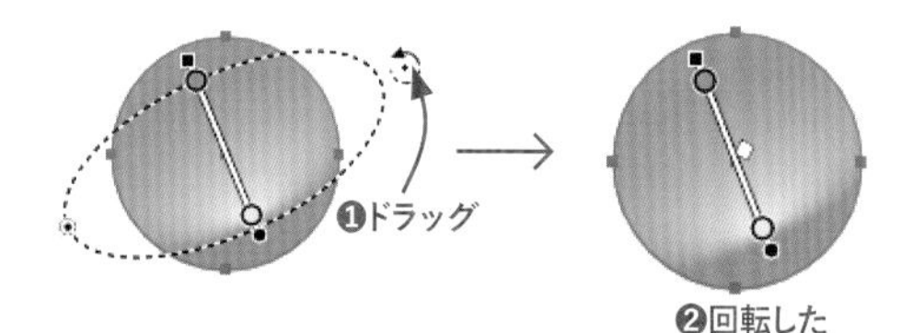

✔CHECK!

円形グラデーションを元に戻す

グラデーションツールで変形した円形グラデーションは、グラデーションパネルの［種類］で［線形グラデーション］にしてから［円形グラデーション］にすると、角度「0°」縦横比「100％」の状態に戻せます。

STEP 04 フリーグラデーションの使い方を覚える

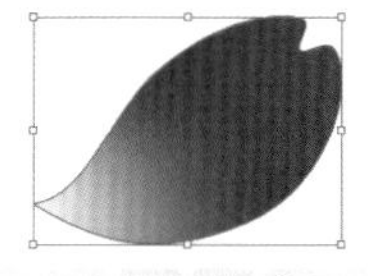
BEFORE

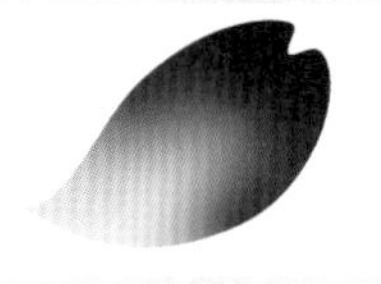
AFTER

フリーグラデーションは、線形・円形とは使い方も効果も違います。それぞれの特徴に応じて使い分けができるようになると便利です。

ポイントの移動

選択ツール でオブジェクト A を選択します❶。グラデーションパネルで[塗り]をアクティブにして❷、[フリーグラデーション]をクリックし❸、[ポイント]をクリックします❹。それぞれのポイントをオブジェクト上でドラッグします❺❻。ポイントの位置が変わりグラデーションが変わります。

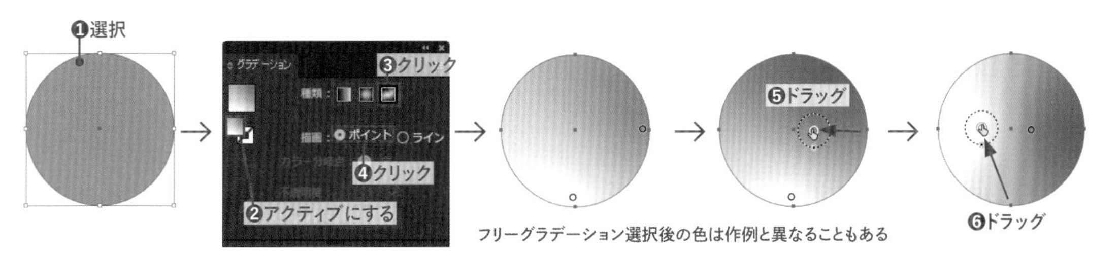

フリーグラデーション選択後の色は作例と異なることもある

ポイントの削除・追加

選択ツール でオブジェクト B を選択し❶、[塗り]をアクティブにして❷、グラデーションツール を選択します❸。下のポイントをオブジェクトの外側にドラッグします❹。ポイントが削除されます❺。オブジェクト上のポイントのない部分をクリックし❻、ポイントを追加します。サンプルと位置が違っていても問題ありません。

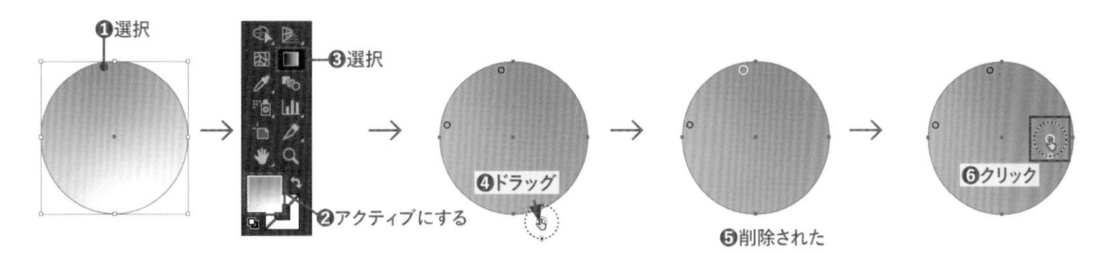

ポイントのカラー設定

選択ツール でオブジェクト C を選択します❶。[塗り]をアクティブにして❷、グラデーションツール を選択し❸、下のポイントをダブルクリックします❹。カラーパネルが表示される場合は❺、スウォッチパネルを選択します❻。[CMYKイエロー]をクリックして選択し❼、カラーが変更されたらアートボード上を何もない場所をクリックして❽、パネルを閉じます。

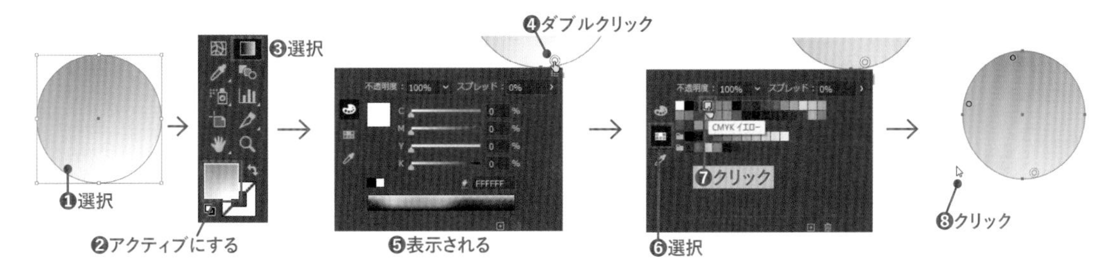

カラーのスプレッド

選択ツール でオブジェクト を選択します❶。[塗り] をアクティブにして❷、グラデーションツール を選択し❸、下のポイントにカーソルを合わせ❹、点線を表示します(表示されない場合はクリックする)。スプレッドを示す円の、一番下のポイントにカーソルを合わせて❺、ドラッグして広げます❻。ポイントの色の範囲が広がります❼。

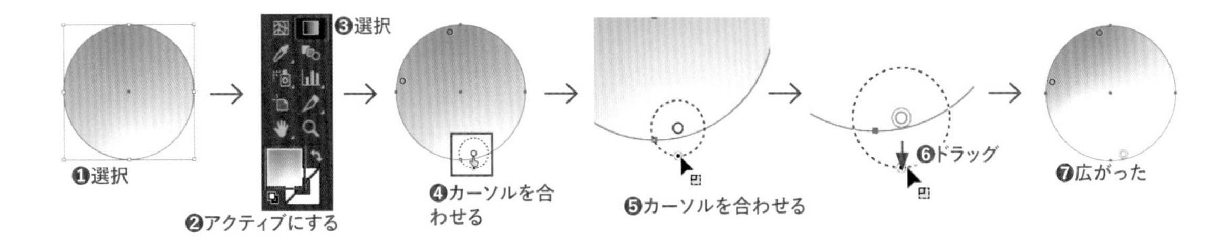

透明度の変更

選択ツール でオブジェクト の円を選択します❶。[塗り]をアクティブにして❷、グラデーションツール を選択します❸。下のポイントをダブルクリックし❹、表示されるパネルの [不透明度] の∨をクリックし❺、プルダウンメニューから「10%」を選択します❻。ポイントの周辺が不透明になります❼。不透明度を設定したポイントをドラッグしたり❽、ほかのポイントをドラッグして❾、透明になる範囲を確認しましょう。

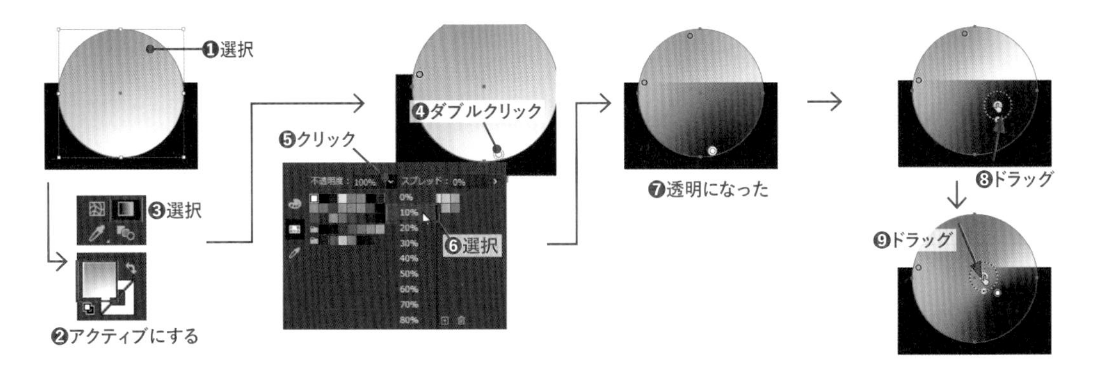

フリーグラデーションのラインモード

1 選択ツール でオブジェクト を選択します❶。[塗り] をアクティブにし❷、グラデーションツール を選択します❸。グラデーションパネルで [ライン] を選択します❹。

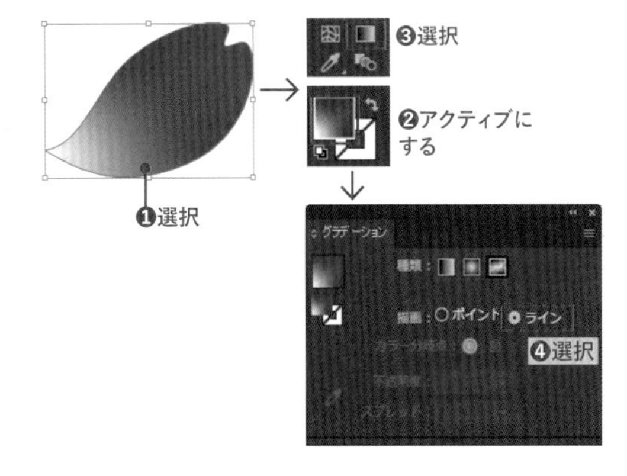

2 左下のポイントをクリックし❶、続けてやや右上をクリックします❷。さらに上中央のポイントをクリックします❸。ラインのグラデーションが作成されました❹。作成したポイントをドラッグすると❺、ラインのカーブを調節できます。

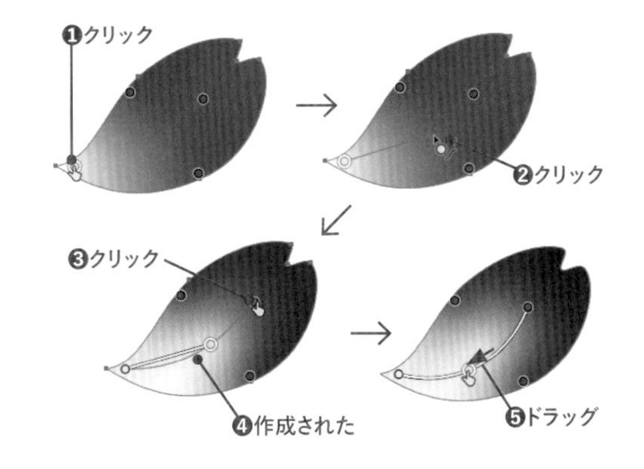

8-3 パターンを使う

オブジェクトには、模様をタイル状に繰り返して配置して塗りつぶすパターンを設定できます。［塗り］だけでなく、［線］にも適用できます。パターン編集モードを使うと、単純な繰り返し配置だけでなく、複雑なパターンを簡単に作成できます。

パターンとは

パターンは、オブジェクトをタイル状に繰り返して配置して塗りつぶす機能です。Illustratorに用意されたパターンライブラリを使うと手軽に利用できます。また、自分でオリジナルのパターンを登録できます。パターンは、スウォッチパネルに登録され、色やグラデーションと同様に、クリックしてオブジェクトに適用します。
スウォッチパネルに登録されたパターンをダブルクリックすると、パターン編集モードに入り、［パターンオプション］ダイアログボックスが表示されます。パターンタイルの並べ方を変更したり、重なり方を変更して、結果をプレビューしながら編集できます。

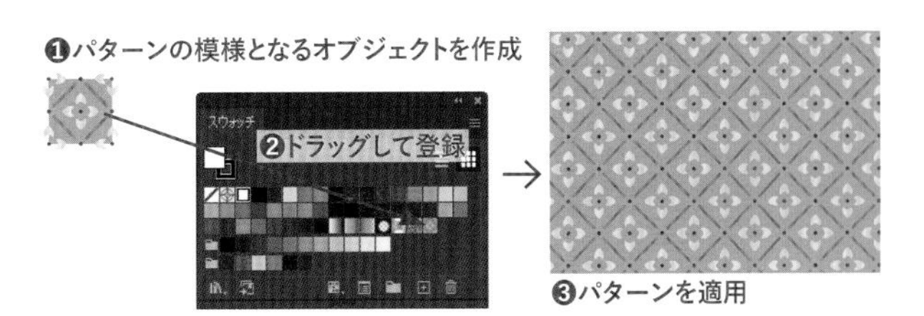

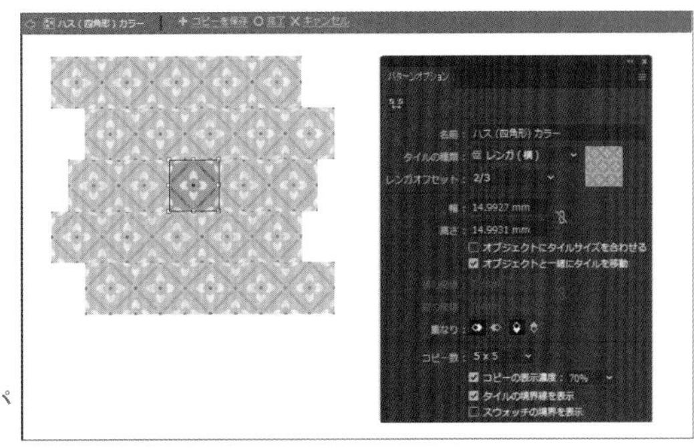

パターン編集モードの画面
元のパターンオブジェクトをどのように配置してパターンにするかをプレビューしながら編集できる

STEP 01 パターンの作成と適用

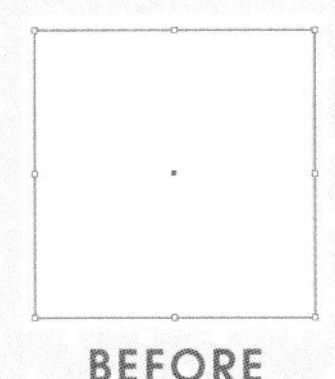

BEFORE

AFTER

オブジェクトをスウォッチパネルにドラッグするだけで、パターンが作成できます。拡大・縮小の方法も含めて学びましょう。

 Lesson08 ▶ L8-3S01.ai

1 レッスンファイルを開きます。選択ツール でふたつのダイヤ型のオブジェクトを選択し、スウォッチパネルにドラッグします❶。これでスウォッチパネルにパターンとして登録されました❷。

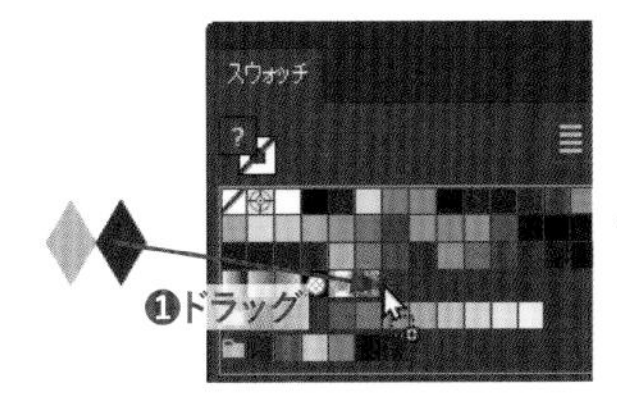

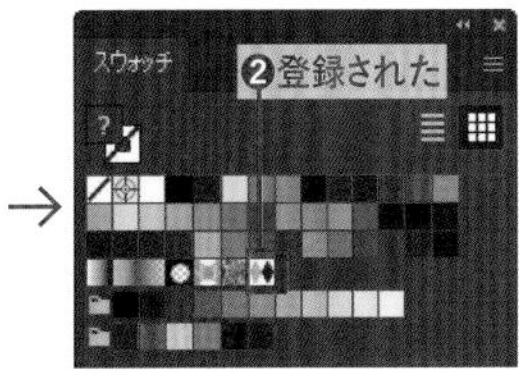

2 四角形のオブジェクトを選択し❶、ツールバーやスウォッチパネルで［塗り］を選択してから❷、登録したダイヤ型のスウォッチをクリックします❸。四角形がシームレスなパターンで塗られました。

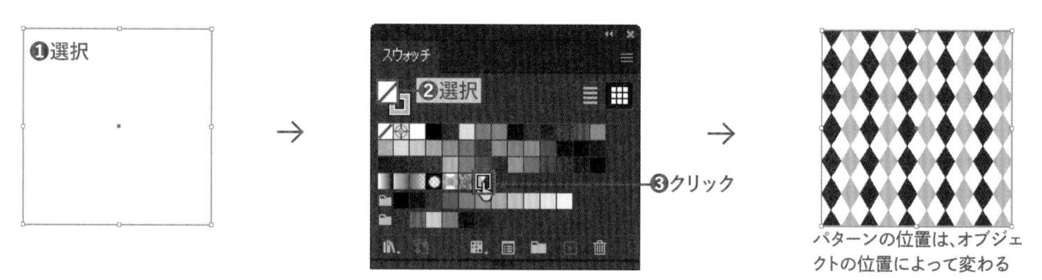

パターンの位置は、オブジェクトの位置によって変わる

3 変形パネルメニューから［オブジェクトとパターンを変形］を選択します❶。

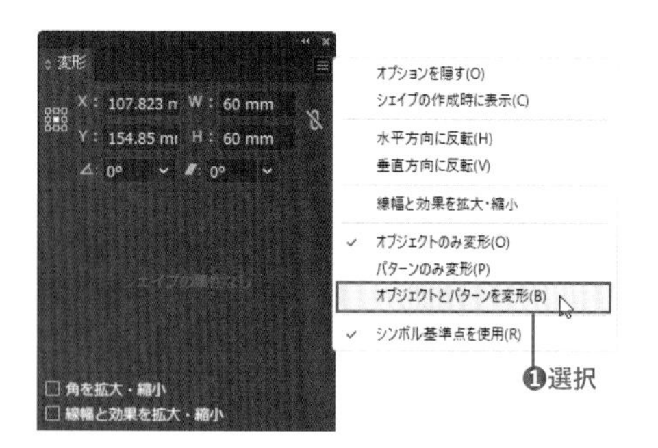

4 選択ツール で、パターンで塗った長方形を選択し、バウンディングボックスをドラッグして拡大・縮小します❶。パターンも同時に拡大・縮小します❷。

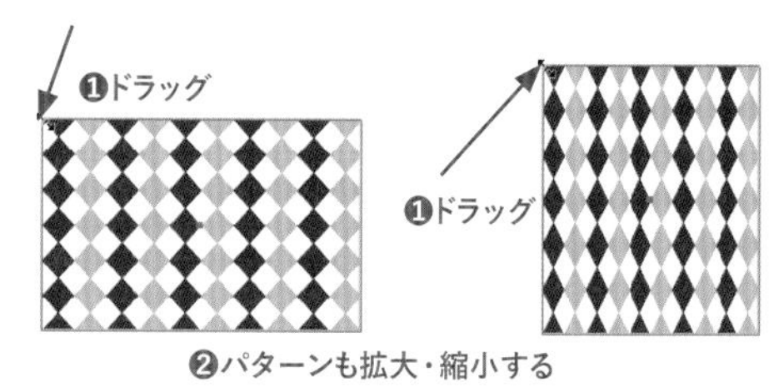

パターンをいろいろな大きさで使用する場合に便利。拡大・縮小ツール をダブルクリックして表示されるオプションダイアログボックスでも同じ設定ができる

STEP 02 パターンを編集する

BEFORE

AFTER

パターン編集モードでは、パターンの繰り返された結果を見ながらオブジェクトの編集や並べ方の調整ができます。

Lesson08 ▶ L8-3S02.ai

パターン編集モードでカラーを変更

1 レッスンファイルを開きます。スウォッチパネルのシアンの円のパターンスウォッチをダブルクリックします❶。パターン編集モードに入ります。同時にパターンオプションパネルも表示されます。

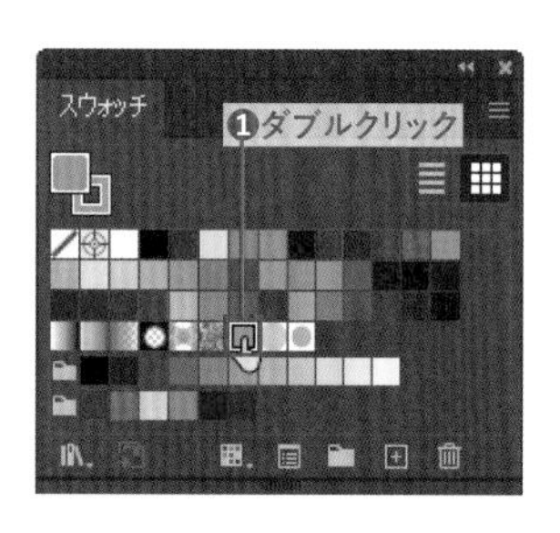

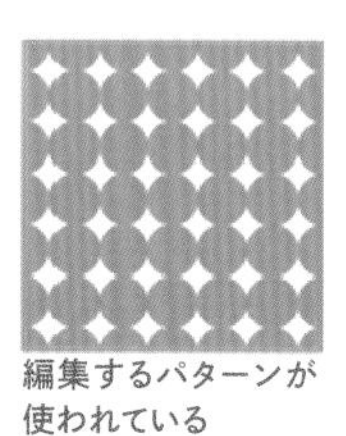
編集するパターンが使われている

2 パターンのプレビューが表示されるので、選択ツール で中央の円を選択し❶、スウォッチパネルの［CMYK マゼンタ］をクリックして色を変更します❷。

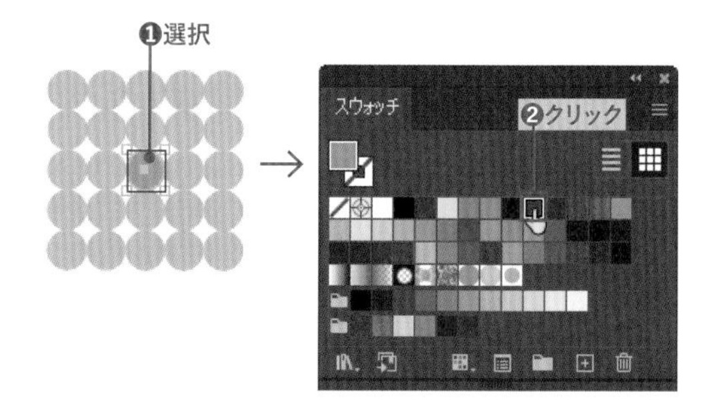

3 パターンのプレビューの色が変わったことを確認し❶、ウィンドウ上部の[完了]をクリックしてパターン編集モードを終了します❷。編集したパターンが使われている四角形 A のパターンにも反映されます❸。

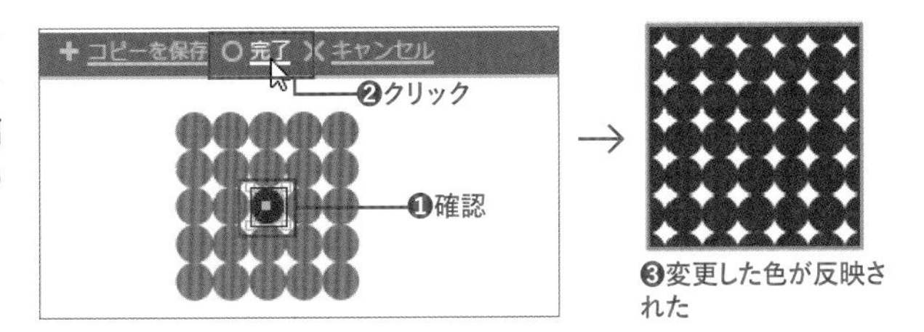

❸変更した色が反映された

間隔を調節

1 スウォッチパネルのグレーの円のパターンスウォッチをダブルクリックして❶、パターン編集モードに入ります。表示されたパターンオプションパネルのパターンタイルツール をクリックして❷、プレビューにバウンディングボックスを表示させます。

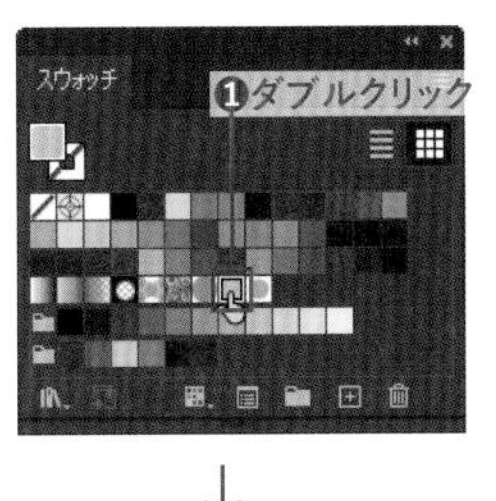

編集するパターンが使われている

2 表示されたバウンディングボックスの右下のハンドルを右下方向にドラッグします❶。この長方形は、パターンオブジェクトをタイル状に並べるサイズを決めるタイルで、サイズを変えることでパターンの間隔を調節できます。広げたら、ウィンドウ上部の[完了]をクリックしてパターン編集モードを終了します❷。編集したパターンが使われている長方形 B のパターンにも反映されます❸。

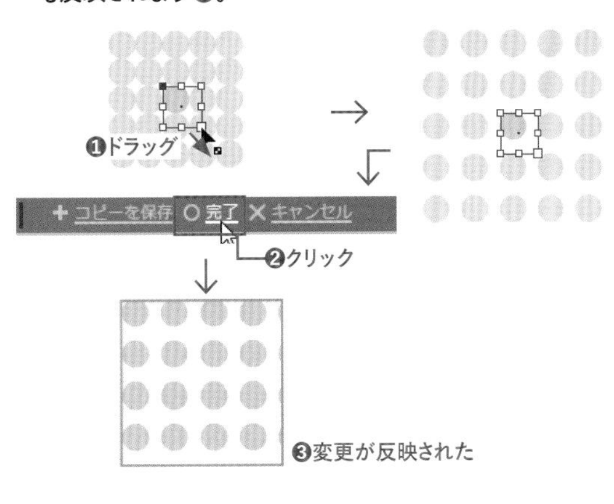

❸変更が反映された

並び方を変更

1 スウォッチパネルのグリーンの円のパターンスウォッチをダブルクリックしてパターン編集モードに入ります❶。パターンオプションパネルの[タイルの種類]で[六角形（横）]を選択します❷。

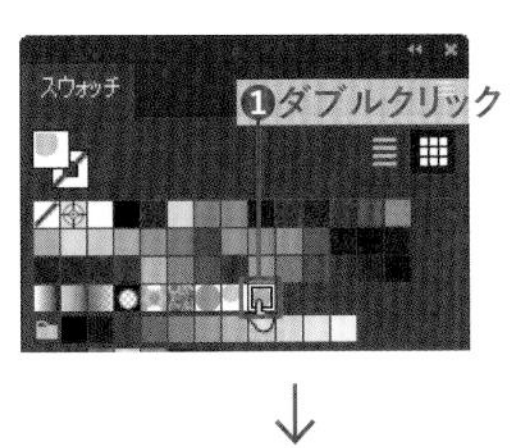

編集するパターンが使われている

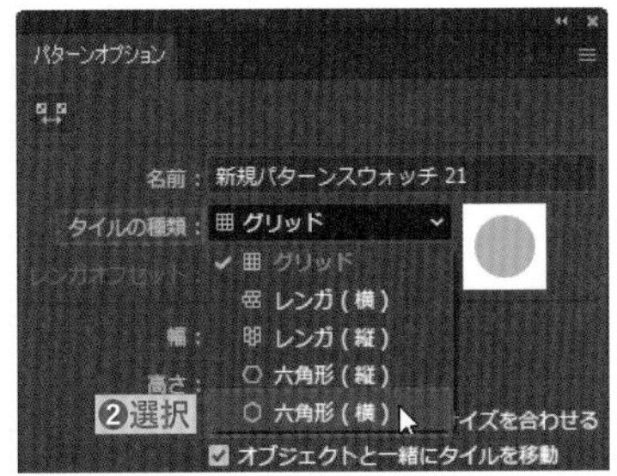

2 パターンのプレビューで並び方が変わったことを確認し❶、ウィンドウ上部の[完了]をクリックしてパターン編集モードを終了します❷。編集したパターンが使われている長方形 C のパターンにも反映されます❸。

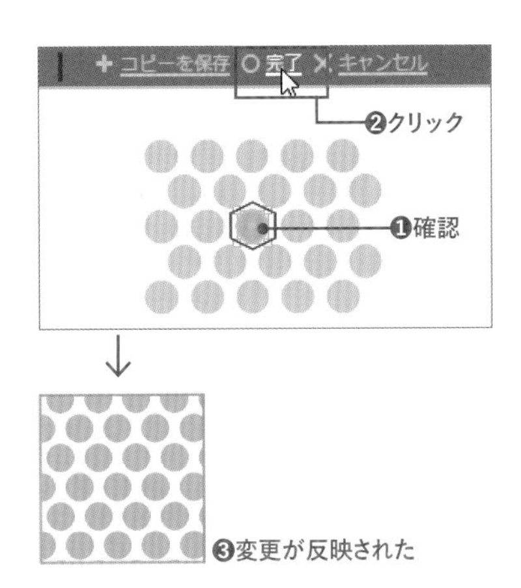

❸変更が反映された

8-4 アピアランスパネル

アピアランスパネルは、オブジェクトに適用されている［塗り］や［線］のカラーなどの属性や、各種効果をレイヤーのように表示するパネルです。いろいろな機能で使いますが、シンプルに［塗り］を追加してみましょう。

アピアランスパネル

オブジェクトを選択してアピアランスパネルを確認すると、［線］［塗り］［不透明度］の3つの属性が表示されます。コントロールパネルと同じように［線］［塗り］のカラーをスウォッチで選択したり、［線幅］を設定することができます。また、［線］［塗り］はレイヤーのように表示をオン／オフしたり、重ね順を変更、コピー、複数の属性を作成／削除することができます。

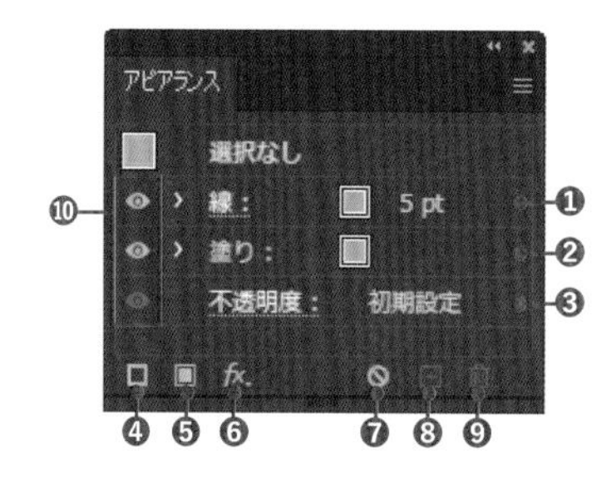

❶オブジェクトの［線］の色、線幅、適用されている効果が表示される
❷オブジェクトの［塗り］の色、適用されている効果が表示される
❸オブジェクトの不透明度や描画モードが表示される
❹選択したオブジェクトの［線］を追加する
❺選択したオブジェクトの［塗り］を追加する
❻選択したオブジェクトに新しい［効果］を適用する
❼選択したオブジェクトに適用している効果や追加した［塗り］と［線］を削除して、［線］と［塗り］がひとつずつの状態に戻す。［線］と［塗り］はそれぞれ［なし］の状態になる
❽アピアランスパネルで選択した項目を複製する
❾アピアランスパネルで選択した項目を削除する
❿クリックした項目の表示・非表示を切り換える

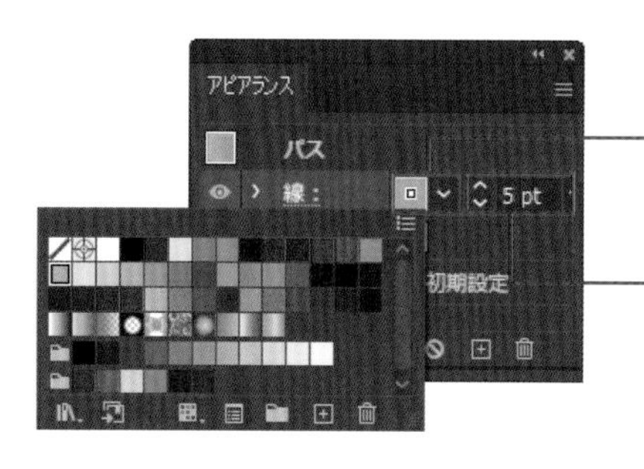

クリックするとスウォッチパネルが表示され、色を変更できる。Shift キーを押しながらクリックするとカラーパネルを表示できる

［線］のアピアランスでは、線幅を変更できる

グループオブジェクトに対しても、通常のオブジェクトと同じように新しい［塗り］や［線］を追加でき、カラーや効果を適用できます。グループオブジェクトで追加した［塗り］や［線］設定は個々のオブジェクトの設定を無視して表示されます。グループを解除すると、それぞれ元のアピアランスが再び表示されます。

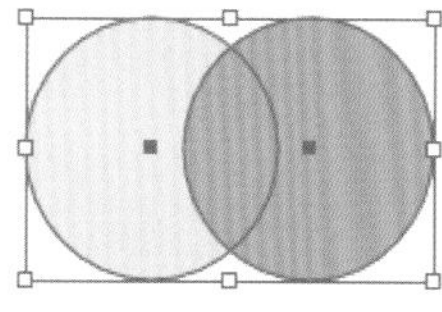
グループ化したオブジェクト

［塗り］や［線］を追加して色を設定

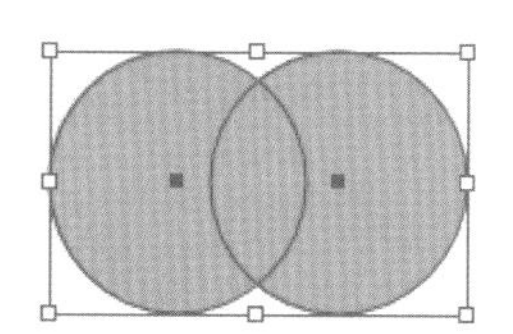
個々のオブジェクトの設定を無視して表示される

STEP 01 アピアランスパネルの基本操作を覚える

BEFORE

AFTER

アピアランスパネルで[塗り]を追加したり、重ね順を変更などの基本的な操作を行い、アピアランスの概要をつかみましょう。

 Lesson08 ▶ L8-4S01.ai

塗りの追加

1 レッスンファイルを開きます。選択ツール でオブジェクトAを選択します❶。オブジェクトAの[塗り]には、パターンが設定されています。アピアランスパネルで[塗り]を選択してから❷、[新規塗りを追加]をクリックします❸。

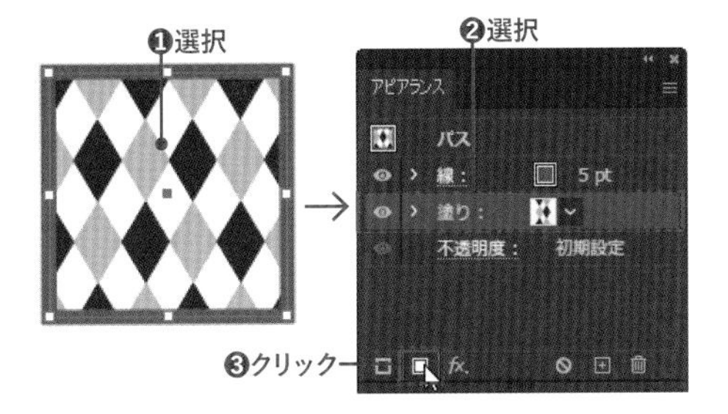

[塗り]が展開表示されていても、選択には関係ない

2 [塗り]が追加されたので、下の[塗り]を選択し❶、∨をクリックして❷、表示されたスウォッチパネルで[ブラック]のスウォッチをクリックします❸。下の[塗り]が黒で塗られるので、前面のパターンの隙間部分は、下の[塗り]が表示されます❹。

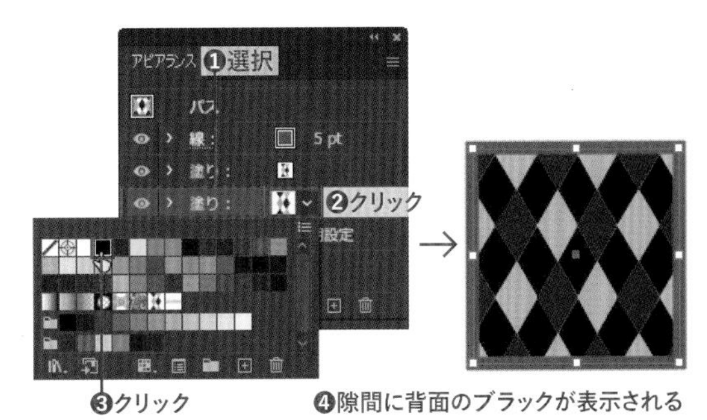

❹隙間に背面のブラックが表示される

表示のオン／オフと重ね順の操作

1 オブジェクトBを選択します❶。オブジェクトBは3つの[塗り]が設定されています。アピアランスパネルで[クリックで表示の切り替え]をクリックして❷、表示のオン／オフを確認します。確認したら、すべて表示してください。

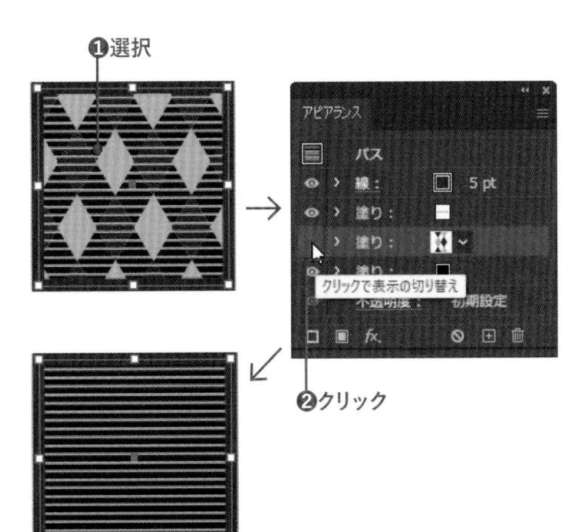

2 1番上の[塗り]をドラッグして上から2番目にします❶。[塗り]の重ね順が変わり、横のストライプがひし形のパターンの背面に変わりました❷。

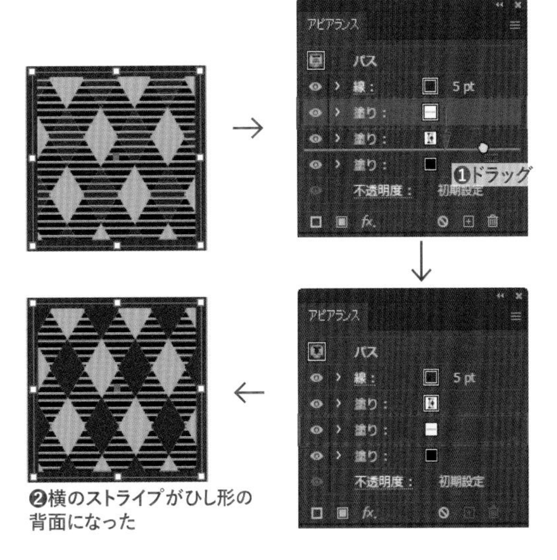

❷横のストライプがひし形の背面になった

8-5 オブジェクトを再配色

グループ化したオブジェクトの色味を全体的に変更したり、減色したりするには「オブジェクトを再配色」を使うと便利です。複数のオブジェクトの全体を一括して色変更するので、ひとつひとつのオブジェクトを選択して色変更する手間が省けます。

オブジェクトを再配色

[オブジェクトを再配色]([編集]メニュー→[カラーを編集])は、選択したオブジェクトの色を一括して変更する機能です。[塗り]や[線]を個別に指定する必要はありません。はじめは簡易パネルにカラーホイールが表示されるので、オブジェクト内で使われているカラーをドラッグして直感的に色を変更できます。[生成再配色]を使うと、AIを活用し、できあがりのイメージを文章で指定して再配色できます。[詳細]オプションをクリックすると、[オブジェクトを再配色]ダイアログボックスが表示されます。[指定]画面では、それぞれの色を選択してカラー値を調整できます。プリセットを使用して、指定した色数に減色することもできます。そのほか、カラーハーモニーを使った色の変更など、さまざまな方法でオブジェクト全体の色を変更できます。[編集]画面では、簡易パネルと同様にカラーホイールでカラーをドラッグして直感的に色を変更できます。

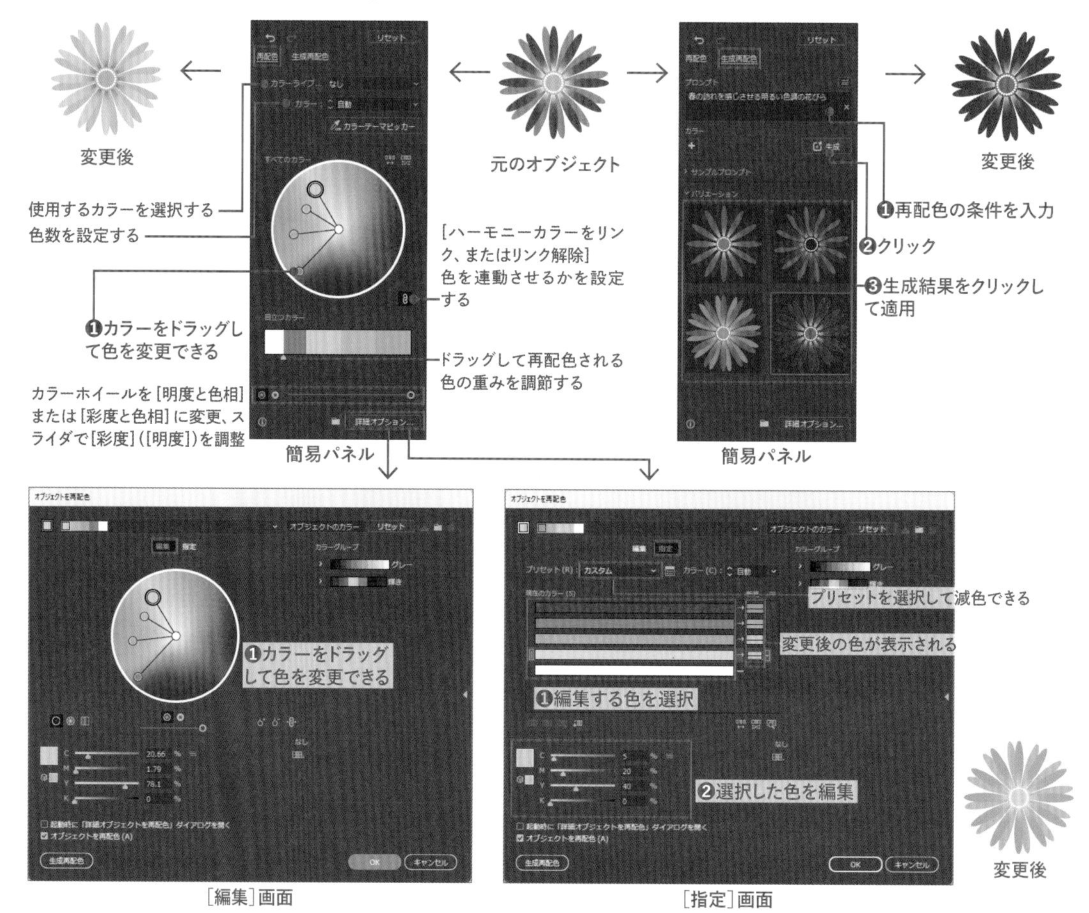

STEP 01 複数のオブジェクトの色を変更する

BEFORE

AFTER

[オブジェクトを再配色]を使って、複数のオブジェクトの色を一気に変更しましょう。変更する方法はたくさんあるので、いろいろ試してみてください。

Lesson08 ▶ L8-5S01.ai

ハーモニールールを使用

1 レッスンファイルを開きます。グループオブジェクトAを選択します❶。コントロールパネル(またはプロパティパネル)で「オブジェクトを再配色」をクリックするか❷、[編集]メニュー→[カラーを編集]→[オブジェクトを再配色]を選択します。

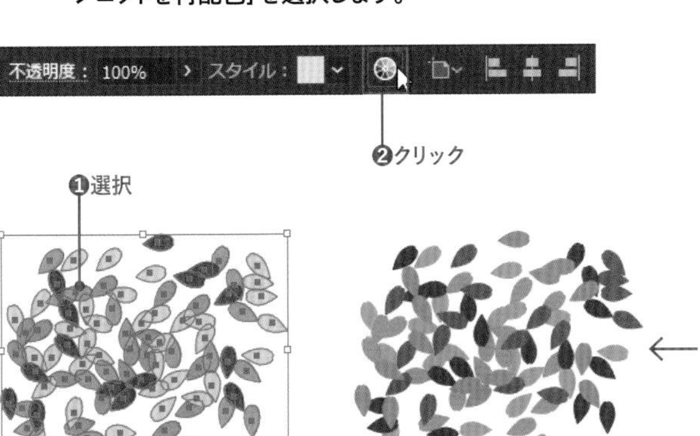

2 簡易パネルの[詳細オプション]をクリックして、[オブジェクトを再配色]ダイアログボックスを表示します。[指定]画面で[ハーモニールール]のVをクリックして❶、表示されたリストから[トライアド3]を選択し❷、[OK]をクリックします❸。オブジェクト全体の色が変わりました。

カラーをランダムに変更

1 グループオブジェクトBを選択します❶。コントロールパネル(またはプロパティパネル)で「オブジェクトを再配色」をクリックするか❷、[編集]メニュー→[カラーを編集]→[オブジェクトを再配色]を選択します。

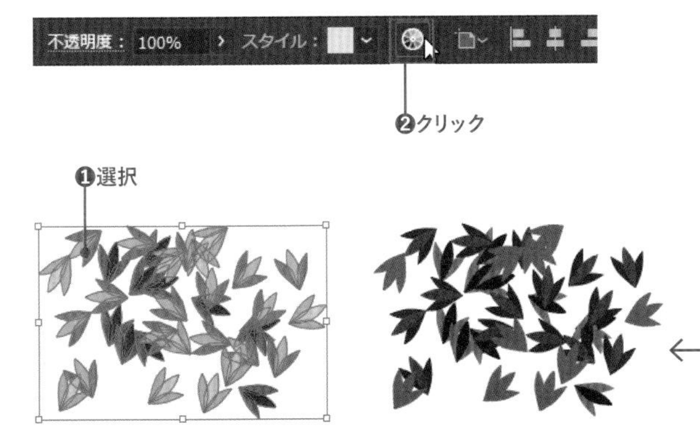

2 簡易パネルの[詳細オプション]をクリックすると[オブジェクトを再配色]ダイアログボックスが表示されます。「指定」画面を選択し、[彩度と明度をランダムに変更]をクリックして❶、[OK]をクリックします❷。オブジェクトの色の「彩度」と「明度」がランダムに変わりました。

Lesson 08 練習問題

オブジェクトにグラデーションで色をつけて、花を完成させましょう。
グラデーションの適用、グラデーションツールの使い方がポイントです。
グラデーションツールは、グループ化したオブジェクトに適用すると
グループオブジェクト全体に対してひとつのグラデーションを適用できます。

AFTER

❶選択ツールでグループ化されている花びらを選択します。
❷［線］の色を［なし］にして、［塗り］の色にスウォッチパネルの［ホワイト、ブラック］のグラデーションを適用します。
❸［塗り］をアクティブにしたまま、グラデーションパネルの［種類］で［円形グラデーション］を選択します。
❹グラデーションツールで、花の中央から花びら先端のやや手前までドラッグします。
❺グラデーションパネルの［ホワイト］のカラー分岐点（左端）をダブルクリックして、スウォッチパネルで［CMYKレッド］を選択します。
❻グラデーションパネルの［ブラック］のカラー分岐点（右端）をダブルクリックして、スウォッチパネルで［CMYKイエロー］を選択します。

Lesson08 ▶ L8EX2.ai

オブジェクトの色を、［オブジェクトを再配色］でピンク系に変えましょう。

❶選択ツールを選択し、オブジェクト全体を選択します。
❷［編集］メニュー→［カラーを編集］→［オブジェクトを再配色］を選択します。
❸表示された簡易パネルで、［ハーモニーカラーをリンク、またはリンク解除］をクリックしてカラーのリンクを解除し、黄色の円をうすいピンク色の位置にドラッグして、全体がピンク色になるようにします。作例と同じになる必要はありません。

Lesson 09

線の設定

オブジェクトの線は、線幅の設定だけでなく、線端部分の形状、角の形状を設定できます。また、破線の設定によりさまざまな点線を作成できます。線幅ツールと線幅プロファイルを使うと、ひとつのパスで幅の異なる線に設定することもできます。

9-1 線を設定する

オブジェクトの線には、線幅の設定をはじめ、線端や角の形状などさまざまな設定が可能です。線の属性は、線パネルで設定します。線を、破線（点線）にすることもできます。線分と間隔を指定して、独自の破線にすることもできます。

線パネル

線のサイズや角の形状など、線に関する設定は線パネルで行います。線の太さである[線幅]だけでなく、線端の形状や角の形状なども設定できます。矢印の設定や、線幅プロファイルの設定も可能です。線パネルは、[ウィンドウ]メニュー→[線]で表示します。

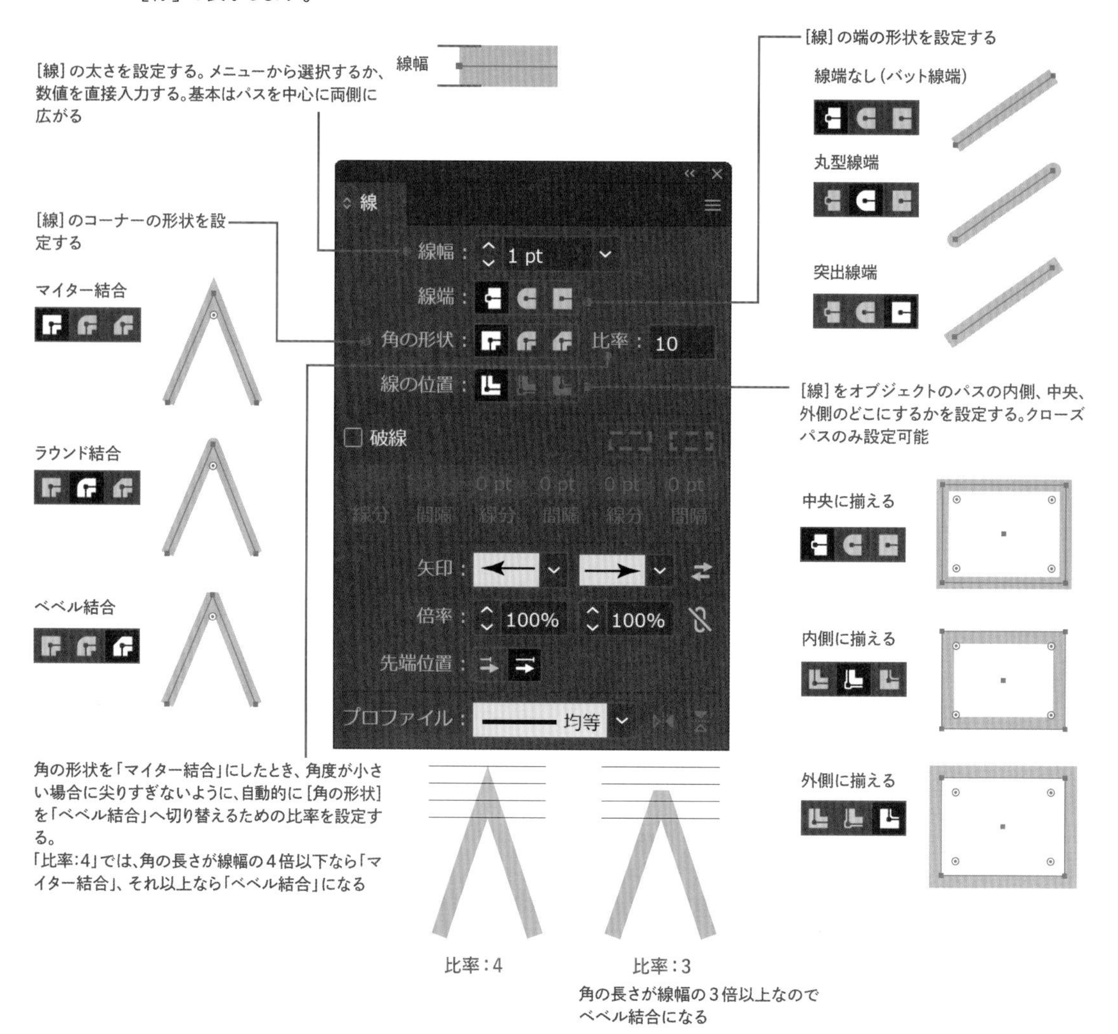

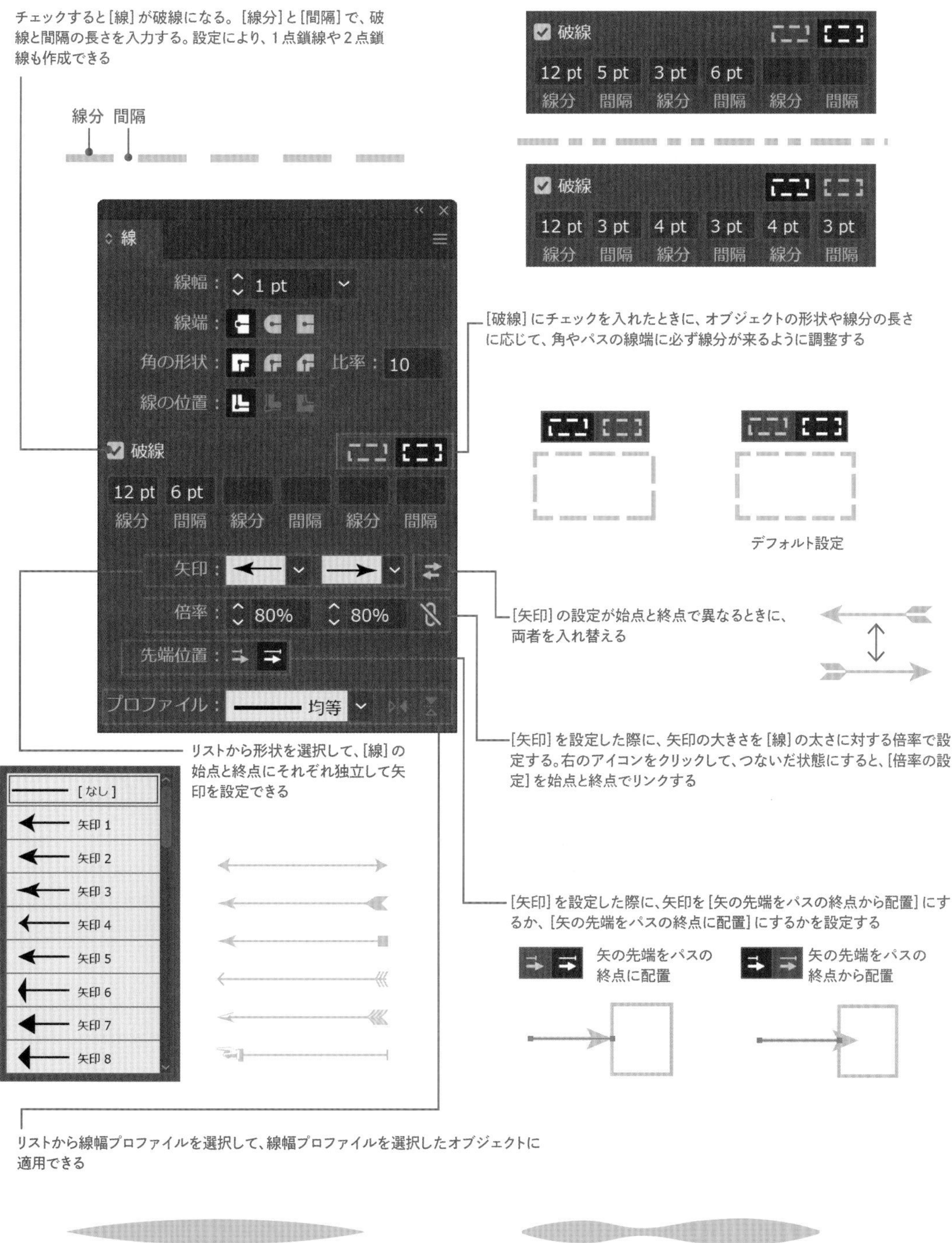

リストから線幅プロファイルを選択して、線幅プロファイルを選択したオブジェクトに適用できる

プロファイル：

軸に沿って反転　軸を基準に反転

STEP 01 線の基本的な設定を覚える

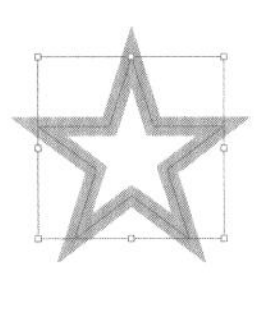
BEFORE

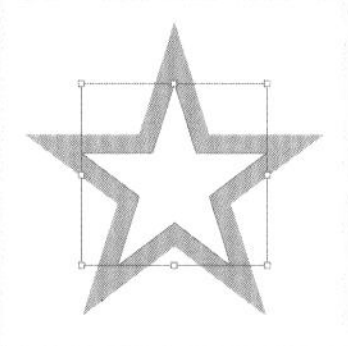
AFTER

線の基本的な設定をしてみましょう。線の幅は線パネルでもコントロールパネルでも可能です。

 Lesson09 ▶ L9-1S01.ai

線幅の設定

1 レッスンファイルを開きます。選択ツールでオブジェクトAを選択し❶、線パネルの[線幅]が「1pt」であることを確認します❷。

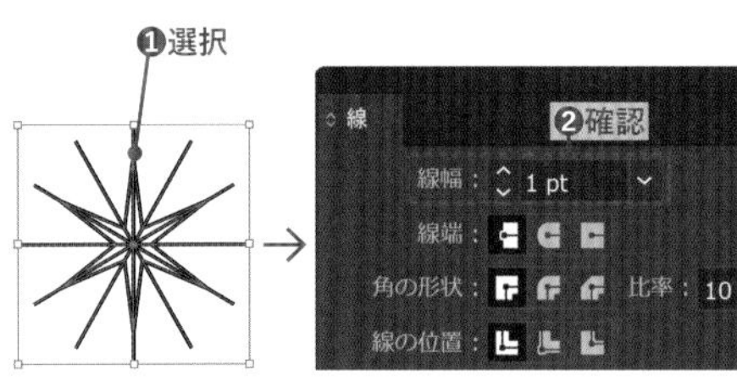

コントロールパネルやプロパティパネルの[線]にも線幅が表示される

2 線パネルの[線幅]に「0.1mm」と入力し Enter（return）キーを押します❶。オブジェクトの線幅が変わります。数字だけ入力すると表示されている単位となります。ほかの単位で指定するには、数値と一緒に単位まで入力します。自動的に表示されている単位（通常はポイント）に変換されます。ここでは、「0.1mm」が「0.283pt」に変換されます。

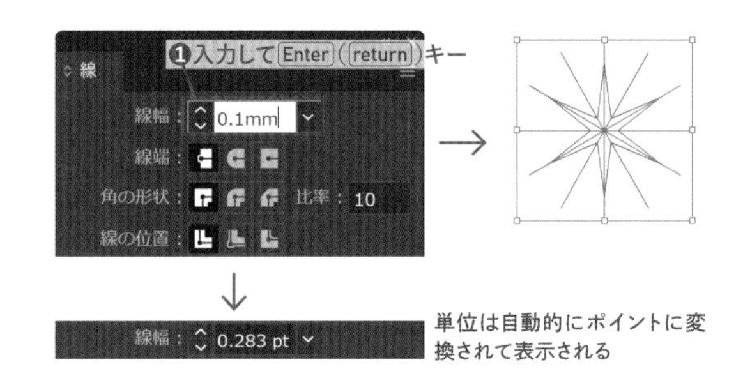

単位は自動的にポイントに変換されて表示される

線端の設定

1 オブジェクトBを選択し❶、線パネルの[線端]の形状が[線端なし]であることを確認します❷。

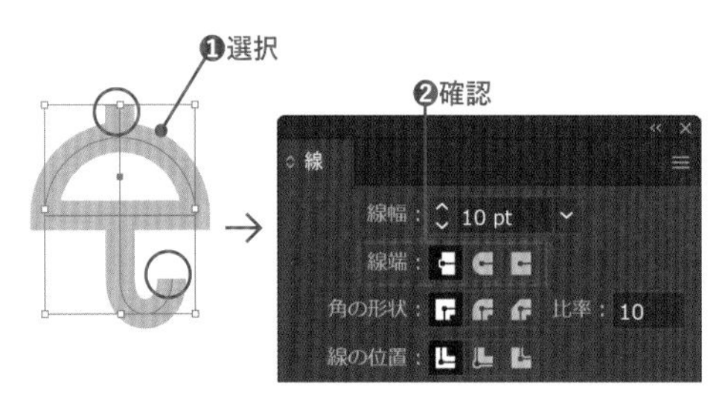

2 線パネルの[線端]で[丸型線端]を選択します❶。オープンパスの線端の形状が変わりました❷。

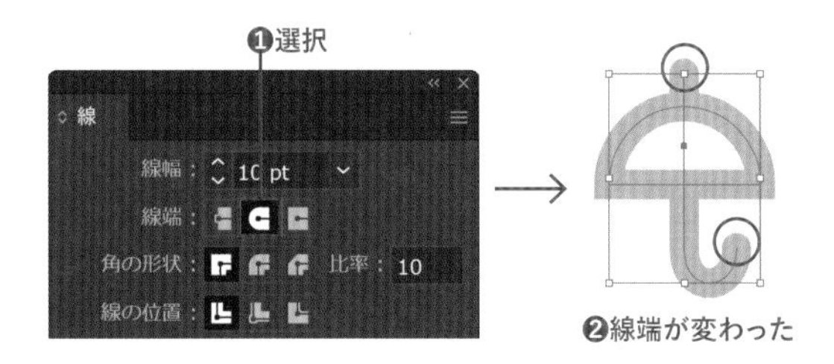

3 線パネルの[線端]で[突出線端]を選択します❶。オープンパスの線端の形状が変わりました❷。

❶選択

線幅：10 pt　線端：　角の形状：　比率：10　線の位置：

❷線端が変わった

> **COLUMN**
>
> **クローズパスの線端**
>
> クローズパスの線端の形状を変更しても、線端がないため変化しません。パスを切断してオープンパスにすると、設定された形状の線端となります。

角の形状

1 オブジェクトⒸを選択し❶、線パネルで[角の形状]が[マイター結合]であることを確認します❷。

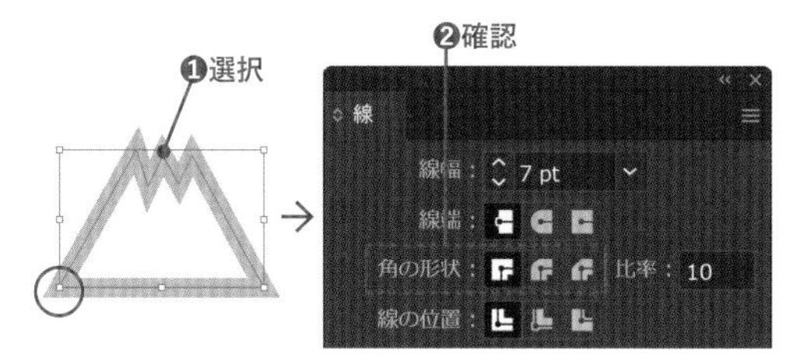

2 [角の形状]で[ラウンド結合]を選択し❶、角の形状が変わったことを確認します❷。続いて、[角の形状]で[ベベル結合]を選択し❸、角の形状が変わったことを確認します❹。

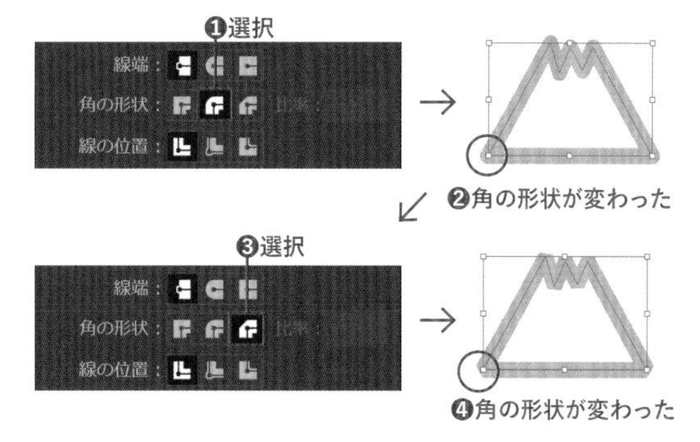

比率

オブジェクトⒹ全体を選択し❶、[角の形状]が[マイター結合]で[比率]が「10」であることを確認します❷。[比率]の数値が大きいので、角が飛び出しています。手前のグループ化された[塗り]が白のオブジェクトを選択し❸、[比率]に「3」と入力し Enter (return) キーを押します❹。角の飛び出しが消えました❺。

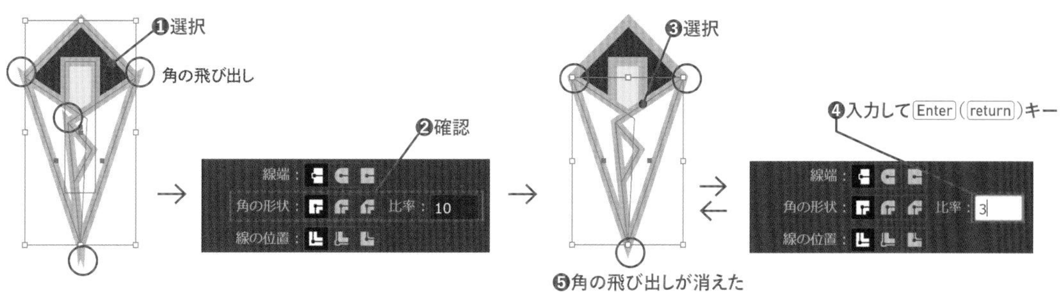

線の位置

1 オブジェクトⒺを選択し❶、線パネルの[線の位置]が[線を中央に揃える]であることを確認します❷。

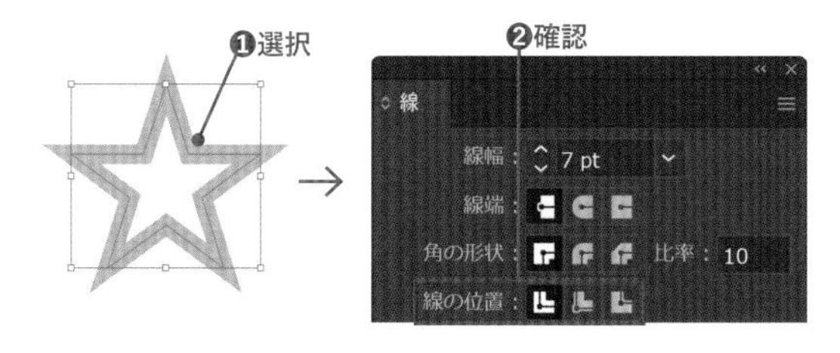

2 線パネルの[線の位置]で[線を内側に揃える]を選択します❶。線はパスの内側になります。

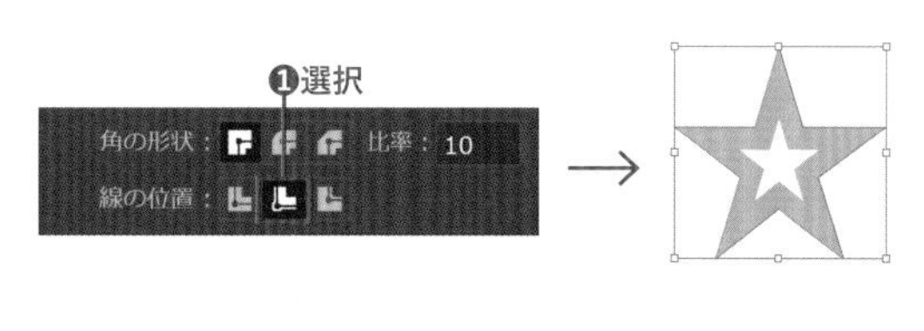

3 線パネルの[線の位置]で[線を外側に揃える]を選択します❶。線はパスの外側になります。

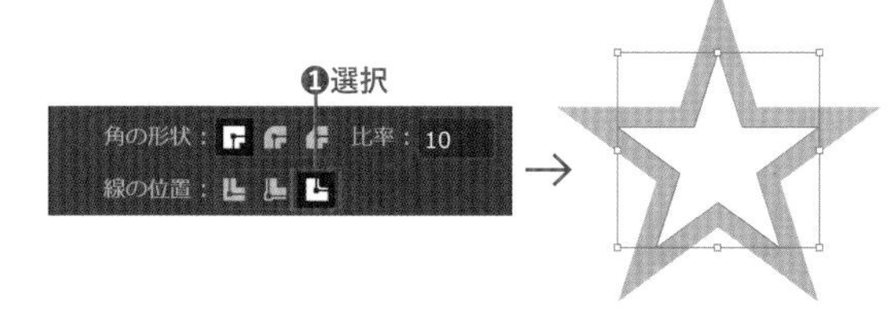

COLUMN

オープンパスは指定できない

オープンパスになると[線の位置]は「線を中央に揃える」以外に選べなくなります。

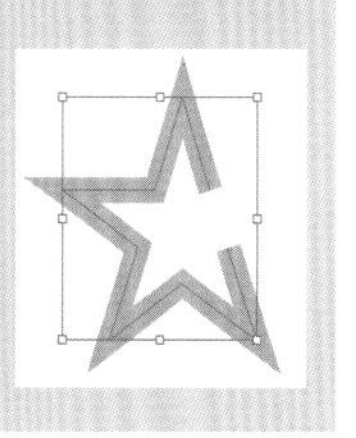

STEP 02 破線を作成する

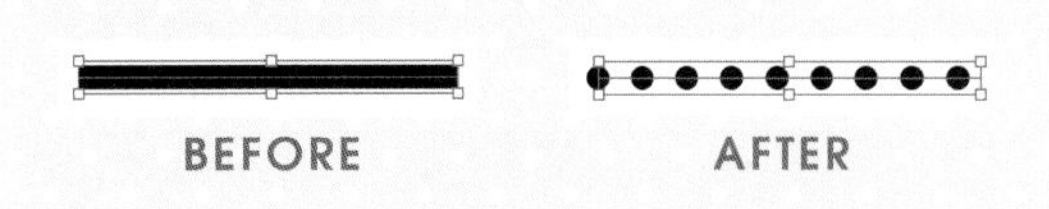

線パネルのオプションを表示させせると、[破線]の設定が可能になります。[線端]の形状と併用するとおもしろい線を表現できます。

Lesson09 ▶ L9-1S02.ai

線分と間隔の設定

1 レッスンファイルを開きます。選択ツールで直線のオブジェクトⒶを選択します❶。線パネルの[破線]にチェックをつけ❷、[線分と間隔の正確な長さを保持]をクリックします❸。初期設定では[線分]に「12 pt」と表示されます。オブジェクトは、線分も間隔も「12 pt」の破線になります。

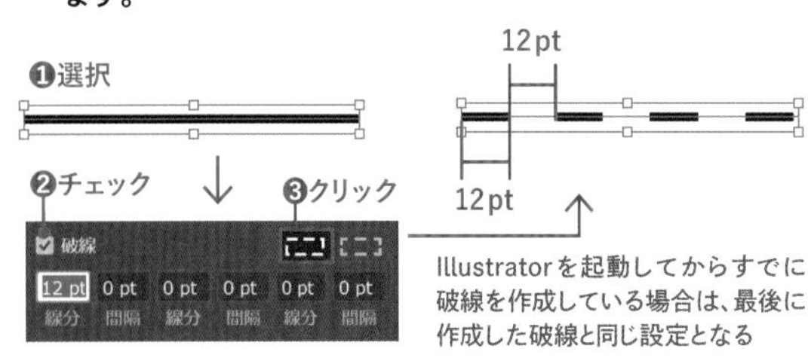

2 左端の[線分]に「15」、[間隔]に「5」と入力しEnter(return)キーを押します(単位は自動で入ります)❶。[線分]が「15 pt」、[間隔]が「5 pt」の破線になります。[線分]と[間隔]を違う幅にするには、それぞれ個別に設定します。

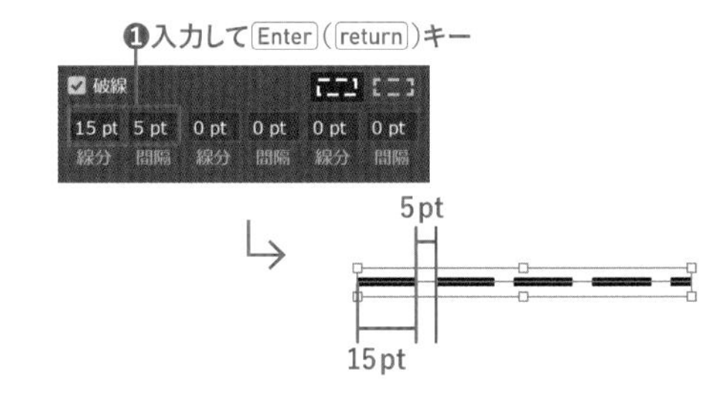

線分と間隔を複数設定

1 破線のオブジェクトⒷを選択します❶。線パネルの[破線]の2番目の[線分]に「5」、2番目の[間隔]に「10」と入力しEnter(return)キーを押します❷。[線分]の長さが交互に変わる1点鎖線になります。

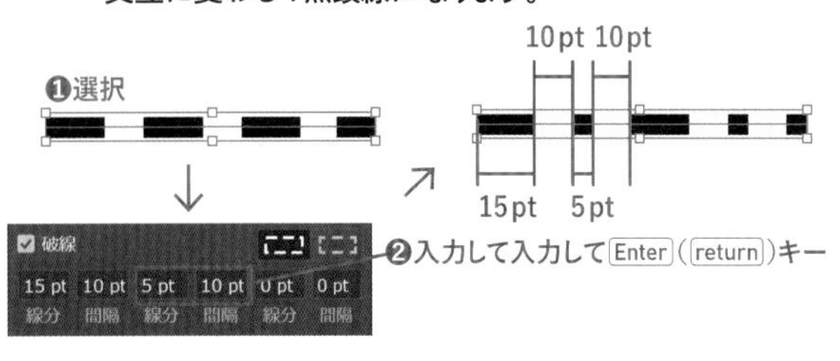

2 線パネルの[線端]の形状を「丸型線端」に変更します❶。破線の[線分]の線端の形状が丸くなります❷。

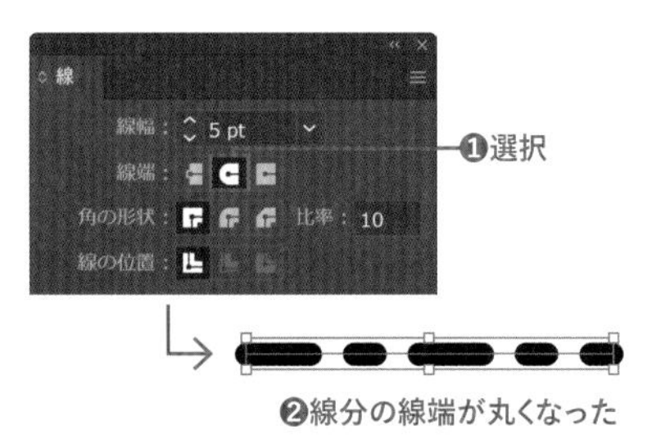

線分が円に見える破線

直線のオブジェクトⒸを選択します❶。線パネルの[破線]にチェックをつけます❷。[線分]に「0」、[間隔]に「10」と入力しEnter(return)キーを押します❸(前の設定が残っている場合はDeleteキーで削除してください)。[線端]の形状を「丸型線端」に変更します❹。線分は「0 pt」ですが、[線端の形状]が丸型線端のため飛び出した半円部分がつながって円に見える破線になります❺。

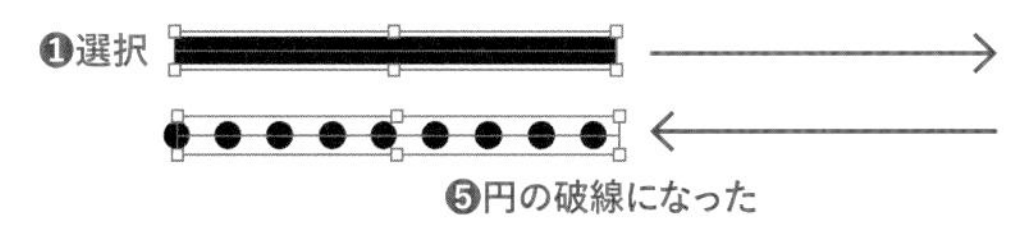

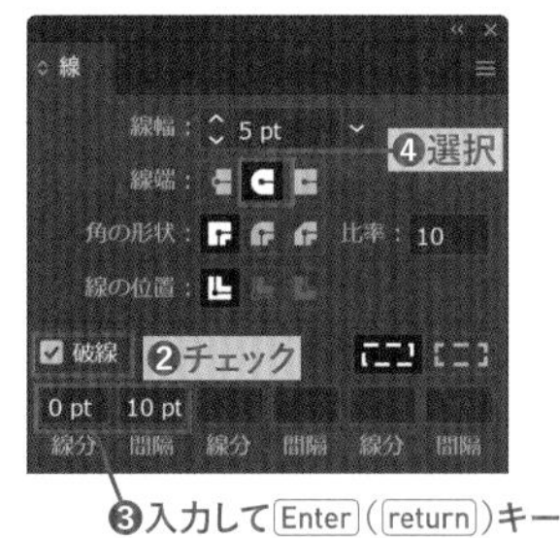

角に合わせた破線

1 Dのふたつの四角形のオブジェクトを選択します❶。ふたつは異なった数値の[破線]が設定されています。線パネルで[線分と間隔の正確な長さを保持]に設定されていることを確認します❷。オブジェクトの破線は、パスの始点から正確に[線分]と[間隔]を繰り返すため、角の部分に線分が来ないこともあります。

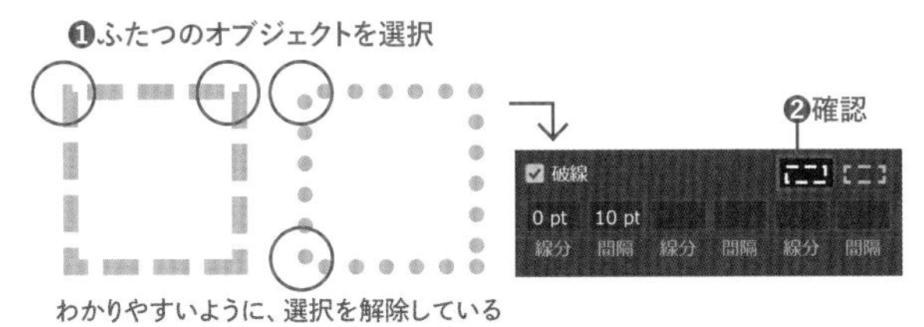

2 線パネルで[コーナーやパス先端に破線の先端を整列]に変更します❶。線分部分が、オブジェクトの角に合うように調整されます❷。

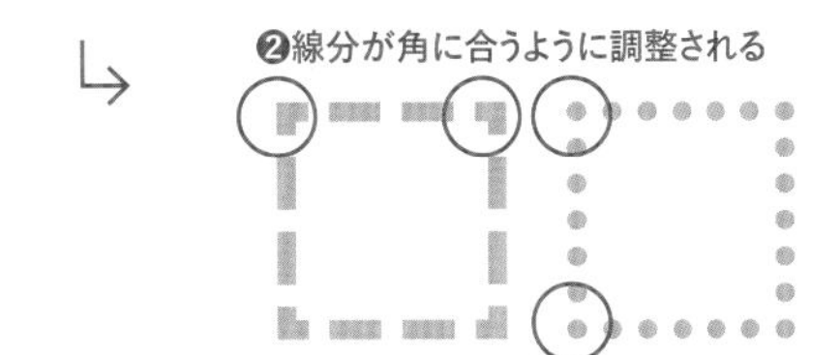

STEP 03 線に矢印を設定する

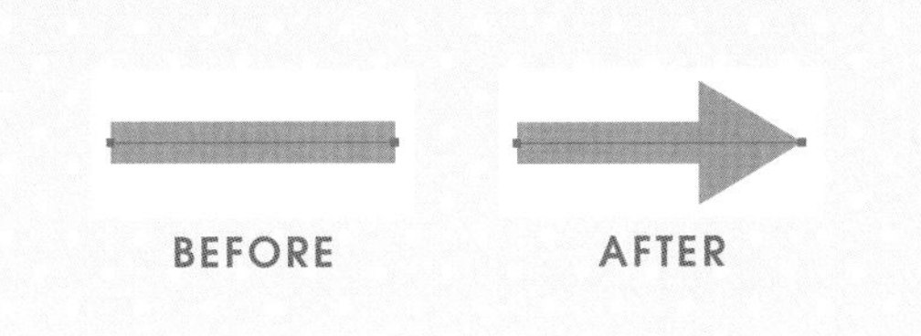

矢印は線パネルで設定します。あらかじめ用意された矢印から、必要なものがすぐに利用できるよう覚えておきましょう。

線に矢印を設定する

レッスンファイルを開きます。オブジェクトAを選択します❶。線パネルの[矢印]の右側（終点）の∨をクリックし❷、表示されたメニューから[矢印1]を選択します❸。パスの右側に矢印がつきました❹。設定を解除するときは、[なし]を選択します。

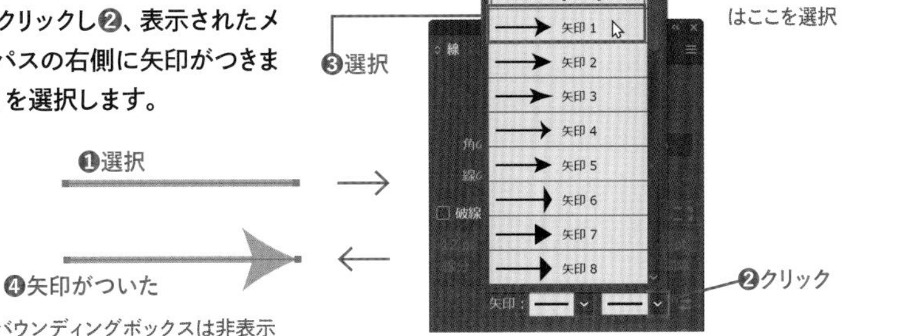

矢印の大きさを変える

1 オブジェクトBを選択します❶。線パネルの[矢印]の右側（終点）の∨をクリックし❷、表示されたメニューから[矢印7]を選択します❸。[線幅]が太いので、矢印が非常に大きくなります。

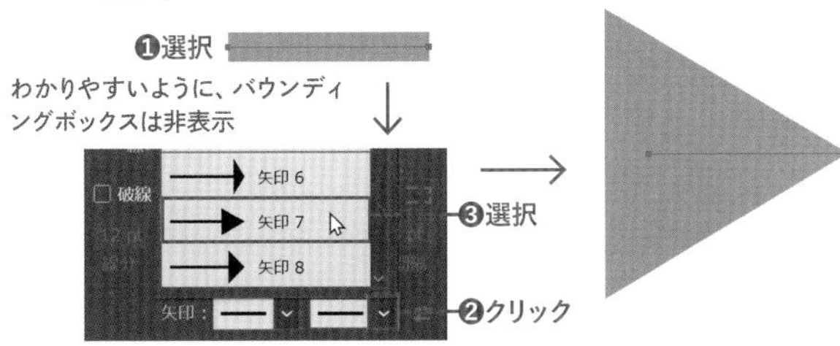

2 線パネルの[倍率]の右側（終点側）に「30」と入力し Enter （return）キーを押します❶。矢印が「30%」のサイズに小さくなります❷。

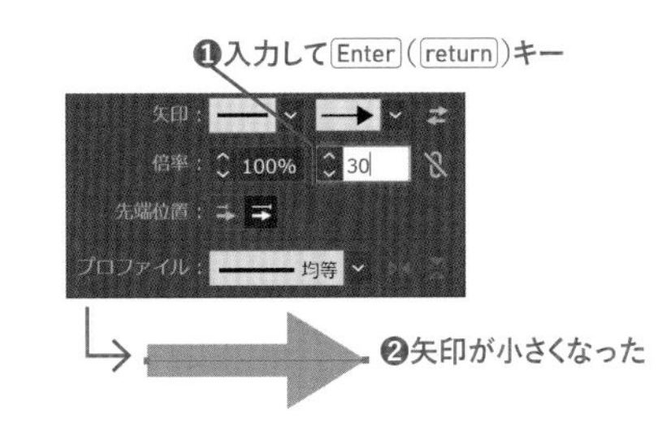

9-2 線幅ツールを使う

線幅ツールは、パスに対して一律だった線幅を部分的に変更するツールです。ひとつのパスで、幅の違う線となるため、アートワークに変化を与えることができます。変更した線幅の形状を、線幅プロファイルとして保存しておくこともできます。

STEP 01 線幅ツールで可変幅の線にする

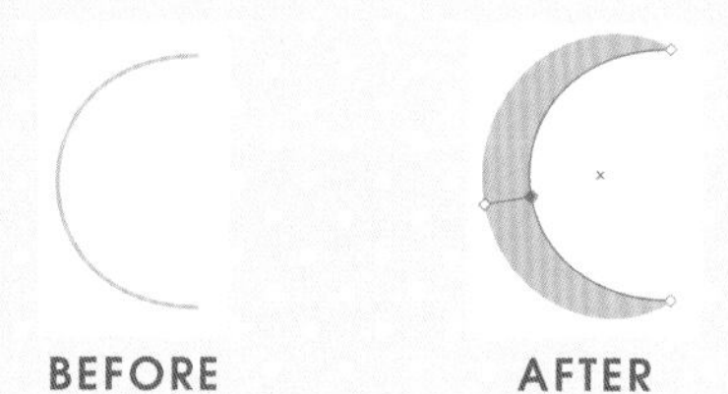

線幅ツール は、オブジェクトの線幅を部分的に変更するツールです。使い方はシンプルなので、マスターして使いこなしましょう。

Lesson09 ▶ L9-2S01.ai

線幅ポイントで線の幅を変える

1 レッスンファイルを開き、ツールバーで線幅ツール を選択します❶。オブジェクトⒶのパスの上にカーソルを移動するとカーソルが ▸+ になるので、外側に向かってドラッグします❷。ドラッグを開始した箇所から両側に線幅が広がります。ドラッグを開始した点を線幅ポイントとよび、両側に幅を表すハンドルが表示されます。ハンドルをドラッグして、線幅を変更できます。

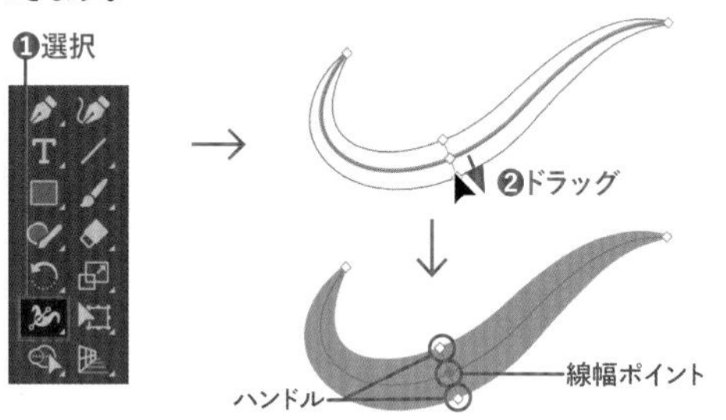

2 次に、オブジェクトⒷのパスの線幅を変更します。ドラッグする距離を小さくし、元の線幅よりも細くなるように変更します❶。一度線幅を広くしてから、内側に向かってドラッグすれば線幅を細くできます。

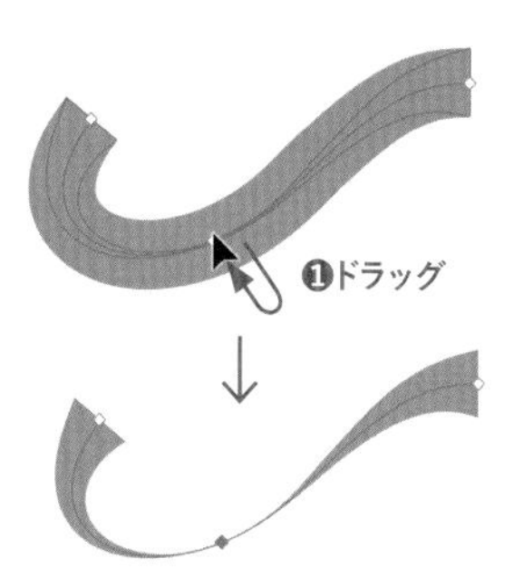

線の幅を左右で変える

1 線幅ツール で、オブジェクトⒸの中央部分を外側に向かってドラッグして線幅を広げます❶。

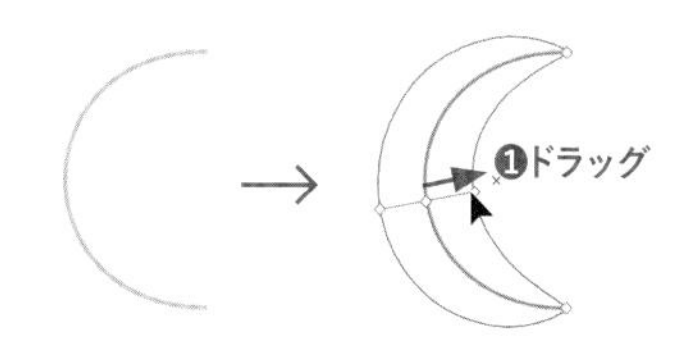

2 右側のハンドルを Alt（option）キーを押しながら左方向にドラッグします❶。ドラッグした側の線幅だけが変わります。

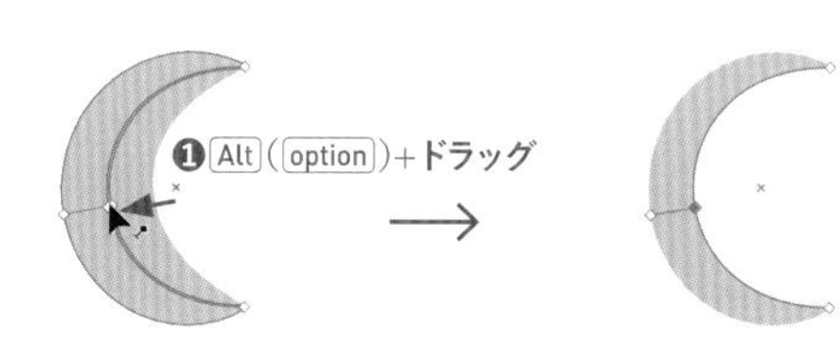

線幅ポイントの位置を変える

1 線幅ツールで、オブジェクトDの線幅をドラッグして広げます❶。

2 線幅ポイントにカーソルを合わせドラッグすると❶、線に沿って線幅ポイントの位置を移動できます。

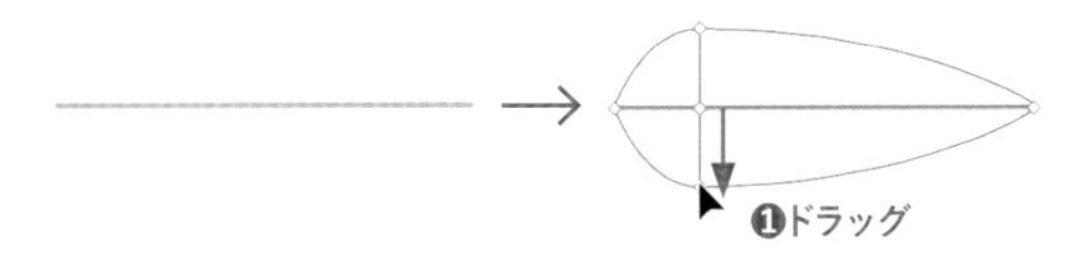

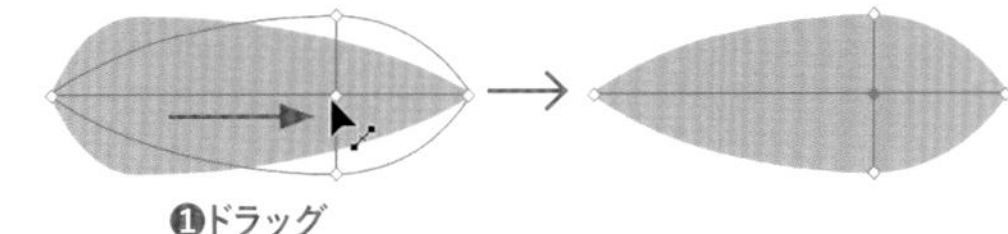

線幅の数値入力

1 オブジェクトEの下のオブジェクトに線幅ツールのカーソルを移動します。パスと現在の線幅ポイントが表示されるので、右端の線幅ポイントをダブルクリックします❶。

2 [線幅ポイントを編集]ダイアログボックスが表示されます。[側辺1]と[側辺2]にそれぞれ「4mm」と入力して❶、[OK]をクリックします❷。ダブルクリックした線幅ポイントの両側が4mm（全体が8mm）の線幅になります。

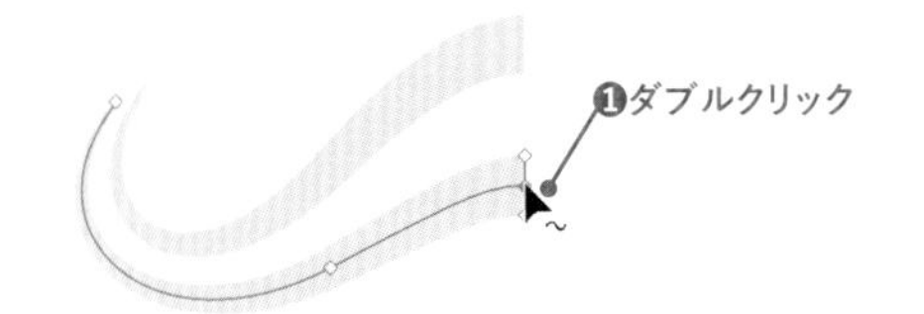

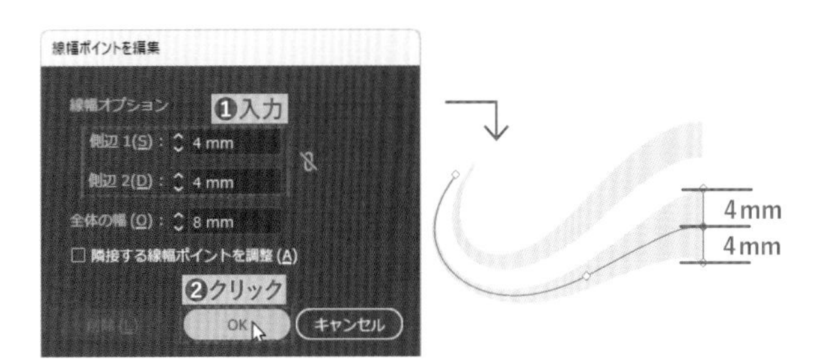

線幅ポイントの削除

オブジェクトFの上に線幅ツールを移動し、線幅ポイントをクリックします❶。線幅ポイントが選択され、塗りつぶされて表示されるので、Deleteキーを押して削除します❷。線幅ポイントがなくなると通常の線のオブジェクトに戻ります。

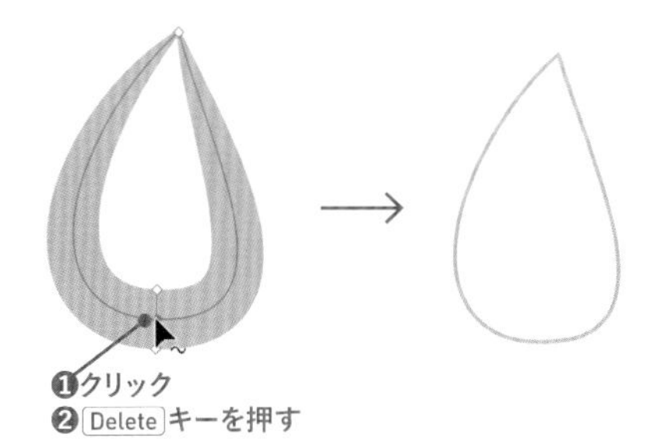

✔CHECK!

線幅プロファイルで元に戻す

選択ツールで線幅を変更したオブジェクトを選択し、線パネルの[プロファイル]から「均等」を選ぶと、通常の線に戻ります。
線幅は、戻す前のもっとも幅の広い部分となります。

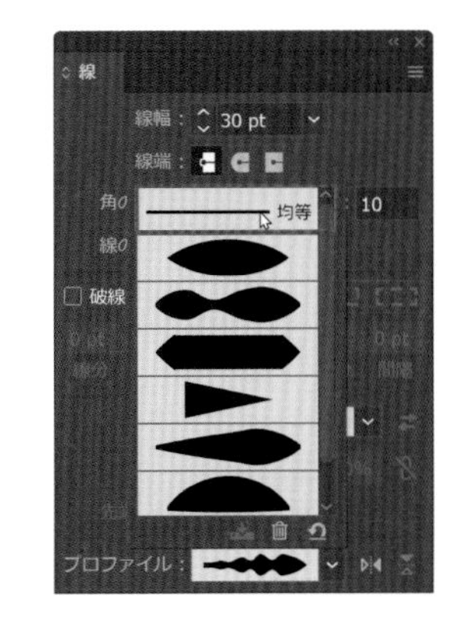

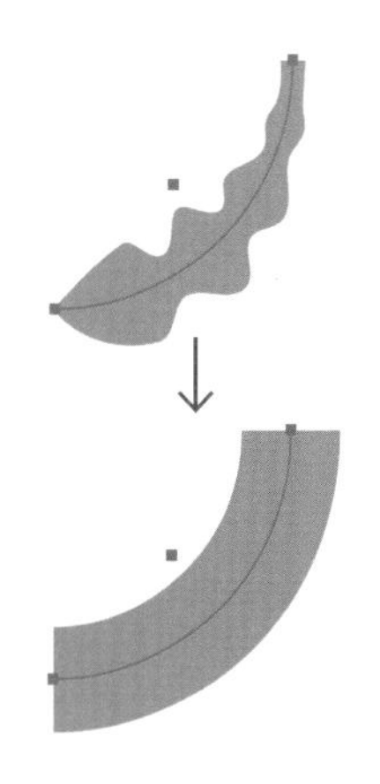

STEP 02 線幅プロファイルを使う

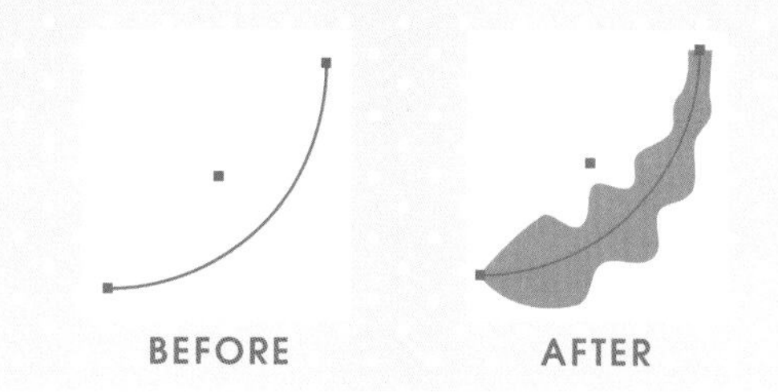

線幅ツール で変更した可変幅の線は、線幅プロファイルに登録できます。自分で作成したプロファイルを使って試してみましょう。

Lesson09 ▶ L9-2S02.ai

線パネルでプロファイルを登録する

1 レッスンファイルを開き、選択ツール でオブジェクトAを選択します❶。線パネルにあるプロファイルのvをクリックし❷、リストの下部の［プロファイルに追加］をクリックします❸。

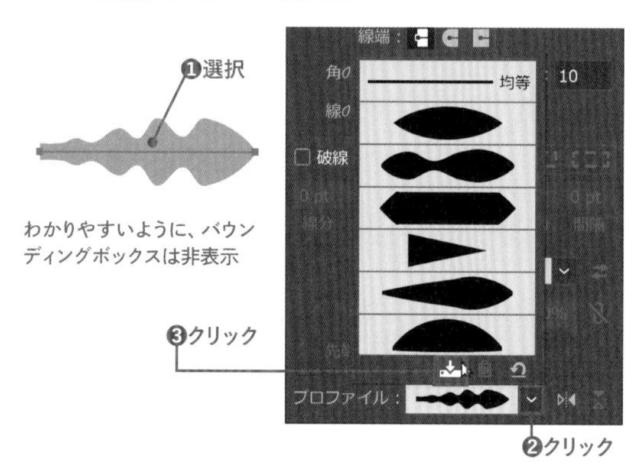

2 ［可変線幅プロファイル］ダイアログボックスが表示されたら、［プロファイル名］欄に名称を入力し（ここでは「test」）❶、［OK］をクリックします❷。線パネルのプロファイルに追加されます❸。

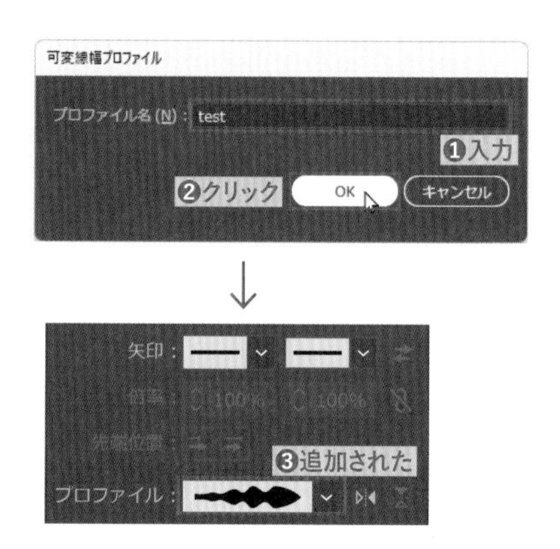

登録したプロファイルを別の線に使用する

1 選択ツール で、オブジェクトBを選択します❶。線パネルの［プロファイル］のvをクリックし❷、登録したプロファイルを選択します❸。

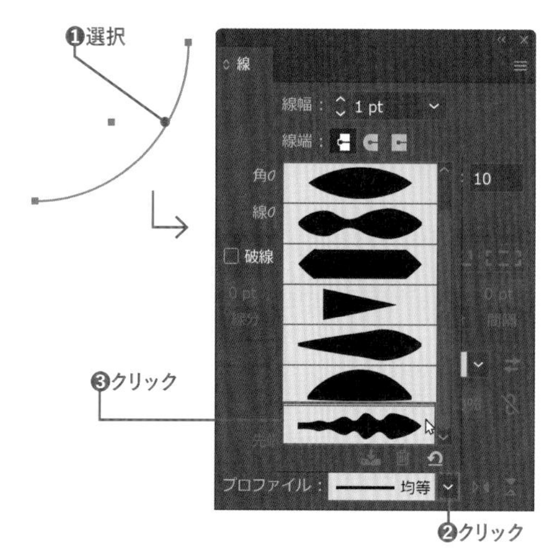

2 線幅プロファイルが適用され、可変幅の線になっているのですが、線幅が細くてよくわかりません。線パネルで［線幅］を「30 pt」に設定します❶。

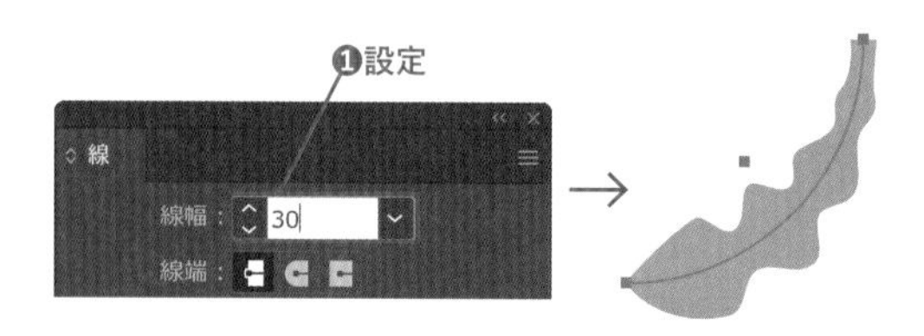

3 線パネルで、［軸に沿って反転］をクリックします❶。可変幅の形状が逆になります。

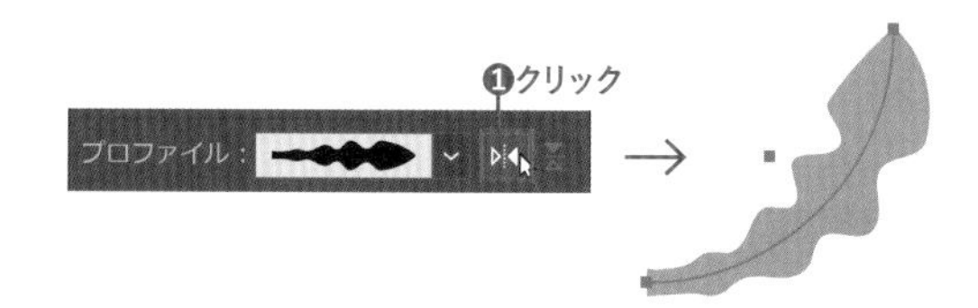

9-3 ブラシを適用する

オブジェクトのパスには、ブラシを適用して、線の形状に変化をつけることができます。ブラシツールを使う必要はありません。適用したブラシは、後からほかのブラシに変更できます。また、ブラシオプションで、ブラシの形状を変更することもできます。

ブラシの適用

ブラシパネルのブラシは、図形ツールやペンツールで描画したオブジェクトにも適用できます。クリックするだけでパスの形状を変えることができます。

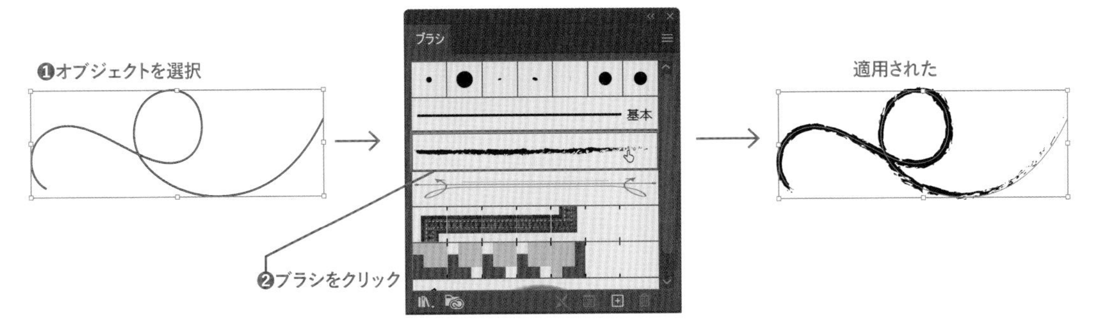

ブラシパネルとブラシの種類

Illustratorには、5種類のブラシが用意されています。ブラシパネルでは、ブラシライブラリを表示したり、新しいブラシを登録することもできます。

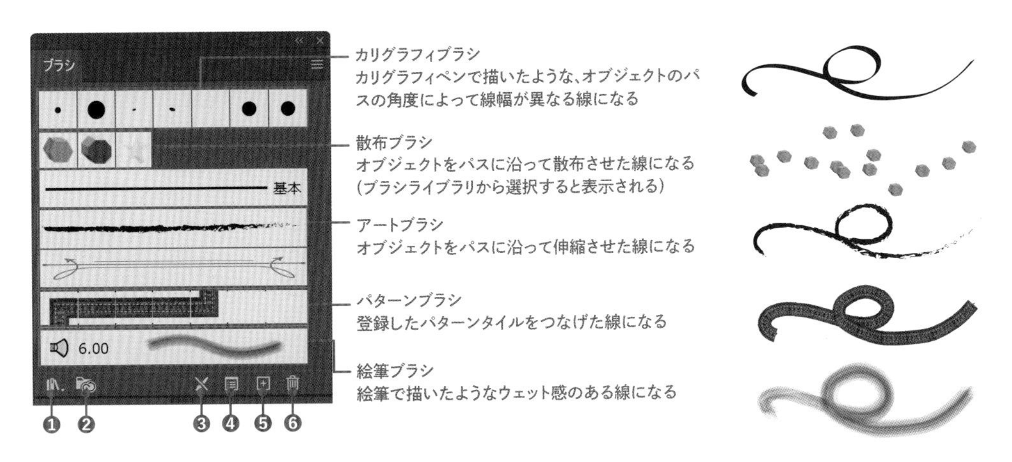

❶ブラシライブラリを選択して、初期設定以外のブラシを選択できる
❷CCライブラリパネルを表示
❸ブラシを適用していない通常の線に戻す
❹選択したオブジェクトに適用されているブラシの設定を変更する
❺新しいブラシを作成する
❻ブラシパネルからブラシを削除する。削除するブラシがオブジェクトに適用されている場合は、ブラシの形状のアウトラインパスに拡張するか、通常のブラシに戻すかを選択できる

ブラシオプション

ブラシパネルのブラシをダブルクリックすると、ブラシオプションダイアログボックスが表示され、ブラシの形状等を変更できます。ブラシオプションダイアログボックスで変更したブラシがオブジェクトに適用されているときは、変更後の設定を反映するかしないかを選択できます。

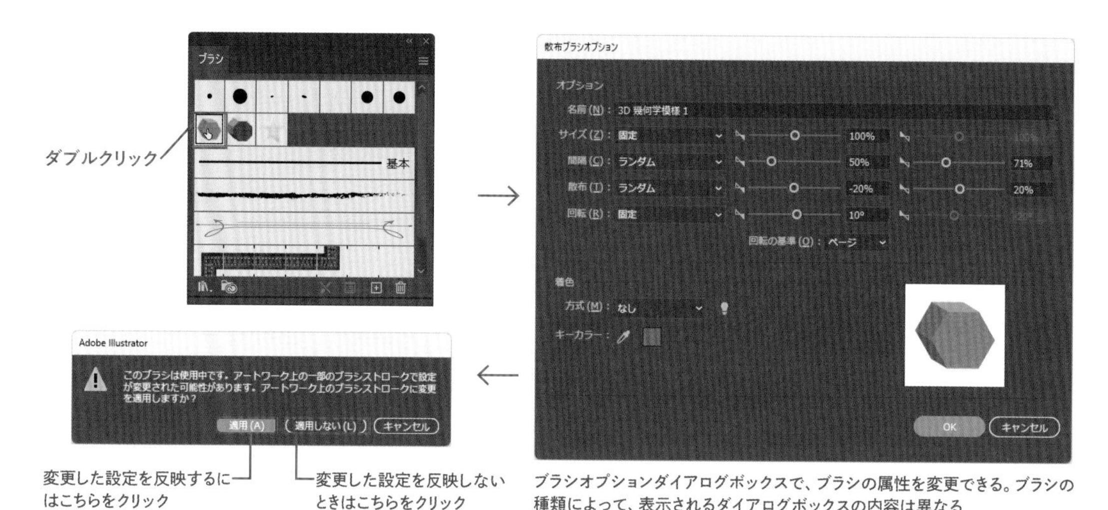

変更した設定を反映するにはこちらをクリック

変更した設定を反映しないときはこちらをクリック

ブラシオプションダイアログボックスで、ブラシの属性を変更できる。ブラシの種類によって、表示されるダイアログボックスの内容は異なる

カリグラフィブラシオプション

[カリグラフィブラシオプション]ダイアログボックスではブラシの角度や真円率、直径などを設定できます。

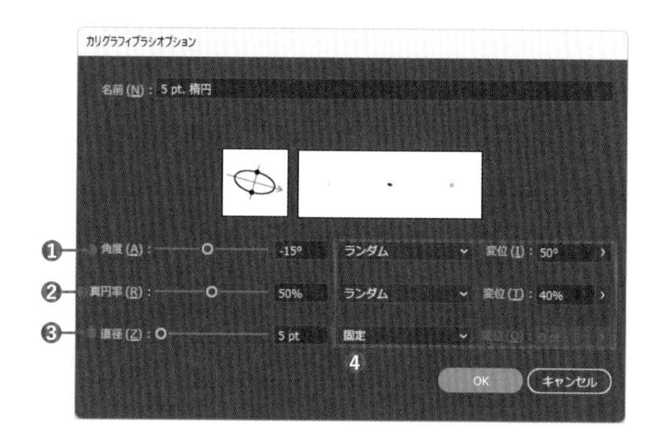

❶ブラシの角度を設定する
❷ブラシの真円率を設定する
❸ブラシのサイズを設定する
❹[固定]を[ランダム]に変更すると[変位]で設定した範囲内でランダムに数値が変わる。[筆圧]以下は、タブレットと筆圧感知ブラシを使う際に選択可能

散布ブラシオプション

[散布ブラシオプション]ダイアログボックスでは、散布ブラシのオブジェクトの配置サイズや間隔を設定できます。

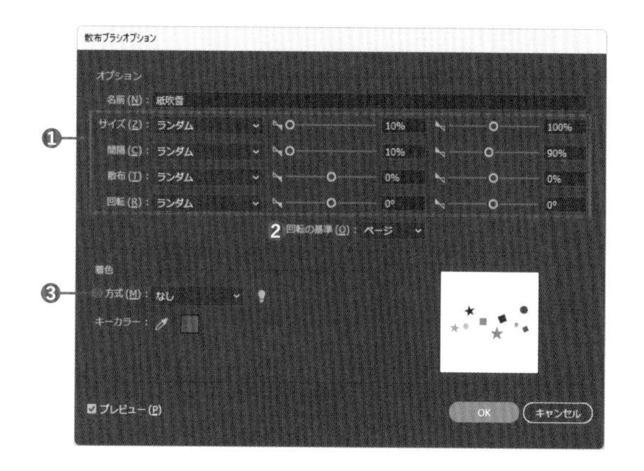

❶[サイズ]でブラシのサイズ、[間隔]でブラシとブラシの間隔、[散布]でブラシとパスの間隔、[回転]でブラシの回転角度を設定する。[固定]を[ランダム]に変更すると、右側の数値で設定した上限と下限の間でランダムに数値が変わる。[筆圧]以下はタブレットと筆圧感知ブラシを使う際に選択可能
❷回転の基準として[ページ]または[パス]を選択する
❸ブラシの色を設定する。[なし]ではブラシオブジェクトの色となる。[明清色]では[線]の色となる。[明清色と暗清色]では[線]の色となり[明清色]よりも色が濃くなり陰影がつく。[色相のシフト]は「キーカラー」の色になる(「キーカラー」はスポイトを選択し、ダイアログボックス内のプレビューから色をクリック)

アートブラシオプション

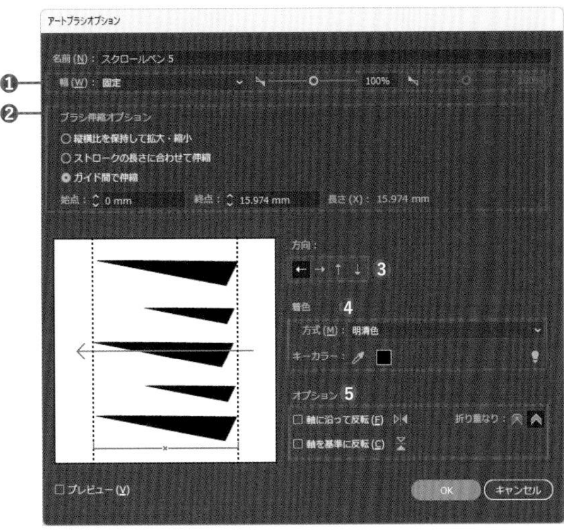

［アートブラシオプション］ダイアログボックスでは、アートブラシのオブジェクトの幅や、伸縮方向などを設定できます。

❶ブラシの幅を設定する。［固定］を［ランダム］に変更すると右側の数値で設定した範囲内でランダムに数値が変わる
❷ブラシの伸縮方法を選択する。「ガイド間で伸縮」は、プレビューに表示される点線のガイドラインをドラッグして設定できる
❸ブラシの方向を設定する
❹ブラシの色を設定する（P. 170の「散布ブラシオプション」を参照）
❺［軸に沿って反転］［軸を基準に反転］で、オブジェクトに対してブラシの向きを設定できる。［折り返し］では、角部分の折り返しの形状を選択できる

パターンブラシオプション

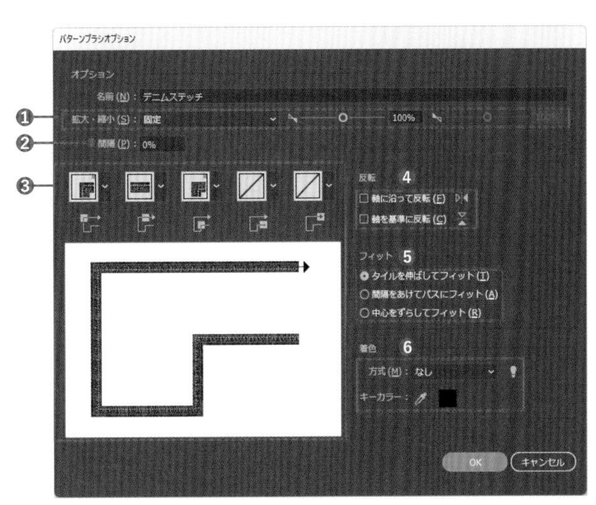

［パターンブラシオプション］ダイアログボックスでは、パターンブラシのパターンタイルや、タイルのつなぎ方などを設定できます。

❶ブラシのサイズを設定する。［固定］を［ランダム］に変更すると右側の数値で設定した範囲内でランダムに数値が変わる
❷［間隔］で、パターンタイルの間隔を設定する
❸オブジェクトの線、角、線端に配置するタイルを選択する。下に、プレビューが表示される。パターンタイルはスウォッチパネルに登録が必要
❹［軸に沿って反転］［軸を基準に反転］で、オブジェクトに対してブラシの向きを設定する
❺オブジェクトに対してパターンをどのようにフィットさせるかを設定する
❻ブラシの色を設定する（P. 170の「散布ブラシオプション」を参照）

絵筆ブラシオプション

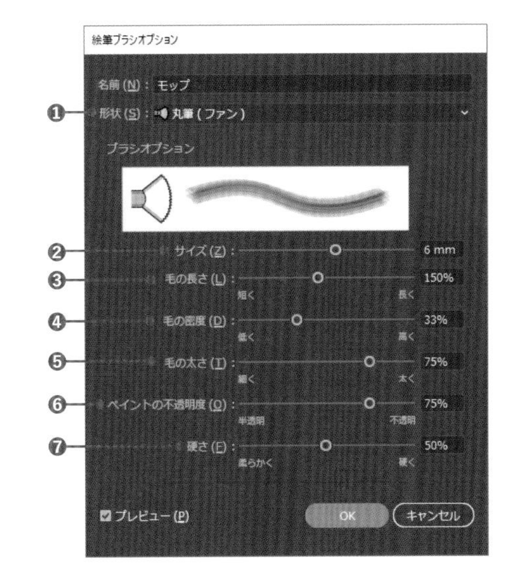

［絵筆ブラシオプション］ダイアログボックスでは、絵筆の筆先の形状や毛の長さ、密度などを設定できます。

❶ブラシの形状を選択する
❷ブラシのサイズ（線幅）を設定する
❸毛の長さを設定する。長い方が色が濃くなる
❹毛の密度を設定する。密度が低い方がかすれなくなる
❺毛の太さを設定する
❻透明度を設定する
❼毛の硬さを設定する

STEP 01 ブラシの適用と設定

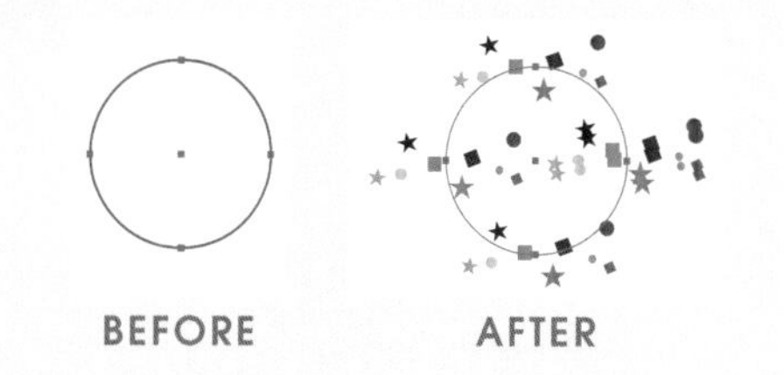

細かいオブジェクトをパスに沿って配置したいときに便利なのが散布ブラシです。ライブラリに入っているブラシを上手に利用しましょう。

Lesson09 ▶ L9-3S01.ai

1 レッスンファイルを開きます。選択ツール でオブジェクトを選択します❶。ブラシパネルの[ブラシライブラリメニュー]をクリックし❷、表示されたメニューから[装飾]→[装飾_散布]を選択します❸。

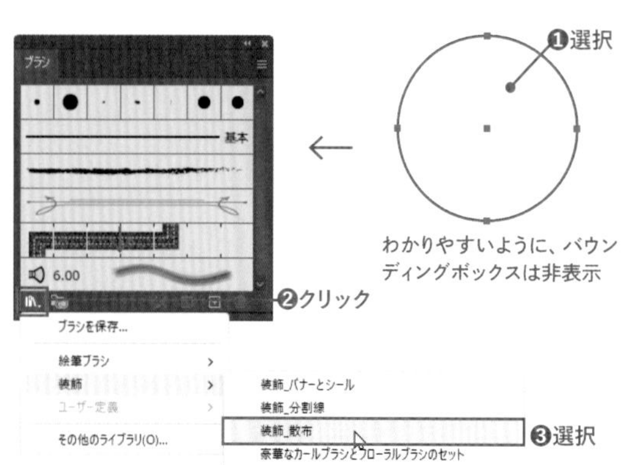

2 装飾_散布パネルが表示されるので[紙吹雪]をクリックします❶。オブジェクトにブラシが適用されました❷。使ったブラシは、ブラシパネルに追加されます。

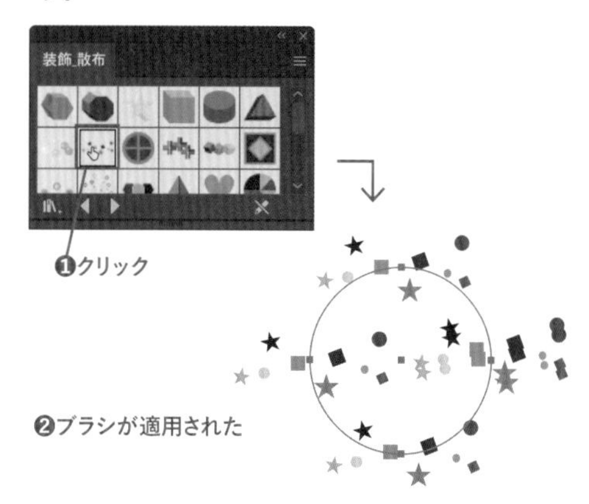

3 ブラシパネルに表示された「紙吹雪」をダブルクリックすると❶、[散布ブラシオプション]ダイアログボックスが表示されます。[プレビュー]をチェックし❷、プレビューを見ながら数値や設定を変更してみましょう。ここでは、[サイズ]を[ランダム]、最小値を「10%」に❸、[間隔]を[ランダム]、最小値を「10%」に変更します❹。変更後[OK]をクリックします❺。適用を選択するダイアログボックスが表示されるので[適用]をクリックします❻。変更したブラシが、オブジェクトに反映されます❼(「サイズ」「間隔」がランダムに変わるので作例と同じにはなりません)。

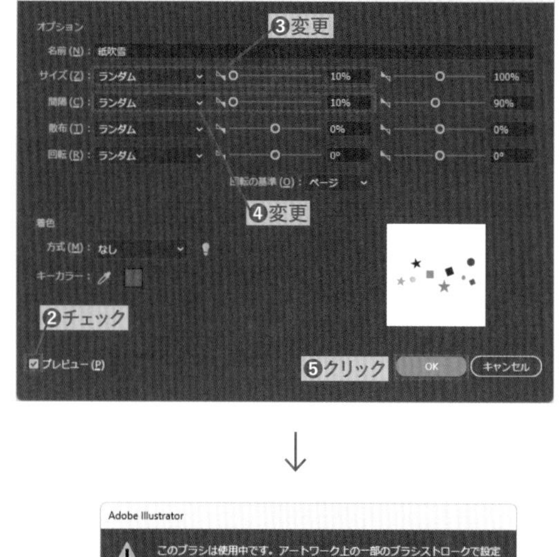

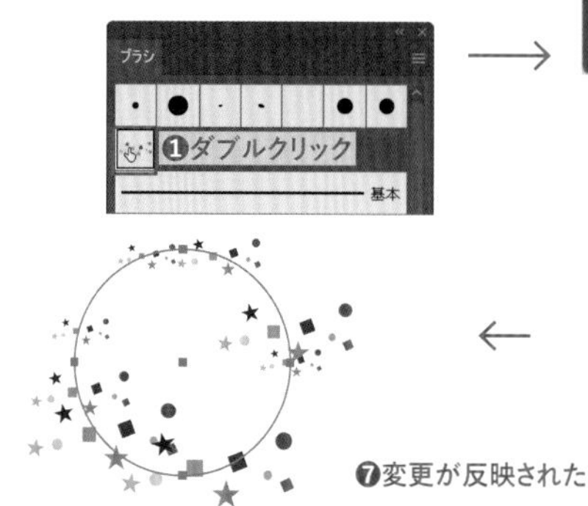

STEP 02 ブラシを登録する

オリジナルのブラシを作成して登録することもできます。ここでは、散布ブラシを例に登録してみましょう。

1 レッスンファイルを開きます。グループオブジェクトⒶを選択ツールで選択します❶。このオブジェクトを散布ブラシに登録します。ブラシパネルの[新規ブラシ]をクリックします❷。

アートブラシ、パターンブラシも同様に登録できる。カリグラフィブラシ、絵筆ブラシを登録するときはオブジェクトを選択せずにブラシパネルの[新規ブラシ]をクリックする

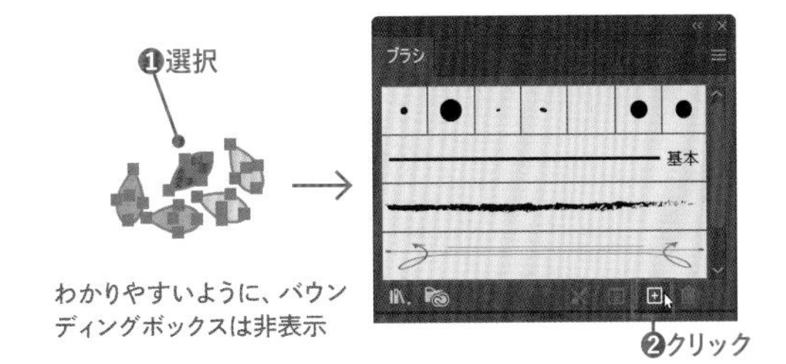

わかりやすいように、バウンディングボックスは非表示

2 [新規ブラシ]ダイアログボックスが表示されるので[散布ブラシ]を選択し❶、[OK]をクリックします❷。[散布ブラシオプション]ダイアログボックスが表示されるので、オプションを設定します。設定内容については、P.170の「散布ブラシオプション」を参照ください。ここでは名前に「花びら」と入力し❸、[回転の基準]を[パス]に設定し❹、[OK]をクリックします❺。

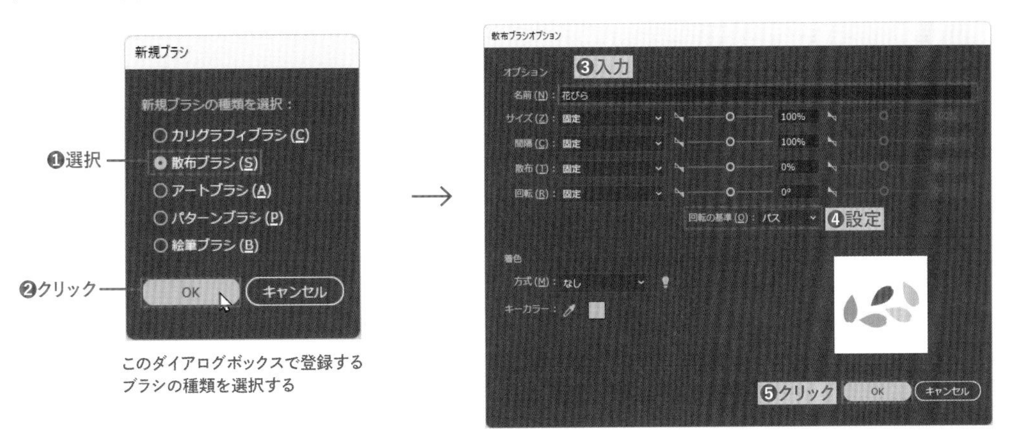

このダイアログボックスで登録するブラシの種類を選択する

3 ブラシパネルに新しいブラシが登録されるので、実際に使ってみましょう。選択ツールで、円のオブジェクトⒷを選択し❶、ブラシパネルで登録されたブラシをクリックします❷。ブラシが適用されました❸。

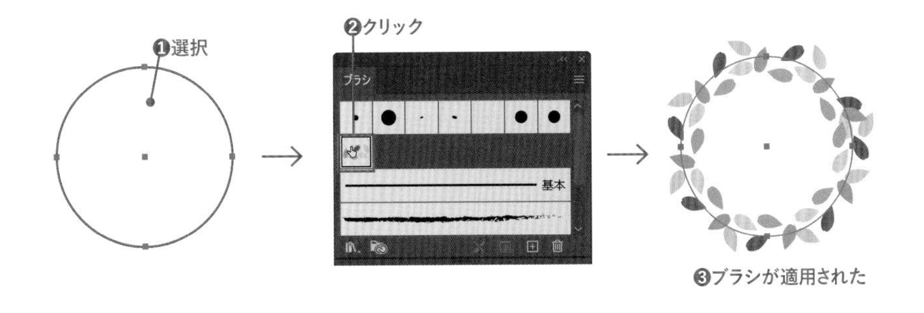

❸ブラシが適用された

9-4 線を変形する便利な機能

Illustratorには、線を変形してひとまわり大きな図形にしたり、線に適用した属性の状態のアウトラインパスを作成する便利なメニューコマンドが用意されています。また、効果を使うと直線からジグザグ線や波線に変形できます。知っていると重宝しますので、覚えておきましょう。

STEP 01 パスのオフセット

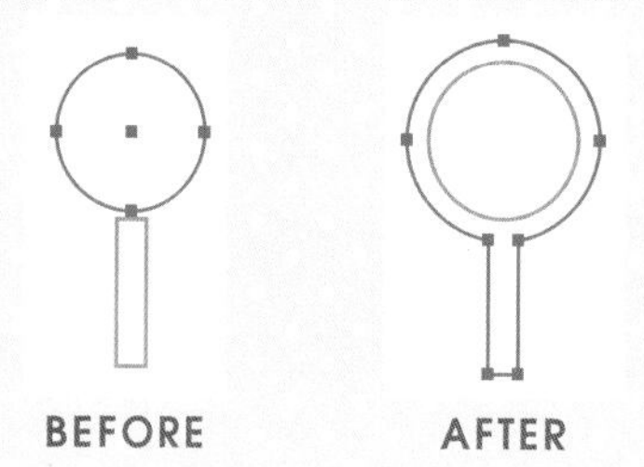

[パスのオフセット]を使うと、選択したオブジェクトよりひとまわり大きなパス(またはひとまわり小さなパス)を作成できます。

1 レッスンファイルを開きます。選択ツールで、円のオブジェクトを選択します❶。[オブジェクト]メニュー→[パス]→[パスのオフセット]を選択します❷。

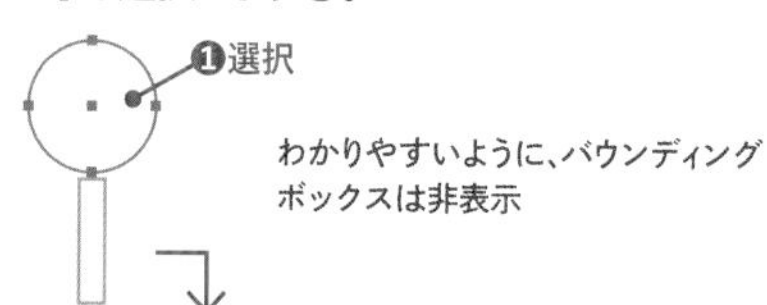

わかりやすいように、バウンディングボックスは非表示

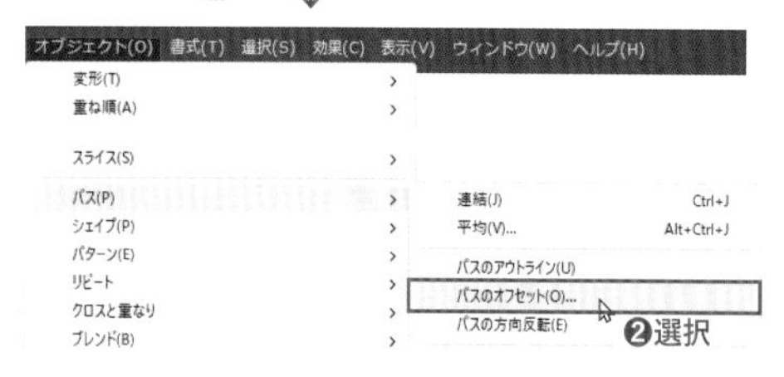

2 [パスのオフセット]ダイアログボックスが表示されるので、[オフセット]に「2」と入力します(単位は自動で入力されます)❶。そのほかはそのままで[OK]をクリックします❷。選択したオブジェクトの外側に、設定した値分離れたオブジェクトが作成されます❸。

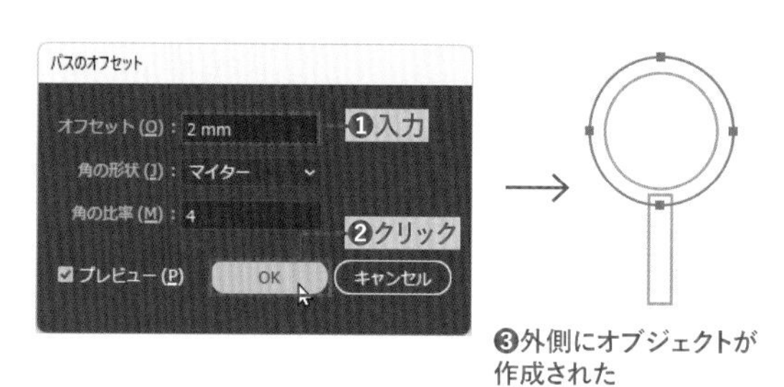

❸外側にオブジェクトが作成された

> **COLUMN**
>
> **内側に作成する**
>
> [オフセット]にマイナス値を設定すると、パスの内側にオフセットされたオブジェクトが作成されます。

3 選択ツールで作成した外側の円と四角形を選択します❶。パスファインダーパネルの[合体]をクリックして合成してみましょう❷。

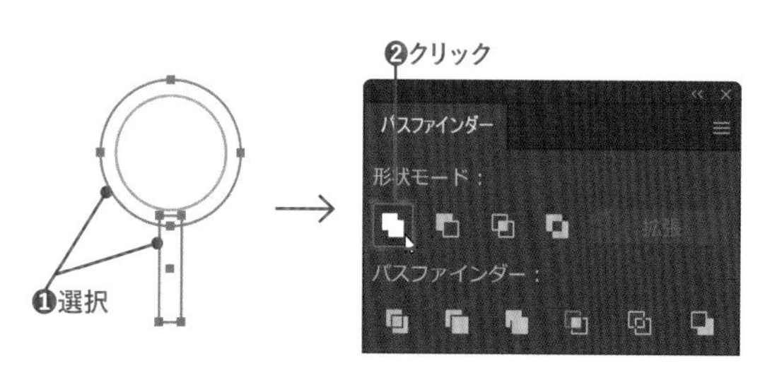

シェイプ形成ツールを使って合成してもよい

STEP 02 パスのアウトライン

BEFORE

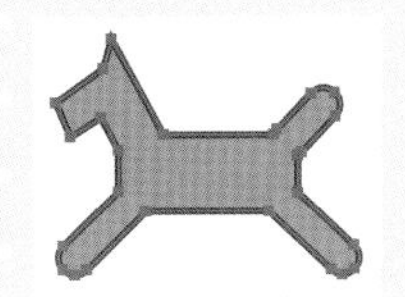
AFTER

[パスのアウトライン]は、選択したオブジェクトを、[線]の設定で表示されている形状のアウトラインオブジェクトに変換します。

Lesson09 ▶ L9-4S02.ai

1 レッスンファイルを開きます。選択ツール で、脚としっぽの部分のオブジェクト３つを選択します❶。この３つのオブジェクトは、楕円形のオブジェクトに見えますが、[線幅]を太くして[線端]を「丸型線端」に設定したオープンパスです。このような[線]の属性のオープンパスを、同じ形状のクローズパスとして扱いたいことがあります。今回の作例のように、後から全体をひとつにまとめたいときなどです。[オブジェクト]メニュー→[パス]→[パスのアウトライン]を選択すると❷、選択したオープンパスがアウトラインの形状のオブジェクトに変換されます❸。

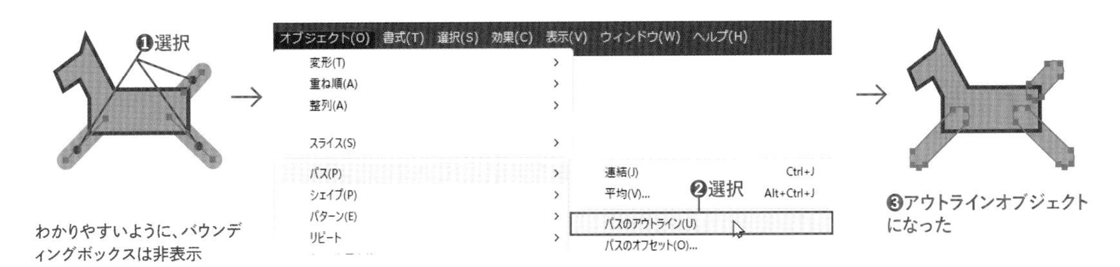

わかりやすいように、バウンディングボックスは非表示

2 選択ツール でオブジェクト全体を選択します❶。パスファインダーパネルの[合体]をクリックして合成してみましょう❷。全体がひとつのオブジェクトに合体しました❸。

✔CHECK!

クローズパスでもOK

[パスのアウトライン]は、クローズパスに設定した[線]のアウトラインからもアウトラインオブジェクトを作成できます。
[塗り]が「なし」のオブジェクトのときは、複合パスとなります。[塗り]が設定されているオブジェクトのときは、[線]の属性から作成されたアウトラインオブジェクトと、元のオブジェクトの[塗り]だけになったオブジェクトのグループオブジェクトとなります。

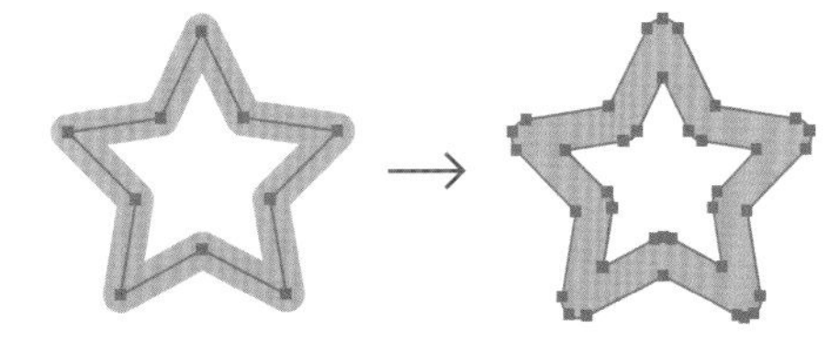

STEP 03 ジグザグ

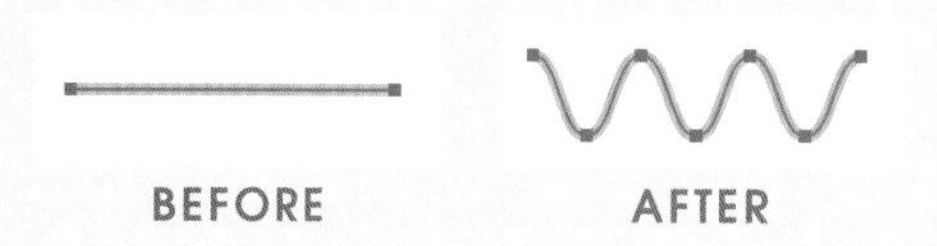

[ジグザグ]効果を使うと、波線やジグザグ線を簡単に作成できます。通常のオブジェクトとして編集するには、「アピアランスを分割」を使用します。

Lesson09 ▶ L9-4S03.ai

1 レッスンファイルを開きます。選択ツール でオブジェクトを選択し❶、[効果]メニュー→[パスの変形]→[ジグザグ]を選択します❷。

わかりやすいように、バウンディングボックスは非表示

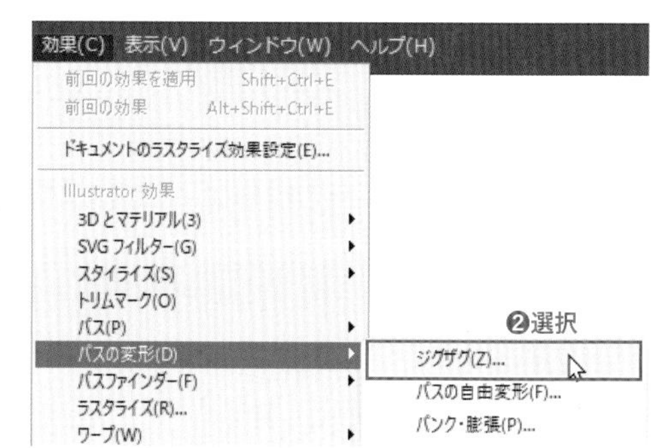

2 [ジグザグ]ダイアログボックスが表示されるので、[折り返し]に「5」を入力し❶、[滑らかに]を選択し❷、[OK]をクリックします❸。このとき、オブジェクトの表示は波線になっても、パスのアンカーポイントや線分に変化はありません❹。[効果]メニューの各機能は、オブジェクトを変化したように見せるだけです。アピアランスパネルには適用した効果の「ジグザグ」が表示されます❺。クリックすると、[ジグザグ]ダイアログボックスが再表示され、設定を変更できるので試してみてください。

CHECK!

アピアランスパネルと効果

効果メニューのコマンドは、実際のパスの形状を変化させずに、見た目だけを変化させています。
オブジェクトを選択すると、アピアランスパネルには、適用されている効果が表示され、 をクリックすると効果を適用しない状態に戻すこともできます。
効果の名称部分をクリックすると、効果の設定内容を変更できます。

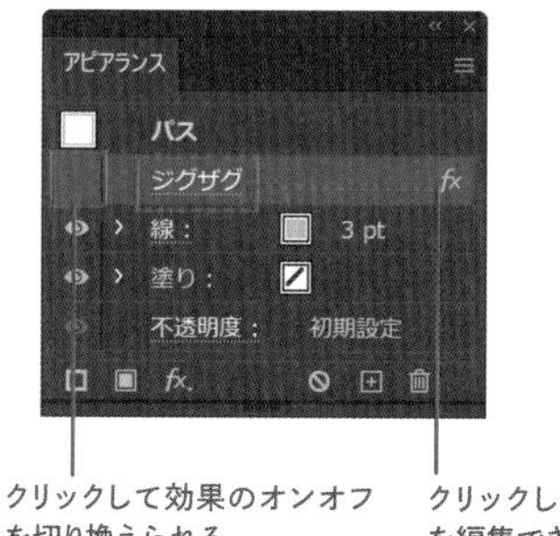

クリックして効果のオンオフを切り換えられる

クリックして効果の設定を編集できる

3 オブジェクトが選択された状態で、[オブジェクト] メニュー→ [アピアランスを分割] を選択します❶。これは、[効果] メニューで変化させた状態にオブジェクトのパスの形状を変化させます。オブジェクトの見た目は変わりませんが、アンカーポイントやパスの形状が、見た目の形状と同じに変化したことを確認してください❷。アピアランスパネルからは適用した効果がなくなるので表示されなくなります。

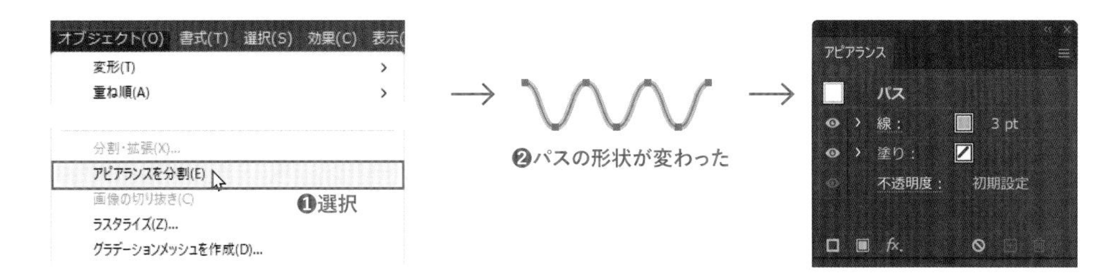

STEP 04 アピアランスで複数の線を設定

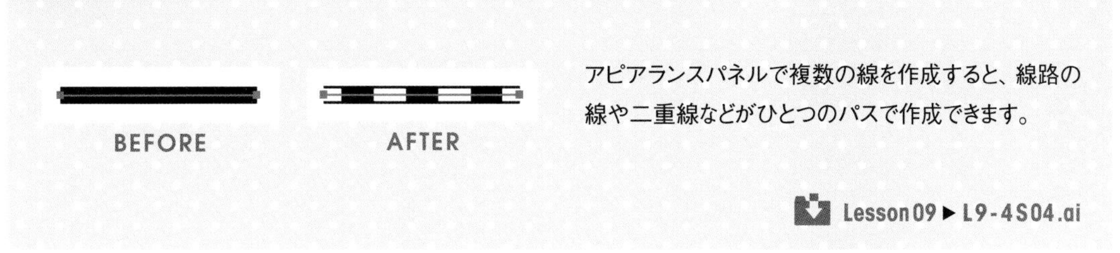

アピアランスパネルで複数の線を作成すると、線路の線や二重線などがひとつのパスで作成できます。

Lesson09 ▶ L9-4S04.ai

1 レッスンファイルを開き、選択ツール でオブジェクトを選択します❶。アピアランスパネルで[新規線を追加]をクリックします❷。

わかりやすいように、バウンディングボックスは非表示

2 アピアランスパネルで上の [線] をクリックして選択し、色を [ホワイト] ❶、[線幅] を「5 pt」に設定します❷。線パネルを表示し、[破線] にチェックをつけて❸、[線分] に「15 pt」と入力します❹。色が [ブラック] の [線幅] が「7 pt」の線の上に、色が [ホワイト] で [線幅] が「5 pt」の破線が乗っているので、線路を表す線になりました❺。

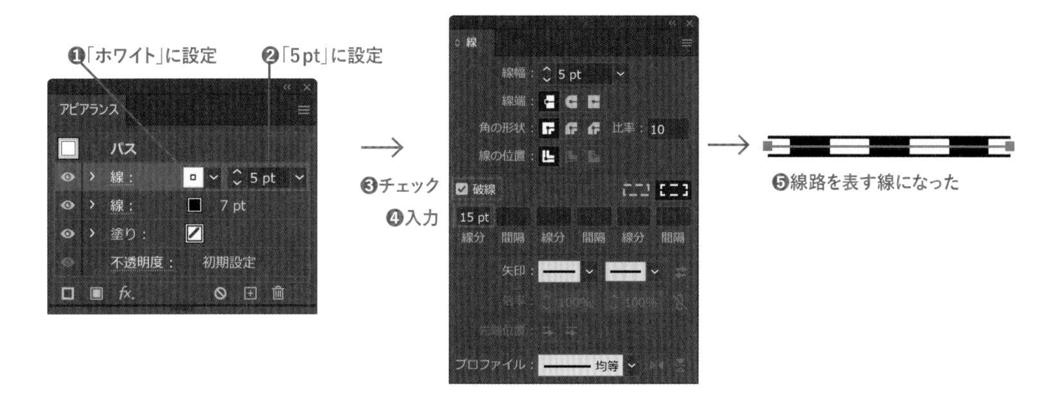

Lesson 09　練習問題

Lesson09 ▶ L9EX1.ai

オブジェクトを［効果］メニューの［ジグザグ］を使ってジグザグ線に変形します。［アピアランスを分割］で通常のパスに変換して、線パネルで［線端］を「丸型線端」、［角の形状］を「ラウンド結合」に変更します。

BEFORE

AFTER

❶選択ツール でオブジェクトを選択し、［効果］メニュー→［パスの変形］→［ジグザグ］を選択します。
❷［ジグザグ］ダイアログボックスで、［大きさ］を「5mm」、［折り返し］を「5」、［ポイント］を［直線的］に設定し、［OK］をクリックします。
❸［オブジェクト］メニュー→［アピアランスを分割］を選択し、通常のパスに変換します。
❹線パネルで［線端］を［丸型線端］、［角の形状］を［ラウンド結合］に変更します。

Lesson09 ▶ L9EX2.ai

オブジェクトよりひとまわり大きなオブジェクトを、［パスのオフセット］を使って作りましょう。

BEFORE　　AFTER

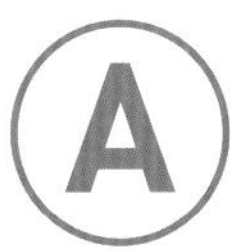

❶選択ツール でオブジェクトを選択します。
❷［オブジェクト］メニュー→［パス］→［パスのオフセット］を選択します。
❸［パスのオフセット］ダイアログボックスで、［オフセット］を「2mm」に設定して［OK］をクリックします。

Lesson 10

文字を扱う

Illustratorでのアートワークの制作に、文字の入力は欠かせない機能です。ロゴやタイトルなどの目立つワンポイントの文字入力だけでなく、長い文章も入力できます。

10-1 文字を入力する

Illustratorでは、文字の入力方法に「ポイント文字」「エリア内文字」「パス上文字」の3つの種類があります。それぞれ、用途によって使い分けられます。どれも、縦書きの入力が可能です。文字入力の基本なので、しっかり学びましょう。

文字の入力

ポイント文字

文字ツール でクリックした箇所から文字を入力する方法です。縦書きは文字(縦)ツール を使います。Enter (return) キーを押すまで文字は改行しません。

Illustrator でテキスト入力

クリック　クリックした箇所から文字を入力

エリア内文字

テキスト文字ツール でドラッグしてテキストエリアを作成してから文字を入力する方法です。縦書きは文字(縦)ツール を使います。作成されているオブジェクトの内部に文字を入力するには、エリア内文字ツール (縦書きはエリア内文字(縦)ツール)で、オブジェクトのパス部分をクリックします。

Illustrator で、エリア内に文字を入力

テキストエリアを作成してから文字を入力

パス上文字

オブジェクトのパスに沿って文字を入力する方法です。パス上文字ツール (縦書きはパス上文字(縦)ツール)で、パス上をクリックすると入力できます。

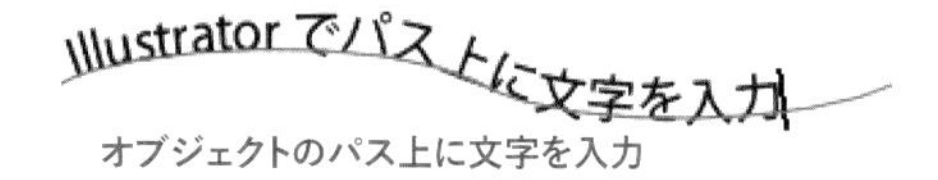

オブジェクトのパス上に文字を入力

CHECK!

サンプルテキストの入力

[書式]メニュー→[サンプルテキストを割り付け]を選択すると、サンプルテキストを入力できます。文字の入力状態を確認したい場合に便利な機能です。[編集]メニュー→[環境設定]→[テキスト](Macでは[Illustrator]メニュー→[環境設定]→[テキスト])の、「新規テキストオブジェクトにサンプルテキストを割り付け」をオンにすると、テキストオブジェクトを作成すると、自動でサンプルテキストが入力されるようになります。

情に棹させば流される。智に働けば角が立つ。どこへ越しても住

テキストエリアに入力したサンプルテキスト

ポイント文字とエリア内文字の変換

ポイント文字またはエリア内文字を選択すると、バウンディングボックスの右側に○または●が表示されます。○はポイント文字、●はエリア内文字を表しています。○をダブルクリックすると、ポイント文字からエリア内文字に変換されます。●をダブルクリックすると、エリア内文字からポイント文字に変換されます。

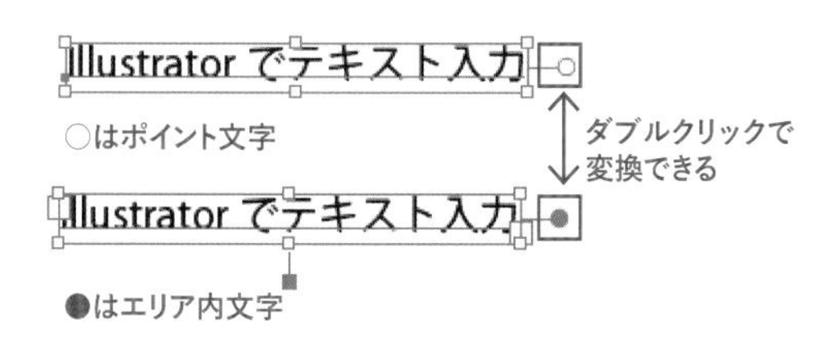

STEP 01 ポイント文字を入力する

BEFORE　AFTER

ポイント文字は、文字を図形オブジェクトのように拡大縮小できるのが特長です。タイトル部分など、文字数の少ないときに利用するのがいいでしょう。

1 新規ドキュメントを開き、ツールバーで文字ツール を選択します❶。アートボードをクリックし❷、任意の文字を入力します❸。自動的に［塗り］が［ブラック］、［線］が［なし］のカラーになります。文字の入力位置は、カーソルの矢印の位置が先頭文字の左下になります。

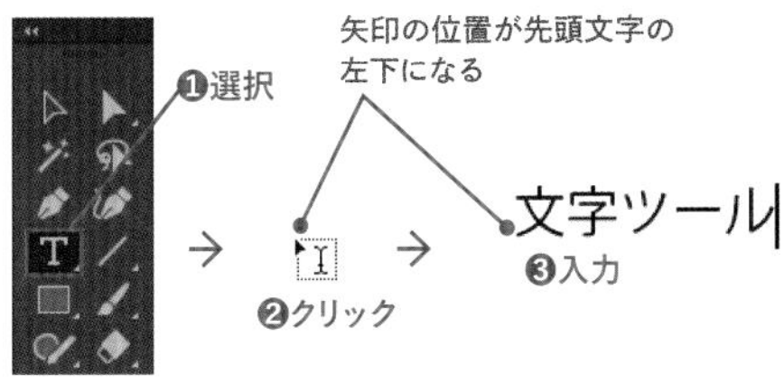

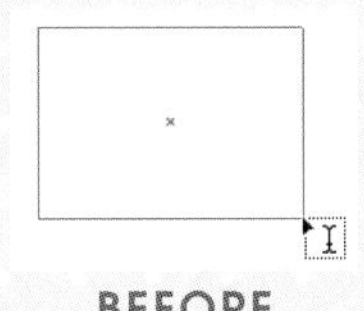

縦書きの文字を入力するには、文字（縦）ツール を使う

2 選択ツール を選択します❶。文字オブジェクトが選択された状態になるので、バウンディングボックスのハンドルをドラッグして拡大・縮小❷や、回転をしてみます❸。図形のオブジェクトと同様に文字が拡大縮小されます。

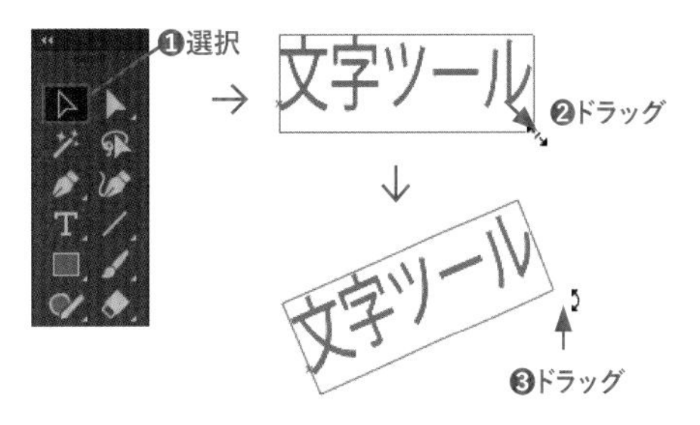

STEP 02 エリア内文字を入力する

BEFORE　AFTER

エリア内文字は、テキストエリア内に文字を入力します。バウンディングボックスをドラッグして文字の入っているテキストエリアだけ変形できます。

1 新規ドキュメントを開き、ツールバーで文字ツール を選択します❶。ドラッグして四角形のテキストエリアを描いてから❷、内部に任意の文字を入力します❸。

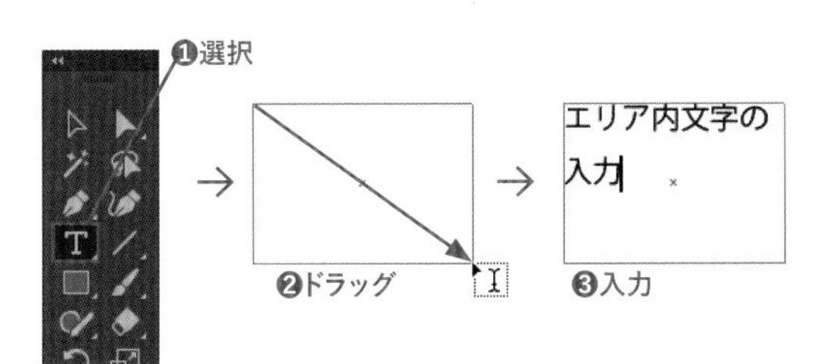

2 選択ツール を選択します❶。文字オブジェクトが選択された状態になるので、バウンディングボックスのハンドルをドラッグすると❷、テキストエリアだけが変形します。文字が入りきらないと赤い+マークがつきます❸。この状態をオーバーセット（またはオーバーフロー）とよびます。

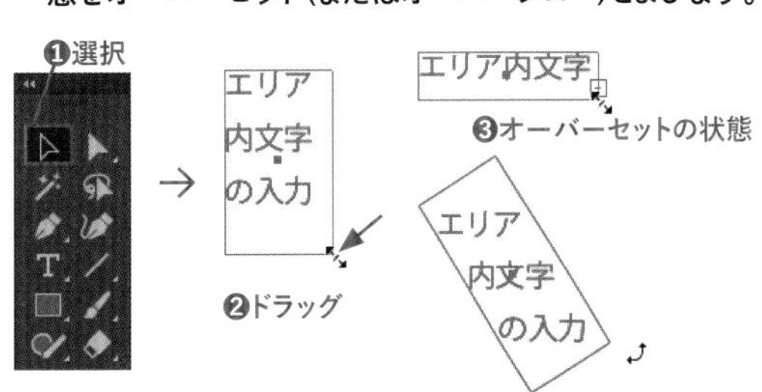

✔CHECK!

エリア内文字の自動サイズ調整

選択ツール でエリア内文字を選択すると、バウンディングボックスの外側に■のハンドルが表示されます。この■をダブルクリックすると❶、エリア内の文字量に合わせて、テキストエリアが自動でサイズ調整されるようになります。
文字が入りきらずにオーバーセットしている場合は、エリアが広がり、文字量に対してエリアが広い場合は、エリアが小さくなります。後から内容を編集して、文字量が増減しても自動でサイズ調整されます。

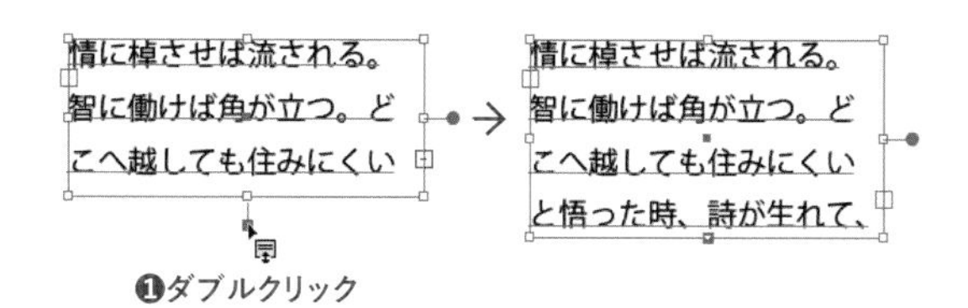

COLUMN

テキストエリア内の文字ごと変形するには

テキストエリア内の文字ごと拡大・縮小や回転するには、拡大・縮小ツール や回転ツール を使うか、[オブジェクト] メニュー→ [変形] の各種コマンドを使います。

STEP 03 パス上文字を入力する

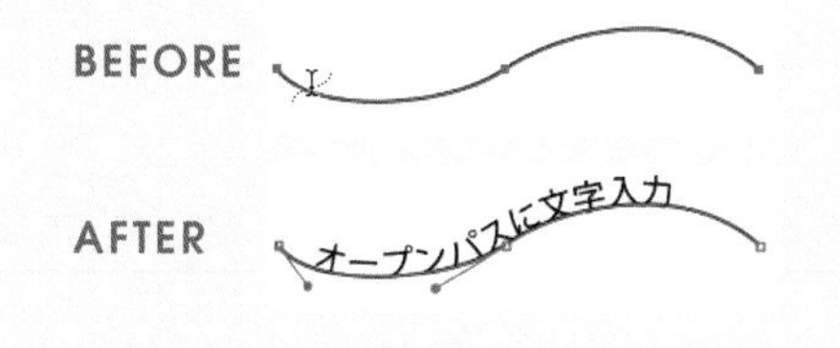

Illustratorでは、オブジェクトのパスに沿って文字を入力することもできます。パスの形状を自由に編集できるので、通常の文字とは違ったイメージにできます。

Lesson10 ▶ L10-1S03.ai

オープンパス上に文字を入力する

1 レッスンファイルを開きます。文字ツール を選択します❶。オブジェクト A のパスの上にマウスカーソルを移動し、 になった場所でクリックすると❷、文字入力できるカーソルが表示されるので、適当な文字を入力します❸。

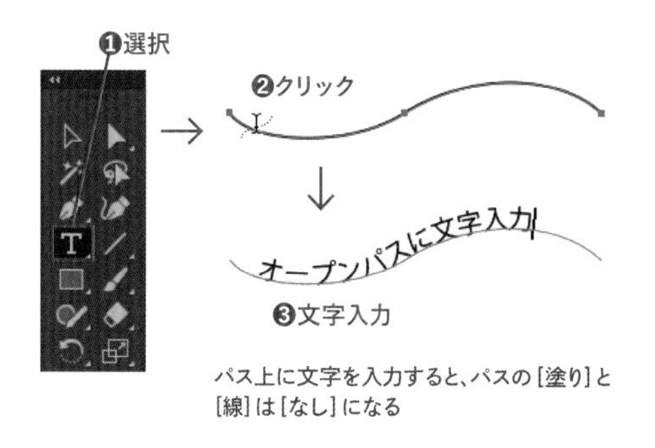

パス上に文字を入力すると、パスの [塗り] と [線] は [なし] になる

2 ダイレクト選択ツール を選択します❶。いったん選択を解除してから、パスだけをクリックして選択します❷。スウォッチパネルで [線] のカラーを [ブラック] に設定します❸。パスに色がつきました。

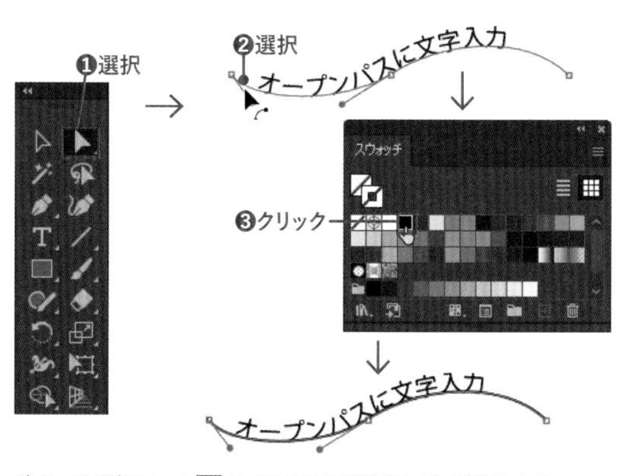

ダイレクト選択ツール でパスだけを選択すれば、通常のオブジェクトと同じようにパスを編集できる

クローズパス上に文字を入力する

1 パス上文字ツール を選択します❶。円 のパスの上でクリックすると❷、文字入力できるカーソルが表示されるので、適当な文字を入力します❸。

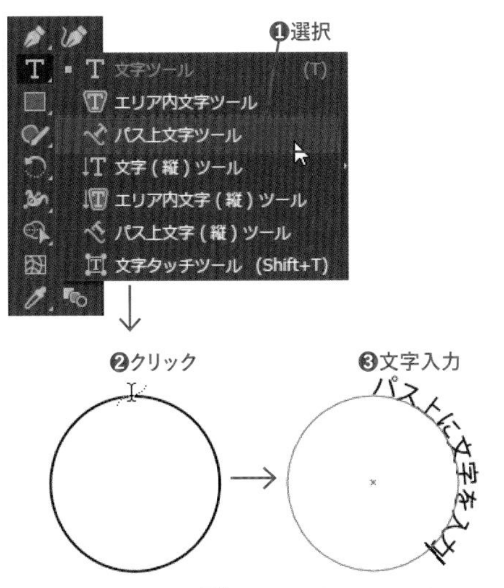

オープンパスでは、文字ツール とパス上文字ツールの両方でパス上に文字が入力できる。クローズパスではパス上文字ツール を使う

2 ダイレクト選択ツール を選択します❶。一度選択を解除してから、パスの右側のアンカーポイントを選択してドラッグします❷。パスの形状に沿って文字の位置も変わります。

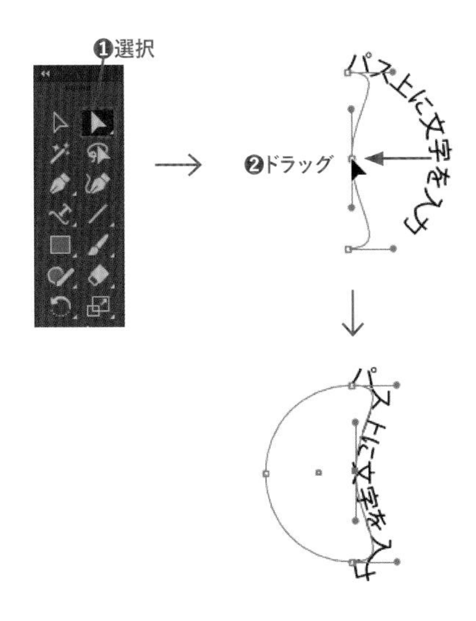

パス上文字の移動

1 選択ツール を選択します❶。パス上文字オブジェクト をクリックして選択します❷。文字の先頭の|にカーソルを合わせ❸、左右にドラッグします❹。ドラッグした方向にパス上文字が移動します。

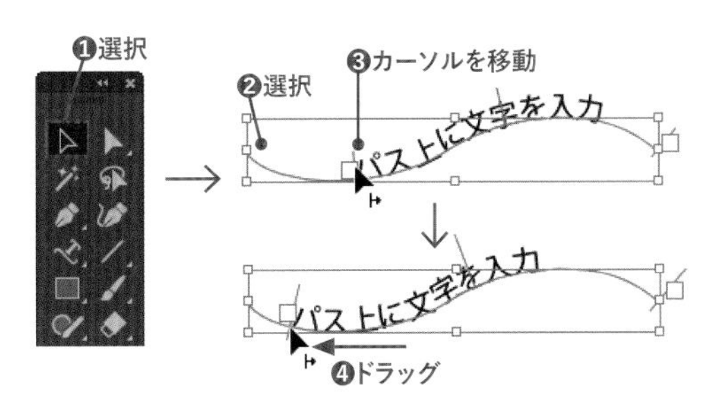

2 選択ツール でパスの右端の|にカーソルを合わせ❶、左側にドラッグして文字が表示される範囲を狭くします❷。確認したら、右にドラッグして元に戻します。

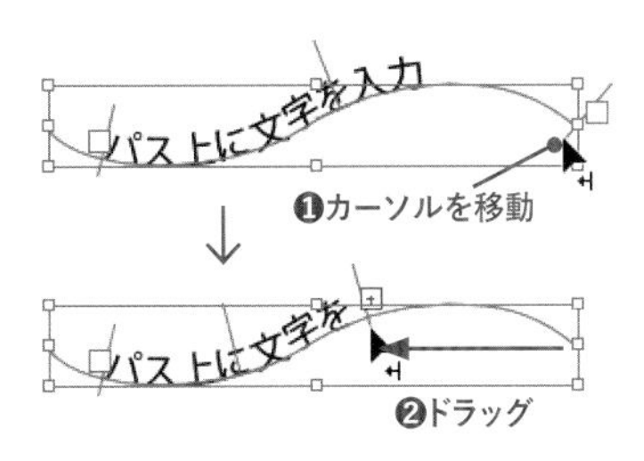

3 選択ツール でパスの中央の|にカーソルを合わせ❶、パスの反対側にドラッグします❷。文字がパスの反対側に移動します。

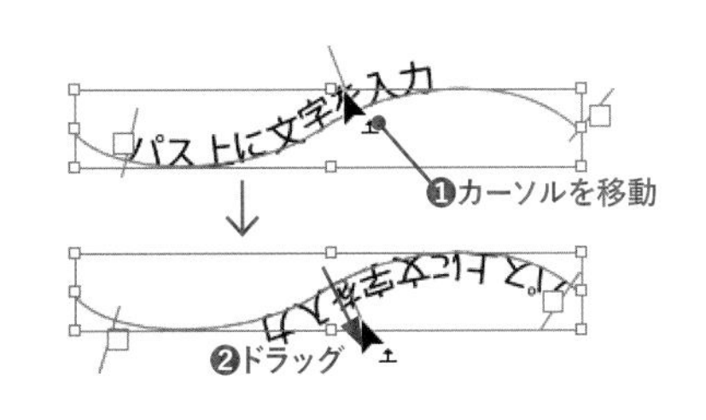

10-2 文字を編集する

Illustratorでは、選択した文字に対して、フォントやサイズなどの属性を設定できます。また、長い文字を入力したオブジェクトには、段落の設定も可能です。文字の属性は文字パネル、段落の属性は段落パネルで設定します。

文字パネル

文字パネルでは、選択した文字に対して、フォントや文字サイズなどの各種属性を設定できます。文字の選択は、各種文字ツール（どれでもかまいません）でドラッグします。選択された文字は反転表示になります。フォントやサイズはコントロールパネルやプロパティパネルでも設定できます。

Illustrator でテキスト入力

各種文字ツールでドラッグして選択できる

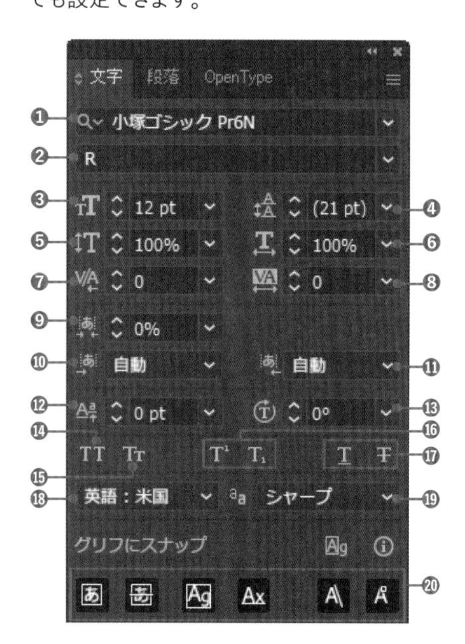

❶フォントを選択する
❷フォントのスタイルを選択する。フォントによっては選択不可
❸文字サイズを設定する
❹行送りのサイズを設定する
❺文字の垂直比率を設定する
❻文字の水平比率を設定する
❼文字と文字の間にカーソルを置いて文字の間隔を設定する（カーニング）
❽選択した文字の文字の間隔を設定する（トラッキング）
❾文字の間隔を詰める
❿選択した文字の左側にアキを入れる
⓫選択した文字の右側にアキを入れる
⓬選択した文字のベースラインを移動する。横書きでは上下に、縦書きでは左右に移動する
⓭文字を指定した角度で回転させる
⓮選択した文字をすべて大文字にする
⓯選択した文字をすべて大文字で、2文字目から小さくする
⓰選択した文字を上付き文字、下付き文字にする
⓱選択した文字に下線、打ち消し線をつける
⓲スペルチェックやハイフネーションの言語辞書を選択する
⓳画像で書き出すときにエイリアス処理方法を選択する
⓴スマートガイドがオンのとき文字のグリフにスナップさせる場所を選択する。詳細はP.199 を参照

フォントの検索

コントロールパネル、プロパティパネル、文字パネルの[フォントファミリを設定]で、フォント名を入力して該当する名称のフォントだけを表示できます。空白文字で区切って、複数の条件も指定できます。×をクリックして条件をクリアできます。

フィルタリング機能を使うと、セリフ・サンセリフなどのフォント形状による分類、お気に入りに設定したフォント、Adobe Fontsで入手したフォントなどを絞り込んで表示できます。

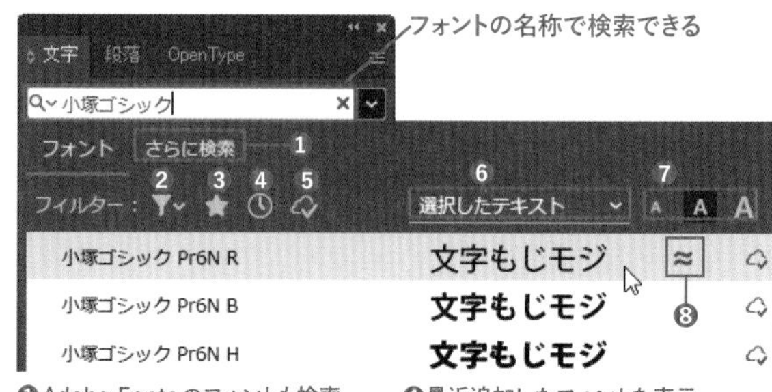

❶Adobe Fontsのフォントも検索
❷選択した形状のフォントを表示
❸お気に入りに登録したフォントを表示（お気に入りは、フィルターなしで表示した状態で、右側の☆をクリックして★にすると登録できる）
❹最近追加したフォントを表示
❺Adobe Fontsのフォントを表示
❻サンプル表示するテキストを選択
❼表示サイズを設定
❽類似したフォントを表示

Adobe Fonts

Adobe Fontsとは、フォントをWebで提供するAdobeのサービスです。Creative Cloudユーザーは、フォントをダウンロードして利用できます。
Adobe FontsのWebサイトで使用したいフォントを検索し、[フォントを追加](フォントファミリーすべての追加するには[ファミリーを追加])をクリックすると、自動でインストールされます(Illustratorからダウンロードも可能)。ダウンロードしたフォントは、同じAdobe IDでサインインしているPCでは自動でダウンロードされて使用できるようになります。

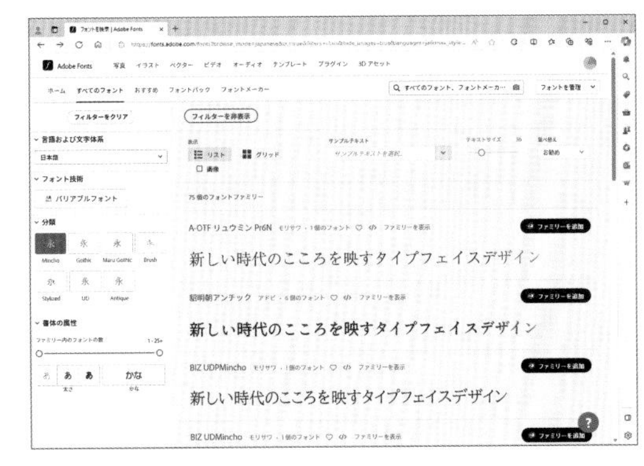

Adobe FontsのWebサイトから、フォントをダウンロードして利用できる

段落パネル

段落パネルでは、カーソルのある段落や、選択した文字のある段落に対して、文字揃えや行の左右のインデント量(アキの量)、段落前後のアキなどを設定できます。また、日本語組版で使用する禁則処理の設定や、文字組み方式の選択、ハイフネーション処理のオン／オフを設定します。

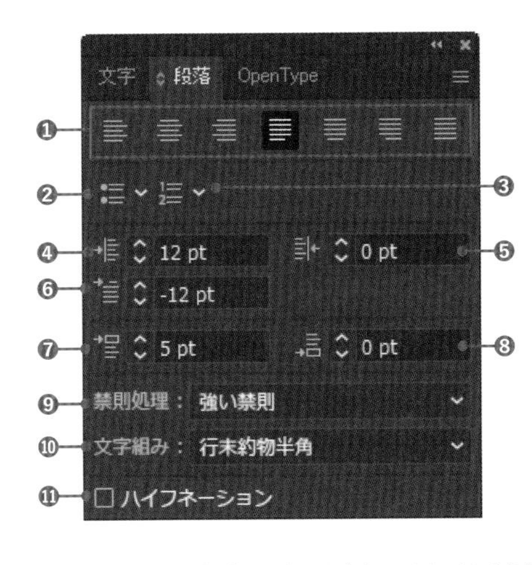

❹ ❻ ❺
文字パネルでは、選択した文字に対して、フォントや文字サイズなどの各種属性を設定できます。
❼
❻
段落パネルでは、カーソルのある段落や、選択した文字のある段落に対して、文字揃えや段落前後のアキなどを設定できます。

❶段落の文字揃えを選択する。ポイント文字は、クリックした位置を基準に揃う。エリア内文字は、テキストエリアに対して揃う
❷箇条書きにする。∨をクリックして記号を設定できる
❸行頭に番号をつける。∨をクリックして番号の書式を設定できる
❹行の左側のインデント量(アキ量)を設定する
❺行の右側のインデント量(アキ量)を設定する
❻1行目だけのインデント量を設定する。マイナスを入力すると、1行目だけをぶら下げることができる
❼段落前に指定した量のアキを挿入する
❽段落後に指定した量のアキを挿入する
❾禁則処理の処理方法を選択する
❿文字組みを選択する
⓫チェックすると、欧文言語のテキストに対してハイフネーションが処理される

文字の色

文字の色は、[塗り]の色が適用されます。文字の[塗り]は、単色またはパターンを適用できます。[線]に色を設定すると、文字の輪郭に色がつきます。線幅を変更できるので、線を太くすると文字も太ります。選択ツール で文字をオブジェクトとして選択してから色を設定すると、すべての文字が同じ色になります。一部の文字を選択すると、選択した文字だけ色を設定できます。

文字の色は、[塗り]の色となる

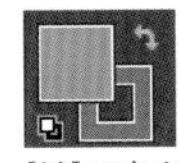

[線]の色を設定すると、文字の輪郭に色がつく。線幅の指定も可能

[塗り]、[線]には、パターンも設定できる

STEP 01 文字を選択する

文字ツール T を使うと、ワープロソフトと同様に文字を選択できます。文字の色やサイズ等を設定するのに必要な操作です。選択文字の追加も含めてしっかり覚えましょう。

Lesson10 ▶ L10-2S01.ai

文字を部分的に選択

1 レッスンファイルを開きます。文字ツール T を選択します❶。テキストオブジェクト A の「Illustrator」の文字の上をダブルクリックします❷。ダブルクリックした箇所の英単語や漢字が選択されます。

2 続けて、Shift キーを押しながら「で」の文字をクリックします❶。選択範囲に追加されます。

3 アートボード上をクリックしていったん選択を解除し、「文字を選択」の端から端までをドラッグして選択します❶。

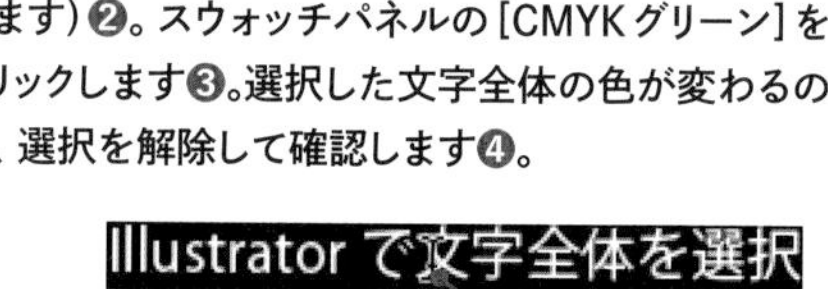

文字全体を選択

1 選択ツール ▶ を選択します❶。テキストオブジェクト B をクリックして選択し❷、ツールバー等で「塗り」を選択して❸、スウォッチパネルの［CMYK グリーン］をクリックします❹。選択した文字全体の色が変わります。

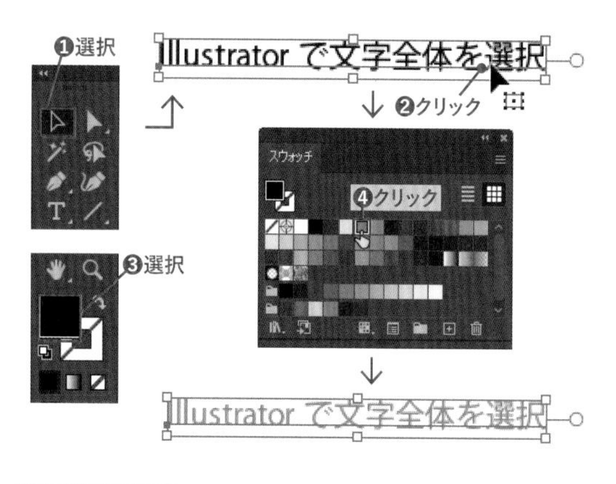

2 文字ツール T を選択します❶。テキストオブジェクト C をトリプルクリックします（すべての文字が選択されます）❷。スウォッチパネルの［CMYK グリーン］をクリックします❸。選択した文字全体の色が変わるので、選択を解除して確認します❹。

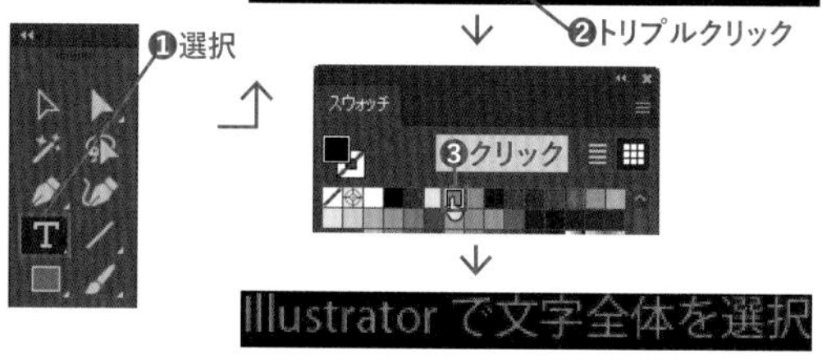

❹確認 Illustrator で文字全体を選択

1と2は同じ結果になる。文字全体を設定する場合は、反転表示させなくても選択ツール ▶ で文字の選択して設定できる

✔CHECK!

選択メニューでテキストオブジェクトを選択

［選択］メニュー→［オブジェクト］→［すべてのテキストオブジェクト］を選ぶと、ドキュメント内のテキストオブジェクトだけを選択できます。また、［ポイント文字オブジェクト］ではポイント文字、［エリア内文字オブジェクト］では、エリア内文字オブジェクトだけを選択できます。

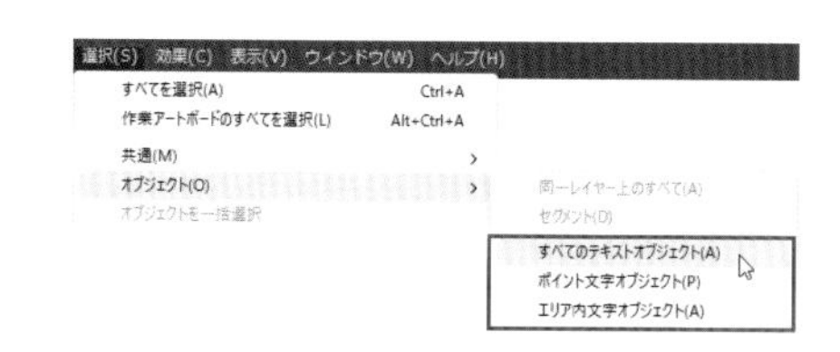

✔CHECK!

テキストの属性でオブジェクトを選択

テキストを選択し、[選択]メニュー→[共通]から[テキスト]カテゴリーのコマンドを選択すると、選択しているテキストと同じ属性のテキストオブジェクトをすべて選択できます。同じ色のテキストオブジェクトを一括して選択するときなどに便利です。

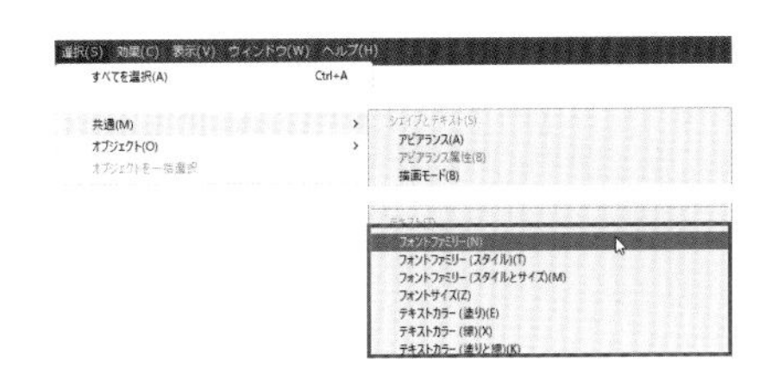

STEP 02 文字のフォントやサイズなどを設定する

BEFORE

AFTER

基本的な文字の設定は通常のワープロソフト等と同じです。細かい設定も多数用意されていますが、ここではよく使う基本的な機能を紹介します。

Lesson10 ▶ L10-2S02.ai

フォントファミリとフォントスタイルの設定

1 レッスンファイルを開き、選択ツール を選択します❶。テキストオブジェクト を選択します❷。

2 コントロールパネル(または文字パネルかプロパティパネル)の[フォントファミリを設定]の∨をクリックし❶、リストから[小塚明朝Pr6N]を選択します❷。フォントが変わりました❸。

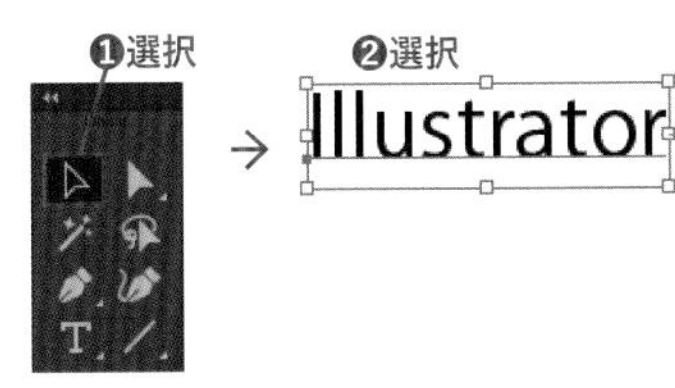

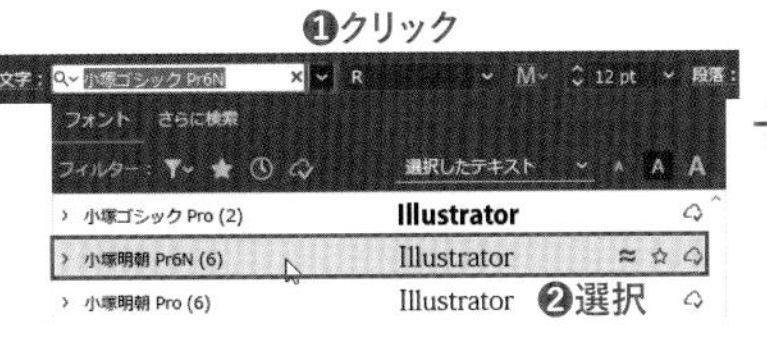

3 コントロールパネル(または文字パネルかプロパティパネル)の[フォントスタイル]の∨をクリックし❶、リストから「H」を選択します❷。フォントスタイルが変わりました❸。

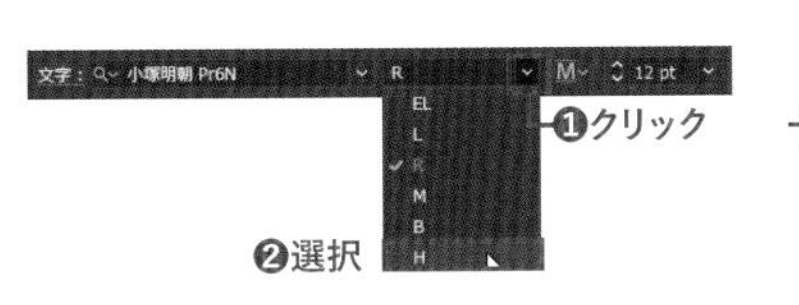

✔CHECK!

小塚明朝をAdobe Fontsからダウンロードする

小塚明朝が表示されないときは、Adobe Fontsからダウンロードしてください。コントロールパネル(または文字パネルかプロパティパネル)の[フォントファミリを設定]の∨をクリックし❶、リストが表示されたら[さらに検索]をクリックします❷。リストにAdobe Fontsで利用できるフォントが表示されるので(少し時間がかかります)、[小塚明朝 Pr6N]の[アクティベートする]をクリックしてください❸。
フォントにフォントスタイルが複数あるときは、フォント名の左の>をクリックすると、スタイルごとにダウンロードできます。

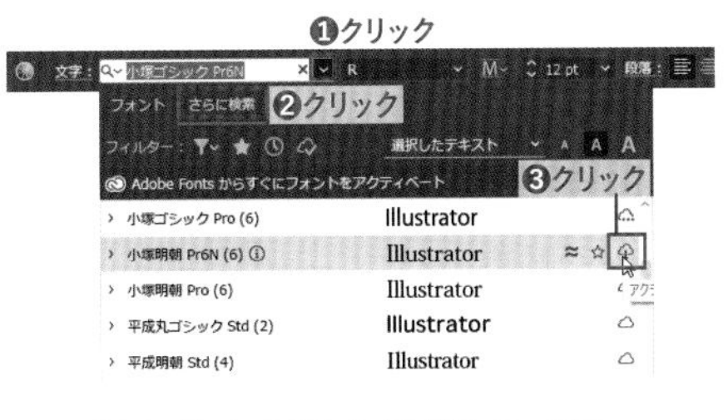

Adobe Fontsからフォントをダウンロードする

サイズの設定

選択ツール でテキストオブジェクト B を選択し❶、コントロールパネル（または文字パネルやプロパティパネル）の［フォントサイズ］の∨をクリックし❷、リストから「18 pt」を選択します❸。文字のサイズが変わりました❹。

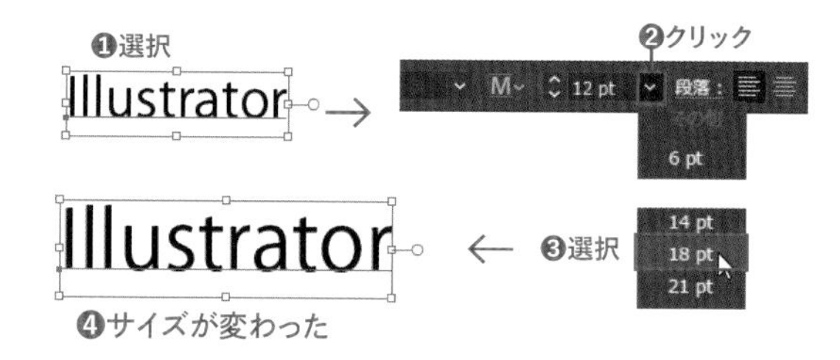

✔CHECK!

フォントの高さ

フォントの高さは、通常仮想ボディというフォントよりひと回り大きなサイズを基準に設定します。文字パネルメニューの［フォントの高さを表示］を選択すると、文字パネルにフォントの高さの基準が表示され、仮想ボディ以外の高さ基準を選択して、フォントのサイズを設定できます。
ほかのオブジェクトと文字の高さを正確に揃えたい場合に、利用するとよいでしょう。

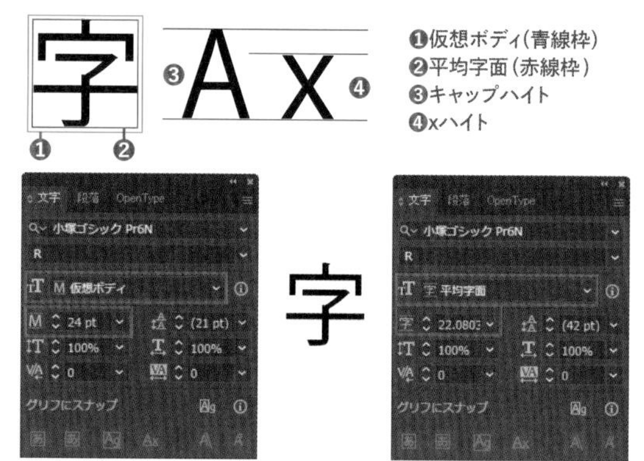

同じ文字を選択しても［フォントの高さ］の基準を変更すると、高さの設定値が変わる

文字揃え

［文字揃え］は、テキストオブジェクト内にサイズの異なった文字が混在している際に、文字をどこに揃えるかを設定します。選択ツール でテキストオブジェクト C を選択します❶。文字パネルの をクリックし❷、パネルメニューから［文字揃え］→［欧文ベースライン］を選択します❸。文字がベースラインで揃います。

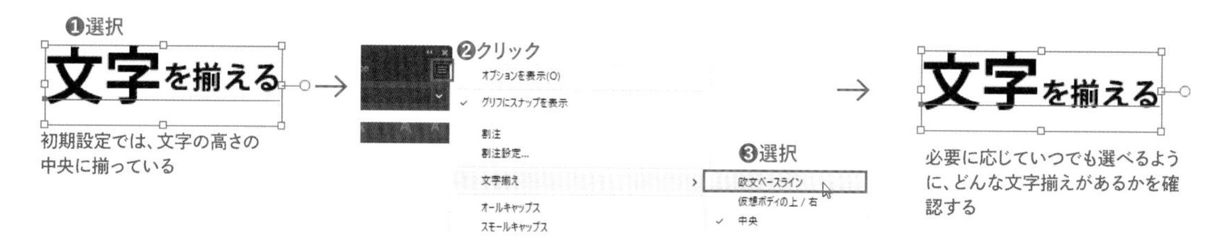

上付き文字／下付き文字

1 文字ツール でテキストオブジェクト D の「2」を選択し❶、文字パネルの［下付き文字］をクリックします❷。選択した文字が、下付き文字になります。

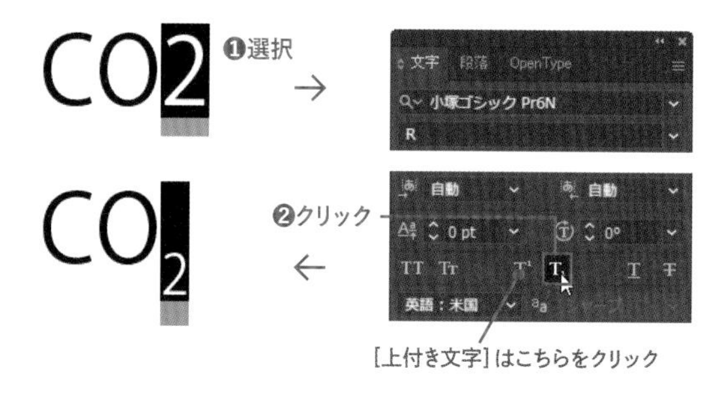

2 テキストオブジェクト E の「2」を選択します❶。OpenTypeパネルの［位置］をクリックし❷、表示されたリストから［下付き文字］を選択します❸。選択した文字が、下付き文字になります。

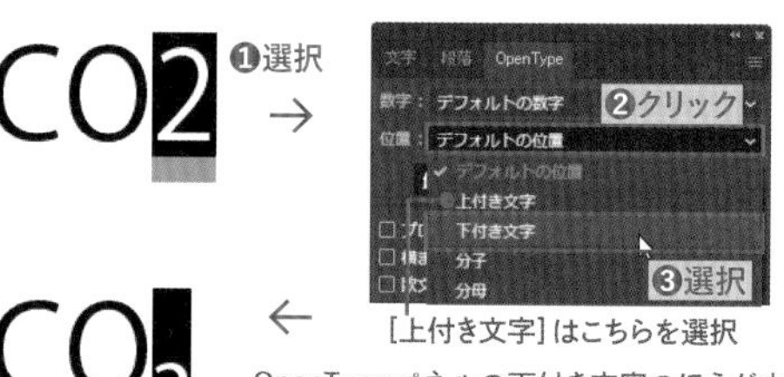

OpenTypeパネルの下付き文字のほうが太さが揃っているが、この機能が使用できないフォントもあるので、その場合は文字パネルを使う

文字の回転

文字ツール を選択します❶。テキストオブジェクト の「▲」をドラッグして選択します❷。文字パネルの「文字回転」の∨をクリックし❸、表示されたリストから「-90°」を選択します❹。文字が回転しました。

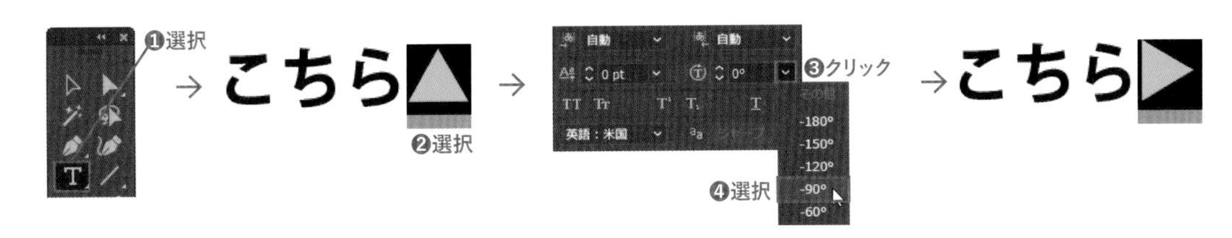

ベースラインシフト

ベースラインシフトとは、文字の揃うベースラインを上下(縦組みの場合は左右)に移動することです。文字ツール でテキストオブジェクト の「2」を選択します❶。文字パネルの[ベースラインシフトを設定]の∨をクリックし❷、表示されたリストから「6pt」を選択します❸。文字のベースラインが上方向に移動しました。下方向に移動するには、マイナス値を設定します。

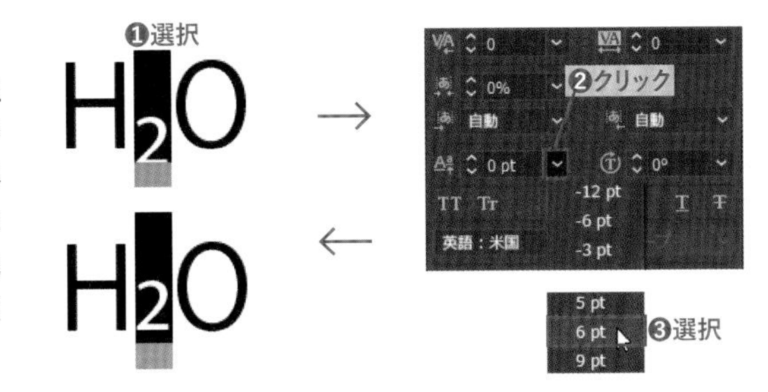

比率の変更

文字ツール でテキストオブジェクト の「ー」を選択します❶。文字パネルの[水平比率]の∨をクリックし❷、表示されたリストから「200%」を選択します❸。文字が水平方向に2倍に広がりました。

[垂直比率]も同様

ここでは[水平比率]で説明しましたが、[垂直比率]も同様の操作で設定できます。

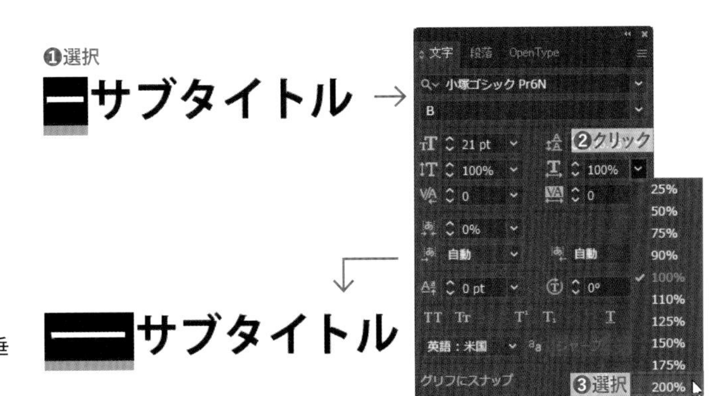

縦中横

縦中横とは、縦組み文字の中の英数字を回転させて横書きにすることです。文字ツール でエリア内文字オブジェクト の「10」の文字を選択します❶。文字パネルの をクリックし❷、パネルメニューから[縦中横]を選択します❸。選択した文字が横書きになります。

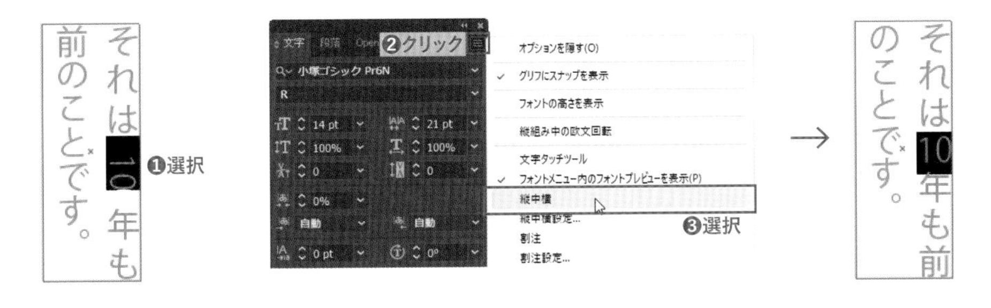

STEP 03 文字間隔を指定する

BEFORE プロポーショナルメトリクス

AFTER プロポーショナルメトリクス

文字の間隔を調節する方法はいくつもありますが、ここではよく使われている方法を紹介します。

Lesson10 ▶ L10-2S03.ai

プロポーショナルメトリクス

1 レッスンファイルを開きます。選択ツールでテキストオブジェクトを選択します❶。OpenTypeパネルを開き、[プロポーショナルメトリクス] にチェックをつけます❷。OpenTypeフォントの持っている「文字詰め」の情報に基づいて文字間隔が調節されます。

プロポーショナルメトリクス

❶選択 プロポーショナルメトリクス

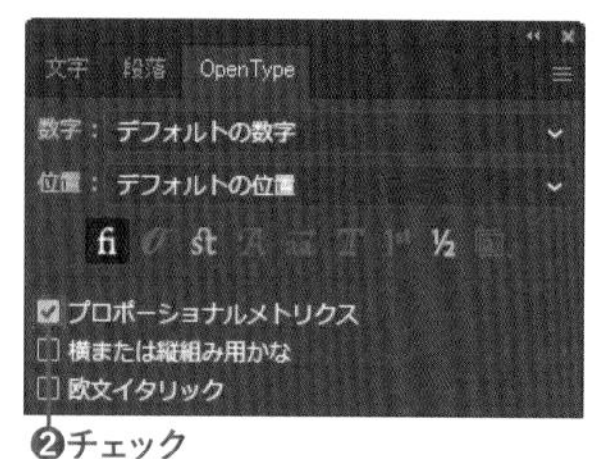

❷チェック

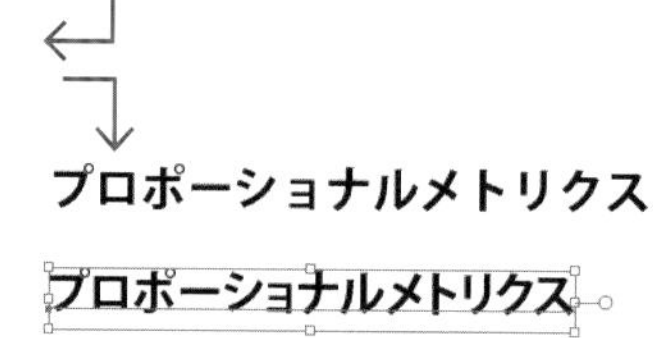

すぐ下にある [横または縦組み用かな] にもチェックをつけると、かなが横組み用にわずかに変化し、全体の長さが変わることが確認できる

2 続けて文字パネルの [文字間のカーニングを設定] の∨をクリックし❶、表示されたリストから [メトリクス] を選択します❷。若干文字が詰まります。[メトリクス] では、特定の文字の組み合わせの間隔情報である「ペアカーニング」に基づいて調節されます。

❶クリック

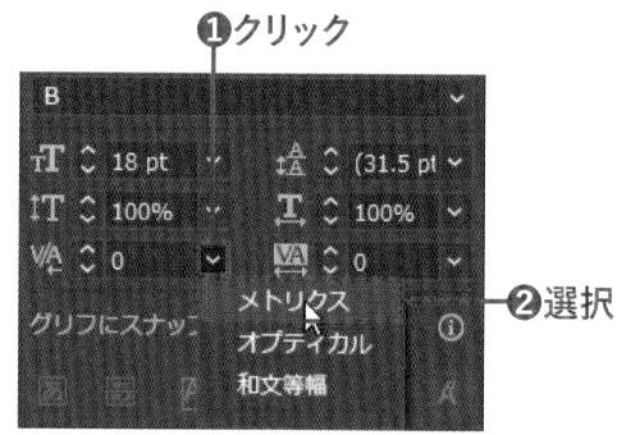

❷選択

プロポーショナルメトリクス

プロポーショナルメトリクス

文字のアキを利用して記号を詰める

1 選択ツールでテキストオブジェクトを選択します❶。文字パネルの [アキを挿入 (左／上)] [アキを挿入 (右／下)] がそれぞれ「自動」になっていることを確認します❷。

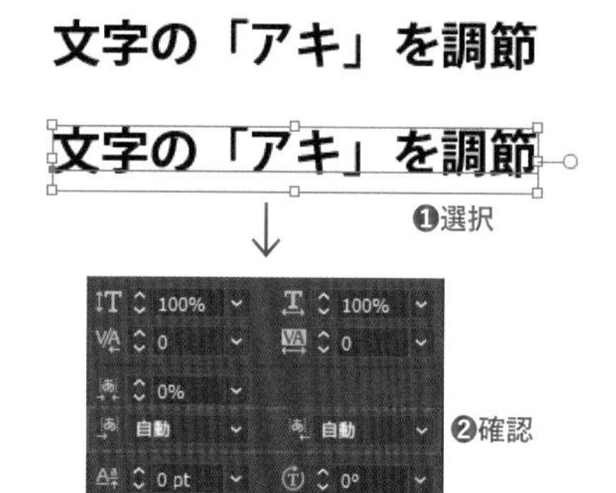

❷確認

2 文字パネルの [アキを挿入 (左／上)] [アキを挿入 (右／下)] をそれぞれ [アキなし] に変更して❶、上のテキストと比較します。記号の前のアキがなくなります。

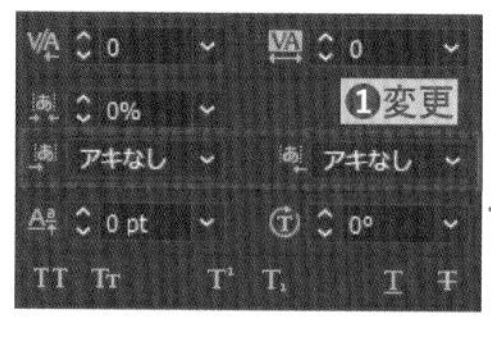

文字の「アキ」を調節

文字の「アキ」を調節

COLUMN

[アキを挿入] の設定単位

[アキを挿入] の設定単位の「二分」とは、二分の一で文字サイズの50%となります。「四分」は四分の一で文字サイズの25%です。[アキなし] ではアキがなくなります。

トラッキング

1 文字ツール T を選択し❶、テキストオブジェクト C の「A」を選択します❷。文字パネルの［選択した文字のトラッキングを設定］の∨をクリックして❸、表示されたリストから「-100」を選択します❹。「A」と「の」の字間がつまりました。

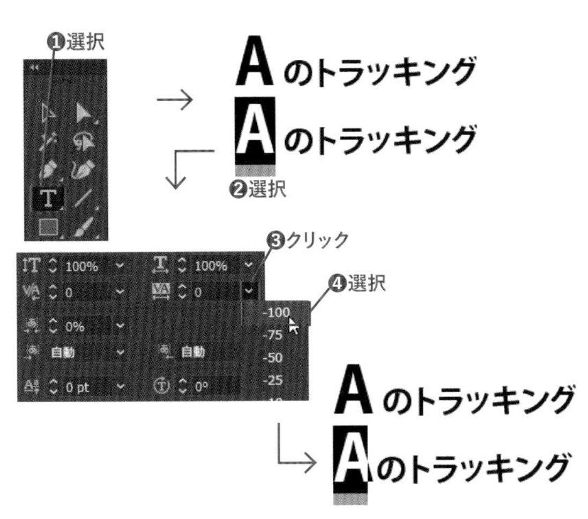

2 選択ツール を選択し❶、テキストオブジェクト D を選択します❷。文字パネルの［選択した文字のトラッキングを設定］に「500」と入力します❸。文字全体の間隔が広がりました。

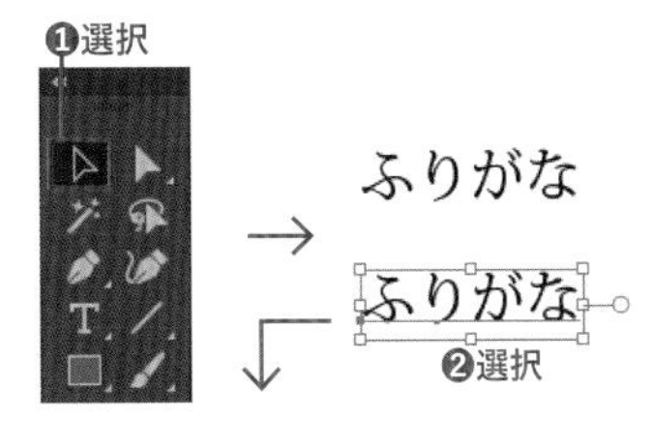

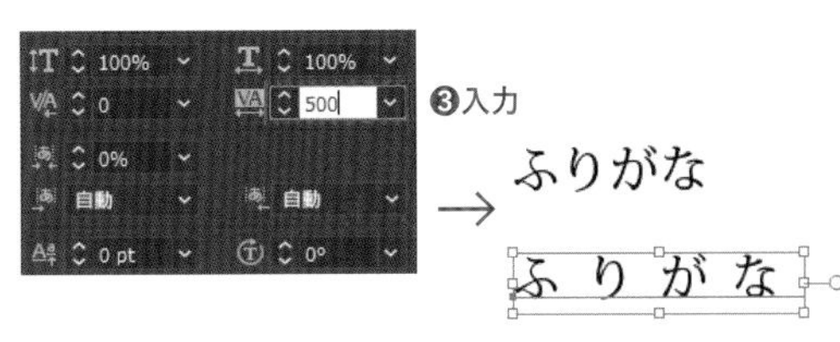

カーニング

1 選択ツール を選択し❶、テキストオブジェクト E を選択します❷。文字パネルの［文字間のカーニングを設定］が「0」になっていることを確認します❸。

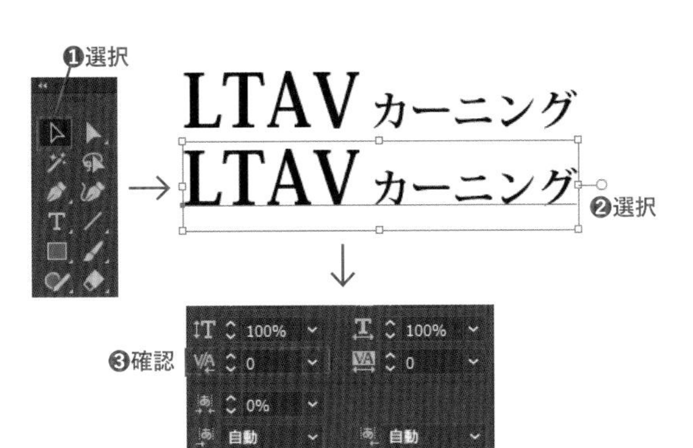

2 文字パネルの［文字間のカーニングを設定］の∨をクリックして❶、表示されたリストから［和文等幅］を選択し、上のテキストと比較してみます❷。

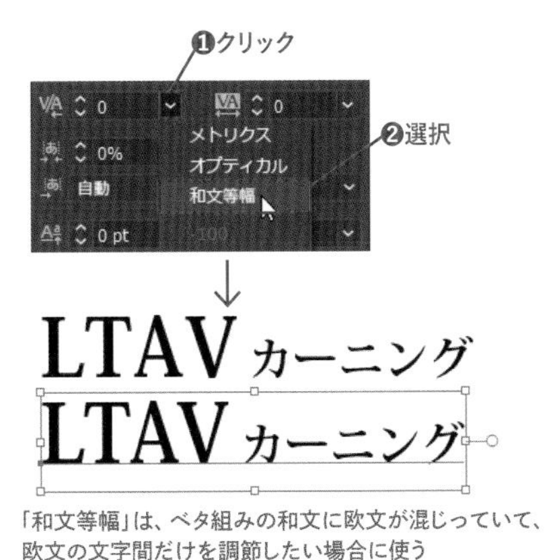

「和文等幅」は、ベタ組みの和文に欧文が混じっていて、欧文の文字間だけを調節したい場合に使う

COLUMN

文字間隔の調整

文字が原稿用紙のように規則的に並んでいるものを「ベタ組み」、文字の形に合わせて間隔を調整するものを「詰め組み」とよびます。タイトルや見出しなどデザイン性の高い文字を扱う場合には、プロポーショナルメトリクスによる［詰め組み］とカーニングの［自動］を基本にして、必要なら微調整を加えていくとよいでしょう。

STEP 04 段落の基本設定を覚える

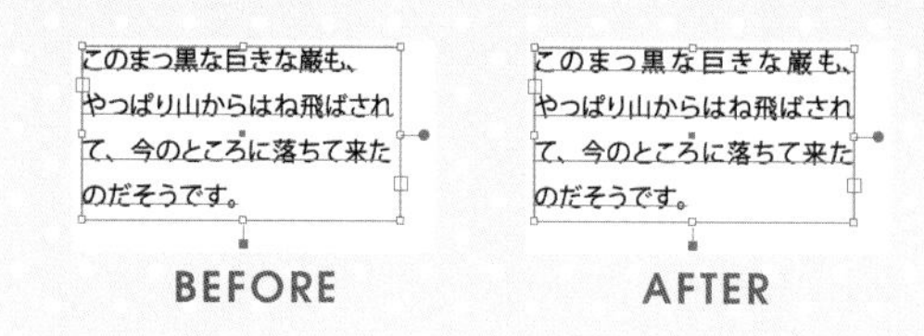

段落の設定について、よく使う機能はしっかり覚えましょう。レッスンファイルには境界が見やすいように、テキストエリアの[線]にカラーを設定しています。

Lesson10 ▶ L10-2S04.ai

行揃え

1 レッスンファイルを開き、選択ツールでエリア内文字オブジェクトを選択します❶。段落パネルの[均等配置(最終行左揃え)]をクリックします❷。

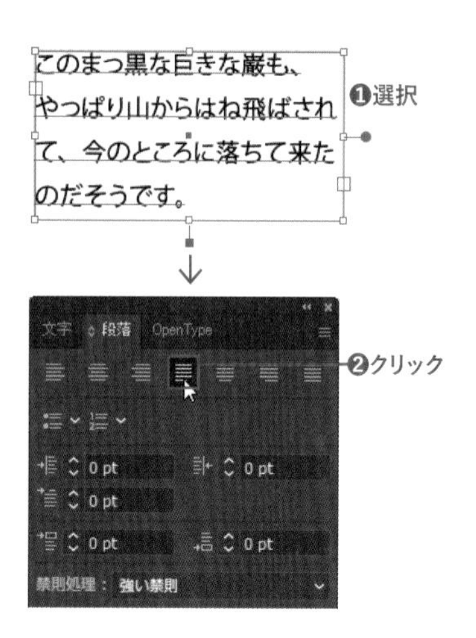

2 1行目から3行目の行末が、テキストエリアの右端まで配置されたことを確認します❶。テキストエリアのバウンディングボックスのハンドルをドラッグして❷、左右の幅を調節し、改行位置が変わっても文字がテキストエリア右端まで均等に配置されることを確認します❸。

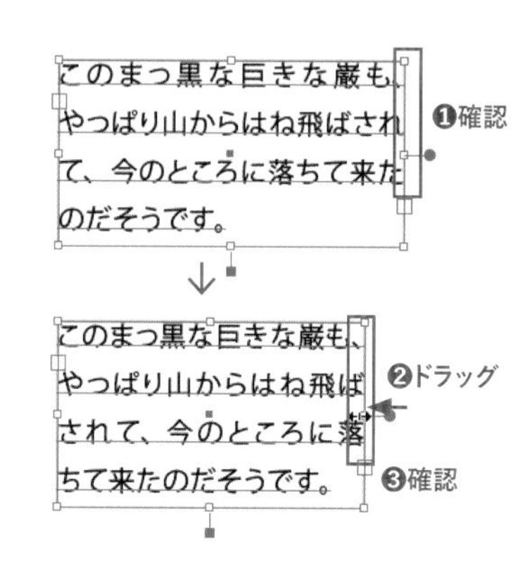

縦組みと横組みの切り替え

1 選択ツールでエリア内文字オブジェクトを選択します❶。[書式]メニュー→[組み方向]→[縦組み]を選択します❷。

2 文字の組み方向が変わりました❶。バウンディングボックスでテキストエリアの大きさを調節します❷。

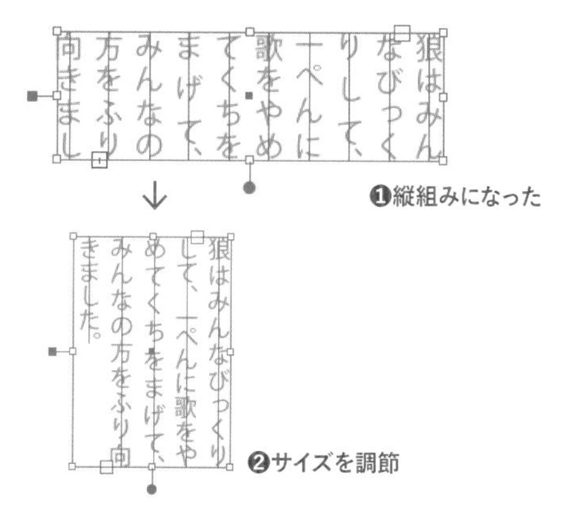

行間

選択ツール でエリア内文字オブジェクト C を選択します❶。文字パネルの[行送りを設定]で「14pt」に設定します❷。文字の行間が少しつまりました。

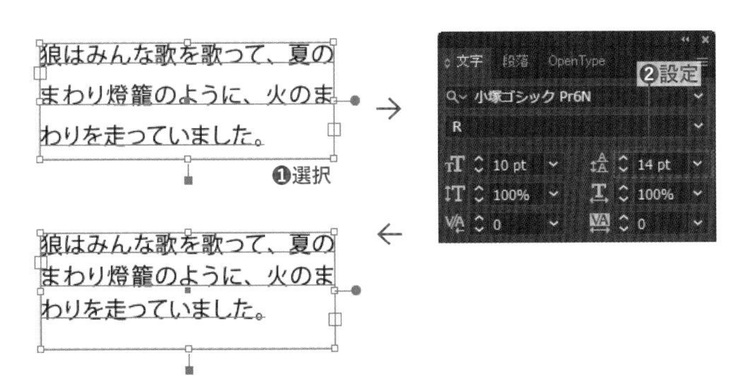

COLUMN

デフォルトの行間値

Illustratorの行間値のデフォルトは「自動」で、文字サイズの「175%」です。「自動」に設定されていると、行間値は(17.5pt)のように( )付きで表示されます。

文字組みを指定

選択ツール でエリア内文字オブジェクト D を選択します❶。段落パネルの[文字組み]の∨をクリックして❷、表示されたリストから「約物半角」を選択します❸。「、」「。」「(」「)」などの句読点や括弧類の約物が半角になりました。

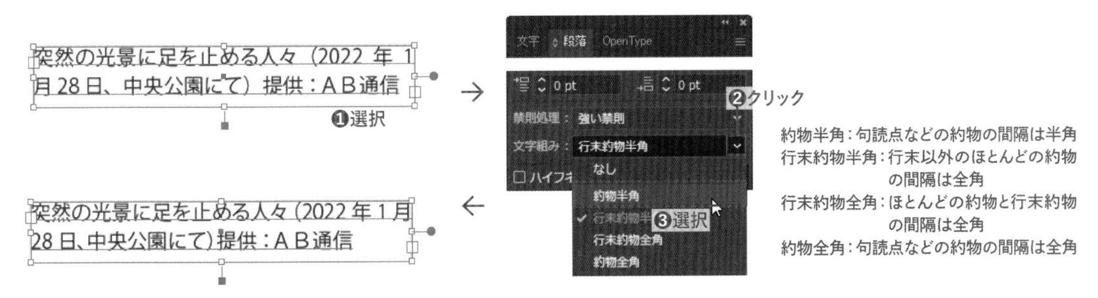

COLUMN

文字組み

文字組みとは、日本語が美しく見えるように和文字、欧文文字、句読点、行頭文字、行末文字、数字などの文字種ごとの間隔を定義したものです。Illustratorでは、4つのプリセットが用意されています。[文字組みアキ量設定]を選択すると、自分で定義することもできます。

ぶら下がり

選択ツール でエリア内文字オブジェクト E を選択します❶。段落パネルの をクリックし❷、パネルメニューから[ぶら下がり]→[標準]を選択します❸。行末の句読点がテキストエリアの外側にぶら下がるようになります❹。

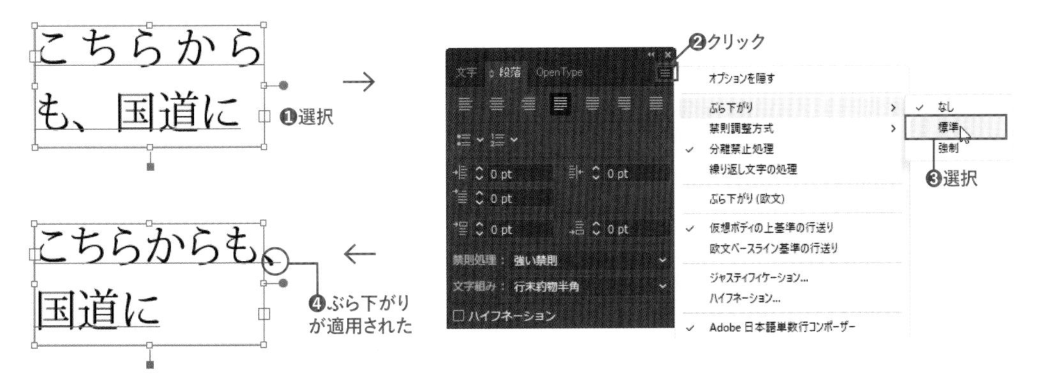

箇条書き

1 文字ツール を選択し、オブジェクト の文字全体を選択します❶。段落パネルの［箇条書記号］ をクリックすると❷、選択した段落の行頭に箇条書きの記号が表示されます❸。

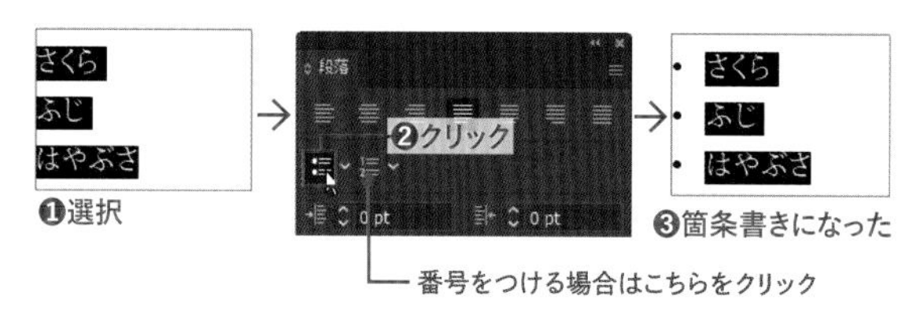

2 段落パネルの［箇条書記号］ の∨をクリックすると❶、［箇条書き記号オプション］が表示されるので、記号をクリックして変更します（どんな記号でもかまいません）❷。

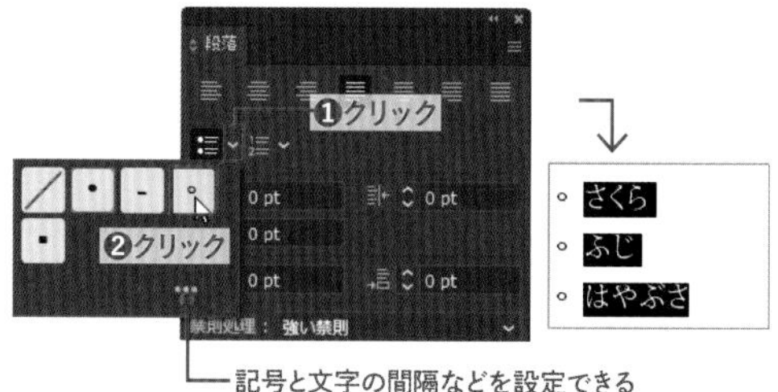

3 文字が選択されている状態で、再度［箇条書記号］ をクリックします❶。箇条書きが解除されます❷。

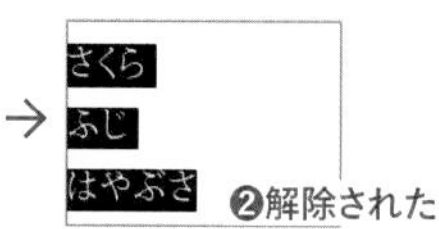

✔CHECK!

インデントの設定

［箇条書き記号オプション］の をクリックすると、箇条書き部分のインデントや行揃えを設定できます。

STEP 05 文字タッチツールで変形する

文字タッチツールは、テキストオブジェクト内に文字を、直感的にサイズや位置を編集できるツールです。

移動

1 レッスンファイルを開きます。ツールバーの文字タッチツール を選択します❶。テキストオブジェクト の「B」をクリックして選択します❷。文字の周囲にハンドルが表示されます。

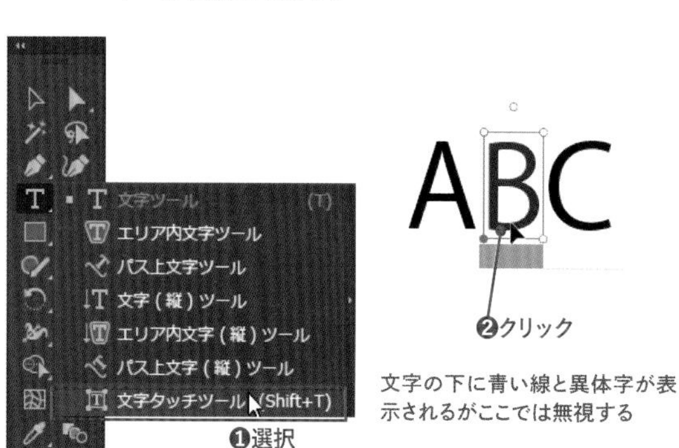

2 左下のハンドルをドラッグすると❶、文字を移動できます。「B」の文字は、「A」「C」とは位置が離れましたが、ABCの順に並んだテキストオブジェクトのままです。「B」が「A」より左や「C」より右に移動することはありません。

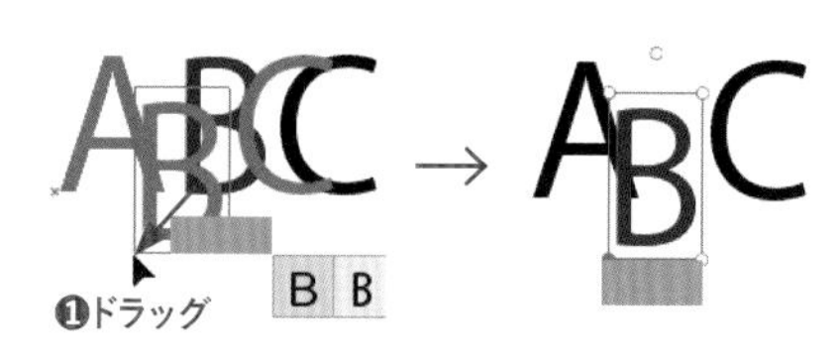

拡大・縮小と回転

1 文字タッチツールで、テキストオブジェクトの「B」をクリックします❶。右上のハンドルをドラッグします❷。右上のハンドルをドラッグすると、文字の比率を変えずに拡大・縮小できます。

CHECK!

比率を無視して拡大・縮小

左上のハンドルをドラッグすると縦方向、右下のハンドルをドラッグすると横方向だけ拡大・縮小します。

2 文字タッチツールで、テキストオブジェクトの「B」をクリックします❶。真上にあるハンドルにカーソルを合わせ、ドラッグして回転させます❷。

STEP 06 文字をアウトライン化する

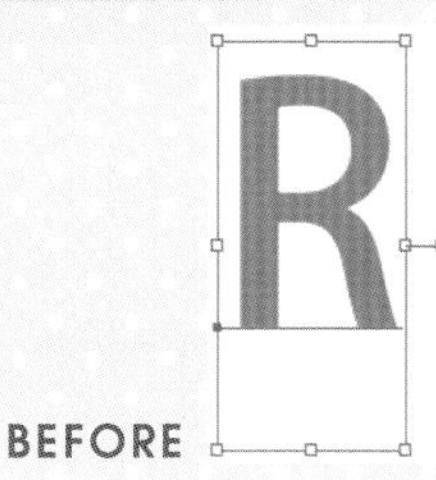

文字をアウトライン化すると、通常の複合パスとなり、図形として扱えます。元のテキストデータには戻せないため注意しましょう。

Lesson10 ▶ L10-2S06.ai

1 レッスンファイルを開きます。選択ツールでテキストオブジェクトを選択します❶。[書式]メニュー→[アウトラインを作成]を選択します❷。文字がアウトライン化され、通常の図形のオブジェクトとして扱えるようになります❸。

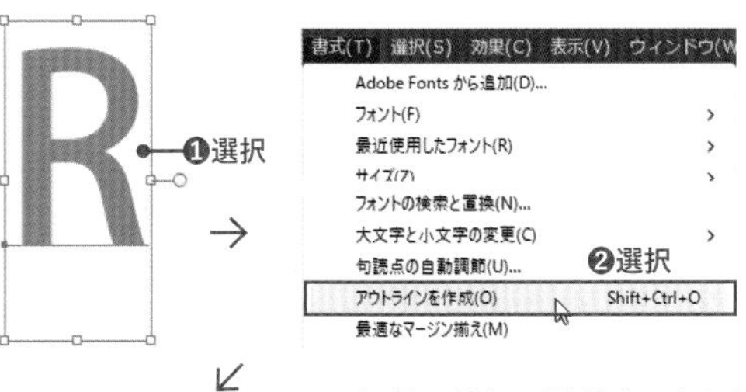

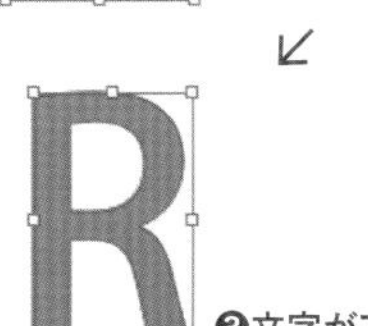

❸文字がアウトライン化した

フォントがない場合は、「小塚ゴシックPr6N」の「M」をAdobe Fontsからダウンロードする（P.187の「小塚明朝をAdobe Fontsからダウンロードする」を参照）

2 ダイレクト選択ツールを選択し❶、左下のアンカーポイントをふたつ選択して❷、Shiftキーを押しながらドラッグして動かしてみます❸。図形のオブジェクトになっていることがわかります❹。

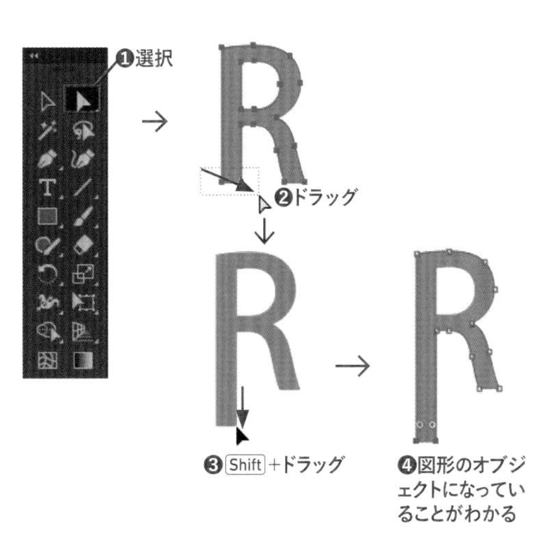

STEP 07 異体字を入力する

BEFORE　AFTER

字形パネルを使うと、選択した文字の異体字を入力できます。文字変換では入力できない記号や丸数字などの特殊な文字も可能です。

Lesson10 ▶ L10-2S07.ai

1 レッスンファイルを開きます。[書式]メニュー→[字形]を選択し、字形パネルを表示します❶。入力した文字(ここでは「囊」)を文字ツール T で選択すると❷、字形パネルで選択された文字が強調表示されます❸。

❷選択

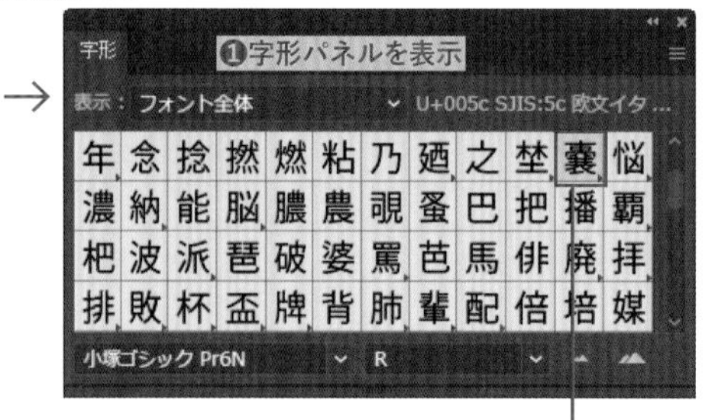

❸強調表示される

✔CHECK!

記号なども入力できる

字形パネルでは、記号や修飾文字をダブルクリックして入力できます。

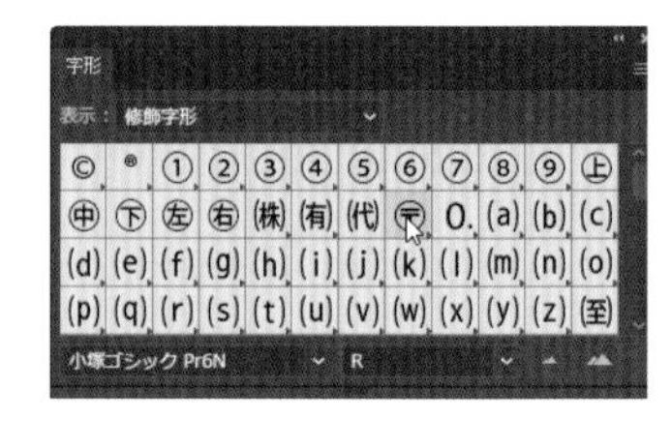

2 字形パネルで、強調表示された文字の上でマウスボタンを押したままにすると異体字が表示されます❶。そのままカーソルを移動し入力したい文字の上でマウスボタンを放します❷。選択した異体字が置換されて入力されます❸。

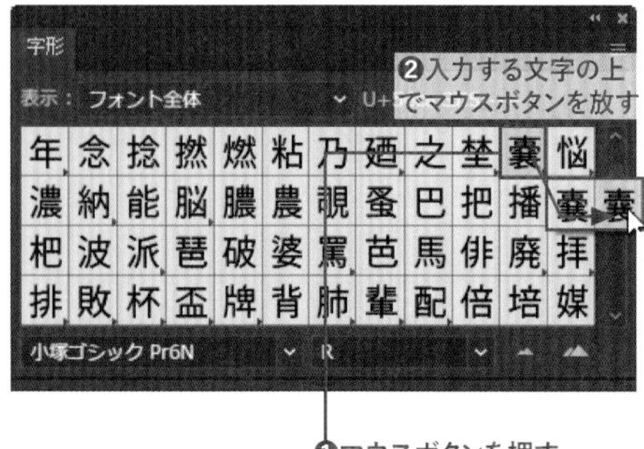

❶マウスボタンを押す

❸置換されて入力された

✔CHECK!

フォントによって異なる異体字

フォントによっては異体字が少なく、目的の文字がない場合もあります。また、新しいOpenTypeの文字にはさまざまな修飾字形や記号があります。

✔CHECK!

リストからの異体字入力

文字ツール T で一文字だけ選択すると、選択した文字に異体字がある場合は文字下に青い下線が表示され、右下に異体字が表示されます(最大5文字)。字形パネルと同様に、選択すると異体字を入力できます。表示された文字に、入力したい異体字がない場合、>をクリックすると選択した文字の異体字だけが字形パネルに表示されます。

選択すると異体字が表示され、入力できる

クリックすると字形パネルですべての異体字が表示される

10-3 文字をレイアウトする

Illustratorでは、複数のエリア内文字を連結して、ページレイアウトソフトのように文字をレイアウトできます。エリア内文字には、オプションを設定してパスからのマージンを設定できます。また、オブジェクトに対してテキストの回り込みを設定できます。

エリア内文字のレイアウトを覚える

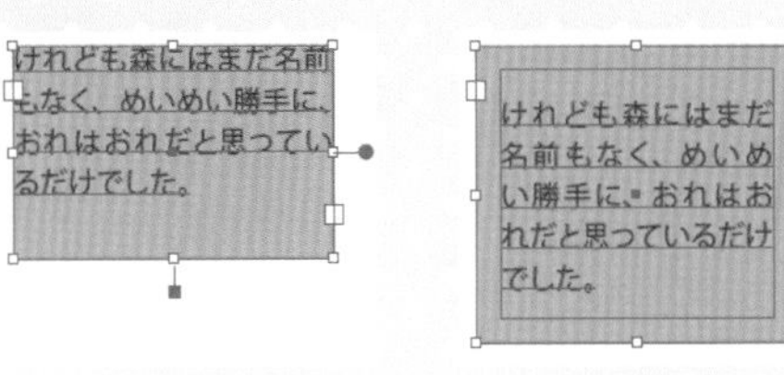

テキストエリアと文字の間隔、オブジェクトの回り込みについて覚えましょう。また、テキストと図形のオブジェクトをきれいに揃える方法を学びましょう。

Lesson10 ▶ L10-3S01.ai

外枠からのオフセット

1 レッスンファイルを開きます。選択ツール でエリア内文字オブジェクト を選択します❶。[書式] メニュー→[エリア内文字オプション] を選択します❷。

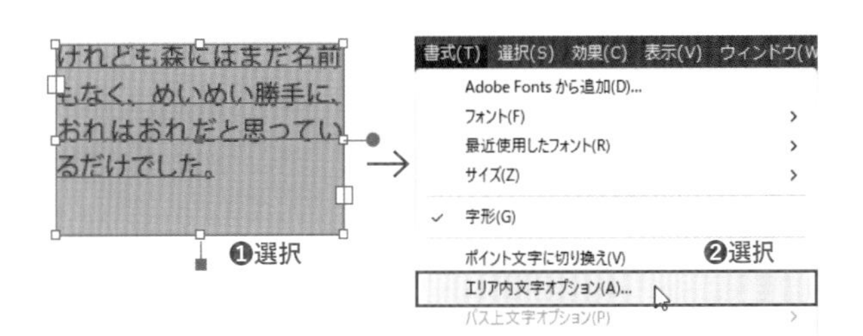

2 [エリア内文字オプション] ダイアログボックスが表示されます。[外枠からの間隔] を「3mm」に設定し❶、[配置] を「中央揃え」に設定し❷、[OK] をクリックします❸。指定した値だけ、テキストエリアから文字までオフセットされます❹。オフセットされた分、文字が入りきらずにオーバーセットしているので、バウンディングボックスで大きさを調節します。テキストは、テキストボックスの中央に配置されます❺。

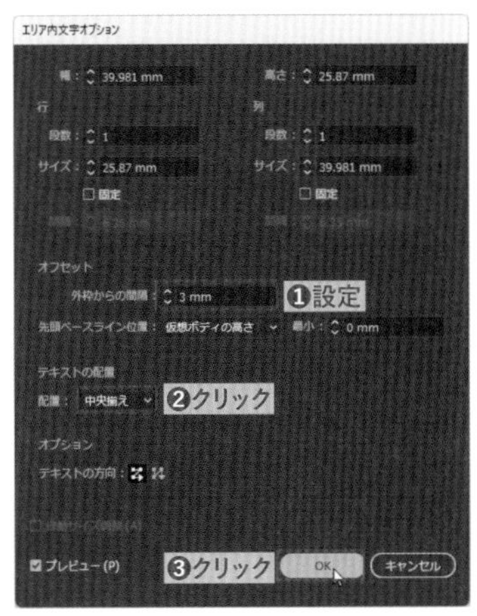

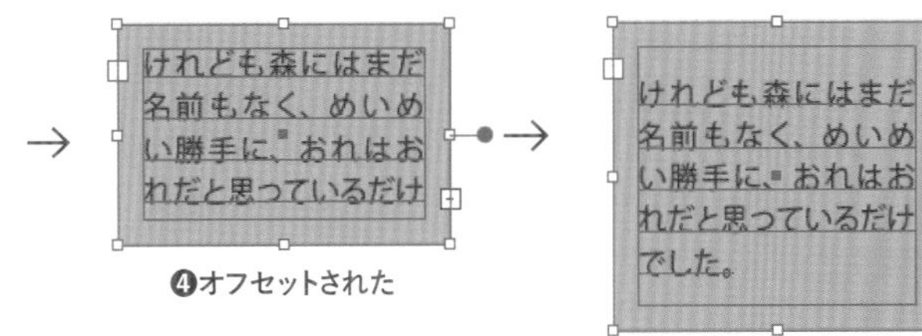

❹オフセットされた

❺テキストエリアのサイズを調節
テキストは、テキストボックスの上下中央に配置される

> **CHECK!**
>
> **エリア内文字のカラー設定**
>
> エリア内文字のパス部分をダイレクト選択ツール で選択すると、「塗り」や「線」にカラーなどを設定できます。

オブジェクト内に文字をペースト

1 文字ツール を選択します❶。エリア内文字 B の文字をすべて選択し❷、Ctrl（command）+C キーでコピーします❸。

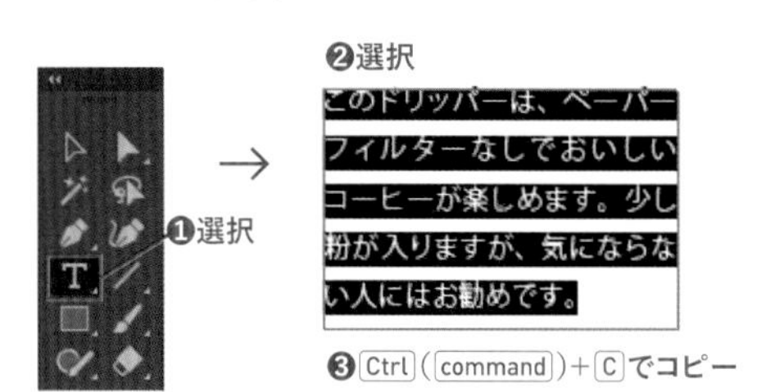

2 エリア内文字ツール を選択します❶。円 C のパス上でクリックし❷、Ctrl（command）+V キーで文字をペーストします❸。

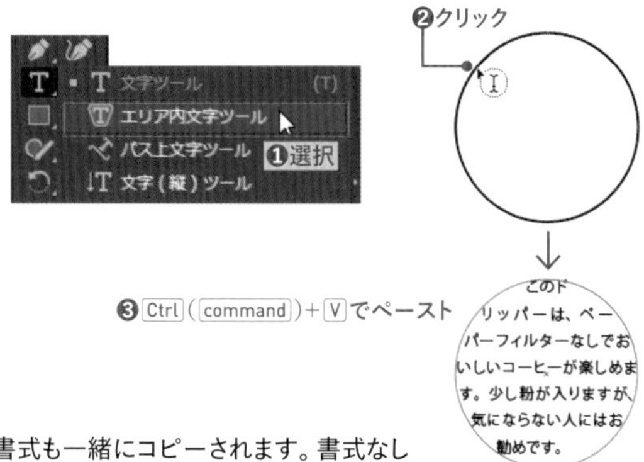

CHECK!

書式なしでペースト

通常のコピー&ペーストでは、選択した文字のフォントなどの書式も一緒にコピーされます。書式なしでテキストの内容だけペーストするには、Alt（option）+Ctrl（command）+V キーでペーストします。

アピアランスを利用したオフセット

1 ダイレクト選択ツール を選択し❶、エリア内オブジェクト D のパス部分をクリックしてテキストエリアだけを選択します❷。

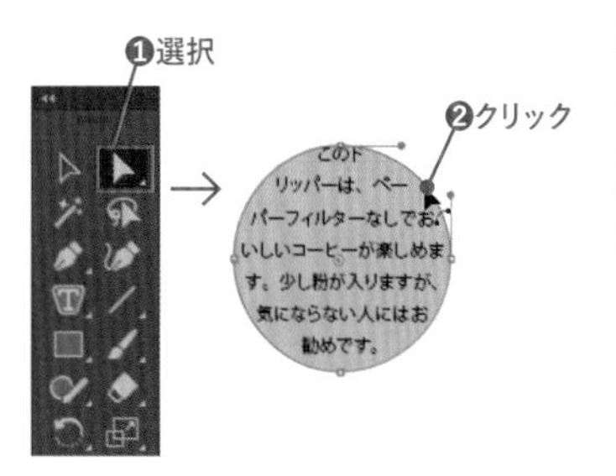

2 アピアランスパネルで［塗り］を選択します❶。［新規効果を追加］をクリックして❷、表示されたメニューから［パス］→［パスのオフセット］を選択します❸。［パスのオフセット］ダイアログボックスが表示されるので、そのまま［OK］をクリックします❹。［塗り］がオフセットされました。

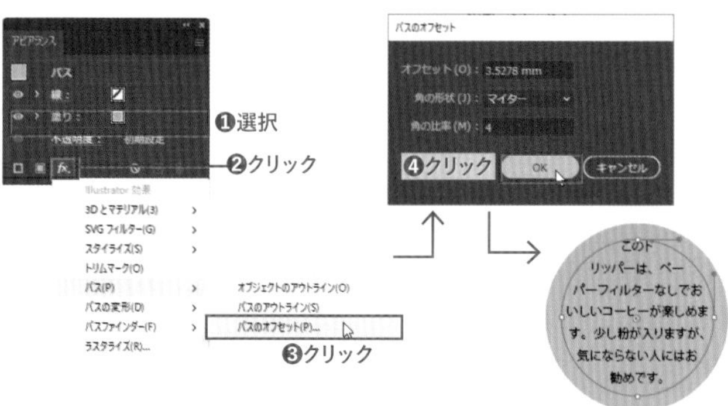

テキストの回り込み

1 選択ツール を選択します❶。E の上のオブジェクトを選択します❷。

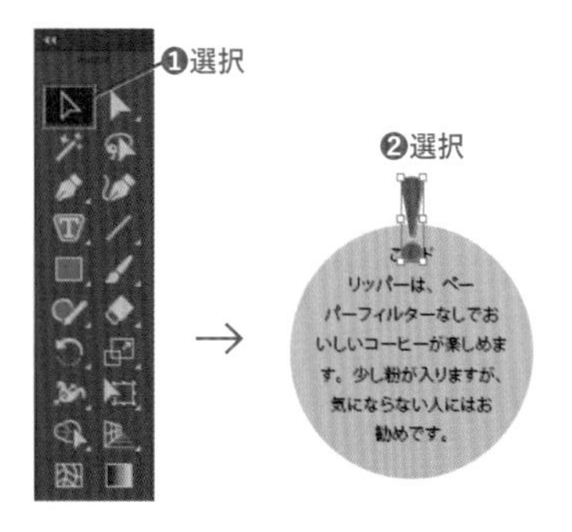

2 ［オブジェクト］メニュー→［テキストの回り込み］→［作成］を選択します❶。選択したオブジェクトをテキストが回り込みます。回り込みを解除するには、［オブジェクト］メニュー→［テキストの回り込み］→［解除］を選択します。

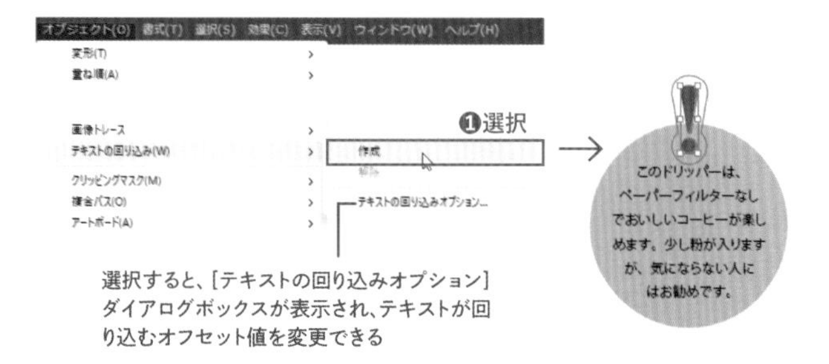

選択すると、［テキストの回り込みオプション］ダイアログボックスが表示され、テキストが回り込むオフセット値を変更できる

字形の境界に整列

1 選択ツールを選択します。F の文字と長方形のふたつのオブジェクトを選択します❶。整列パネルで[垂直方向下に整列]をクリックします❷。文字の境界と長方形の下端が揃うわけではありません❸。文字オブジェクトだけを選択すると❹、バウンディングボックスの下が揃っていることがわかります。

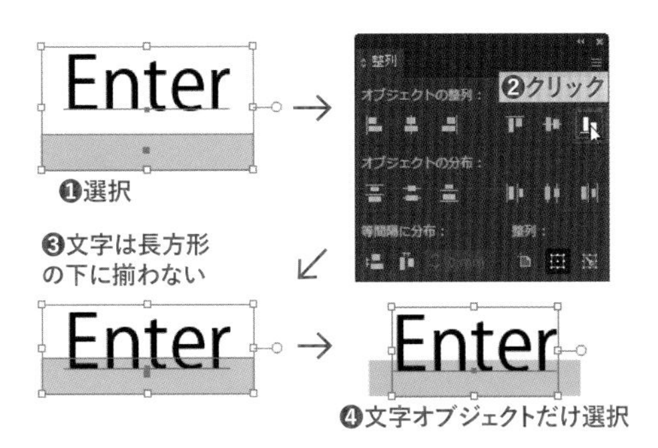

2 整列パネルメニューから[字形の境界に整列]→[ポイント文字]を選択します❶。再度、ふたつのオブジェクトを選択し❷、整列パネルで[垂直方向下に整列]をクリックします❸。今度は、字形の境界が長方形の下に揃いました❹。再度、整列パネルメニューから[字形の境界に整列]→[ポイント文字]を選択してオフにします❺。

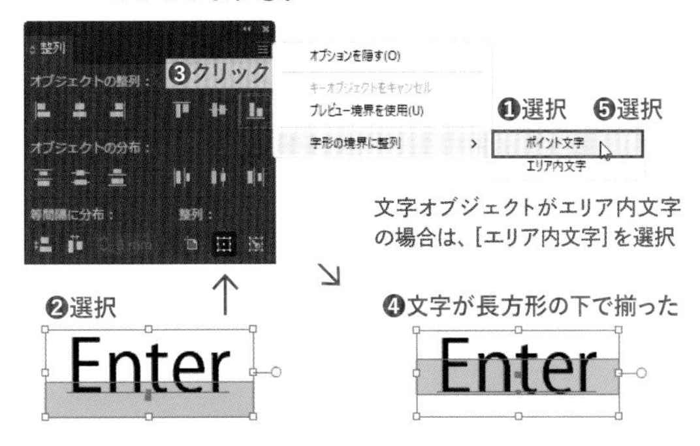

グリフにスナップ

[表示]メニューで[スマートガイド]と[グリフにスナップ]を選択してオンにします❶❷。文字パネルの「グリフにスナップ」で、すべてのアイコンがオンになっていることを確認します❸。選択ツールを選択し、G の正六角形のオブジェクトをドラッグして移動してみてください。文字の境界や仮想ボディにスナップし、どこにスナップしているかを示す文字が表示されます❹。

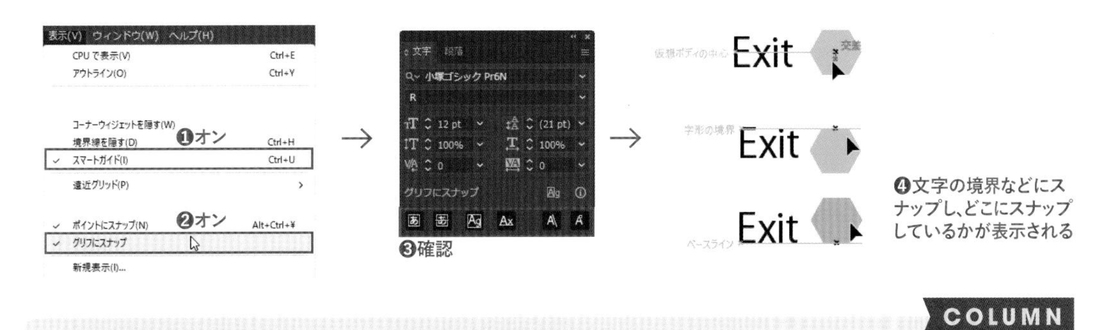

COLUMN

「Retype」で画像やアウトライン文字から文字オブジェクトに変換する

画像となっている文字やアウトライン化されている文字から、AIを使用して通常のテキストオブジェクトに変換する機能が「Retype」です。アウトライン化されているテキストや、画像として配置しているテキストを、編集可能な文字オブジェクトに変換します。2024（28.0）ではベータ版で、欧文フォントのみが対象です。まだ不完全な機能なので、簡単に紹介します（Windows 11では2024（28.0）で動作しなかったため、右画面はWindows 10のもの）。画像となっている文字オブジェクトを選択し❶、「Retype（Beta）」パネルで、[開始]をクリックすると❷、文字形状を画像認識し、どんなフォントの文字かの候補が表示されます❸。フォントを選択し❹[適用]をクリックすると❺、文字ツールで選択できるテキストオブジェクトに変換されます❻。[終了]をクリックして終了します❼。

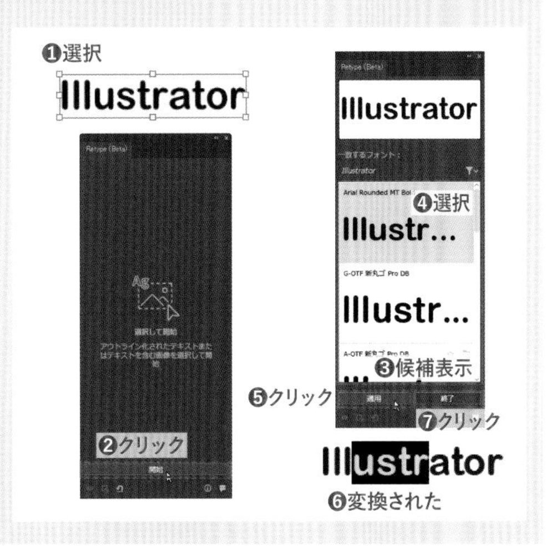

STEP 02 テキストオブジェクトをリンクする

BEFORE　AFTER

テキストオブジェクトは、リンクして長い文章を複数のオブジェクトに流し込めます。ここでは、エリア内文字オブジェクトをコピーして、リンクを作成します。

Lesson10 ▶ L10-3S02.ai

1 レッスンファイルを開きます。選択ツール を選択し❶、エリア内文字オブジェクトを Alt（option）キーと Shift キーを押しながら右側にドラッグしてコピーします❷。

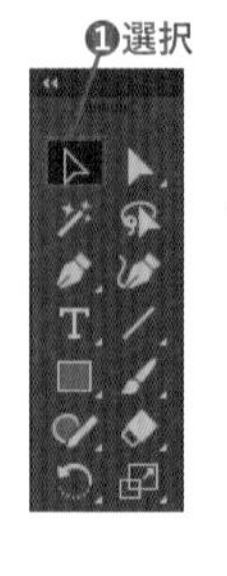

❷ Alt（option）+ Shift +ドラッグ

2 左側のテキストオブジェクトを選択します❶。右下にある□をクリックします❷。マウスカーソルが に変化します❸。

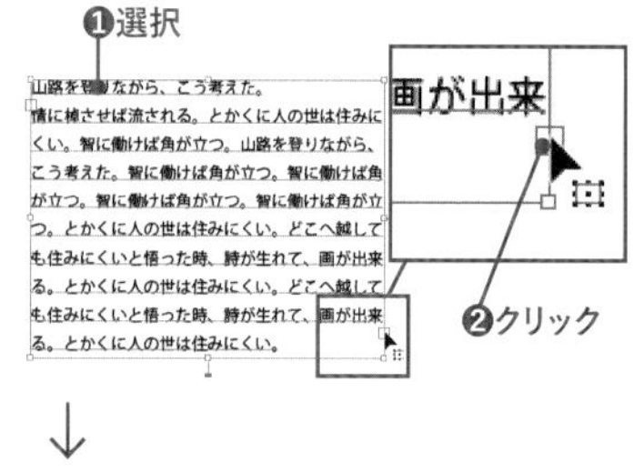

❸マウスカーソルの形状が変わる

3 コピーした右のテキストオブジェクトの上にマウスカーソルを重ねて、 になった状態でクリックします❶。左のテキストオブジェクトと右のテキストオブジェクトがリンクします。左のテキストオブジェクトの右下の□と、右のテキストオブジェクトの左上の□が結ばれてリンクされていることがわかります❷。

❶クリック

❷リンクされた

4 実際にリンクされているかを確認します。選択ツール で、左側のテキストエリアのサイズを広げます❶。左側のテキストオブジェクトの広げた部分に、右側のテキストオブジェクトの文字が流れ込みます❷。

❶ドラッグしてサイズを広げる

❷文字が流れ込んだ

✔CHECK!

リンクの解除

テキストオブジェクトのリンクを解除するには、リンクしているテキストオブジェクトのいずれかを選択し、[書式]メニュー→[スレッドテキストオプション]→[スレッドのリンクを解除]を選択します。

10-4 段落スタイル

段落スタイルとは、文字パネルや段落パネルの各種設定をひとつにまとめて登録したものです。段落スタイルを使うと、文字の設定をまとめて変えることができます。登録は面倒かもしれませんが、修正作業が圧倒的に効率的になるので、ぜひマスターしてください。

STEP 01 段落スタイルを作成して適用する

BEFORE　AFTER

文字パネルや段落パネルで設定を変更した文字から、段落スタイルを作成してみましょう。

Lesson10 ▶ L10-4S01.ai

1 文字ツールTで、テキストオブジェクトのテキストエリア内の文字をすべて選択します❶。選択した文字はすべて同じ設定になっています。

❶選択

小見出し
情に棹させば流される。とかくに人の世は住みにくい。智に働けば角が立つ。山路を登りながら、こう考えた。智に働けば角が立つ。
小見出し
詩が生れて、山路を登りながら、智に働けば角が立つ。情に棹させば流される。住みにくさが高じると、安い所へ引き越したくなる。

2 段落スタイルパネルで［新規スタイルを作成］をクリックします❶。段落スタイルパネルに新しく作成された「段落スタイル1」の名称部分をダブルクリックします。名称が編集できるようになるので「本文」と入力します❷。いったん文字の選択を解除します❸。

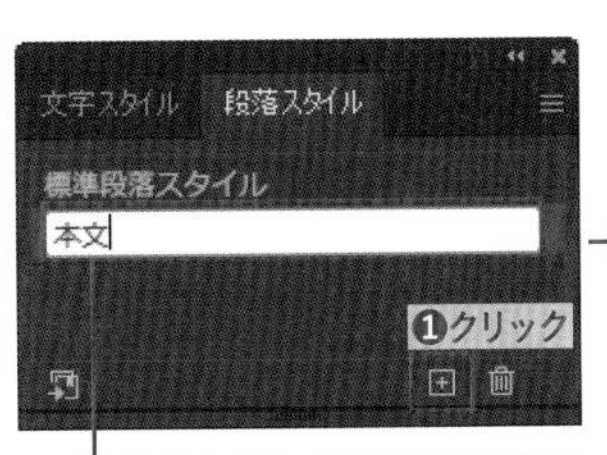

小見出し
情に棹させば流される。とかくに人の世は住みにくい。智に働けば角が立つ。山路を登りながら、こう考えた。智に働けば角が立つ。
小見出し
詩が生れて、山路を登りながら、智に働けば角が立つ。情に棹させば流される。住みにくさが高じると、安い所へ引き越したくなる。

❸選択解除

3 文字ツールTで、先頭行の「小見出し」の文字を選択します❶。文字パネルで［フォントスタイルを設定］を「M」❷、［フォントサイズを設定］を「12pt」❸、［行送りを設定］を「34.2pt」❹、［ベースラインシフトを設定］を「-7pt」❺に変更します。

小見出し ❶選択
情に棹させば流される。とかくに人の世
にくい。智に働けば角が立つ。山路を登りな
こう考えた。智に働けば角が立つ。
小見出し

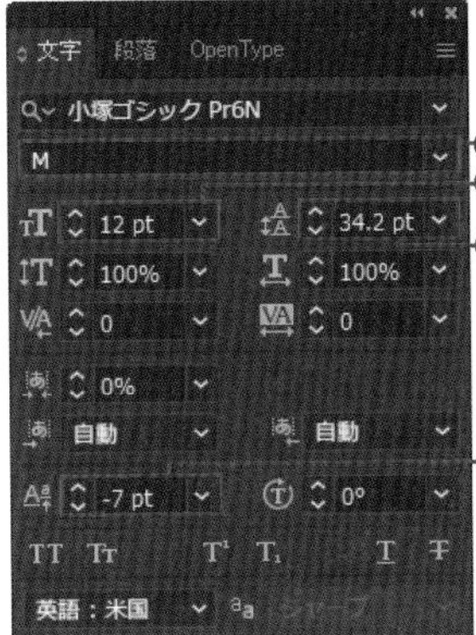

小見出し
情に棹させば流される。とかくに人の世
にくい。智に働けば角が立つ。山路を登りな
こう考えた。智に働けば角が立つ。
小見出し

4 段落スタイルパネルで［新規スタイルを作成］をクリックし❶、新しく作成された「段落スタイル2」の名称部分をダブルクリックして名称を「小見出し」に変更します❷。

❷ダブルクリックして名称を変更

5 文字ツール［T］で、テキストオブジェクトの下側（上から5行目）の「小見出し」の行内をクリックしてカーソルを行内に移動します❶。段落スタイルパネルの「小見出し」をクリックします❷。カーソルのある「小見出し」の段落の書式が、段落スタイルの書式に変わります❸。一度で変わらない場合は、再度、段落スタイルパネルの「小見出し」をクリックしてください。

小見出し　❶カーソルを移動します

情に棹させば流される。とかくに人の世は住みにくい。智に働けば角が立つ。山路を登りながら、こう考えた。智に働けば角が立つ。

小見出し

詩が生れて、山路を登りながら、智に働けば角が立つ。情に棹させば流される。住みにくさが高

→

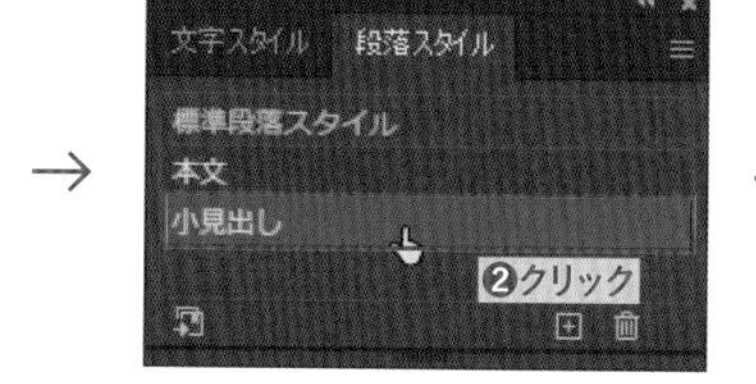

→

小見出し

情に棹させば流される。とかくに人の世は住みにくい。智に働けば角が立つ。山路を登りながら、こう考えた。智に働けば角が立つ。

小見出し　❸書式が変わった

詩が生れて、山路を登りながら、智に働けば角

段落スタイルは、カーソルのある段落または選択しているテキストの段落全体に適用される

6 選択ツール［▷］を選択し、何もない場所をクリックして選択を解除します❶。段落スタイルパネルの「本文」の名称の表示されていない部分をダブルクリックします❷。

小見出し

情に棹させば流される。とかくに人の世は住みにくい。智に働けば角が立つ。山路を登りながら、こう考えた。智に働けば角が立つ。

小見出し

詩が生れて、山路を登りながら、智に働けば角が立つ。情に棹させば流される。住みにくさが高じると、安い所へ引き越したくなる。

❶選択解除

→

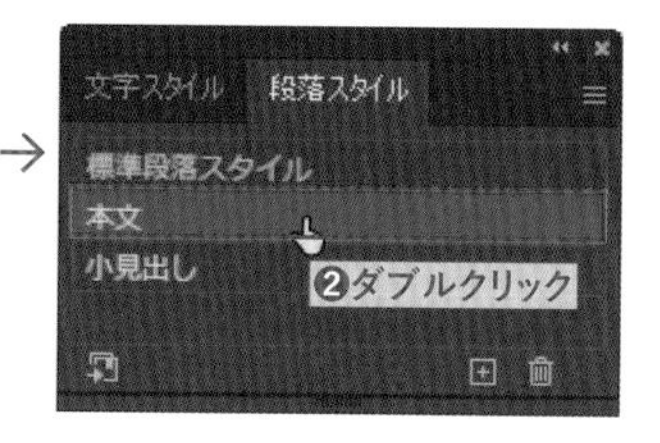

7 段落スタイルオプションパネルが表示されます。［基本文字形式］をクリックして選択し❶、［フォントファミリ］を「小塚明朝 Pr6N」❷、［スタイル］を「R」に設定し❸、［OK］をクリックします❹。段落スタイル「本文」が適用されていた本文部分のフォントがすべて変更されました❺。

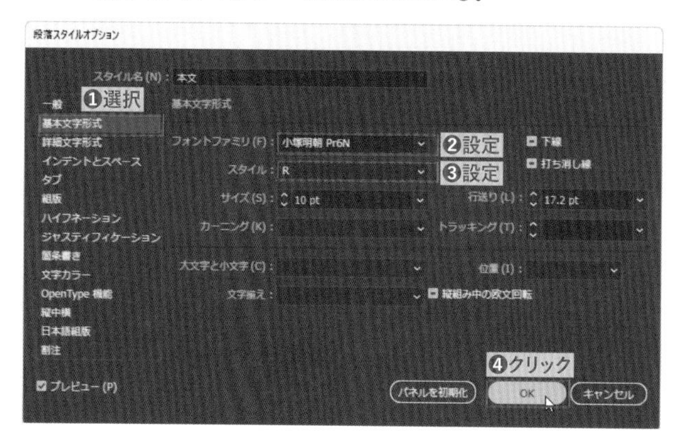

→

小見出し

情に棹させば流される。とかくに人の世は住みにくい。智に働けば角が立つ。山路を登りながら、こう考えた。智に働けば角が立つ。

小見出し

詩が生れて、山路を登りながら、智に働けば角が立つ。情に棹させば流される。住みにくさが高じると、安い所へ引き越したくなる。

❺本文部分のフォントがすべて変更された

✔CHECK!

文字スタイル

文字スタイルは選択した文字だけの書式をスタイルとして適用する機能です。特定の文字を強調するために、色やフォントを変更するのに便利です。文字スタイルは、文字スタイルパネルで設定します。作成や適用、編集の手順は、段落スタイルと同じです。

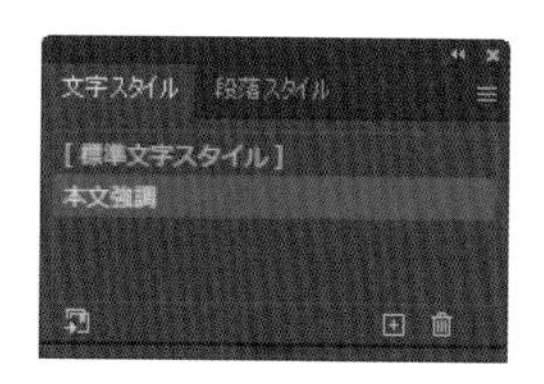

STEP 02 合成フォントを作成する

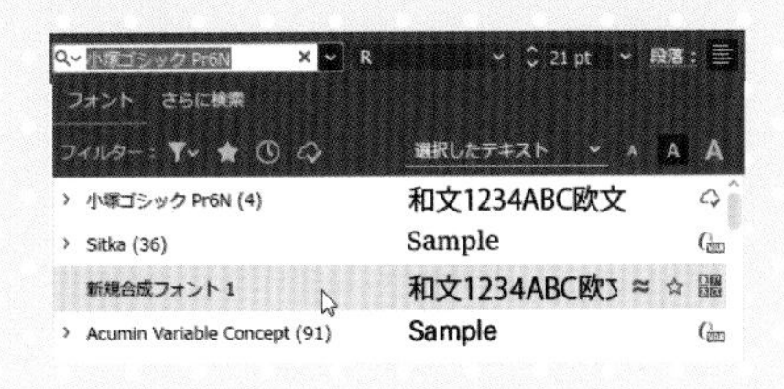

合成フォントは、漢字、かな、約物、半角文字ごとに異なるフォントやサイズを設定できる機能です。半角英数字を別のフォントにしたり、サイズを変更したいというようなときに使います。

Lesson10 ▶ L10-4S02.ai

1 レッスンファイルを開きます。[書式] メニュー→[合成フォント] を選択します❶。

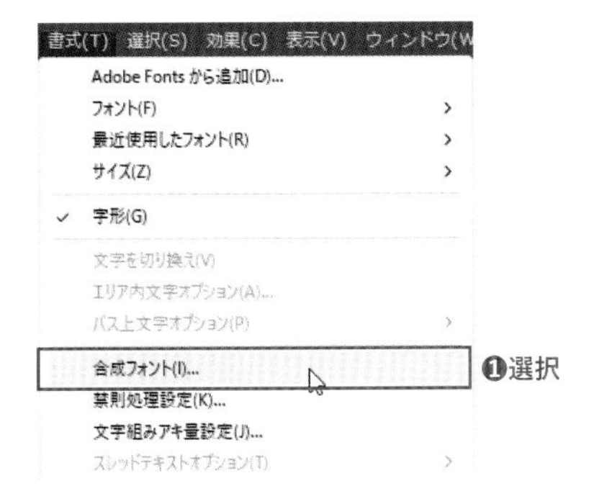

2 [合成フォント]ダイアログボックスが表示されるので、[新規] をクリックします❶。[新規合成フォント] ダイアログボックスが表示されるので、そのまま [OK] をクリックします❷。

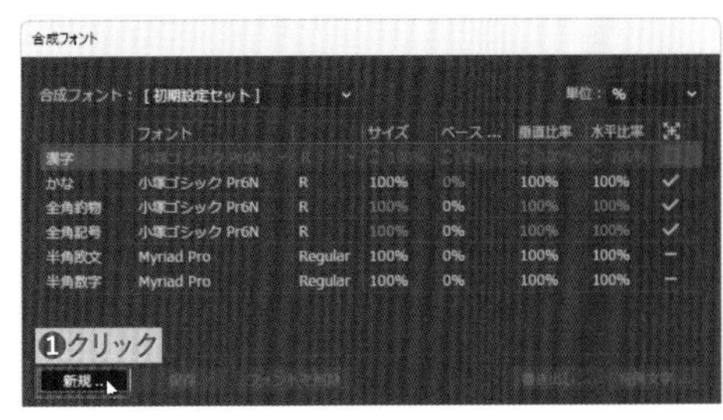

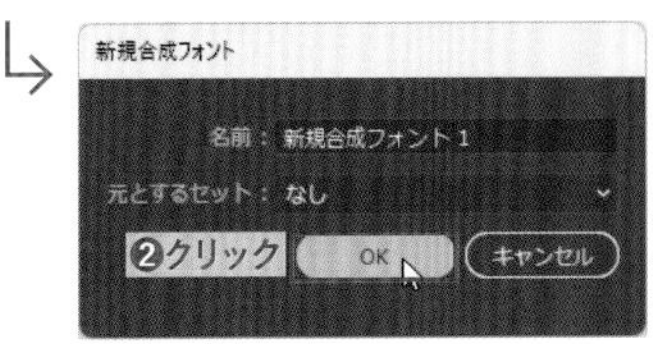

3 「半角欧文」をクリックして選択してから、Shift キーを押しながら「半角数字」をクリックして選択します❶。選択した2行が編集可能になるので、[フォント] を「漢字」や「かな」と同じに設定します❷。[サイズ] は「105%」❸、[ベースラインシフト] は「-4%」に変更して❹、[OK] をクリックします❺。保存を確認するダイアログボックスが表示されるので、[はい] をクリックします❻。

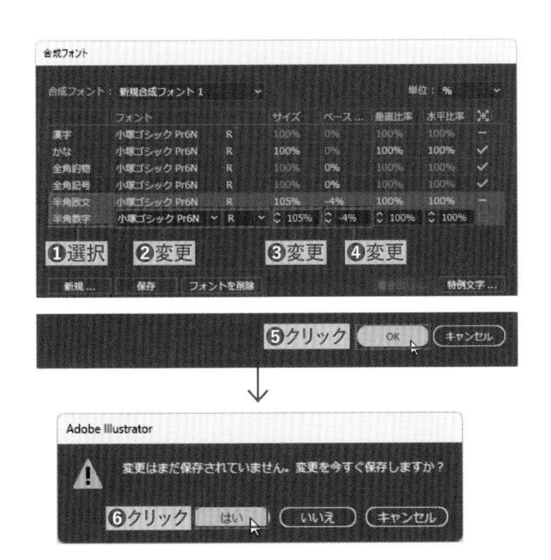

4 選択ツール で下のポイント文字オブジェクトを選択します❶。コントロールパネルで作成した合成フォントを選択して適用します❷。半角英数字が若干サイズが大きくなり、ベースラインが上に上がったことを確認します❸。

❸半角英数字のサイズが大きくなり、ベースラインが上に上がったことを確認する

Lesson10

練習問題

新規ドキュメントを開き、文字を入力して、サイズやフォントを変更し、色を設定しましょう。

Illustrator

❶新規ドキュメントを作成します。
❷文字ツール を選択し、アートボード上をクリックして「Illustrator」と入力します。
❸入力した文字を選択し、文字パネル（またはコントロールパネルかプロパティパネル）で、[フォントサイズ]を「36pt」に設定します。
❹[フォント]を「小塚ゴシックPr6N」、[フォントスタイル]を「B」に設定します。「小塚ゴシックPr6N」がない場合は、任意のフォントを選択してください。
❺[塗り]をアクティブにして、スウォッチパネルで「CMYKグリーン」に設定します。

長方形に文字を入力し、テキストフレームに色をつけます。
[エリア内文字オプション]で、[外枠からの間隔]を設定し、文字を内側にオフセットし、
[段落揃え]を「均等配置（最終行左揃え）」に設定します。

BEFORE

Illustrator は、
クリエイターの
必需品といえる
アプリです。

AFTER

❶文字ツール またはエリア内文字ツール を選択し、長方形のパス上をクリックし、文字を入力できるようにします。
❷「Illustrator は、クリエイターの必需品といえるアプリです。」と入力します。
❸ダイレクト選択ツール を選択し、テキストフレームのパスの部分をクリックして選択し、カラーパネルで[塗り]を「C＝20、M＝0、Y＝100、K＝0」に設定します。
❹選択ツール でテキストオブジェクトを選択し、[書式]メニュー→[エリア内文字オプション]を選択します。
❺[エリア内文字オプション]ダイアログボックスで、[外枠からの間隔]を「6mm」に設定します。
❻段落パネルで[段落揃え]を[均等配置（最終行左揃え）]に設定します。

透明の設定

Illustratorでは、オブジェクトに不透明度を設定して、透過させることができます。単純な不透明度だけでなく、グラデーションの不透明度や不透明マスクを使うと、オブジェクトを徐々に透明にすることもできます。

An easy-to-understand guide to Illustrator

11-1 オブジェクトの不透明度

Illustratorでは、オブジェクトに不透明度を設定できます。不透明度は、透明パネル、コントロールパネル、プロパティパネルで設定します。アピアランスパネルを使うと、オブジェクトの［塗り］と［線］に対して個別に不透明度を設定できます。

STEP 01 透明パネルで不透明度を設定する

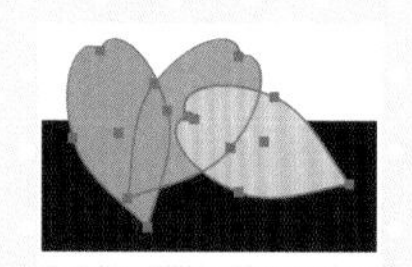

BEFORE

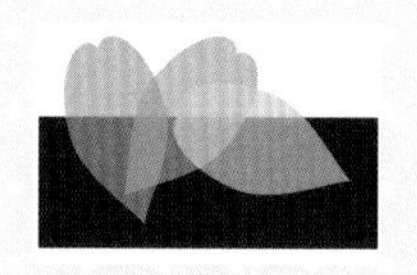

AFTER

シンプルに不透明度を設定してみましょう。オブジェクトが透けて見えるだけで、アートワークの見栄えが変わります。

1 レッスンファイルを開きます。選択ツール で花びら形のオブジェクト3つを選択します❶。透明パネルの［不透明度］を「70%」に設定します❷（コントロールパネルまたはプロパティパネルの［不透明度］でも設定できます）。選択を解除して、3つのオブジェクトが互いに透明になり、重なり合って表示されることを確認します❸。

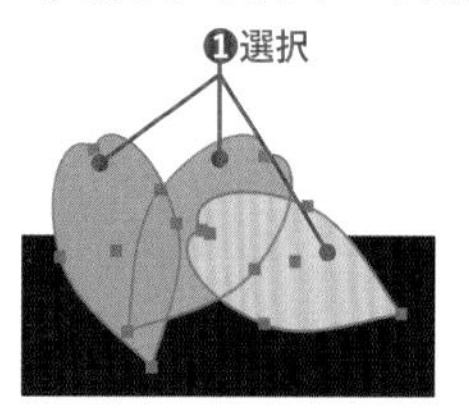

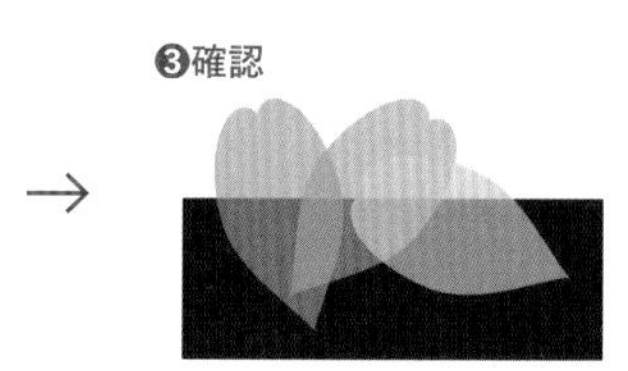

2 選択ツール で、不透明度を設定した花びら形のオブジェクト3つを選択します❶。［オブジェクト］メニュー→［グループ］を選択してグループ化します❷。

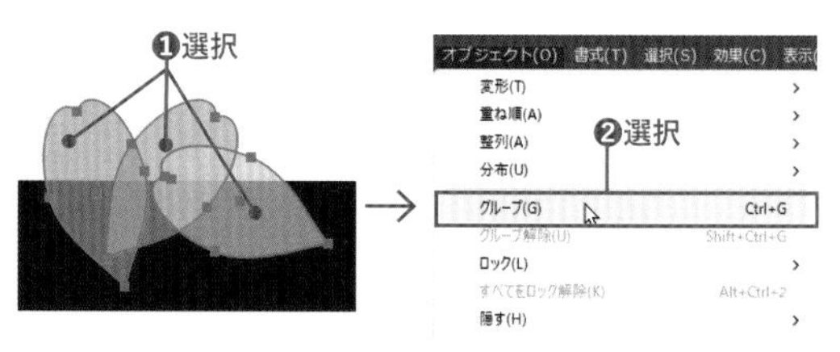

3 オブジェクトが選択された状態で、透明パネルの［グループの抜き］にチェックをつけます❶。全体は透けていますが、オブジェクトが重なり合った部分は透けなくなります。再度選択し、［グループの抜き］のチェックをはずします❷。重なり合った部分も透明になり合成されます。

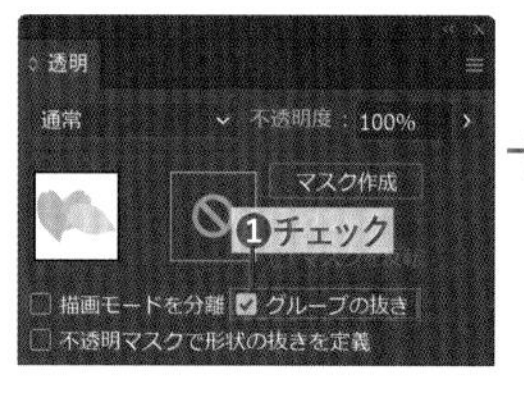

わかりやすいように選択解除してある

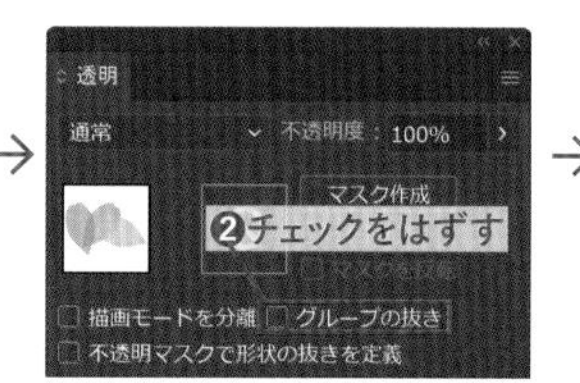

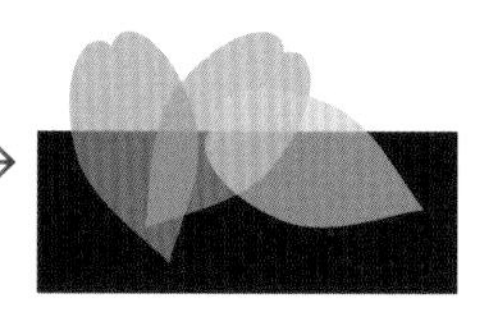

グループ化してから不透明度を設定すると、［グループの抜き］は使えない

STEP 02 アピアランスパネルで不透明度を設定する

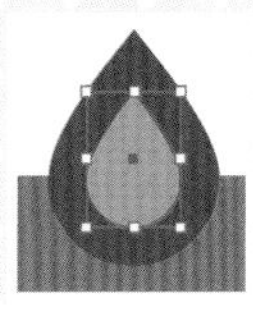

BEFORE

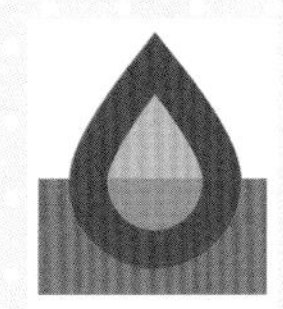
AFTER

アピアランスパネルでは、オブジェクト全体だけでなく、[塗り]、[線]それぞれに不透明度を設定することもできます。

 Lesson11 ▶ L11-1S02.ai

全体に不透明度を設定

1 レッスンファイルを開き、選択ツール で A の水滴型のオブジェクトを選択します([線]が[線を外側に揃える]になっています)❶。アピアランスパネルで[線]と[塗り]の>をそれぞれクリックして[不透明度]を表示させます❷。

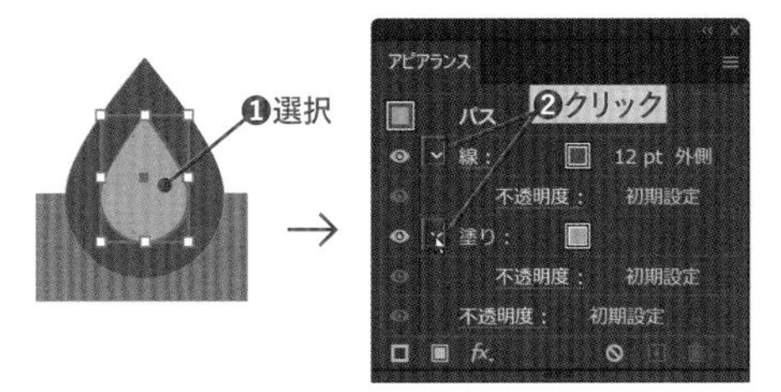

2 アピアランスパネルの1番下の[不透明度]をクリックし❶、表示された透明パネルで[不透明度]を「70%」に設定します❷。オブジェクト全体に不透明度が適用されます。

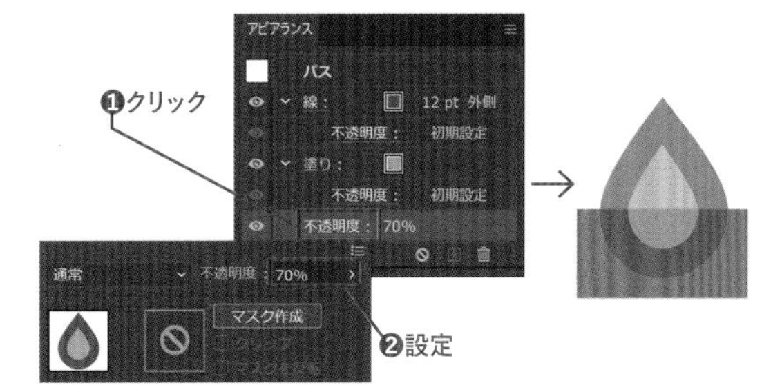

塗りに不透明度を設定

B の水滴型のオブジェクトを選択します❶。アピアランスパネルで[塗り]の[不透明度]をクリックし❷、表示された透明パネルで[不透明度]を「70%」に設定します❸。[塗り]だけに不透明度が適用されたことを確認します❹。

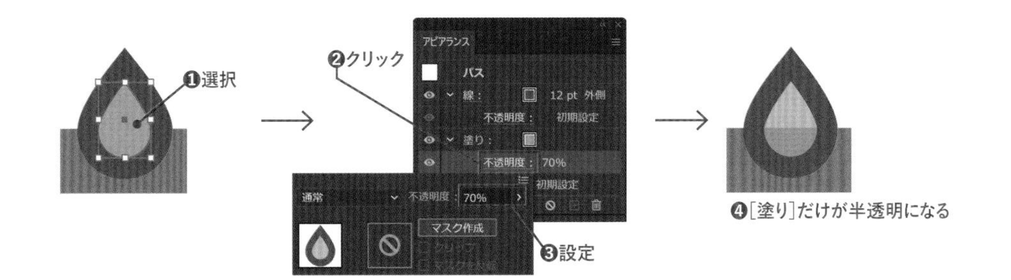

線に不透明度を設定

C の水滴型のオブジェクトを選択します❶。アピアランスパネルで[線]の[不透明度]をクリックし❷、表示された透明パネルで[不透明度]を「70%」に設定します❸。[線]だけに不透明度が適用されたことを確認します❹。

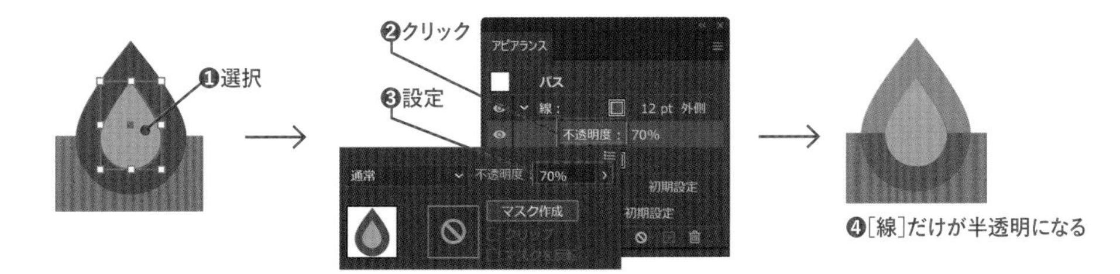

STEP 03 レイヤーに不透明度を設定する

BEFORE

AFTER

レイヤーのアピアランスに不透明度を設定します。[グループの抜き]は、レイヤー内にある複数のオブジェクトをグループのように扱います。

Lesson11 ▶ L11-1S03.ai

レイヤーのアピアランス

レッスンファイルを開きます。レイヤーパネルを表示し、「レイヤー2」の○をクリックします❶。「レイヤー2」に配置されているAの花のオブジェクトが選択されます❷。アピアランスパネルに「レイヤー」が表示されるので❸、[不透明度]をクリックし❹、表示された透明パネルで[不透明度]を「70%」に設定します❺。「レイヤー2」のオブジェクトがすべて不透明度70%で表示されます。ただし、オブジェクトが重なった部分は合成されません。[グループの抜き]を適用したのと同じ状態になります。

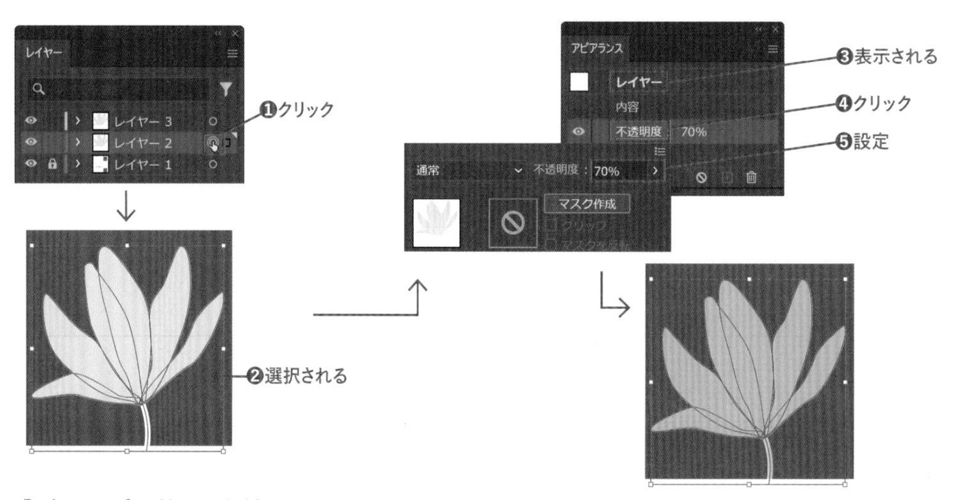

レイヤーで「グループの抜き」を使用

レイヤーパネルで「レイヤー3」の○をクリックします❶。「レイヤー3」に配置されているBの花のオブジェクトが選択されます❷。アピアランスパネルに「レイヤー」が表示されるので[不透明度]をクリックし❸、表示された透明パネルで[グループの抜き]にチェックをつけます❹。レイヤー内のオブジェクト同士が重なった部分は透明になっていないことを確認します。

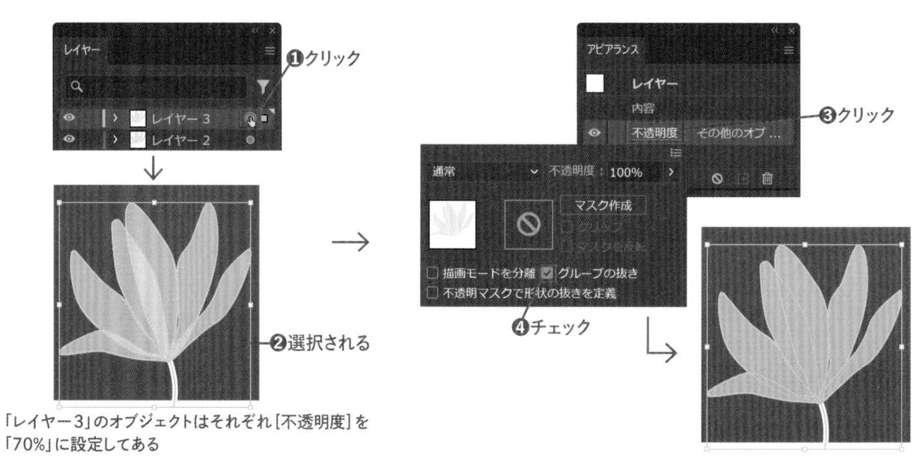

「レイヤー3」のオブジェクトはそれぞれ[不透明度]を「70%」に設定してある

11-2 フェードアウト

オブジェクトが徐々に消えていくフェードアウトは、単純な不透明度では設定できません。不透明マスクを使うか、不透明度を設定したグラデーションのオブジェクトを重ねるなどの手法を使います。実際に設定して、覚えてください。

STEP 01 フェードアウトするグラデーションを作る

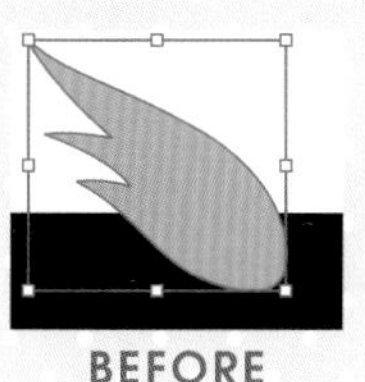

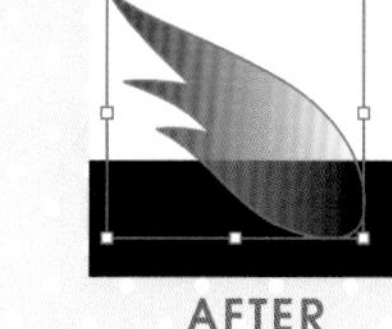

通常のグラデーションに、[不透明度]の設定を追加すると、フェードアウトするグラデーションが作成できます。

1 レッスンファイルを開き、選択ツール で前面のオブジェクトを選択します❶。[塗り]をアクティブにして❷、スウォッチパネルの[色あせた空]をクリックします❸。オブジェクトに透明なグラデーションが適用されました。

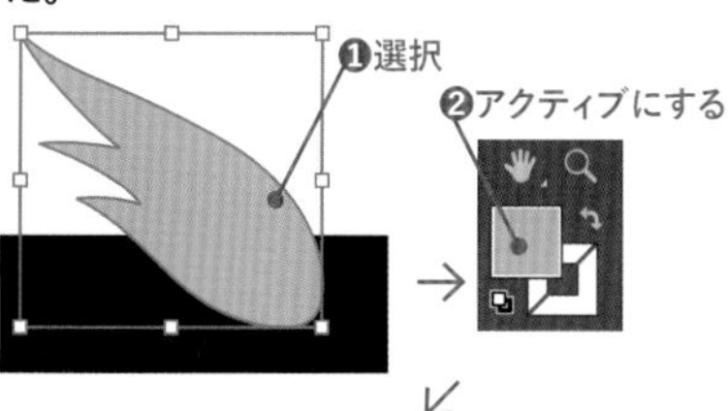

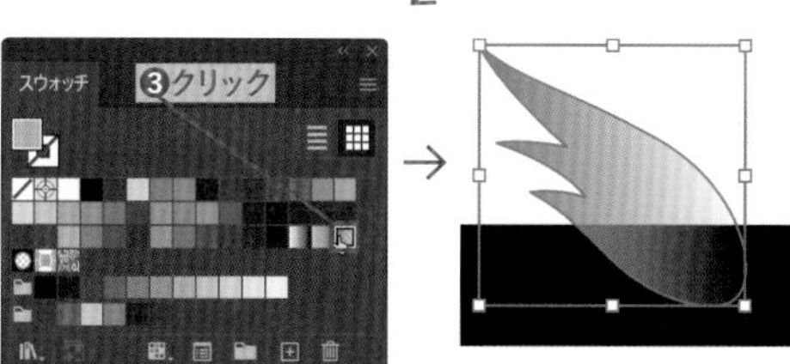

2 グラデーションパネルを表示し、左のカラー分岐点をダブルクリックします❶。スウォッチパネルを選択して❷、[CMYK マゼンタ]をクリックします❸。[不透明度]が「100%」になっていることを確認します❹。

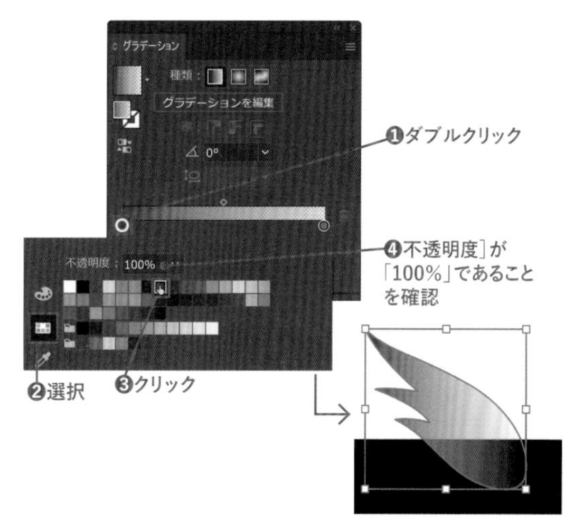

3 同様に、右のカラー分岐点をダブルクリックし❶、[CMYK マゼンタ]をクリックします❷。また[不透明度]が「0%」になっていることを確認します❸。開始点と終了点の色は同じ[CMYK マゼンタ]ですが、[不透明度]が異なるので、徐々に色が消えていくグラデーションとなります。

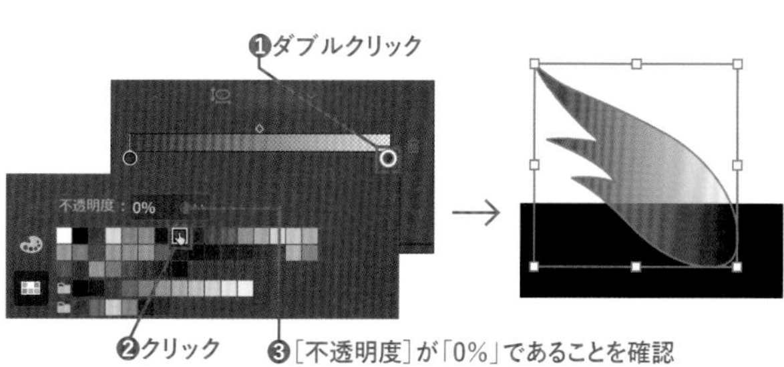

STEP 02 不透明マスクを使ってフェードアウトを表現する

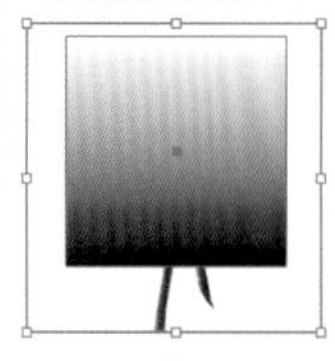

BEFORE

AFTER

不透明マスクは、オブジェクトの「白」を不透明、「黒」を透明でマスクする機能で、マスクオブジェクトの形状と色でフェードアウトを表現できます。

 Lesson11 ▶ L11-2S02.ai

不透明マスクの適用／解除

1 レッスンファイルを開きます。選択ツールで、画像Aの上に、グラデーションの適用された四角形Bをドラッグして重ねます❶。右図のように画像の枠線内に収まるように配置してください。

画像オブジェクトには、境界がわかりやすいようにクリッピングマスクでマスクして枠線がついている

2 画像と四角形の両方を選択します❶。透明パネルで［マスク作成］をクリックします❷。前面に配置したオブジェクトの「白」（＝不透明）と「黒」（＝透明）のグラデーションに従って背面の画像が徐々に透明になります。

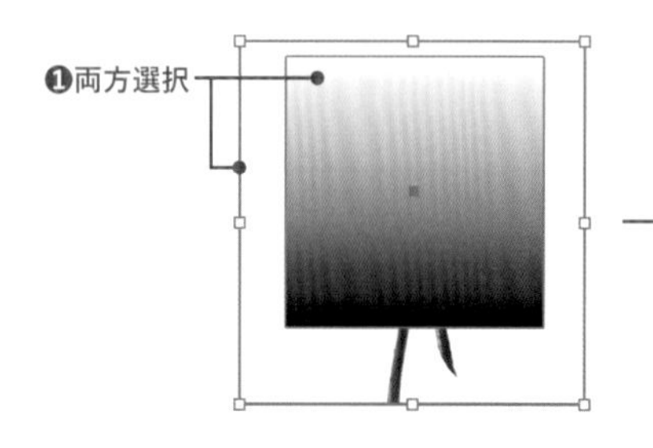

→

→
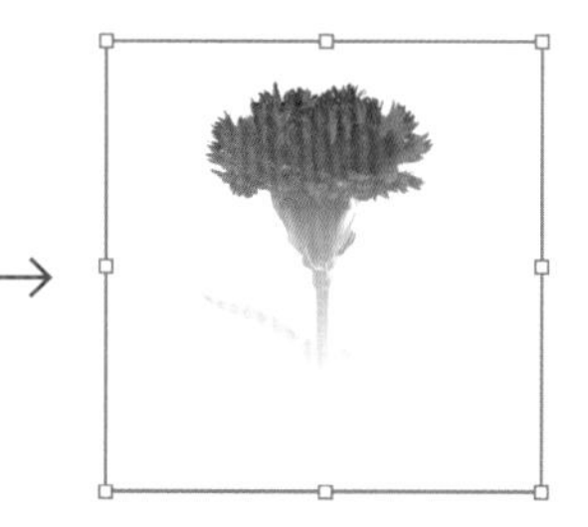

3 ［解除］をクリックすると❶、不透明マスクは解除されます。画像も前面のマスクオブジェクトも適用前と変わりません。

→
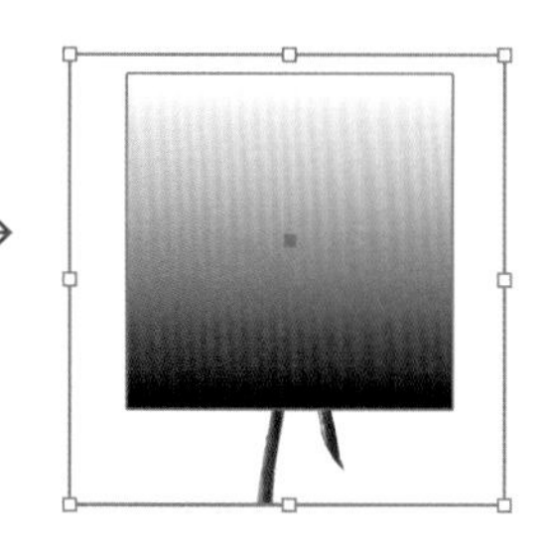

✔CHECK!

透明パネルの［不透明マスク］の設定

不透明マスクでぼかす範囲を調節する

1 選択ツール で2列目の不透明マスクが適用された画像 を選択します❶。透明パネルでマスクのアイコンをクリックします❷。

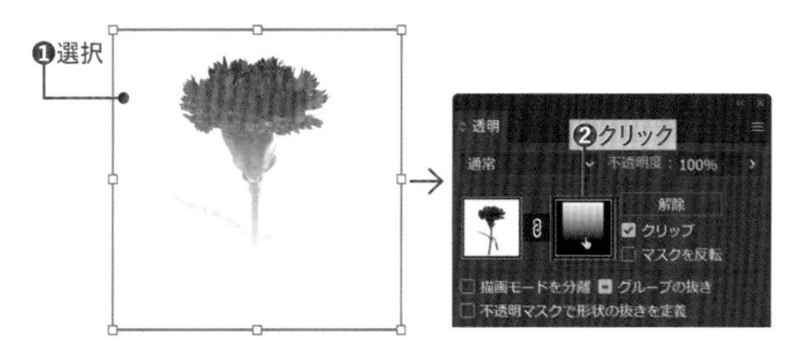

2 マスク編集モードに入ります。選択が解除されるので、画像の上をクリックします❶。これで、不透明マスクに使われている前面のオブジェクトが選択されます。グラデーションパネルで[塗り]をクリックします❷。左側のカラー分岐点をクリックして選択し❸、位置を「40%」に設定します❹。この時カラー分岐点は40%の位置に移動します❺。グラデーションの「白」の部分が増えるので、画像のはっきり見える範囲が広がります❻。

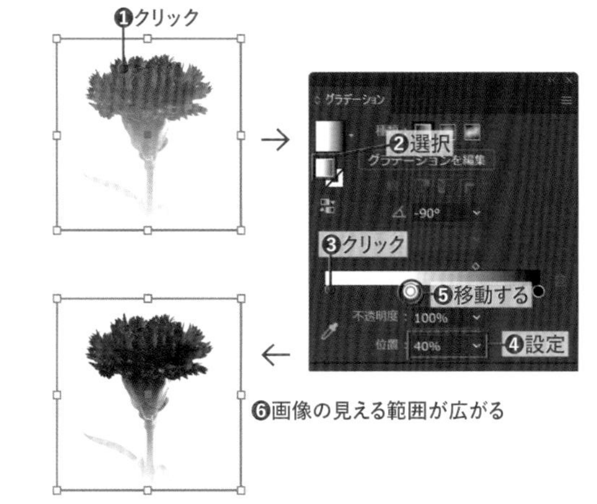

3 透明パネルで画像のアイコンをクリックして❶、マスク編集モードを終了します。

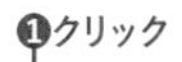

CHECK! マスク編集モード

マスク編集モードでは、マスクに使っている前面のオブジェクトをドラッグして位置を移動して、マスクの範囲を変更できます。また、オブジェクトを拡大・縮小したり、変形することもできます。

COLUMN グラデーションメッシュを使った不透明マスク

不透明マスクには、グラデーションメッシュを使って作成したオブジェクトも利用できます。単純なグラデーションよりも細かく「白」と「黒」を設定できるので、複雑な不透明マスクを作成できます。また、フリーグラデーションを使って不透明マスクを作ることもできます。

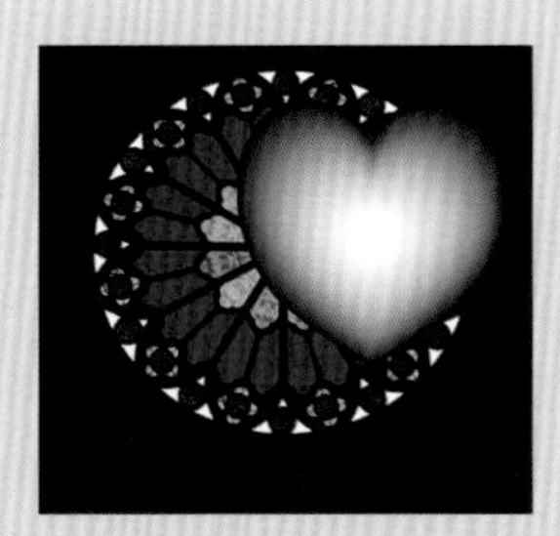
グラデーションメッシュで「白」と「黒」のグラデーションのオブジェクトを作成

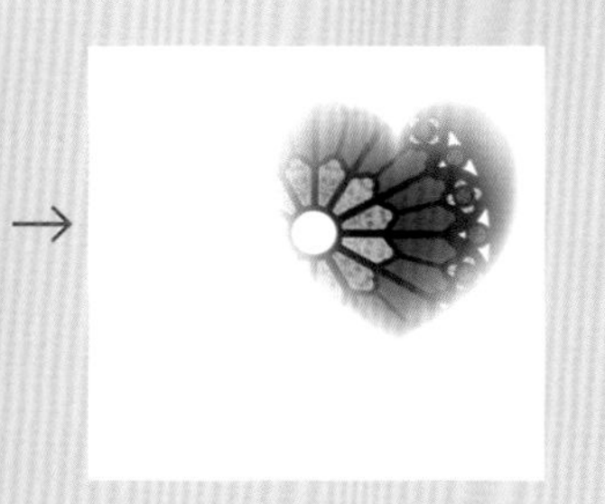
不透明マスクを作成

11-3 描画モード

描画モードは、オブジェクトが重なったときに背面のオブジェクトの色と、前面のオブジェクトの色を合成する機能です。不透明度の設定だけでは難しい表現も可能となるので、どんな種類があるかを覚えておきましょう。

STEP 01 描画モードを設定する

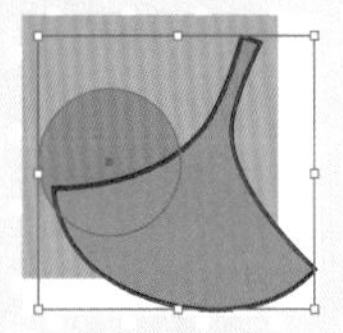
BEFORE

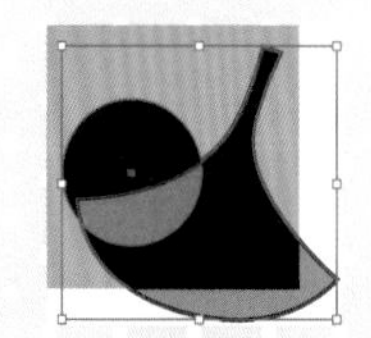
AFTER

描画モードは、重なったオブジェクト同士の色を合成する機能です。簡単な設定で、背面のオブジェクトに前面のオブジェクトを合成できます。

 Lesson11 ▶ L11-3S01.ai

レッスンファイルを開き、選択ツールでいちょうの葉と円のオブジェクトを選択します❶。透明パネルの[通常]と表示された横のVをクリックします❷。描画モードのリストが表示されるので[差の絶対値]を選択します❸。選択したオブジェクトに描画モードが適用され、オブジェクトが重なった場所の色が合成されます❹。アピアランスパネルを使えば、[塗り]や[線]に個別に描画モードを適用することもできます。

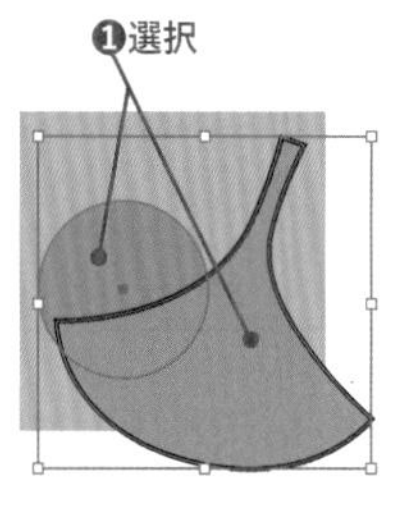
❶選択

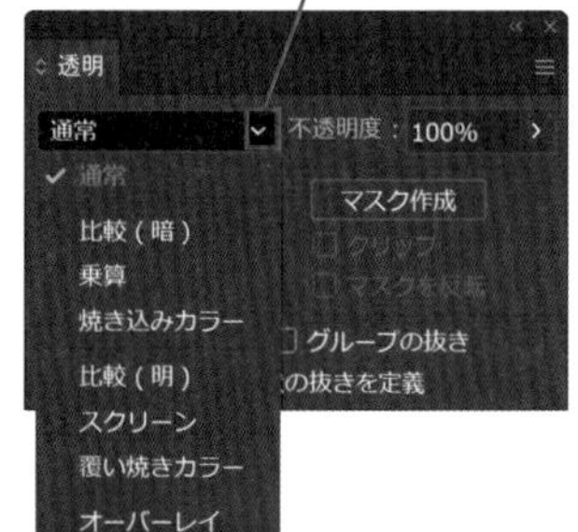

❷クリック
❸選択

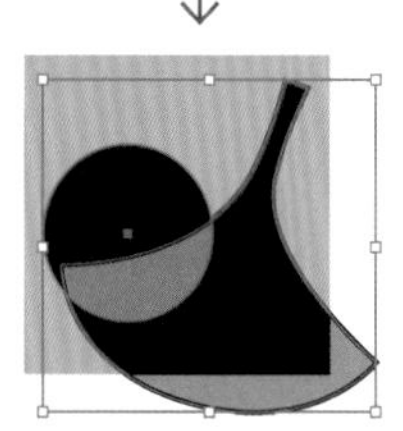
❹重なった部分の色が合成される

COLUMN 表示がおかしくなったら?

[表示]メニューの[GPUで表示]を使用していると、オブジェクトのエッジ部分がきれいに表示されないことがあります。その場合、[表示]メニューの[CPUで表示]を選択してください。

✔CHECK! 描画モードを分離

描画モードを適用したオブジェクトをグループ化したとき、透明パネルの[描画モードを分離]にチェックをつけると、グループ内のオブジェクトにだけ描画モードを適用させることができます。

前面にある右のオブジェクトに[比較(暗)]を適用

[描画モードを分離]オフ
[描画モードを分離]オン

描画モード一覧

前面のふたつのオブジェクトに適用しています。

通常
通常のモード

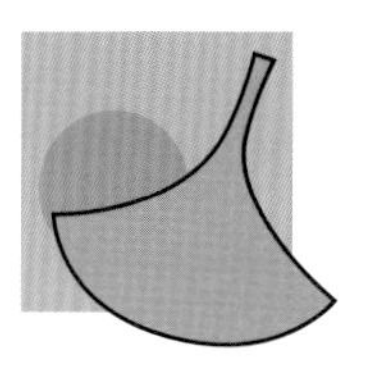

ソフトライト
前面の色が 50%のグレーより明るい場合「覆い焼き」、50%グレーより暗い場合、「焼き込み」の色となる

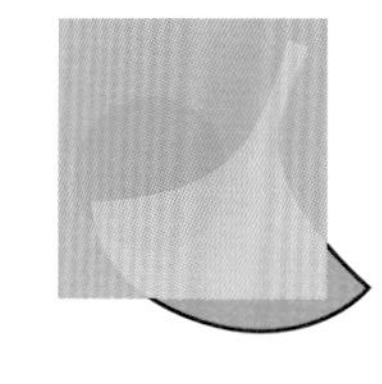

比較(暗)
背面と前面の色を比較して暗い色が生成される

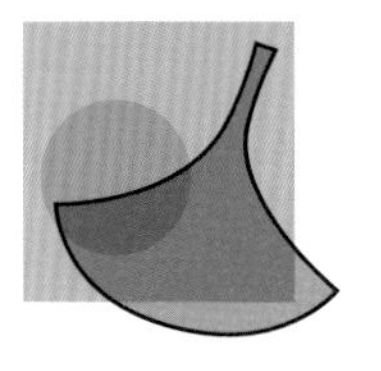

ハードライト
前面の色が 50%のグレーより明るい場合「スクリーン」、50%グレーより暗い場合「乗算」の色となる

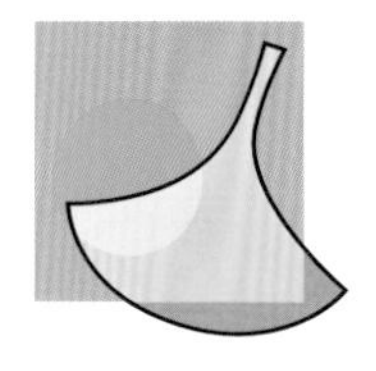

乗算
背面の色に前面の色がかけ合わされた色が生成される。全体が暗くなる

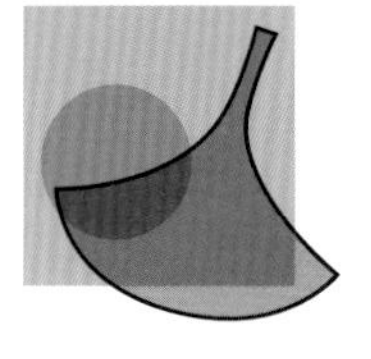

差の絶対値
背面と前面の色を比較し、明度の高いほうから明度の低いほうを引いた色が生成される

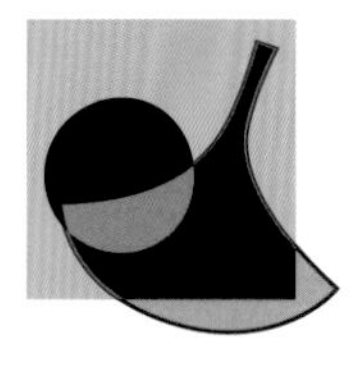

焼き込みカラー
背面の色を暗くして、前面の色に反映する

除外
「差の絶対値」と同じだが、コントラストが低くなる

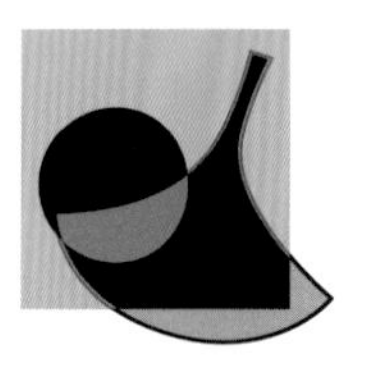

比較(明)
背面と前面の色を比較して明るい色が生成される

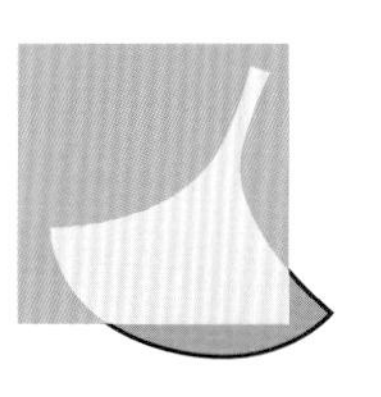

色相
背面の色の輝度と彩度、前面の色の色相を持つ色が生成される

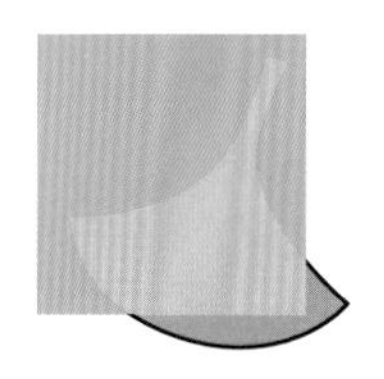

スクリーン
背面と前面の色を反転した色をかけ合わされた色が生成される。全体が明るくなる

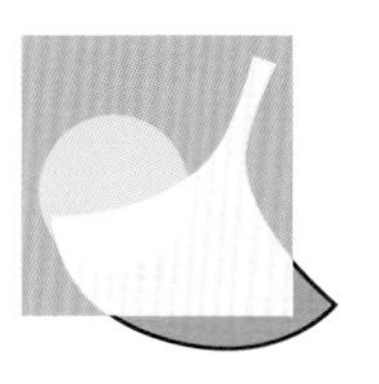

彩度
背面の色の輝度と色相、前面の色の彩度を持つ色が生成される

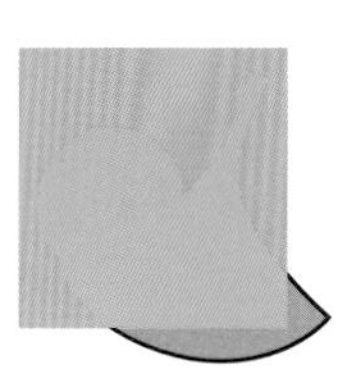

覆い焼きカラー
背面の色を明るくして、前面の色に反映する

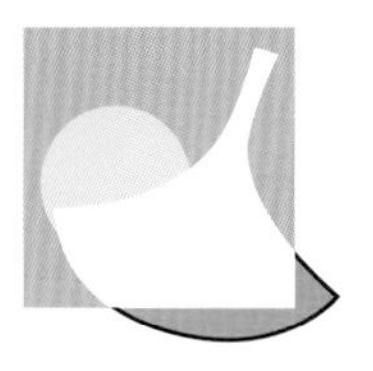

カラー
背面の色の輝度、前面の色の色相と彩度を持つ色が生成される

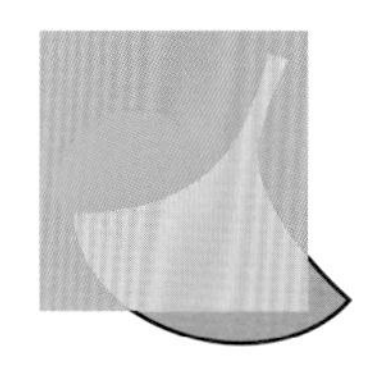

オーバーレイ
背面の色のによって、乗算にするかスクリーンにするかが決まる

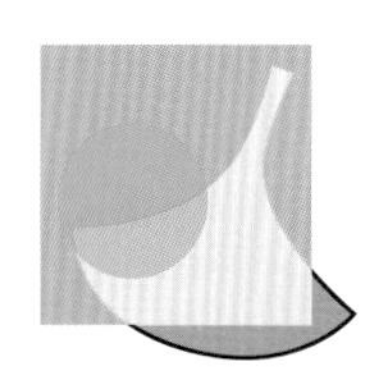

輝度
背面の色の色相と彩度、前面の色の輝度を持つ色が生成される

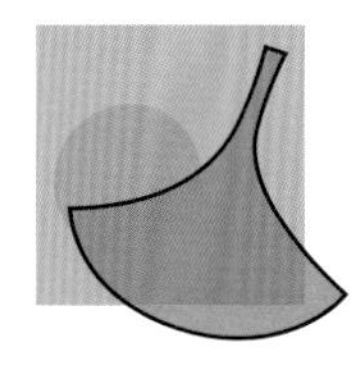

Lesson11　練習問題

Lesson11 ▶ L11EX1.ai

オブジェクトの右側の「A」の［塗り］に、左側の「A」と同じようにグラデーションに不透明度を設定します。さらにふたつの「A」をグループ化し、［グループの抜き］を設定して「A」同士の色が合成されないようにします。

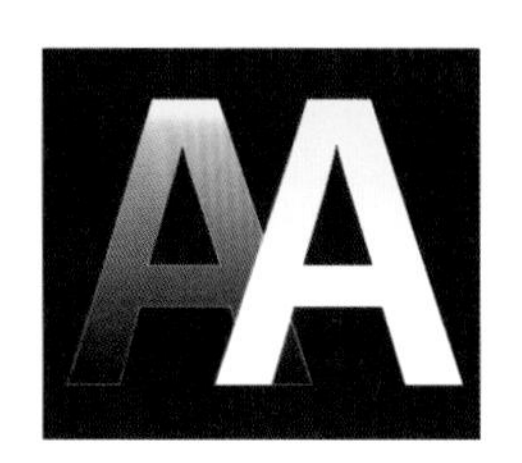

BEFORE

AFTER

❶選択ツール で右の「A」を選択します。
❷グラデーションパネルで、［塗り］を選択し、［白］のカラー分岐点（右端）の［不透明度］を「0%」に設定します。
❸ふたつの「A」のオブジェクトを選択し、グループ化します。
❹グループ化したオブジェクトを選択し、透明パネルの［グループの抜き］にチェックをつけます。

Lesson11 ▶ L11EX2.ai

グラデーションを適用したオブジェクトを使って不透明マスクを作成しましょう。

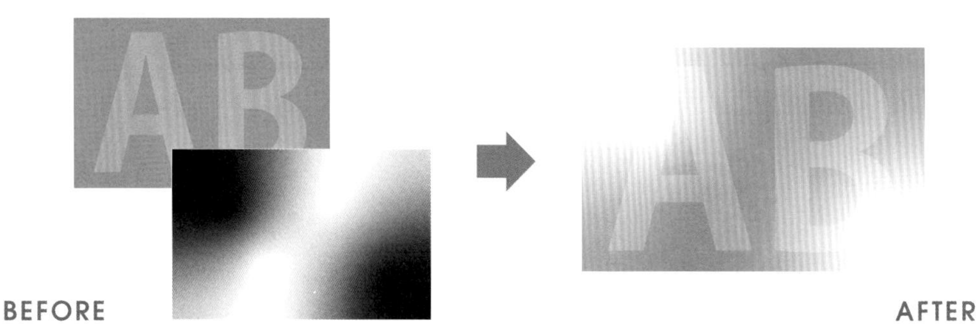

BEFORE　AFTER

❶選択ツール でグラデーションのオブジェクトをテキストのオブジェクトに重なるようにドラッグして移動します。
❷オブジェクト全体を囲むようにドラッグして選択します。
❸透明パネルで［マスク作成］をクリックします。

Lesson 12

リアルなデザインのための機能

Illustratorには、さまざまな描画機能や変形機能があります。
ここでは、リアルなアートワークを作成するための機能を中
心に説明します。

12-1 3Dとマテリアル効果で立体感を出す

[効果]メニューの[3Dとマテリアル]は、オブジェクトの見た目を立体的にする機能です。オブジェクトの形状のまま立体的にしたり、回転させた立体にしたりと、さまざまな機能が用意されています。マテリアルを使うと、立体の表面に質感を出すこともできます。

3Dとマテリアル

オブジェクトを立体に変形する効果

「3Dとマテリアル」は、オブジェクトを立体に変形します。「効果」(P.260 参照)なので、見た目だけを立体にしており、設定を変更したり、適用をやめることも可能です。オブジェクトへの適用や設定は[3Dとマテリアル]パネルで行います。[オブジェクト]メニュー→[3Dとマテリアル]からコマンドを選択しても、[3Dとマテリアル]パネルが表示されます。

3Dの種類の選択

3Dの種類を選択や、種類ごとの細かな設定は[オブジェクト]タブ(「オブ…」と表示)をクリックして設定します。また、パネル下部の[回転]では3Dの角度や遠近感を設定します([回転]は、ほかのタブでも表示されます)。

✓CHECK!

従来の「3D」効果

従来の「3D」効果は、[効果]メニュー→[3Dとマテリアル]→[3Dクラシック]で利用できます。

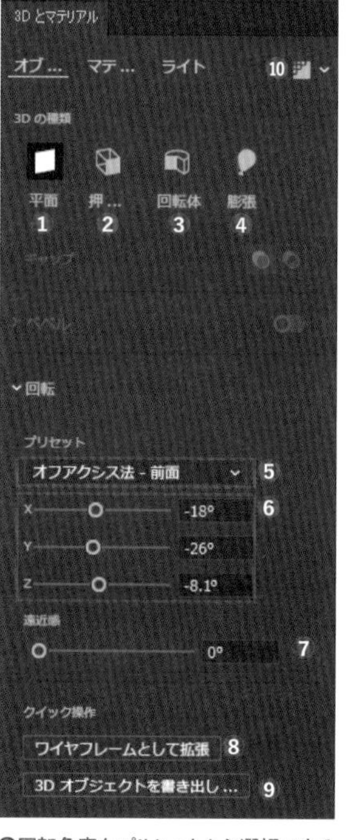
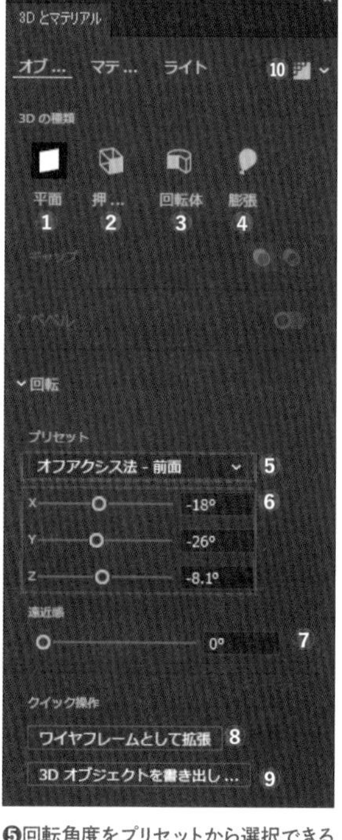

元図形

❶平面

❷押し出しとベベル

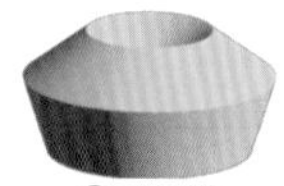
❸回転体

❹膨張

❺回転角度をプリセットから選択できる
❻回転角度をX、Y、Z軸ごとに設定できる
❼奥行きのある3Dに対して遠近感をつける
❽3Dオブジェクトをワイヤーフレームに変換する
❾書き出しアセットとしてアセットパネルに追加する。書き出し形式として、「USDA」(デフォルトで追加される)、「GLTF」、「OBJ」を選択できる
❿リアルタイムにレイトレーシングでレンダリングするかを設定する。有効にすると処理が遅くなるので通常はオフで作業し、確認時にオンにすることを推奨。右側のVをクリックするとレンダリングの設定ができる

3Dのドラッグによる回転

3D効果を適用したオブジェクトはドラッグ操作で回転できます。オブジェクトに座標軸と円が表示されるので、X軸にカーソルを合わせてからドラッグするとX軸を中心にオブジェクトは回転します。Y軸、Z軸も同様です。中央にカーソルを合わせてからドラッグすると、自由な角度で回転します。

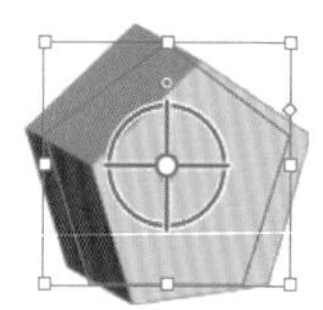
選択した状態

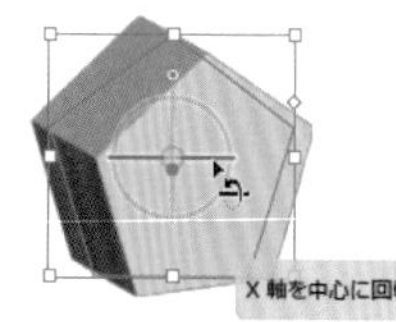

X軸を中心に回転

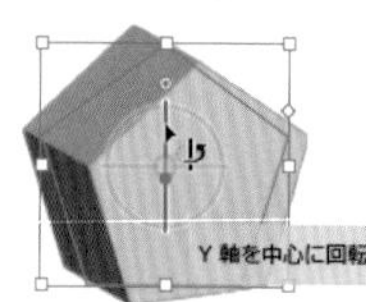

Y軸を中心に回転

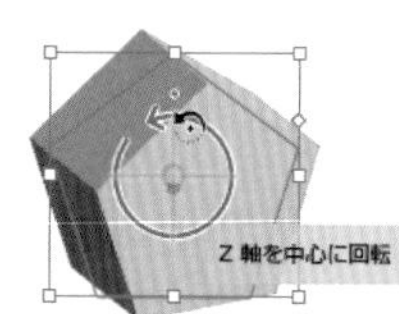

Z軸を中心に回転

自由な角度で回転

3Dの種類ごとの設定

3Dとマテリアルパネルの「オブジェクト」で、3Dの種類を選択すると、種類ごと設定項目が表示され、細かな設定が可能です(「平面」には設定はありません)。簡単な図形に設定して、どのように変化するかを見ておくとよいでしょう。

「押し出しとベベル」の設定

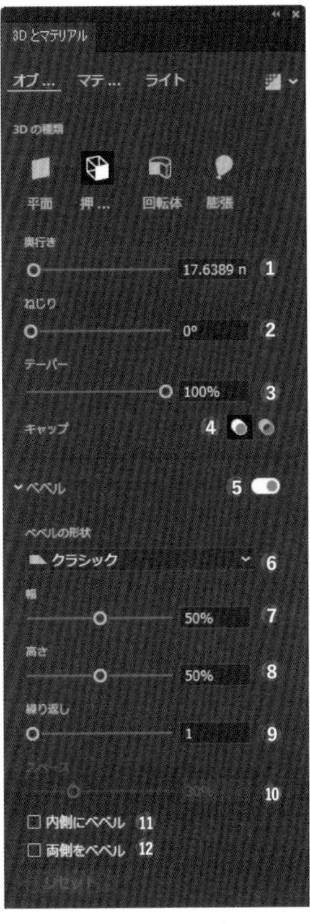

❶押し出しの奥行きを設定する
❷設定した角度だけオブジェクトをねじる
❸数値を小さくするほど先が細くなる
❹側面を閉じるか開けるかを設定する。開けるとベベルは表示されない
❺ベベルをつけるかを設定する
❻ベベルの形状を選択する
❼ベベルの幅を設定する
❽ベベルの高さを設定する
❾ベベルの繰り返し数を設定する
❿繰り返しを「2」以上に設定した場合のベベルとベベルの間隔を設定する
⓫チェックするとベベルを内側に設定する
⓬チェックすると両側にベベルがつく

「回転体」の設定

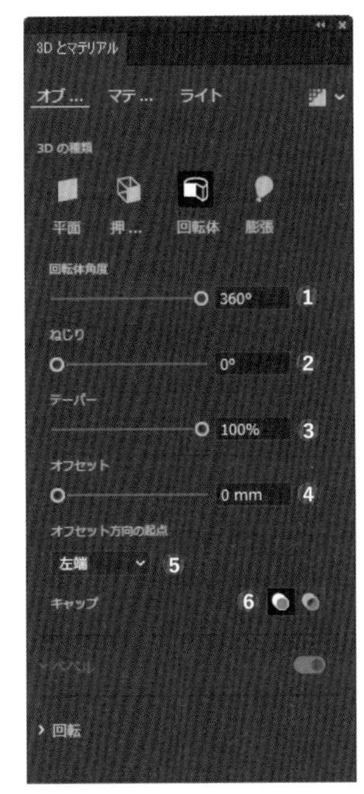

❶回転体を作成する角度を設定する
❷設定した角度だけオブジェクトをねじる
❸数値を小さくするほど先が細くなる
❹回転軸を設定した数値分オフセットする
❺回転軸をオブジェクトの右にするか左にするかを設定する
❻側面を閉じるか開けるかを設定する

「膨張」の設定

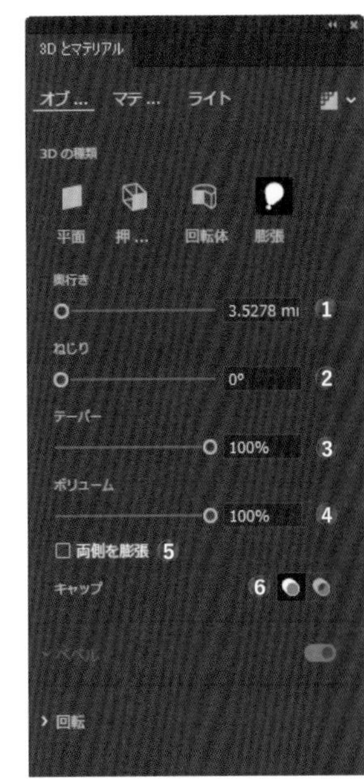

❶膨張の奥行きを設定する
❷設定した角度だけオブジェクトをねじる
❸数値を小さくするほど先が細くなる
❹膨張の膨らみ具合を設定する。「100%」が最大で「0%」では膨らまない
❺チェックすると両側が膨張する
❻側面を閉じるか開けるかを設定する。開けると膨張は表示されない

レンダリング設定

3Dとマテリアルパネルの ∨ の∨をクリックすると、レンダリング(3Dデータを演算して表示する処理)の設定が可能です。レイトレーシングのレンダリングは、パソコンの表示能力によっては処理に時間がかかります。通常はオフで作業し、確認時に利用するようにするとよいでしょう。

❶ワイヤーフレームでレンダリングするかを設定する。「レンダリング」をクリックして適用される
❷レイトレーシングでレンダリングするかを設定する
❸レイトレーシングの画質を設定する
❹チェックするとノイズを軽減する
❺チェックするとベクターとしてレンダリングされる
❻チェックすると、現在の設定がすべての3Dオブジェクトに適用される
❼クリックすると設定が適用される

✔CHECK!

レイトレーシング

レンダリングの手法のひとつで、光線(レイ)を追跡(トレース)し、光の反射・透過・屈折を表現します。高品質な結果を得られる反面、処理に時間がかかります。

マテリアルとライトの設定

3Dとマテリアルパネルの「マテリアル」(「マテ...」と表示)をクリックすると、表面の質感を設定できます。また、グラフィックを貼り付けることもできます。「ライト」では、光源を設定します。複数のライトを設定でき、位置や光の強さなどを設定できます。

「マテリアル」の設定

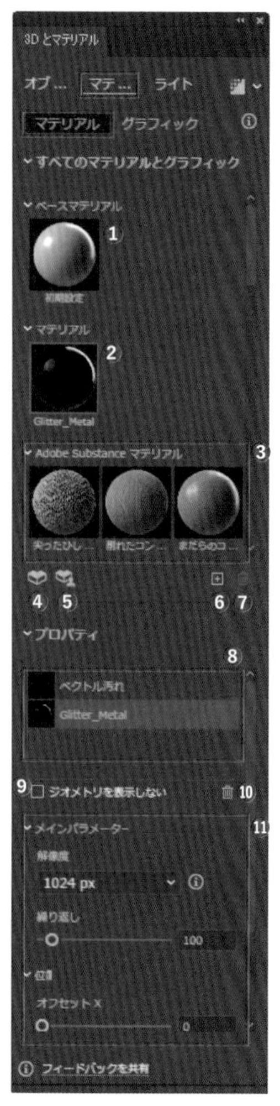

「グラフィック」の設定

1. 初期設定のマテリアル。オブジェクトの「塗り」「線」が適用される
2. 追加したマテリアル。クリックして適用できる
3. Adobe Substanceのマテリアル。クリックして適用できる
4. 「Adobe Substance 3D Assets」のWebサイトをひらき、マテリアルをダウンロードできる(一部を除き有償)
5. 「Adobe Substance 3D Community」のWebサイトをひらき、マテリアルをダウンロードできる(無償)
6. 「マテリアルを追加」でマテリアルを追加できる
7. 追加したマテリアルを選択し削除できる
8. 現在適用しているマテリアルとグラフィックが表示される
9. チェックするとグラフィックのみ表示する
10. 選択した適用中のマテリアルとグラフィックを削除する
11. 選択した適用中のマテリアルとグラフィックの詳細な設定を行う(種類によって項目は異なる)
12. グラフィックをクリックして適用できる
13. 選択したオブジェクトをグラフィックとして追加する。複数のオブジェクトを選択した場合、「単一のグラフィックとして追加」ではひとつのグラフィックとして、「複数のグラフィックとして追加」は、グラフィックを個別に追加できる
14. 選択したグラフィックを拡大・縮小する
15. 選択したグラフィックを回転する

「ライト」の設定

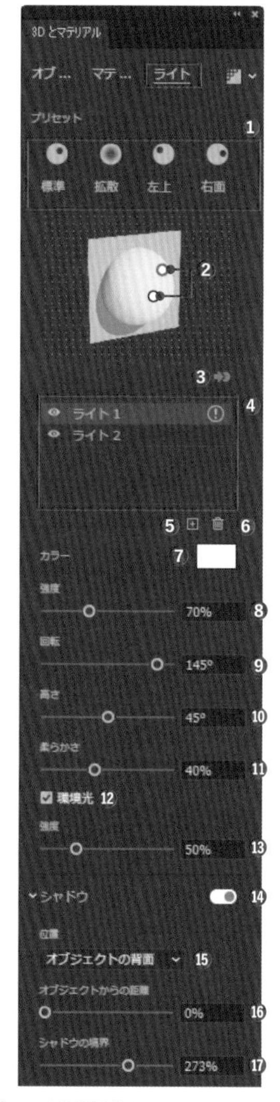

1. ライトのプリセットを選択する
2. 設定したライトの位置が表示され、ドラッグして変更できる
3. クリックしてライトの位置を背面/前面に移動する
4. 適用しているライトが表示される
5. ライトを追加する
6. 選択したライトを削除する
7. 選択したライトのカラーを設定する
8. 選択したライトの明るさを設定する
9. 選択したライトの位置を回転させる
10. 選択したライトの位置の高さを変える
11. 選択したライトを拡散して柔らかさを設定する
12. チェックすると環境光(反射光も含めて全体を照らす光)となる
13. 環境光の明るさを設定する
14. 影をつけるかを設定する
15. 影の位置を選択する
16. 3Dオブジェクトと影の距離を設定する
17. 影の境界を設定する

STEP 01 オブジェクトを押し出して立体的にする-1

BEFORE AFTER

[効果]メニュー→[3Dとマテリアル]→[押し出しとベベル]は、オブジェクトに奥行きを与えて立体的な外観にする機能です。基本的な設定を覚えましょう。

Lesson12 ▶ L12-1S01.ai

1 レッスンファイルを開きます。選択ツール でテキストオブジェクトを選択します❶。アピアランスパネルで[新規効果を追加]をクリックし❷、表示されたメニューから[3Dとマテリアル]→[押し出しとベベル]を選択します❸。[効果]メニュー→[3Dとマテリアル]→[押し出しとベベル]を選んでもかまいません。オブジェクトの見た目が3Dで表示されます❹。

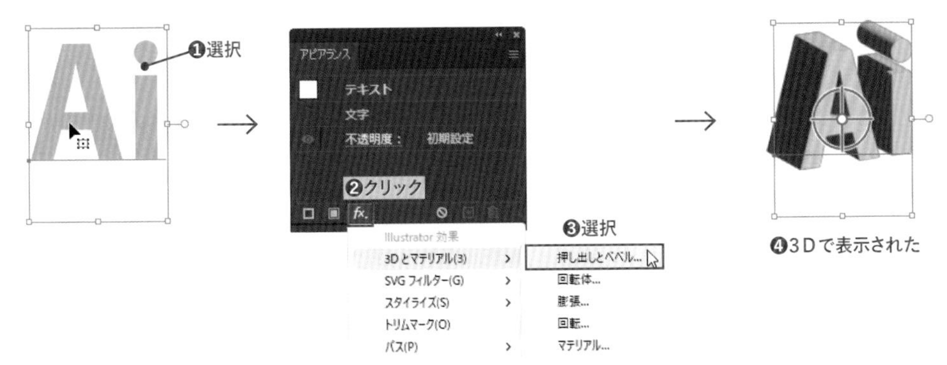

❹3Dで表示された

2 3Dとマテリアルパネルの[オブジェクト]を選択し❶、「プリセット」から「アイソメトリック法 - 左面」を選択します❷。オブジェクトの角度が変わります❸。

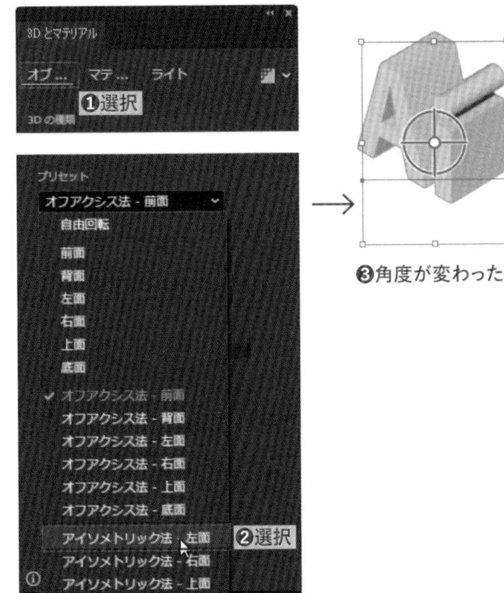

❸角度が変わった

3 オブジェクトに表示されている座標軸の中心にカーソルを合わせ「自由回転」と表示されたら❶、ドラッグして角度を変更します❷(作例と同じである必要はありません)。同様に、座標軸のX軸にカーソルを移動し「X軸を中心に回転」と表示されたらドラッグして、X軸を中心に回転させます❸。Y軸やZ軸を中心にした回転も同様に試してみましょう❹。

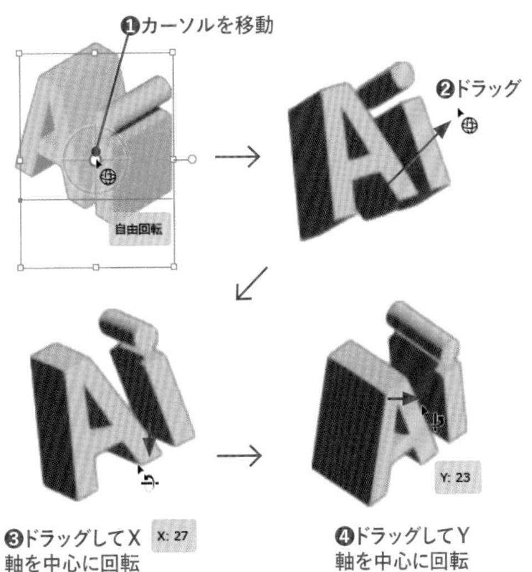

❸ドラッグしてX軸を中心に回転

❹ドラッグしてY軸を中心に回転

4 3Dとマテリアルパネルで、角度を数値指定してみましょう。[X] に「26」、[Y] に「-27」、[Z] に「11」と入力し Enter (return) キーを押します(「°」は自動で入ります) ❶。オブジェクトの角度が指定した数値に変わります❷。

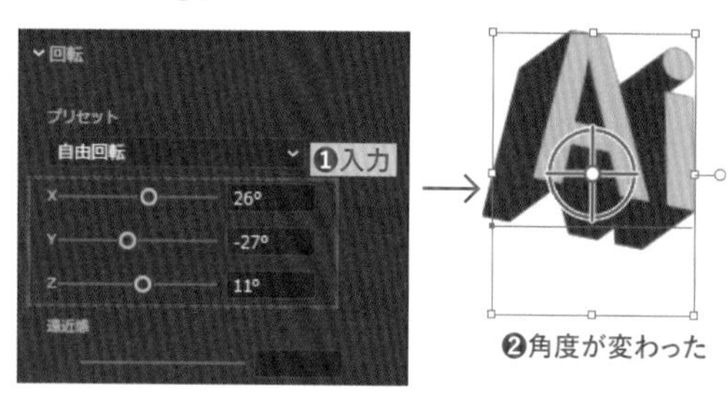

❷角度が変わった

5 3Dとマテリアルパネルで、遠近感をつけてみましょう。[遠近感] のスライダをドラッグし、「120」(厳密に120である必要はありません) に設定します❶。オブジェクトに遠近感が出ます❷。

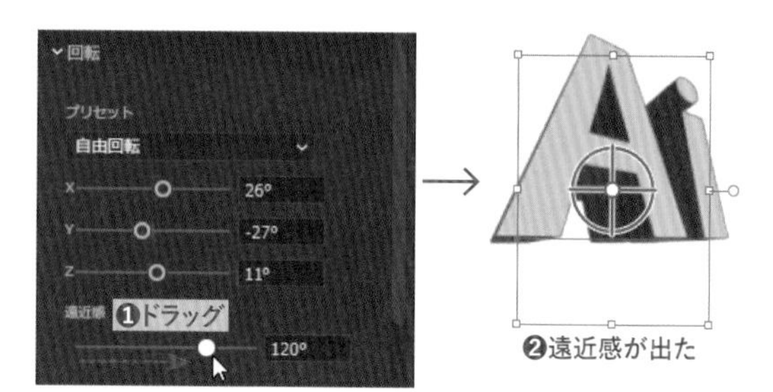

❷遠近感が出た

6 3Dとマテリアルパネルで、[キャップ] の「側面を開いて空洞にする」をクリックします❶。オブジェクトの側面が空き、空洞になります❷。わかりにくい場合は、回転して角度を変えて確認してください❸。

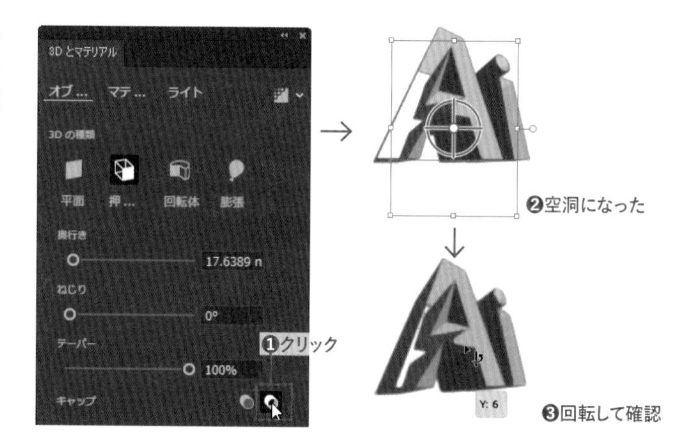

❷空洞になった

❸回転して確認

STEP 02 オブジェクトを押し出して立体的にする-2

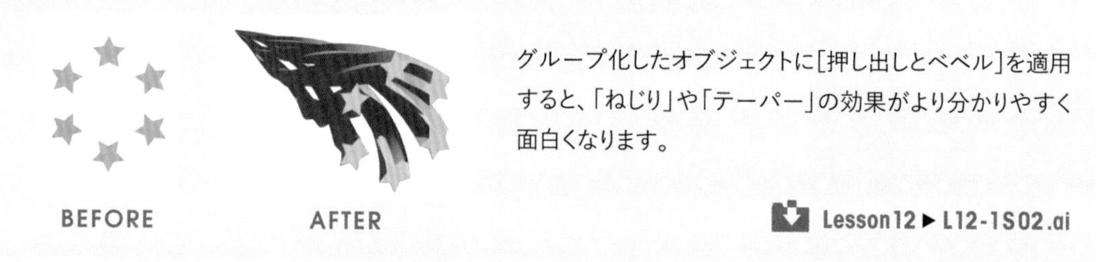

グループ化したオブジェクトに[押し出しとベベル]を適用すると、「ねじり」や「テーパー」の効果がより分かりやすく面白くなります。

Lesson12 ▶ L12-1S02.ai

1 レッスンファイルを開きます。選択ツール でオブジェクトを選択します❶。3Dとマテリアルパネルで [押し出しとベベル] をクリックします❷。オブジェクトの見た目が3Dで表示されます❸。

❸3Dで表示された

2 3Dとマテリアルパネルで［奥行き］に「100」と入力し Enter（return）キーを押します（「mm」は自動で入ります）❶。奥行きが変わります❷。

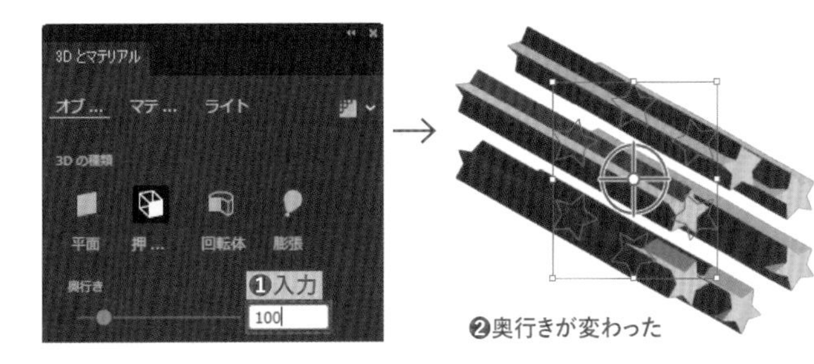

❷奥行きが変わった

3 3Dとマテリアルパネルで［ねじり］に「180」と入力し Enter（return）キーを押します（「°」は自動で入ります）❶。3Dオブジェクト全体がねじれた状態になります❷。

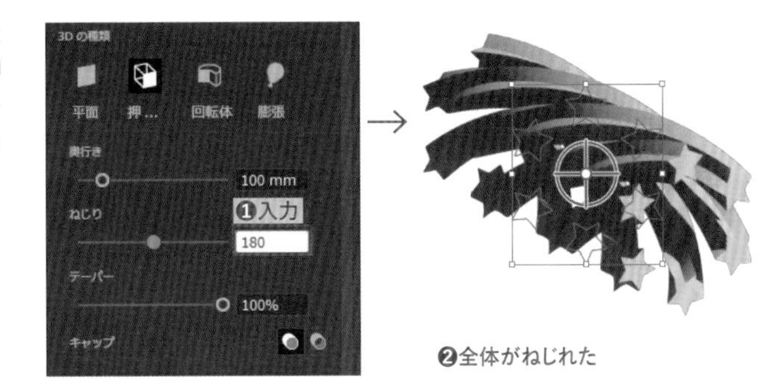

❷全体がねじれた

4 3Dとマテリアルパネルで［テーパー］のスライダを一番左までドラッグし、「1%」に設定します❶。3Dオブジェクト全体の先が細くなります❷。

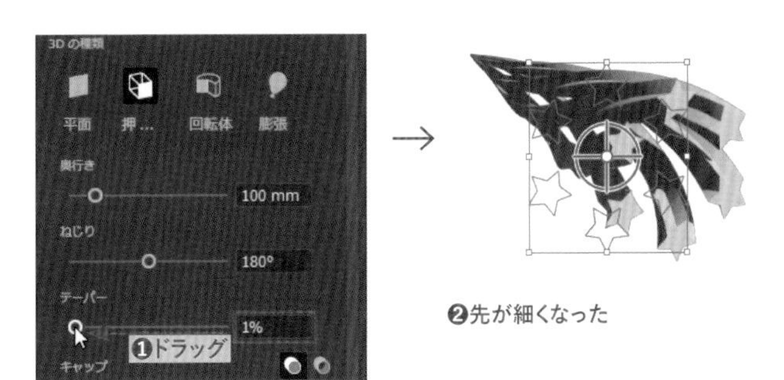

❷先が細くなった

5 オブジェクトをドラッグで回転させ、全体の「ねじれ」や「テーパー」の効果を確認してください❶。

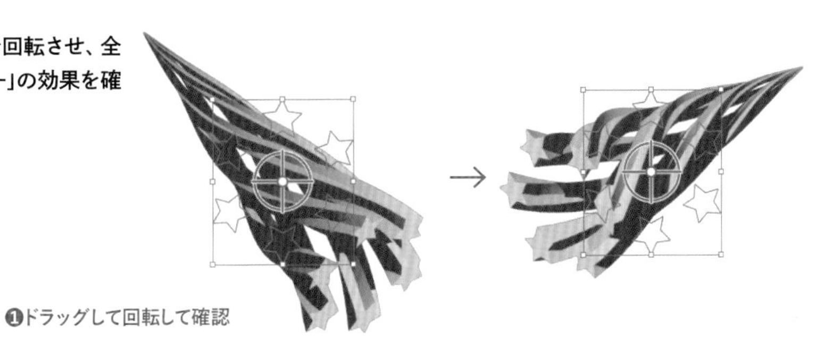
❶ドラッグして回転して確認

✔CHECK!

グループ化せずに同じ設定を適用

オブジェクトをグループ化せずに、複数のオブジェクトを選択して［押し出しとベベル］を適用すると、個々のオブジェクトに適用されます。

STEP 03 オブジェクトにベベルを設定する

BEFORE

AFTER

［押し出しとベベル］を適用した3Dオブジェクトに、「ベベル」を適用して、側面に凹凸をつけてみましょう。

Lesson12 ▶ L12-1S03.ai

通常のベベルの設定

1 レッスンファイルを開きオブジェクトⒶを選択します❶。このオブジェクトは、すでに［押し出しとベベル］が適用されています。3Dとマテリアルパネルで［ベベル］をクリックしてオンにします❷。オブジェクトの側面にベベルが適用されます❸。

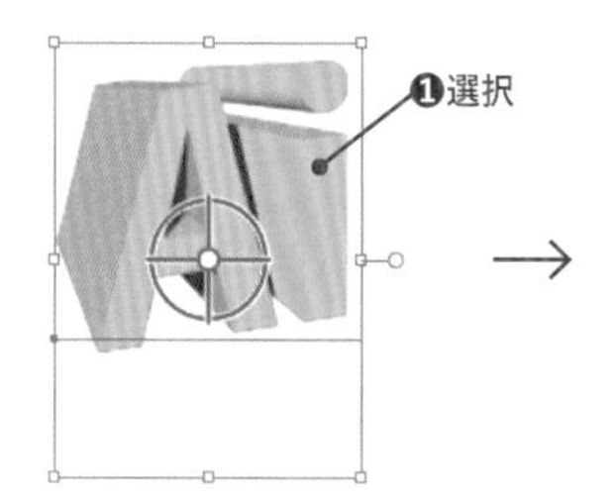

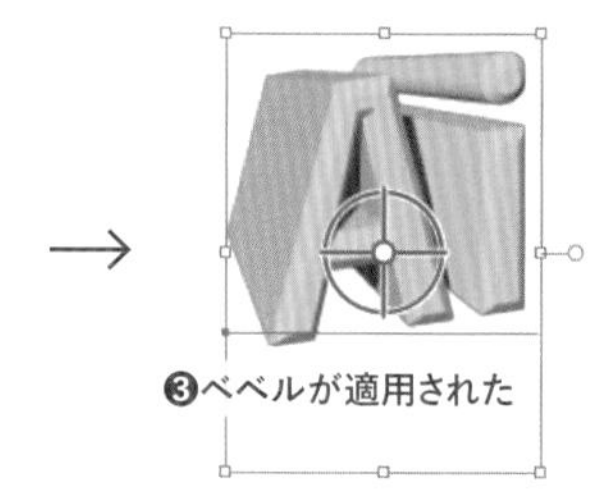

2 3Dとマテリアルパネルで［ベベル］の［幅］を「20」と入力し Enter（return）キーを押します（「%」は自動で入ります）❶。ベベルの幅が狭くなりました❷。

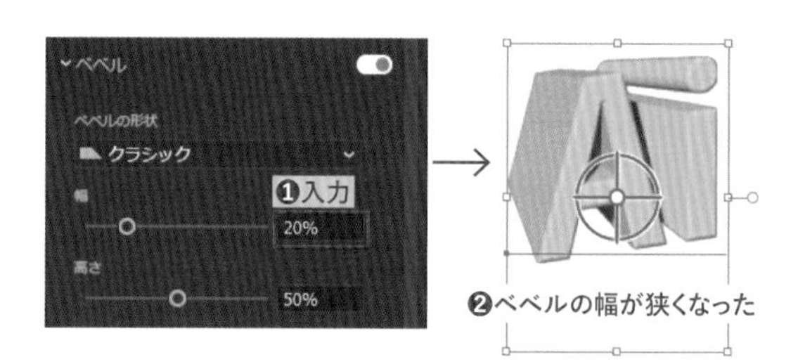

3 3Dとマテリアルパネルの［ベベルの形状］に「クラシックアウトライン」を選択します❶。ベベルの形状が変わります❷。2で［幅］を「20%」にしていたので、初期値に戻すため［リセット］をクリックします❸。ベベルの［幅］が元の値「50%」に戻り❹、ベベルの幅が広がります❺。

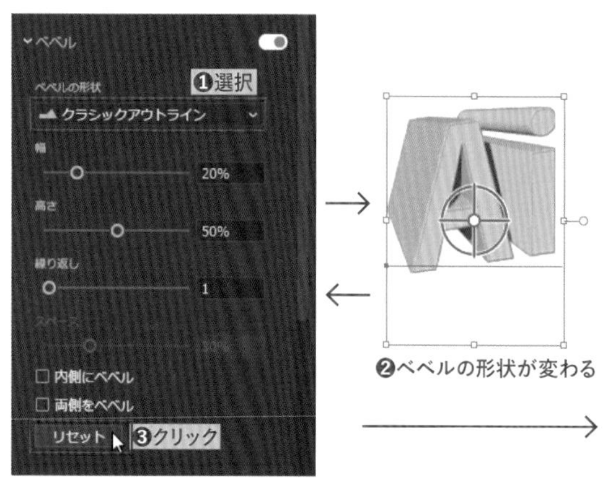

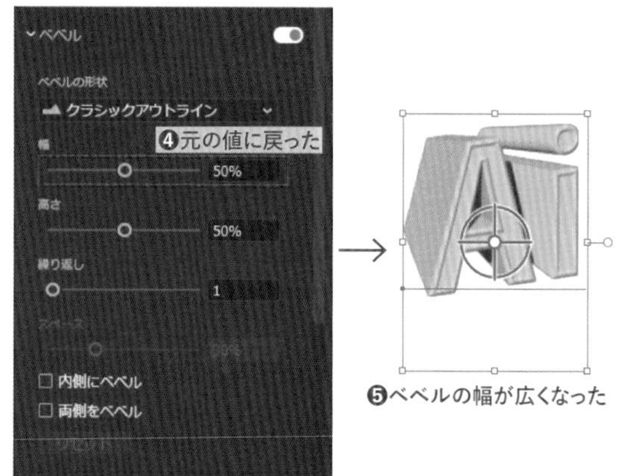

4 3Dとマテリアルパネルで［内側にベベル］にチェックをつけます❶。ベベルが、内側に適用されます❷。［幅］を「40%」❸、［繰り返し］を「2」に設定します❹。［スペース］を「20%」に設定して、ベベルとベベルの間を少し狭くします❺。

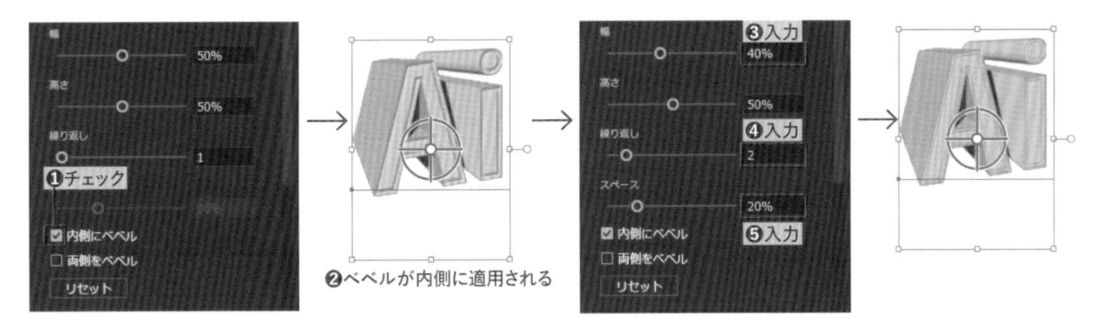

グループ化で浮き彫りのような効果

1 オブジェクトBを選択します❶。このオブジェクトは、グループ化されており、「Ai」のテキストオブジェクトと背面下のオブジェクトのカラーは同じ色です。3Dとマテリアルパネルで［押し出しとベベル］をクリックします❷。オブジェクトの見た目が3Dで表示されます❸。

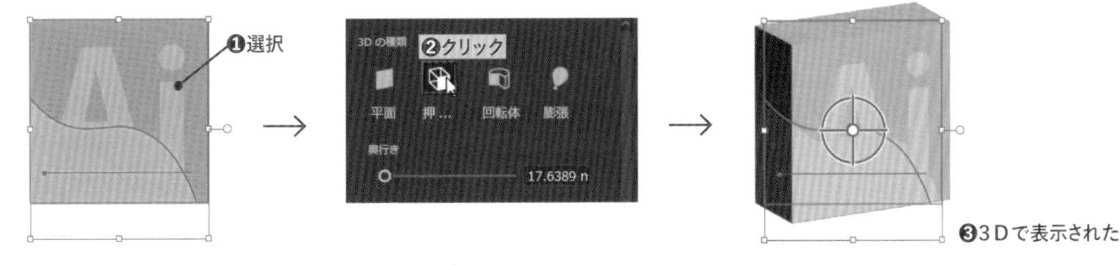

2 3Dとマテリアルパネルの［ベベル］をクリックしてオンにします❶。［ベベルの形状］に［円形］を選択し❷、［内側にベベル］にチェックをつけます❸。ベベルの［幅］を「40%」❹、［高さ］を「30%」に設定します❺。オブジェクトがグループ化されているので、同じカラーの部分は融合した状態でベベルが適用されます❻。

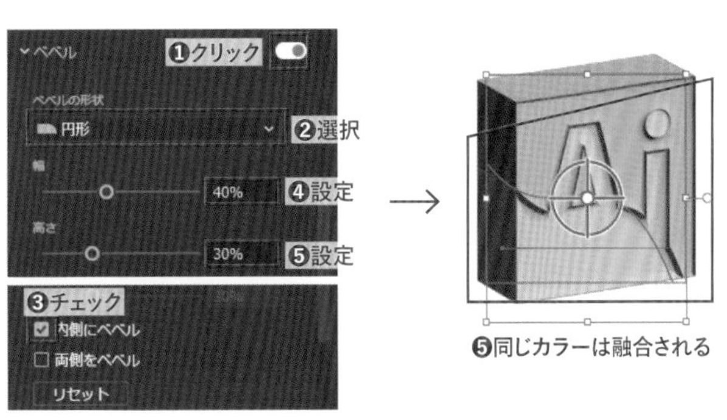

3 ダイレクト選択ツールを選択します❶。一度選択を解除してから、左側の面の下部分をクリックして❷、文字の背面にあるオブジェクトを選択します。カラーパネルで、［Y］の値を「85」から「86」に変更します❸。カラーが変わったので、前面のテキストオブジェクトと融合されなくなり、テキスト部分とは個別にベベルが適用されるようになります❹。

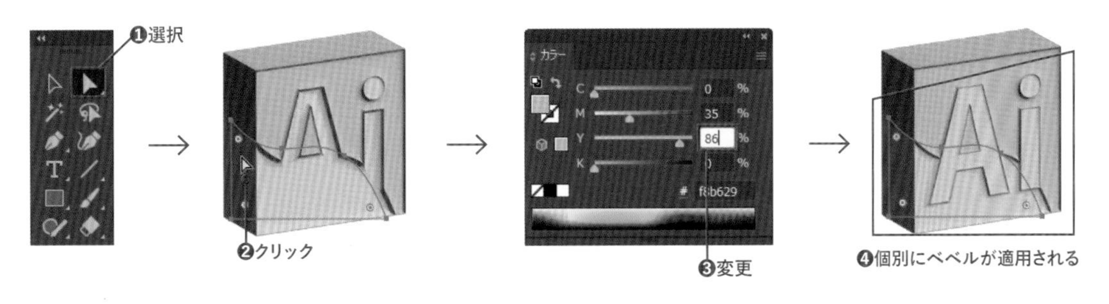

STEP 04 ライトを設定する

BEFORE

AFTER

3Dオブジェクトは、ライトの位置や数を変更して、見た目を変更できます。また、影をつけることもできます。レイトレーシングレンダリングも見ておきましょう。

Lesson12 ▶ L12-1S04.ai

ライトの位置をドラッグして調整

レッスンファイルを開きオブジェクトAを選択します❶。3Dとマテリアルパネルで［ライト］を選択します❷。光源の○をドラッグして、中央に移動します❸（同じでなくてかまいません）。3Dオブジェクトの光のあたり方が変わります❹。

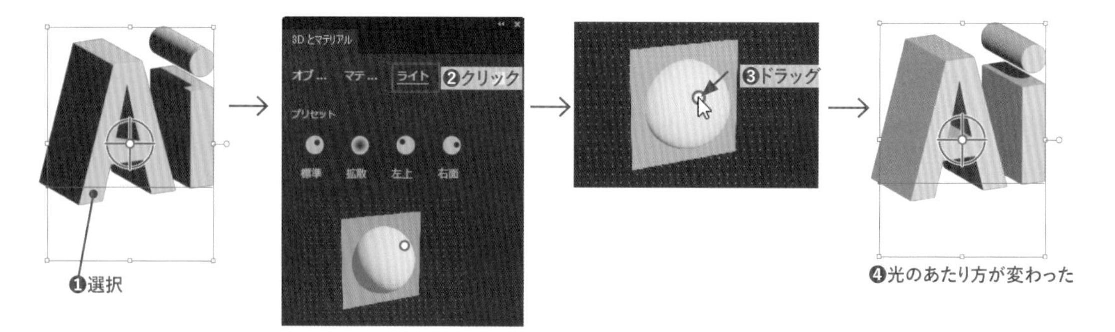

シャドウの設定

1 レッスンファイルを開きオブジェクトBを選択します❶。3Dとマテリアルパネルの［シャドウ］をクリックしてオンにします❷。オブジェクトに影がつきます❸。

2 ［シャドウ］の［位置］を「オブジェクトの下」に変更します❶。影がオブジェクトの下になり❷、ライトの位置もオブジェクトの上に移動します❸。このままではオブジェクトが暗いので［選択したライトをオブジェクトの前面に移動］をクリックして❹、ライトをオブジェクトの前面に移動します。オブジェクトが明るくなりました❺。

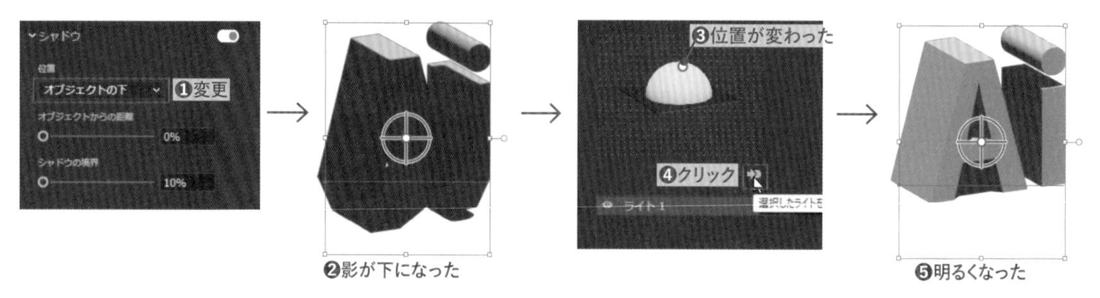

柔らかさとレイトレーシングの設定

レッスンファイルを開きオブジェクトCを選択します❶。3Dとマテリアルパネルの［柔らかさ］を「70％」に設定します❷。オブジェクトの見た目は変わりません❸。をクリックして、［レイトレーシングでレンダリング］をオンにします❹。レイトレーシングでレンダリングされ、光のあたり方や影のつき方の質感が上がります❺。レイトレーシングレンダリングは処理が遅くなるので、確認したらオフにしてください。

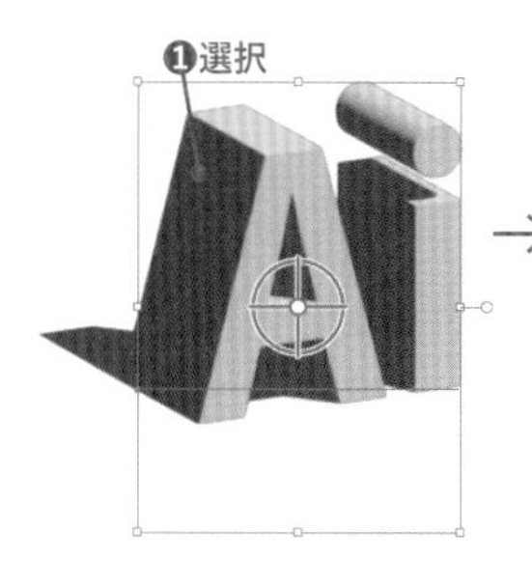

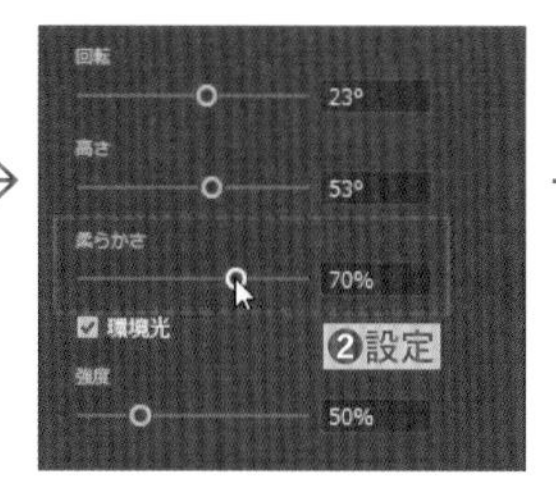

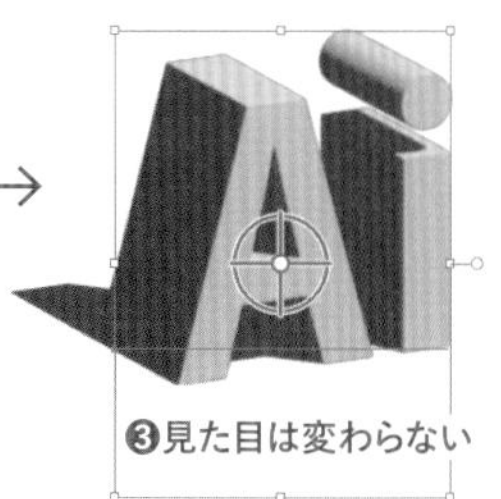

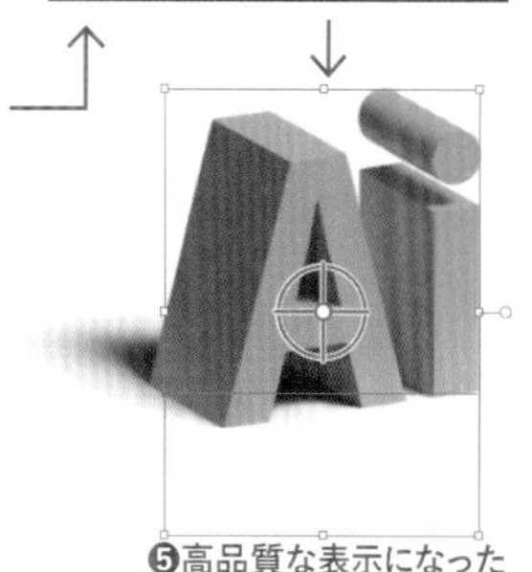

ライトを追加

1 レッスンファイルを開きオブジェクトDを選択します❶。3Dとマテリアルパネルの［ライトを追加］をクリックします❷。「ライト2」が追加され、選択された状態になります❸。ライトがふたつになったので、オブジェクトの光のあたり方も変わります❹。

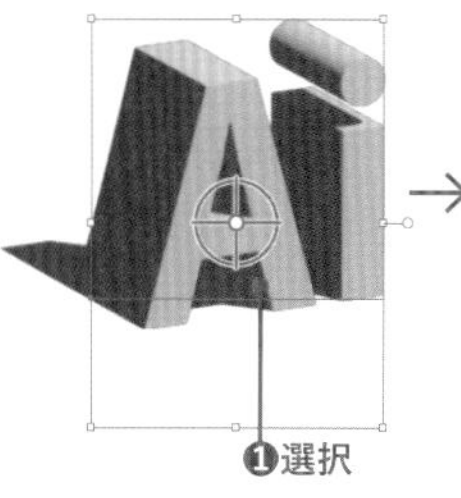

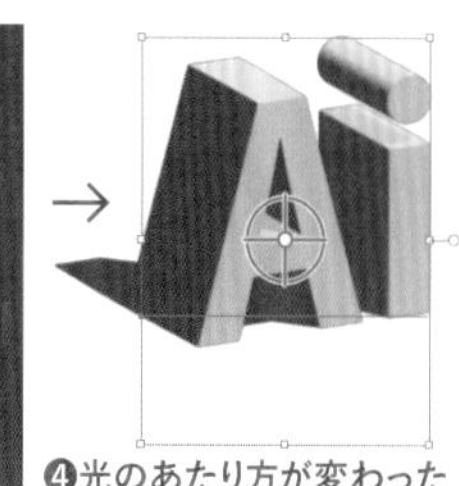

2 「ライト2」が選択された状態で、［強度］を「44％」❶、［回転］を「−56°」❷、［高さ］を「53°」❸、［柔らかさ］を「70％」❹に設定します。ライトが複数になりましたが、影はライト1しか反映されません❺。をクリックして、レイトレーシングでレンダリングをオンにします❻。レイトレーシングでレンダリングされ、ふたつのライトからの影が表示されます❼。

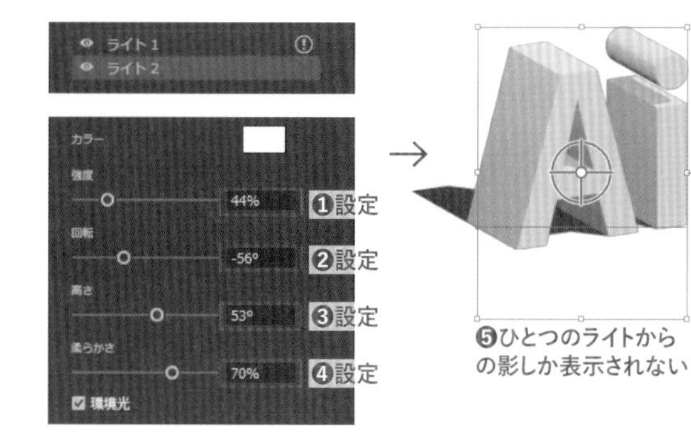

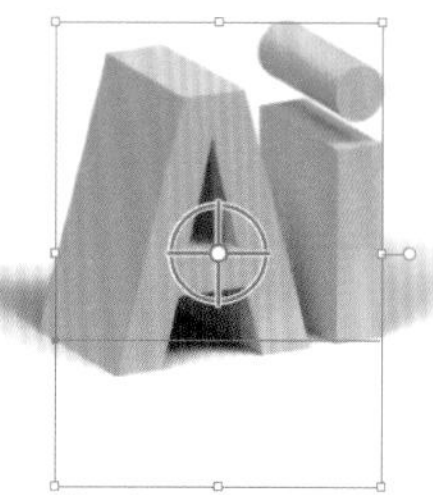

3 ［シャドウ］の［オブジェクトからの距離］を「3％」に設定します❶。影が少しオブジェクトから離れた場所に表示されます❷。

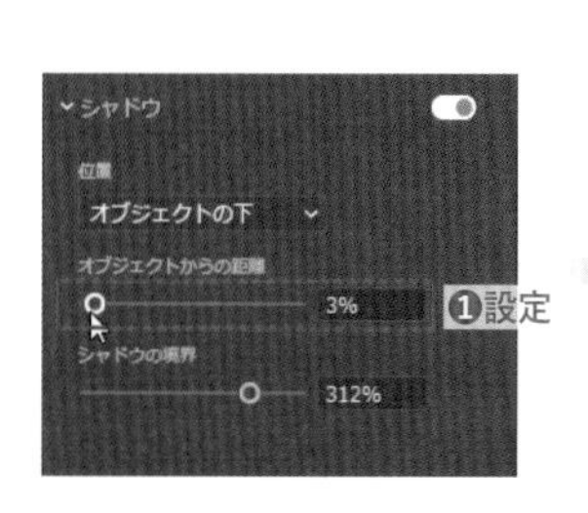

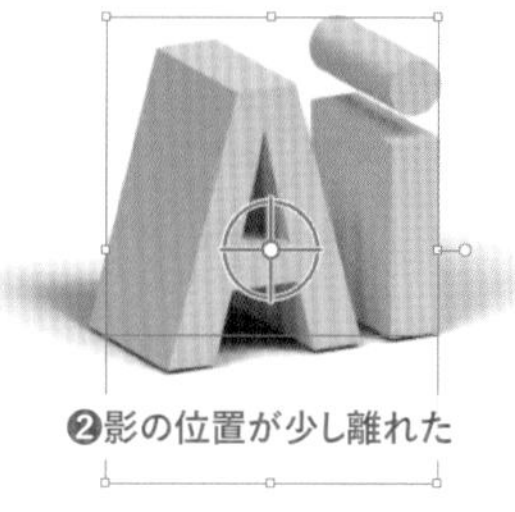

✔CHECK!

影が欠けて表示された場合

影が欠けて表示された場合は、［シャドウの境界］の設定値を少し変えてみてください。

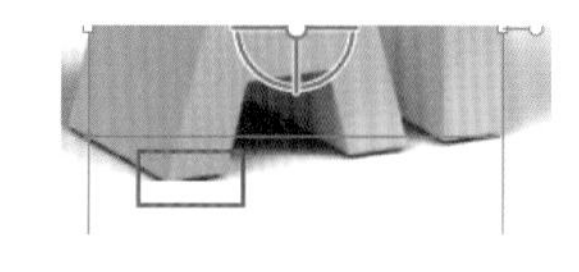

STEP 05 オブジェクトを回転体にする

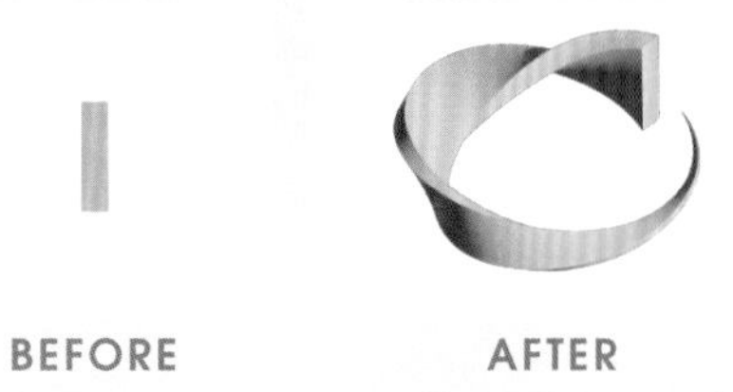

単純な図形も、回転体にすると面白い効果が出せます。ここではシンプルな長方形を元に、ねじりのある回転体を作成してみましょう。

Lesson12 ▶ L12-1S05.ai

1 レッスンファイルを開き、長方形のオブジェクトを選択します❶。3Dとマテリアルパネルの[オブジェクト]を選択し❷、[回転体]をクリックします❸。長方形が回転して円柱になりました❹。

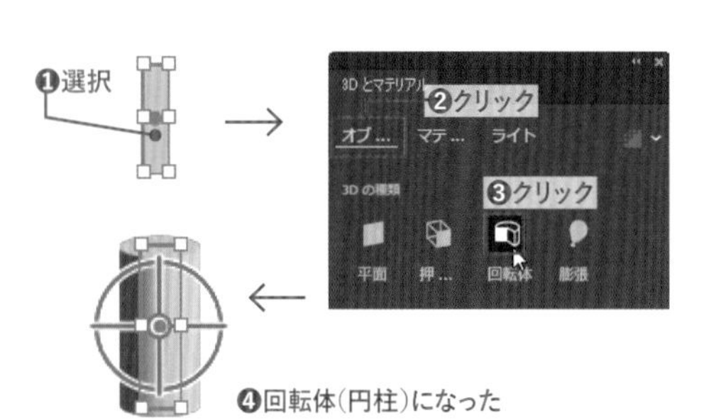

2 3Dとマテリアルパネルの[オフセット]を「15mm」に設定します❶。回転軸が[オフセット方向の起点]の「左端」❷から15mmずれた位置になるため、空洞のある回転体になります❸。

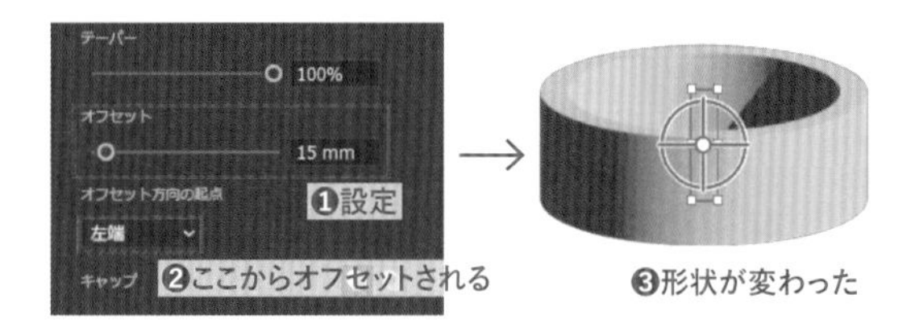

✔CHECK!

回転軸

デフォルトでは、オブジェクトの左端を中心(回転軸)として、時計回りに回転します。

3 3Dとマテリアルパネルの[ねじり]を「360°」に設定します❶。回転体が360°ねじれます❷。360°のため、始点と終点が完全につながった状態になります。

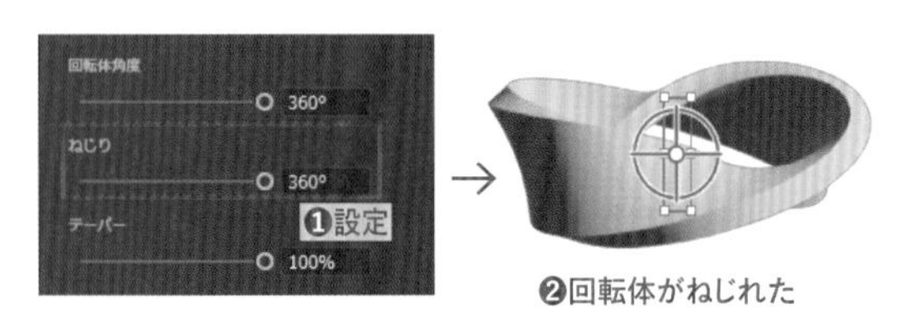

4 見やすくするために角度度を変えます。[回転]の[X]を「135°」、[Y]を「-160°」、[Z]を「160°」に設定します❶。回転体の角度が変わりました❷。

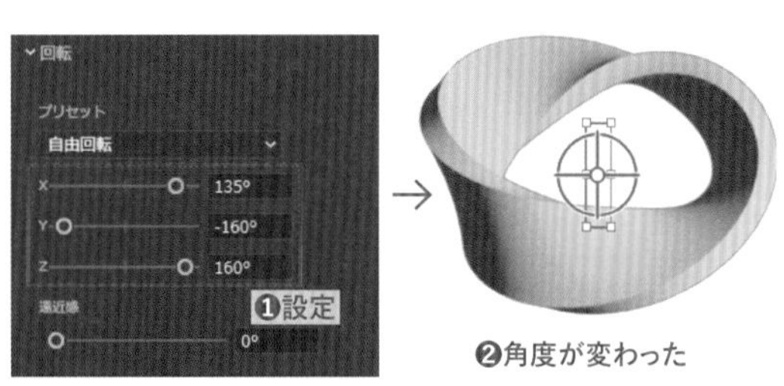

5 3Dとマテリアルパネルの[テーパー]を「1%」に設定します❶。先端が徐々に細くなります❷。

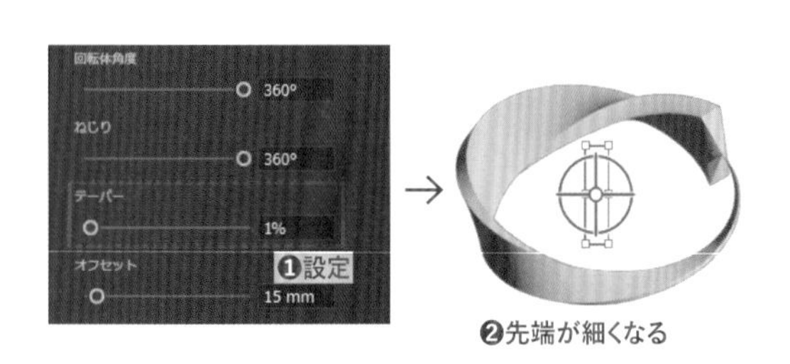

6 先端が始点とくっついているので[回転体角度]を[340°」に設定して❶、離れた状態にします❷。

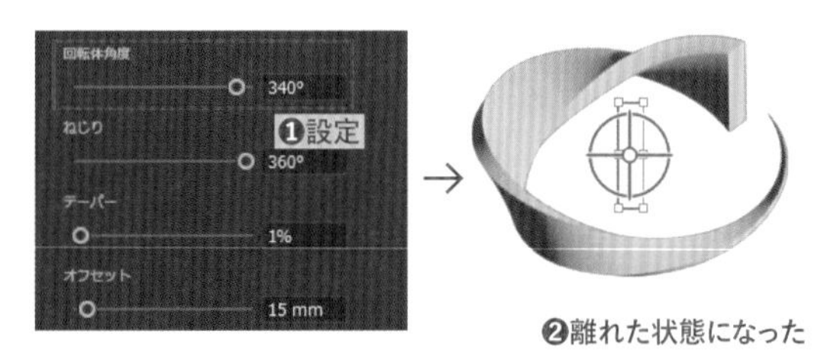

STEP 06 マテリアルとグラフィックを適用する

3Dオブジェクトには、表面に質感を表現するマテリアルを適用したり、グラフィックをマッピングできます。

 Lesson12 ▶ L12-1S06.ai

マテリアルの適用

レッスンファイルを開きオブジェクトAを選択します❶。3Dとマテリアルパネルで［マテリアル］を選択し❷、［マテリアル］を選択します❸。「すべてのマテリアルとグラフィック」から「レンガ（ゴールデンドーン）」を選択します❹。オブジェクトにマテリアルが適用されました❺。［プロパティ］に適用したマテリアルが表示されるのを確認します❻。マテリアルは、パラメーターを調節できます。ここでは「繰り返し」を「200」に設定します❼。レンガのパターンが小さくなりました❽。

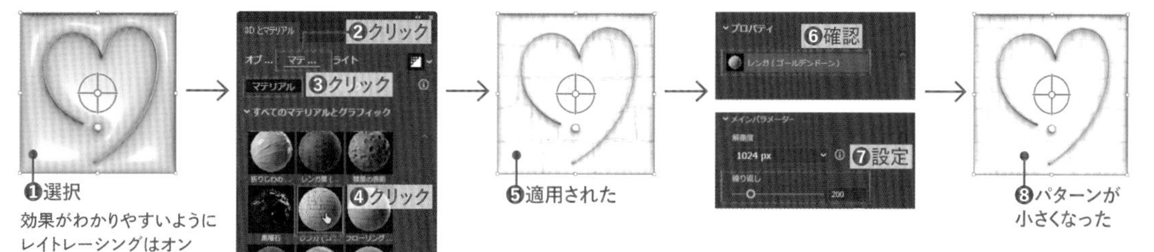

グラフィックの適用

1 レッスンファイルを開きます。3Dとマテリアルパネルで［マテリアル］の［グラフィック］を選択します❶。オブジェクトBを選択し、「グラフィック」のリストにドラッグ&ドロップして登録します❷。同様にオブジェクトCも登録します❸。

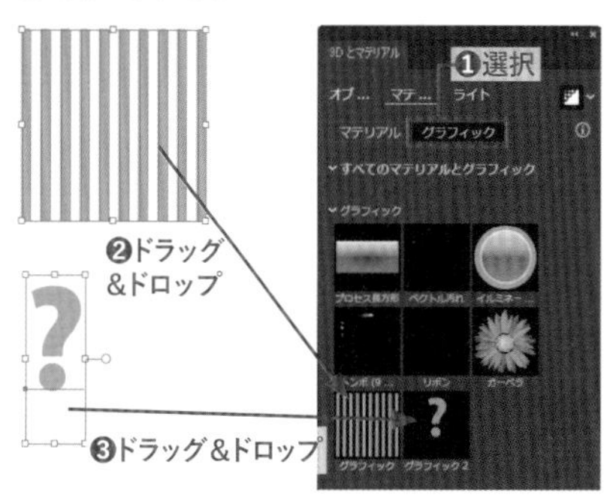

2 オブジェクトDを選択します❶。このオブジェクトは、ふたつの線のオブジェクトの回転体で、卵と器を表現しています。「グラフィック」のリストから、登録した縦じまのグラ　フィックをクリックします❷。縦じまのグラフィックが、オブジェクトの表面にマッピングされます❸。

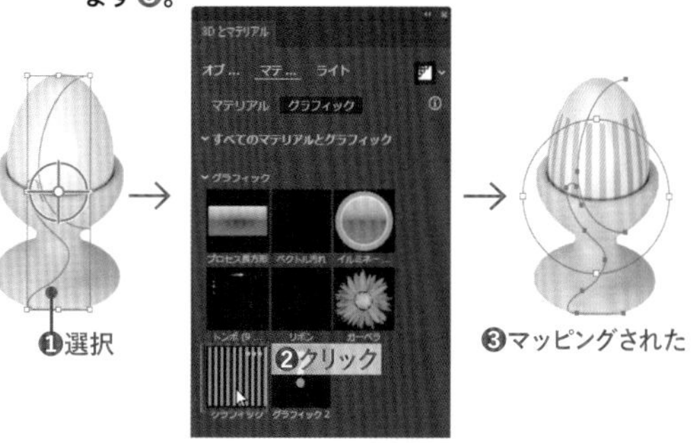

3 マッピングされたオブジェクトの周囲に円が表示されるので、ハンドルを外側にドラッグしてサイズを調節します❶。カーソルをハンドルの外側に移動し↶になったらドラッグしてグラフィックを回転させます❷。縦じまのグラフィックを下にドラッグすると、卵から器に移動します❸。

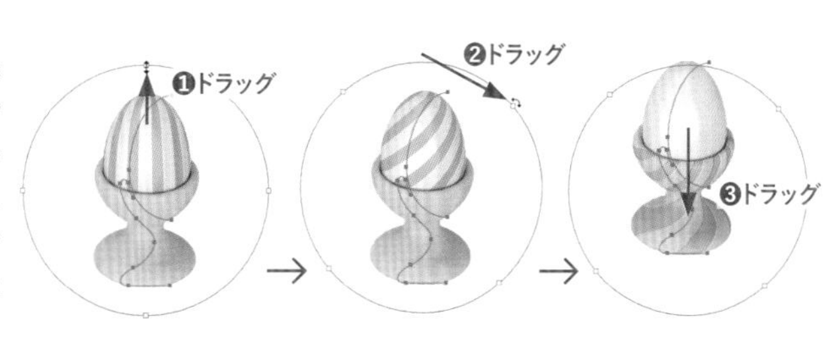

4 「グラフィック」のリストから、登録した「?」の文字のグラフィックをクリックします❶。グラフィックがマッピングされるので❷、ドラッグして位置を調整します❸。

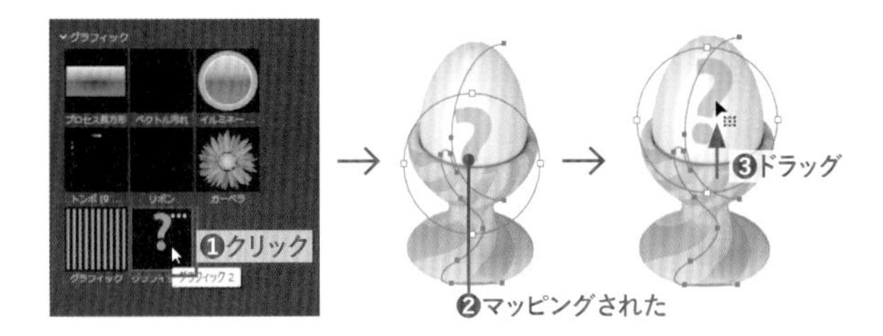

STEP 07 オブジェクトの表面を膨張させる

BEFORE

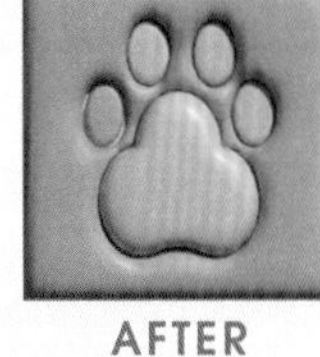
AFTER

膨張はオブジェクトを膨張させる3D機能ですが、グループ化したオブジェクトでは、カラーの差のある部分ごとに凹凸をつけた膨張となります。「線」のオブジェクトと「塗り」のオブジェクトでの違いを覚えましょう。

Lesson12 ▶ L12-1S07.ai

1 レッスンファイルを開き、オブジェクトを選択します❶。このオブジェクトはグループ化されています。ひとつだけ「線」だけのカラーが設定され❷、それ以外は「塗り」だけが設定されています。3Dとマテリアルパネルの［オブジェクト］を選択し❸、［膨張］をクリックします❹。カラーの異なる範囲が膨張しました❺。

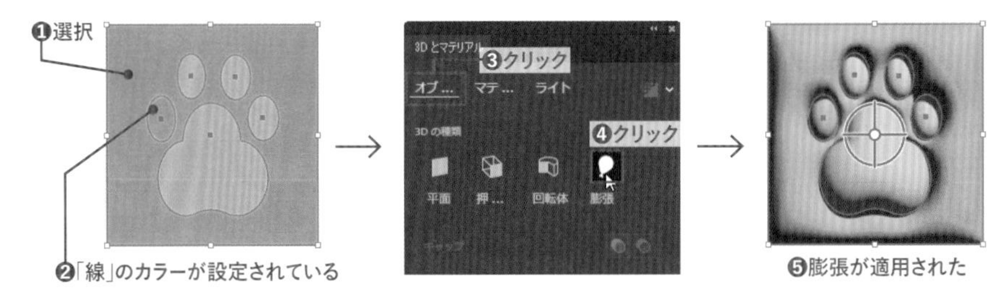

2 「線」だけのオブジェクトと「塗り」だけのオブジェクトの違いがわかりにくいので、をクリックして、［レイトレーシングでレンダリング］をオンにします❶。レイトレーシングでレンダリングされます❷。選択を解除して拡大してみると、［線］だけのオブジェクトは、線の部分が若干膨張し❸、内側のカラーの異なる部分は個別に膨張しています❹。［塗り］だけのオブジェクトは、カラーの境界部分がへこむように膨張しています❺。

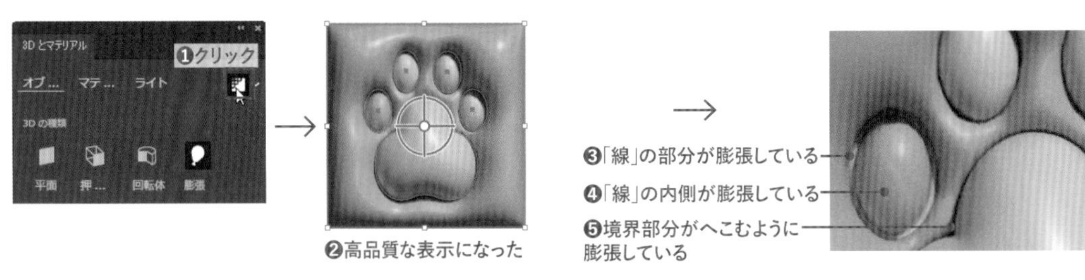

3 再度3Dオブジェクトを選択します❶。3Dとマテリアルパネルの［ボリューム］を「50%」に設定します❷。全体的に膨らみが小さくなりました❸。

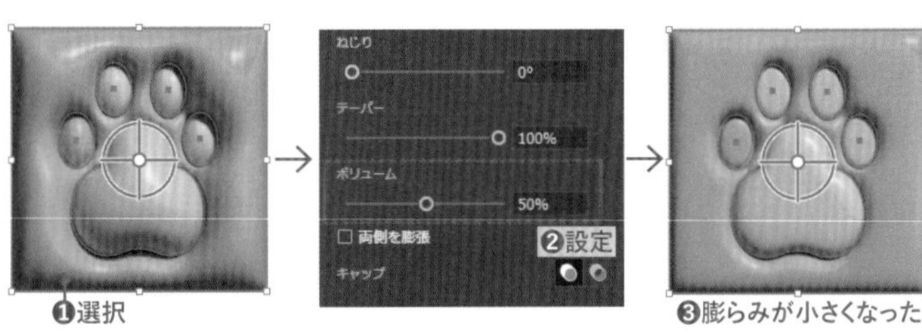

12-2 グラデーションメッシュ

グラデーションメッシュを使うと、オブジェクトにリアルな陰影を表現できます。フリーグラデーションを使っても、リアルな陰影表現ができますが、パスを使うのに慣れているユーザーには、グラデーションメッシュの方が細かな設定が可能です。

グラデーションメッシュ

グラデーションメッシュとは

グラデーションメッシュは、オブジェクトの内部にメッシュ状のパスを作成し、詳細なグラデーションを実現する機能です。

グラデーションメッシュは、メッシュツール でオブジェクトの内部をクリックして作成します。または、[オブジェクト]メニュー→[グラデーションメッシュを作成]を選択しても作成できます。

オブジェクト内部にできたポイントをメッシュポイント、パスをメッシュライン、メッシュポイントで囲まれた部分をメッシュパッチといいます。

通常のオブジェクト

グラデーションメッシュを使ったオブジェクト

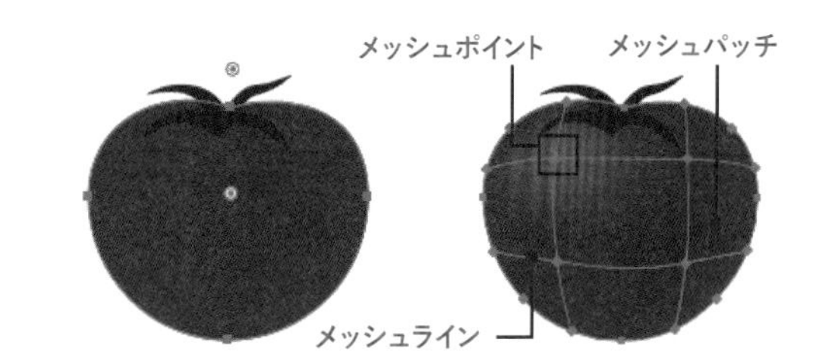

グラデーションメッシュを使ったオブジェクトは、オブジェクトの内部に色を設定するためのメッシュポイントが作られている

メッシュの編集

メッシュポイントは、通常のオブジェクトのアンカーポイントと同じようにダイレクト選択ツール で選択し、ドラッグして移動できます。方向線を使って変形もできます。メッシュパッチやメッシュラインをドラッグして移動することもできます。

メッシュツール でも、メッシュポイントや方向線を使って編集できます。Shiftキーを押しながらドラッグすると、メッシュラインに沿ってメッシュポイントを移動できます。

ダイレクト選択ツール やメッシュツール でドラッグして、メッシュポイントを移動できる

メッシュツール で、Shiftキーを押しながらドラッグすると、メッシュポイントをメッシュラインに沿って移動できる

色の設定

ダイレクト選択ツール かメッシュツール で、メッシュポイントを選択して、色を設定してください。ダイレクト選択ツール では、メッシュパッチを選択しても色を設定できます。

STEP 01 メッシュツールでメッシュを作成する

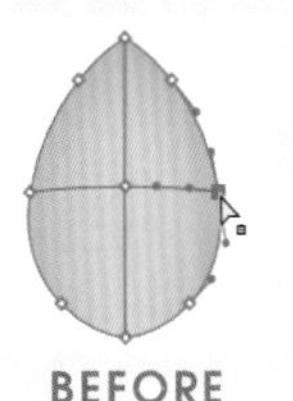

美しいグラデーションを作成できますが、どこにつながるメッシュが作成されるかは、完全にはコントロールできません。なるべくシンプルなオブジェクトから作成しましょう。

Lesson12 ▶ L12-2S01.ai

メッシュポイントの作成／削除

1 レッスンファイルを開き、選択ツール でオブジェクトAを選択します❶。メッシュツール を選択し❷、適当な場所をクリックして❸、メッシュポイントを作成します。メッシュポイントが選択されているので、スウォッチパネルで[塗り]を[ホワイト]に設定します❹。

2 Alt（option）キーを押しながら作成したメッシュポイントをクリックすると❶、メッシュポイントを削除できます。

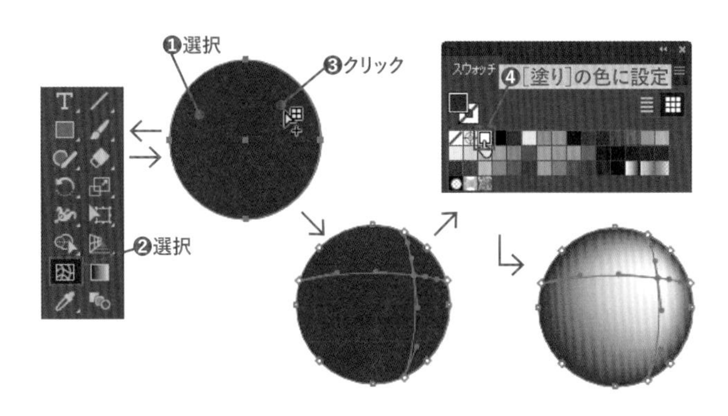

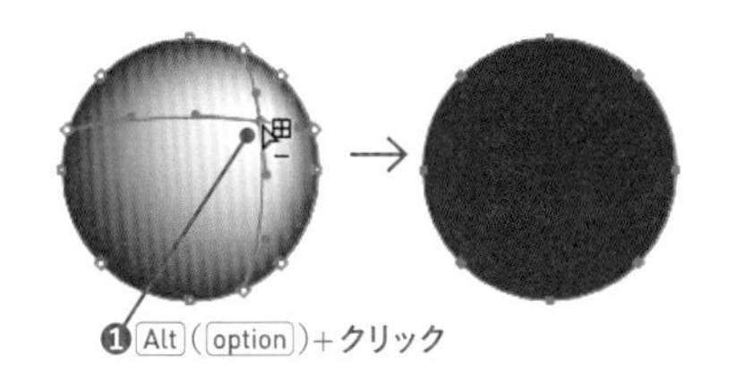

カラーのコントロール

1 ダイレクト選択ツール を選択し❶、オブジェクトBをクリックします❷。アンカーポイントやメッシュポイントが表示されるので、葉の縁の右側のアンカーポイントをクリックして選択します❸。［塗り］の色が選択したアンカーポイントの色になります❹。

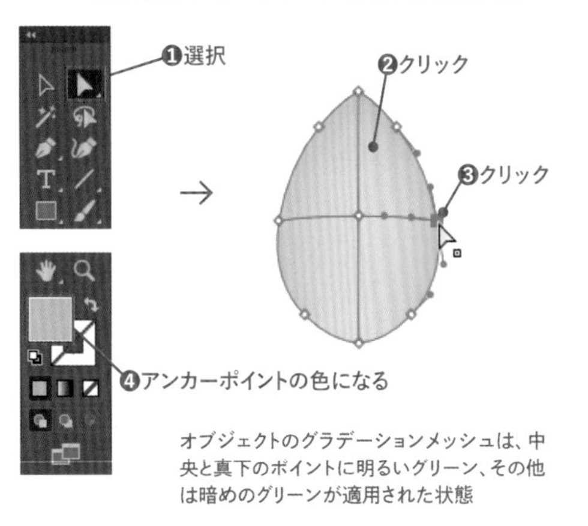

オブジェクトのグラデーションメッシュは、中央と真下のポイントに明るいグリーン、その他は暗めのグリーンが適用された状態

2 メッシュツール を選択します❶。中央のメッシュポイントの少し左をクリックし❷、続いて少し右もクリックして❸、メッシュポイントを追加します。追加したメッシュポイントの色は1で設定した色になります。

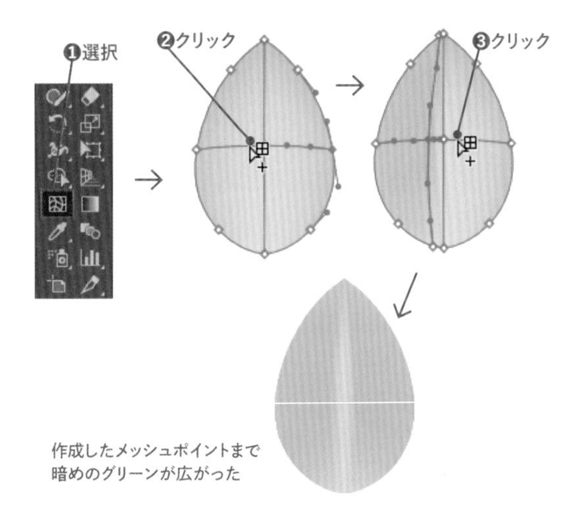

作成したメッシュポイントまで暗めのグリーンが広がった

STEP 02 コマンドでメッシュを作成する

BEFORE

AFTER

メッシュポイントには、不透明度を設定でき、表現力の高いアートワークを作成できます。

 Lesson12 ▶ L12-2S02.ai

1 レッスンファイルを開きます。選択ツールでオブジェクトの炎の部分を選択します❶。[オブジェクト]メニュー→[グラデーションメッシュを作成]を選択します❷。[グラデーションメッシュを作成]ダイアログボックスが表示されるので、[行数]を「8」❸、[列数]を「2」❹、[種類]を[中心方向]❺、[ハイライト]を「100%」❻に設定して、[OK]をクリックします❼。[種類]を「中心方向」に設定したので、オブジェクトの中心がハイライトの設定値「100%」(=[ホワイト])となるグラデーションメッシュが作成されます。

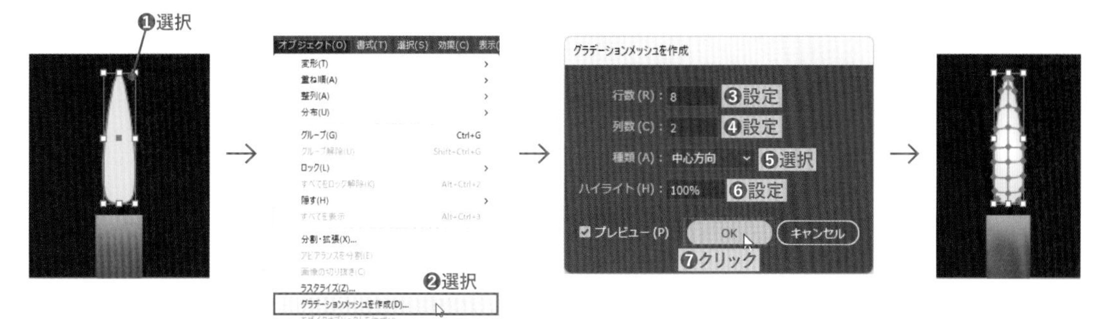

2 ダイレクト選択ツールを選択し❶、上の3つのメッシュポイントと、下の6つのメッシュポイントをShiftキーを押しながらクリックして選択します❷。スウォッチパネルで[塗り]を[CMYKレッド]に設定します❸。また、透明パネルで[不透明度]を「0%」に設定します❹。炎の先と元が、徐々に透明になります。

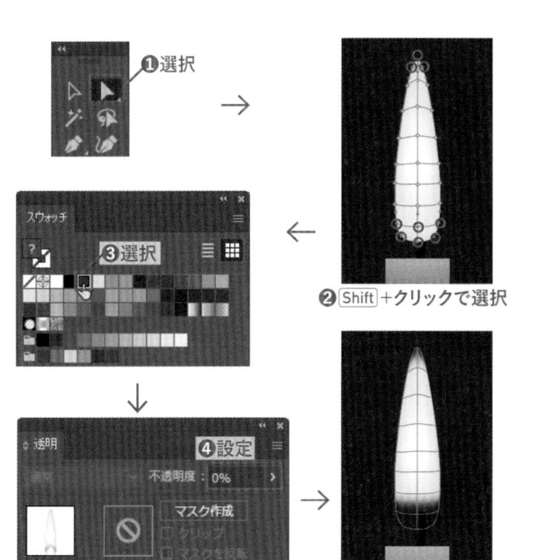

3 ダイレクト選択ツールで中央下のメッシュポイント3つをShiftキーを押しながらクリックして選択し❶、Shiftキーを押しながらドラッグして少し上に移動させませす❷。両側の下から2番目のメッシュポイントをShiftキーを押しながらクリックして選択し❸、[不透明度]を「50%」に設定します❹。少し赤みが強くなります❺。

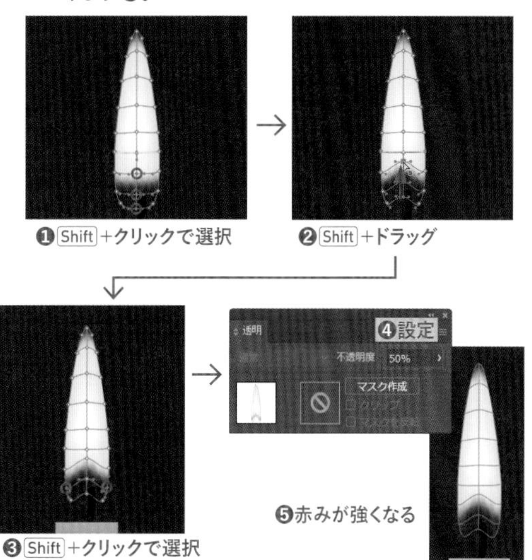

12-3 画像トレース

写真などの画像データ（ラスターデータ）をIllustratorのデータ（ベクトルデータ）に変換することを画像トレースといいます。カラー画像からの高精度なトレースも可能です。また、トレースした画像に簡単に色を設定できるライブペイントについても学びましょう。

画像トレース

画像トレースとは

画像トレースは、アートワーク上に配置した画像データ（ラスターデータ）を、Illustratorのデータ（ベクトルデータ）に変換する機能です。
［画像トレース］を実行すると、Illustratorデータに変換した状態のトレースオブジェクトが生成されます。

トレースオブジェクト

トレースオブジェクトは、完全なIllustratorのパスデータになっていないので、画像トレースパネルでプリセットや設定を変更して再トレースできます。
また、［効果］メニューの各種効果を適用するなど、通常のIllustratorデータとして扱えます。
［オブジェクト］メニュー→［画像トレース］→［解除］を選択すれば、トレース前の元の画像に戻すこともできます。

拡張

コントロールパネルの［拡張］ボタンをクリックすると、トレースオブジェクトは、完全なIllustratorのパスで生成されたデータに変換されます。
パスデータに変換すると、トレースをやり直したり、元画像に戻すことはできません。

元の写真

↓ 「写真（低精度）」を使用して画像トレースを実行

トレースオブジェクト

↓ ［効果］メニュー→［スタイライズ］→［落書き］を実行

トレースオブジェクトのまま

↓ Illustratorデータに拡張

パスデータに
変換されました

画像トレースパネルの設定

画像トレースパネルでは、トレースオブジェクトのトレースを詳細に設定できます。思ったようなトレース結果にならないときは、プリセットを変更したり、設定を変えてトレースしてみるとよいでしょう。

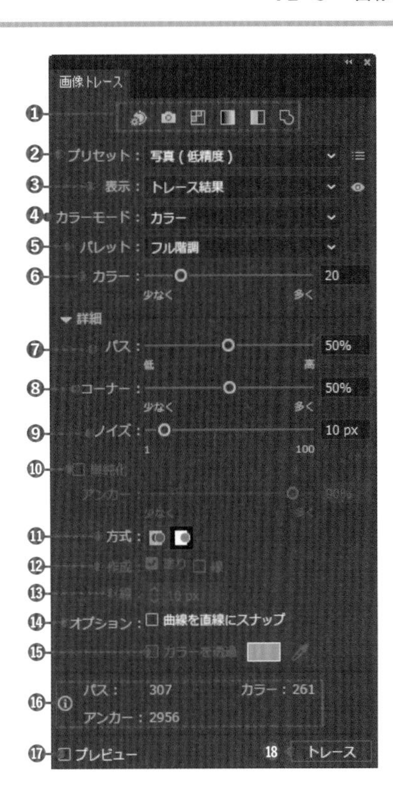

❶使用頻度の高いプリセットが表示される
❷プリセットを選択する
❸トレース結果の表示方法を選択する
❹カラーモードを選択する
❺カラーパレットを選択する
❻色数を設定する
❼トレースして生成するパスの精度を設定する
❽生成するパスのコーナーの割合を設定する
❾トレースしない範囲を指定する。小さい方が忠実にトレースされる
❿チェックすると、生成するパスのアンカーポイントの数の大小を設定してパスを単純化できる
⓫パスの生成方式を選択する。（左）切り抜かれたパス、（右）重なったパスを生成する
⓬チェックしたパスを作成する
⓭パスの幅を設定する
⓮曲がりの少ない線は直線に変換する
⓯白い領域を塗りつぶしなしの領域にする
⓰生成してできたパスや色、アンカーポイントの数が表示される
⓱設定をプレビュー表示するにはチェック
⓲変更した設定で再トレースする

STEP 01 写真をトレースする

BEFORE

AFTER

写真画像をトレースして、Illustratorのオブジェクトを作成してみましょう。

Lesson12 ▶ L12-3S01.ai

1 レッスンファイルを開き、選択ツール でトマトの画像を選択します❶。コントロールパネルまたはプロパティパネルで［画像トレース］をクリックします❷。画像トレースパネルを表示し、［カラーモード］を［カラー］❸、［カラー］を「3」に設定します❹。

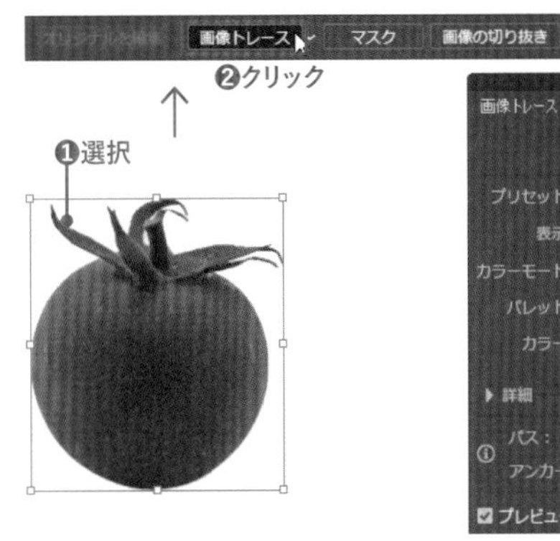

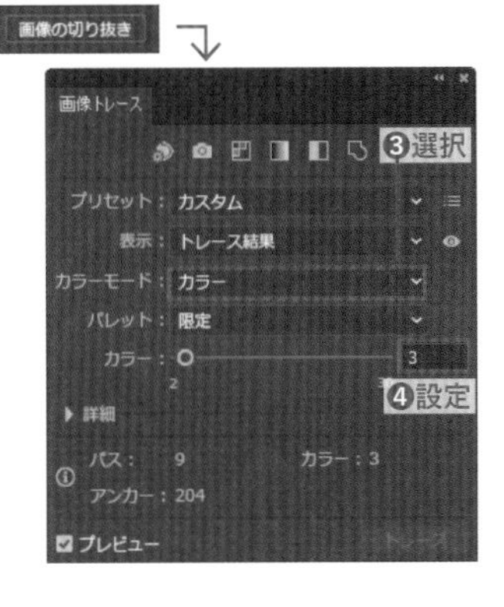

2 プレビューで色数が減ったことを確認したら❶、コントロールパネルまたはプロパティパネルで［拡張］をクリックし❷、パスオブジェクトに変換します❸。

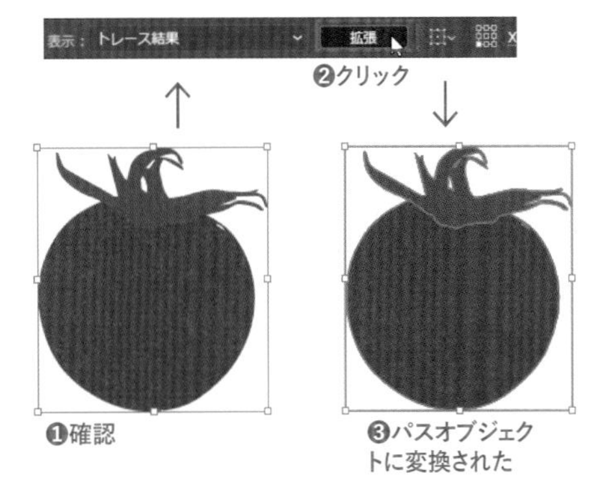

STEP 02 ライブペイントツールで色を設定する

BEFORE　AFTER

ライブペイントツールは、手描き画像をトレースしたオブジェクトに色をつけるのに便利なツールです。ここでは、トレース済みのオブジェクトに色をつけてみましょう。

Lesson12 ▶ L12-3S02.ai

ライブペイントグループの作成と隙間オプションの使用

1 レッスンファイルを開きます。選択ツール でグループオブジェクト を選択します❶。ツールバーでライブペイントツール を選択し❷、スウォッチパネルで[CMYKマゼンタ]を選択します❸。

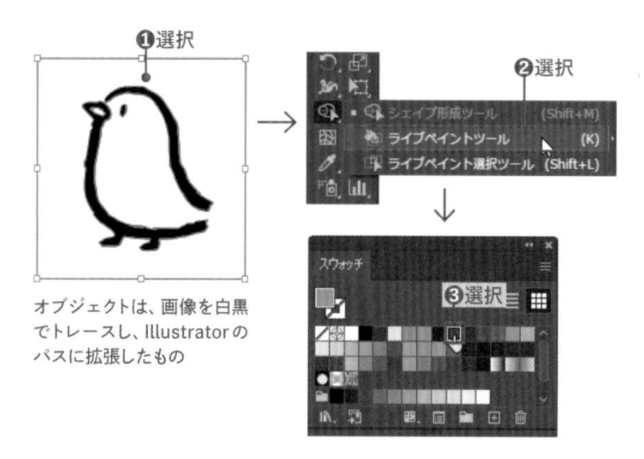

オブジェクトは、画像を白黒でトレースし、Illustratorのパスに拡張したもの

2 くちばし部分にマウスポインタを合わせます。[クリックしてライブペイントグループを作成]と表示されるので、そのままくちばしの内側をクリックします❶。くちばしに色が塗られます❷。このように、ライブペイントツール は、オブジェクトで囲まれた部分に色を塗れます。

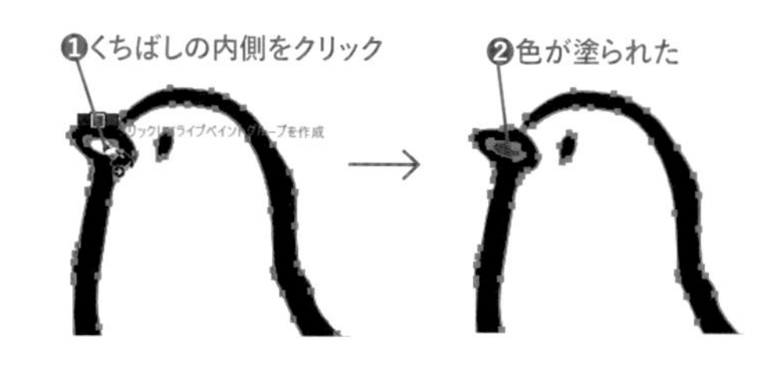

3 画像を選択した状態で、[オブジェクト]メニュー→[ライブペイント]→[隙間オプション]を選択します❶。[隙間オプション]ダイアログボックスが表示されるので、[隙間の検出]にチェックをつけ(ついている場合はそのまま)❷、[塗りの許容サイズ]を[中程度の隙間]に設定し❸、[OK]をクリックします❹。

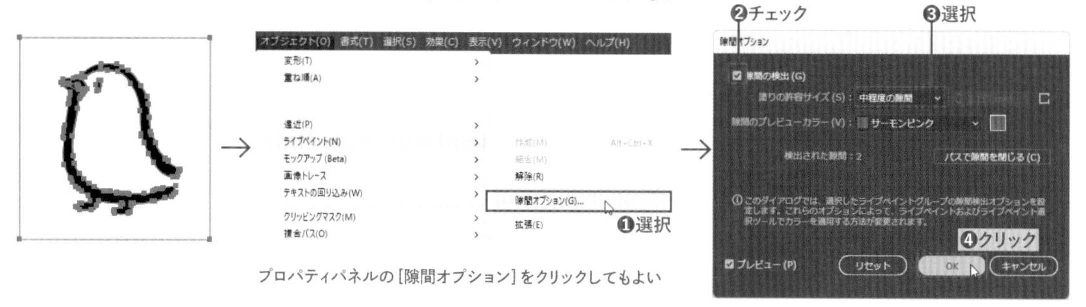

プロパティパネルの[隙間オプション]をクリックしてもよい

4 スウォッチパネルで[CMYKイエロー]を選択します❶。ひよこの内側をクリックして塗りつぶします❷。尾の部分は、隙間があってつながっていませんが、隙間オプションを有効にしているので、閉じたものとして塗りつぶせます。

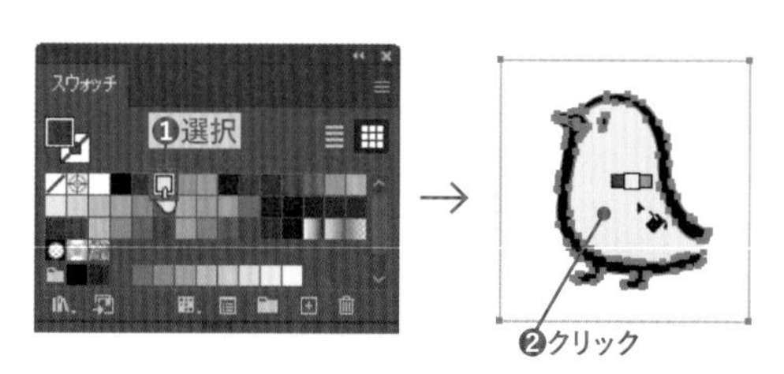

5 ツールバーで選択ツール を選択します❶。選択しているオブジェクトのハンドルには が表示されます❷。これは、ライブペイントツール を使って塗りつぶしたことを表します。コントロールパネルの［拡張］をクリックすると❸、通常のオブジェクトとなります。

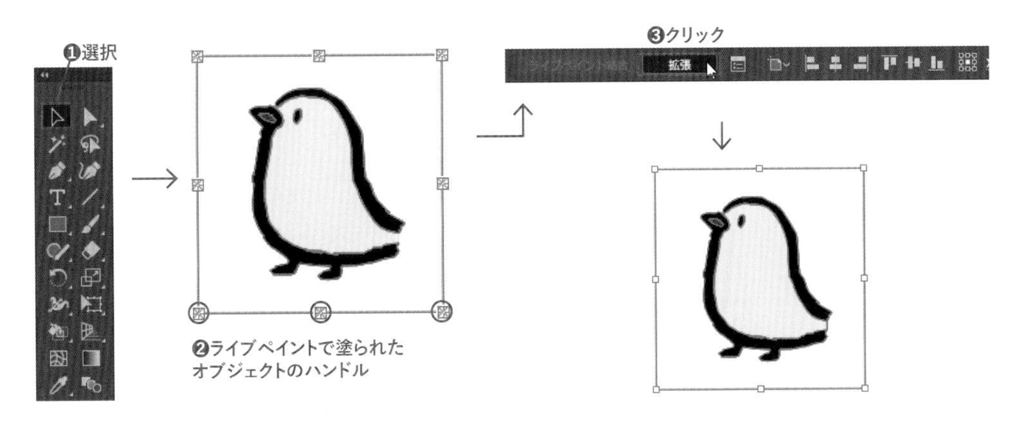

ライブペイントで型抜き

1 選択ツール で、円 をドラッグして鳥のグループオブジェクト が前面に重なるように移動します❶。円が少しはみ出すようにしてください。この円は、［CMYK シアン］で塗りつぶされています。

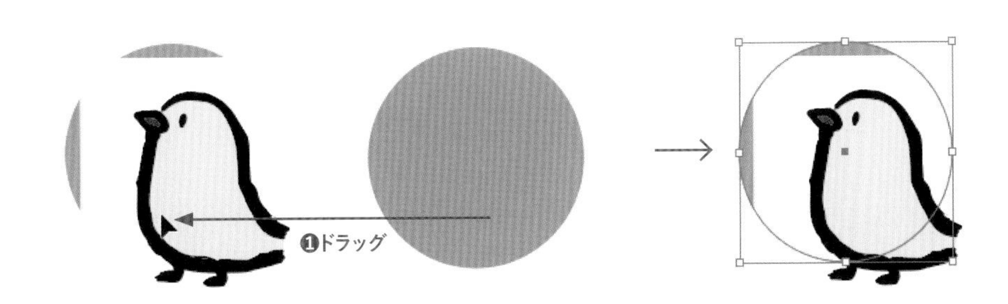

2 鳥のグループオブジェクトと円を両方を選択します❶。ライブペイントツール を選択し❷、選択したオブジェクトの上にマウスポインタを移動します。［クリックしてライブペイントグループを作成］と表示されるので、鳥のオブジェクトが前面に重なり、見えなくなっている円の部分をクリックします❸。このように、ライブペイントツール を使えば、パスファインダーパネルやシェイプ形成ツール を使わずに、必要な範囲にすばやくカラーを適用できます。

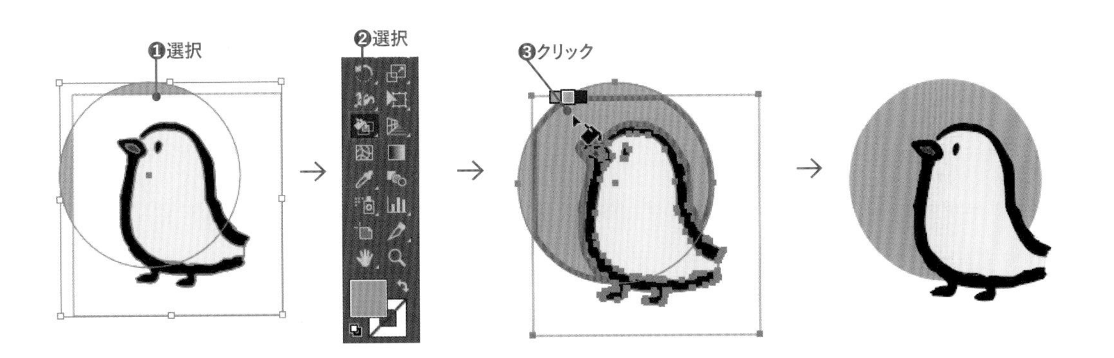

12-4 シンボル

アートワークの中で何度も使うオブジェクトは、シンボルとして登録するとよいでしょう。シンボルパネルから選択して、アートワークに配置したり、各種シンボルツールでいくつものシンボルを一気に配置できます。元のシンボルとリンクしているので、編集できるのも便利です。

シンボルパネル

アートワーク内で使用するシンボルは、シンボルパネルで管理します。

シンボルとインスタンス

アートボード上に配置されたシンボルをインスタンスといいます。シンボルパネルのシンボルと、インスタンスはリンクされているので、シンボルを編集すると、配置したシンボルにも反映されます。

❶シンボルライブラリを選択して、初期設定以外のシンボルを選択できる
❷シンボルを配置する
❸シンボルとインスタンスのリンクを切る
❹[シンボルオプション]ダイアログボックスを表示する
❺選択したオブジェクトをシンボルとして登録する
❻選択したシンボルを削除する。削除するシンボルがオブジェクトに適用されている場合は、インスタンスを削除するか、通常のオブジェクトに戻すかを選択できる

STEP 01 シンボルパネルの基本操作を覚える

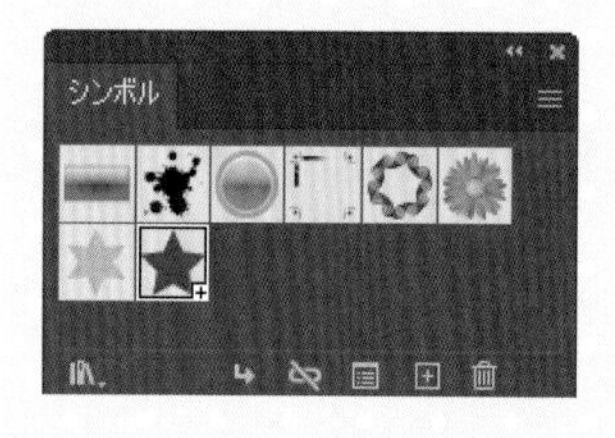

シンボルは、シンボルパネルで管理します。新しいシンボルの登録、削除、配置などの基本操作や、シンボルの編集や置き換えを覚えましょう。

Lesson12 ▶ L12-4S01.ai

シンボルの登録／登録の削除

1 レッスンファイルを開きます。選択ツール で、星のオブジェクト A をシンボルパネルにドラッグします❶。[シンボルオプション]ダイアログボックスが表示されるので、[名前]欄に「redstar」と入力し❷、[OK]をクリックします❸。ドラッグしたオブジェクトがシンボルに登録されます❹。シンボルの元になったオブジェクトはインスタンスの表示になったことを確認します。

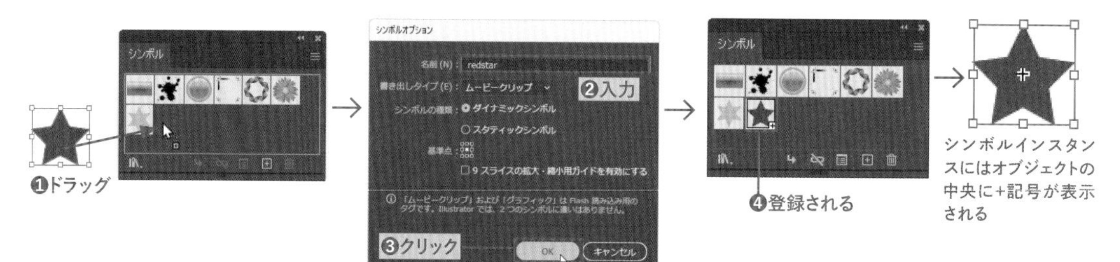

2 シンボルパネルで、作成したシンボルを選択し❶、[シンボルを削除]をクリックします❷。ダイアログボックスが表示されるので[インスタンスを拡張]をクリックします❸。シンボルパネルからシンボルが削除され❹、アートボード上のインスタンスは、元のオブジェクトに戻ります❺。

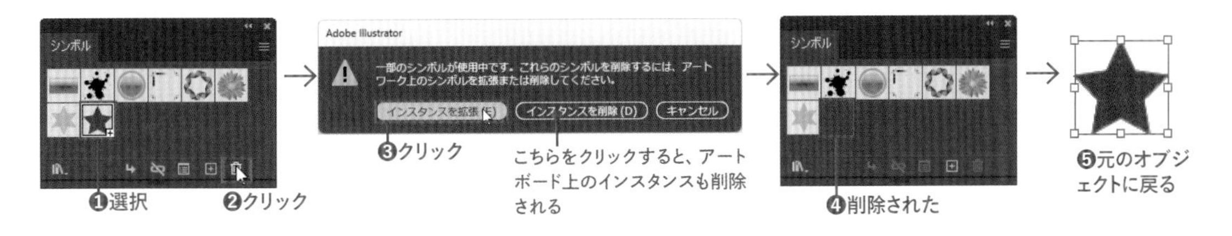

シンボルの配置

シンボルパネルで[ガーベラ]を選択し、アートボードにドラッグします❶。シンボルインスタンスが配置されます。

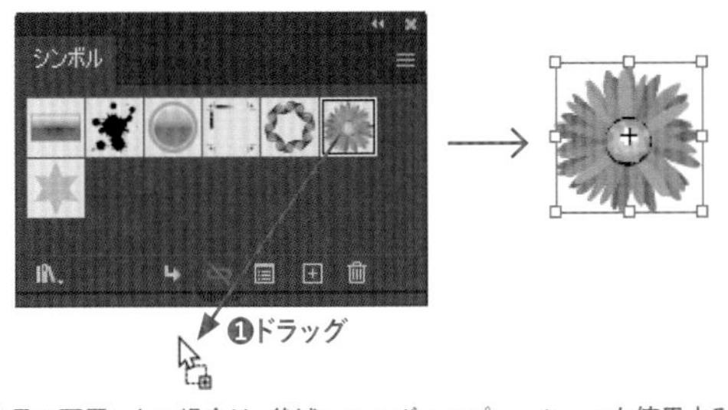

大量に配置したい場合は、後述のシンボルスプレーツールを使用する

> **COLUMN**
>
> **ダイナミックシンボル**
>
> シンボル作成時に、[シンボルの種類]に[ダイナミックシンボル]を選択して登録すると、アートワーク内に配置したシンボルを、ダイレクト選択ツールで選択して色を変更できます。ダイナミックシンボルは、シンボルパネルで右下に+が表示されます。
>
> 
>

シンボルの編集とリンクの解除

1 シンボルパネルで[練習 - 六芒星]（B、Cに適用されているシンボル）のシンボルをダブルクリックします❶。シンボル編集モードに入ります❷。

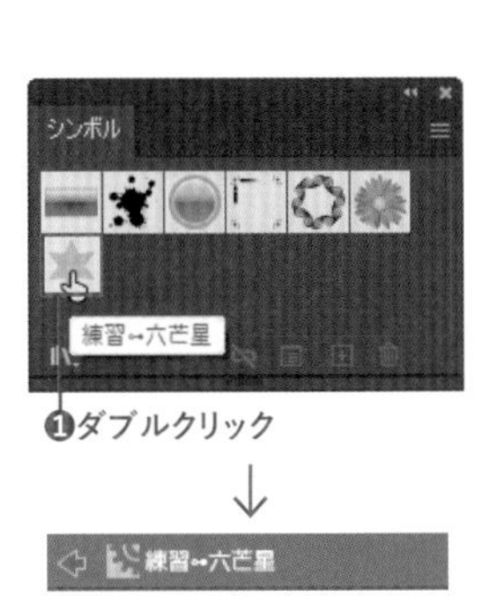

2 選択ツールで、アートボードに表示されているシンボルの元オブジェクトを選択します❶。スウォッチパネルで[線]をアクティブにし❷、[CMYK シアン]をクリックします❸。シンボル編集モードを抜けると❹、レッスンファイルに配置されているシンボルセットB、Cの色も変更されていることを確認します❺。

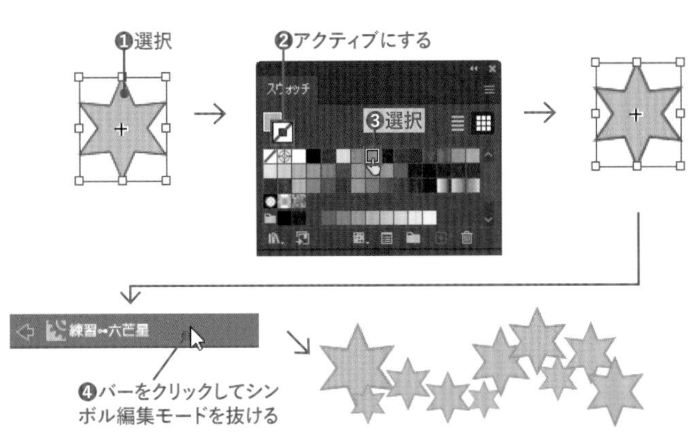

3 選択ツールで、シンボルセットを選択します❶。シンボルパネルの[シンボルへのリンクを解除]をクリックします❷。選択したシンボルセットと、シンボルのリンクが解除され、通常のオブジェクト(グループ化したオブジェクト)として扱えるようになります。

シンボルの置換

1 選択ツールで、シンボルセットを選択します❶。シンボルパネルで[ガーベラ]のシンボルを選択します❷。

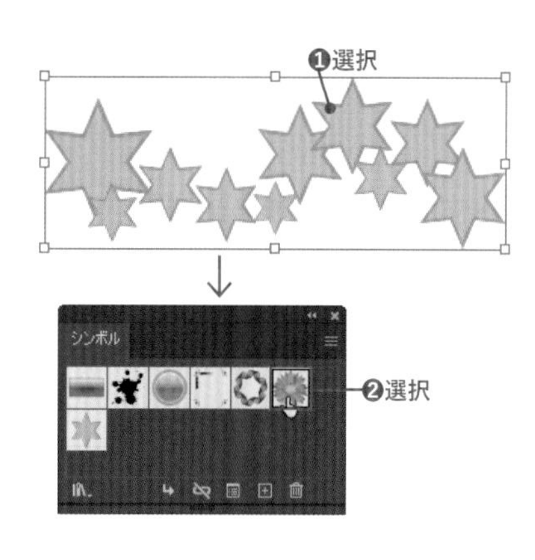

2 パネルメニューから[シンボルを置換]を選択します❶。選択しているシンボルセットの内容が、星からガーベラに変わりました。

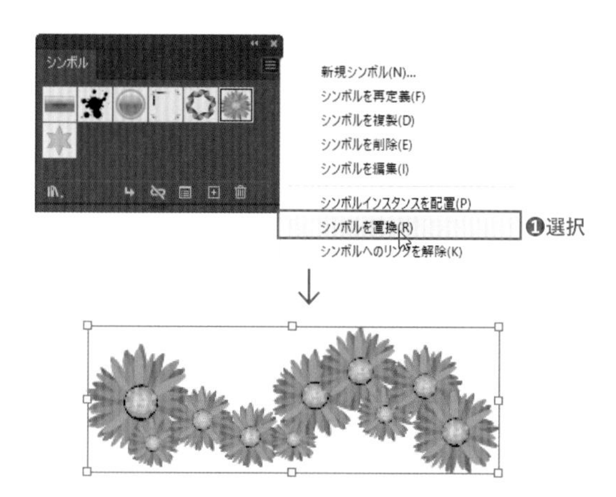

STEP 02 シンボルツールを使ってみる

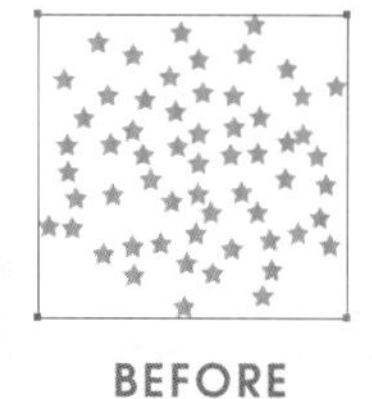

BEFORE

AFTER

単純な色と形のオブジェクトも、シンボルスプレーツールで大量に配置して、背景やアクセントとして使いやすい状態に加工することができます。

Lesson12 ▶ L12-4S02.ai

1 レッスンファイルを開き、シンボルパネルの[新規シンボル1]を選択します❶。ツールバーでシンボルスプレーツールを選択します❷。

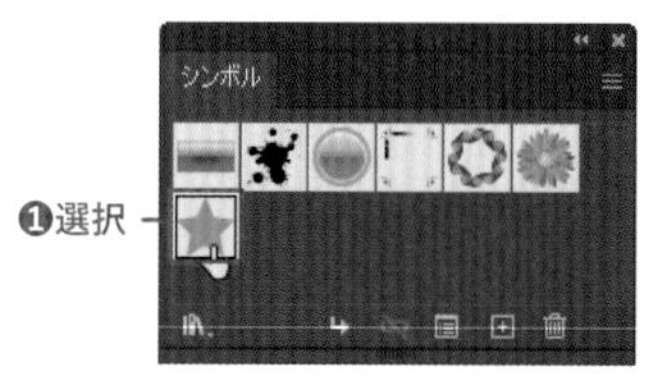

2 [キーと]キーでスプレーのサイズを調節し、アートボード上部でドラッグしてシンボルを配置します❶。

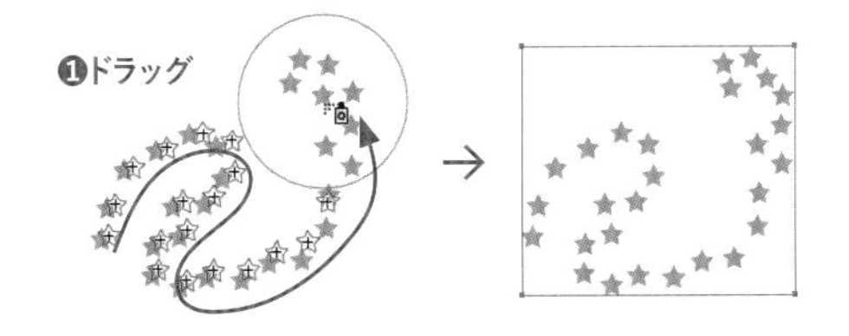

3 配置したシンボルを選択した状態で、Alt（option）キーを押しながらシンボルスプレーツールをドラッグすると❶、シンボルが削除されます。配置しすぎたときに利用しましょう。

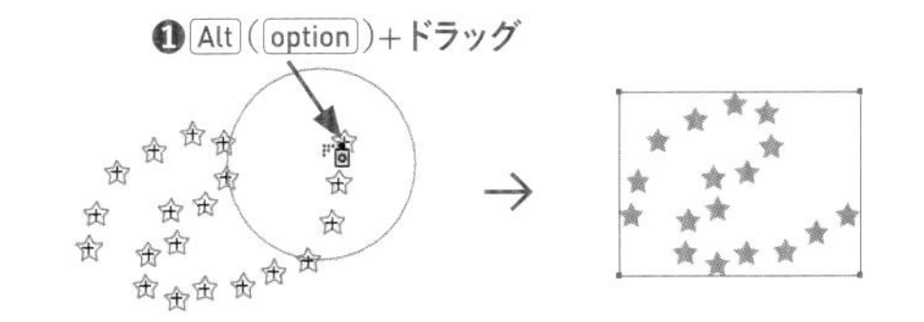

COLUMN

そのほかのシンボルツールを使うと、配置したシンボルを変形したり、色を調節したりできます。

シンボルシフトツール

選択したシンボルセットの上をドラッグしてシンボルを移動させます。

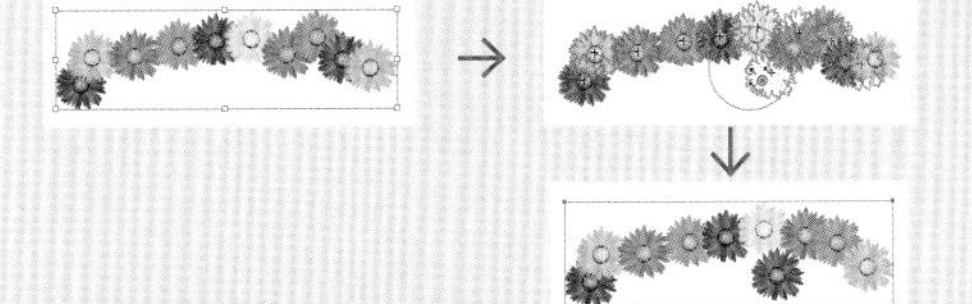

シンボルスクランチツール

選択したシンボルセットの上をドラッグすると、マウスポインタに向かってシンボルが集まるように移動します。

シンボルリサイズツール

選択したシンボルセットの上をドラッグすると、マウスポインタに近いシンボルが拡大します。Alt（option）+ドラッグで縮小します。

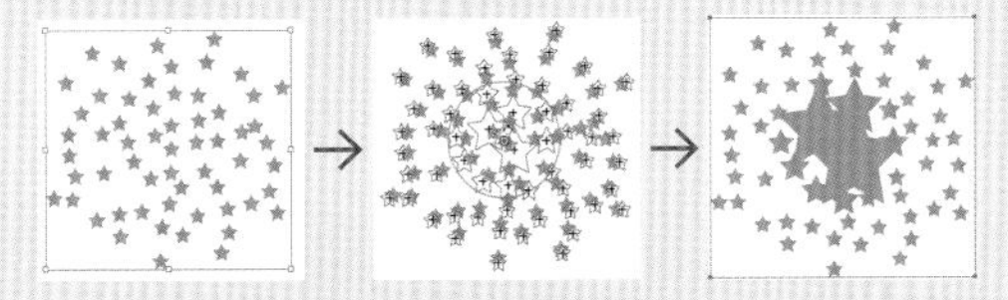

シンボルスピンツール

選択したシンボルセットの上をドラッグすると、マウスポインタをドラッグする方向にシンボルが回転します。

シンボルステインツール

選択したシンボルセットの上をドラッグすると、選択したスウォッチの色にシンボルを変更します。Alt（option）+ドラッグで元の色に戻ります。

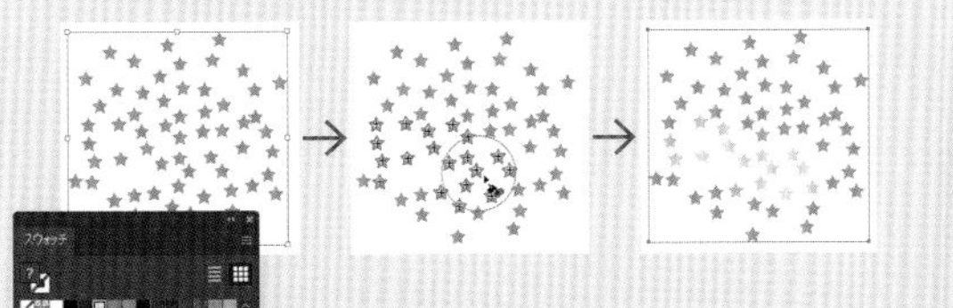

シンボルスクリーンツール

選択したシンボルセットの上をドラッグすると、マウスポインタに近い場所のシンボルほど透明になります。Alt（option）+ドラッグで元の色に戻ります。

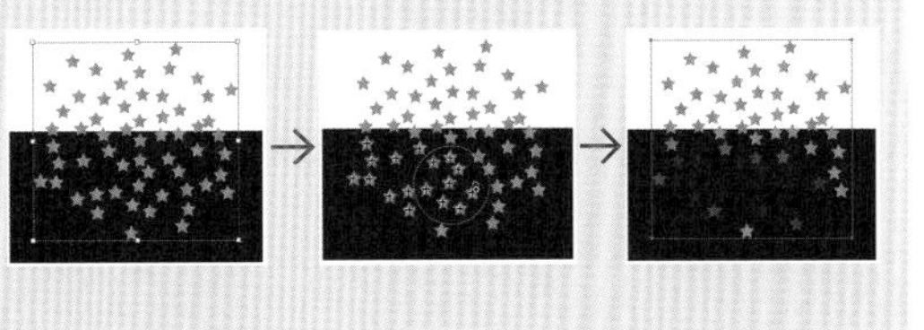

シンボルスタイルツール

選択したシンボルセットの上をドラッグすると、選択したグラフィックスタイルがシンボルに適用されます。Alt（option）+ドラッグで元に戻ります。

12-5 リピート

リピートコマンドの［ラジアル］［グリッド］［ミラー］を使うと、ひとつのオブジェクトから回転コピー・上下左右のコピー・反転コピーができます。［グリッド］を使うとパターンも作成できます。従来のパターン作成より操作は簡単ですがやや微調整しにくいので、必要に応じて使い分けるとよいでしょう。

STEP 01 ラジアルでコピーを作る

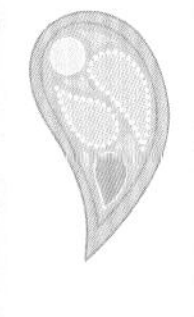

BEFORE

AFTER

元のオブジェクトのインスタンス（見かけ上のコピー）を円形に並べます。［オブジェクト］→［リピート］→［解除］で元のオブジェクトに戻せます。

Lesson12 ▶ L12-5S01.ai

1 レッスンファイルを開き、選択ツール  でオブジェクトを選択し❶、［オブジェクト］メニュー→［リピート］→［ラジアル］を選択します❷。選択したオブジェクトのインスタンスが回転コピーした状態で表示されます❸。

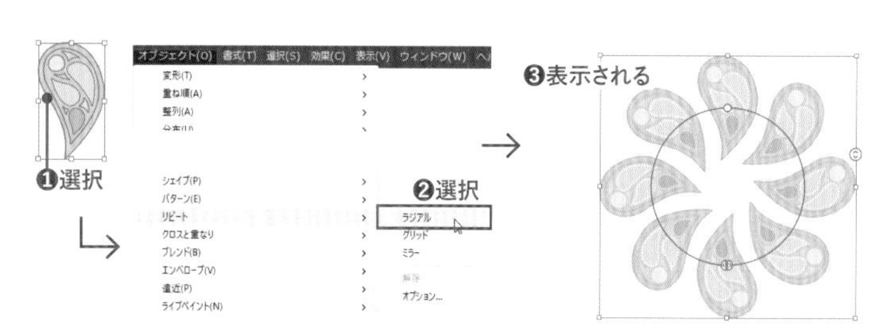

2 右側の［インスタンス数］コントロールを上にドラッグして❶、インスタンス数を「12」にします❷。

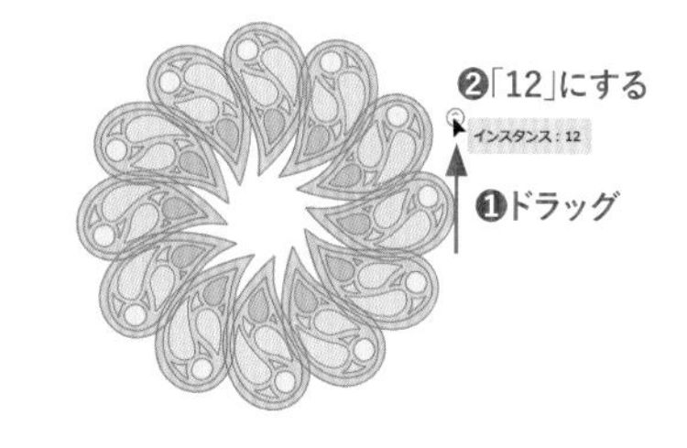

3 円の下側に表示された分割線の右側をドラッグして❶、インスタンスの数を減らします❷。

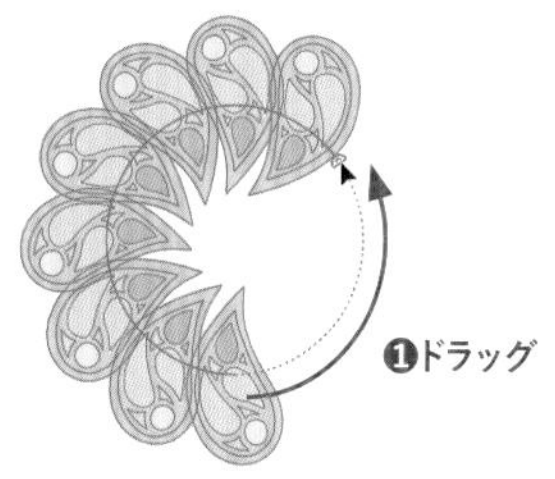

❷インスタンスが減った

4 円の左側に表示された○を時計回りにドラッグして左右のバランスがよくなるように調節し❶、下にドラッグしてインスタンスの間隔を狭くします❷。次にプロパティパネルのリピートオプションの［重なりを反転］のチェックをつけます❸。重なり方が反転します❹。

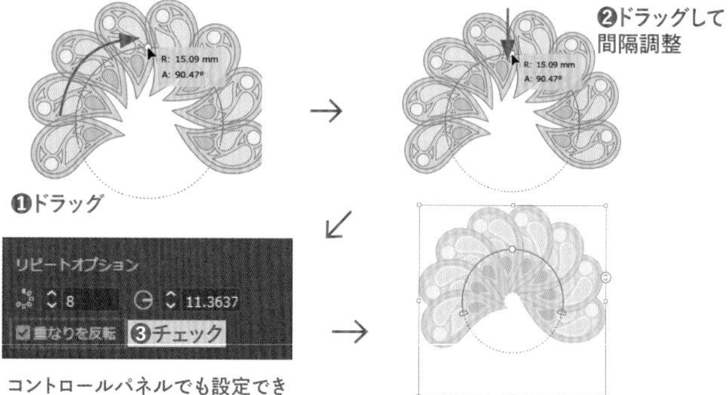

コントロールパネルでも設定できるが、リピートコマンドはプロパティパネルのほうが設定しやすい

❹重なり方が反転した

STEP 02 グリッドでコピーを作る

BEFORE

AFTER

[グリッド]を使うと、上下左右にリピートするインスタンスを作成でき、直感的な操作でパターンを作成できます。

Lesson12 ▶ L12-5S02.ai

1 レッスンファイルを開き、選択ツール でオブジェクトを選択し❶、[オブジェクト] メニュー→[リピート]→[グリッド] を選択します❷。8個のリピートインスタンスが表示されます❸。

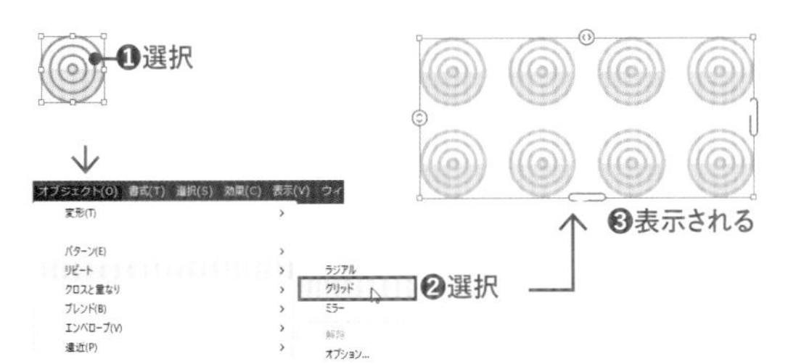

2 プロパティパネルのリピートオプションで、[グリッドの水平方向の間隔] を「0」に設定します❶。続けて [グリッドの種類] で [水平方向オフセットグリッド] を選びます❷。左右がぴったりくっつき、上の行のインスタンスは半分ずれた状態になります❸。

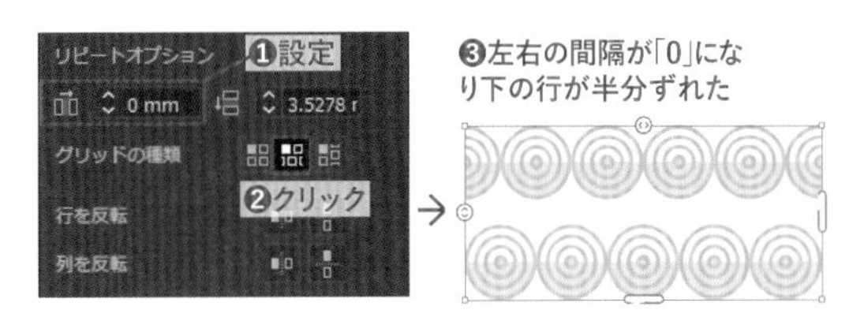

3 左側の垂直スライダーを上へドラッグして❶、インスタンスが重なるように間隔を調節します❷。作例では、プロパティパネルの [グリッドの垂直方向の間隔] が「-7.6mm」になっています。

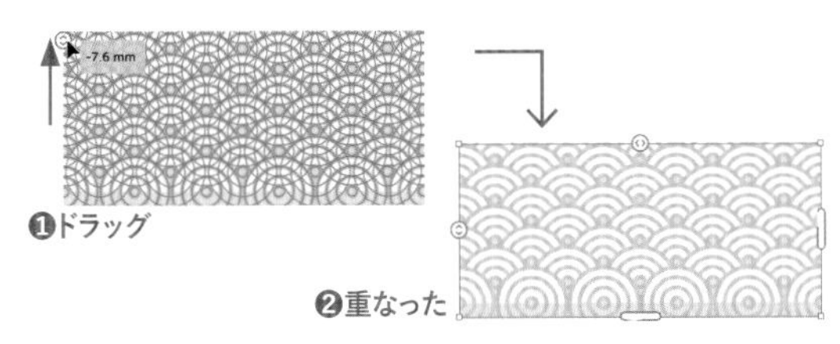

4 プロパティパネルで、[行を反転] の [垂直方向に反転] をクリックします❶。1行ごとにオブジェクトが反転します❷。

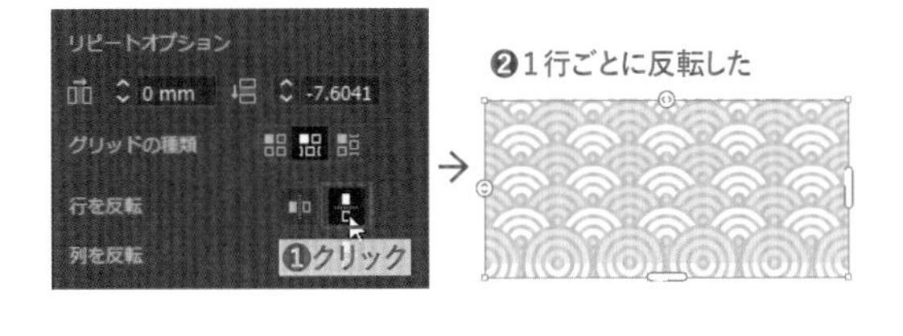

5 続けてプロパティパネルで [列を反転] の [垂直方向に反転] をクリックします❶。1列ごとにオブジェクトが反転します❷。

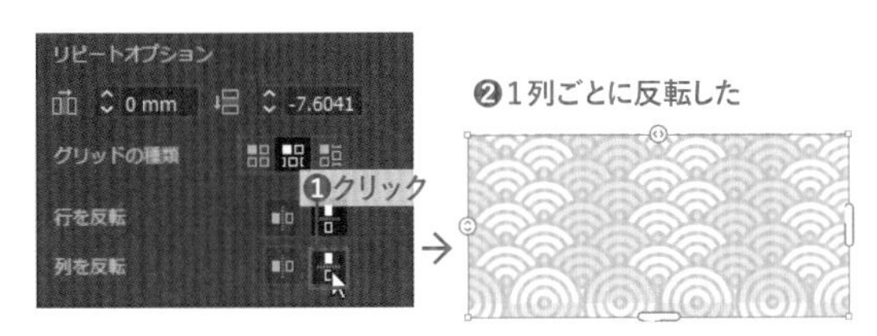

6 [オブジェクト] メニュー→[分割・拡張] を選びます❶。[分割・拡張] ダイアログボックスが表示されるので、[オブジェクト] だけにチェックをつけて❷、[OK] をクリックします❸。

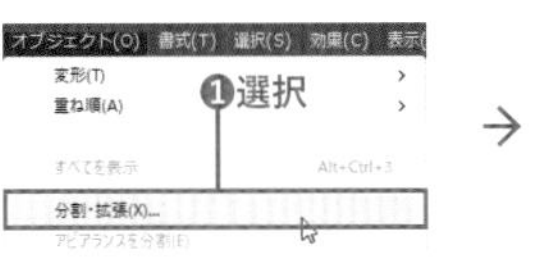

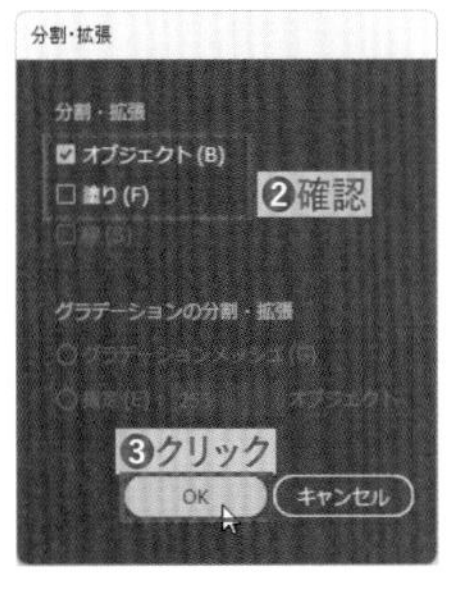

✔CHECK!

リピートオブジェクトの解除と分割・拡張

[リピート] で作成したオブジェクトは、グループ化されたひとつのリピートオブジェクトとなります。[オブジェクト] メニュー→[リピート]→[解除] で、元のオブジェクトに戻ります。[オブジェクト] メニュー→[分割・拡張] で、リピートした状態のまま通常のオブジェクトになります。

7 リピートオブジェクトが通常のオブジェクトに変換されます。この時点では、クリッピングパスでマスクされた状態です。プロパティパネルの［コンテンツを編集］をクリックし❶、すぐに［マスクを編集］をクリックします❷。クリッピングパス（マスクの形状を決めているパス）が選択されます❸。↑キーを何度か押して、一番下の行の円がパターンの模様になるようになる位置まで移動します❹。

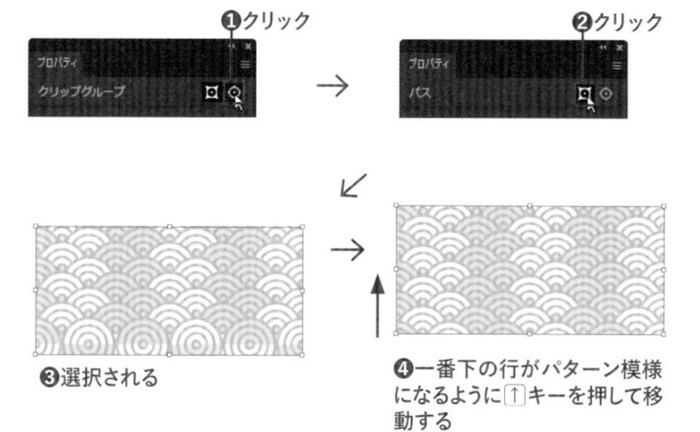

STEP 03 ミラーでコピーを作る

［ミラー］によるリピートは、リフレクトツールに比べて調整がしやすくなっています。元オブジェクトを回転すると、リピートを解除しても回転は元に戻らないので注意しましょう。

Lesson12 ▶ L12-5S03.ai

1 レッスンファイルを開き、選択ツールでオブジェクトを選択し❶、［オブジェクト］メニュー→［リピート］→［ミラー］を選択します❷。垂直軸に対してリピート図形が表示され、編集モードに入ります❸。

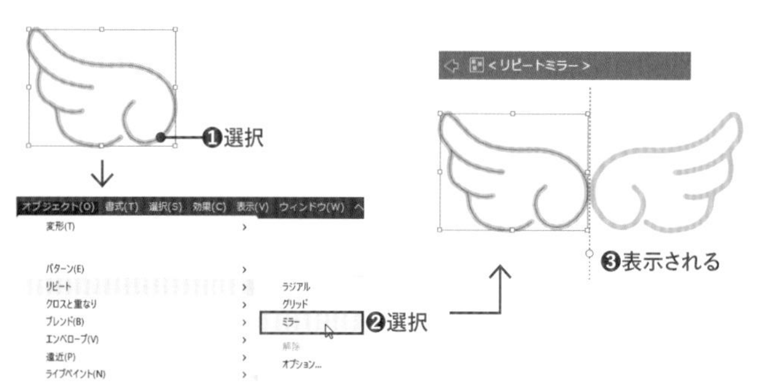

2 オブジェクト周囲のハンドル右上の外側にカーソルを合わせて、↷になった状態でドラッグして回転させます❶。リピート図形も回転します❷。

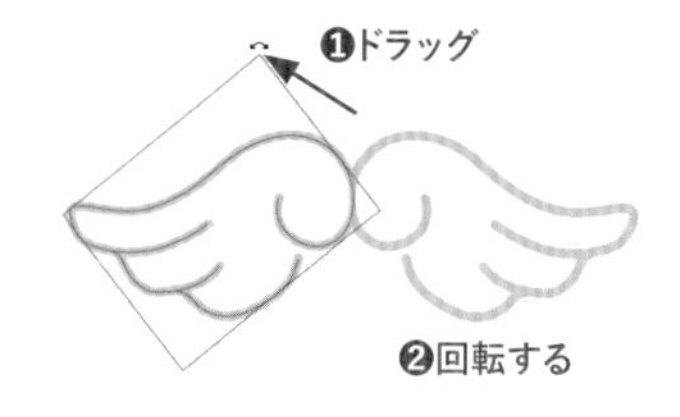

3 対称軸の中心にある○をドラッグして間隔を調節し、同時に回転の中心を設定します❶。次に対称軸の上端または下端の○をドラッグして角度を調節します❷。元のオブジェクトは動かずに、リピート図形だけが動きます。

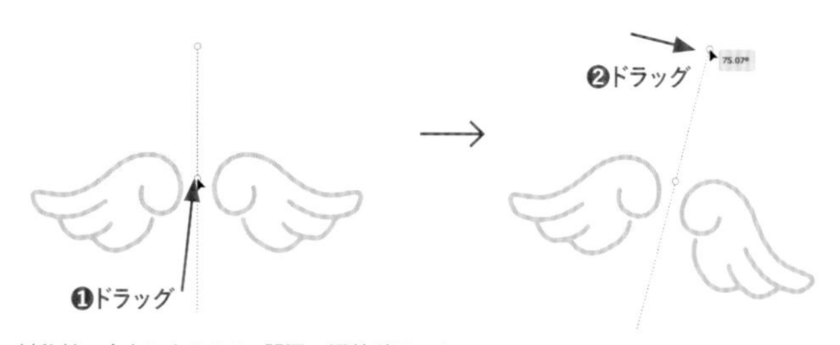

対称軸の中心にある○は、間隔の調整だけでなく、軸を回転させたときの中心となる

4 ウィンドウ上部のグレーのバーをクリックするとリピートミラーの編集モードが終了します❶。選択ツールでオブジェクトをダブルクリックすると再度編集モードに入り、調整を行えます。

12-6 テキストからベクター生成

「テキストからベクター生成」は、AIを使って、イラストのイメージをテキストで指示するだけで自動で生成する機能です。まだベータ版のため、作成されるイラストの品質は高いものではありませんが、これからよくなる機能として紹介します。

STEP 01 パターンを作成する

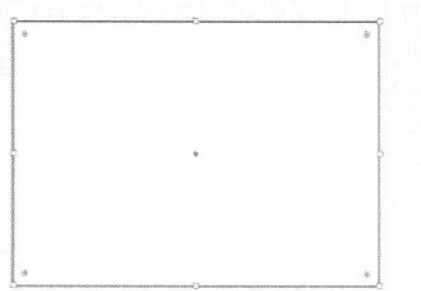
BEFORE

AFTER

選択した長方形に、指定したテキストから自動生成されたイラストのパターンを適用してみましょう。バリエーションも作成されます。

Lesson12 ▶ L12-6S01.ai

1 レッスンファイルを開き、長方形のオブジェクトを選択します❶。テキストからベクター生成（Beta）パネルを表示し、[種類]に「パターン」を選択します❷。[プロンプト]に「赤い屋根の家」と入力し❸、[生成（Beta）]をクリックします❹。長方形に、赤い屋根の家のイラストのパターンが適用されます（作例と同じにならなくてOKです）❺。

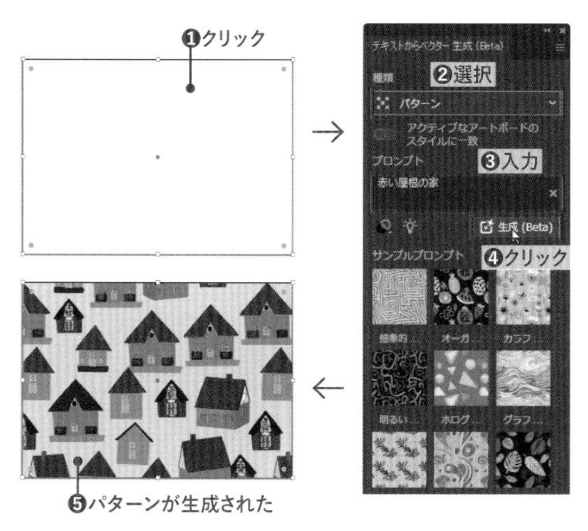

2 テキストからベクター生成（Beta）パネルには、バリエーションが作成されるので、ほかのパターン（ここでは中央のバリエーション）をクリックします❶。長方形のパターンが変わります❷。オブジェクトに適用したパターンは、通常のパターンと同様に、スウォッチパネルに登録されます❸。

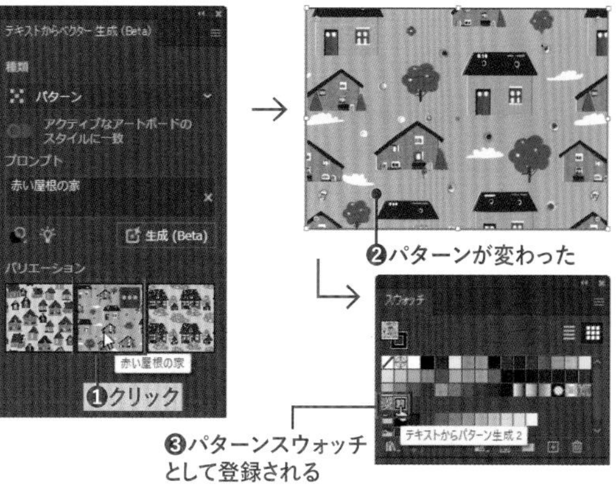

✔CHECK!

パターン編集モードで編集できる

[テキストからベクター生成]で作成したパターンも通常のパターンオブジェクトと同様に、パターン編集モードで編集できます。

COLUMN

Adobe 生成 AI ユーザーガイドライン

「テキストからベクター生成（Beta）」の初回使用時は、ユーザーガイドラインに同意するダイアログが表示されるので[同意する]をクリックしてください。また、「ユーザーガイドライン」は一読してください。「テキストからベクター生成（Beta）」パネルメニューの「ユーザーガイドライン」で表示できます。

Lesson12

練習問題

長方形のオブジェクトに[回転体]を適用して円柱に変形します。変形したら、登録済みグラフィックを表面にマッピングし、位置を調整したら[ジオメトリを表示しない]オプションをチェックし、円柱を非表示にしてグラフィックだけを残します。

BEFORE

AFTER

❶選択ツール で長方形を選択します。
❷[3Dとマテリアル]パネルの[オブジェクト]で[回転体]を選択します。設定はデフォルトのままでかまいません。
❸[3Dとマテリアル]パネルの[マテリアル]の[グラフィック]を表示し、グラフィック「ABC」をクリックしてマッピングします。
❹マッピングされたグラフィックの位置をドラッグして調整します。
❺[ジオメトリを表示しない]オプションをチェックして、円柱を非表示にします。

Lesson12 ▶ L12EX2.ai

星形のオブジェクトをシンボルに登録し、シンボルスプレーツールで配置します。シンボルリサイズツールを使って、配置したシンボルのサイズを変更してみましょう。

BEFORE　　AFTER

❶選択ツール でオブジェクトをシンボルパネルにドラッグして、シンボルとして登録します。[シンボルオプション]ダイアログボックスの設定は、そのままでかまいません。
❷シンボルパネルで、登録したシンボルを選択し、シンボルスプレーツール でドラッグして配置します。
❸シンボルリサイズツール を Alt（option）キーを押しながらドラッグして、配置したシンボルのサイズを小さくします。

Lesson 13

表やグラフを描く

Illustratorでのアートワーク制作において、表やグラフを作成する機会は意外に多いものです。仕事で使うようになれば、さらに多くなるでしょう。基礎をしっかり身につけておけば、効率的に作成できるだけでなく、応用して作表・グラフの表現が広がります。

13-1 表を描く

Illustratorには作表専用の機能はありませんが、[グリッドに分割]機能をうまく使うと、表の枠部分を効率的に描くことができます。また、作成した枠にテキストオブジェクトのリンク機能を適用すれば、文字の入力も効率的に行えます。

STEP 01 表の枠を作成する

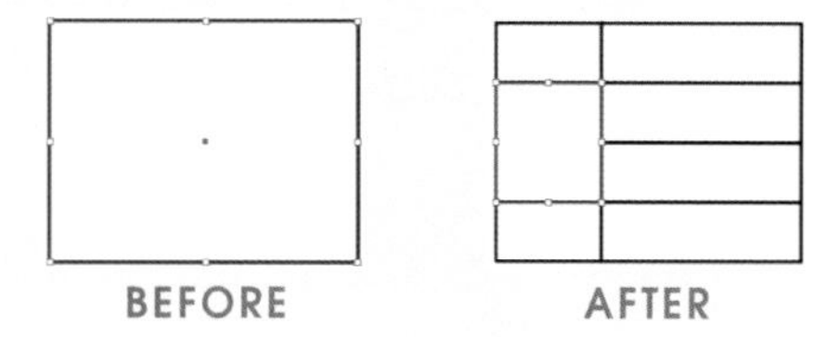

[グリッドに分割]を利用して、表の枠線を作成します。いろいろ設定を変えて試してみてください。

Lesson13 ▶ L13-1S01.ai

1 レッスンファイルを開き、選択ツール で長方形を選択します❶。この長方形は幅が40mm、高さが30mmです。[オブジェクト]メニュー→[パス]→[グリッドに分割]を選択します❷。

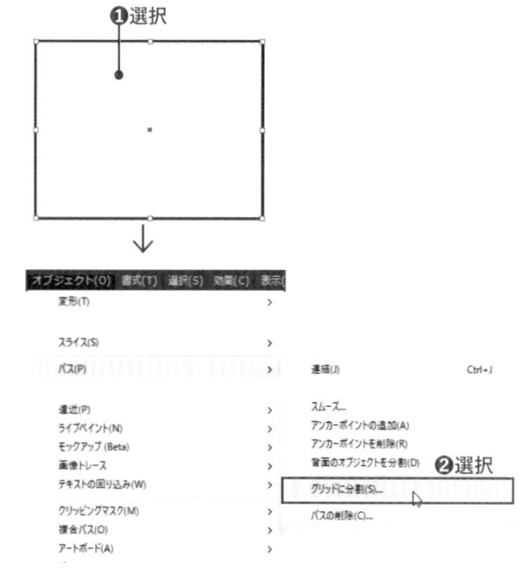

2 [グリッドに分割]ダイアログボックスが表示されるので、[行]の[段数]に「4」❶、[間隔]に「0」❷、[列]の[段数]に「2」❸、[間隔]に「0」と入力し❹、プレビューにチェックをつけます❺。長方形が4行2列の表になったことを確認して❻、[OK]をクリックします❼。作成された表は、8つの小さな長方形でできています。

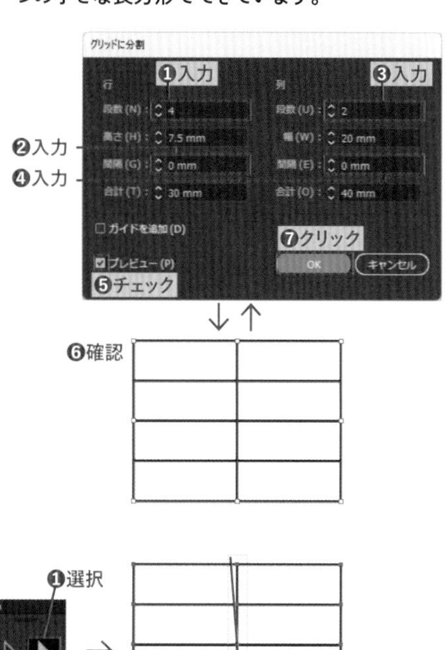

3 ツールバーでダイレクト選択ツール を選択します❶。中央の線を囲むようにドラッグして中央のアンカーポイントを選択します❷。

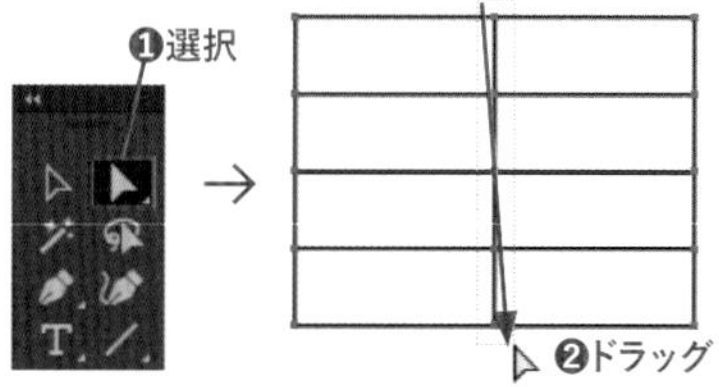

4 移動距離がわかるようにCtrl(command)キー+Uキーを押しスマートガイドをオンにします❶(オンの場合はそのまま)。選択した中央のアンカーポイントをShiftキーを押しながら左にドラッグして、6mm程度移動させます❷。この後は、スマートガイドはオフの状態で説明します。

❶Ctrl(command)+Uキーでスマートガイドをオン

❷Shift+ドラッグ

5 選択ツール を選択します❶。左の列の2行目と3行目の四角形を選択します❷。[オブジェクト]メニュー→[パス]→[グリッドに分割]を選択します❸。

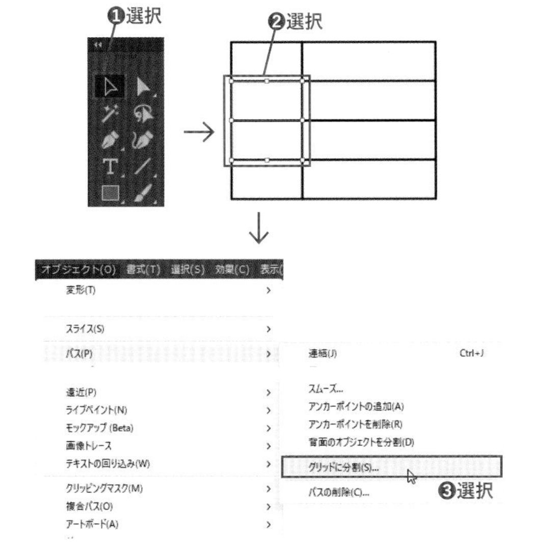

6 表示された[グリッドに分割]ダイアログボックスで、[行]の[段数]に「1」と入力して❶、プレビューにチェックをつけます❷。ふたつの長方形がひとつになったことを確認して❸、[OK]をクリックします❹。

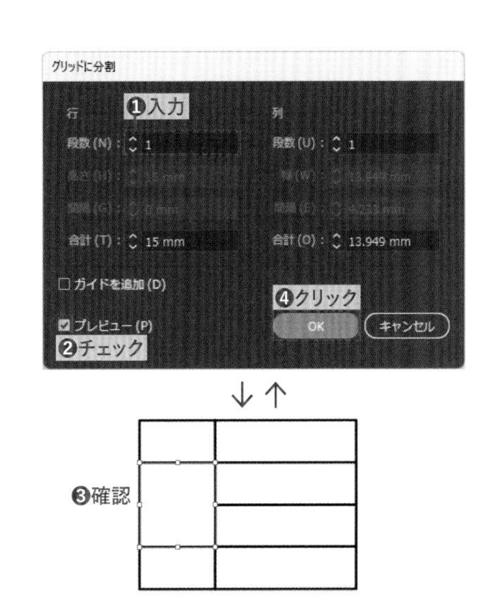

STEP 02 表にテキストを入力する

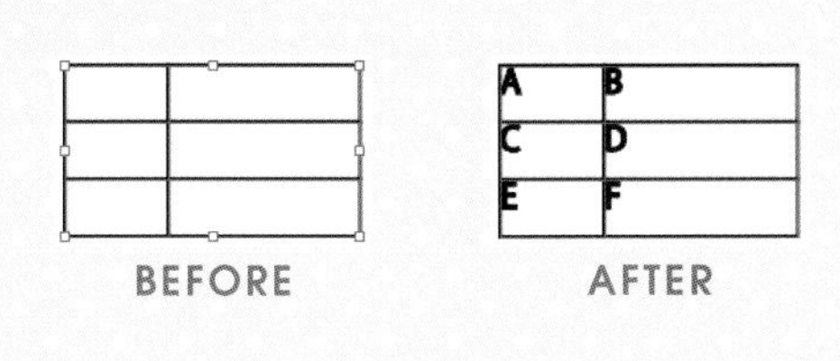

[グリッドに分割]で作成した表のオブジェクトを、リンクしたテキストエリアオブジェクト(スレッドテキスト)に変換して、テキストを入力していきます。

Lesson13 ▶ L13-1S02.ai

1 レッスンファイルを開きます。選択ツール で、表のオブジェクト全体を選択し❶、[書式]メニュー→[スレッドテキストオプション]→[作成]を選択します❷。

2 表のオブジェクトの各長方形が、それぞれテキストエリアオブジェクトになり、リンクされた状態になります❶。テキストエリアになると、オブジェクトの［塗り］も［色］も「なし」になり、選択を解除するとオブジェクトが見えなくなるので、［表示］メニュー→［アウトライン］を選んで表示モードを切り換えます❷。

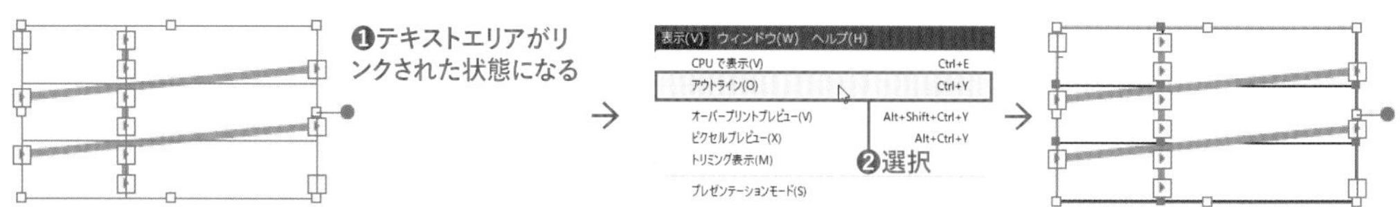

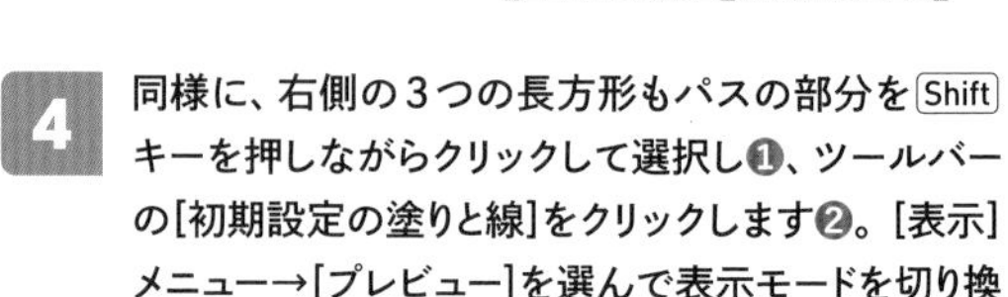

3 ダイレクト選択ツール を選択します❶。いったん選択を解除してから、左側の３つの長方形のパスの部分を Shift キーを押しながらクリックして選択し❷、ツールバーの［初期設定の塗りと線］をクリックします❸。アウトラインモードなので、表示は変わりませんが、実際には［塗り］が［ホワイト］、［線］が［ブラック］に設定されています。

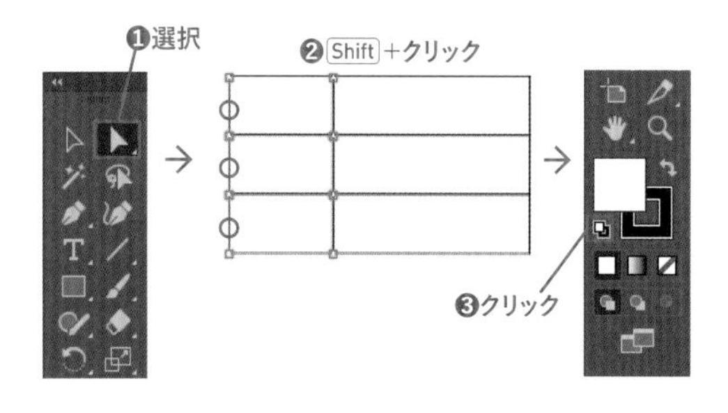

✔CHECK!

ダイレクト選択ツール を使う理由

選択ツール で全体を選択すると、テキストに対する色の設定になるため、ダイレクト選択ツール でテキストフレームオブジェクトだけを選択します。

4 同様に、右側の３つの長方形もパスの部分を Shift キーを押しながらクリックして選択し❶、ツールバーの［初期設定の塗りと線］をクリックします❷。［表示］メニュー→［プレビュー］を選んで表示モードを切り換えます❸。

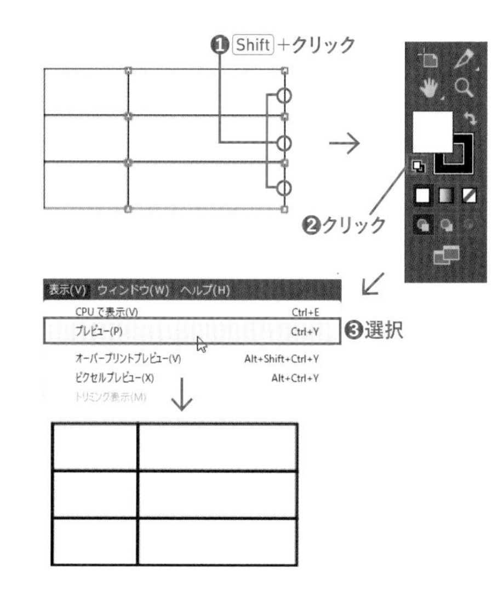

5 ツールバーで文字ツール を選択します❶。左上のテキストエリアの内側の左寄りにカーソルを移動し、カーソルが になったらクリックします❷。文字入力できるようになるので、半角文字で「A」と入力します❸。

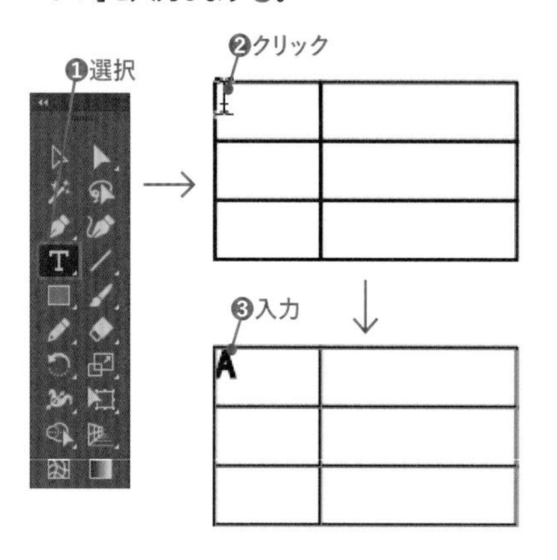

6 Enter（return）キーを押して改行します❶。同じテキストエリア内に文字が入りきらないので、隣のテキストエリアにカーソルが移動します。同様に「B」と入力して改行します❷。下のテキストエリアでも、同じように「C」、「D」、「E」、「F」と入力します❸。テキストエリアがリンクされているので、順番に入力できます。

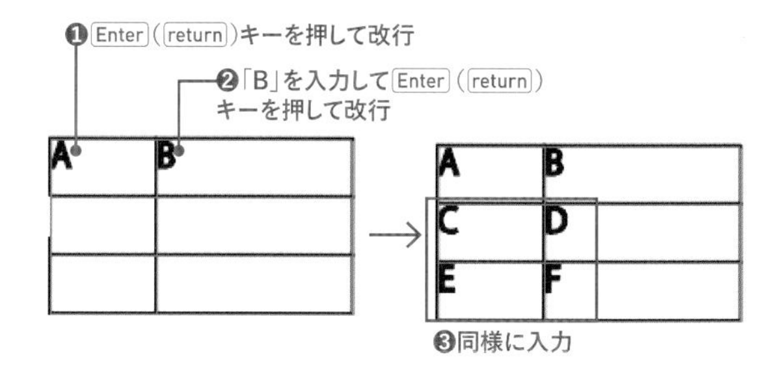

13-2 グラフを描く

Illustratorには、グラフ作成のための9種類のグラフツールが用意されています。表計算ソフトと同じようにデータを入力すれば、グラフは自動で作成されます。色の変更や、デザインオブジェクトを使ったグラフの作成も可能です。

グラフツール

グラフの作成

Illustratorには、多くのグラフツールが用意されています。グラフの作成方法は、すべて同じなので、棒グラフツール を使ってグラフ用データを作成し、後からグラフの種類を変更すればよいでしょう。

棒グラフツール でグラフのサイズのエリアをドラッグで指定するか、クリックしてサイズを指定します。

[グラフデータ]ウィンドウが表示されるので、グラフの元になるデータを入力しましょう。 をクリックするとグラフが作成されます。ウィンドウは開いたままなので、数値の修正や、ほかのグラフを作成できます。終了したら閉じてください。

[グラフデータ]ウィンドウ

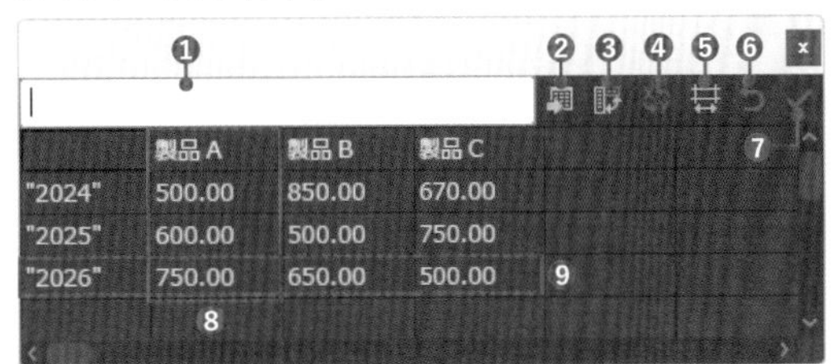

❶セルにデータを入力する
❷データを読み込む
❸行と列を入れ替える
❹散布図でXYを入れ替える
❺セルの表示設定
❻元に戻す
❼グラフにデータを適用する
❽縦の並びが系列
❾横の並びが項目

[グラフ設定]ダイアログボックス

作成したグラフを選択し、[オブジェクト]メニュー→[グラフ]→[設定]を選択するか、ツールバーのグラフツールのアイコンをダブルクリックすると、[グラフ設定]ダイアログボックスが表示され、選択したグラフの種類を変更したり、[スタイル]の設定で影をつけたりできます。[オプション]は、グラフの種類ごとに設定項目が変わります。

また、左上のドロップダウンリストで、[数値の座標軸]や[項目の座標軸]を選択すると、グラフの軸の座標値や目盛りの表示などの設定をすることができます。

[グラフ設定]ダイアログボックス

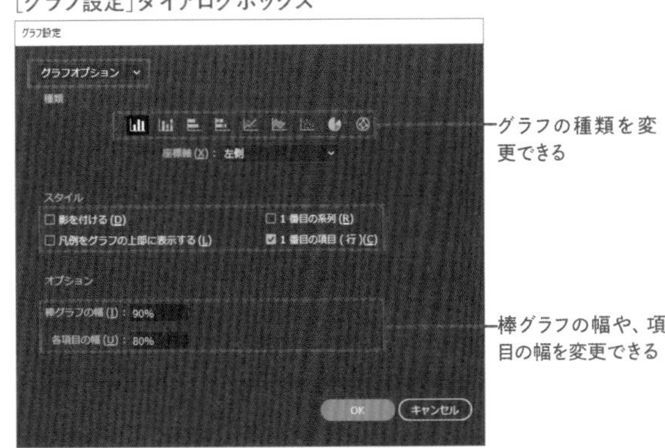

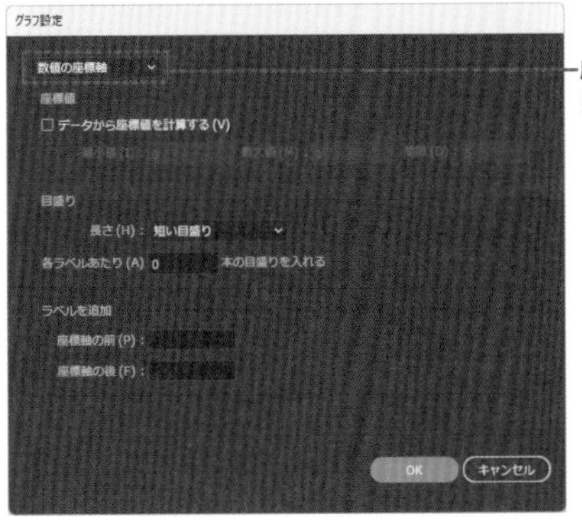

座標軸の設定画面に切り換わる

グラフの種類

Illustratorでは、9種類のグラフが作成できます。ツールバーから各種グラフツールを選択して作成するか、グラフを作成後に[グラフ設定]ダイアログボックスでグラフの種類を変更します。

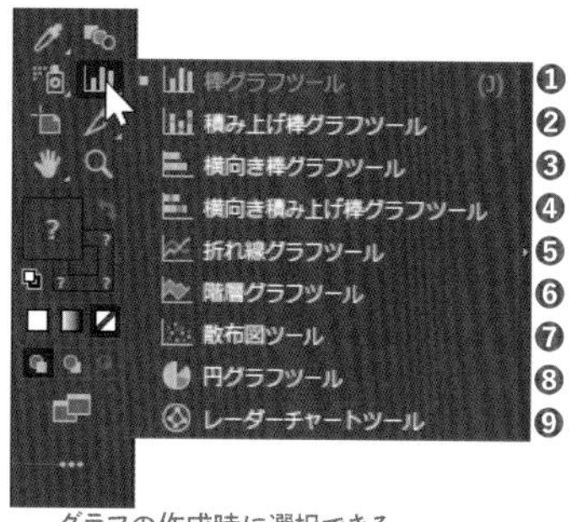

グラフの作成時に選択できる

作成後に[グラフ設定]ダイアログボックスで変更できる

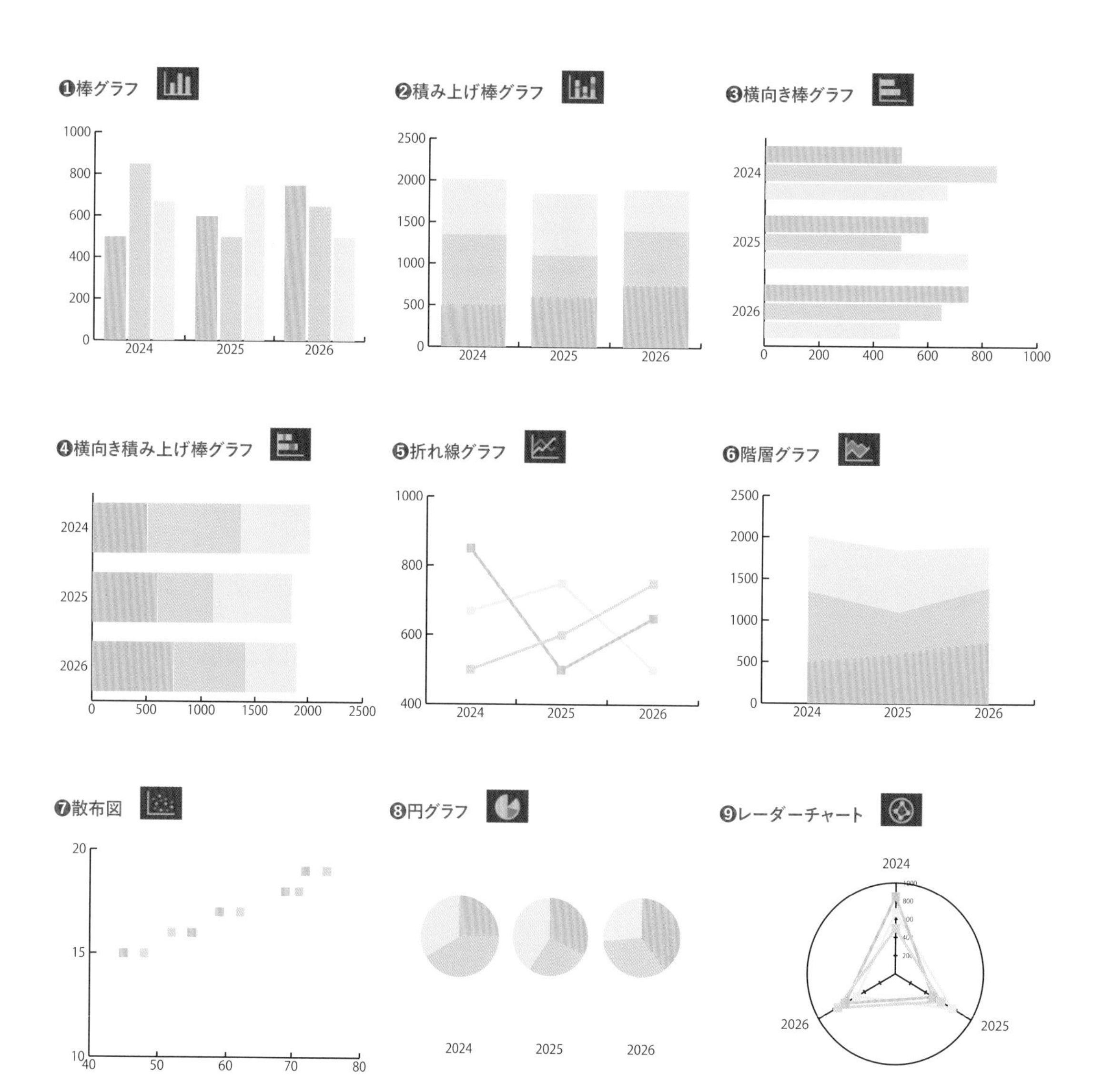

STEP 01 グラフのデータを入力する

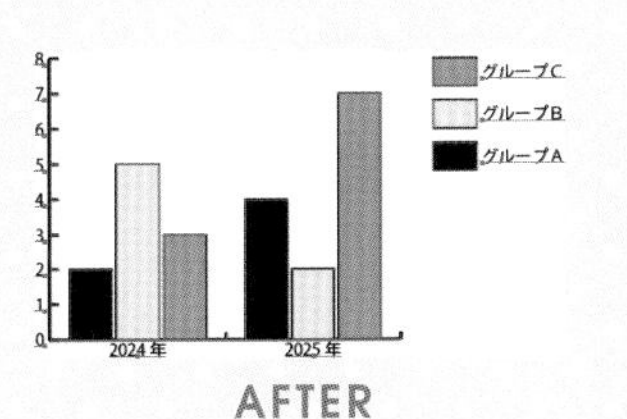

Illustratorでのグラフ作成時のデータは、[グラフデータ]ウィンドウで入力するか、表計算ソフトから書き出したテキストファイルを読み込みます。

Lesson13 ▶ L13-2S01.ai

ドラッグでグラフを作成

1 レッスンファイルを開きます。ツールバーで棒グラフツール を選択します❶。レッスンファイルの上部の余白に、適当な大きさにドラッグします❷。

❶選択

❷ドラッグ

2 棒グラフが作成され、同時に[グラフデータ]ウィンドウが表示されます。ここでは、一度[グラフデータ]ウィンドウの「×」をクリックして閉じます❶。

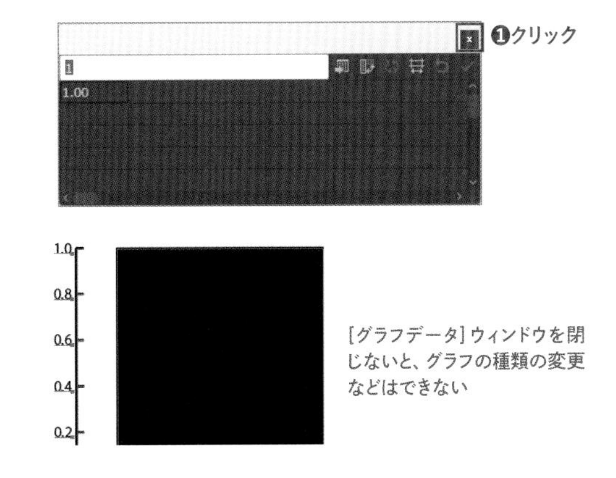

[グラフデータ]ウィンドウを閉じないと、グラフの種類の変更などはできない

データを直接入力

1 選択ツール を選択します❶。Aのグラフを選択し❷、マウスの右ボタンをクリックして❸、メニューから[データ]を選択します❹。

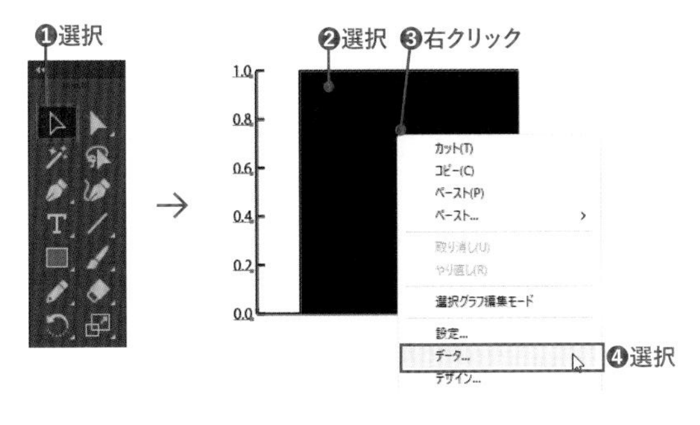

グラフオブジェクトを選択後、[オブジェクト]メニュー→[グラフ]→[データ]を選んでもかまわない

2 [グラフデータ]ウィンドウで、1行目の左からふたつ目のマス目をクリックして選択し❶、上の入力スペースに「2」と入力します❷。入力したら、右上の[適用]ボタンをクリックします❸。これでグラフに反映されます。[グラフデータ]ウィンドウは閉じないでください。

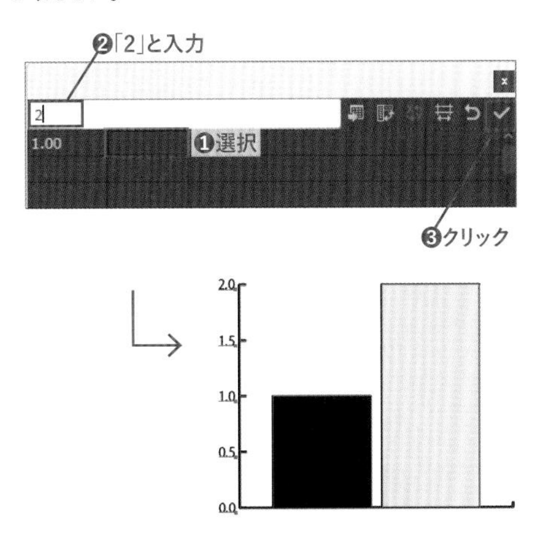

データを読み込む

1 選択ツール[icon]でBのグラフを選択します❶。[グラフデータ] ウィンドウの内容が、選択したグラフのデータに変わります。[データの読み込み] ボタンをクリックします❷。

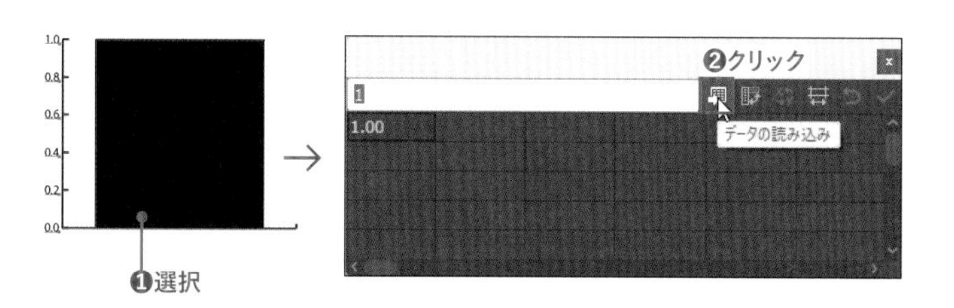

✔CHECK!

[グラフデータ] ウィンドウ

アートワーク内に複数のグラフがあるとき、[グラフデータ] ウィンドウを表示したままで、ほかのグラフのデータを設定できます。

2 [グラフデータの読み込み] ダイアログボックスが表示されるので、レッスンファイルのフォルダから「グラフサンプルデータ1.txt」を選択し❶、[開く] をクリックします❷。[グラフデータ] ウィンドウに、グラフデータが読み込まれました❸。[適用] をクリックしてグラフに反映させます❹。最後に「×」をクリックして [グラフデータ] ウィンドウを閉じます❺。

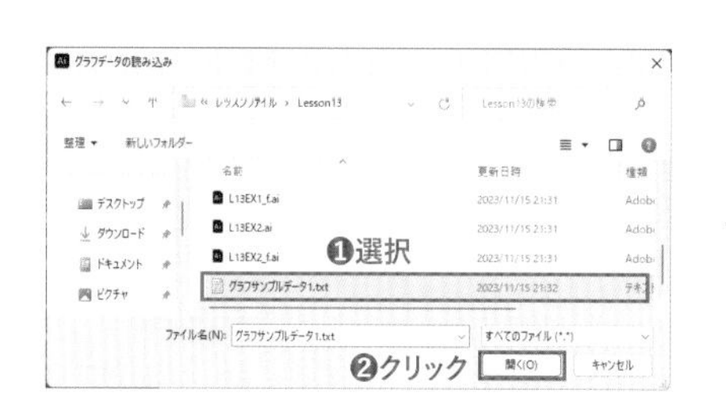

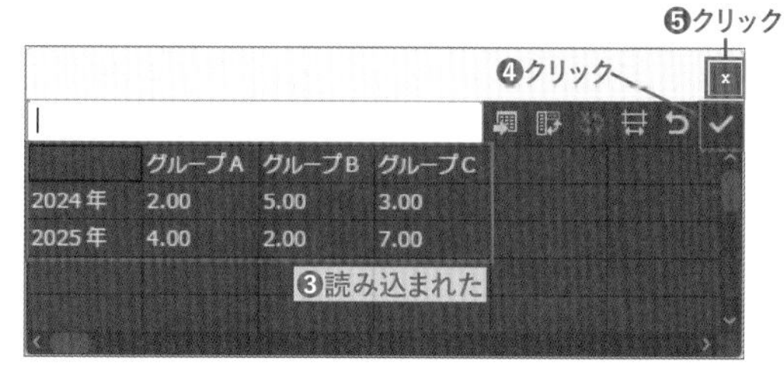

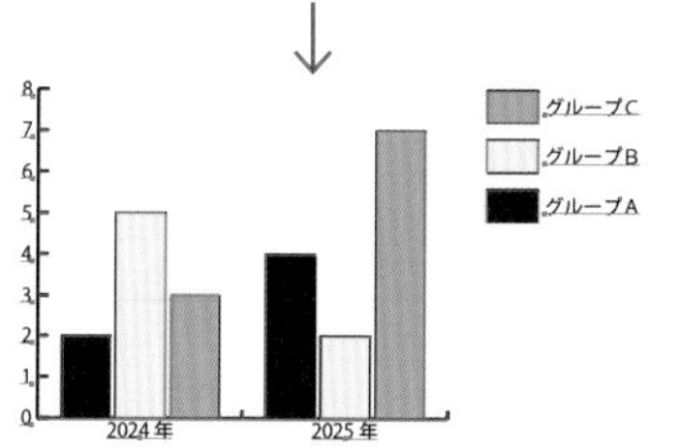

✔CHECK!

Excelのデータを使うには

ExcelのデータをIllustratorのグラフで使用する場合は、Excel側で[ファイルの種類]を「テキスト(タブ区切り)」にして書き出してください。

項目名が数字のみの場合は" "をつける

1 選択ツール[icon]でCのグラフを選択し❶、右クリックして❷、メニューから [データ] を選択します❸。表示された [グラフデータ] ウィンドウで「2024.00」のマス目をクリックして選択し❹、データ入力エリアで「2024.00」の前後に「"」(ダブルクォーテーションマーク) をつけ「"2024"」に変更します❺。

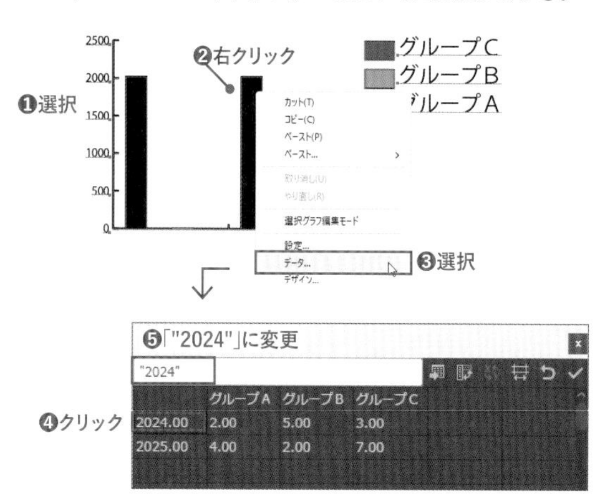

2 同様に「2025.00」のマス目を選択して❶「"2025"」に修正し❷、[適用] をクリックします❸。「2024.00」「2025.00」がグラフデータから項目名になりました❹。

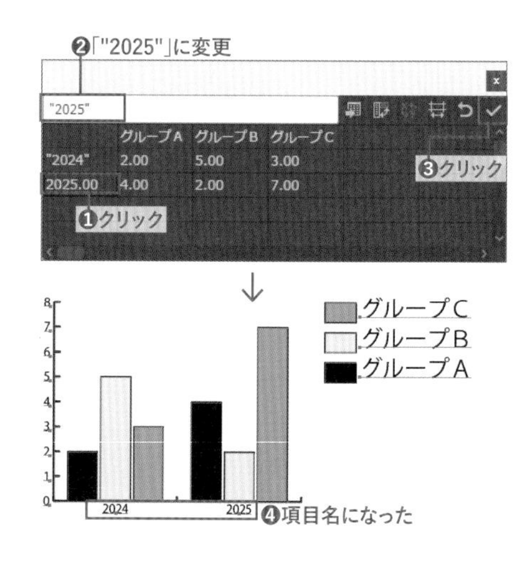

STEP 02 グラフの細部を整える

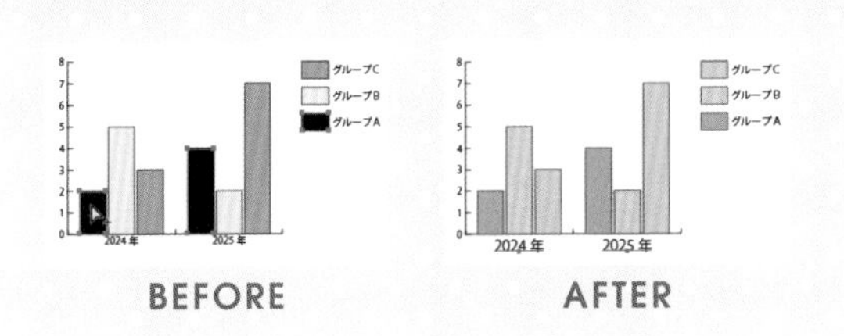

グラフはグループ解除するとデータ変更ができなくなるため、なるべくグループのまま作業します。グループ内のパーツを選択するときには、グループ選択ツールを利用します。

Lesson13 ▶ L13-2S02.ai

線幅と線端の設定

1 レッスンファイルを開きます。ツールバーで、グループ選択ツールを選択します❶。Aのグラフの数値の座標軸の目盛り(どれでもいいです)を2回クリックして❷、数値の目盛りをすべて選択します。

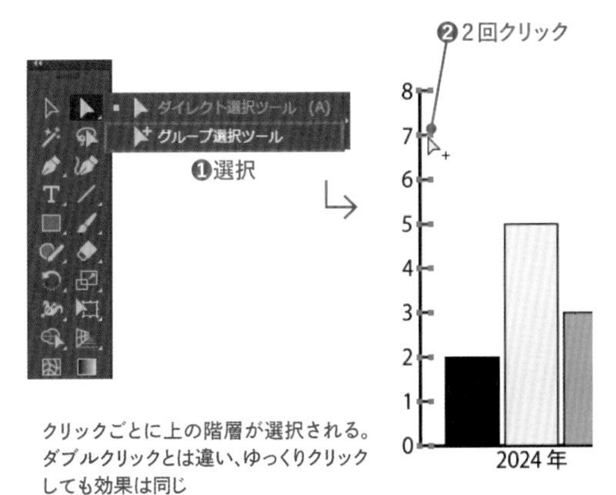

クリックごとに上の階層が選択される。ダブルクリックとは違い、ゆっくりクリックしても効果は同じ

2 線パネルの[線幅]で「0.5pt」を選択し❶、[線端]で「突出線端」を選択します❷。数値の座標軸の目盛りの[線幅]と[線端]が変わります❸。

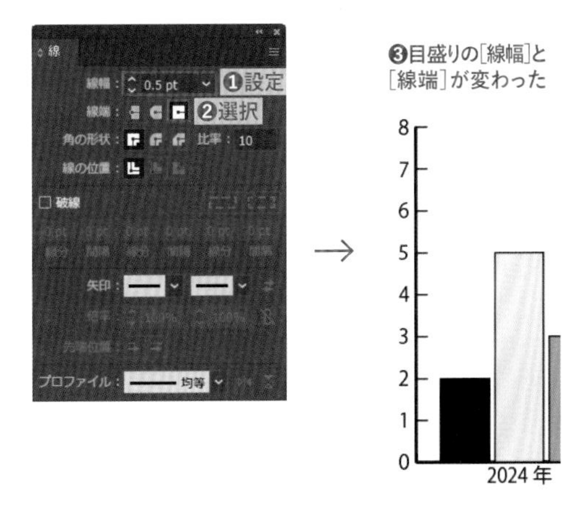

3 数値の座標軸❶、項目の座標軸❷と目盛り❸も、同様に[線幅]を「0.5pt」に、[線端]を「突出線端」に設定します。ただし、数値の座標軸、項目の座標軸は1回クリックで選択してください。

CHECK!

線の設定を変える理由

グラフの線は、初期設定のままだと、原点などがきれいに重なっていません。用途によってはかなり目立つので、[線幅]や[線端]の変更が必要になります。

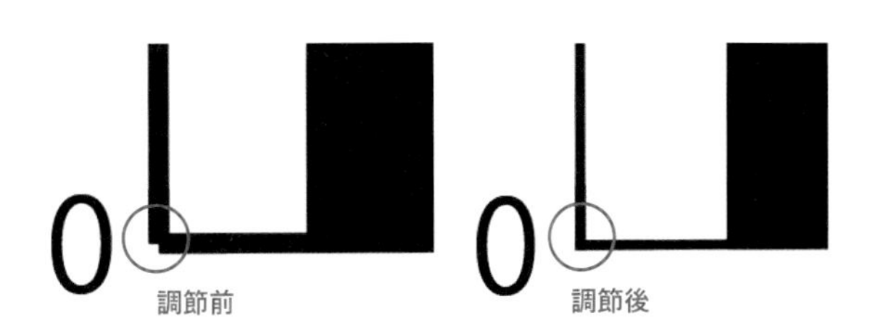

色の設定

グループ選択ツール を選択し、Bのグラフの左端のグラフの棒を3回クリックします❶。同じ系列のオブジェクトがすべて選択されます❷。スウォッチパネルの［スウォッチライブラリメニュー］をクリックし❸、表示されたメニューから［グラデーション］→［スウォッチ（明）］を選択します❹。ツールバーで［塗り］がアクティブなことを確認し❺、表示されたスウォッチ（明）パネルで、［オレンジ］を選択します❻。続けて、グラデーションパネルで［角度］を「90°」に設定します❼。ほかの系列（グループB、グループC）も同様に設定してみましょう。

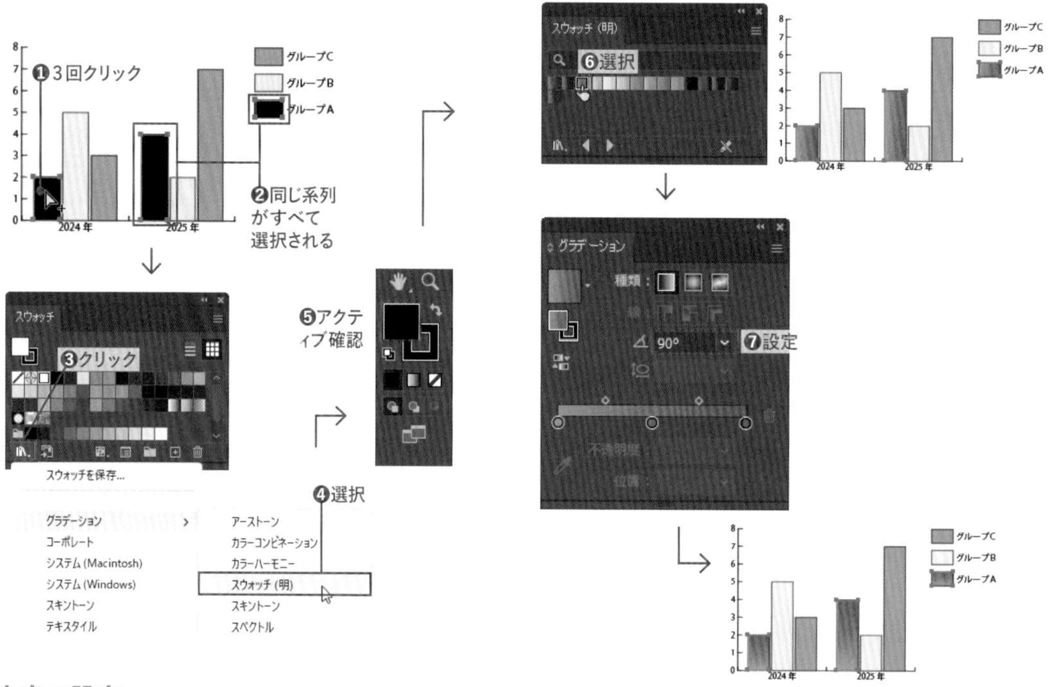

文字の設定

グループ選択ツール を選択し、Cのグラフの項目名の文字を2回クリックします❶。ほかの項目名のテキストも選択されるので❷、文字パネル（コントロールパネルやプロパティパネルでも可）で［フォントサイズ］を「9pt」に設定します❸。文字サイズが大きくなるので❹、キーボードの↓キーを数回押して位置を下に調節します❺。

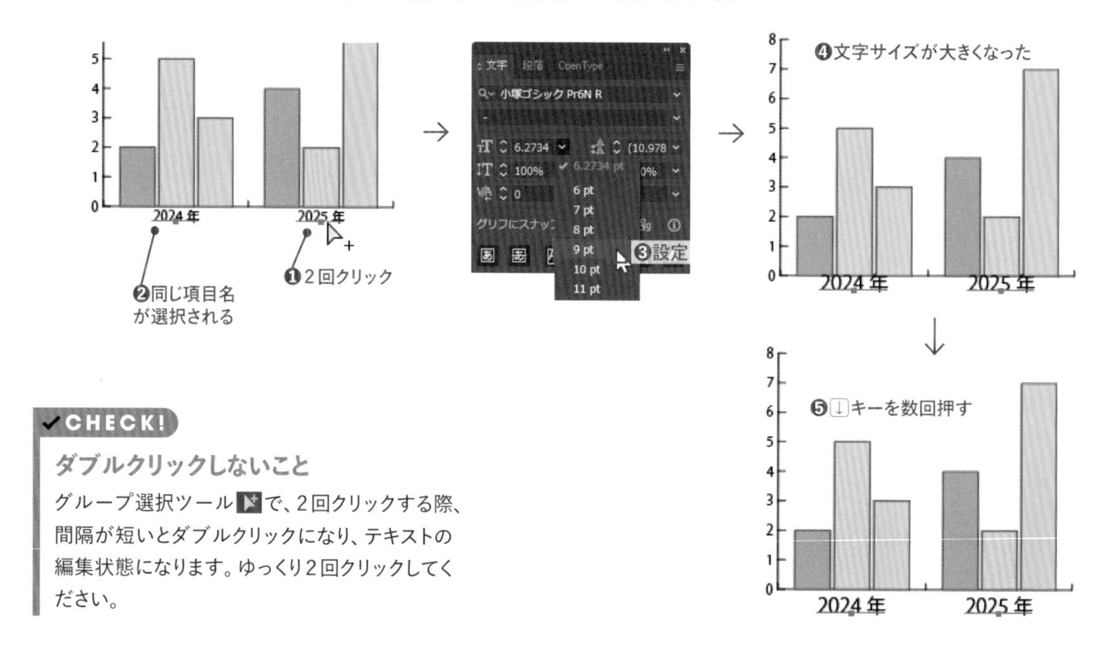

> ✔CHECK!
> ### ダブルクリックしないこと
> グループ選択ツール で、2回クリックする際、間隔が短いとダブルクリックになり、テキストの編集状態になります。ゆっくり2回クリックしてください。

STEP 03 グラフオプションでグラフの外観を変える

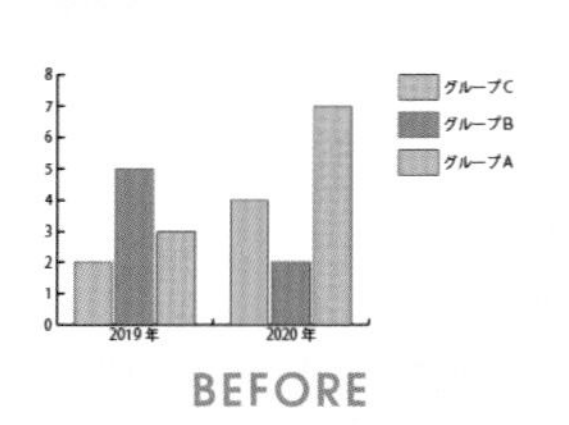
BEFORE

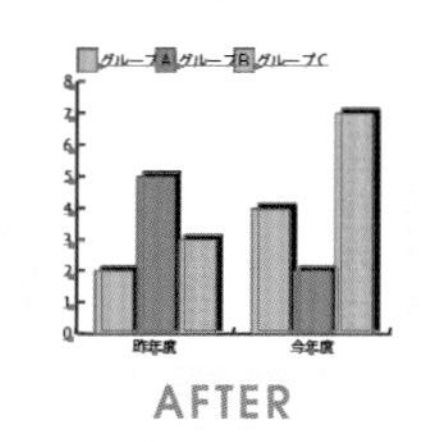
AFTER

グラフは作成後に種類を変更できます。また、グラフオプションで外観を変えられます。ここでは、棒グラフに影をつけ、凡例の位置を変えてみましょう。

Lesson13 ▶ L13-2S03.ai

グラフの種類を変更

1 レッスンファイルを開き、選択ツール で A のグラフを選択します❶。マウスの右ボタンをクリックして❷、メニューから[設定]を選択します❸。

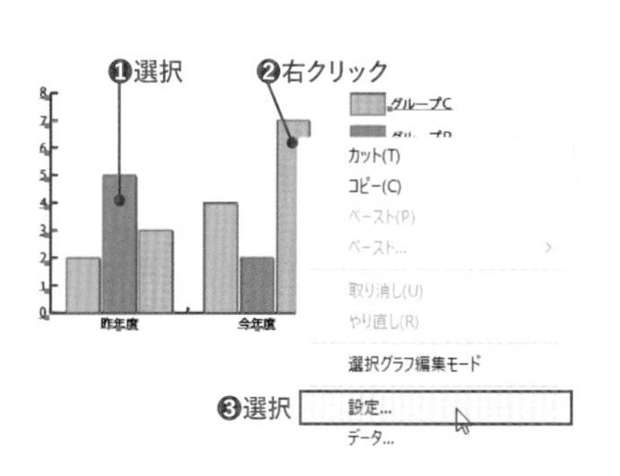

2 [グラフ設定]ダイアログボックスが表示されるので、[円グラフ]のアイコンをクリックし❶、[OK]をクリックします❷。選択したグラフが円グラフに変わります。

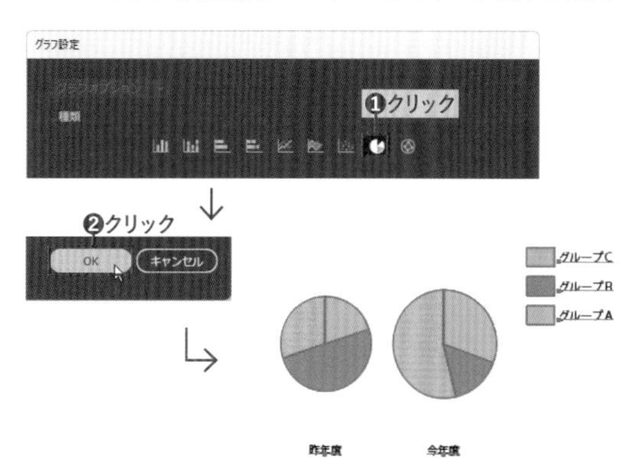

✔CHECK!

プロパティパネルの[グラフの種類]

プロパティパネルの[グラフの種類]をクリックしても、[グラフ設定]ダイアログボックスを表示できます。

影をつける・凡例の位置を変える

1 選択ツール で B のグラフを選択し、A のグラフと同様に、マウスの右ボタンをクリックしてメニューから[設定]を選択し、[グラフ設定]ダイアログボックスを表示します。

2 [スタイル]の[影を付ける]にチェックをつけ❶、[OK]をクリックします❷。棒グラフに影がつきます❸。

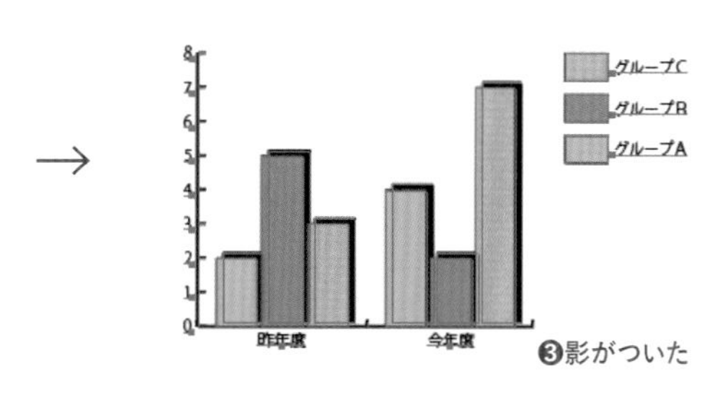

3 再度［グラフ設定］ダイアログボックスを表示し、［凡例をグラフの上部に表示する］にチェックをつけ❶、［OK］をクリックします❷。凡例の位置が上に変わります❸。

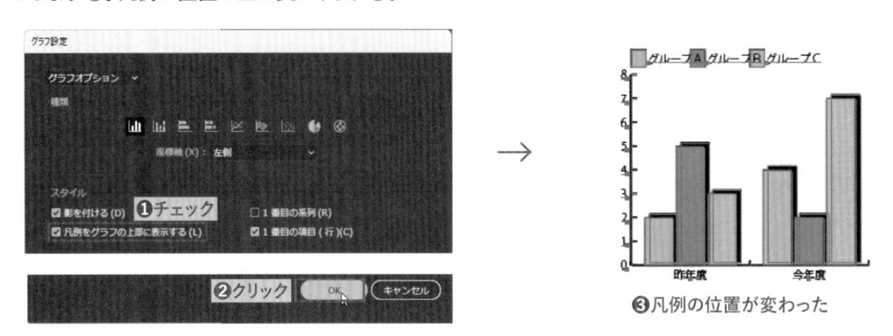

❸凡例の位置が変わった

STEP 04 アートワークの繰り返しの棒グラフを作成

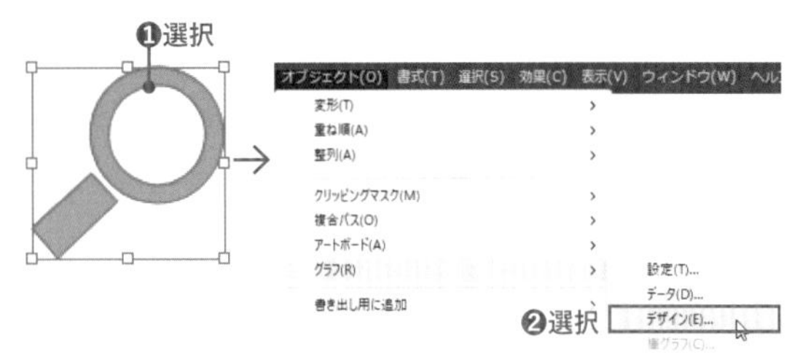

アートワークをグラフデザインとして登録しておくと、棒グラフの棒のデザインとして使用できます。ここではアートワークが繰り返し表示されるグラフを作成します。

Lesson13 ▶ L13-2S04.ai

1 レッスンファイルを開きます。選択ツール で、検索マークのオブジェクトAを選択し❶、［オブジェクト］メニュー→［グラフ］→［デザイン］を選択します❷。

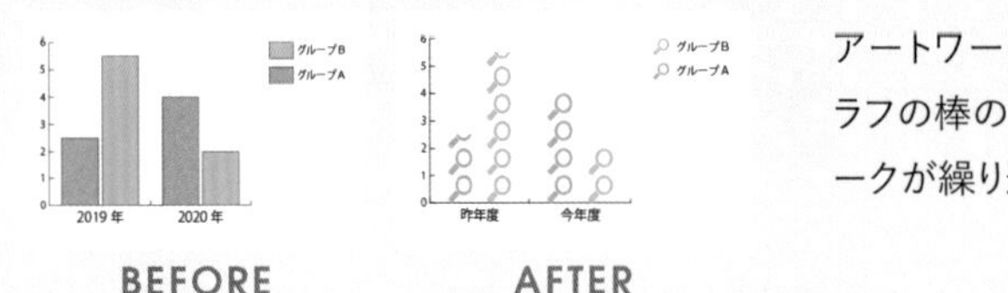

2 ［グラフのデザイン］ダイアログボックスが表示されるので、［新規デザイン］をクリックします❶。オブジェクトが「新規デザイン」という名称で登録されるので❷、［OK］をクリックします❸。

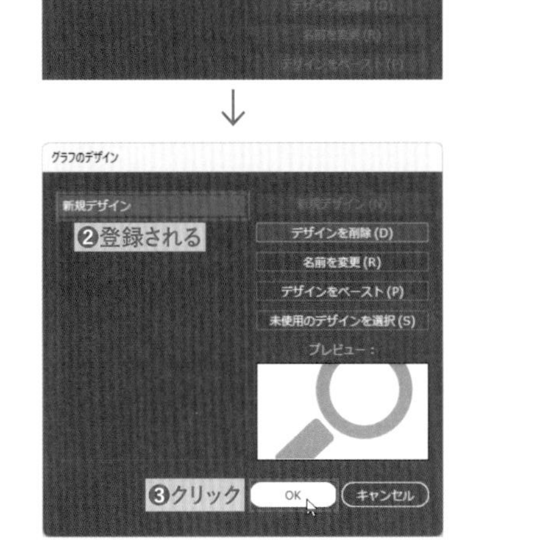

3 検索マークのオブジェクトBを選択し❶、同様の手順で［グラフのデザイン］ダイアログボックスに「新規デザイン 2」として登録します❷。

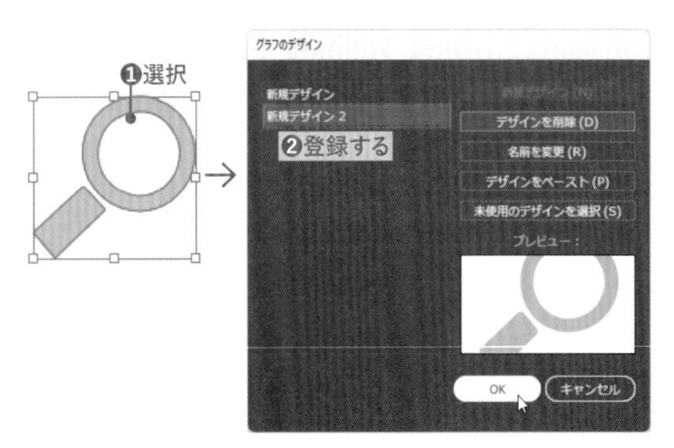

4 選択ツール で、グラフCを選択します❶。マウスを右クリックし❷、メニューから[棒グラフ]を選択します❸。[棒グラフ設定]ダイアログボックスが表示されるので、「新規デザイン」を選択し❹、[棒グラフ形式]を「繰り返し」❺、[凡例のデザインを回転する]を「オフ」❻、[1つのデザインマーカーに対応するグラフの値]を「1」❼、[端数]を[区切る]に設定し❽、[OK]をクリックします❾。棒グラフに、登録したデザインが適用されました❿。

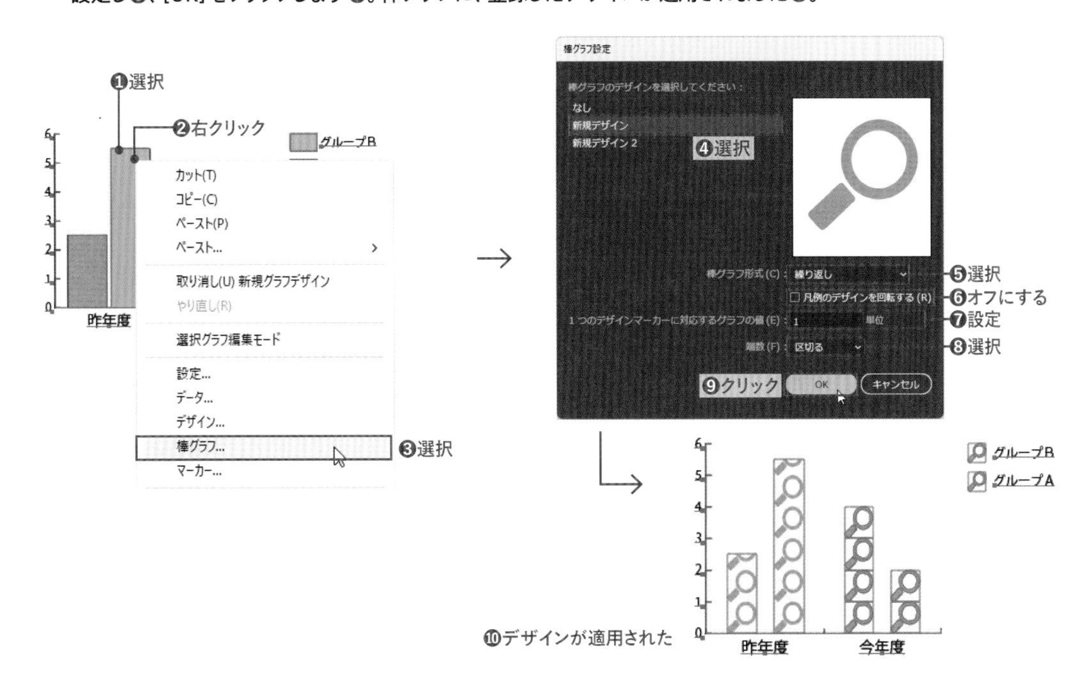

5 いったん選択を解除してから、グループ選択ツール を選択し、手順4で作成したグラフのグループBを数回クリックして❶、グループBの棒と凡例をすべて選択します❷。[オブジェクト]メニュー→[グラフ]→[棒グラフ]を選択し❸、[棒グラフ設定]ダイアログボックスで[新規デザイン2]を選択します❹。ほかの設定は前回のものが残っているのでそのままにして、[OK]をクリックします❺。グループBに違うデザインが適用されました❻。

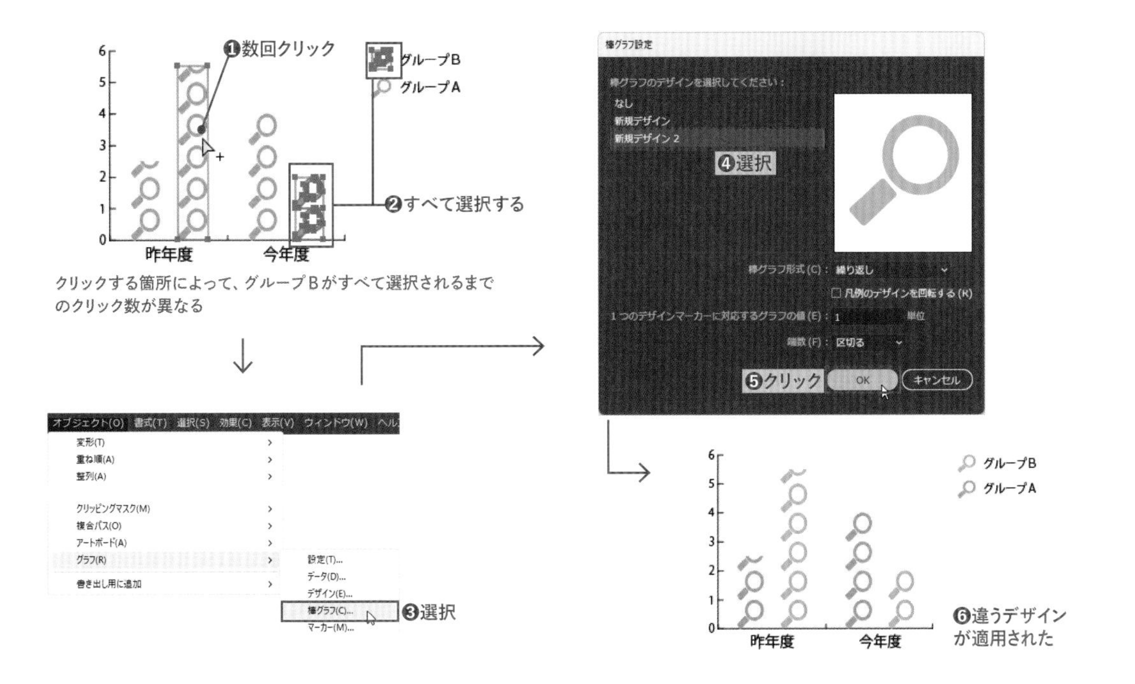

Lesson13　練習問題

Lesson13 ▶ L13EX1.ai

グラフの色を変更しましょう。
グループ選択ツール[icon]で同じ系列を選択することがポイントです。

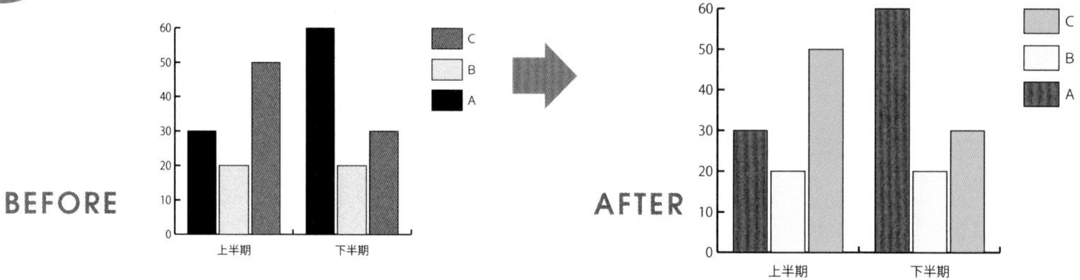

❶グループ選択ツール[icon]で、左端のグラフの棒を3回クリックし、同じ系列のオブジェクトを選択します。
❷スウォッチパネルやカラーパネルで［塗り］の色を変更します。どんな色でもかまいません。ここでは［C=0 M=80 Y=95 K=0］に設定しました。
❸同じ手順で、ほかの系列の［塗り］の色も変更しましょう。完成見本は、系列Bを［C=5 M=0 Y=90 K=0］、系列Cを［C=50 M=0 Y=100 K=0］に設定しています。

Lesson13 ▶ L13EX2.ai

グラフを円グラフに変更し、［塗り］の色を変更します。変更したら、［効果］メニュー→［3Dとマテリアル］→［押し出しとベベル］で立体に変形します。

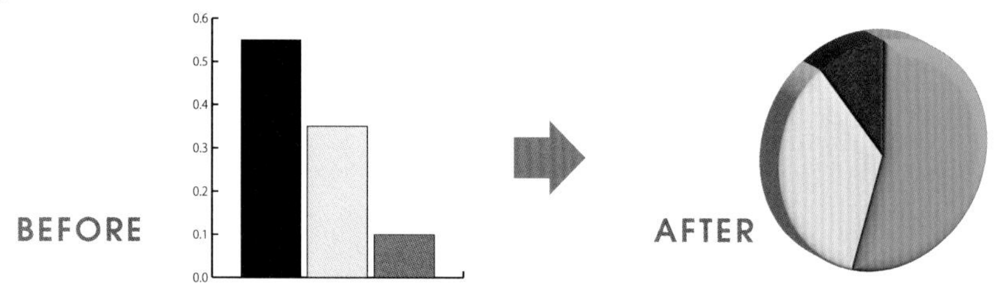

❶選択ツール[icon]でグラフを選択し、マウスの右ボタンをクリックしてメニューから［設定］を選択します。
❷［グラフ設定］ダイアログボックスで［円グラフ］に種類を変更します。
❸ダイレクト選択ツール[icon]またはグループ選択ツール[icon]を使い、［塗り］と［線］の色を変更します。どんな色でもかまいませんが、完成見本は［塗り］は［CMYKグリーン］［CMYKイエロー］［CMYKレッド」を適用しています。［線］は［なし］に設定します。
❹選択ツール[icon]でグラフオブジェクトを全体選択します。
❺［効果］メニュー→［3Dとマテリアル］→［押し出しとベベル］を選択し、［3Dとマテリアル］パネルで、［押し出しの奥行き］を「7mm」、［ベベル］をオンにして「ベベルの形状」を［円形］、［幅］を「30%」、［高さ］を「30%」に設定します。

Lesson 14

高度な変形

Illustratorには、オブジェクトを変形する機能が多数用意されています。ここでは、［効果］メニューや、エンベロープ、ブレンドといった、少し高度な変形機能を使ってみましょう。

14-1 効果メニューで変形する

［効果］メニューの各機能は、パスを変形せずに見た目だけを変形します。後から設定を変更して調節したり、表示をオフにして元に戻せるので便利です。変形してアンカーポイントを編集したいような場合にはアピアランスを分割します。

効果とは

アピアランスパネルと効果

［効果］メニューには多くの変形機能がありますが、これらの機能は、実際のパスの形状を変化させずに、見た目だけを変化させています。

オブジェクトを選択すると、アピアランスパネルには、適用されている効果が表示されます。 をクリックして効果を適用しない状態に戻したり、効果の名称部分をクリックして、効果の設定内容を変更できます。やり直しができるのが効果の特長です。

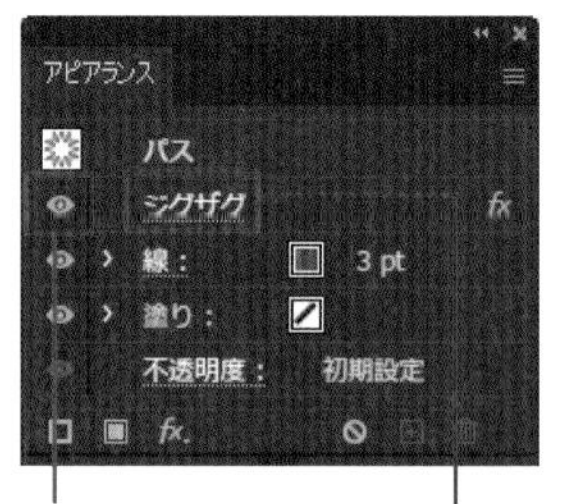

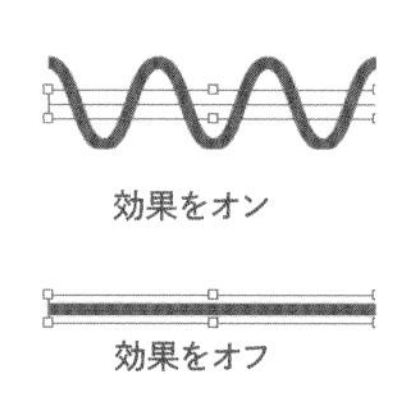

クリックして効果のオンオフを切り替えられる

クリックして効果の設定を編集できる

効果は、［効果］メニューから選択するか、アピアランスパネルの［新規効果を追加］から選択して適用する

［効果］メニューの主な機能

［効果］メニューには、オブジェクトに影をつけたり、複雑に変形したりするコマンドが多数用意されています。パスの形状はそのままなので、複数の効果を適用できるのもメリットです。たくさんある効果から、主なものを紹介します。

元オブジェクト

［スタイライズ］→［ぼかし］
オブジェクトの輪郭をぼかす

［スタイライズ］→［ドロップシャドウ］
オブジェクトに影をつける

［スタイライズ］→［落書き］
オブジェクトの落書き風に変形する

［スタイライズ］→［角を丸くする］
オブジェクトの角の部分を丸くする

［パスの変形］→［ジグザグ］
オブジェクトの輪郭をジグザグ線（または波線）にする

［パスの変形］→［パスの自由変形］
オブジェクトを囲む境界線をドラッグして変形する

［パスの変形］→［パンク・膨張］
オブジェクトの輪郭をへこませたり膨らませたりする

［パスの変形］→［ラフ］
オブジェクトの輪郭を不規則に変形する

［パスの変形］→［旋回］
オブジェクトを旋回させたように変形する

STEP 01 複数の効果を使用する

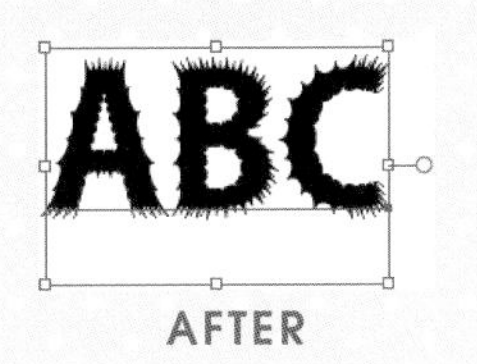

BEFORE　AFTER

ひとつのオブジェクトに複数の効果を適用できます。ここでは、実際に複数の効果を適用して、互いに影響し合うことを確認しておきましょう。

1 レッスンファイルを開きます。選択ツール でテキストオブジェクトを選択します❶。アピアランスパネルで[新規効果を追加]をクリックし❷、表示されたメニューから[パスの変形]→[ジグザグ]を選択します❸。

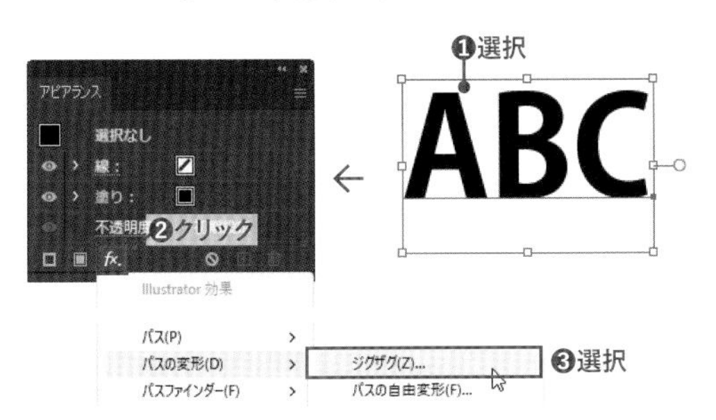

2 [ジグザグ]ダイアログボックスが表示されるので、[大きさ]を「0.2mm」❶、[折り返し]を「5」❷、[ポイント]を[直線的に]に設定して❸、[OK]をクリックします❹。文字の輪郭がジグザグ線になります。

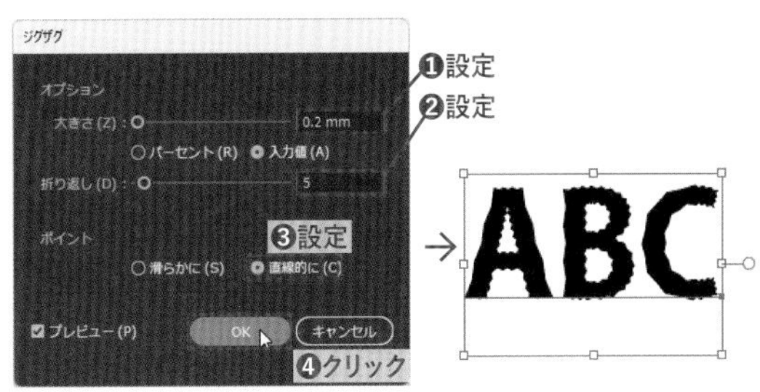

3 テキストオブジェクトが選択された状態で、アピアランスパネルで[新規効果を追加]をクリックし❶、表示されたメニューから[パスの変形]→[パンク・膨張]を選択します❷。

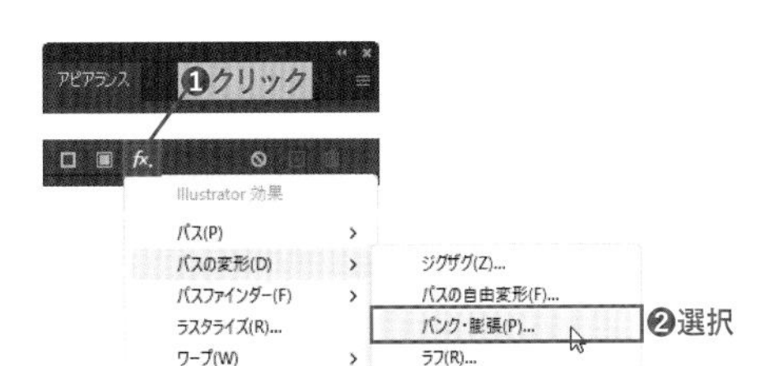

4 [パンク・膨張]ダイアログボックスで、「-10%」に設定して❶、[OK]をクリックします❷。アピアランスパネルを見るとオブジェクトに、複数の効果が適用されているのがわかります❸。

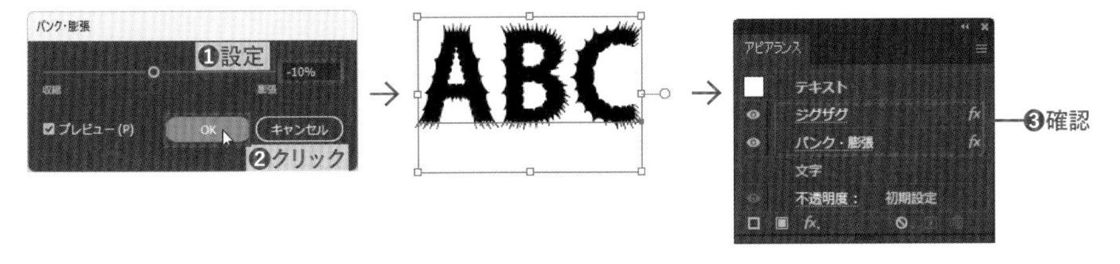

5 アピアランスパネルの[ジグザグ]の をクリックします❶。[ジグザグ]の効果がなくなり[パンク・膨張]だけになりました❷。このように、効果はオンオフを切り替えられます。

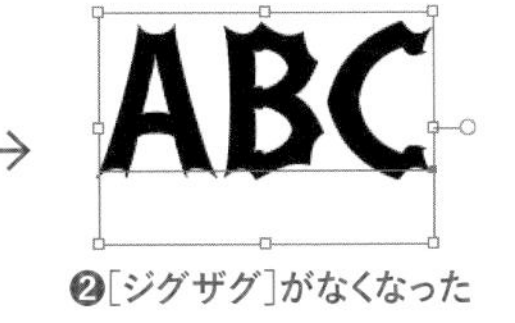

❷[ジグザグ]がなくなった

CHECK!

[塗り]と[線]に個別に適用

[効果]メニューは、[線]と[塗り]に別々に適用することもできます。適用対象は、アピアランスパネルで選択します。

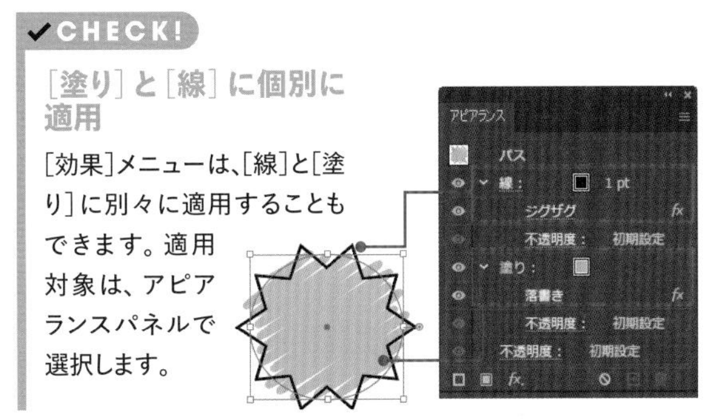

14-2 エンベロープ

エンベロープは、メッシュグリッドの操作によってオブジェクトを自由に変形する機能です。手作業で変形するだけでなく、ワープというプリセットによる変形も用意され、ダイアログボックスで設定するだけでも高度な変形が可能です。

エンベロープによる変形

メッシュで作成

エンベロープは、オブジェクトの変形用のメッシュグリッドを使って変形する機能です。メッシュグリッドは、[オブジェクト]メニュー→[エンベロープ]→[メッシュで作成]で作成します。

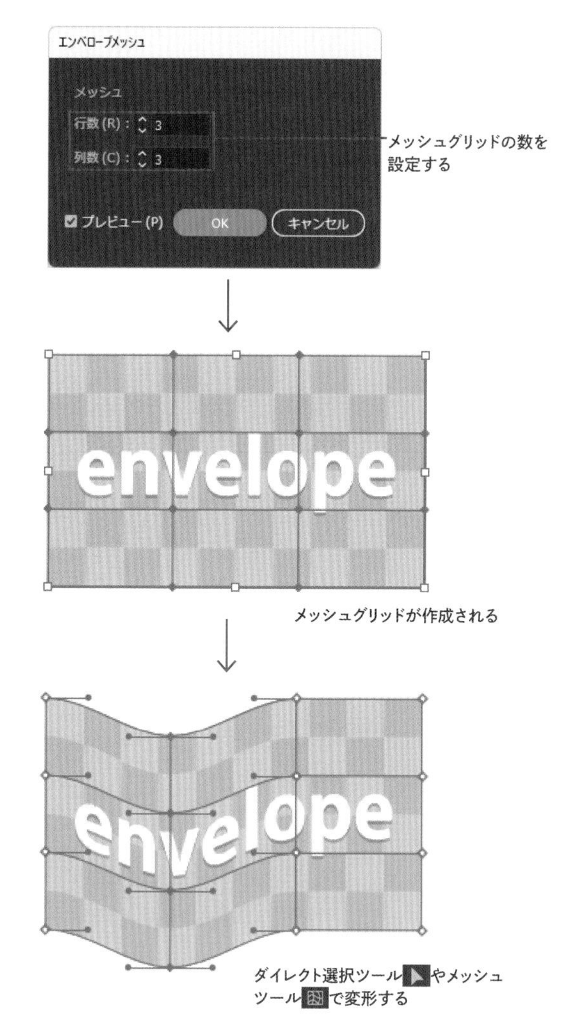

メッシュグリッドの数を設定する

メッシュグリッドが作成される

ダイレクト選択ツール や メッシュツール で変形する

メッシュの編集

メッシュグリッドのアンカーポイントは、通常のオブジェクトのアンカーポイントと同じようにダイレクト選択ツール で選択し、ドラッグして移動できます。方向線を使って変形もできます。アンカーポイントで囲まれた内部もドラッグして変形できます。

グリッドの数を増やすには、メッシュツール でグリッド内部をクリックします。メッシュツール でも、アンカーポイントや方向線を使って編集できます。Shiftキーを押しながらアンカーポイントをドラッグすると、グリッドに沿ってアンカーポイントを移動できます。

基本的には、メッシュグリッドの編集は、グラデーションメッシュ(P.229 参照)と同じです。

変形を解除する

エンベロープによる変形は、[オブジェクト]メニュー→[エンベロープ]→[解除]を選択すると、変形前の元の形状に戻すことができます。変形に使ったメッシュグリッドのオブジェクトが前面に作成されますが、削除してください。

ワープで作成

[ワープで作成]は、プリセットを使ったエンベロープ変形です。[オブジェクト]メニュー→[エンベロープ]→[ワープで作成]を選択すると、[ワープオプション]ダイアログボックスが表示されるので、プリセットされた[スタイル]を選択し、オプション設定を調整して変形します。変形したオブジェクトには、メッシュグリッドが表示されるので、[メッシュで作成]と同様に手作業で変形できます。選択ツール で選択し、[オブジェクト]メニュー→[エンベロープ]→[ワープで設定]を選択すると、再度[ワープオプション]ダイアログボックスを表示して設定を変更できます。

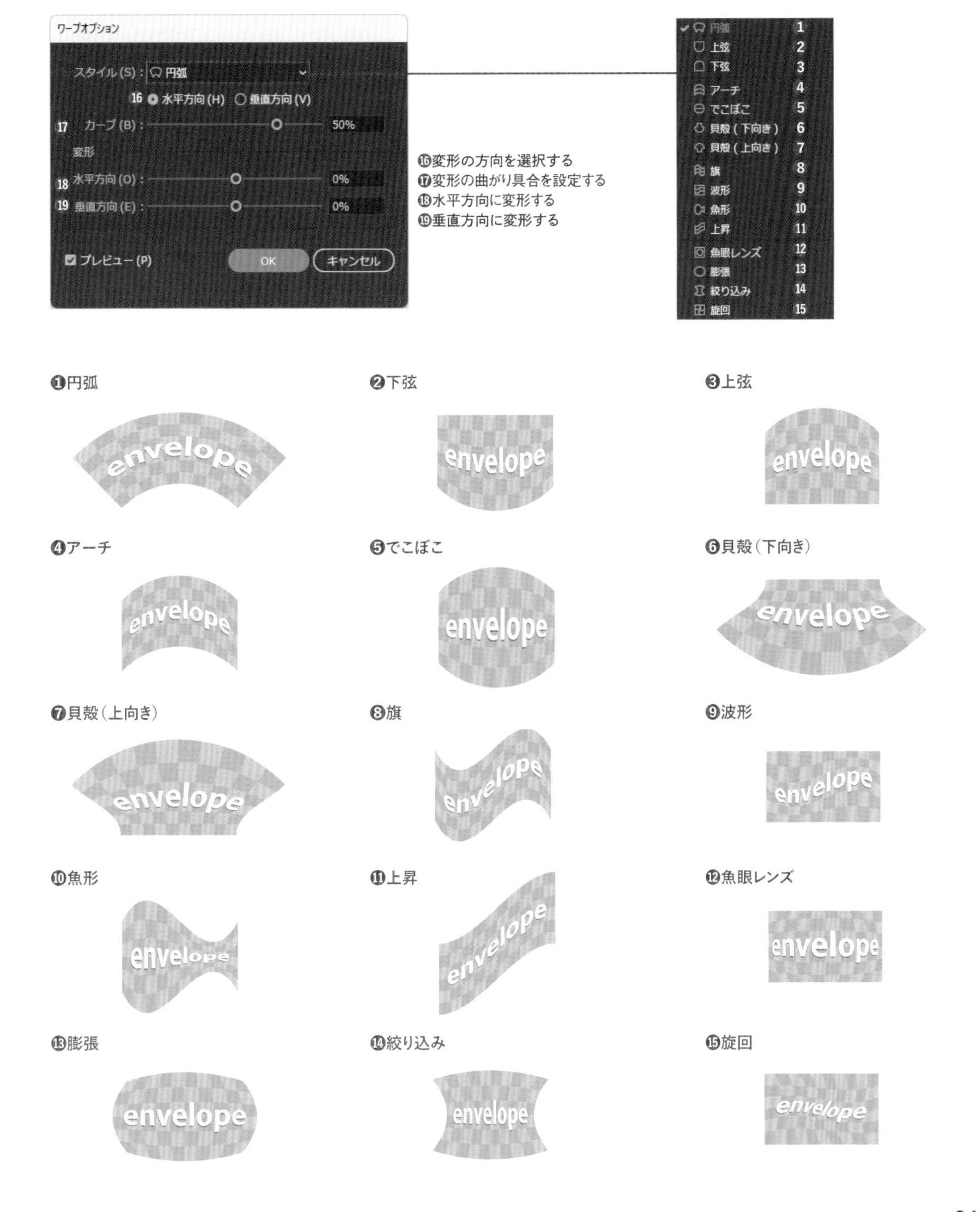

STEP 01 エンベロープをワープで作成する

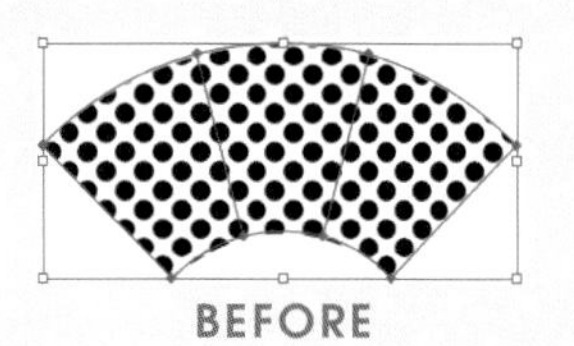

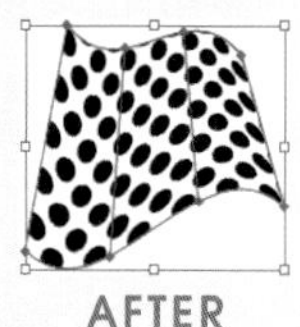

ワープは、[効果]メニューと[オブジェクト]メニューのふたつから適用できますが、単純な変形には[効果]、メッシュポイントを操作したい場合には[オブジェクト]メニューが向いています。

Lesson14 ▶ L14-2S01.ai

エンベロープの適用／解除

1 レッスンファイルを開き、選択ツール でオブジェクト A を選択します❶。[オブジェクト]メニュー→[エンベロープ]→[ワープで作成]を選択します❷。

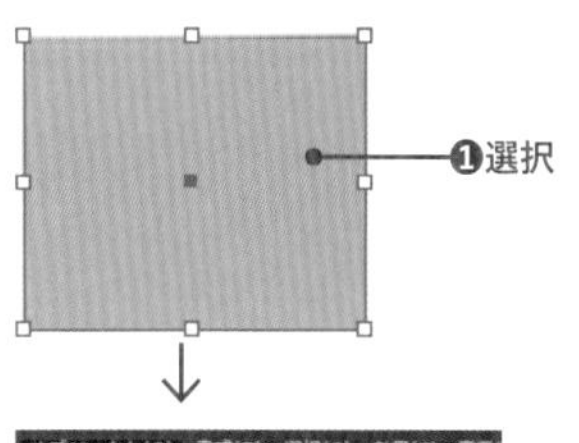

2 [ワープオプション]ダイアログボックスが表示されたら、設定は変えずにそのまま[OK]をクリックします❶。長方形が円弧型に変形しました❷。

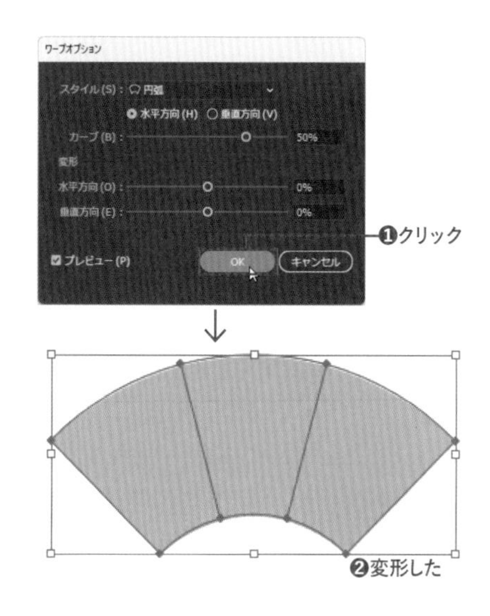

3 [オブジェクト]メニュー→[エンベロープ]→[解除]を選択します❶。変形が解除され、元のオブジェクトと、エンベロープで変形したオブジェクトに分離されます。いったん選択を解除してから、選択ツール で円弧型のオブジェクトをドラッグして移動してみてください❷。

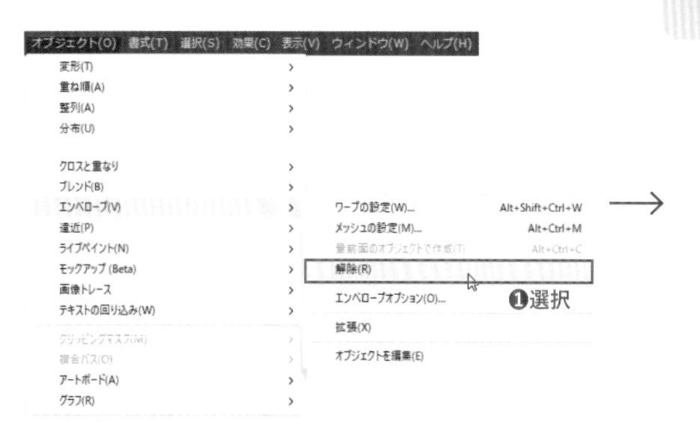

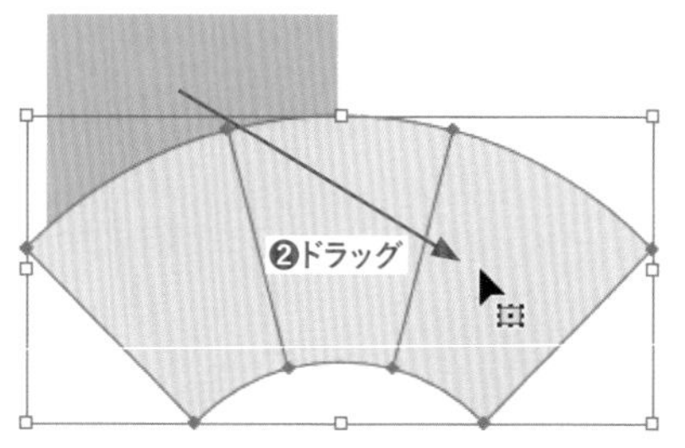

> **COLUMN**
>
> **[効果]メニューの[ワープ]**
>
> [効果]メニューの[ワープ]を使うと、アピアランスパネルに追加される[効果]としてワープによる変形が可能です。

エンベロープを後から調節

1 選択ツール でオブジェクトBを選択します❶。このオブジェクトは、[オブジェクト] メニュー→[エンベロープ]→[ワープで作成]の「円弧」で変形してあります。コントロールパネルの[スタイル]から[旗]を選択します❷。オブジェクトの形状が変わりました❸。[エンベロープ]で変形したオブジェクトは、後から形状を変更できます。

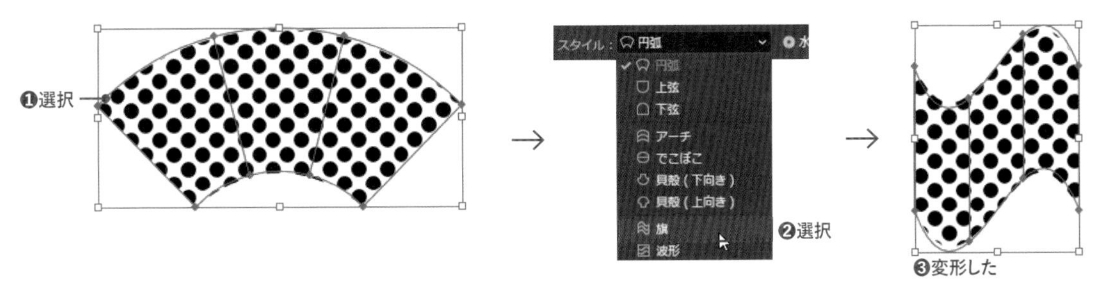

2 [エンベロープを編集]がアクティブであることを確認し❶、「水平方向」をチェックします❷。[カーブ]を「20%」❸、[変形]の[H]を「-20%」❹、[V]を「20%」に設定します❺。オブジェクトが変形します❻。

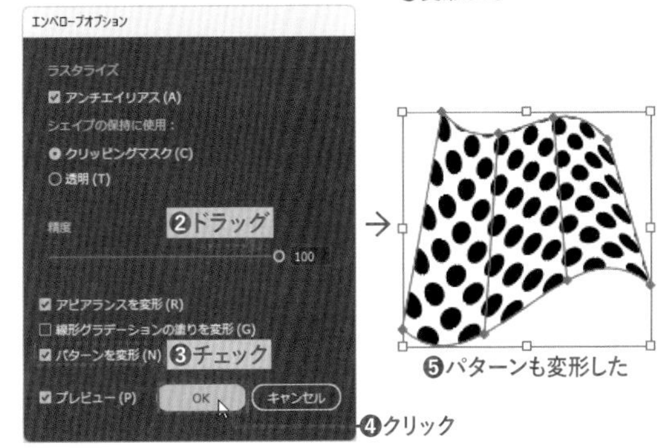

3 [エンベロープオプション]をクリックし❶、[エンベロープオプション]ダイアログボックスを表示します。[精度]のスライダを「100」までドラッグし❷、[パターンを変形]にチェックをつけて❸、[OK]をクリックします❹。これで、パターンも変形します❺。

オブジェクトを後から調節

1 選択ツール でエンベロープを適用したオブジェクトCを選択します❶。コントロールパネルの[オブジェクトを編集]をクリックします❷。変形前の元のオブジェクトが選択された状態になります❸。

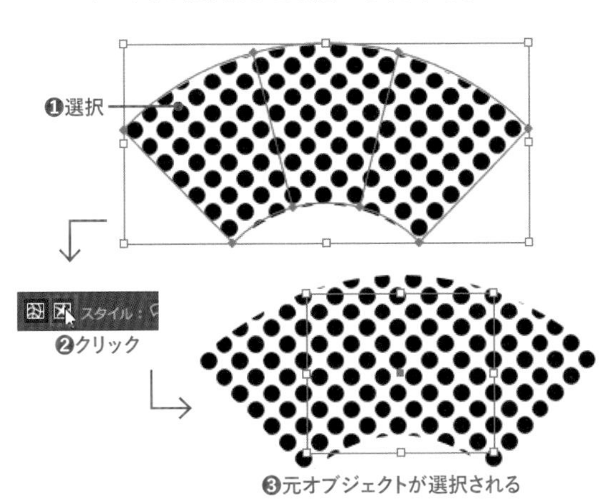

2 バウンディングボックスをドラッグして拡大・縮小します❶。変形結果の円弧も、連動して拡大・縮小します❷。このように、[エンベロープ]では、元のオブジェクトを後から調節できます。

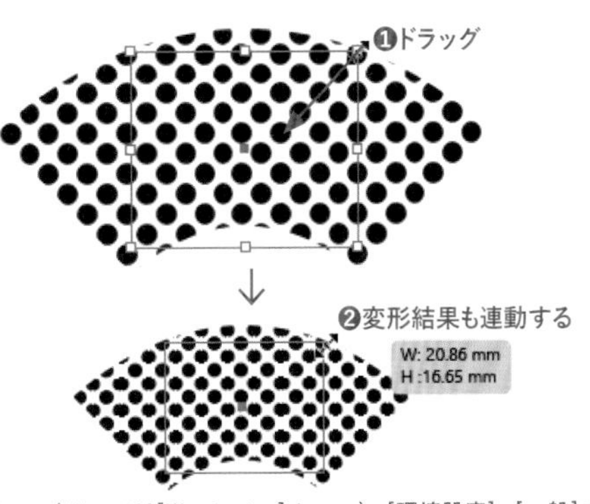

[編集]メニュー(Macでは[Illustrator]メニュー)→[環境設定]→[一般]で「パターンを変形」がチェックされていると、パターンも拡大・縮小する

STEP 02 エンベロープをメッシュで作成する

メッシュを作成して、ポイントや方向線をドラッグして変形します。変形が不要になった場合は「ワープ」と同様にして解除できます。

Lesson14 ▶ L14-2S02.ai

メッシュを作成して変形

1 レッスンファイルを開き、選択ツール でテキストオブジェクト を選択します❶。[オブジェクト] メニュー→[エンベロープ]→[メッシュで作成] を選択します❷。

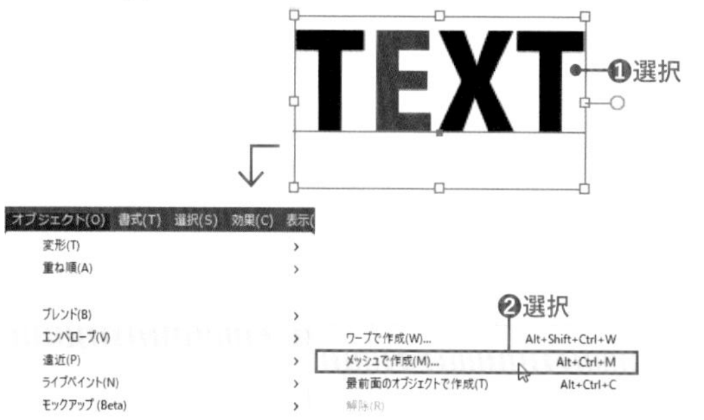

2 [エンベロープメッシュ]ダイアログボックスが表示されたら、[行数] を「2」❶、[列数] を「4」❷に設定して、[OK]をクリックします❸。指定した数のメッシュが作成されます❹。

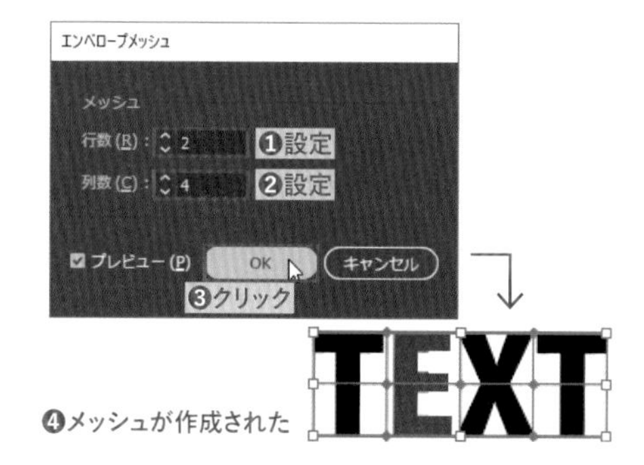

3 ダイレクト選択ツール を選択します❶。「E」と「X」の間のアンカーポイントをドラッグして選択します❷。選択したアンカーポイントを、上方向にShiftキーを押しながらドラッグします❸。メッシュに沿って文字が変形しました❹。

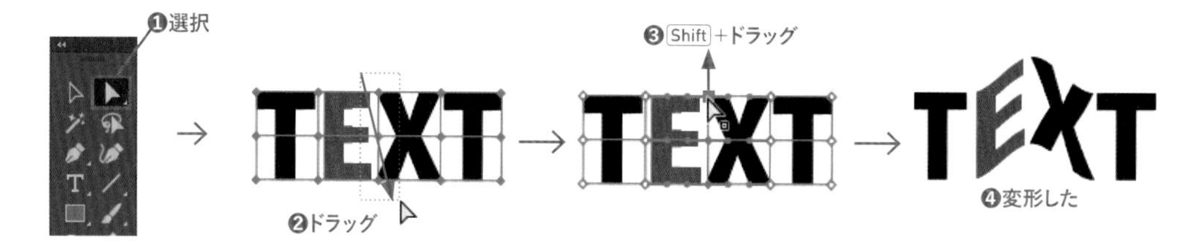

メッシュツールでポイントを追加

1 選択ツール でオブジェクト を選択します❶。メッシュツール を選択し❷、オブジェクト内の適当な場所をクリックしてポイントを追加します❸。

ここではパス上をクリックしているが、オブジェクト内部であればどこでもかまわない

2 作成したポイントをドラッグします❶。メッシュが変形し、オブジェクトも変形します❷。

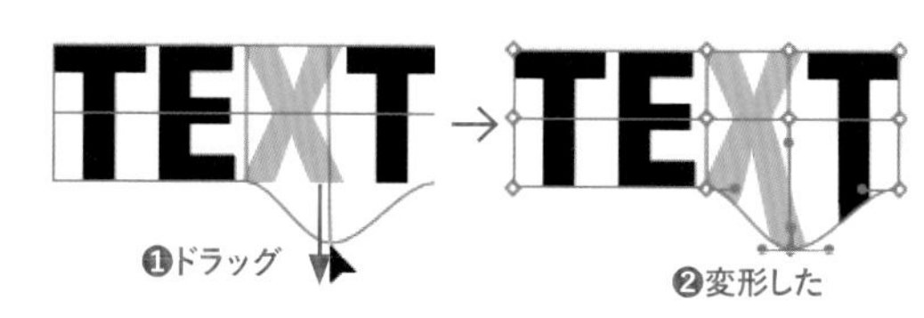

STEP 03 エンベロープを最前面のオブジェクトで作成する

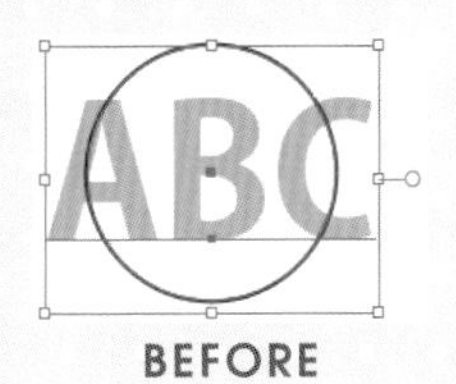

エンベロープでは、用意しておいたオブジェクトの形状に変形することもできます。

最前面のオブジェクトで作成

レッスンファイルを開きます。選択ツール でオブジェクト A のテキストと円のふたつのオブジェクトを選択します❶。[オブジェクト]メニュー→[エンベロープ]→[最前面のオブジェクトで作成]を選択します❷。背面にあったテキストオブジェクトが、前面の円の形状に変形しました❸。

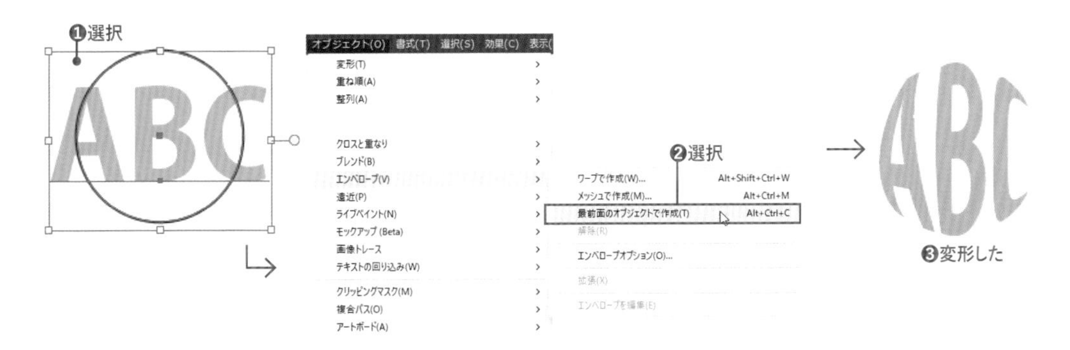

エンベロープオプション

1 選択ツール でオブジェクト B のふたつのオブジェクトを選択します❶。[オブジェクト]メニュー→[エンベロープ]→[最前面のオブジェクトで作成]を選択します❷。前面のオブジェクトで型抜きされた状態になります。

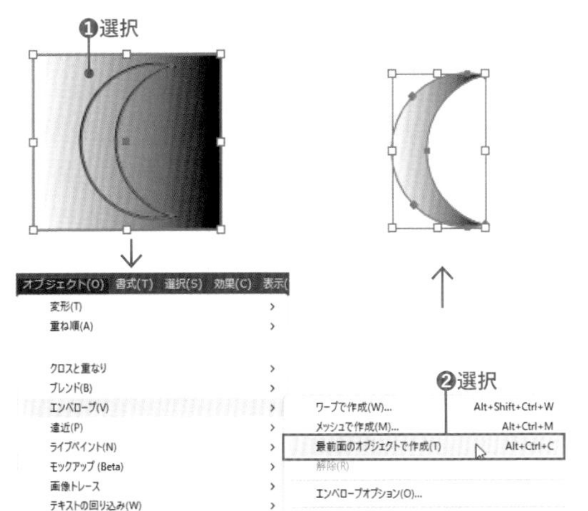

2 コントロールパネルの[エンベロープオプション]をクリックし❶、[エンベロープオプション]ダイアログボックスを表示します。[線形グラデーションの塗りを変形]にチェックをつけ❷、[OK]をクリックします❸。前面オブジェクトの[塗り]のグラデーションが、前面オブジェクトの形状にあわせてかかるようになります❹。

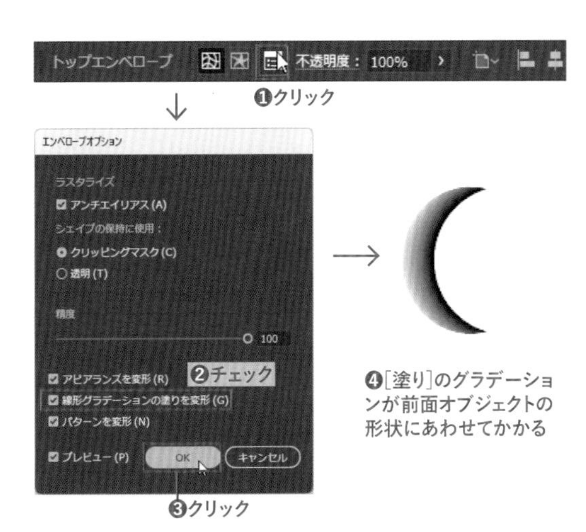

14-3 ブレンド

ブレンドは、選択したふたつのオブジェクトの中間に図形を作成する機能です。作成する中間図形の数を変更して、グラデーションを作成したり、等間隔の図形を作成するのに利用します。利用のしかた次第で面白い効果を出せる機能なので、覚えておきましょう。

ブレンド

ブレンドの作成

ブレンドを作成するには、ブレンドするふたつのオブジェクトを選択し[オブジェクト]メニュー→[ブレンド]→[作成]を選択します。または、ブレンドツールで、ブレンドするふたつのオブジェクトを順番にクリックします。

ふたつのオブジェクトを選択し[オブジェクト]メニュー→[ブレンド]→[作成]を選択。または、ブレンドツールで、ブレンドするふたつのオブジェクトを順番にクリック

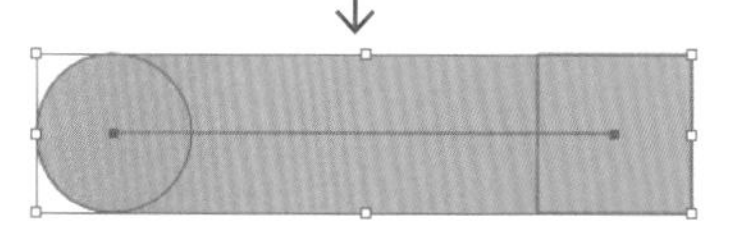

ブレンドオプションの設定

ブレンドされたオブジェクトを選択し、ツールバーのブレンドツールアイコンをダブルクリックすると、[ブレンドオプション]ダイアログボックスが表示されます。

[間隔]の設定によって、中間図形の形状が変わります。初期設定は[スムーズカラー]になっており、ふたつのオブジェクトの色がスムーズにつながるグラデーションになっています。

[ステップ数]に設定すると、指定した数の中間図形が、ふたつの図形の間に作成されます。[距離]に設定すると、指定した距離を間隔として中間図形が作成されます。

[方向]では[垂直方向]と[パスに沿う]を選択できます。ブレンド軸は通常のパスと同様に編集でき、方向線の長さやポイントの位置で間隔を調節できます。

スムーズカラー（初期設定）

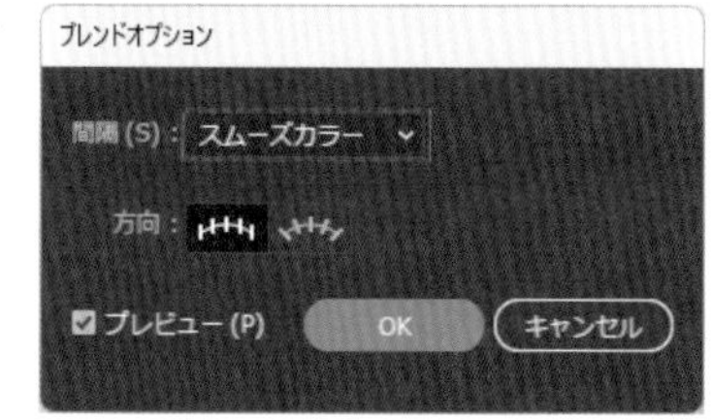

ステップ数

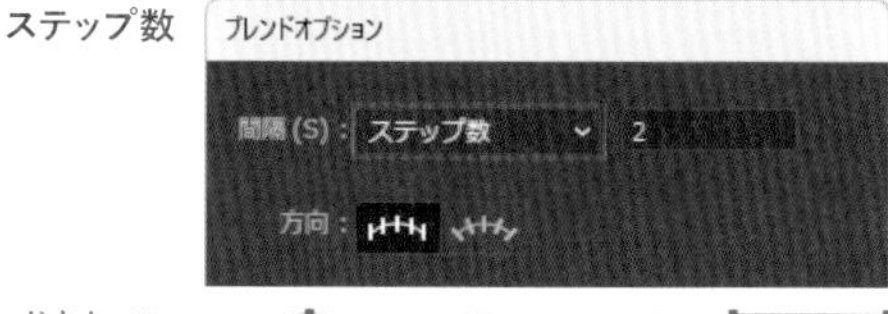

ブレンドされているオブジェクトの間には、「ブレンド軸」が表示される

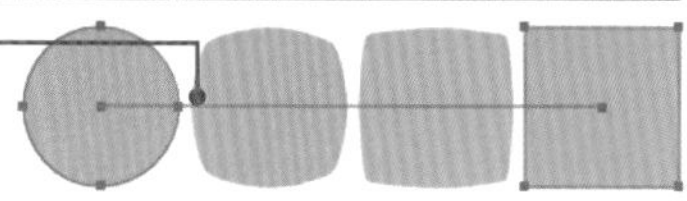

[間隔]を「ステップ数」にすると、指定した数の中間図形が作成される

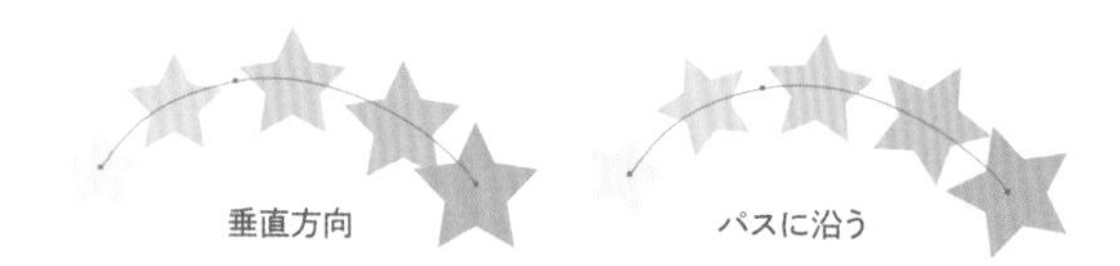

距離

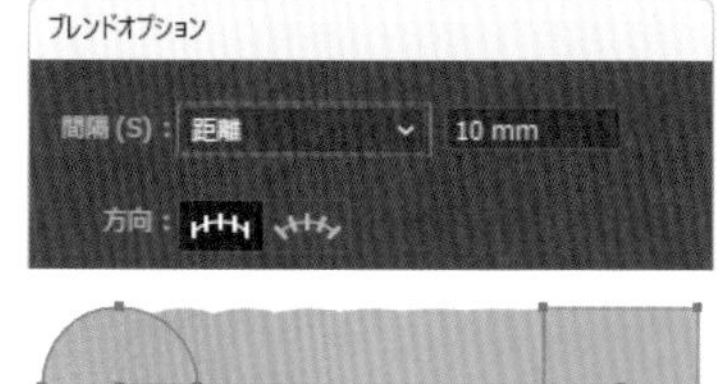

ブレンドの解除

[オブジェクト]メニュー→[ブレンド]→[解除]を選択すれば、元のオブジェクトに戻ります。

ブレンドの拡張

[オブジェクト]メニュー→[ブレンド]→[拡張]を選択すると、中間図形を独立したオブジェクトとして取り出せます。

STEP 01 ブレンドツールでブレンドする

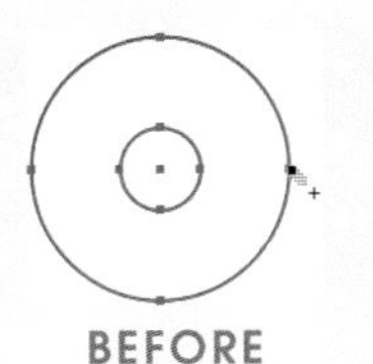

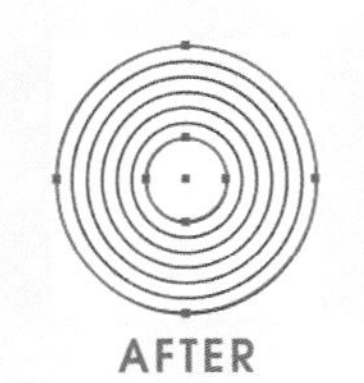

実作業でうまくいかないときは、オブジェクトの重ね順を変えてみたり、クリックする順番を逆にしてみましょう。

Lesson14 ▶ L14-3S01.ai

ブレンドで同心円を作成

1 レッスンファイルを開きます。選択ツールで A のふたつの円を選択します❶。ブレンドツールを選択して❷、内側の円の右側のアンカーポイントをクリックします❸。続けて外側の円の右側のアンカーポイントをクリックします❹。ふたつの円の間に新しい円が作成されます。

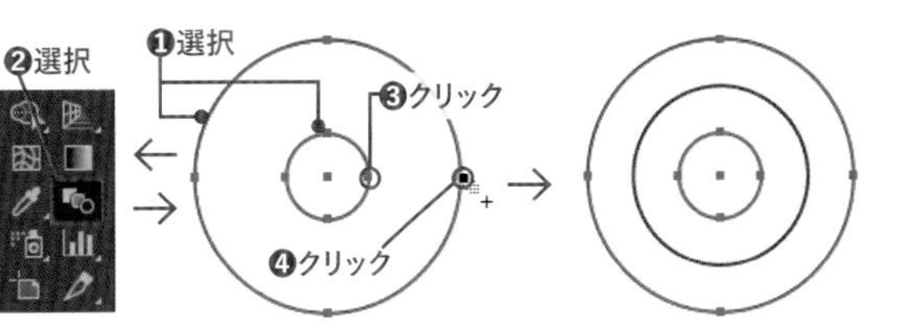

2 ツールバーのブレンドツールのアイコンをダブルクリックします❶。[ブレンドオプション]ダイアログボックスが表示されるので、[間隔]に[ステップ数]を選択し❷、「5」と入力して❸、[OK]をクリックします❹。ふたつの円の間の円が5つになりました。

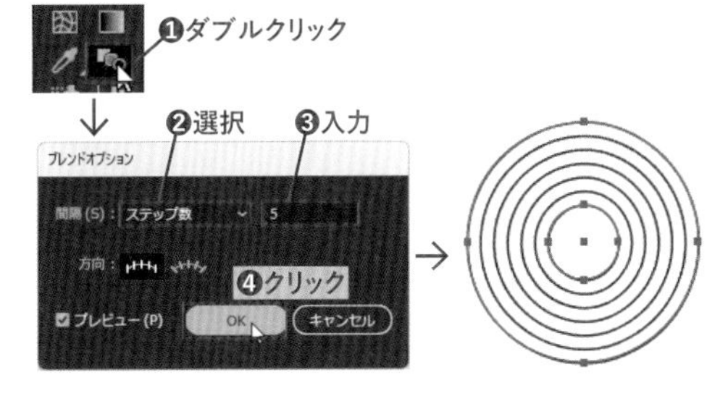

ブレンド軸の変形とブレンドの拡張

1 ダイレクト選択ツールを選択します❶。B のブレンドオブジェクトの中央付近をドラッグして「ブレンド軸」だけを選択します❷。オブジェクトも選択してしまったら、やり直してください。

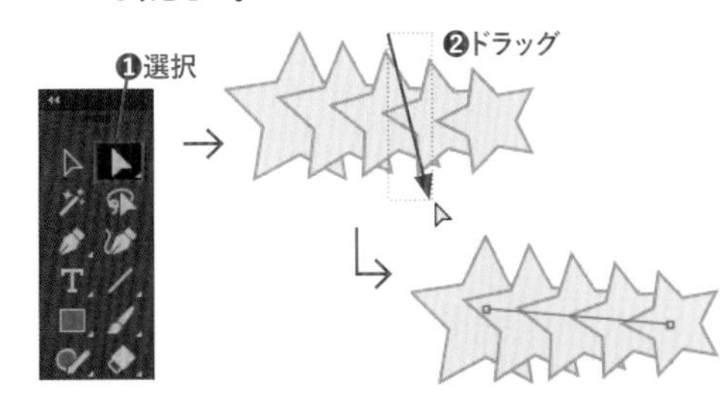

2 アンカーポイントツールを選択します❶。右側のアンカーポイントをクリックして選択してからドラッグして方向線を出しパスをカーブにします❷。左側のアンカーポイントも同様にします❸。「ブレンド軸」の形状に沿ってブレンドオブジェクトも変わります❹。

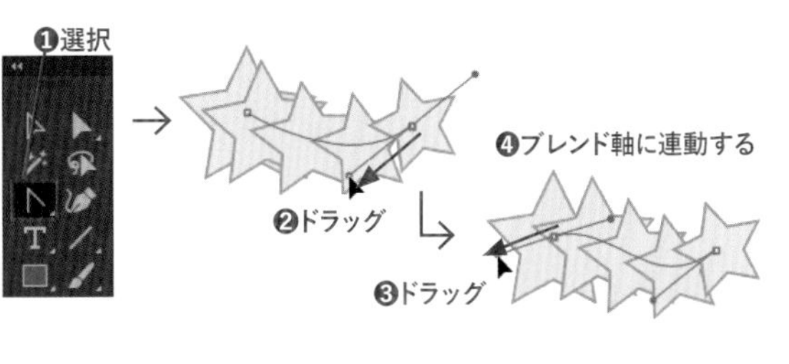

3 [オブジェクト]メニュー→[ブレンド]→[拡張]を選択します❶。中間図形が個別のオブジェクトに変換されます❷。選択を解除してから、選択ツールで変換されたオブジェクトをダブルクリックしてグループ編集モードに入り、オブジェクトが個別に選択して移動できることを確認してください❸。

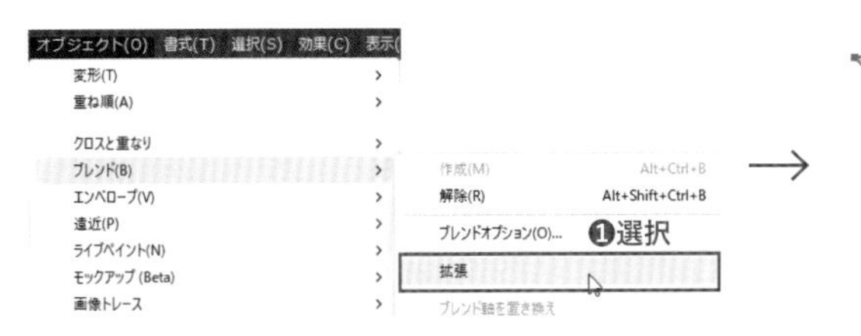

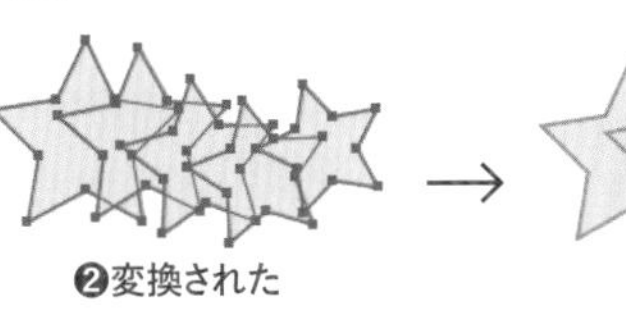

わかりやすようにコーナーウィジェットは非表示

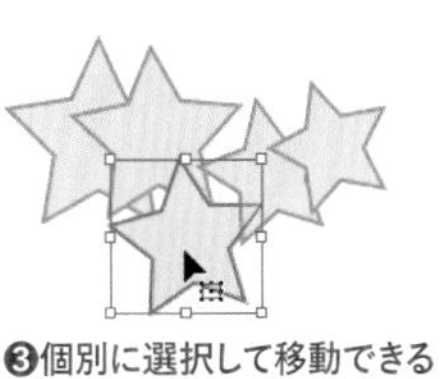

Lesson14 練習問題

Lesson14 ▶ L14EX1.ai

長方形に複数の[効果]を適用して、手書き風に変形してみましょう。

BEFORE　　AFTER

❶選択ツールで長方形を選択します。
❷アピアランスパネルの[線]を選択し、[新規効果を追加]をクリックして[パス]→[パスのオフセット]を選択します。[パスのオフセット]ダイアログボックスで[オフセット]を「-5mm」に設定して適用します。
❸同様に、[線]に対し、[新規効果を追加]をクリックして[パスの変形]→[ラフ]を選択します。[ラフ]ダイアログボックスで[サイズ]を「1%」に設定して適用します。
❹[塗り]に対し、[新規効果を追加]をクリックして[パスの変形]→[ラフ]を選択。[ラフ]ダイアログボックスで[サイズ]を「1%」、[ポイント]を[丸く]に設定して適用します。

 Lesson14 ▶ L14EX2.ai

[エンベロープ]の[メッシュで作成]を使って、紙がめくれ上がったように変形してみましょう。

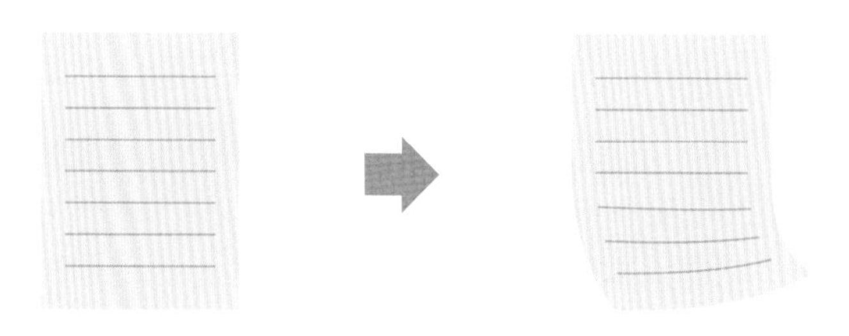

BEFORE　　AFTER

❶オブジェクト全体を選択します。
❷[オブジェクト]メニュー→[エンベロープ]→[メッシュで作成]を選択し、[エンベロープメッシュ]ダイアログボックスで[行数]を「2」、[列数]を「1」でメッシュグリッドを作成します。
❸ダイレクト選択ツールで、下のふたつのメッシュポイントを右にドラッグして変形します。
❹ダイレクト選択ツールで、紙が自然に曲がって見えるように、移動したメッシュポイントの位置や方向線を調整します。

Lesson 15

出力データの作成

Illustratorのアートワーク制作において、忘れてはならないのが使用目的に最適な出力データの作成です。たとえば、印刷用のデータの場合、Illustrator形式以外にPDFを使用するのが一般的です。Webページ用のデータ作成も含めて、出力データの作成の基礎を学びましょう。

15-1 画像を配置する

アートワーク制作において、画像を配置して使うことは頻繁にあることです。画像の配置方法を覚えましょう。また、配置した画像は、リンクパネルに表示されます。リンクパネルでの画像の管理方法もしっかり覚えておきましょう。

画像の配置

アートボードに画像ファイルを配置するには、何通りかの方法があります。

[配置] コマンドを使う

代表的なのは[ファイル]メニュー→[配置]を選択し、[配置]ダイアログボックスで配置するファイルを選択する方法です。ダイアログボックスでは、リンクや「読み込みオプション」を表示するかの指定が可能です。
複数の画像を選択して配置できます。配置時に画像のサムネールが表示され、矢印キーで配置ファイルを選択できます。またドラッグで配置サイズを指定できます。クリックすると100%のサイズで配置されます。

❶画像をリンクで配置する。チェックをはずすと画像を埋め込む
❷テンプレートレイヤーに配置する
❸選択中の画像と置き換える
❹[読み込みオプション]ダイアログボックスを表示する

Bridgeなどからドラッグ&ドロップ

Bridgeや[エクスプローラー]ウィンドウ（MacではFinderウィンドウ）から、ファイルをドラッグ&ドロップして配置することもできます。

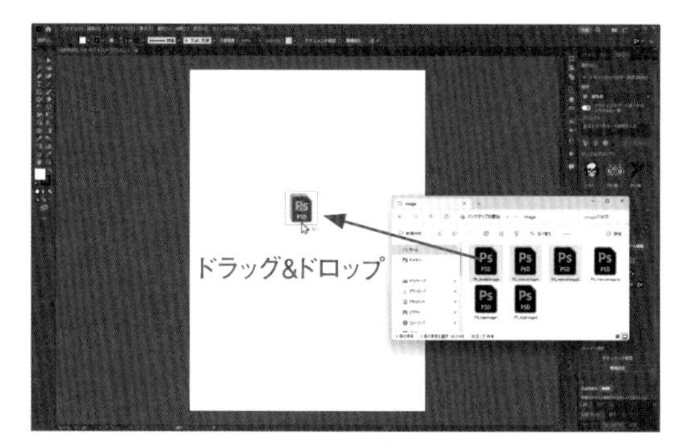

Bridgeや[エクスプローラー]ウィンドウ（MacではFinderウィンドウ）から、配置するファイルをドラッグ&ドロップする

リンクと埋め込み

「リンク」とは、画像の保存場所を記憶して配置することで、画像データそのものはIllustratorファイルには含まれません。リンク先の画像をPhotoshopなどで自由に編集できることがメリットです。「埋め込み」は、Illustratorファイルの中に画像を埋め込んで配置することです。編集が難しいですが、ひとつのファイルに収まるメリットもあります。「リンク」で配置するのが基本ですが、[配置]ダイアログボックスでの「リンク」オプションや、配置後にコントロールパネルやプロパティパネルの[埋め込み]をクリックして埋め込むことができます。

リンクファイル P5_menuimage1.psd CMYK PPI : 300 埋め込み Photoshop で編集 画像

リンクの更新

リンクで配置した画像ファイルの元データが、Photoshopなどで編集して変更されると、Illustratorではファイルを開いた際に自動で最新状態に更新されます。また、作業中のファイルの配置ファイルを変更すると、更新の警告ダイアログボックスが表示されます。［はい］をクリックすると、最新の状態に更新されます。

Illustratorで作業中のファイルに配置したファイルを変更したときに表示されるダイアログボックス。［はい］をクリックすると最新に更新される

リンクパネル

配置された画像ファイルは、リンクパネルに表示されます。配置されている画像のファイル名とサムネール画像が表示され、右側に現在のリンク状態が表示されます。

リンク状態を示す位置に鎖のアイコンがあるファイルは、正常にリンクしているファイルです。他のアイコンが表示されているファイルは、元ファイルに変更があったり、ファイルの保存場所や名称が変更されてリンク不明になったファイルです。埋め込んだ画像にはリンク状態のアイコンが表示されません。

パネルの下側に選択した画像ファイルの詳細なデータが表示されます。

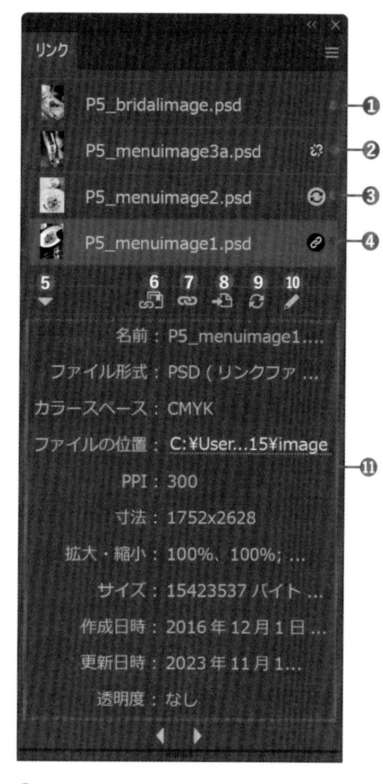

❶埋め込まれたファイル（アイコンなし）
❷リンク先が不明なファイル
❸編集されて更新されていないファイル
❹リンクで配置されたファイルパネル。選択されているのでハイライト表示される
❺詳細データを表示・非表示
❻Creative Cloudライブラリのファイルと再リンク
❼ほかのファイルとリンクを設定する
❽パネル内で選択したファイルに移動して表示
❾リンクを更新する
❿ファイルを編集ソフトを起動して編集
⓫選択したファイルの詳細データ

カラーモード

配置する画像には「CMYK」と「RGB」のふたつのカラーモードがあります。Illustratorで印刷用のCMYK用ファイルを作成するときは、配置画像も「CMYK」モードのデータを配置します。Web用ファイルは「RGB」モードのデータを配置します。デジタルカメラの画像は「RGB」モードなので、Photoshopなどを使った「CMYK」モードへの変換が必要になります。

✔CHECK!

配置画像の保存場所を表示

Illustratorにリンクで配置した画像は、リンクパネルメニューの［エクスプローラーで表示］（Macでは［Finderで表示］）で、ファイルの保存場所を表示できます。

STEP 01 画像配置の基礎を覚える

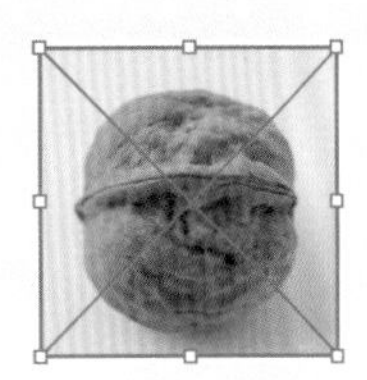

トレース用などでは気にする必要はありませんが、印刷用の画像を配置するときは、解像度・カラーモード・埋め込みやリンク切れに注意が必要です。

Lesson15 ▶ L15-1S01.ai

画像の配置と削除

1 レッスンファイルを開きます。警告ダイアログボックスが表示されるので、[無視]をクリックして開きます❶。次に、[ファイル]メニュー→[配置]を選択します❷。

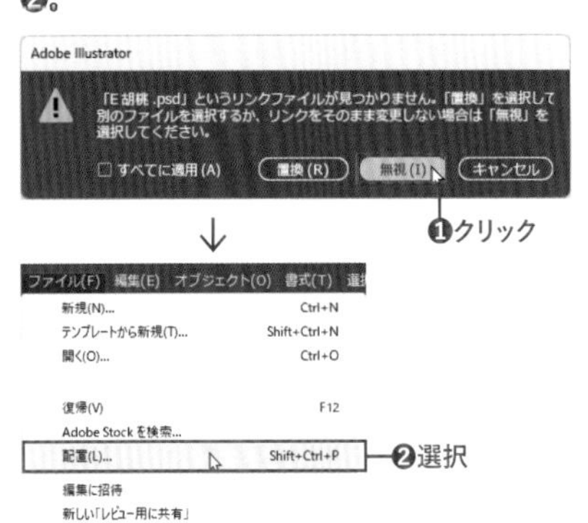

2 表示された[配置]ダイアログボックスで「0石榴.psd」を選択します❶。[リンク]にチェックがついていることを確認し❷、[配置]をクリックします❸。

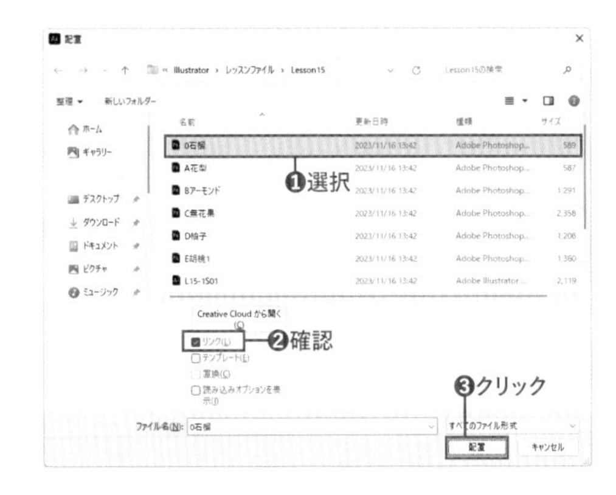

3 マウスカーソルと共に画像のサムネールが表示されるので、アートボード上部の空いている場所をクリックして画像を配置します❶。画像はクリックで配置したので、100%のサイズで配置されます❷。リンクパネルに配置した画像が表示され❸、コントロールパネルには配置した画像の名称、カラーモード、解像度が表示されていることを確認します❹。

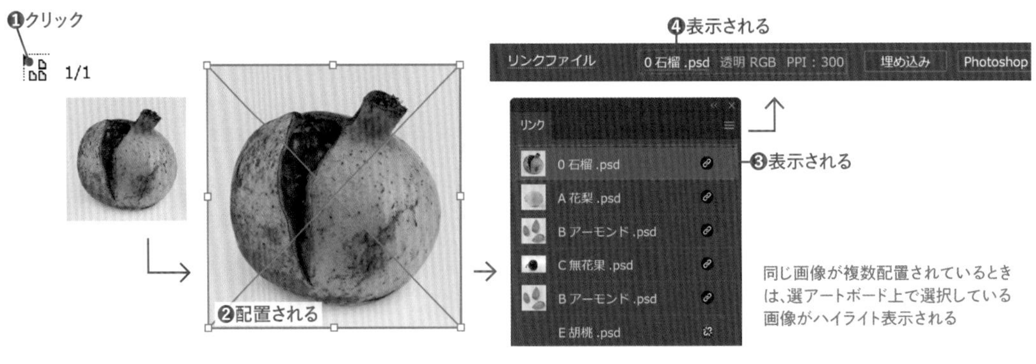

4 Deleteキーを押して配置した画像を削除します❶。画像が削除されると、リンクパネルからも画像名が削除されます❷。

❶ Deleteキーで画像を削除

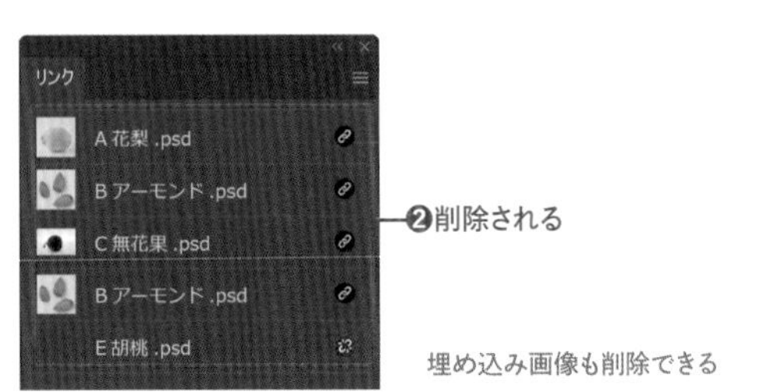

配置画像のサイズを変更する

1 選択ツールで画像Aをクリックして選択します❶。Shiftキーを押しながら、バウンディングボックスの角のポイントをドラッグして縮小します❷。コントロールパネルで解像度が変化したことを確認します❸。

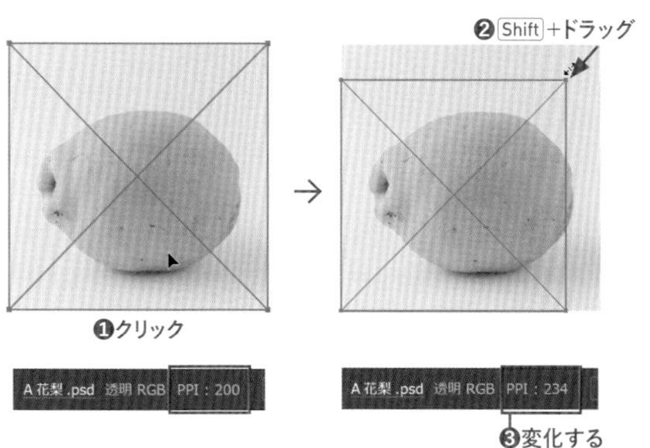

2 数値でサイズを指定してみましょう。画像を選択したまま、変形パネルで[縦横比を固定]をオンにしてから❶、幅に「30mm」と入力します❷。画像サイズが変わりました❸。解像度が変化したことを確認します❹。

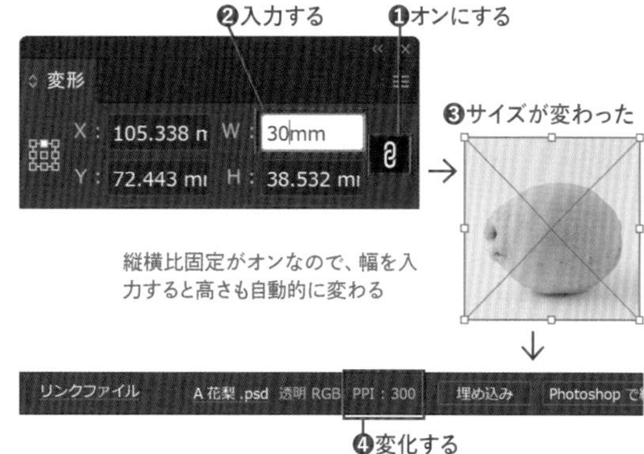

COLUMN

ほかのアプリで画像を編集する場合

配置した画像の元画像の解像度やカラーモードを変更する場合は、画像を選択してから、リンクパネルの［オリジナルを編集］をクリックします。自動的にPhotoshopなどの画像編集アプリが起動し、画像ファイルが開かれるので、そこでファイルを修正し保存します。アプリを切り替えてIllustratorに戻り、リンクを更新すると、修正が反映されます。

画像の埋め込み

選択ツールで画像Bをクリックして選択します❶。コントロールパネルまたはプロパティパネルの［埋め込み］をクリックし❷、画像を埋め込みます。［Photoshop読み込みオプション］ダイアログボックスが表示されるので、そのまま［OK］をクリックします❸。埋め込まれたので、リンクパネルのアイコン表示がなくなり、レイヤーパネルでの名称が表示されます❹。

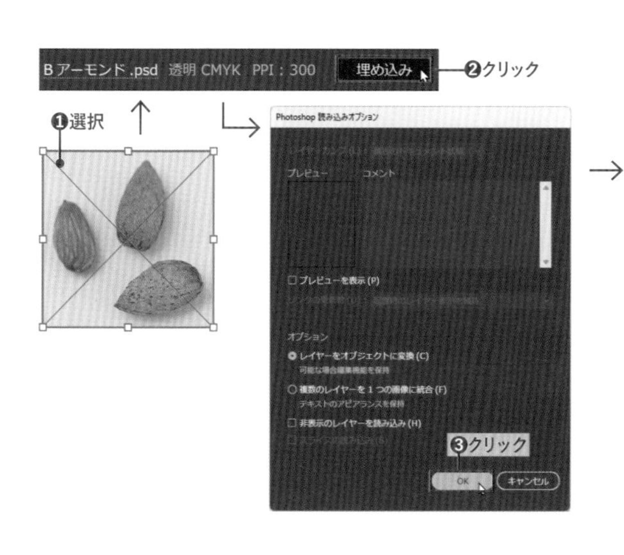

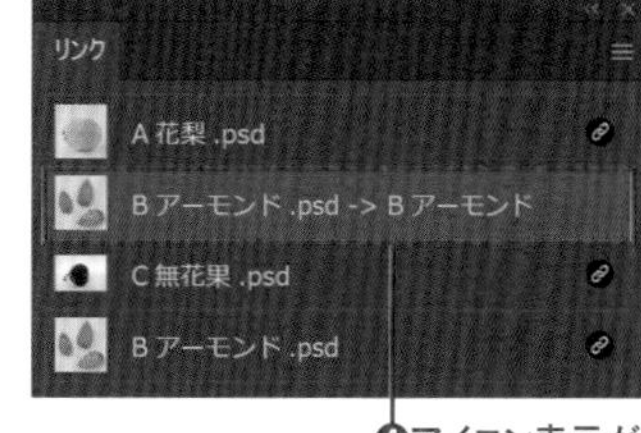

✔CHECK!

埋め込みを解除

埋め込んだ画像は、選択してからコントロールパネルまたはプロパティパネルの［埋め込みを解除］をクリックすると、PhotoshopファイルまたはTIFFファイルで保存できます。

画像の切り抜き

1 画像Ⓒを選択します❶。コントロールパネルで「画像の切り抜き」をクリックします❷。警告ダイアログボックスが表示されるので［OK］をクリックします❸。

2 トリミング枠が表示されるので、ハンドルをドラッグするか❶、コントロールパネルで数値入力してサイズを設定します（ここでは［W］［H］を「32mm」に設定）❷。ドラッグして位置を合わせ❸、［適用］をクリックします❹。画像が切り抜かれました❺。画像は埋め込まれるので、リンクパネルではアイコンが消えます❻。

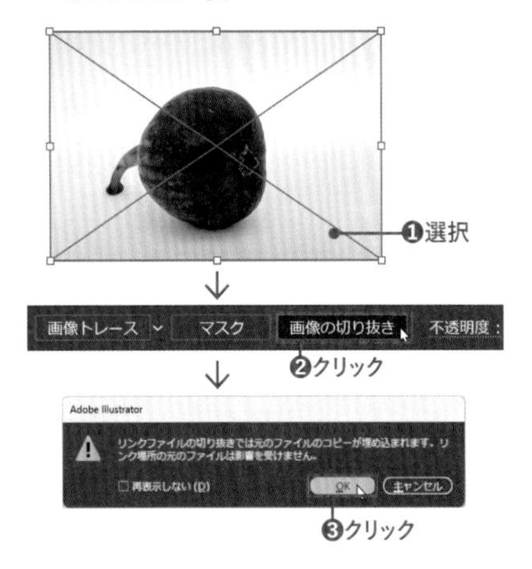

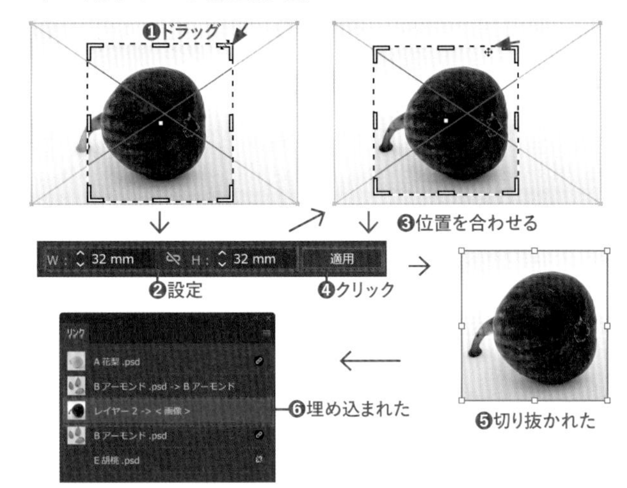

画像の置換

画像Ⓓを選択します❶。リンクパネルで［リンクを再設定］をクリックします❷。［配置］ダイアログボックスが表示されるので、「D柚子.psd」を選択し❸、［配置］をクリックします❹。画像が置換され、リンクパネルの表示も置換されます❺。

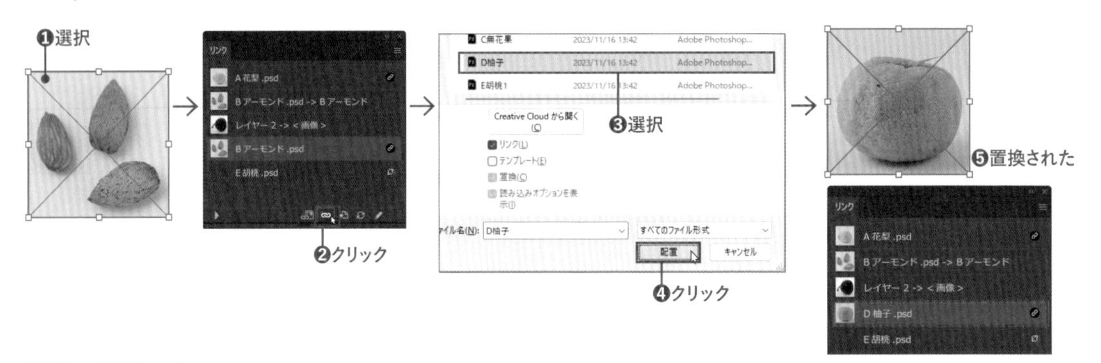

画像の再リンク

リンクパネルで「E胡桃.psd」を選択し❶、［リンクへ移動］をクリックします❷。本来は配置されたリンク画像が選択されますが、リンク切れのため画像は表示されず、バウンディングボックスだけが選択されます❸。リンクパネルで［リンクを再設定］をクリックします❹。［配置］ダイアログボックスが表示されるので、「E胡桃1.psd」を選択し❺、［配置］をクリックします❻。選択した画像が配置されます❼。

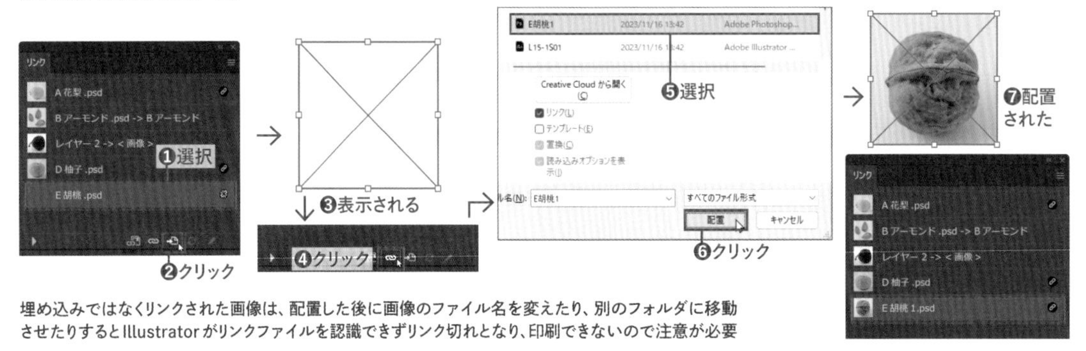

埋め込みではなくリンクされた画像は、配置した後に画像のファイル名を変えたり、別のフォルダに移動させたりするとIllustratorがリンクファイルを認識できずリンク切れとなり、印刷できないので注意が必要

15-2 印刷用データを作成する

商業印刷用のデータ作成でもっとも気をつけたいのは、カラーをCMYKモードで作成することです。また、カラーモード以外に注意したいポイントとして、トンボの作成があります。ここでは、印刷用データの作成について学びましょう。

裁ち落としに注意

商業印刷物作成時の、用紙の端いっぱいまで色の付いた画像やオブジェクトを印刷する場合、紙を裁断する際の余白としてアートボードよりも若干はみ出した状態でレイアウトします。オブジェクトや画像が、裁ち落としラインまで出た状態でレイアウトされているかを必ず確認するようにしてください。印刷物は、裁ち落としラインに合わせてトンボが出力され、トンボに合わせて裁断されます。

✕ アートボードに合わせてしまい、裁ち落としラインまで届いていないレイアウト。裁ち落とし用のトンボに画像が届いていないので、裁断時に白い部分が残ることがある

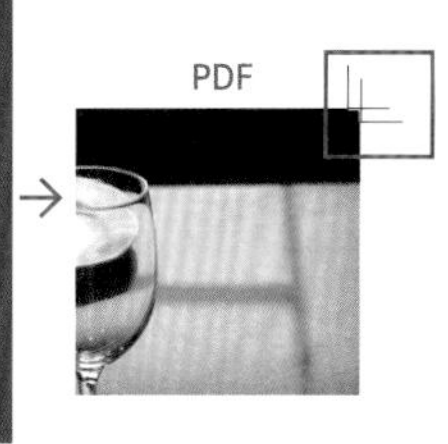

○ 裁ち落としラインに合わせたレイアウト。裁ち落とし用のトンボに画像が届いているので、画像の上から裁断され白い部分は残らない

複数のアートボード

Illustratorでは複数のアートボードを利用できます。ページ数の少ないフライヤーなどは、Illustratorで作成できます。ただし、ページ数の多い出版物などの制作は、InDesignのようなページレイアウトソフトを利用するほうが、ページ管理やマスターページなどが利用できて効率的です。作成する印刷物の用途に合わせて、IllustratorとInDesignを使い分けるといいでしょう。

ページ数の少ないフライヤーなどは、複数のアートボードを使うとIllustratorだけで制作できる

COLUMN

トリミング表示

［表示］メニュー→［トリミング表示］を選択すると、アートボードの外側部分を非表示にして、アートボード内だけを表示できます。裁ち落としのあるアートワークを制作する際、仕上がりを確認するのに便利な機能です。

パッケージ

リンクでの配置ファイルが増えると、Illustratorのファイルだけでなく、配置ファイルの保存にも気を遣う必要があります。リンクしたファイル、使用しているフォント（許可されたフォントのみ）を、ひとつのフォルダにまとめるのがパッケージ機能です。［ファイル］メニュー→［パッケージ］を選択してパッケージできます。

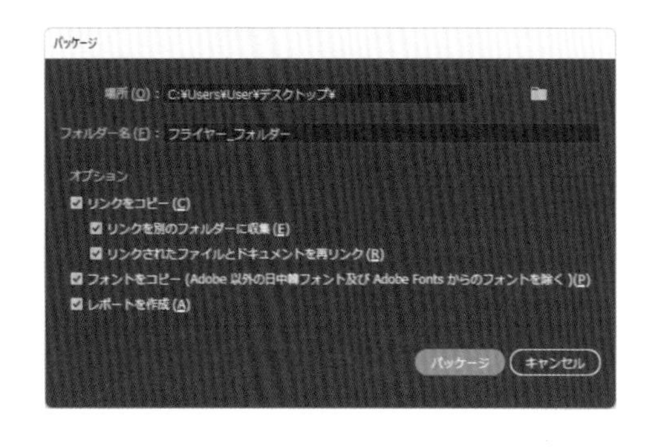

［パッケージ］実行時の設定ダイアログボックス。［リンクをコピー］をチェックすると、リンクで配置しているファイルをフォルダーにまとめて再リンクできる

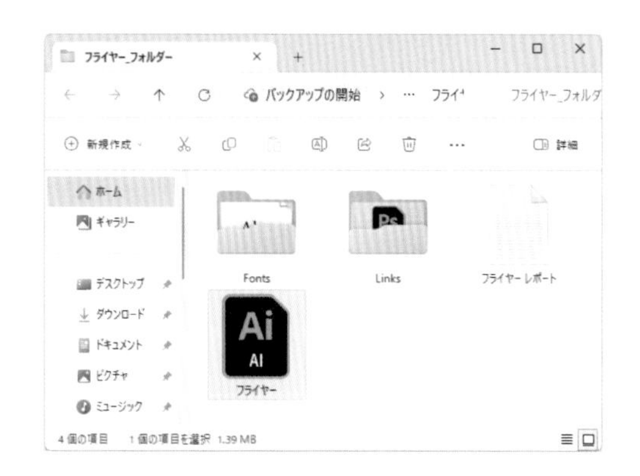

ひとつのフォルダーにパッケージされた結果。リンクファイルは「Links」フォルダー、フォントは「Fonts」フォルダーに保存される

印刷用のPDF

印刷用のデータとしては、Illustratorのネイティブファイル以外に、PDFも利用されています。

PDFは、［ファイル］メニューの［別名で保存］を選択し、［別名で保存］ダイアログボックスの［ファイルの種類］（Macでは［ファイル形式］または［フォーマット］）で［Adobe PDF (*.PDF)］を選択して保存します。

印刷用のPDFを作成するには［Adobe PDFを保存］ダイアログボックスで［Adobe PDFプリセット］の「PDF/X-4」を選択します。「PDF/X」は、印刷用のPDFを作成するために策定された設定です。「PDF/X」には、「X-1a」や「X-3」もありますが、主流となっているのが「X-4」です。トンボの指定が必要な場合は、「トンボと裁ち落とし」で出力するトンボにチェックをつけ、裁ち落とし幅も設定します。

なお設定内容は印刷業者や印刷物によって違いますので、よく確認して書き出しましょう。

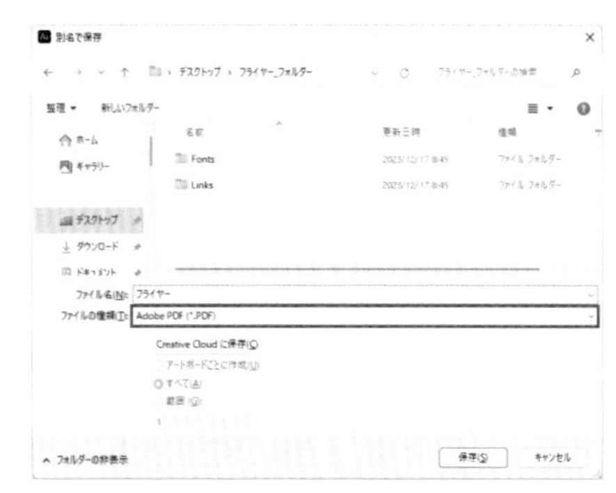

PDFは、［別名で保存］ダイアログボックスの［ファイルの種類］で選択して作成する

印刷用PDFは、［Adobe PDFプリセット］から「PDF/X-4」を選択する。トンボが必要な場合は、［トンボと裁ち落とし］を選択して、出力するトンボの種類にチェックをつける。「裁ち落とし」では、裁ち落とし幅を指定する

STEP 01 出力用PDFファイルを保存する

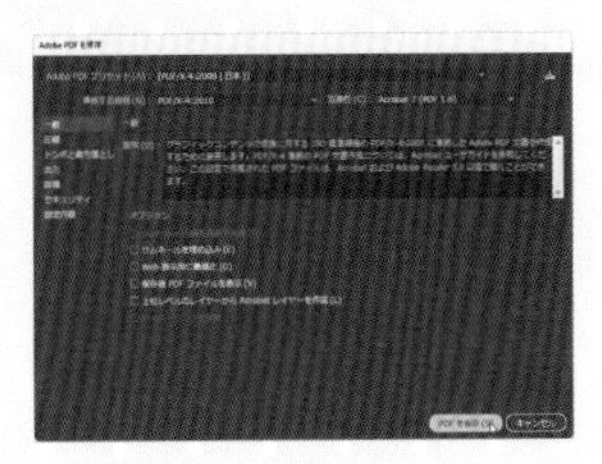

PDFファイルの書き出しは、出力データ作成の基本です。実際には、細かい設定も必要となりますが、PDFで書き出す手順を覚えておきましょう。

Lesson15 ▶ L15-2S01.ai

1 レッスンファイルを開き❶、[ファイル] メニュー→ [別名で保存] を選択します❷。[別名で保存] ダイアログボックスの [ファイルの種類] (Macでは [ファイル形式] または [フォーマット]) で [Adobe PDF] を選択し❸、[保存] をクリックします❹。

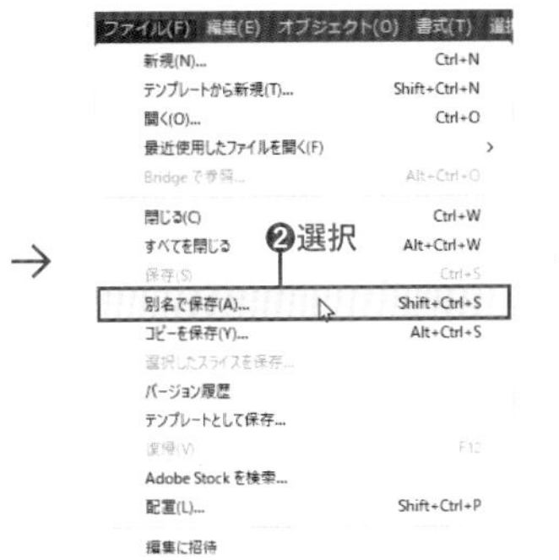

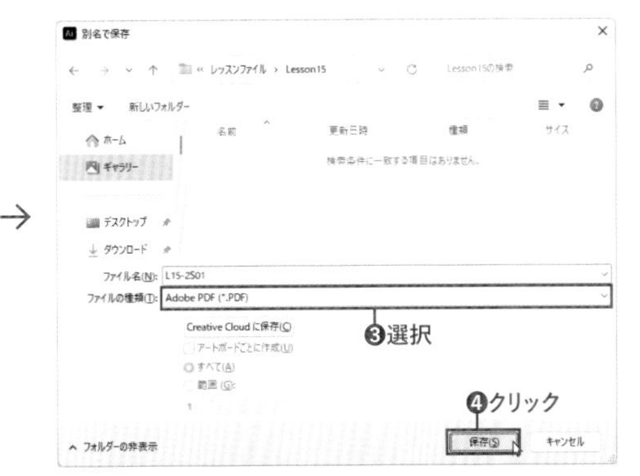

2 [Adobe PDFを保存] ダイアログボックスが開くので、[Adobe PDF プリセット] で「PDF/X-4:2008 (日本)」を選択し❶、[PDFを保存] をクリックします❷。編集機能の一部が使えなくなるという警告ダイアログボックスが出るので、[OK] をクリックします❸。これで、印刷用のPDFを作成できます。

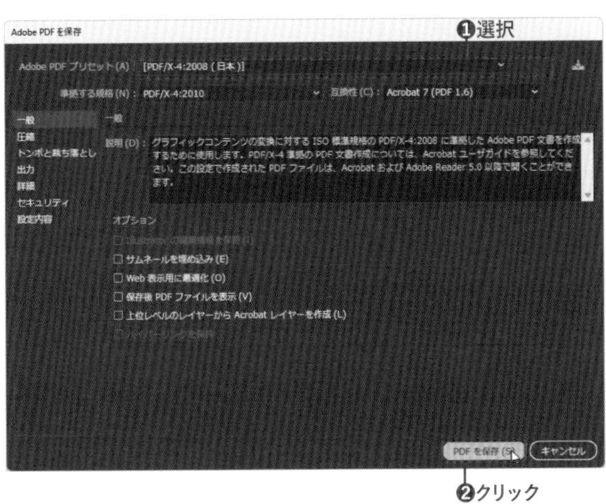

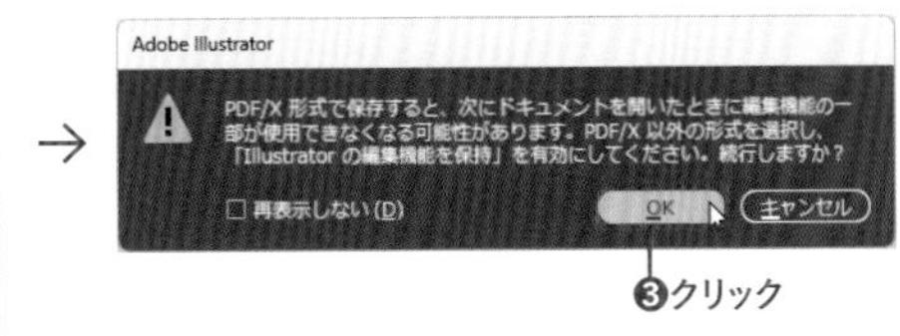

CHECK!

印刷業者の指示に従おう

実際に印刷用のPDFを作成する場合は、トンボのつけ方など、印刷業者や出力センターなどの指示に従って設定して書き出します。

15-3 Web素材データを作成する

Illustratorは、Webの素材データの作成でも利用されます。気をつけたいのは、Illustratorのオブジェクトは、ピクセルグリッドによって書き出されることです。出力したWeb用データの直線部分がぼけないように注意しましょう。

ピクセルへのスナップ

ピクセルグリッドとピクセルプレビュー

Illustratorでは、Web用の画像は「ピクセルグリッド」というグリッドによって書き出されます。［表示］メニュー→［ピクセルプレビュー］を選択すると、オブジェクトがどのようなピクセルで書き出されるかをプレビュー表示できます。また、600％以上に拡大表示するとピクセルグリッドが表示されます。

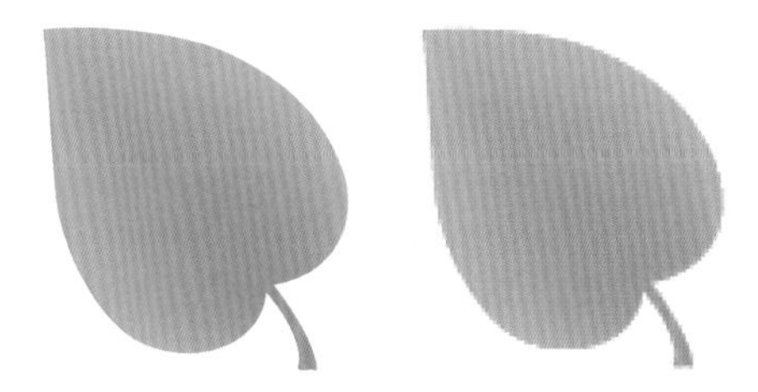

［表示］メニュー→［ピクセルプレビュー］を選択すると、オブジェクトがどのように書き出されるかプレビュー表示できる。また、600％以上に拡大するとピクセルグリッドが表示される

ピクセルへのスナップ

Web用に書き出すと、オブジェクトの直線部分がぼけてしまうことがあります。これは、オブジェクトの位置によって、ピクセルグリッドに合っておらず、直線部分にアンチエイリアスがかかるためです。

［ピクセルグリッドに整合］は、オブジェクトの直線部分をピクセルグリッドに合うように微調整してアンチエイリアスのかからない位置に自動で配置する機能で、ぼけない直線で書き出すことができます。

新規ドキュメントで使用用途に［モバイル］［Web］を選択すると、その後、作成されるオブジェクトにはすべてピクセルグリッドに整合が適用されます。

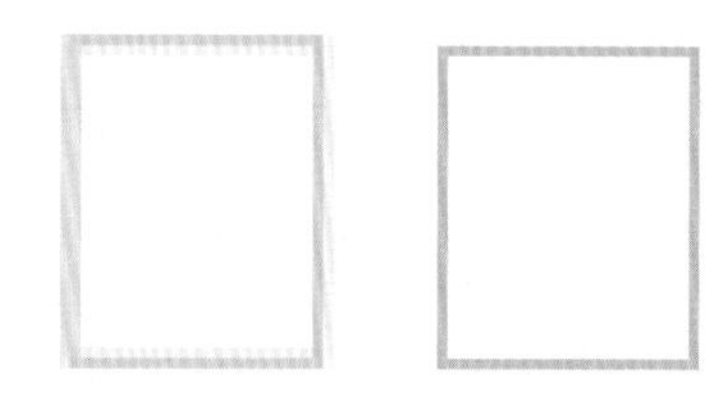

［表示］メニュー→［ピクセルプレビュー］で拡大表示。ピクセルグリッドに整合していない直線は、アンチエイリアスがかかるためぼけてしまう

ピクセルグリッドに整合の設定

［ピクセルグリッドに整合］は、コントロールパネルで設定します。オブジェクトをピクセルグリッドに整合するには、オブジェクトを選択してから■をクリックします。また、■をクリックしてオンにすると、オンにした後に作成または変形したオブジェクトはすべてピクセルグリッドに整合します。■の横のvをクリックすると［「ピクセルのスナップ」オプション］ダイアログボックスが表示され、スナップする操作や対象を設定できます。

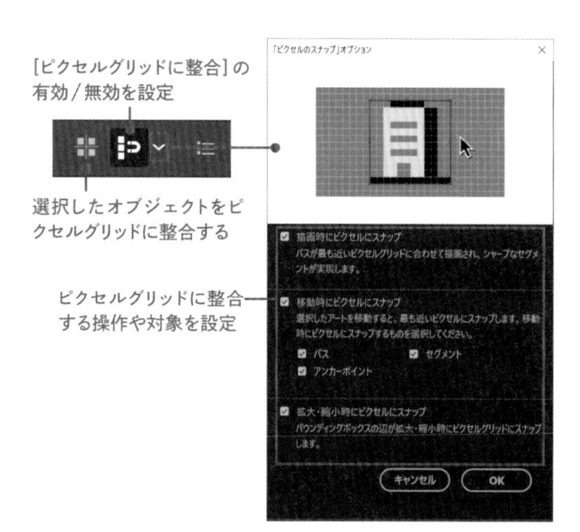

スクリーン用に書き出し

Illustratorでは、Webページ全体のイメージの作成だけでなく、ボタンやバナーなどのパーツを[アセットの書き出し]パネルに登録すれば、アセットを個別の画像データとして書き出せます。また、書き出し形式も、JPEG、PNG、SVG、PDFのそれぞれの種類を設定によって一度に書き出せます。JPEG、PNGは、スケールや解像度の指定も可能なので、一回の操作で各種スマートフォン用の画像を書き出せます。書き出しは、[アセットの書き出し]パネルの[書き出し]をクリックするか、[ファイル]メニュー→[書き出し]→[スクリーン用に書き出し]を選択して、[スクリーン用に書き出し]ダイアログボックスから書き出します。

Web用のアートワーク　「アセットの書き出し」パネル

❶登録されたアセット。アセット名は、書き出し時のファイル名に変更する
❷アセットを書き出す際のファイル形式やスケールを設定。サフィックスは、ファイル名の後につける文字を設定。この設定でアセットがそれぞれ画像データとして書き出される
❸クリックして、ファイル形式やスケールの設定を追加する
❹クリックして、「iOS」「Android」に最適な書き出し形式を設定する
❺設定した書き出し形式をプリセットとして保存・読み込む
❻[スクリーンに書き出し]ダイアログボックスを表示して書き出す
❼❶のリストで選択(周囲がハイライト表示)したアセットを書き出す
❽アセットを書き出す際にはここを選択する
❾書き出すアセットやアートボードをチェックして選択する
❿書き出し場所を設定する
⓫[形式の設定]ダイアログボックスで、ファイル形式ごとの詳細な書き出し形式を設定する
⓬ファイル名の前につける文字を設定する
⓭アートボードを書き出す際にはここを選択する

[スクリーン用に書き出し]パネル　アセットタブ

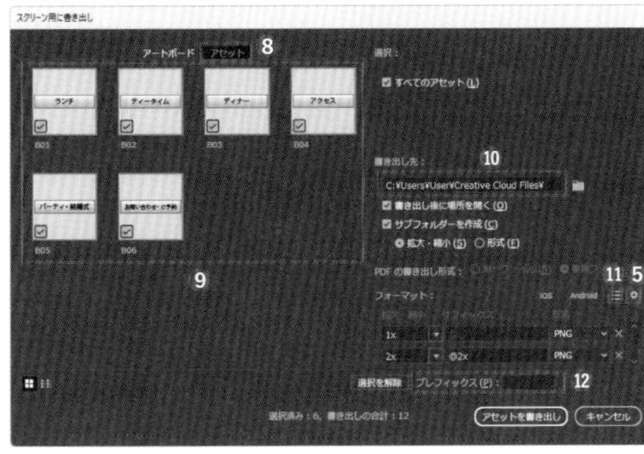

[スクリーン用に書き出し]パネル　アートボードタブ

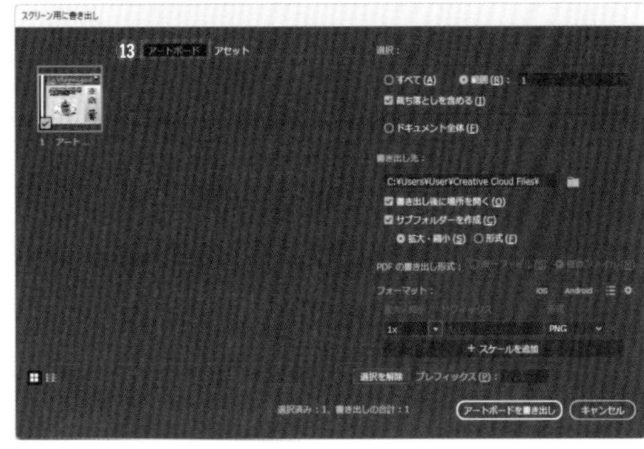

Web用に保存(従来)

[ファイル]メニュー→[書き出し]→[Web用に保存(従来)]で書き出すこともできます。[Web用に保存(従来)]では、Web用画像を保存する際のファイル形式や色数などを、書き出し後のプレビューとファイルサイズも確認しながら設定できます。[プリセット]には、ファイル形式や色数などの最適な組み合わせが用意されています。プレビューを見ながら設定を変更し、ファイルサイズが小さくなるように設定します。

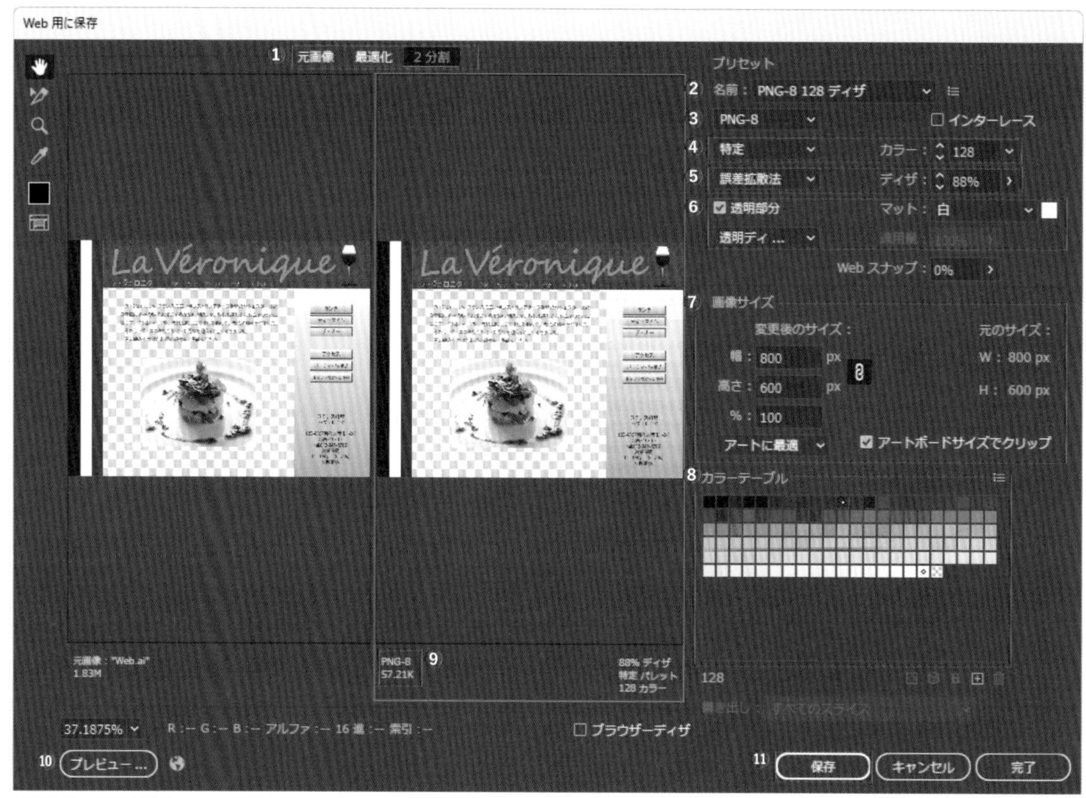

❶元画像や最適化設定している画像を並べて表示して比較できる
❷プリセットを選択することで、簡単にWeb用画像に最適なファイル形式と色数の組み合わせを設定できる
❸ファイル形式を選択する。選択したファイル形式により、ここから下の設定項目の表示が変わる
❹減色の方法と色数を設定する。色数を減らすとファイルサイズは小さくなるが、元画像との差が顕著になる
❺少ない色でグラデーションを表現する手法がディザ。[誤差拡散法]を選択すると、ディザの適用量を設定できる
❻オブジェクトの不透明度の設定部分を書き出すには[透明部分]をチェックする。GIFでは、不透明部分をディザで表現するので手法を選択する。[マット]は、不透明部分の色を指定する
❼画像サイズを変更して書き出す際に設定する。[アートボードサイズでクリップ]をチェックすると、アートボード全体が書き出される
❽現在の設定で使用されるカラーが表示される
❾設定している画像のファイル形式とファイルサイズが表示される
❿Webブラウザーを起動してプレビューできる
⓫選択しているプレビュー画像(枠に色がついているほう)を設定によって書き出す

STEP 01 「スクリーン用に書き出し」で画像を書き出す

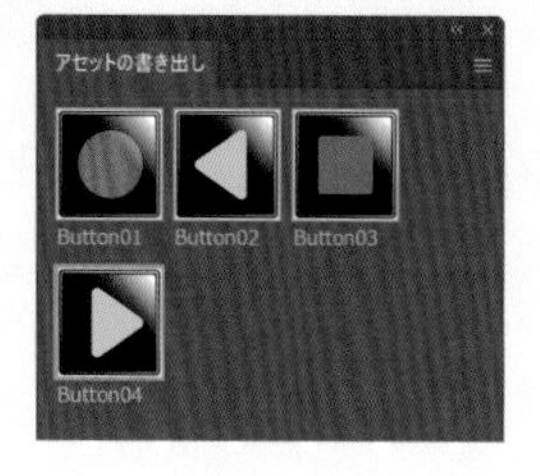

[スクリーン用に書き出し]を使い、ひとつのファイルに作成したボタンを、それぞれ複数のファイル形式で書き出してみましょう。

Lesson15 ▶ L15-3S01.ai

オブジェクトをひとつずつ登録

1 レッスンファイルを開きます。ツールバーで選択ツール を選択し❶、左端のオブジェクト全体をドラッグして選択します❷。

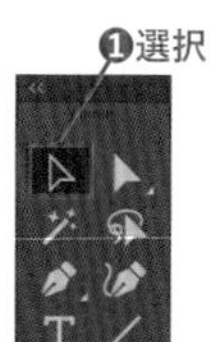

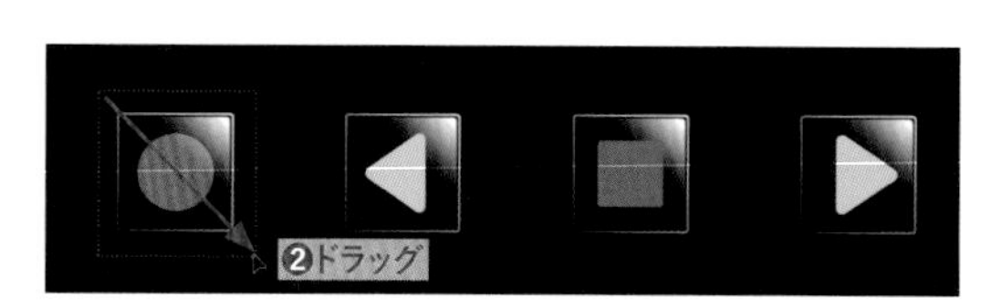

2 ［アセットの書き出し］パネルを表示し、［選択範囲から単一のアセットを生成］をクリックします❶。選択したオブジェクトがパネルに追加されます❷。追加されたアセットの名称部分をクリックして選択し、Web画像として書き出したときのファイル名（ここでは「Button01」）を入力します❸。

CHECK!

ドラッグ&ドロップで追加

選択したオブジェクトを［アセットの書き出し］パネルにドラッグ&ドロップしても追加できます。

ファイル名に注意

アセットの名称が、書き出し時のファイル名になります。Webで利用するには、半角英数字でファイル名を設定してください。

3 同じ手順で、ほかのボタンオブジェクトをアセットとして登録して名称を変更します❶。すべて追加したら、書き出し形式を設定します。［+スケールを追加］をクリックします❷。書き出し形式が追加されるので［形式］を［PNG］❸、［拡大・縮小］を［2x］に設定します❹。同様に、書き出し形式を追加して［形式］を［SVG］に設定します❺。設定したら、［スクリーン用に書き出しダイアログを開く］をクリックします❻。

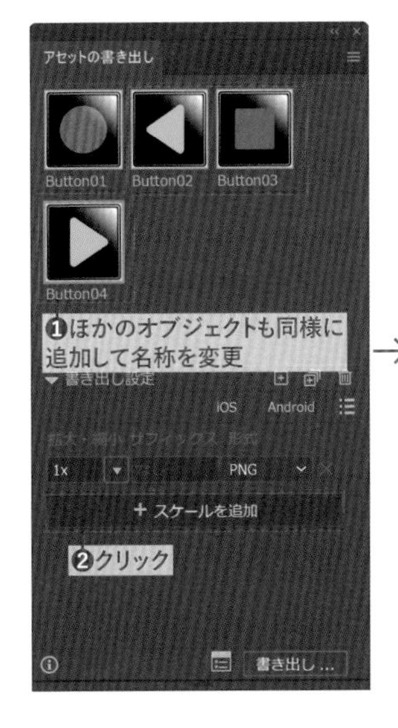

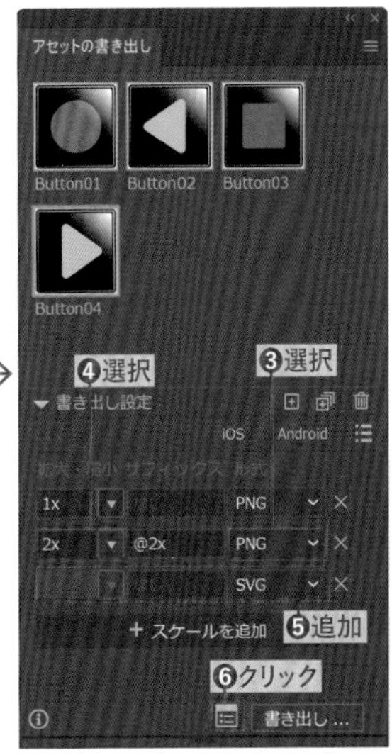

CHECK!

［書き出し］で書き出す

［書き出し］をクリックすると、パネルで選択したアセットを、［スクリーン用に書き出し］ダイアログボックスで最後に使用した設定で書き出せます。

4 ［スクリーン用に書き出し］ダイアログボックスが表示されるので、［すべてのアセット］をチェックします❶。［書き出し先］で、画像の書き出し先を設定し❷、［書き出し後に場所を開く］をチェックして❸、［アセットを書き出し］をクリックします❹。保存場所が開き、すべてのアセットが設定した画像形式で書き出されているのを確認します❺。

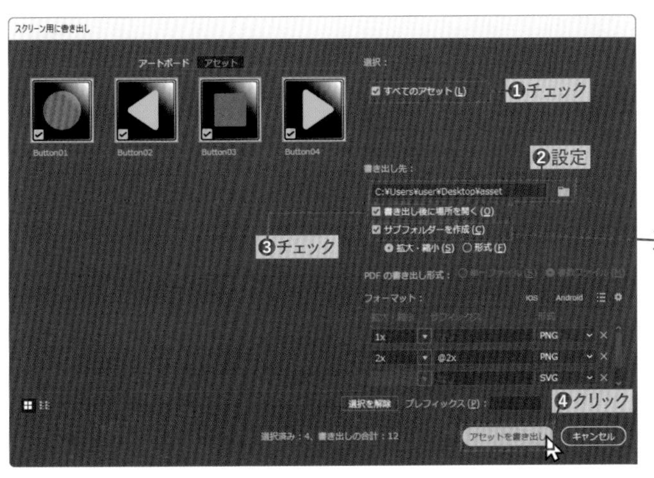

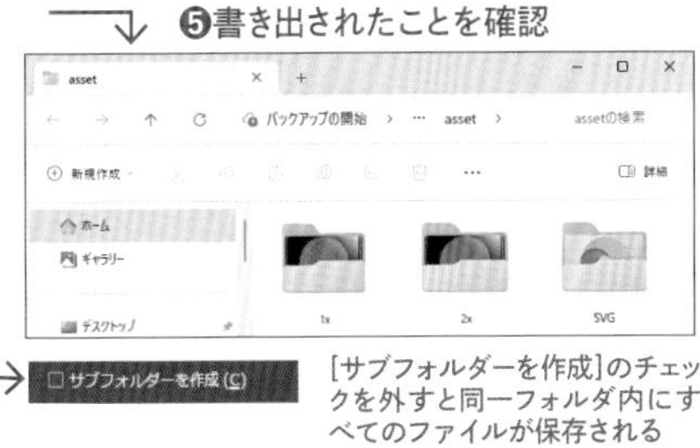

オブジェクトをまとめて登録

1 レッスンファイルをそのまま利用します。いったん[アセットの書き出し]パネルに登録したアイコンをすべてクリックして選択し❶、[選択したアセットをこのパネルから削除]をクリックして削除します❷。

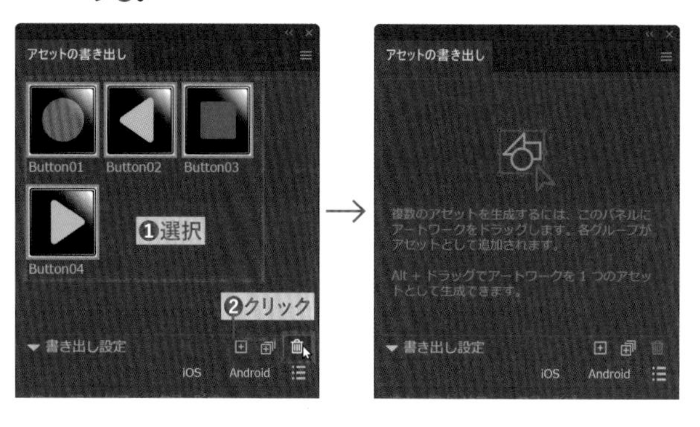

2 選択ツールで、オブジェクト全体をドラッグして選択します❶。

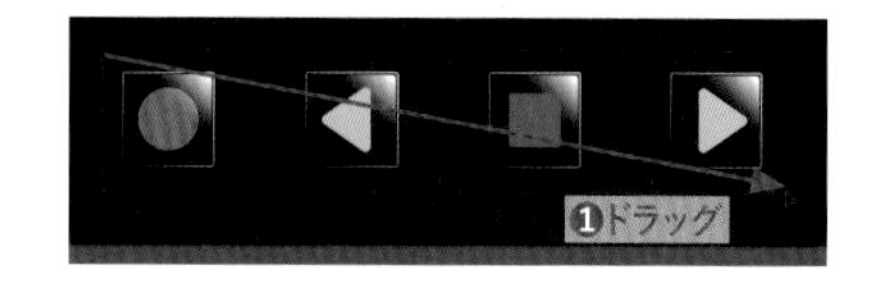

3 [選択範囲から複数のアセットを生成]をクリックします❶。4つのオブジェクトがすべて登録されますが、ひとつずつ登録した時とは順番が違っています❷。

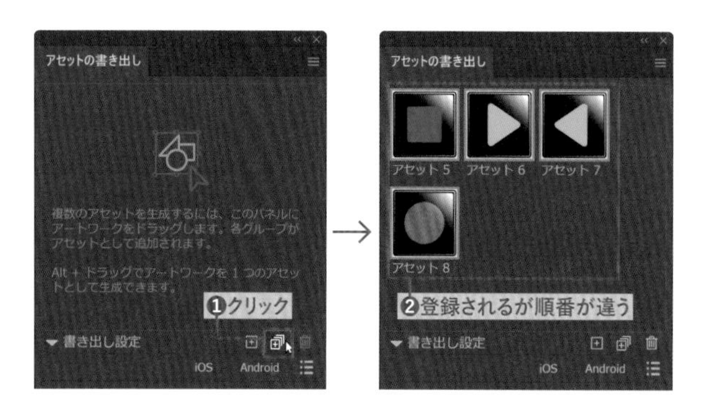

4 名称を間違えないように変更します❶。後は、前ページと同じ手順で書き出しできます。

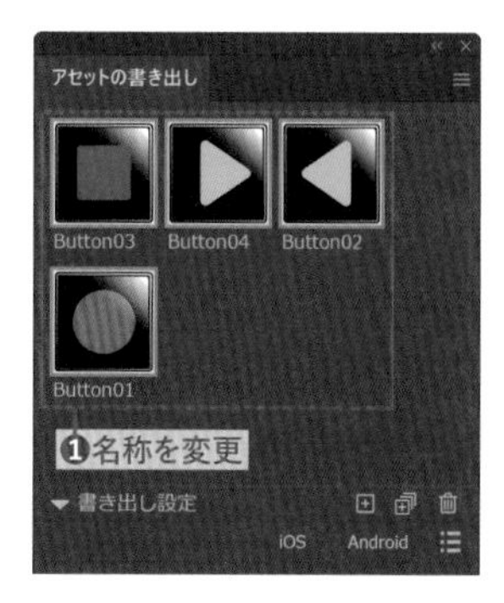

COLUMN

CCライブラリとの併用

よく使用するオブジェクトであれば、[CCライブラリ]パネルに登録して名称をつけておき、そこからアートワークへ配置すると、[アセットの書き出し]パネルに登録した際に自動的に名称がつけられます。

CC ライブラリ
マイライブラリ
Button01
Button02
Button03
Button04
配置
登録
アセットの書き出し
Button01
Button02
Button03
Button04
書き出し設定
iOS
Android

登録を目的として配置する場合には、位置はどこでもよい

STEP 02 「Web用に保存（従来）」で画像を書き出す

contact

レッスンファイルを使用して、「Web用に保存（従来）」を使って、Web用のパーツをPNGファイルで書き出してみましょう。

Lesson15 ▶ L15-3S02.ai

1 レッスンファイルを開きます。ツールバーで選択ツール を選択し❶、オブジェクト全体をドラッグして選択します❷。

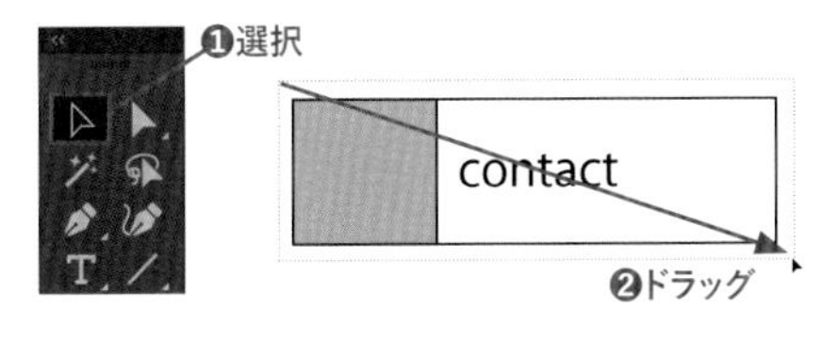

COLUMN

スライスとは

本来は、アートワークの一部を個別のファイルで書き出す際に使用します。レッスンファイルにはひとつのオブジェクトしかありませんが、練習用に作成します。

2 [オブジェクト]メニュー→[スライス]→[アートボードサイズでクリップ]にチェックがついていないことを確認します（チェックがついている場合は、チェックをはずします）❶。[オブジェクト]メニュー→[スライス]→[選択範囲から作成]を選択します❷。

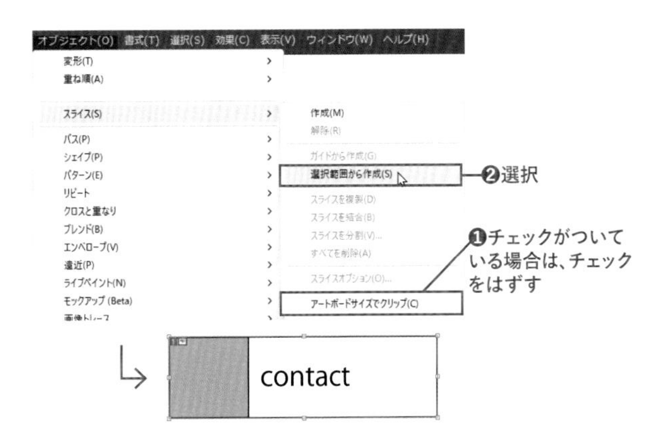

3 [ファイル]メニュー→[書き出し]→[Web用に保存（従来）]を選択します❶（選択後、警告ダイアログボックスが表示されたら[閉じる]をクリック）。[Web用に保存]ダイアログボックスが表示されるので、[2分割]タブを選択し❷、[プリセット]の中から[PNG-8 128ディザ]を選択します❸。左右の画像を見比べてから❹、[保存]をクリックします❺。[最適化ファイルを別名で保存]ダイアログボックスが表示されるので、保存場所とファイル名（Web用のファイル名は半角英数字のみを使用）を指定して[保存]をクリックします❻。警告ダイアログボックスが表示された場合[OK]をクリックしてください。

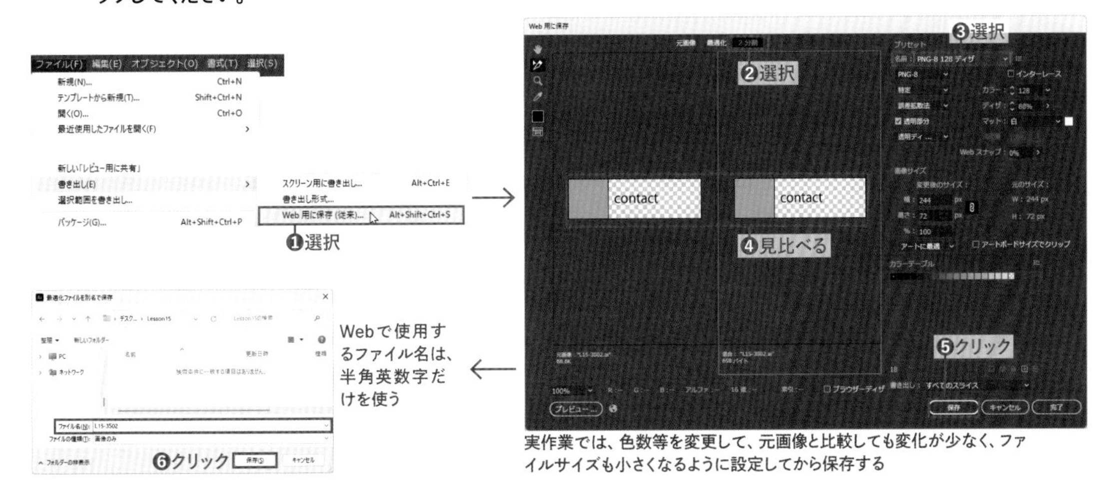

実作業では、色数等を変更して、元画像と比較しても変化が少なく、ファイルサイズも小さくなるように設定してから保存する

INDEX ［索引］

英数字

3Dとマテリアル 216
100%表示 026
Adobe Fonts 016, 017, 185, 187
CMYK 015, 273
EPS 018
GIF 282
GPUパフォーマンス 026
JPEG 281
PDF 018, 278, 281
PNG 281
Retype 199
RGB 015, 273
SVG 018, 281
Webセーフカラー 134
Web用に保存（従来） 281
X-4 278

あ

アートブラシ 059, 169
アートブラシオプション 171
アートボード 015, 020, 028
アートボードツール 028
アートボードに整列 107
アートボードパネル 028
アウトライン 117
アウトラインモード 129
アウトラインを作成 195
アキを挿入 190
アセットの書き出し 281
アニメーションズーム 026
アピアランスパネル 133, 154, 176, 260
アピアランスを分割 177, 178
アンカーポイント 013, 049, 070, 090
アンカーポイントツール 095
アンカーポイントの整列 107
異体字 196
移動 077
インスタンス 236
うねりツール 077
埋め込み 272
上付き文字 188
絵筆ブラシ 059, 169
絵筆ブラシオプション 171
エリア内文字 180
エリア内文字オプション 197, 204
遠近変形 085
円グラフ 250
円形グラデーション 142, 145
円弧ツール 043
鉛筆ツール 058, 060
鉛筆ツールオプション 059, 060, 061
エンベロープ 262
覆い焼きカラー 213
オーバーレイ 213
オープンパス 013
押し出しとベベル 216, 217, 219, 222
同じ位置にペースト 104
オブジェクトの合成 116
オブジェクトの前後関係 112
オブジェクトの複製 104
オブジェクトを再配色 156
折れ線グラフ 250

か

カーニング 191
階層グラフ 250
回転 077
回転体 216, 217, 226
回転ダイアログボックス 080
回転ツール 076, 080
回転ビューツール 027
ガイド 108
ガイドを解除 109
ガイドを隠す 109
ガイドを作成 108
ガイドを消去 109
ガイドをロック 109
ガイドをロック解除 108
拡大・縮小 077
拡大・縮小ツール 076, 081
箇条書き 194
画像トレース 232
画像の配置 272
傾ける 084
合体 116, 118
角の形状 163
角を丸くする 260
カラー 213
カラーガイドパネル 133
カラー設定 017
カラーパネル 132
カラーピッカー 134
カラープロファイル 017
カラー分岐点 143
カラーモード 015, 273
カリグラフィブラシ 059, 169
カリグラフィブラシオプション 170
刈り込み 117, 119
キーアンカー 107
キーオブジェクトに整列 106
輝度 213
行間 193
行揃え 192
曲線ツール 055, 095
切り抜き 117
均等配置 192
組み方向 192
クラウドドキュメント 019
クラウンツール 077
グラデーション 141
　色を追加／削除する 143
　円形グラデーションの縦横比を変える 145
　開始位置を変更する 143
　角度の変更と反転 144
　カラーを変更する 143
　不透明度を変更する 144
グラデーションツール 142, 147
グラデーションパネル 141
グラデーションメッシュ 229
グラフィック 218, 227
グラフオプション 255
グラフツール 249
グラフデータウィンドウ 251
グラフのデザイン 256
グリッド 241
グリッドに分割 246, 247
クリッピングマスク 126
グリフにスナップ 199
グループ 111
グループ選択ツール 071
グループの抜き 206
グループ編集モード 112
クローズパス 013
グローバルカラー 138
クロスと重なり 124
形状モード 116
消しゴムツール 058, 064
効果 260
交差 116
合成フォント 203
合流 117
コーナーウィジェット 087
コーナーポイント 049, 074, 094
コピー 104
個別に変形 086, 096
コンテキストタスクバー 025
コントロールパネル 133

さ

サイズ 188
最前面へ 113, 128
彩度 213
最背面へ 112
差の絶対値 213
散布図 250
散布ブラシ 059, 169
散布ブラシオプション 170
シアー 077
シアーツール 076, 084
シェイプ形成ツール 120
色域外のカラー 134
色相 213
ジグザグ 176, 260
字形の境界に整列 199
字形パネル 196
下付き文字 188
自動選択ツール 071, 110
収縮ツール 077
自由変形 085
自由変形ツール 076, 084, 085
定規を表示 108
乗算 213
除外 213
初期設定の塗りと線 030, 035, 038, 040, 132
新規ドキュメント 014, 030
新規ファイル 014
シンボル 236
シンボルシフトツール 239
シンボルスクランチツール 239
シンボルスクリーンツール 239
シンボルスタイルツール 239
シンボルステインツール 239
シンボルスピンツール 239
シンボルの置換 238
シンボルパネル 236, 238
シンボルリサイズツール 239
スウォッチ 137
スウォッチパネル 033, 037, 039, 133, 137
スウォッチライブラリ 139
スウォッチを保存する 139
ズームツール 026
隙間オプション 234
スクリーン 213
スクリーン用に書き出し 281
スクロール 026
スターツール 040
スパイラルツール 043
すべてのアートボードにペースト 104
スポイトツール 134, 140
スマートガイド 031, 032, 109
スムーズ 067
スムーズツール 058
スムーズポイント 074, 094
スライス 285
スレッドテキスト 247
生成再配色 156
整列パネル 106
セグメント 013, 049, 070
線 013, 132
　内側に揃える 160
　外側に揃える 160
　中央に揃える 160
　比率 160, 163
旋回 260
線形グラデーション 142, 143

選択ツール…… 070, 072, 078
選択範囲に整列…… 106
選択メニュー…… 071
線端なし…… 160
線端の設定…… 162
線の位置…… 163
線のグラデーション…… 145, 147
線パネル…… 160
線幅…… 033
線幅ツール…… 077, 166
線幅の設定…… 162
線幅プロファイル…… 161, 167, 168
線幅ポイント…… 166, 167
前面オブジェクトで型抜き…… 116, 123
前面へ…… 112
前面へペースト…… 104
線を設定する…… 160
操作の取り消し…… 027
ソフトライト…… 213

た

ダイナミックシンボル…… 237
ダイレクト選択ツール…… 049, 070, 127
楕円形ツール…… 035
多角形ツール…… 038
裁ち落とし…… 015, 277
縦組み…… 192
縦中横…… 189
タブ式パネル…… 023
タブ式表示…… 028
段落スタイル…… 201
段落パネル…… 185
長方形グリッドツール…… 043
長方形ツール…… 031, 032
ツールバー…… 020
積み上げ棒グラフ…… 250
テーパー…… 220, 221, 226
テキストオブジェクトのリンク…… 200
テキストからベクター生成…… 243
テキストの回り込み…… 198
手のひらツール…… 026
同心円グリッドツール…… 043
透明パネル…… 206
突出線端…… 160, 162
トラッキング…… 191
トレース…… 232
ドロー系…… 012
ドロップシャドウ…… 260
トンボ…… 277

な

中マド…… 116
なげなわツール…… 071
塗り…… 013, 132
塗りと線を入れ替え…… 132, 135
塗りに奇遇規則を使用…… 123
塗りブラシツール…… 058, 064
ねじり…… 220, 221, 226

は

ハードライト…… 213
ハーモニールール…… 157
配置…… 272, 274
背面オブジェクトで型抜き…… 117
背面へ…… 113
背面へペースト…… 104
バウンディングボックス…… 070, 072
パス…… 070
パス消しゴムツール…… 058
パス上文字…… 180, 182
パスに交差してグラデーションを適用…… 146
パスに沿ってグラデーションを適用…… 146
パスのアウトライン…… 175
パスのオフセット…… 174, 198
パスの構造…… 013
パスの自由変形…… 260
パスの単純化…… 066
パスファインダー…… 117
破線…… 161, 164
パターン…… 151
パターンブラシ…… 059, 169
パターンブラシオプション…… 171
パターン編集モード…… 151, 152
パッケージ…… 278
バット線端…… 160
パネル…… 020
パネルのドッキング…… 023
パネルメニュー…… 024
パペットワープツール…… 077, 088
パンク・膨張…… 260
反転…… 083
ハンドル…… 013
比較（暗）…… 213
比較（明）…… 213
ピクセルグリッド…… 280
ピクセルプレビュー…… 280
ピクセルへのスナップ…… 280
ヒストリーパネル…… 027
ひだツール…… 077
筆圧…… 059
ビューを回転…… 027
描画モード…… 212
描画モードを分離…… 212
ファイルの保存…… 018
フェードアウト…… 209
フォント…… 016, 187
フォントサイズ…… 188
フォントスタイル…… 187
フォントの高さを表示…… 188
フォントをアクティベート…… 016
複合シェイプ…… 116
複合パス…… 123
不透明度…… 206
不透明マスク…… 210
ぶら下がり…… 193
ブラシオプションダイアログボックス…… 170
ブラシツール…… 058, 062
ブラシツールオプション…… 059
ブラシの適用…… 169
ブラシの登録…… 173
ブラシパネル…… 059, 062, 169
ブラシを解除…… 063
フリーグラデーション…… 142, 149
プリセット…… 015
フレアツール…… 043
ブレンド…… 268
プロパティパネル…… 024
プロポーショナルメトリクス…… 190
分割…… 117, 119
ペイント系…… 012
ペースト…… 104
ベースラインシフト…… 189
ベクトル系…… 012
ベベル…… 222
ベベル結合…… 160
変形の繰り返し…… 105
変形パネル…… 077, 080
ペンツール…… 050, 051, 052, 053, 054
ポイント文字…… 180, 181
ポイント文字とエリア内文字の変換…… 180
棒グラフ…… 250
方向線…… 013, 049, 094
膨張…… 216, 217, 228
膨張ツール…… 077
ホーム画面…… 014
ぼかし…… 260

ま

マイター結合…… 160
マスク…… 126
マスク編集モード…… 211
マテリアル…… 218, 227
丸型線端…… 160, 162
ミラー…… 242
メッシュグリッド…… 262
メッシュツール…… 229, 230
メッシュで作成…… 262, 266
メッシュパッチ…… 229
メッシュポイント…… 229
メッシュライン…… 229
文字組み…… 193
文字揃え…… 188
文字タッチツール…… 194
文字のアウトライン…… 195
文字の色…… 185
文字の回転…… 189
文字の選択…… 186
文字の入力…… 180
文字の編集…… 184
文字パネル…… 184

や

焼き込みカラー…… 213
矢印…… 161
横組み…… 192
横向き積み上げ棒グラフ…… 250
横向き棒グラフ…… 250

ら

ライト…… 218, 224
ライブコーナー…… 087
ライブシェイプ…… 032, 036, 039
ライブペイントツール…… 234
ラウンド結合…… 160, 163
落書き…… 260
ラジアル…… 240
ラスター系…… 012
ラフ…… 260
リシェイプツール…… 077
リピート…… 240
リフレクト…… 077, 083
リフレクトツール…… 076, 083
リンク…… 272
リンクパネル…… 273
リンクへ移動…… 276
リンクルツール…… 077
リンクを再設定…… 276
レイトレーシング…… 217, 225
レイヤー…… 098
レイヤーオプション…… 099
レイヤーのアピアランス…… 208
レイヤーの移動…… 102
レイヤーの結合…… 102
レイヤーのコピー…… 103
レイヤーの作成と削除…… 100
レイヤーの選択…… 099
レイヤーの展開…… 099
レイヤーのロック…… 101
レーダーチャート…… 250
連結ツール…… 093
レンダリング設定…… 217
ロック／ロック解除…… 113

わ

ワークスペース…… 022
ワープツール…… 077
ワープで作成…… 263

アートディレクション　山川香愛
カバー写真　川上尚見
カバーデザイン　山川香愛
本文デザイン　加納啓善（山川図案室）
本文レイアウト　ピクセルハウス
編集担当　竹内仁志（技術評論社）

世界一わかりやすい
Illustrator
操作とデザインの教科書

［改訂4版］

2024年3月6日　初版　第1刷発行

著　者　ピクセルハウス
発行者　片岡　巌
発行所　株式会社技術評論社
東京都新宿区市谷左内町21-13
電話 03-3513-6150　販売促進部
03-3513-6160　書籍編集部
印刷／製本　図書印刷株式会社

定価はカバーに表示してあります。

造本には細心の注意を払っておりますが、
万一、乱丁（ページの乱れ）や落丁（ページの抜け）がございましたら、
小社販売促進部までお送りください。送料小社負担でお取り替えいたします。
ISBN978-4-297-13989-6 C3055　Printed in Japan

お問い合わせに関しまして

本書に関するご質問については、下記の宛先にFAXもしくは弊社Webサイトから、必ず該当ページを明記のうえお送りください。電話によるご質問および本書の内容と関係のないご質問につきましては、お答えできかねます。あらかじめ以上のことをご了承の上、お問い合わせください。
なお、ご質問の際に記載いただいた個人情報は質問の返答以外の目的には使用いたしません。また、質問の返答後は速やかに削除させていただきます。

［宛 先］
〒162-0846　東京都新宿区市谷左内町21-13
株式会社技術評論社　書籍編集部
「世界一わかりやすい Illustrator 操作とデザインの教科書［改訂4版］」係
FAX：03-3513-6167
技術評論社 書籍内容に関するお問い合わせ
https://book.gihyo.jp/116

なお、ソフトウェアの不具合や技術的なサポートが必要な場合は、アドビ株式会社Webサイト上のサポートページをご利用いただくことをおすすめします。

アドビ株式会社　ヘルプセンター
https://helpx.adobe.com/jp/support.html

著者略歴

ピクセルハウス（PIXEL HOUSE）
本文・イラスト　奈和浩子
写真　前林正人

イラスト制作・写真撮影・DTP・Web制作等を手がけるグループです。
おもな著書
「速習デザイン Illustrator CS6」
「速習デザイン Illustrator & Photoshop CS6 デザインテクニック」
「世界一わかりやすいIllustrator&Photoshop操作とデザインの教科書」
「世界一わかりやすいPhotoshopプロ技デザインの参考書」
「Illustrator & Photoshop 配色デザイン50選」
（以上、技術評論社）